Jetzt helfe ich mir selbst

Motor
buch
Verlag

Umschlagentwurf: Anita Ament.
Buchgestaltung: Siegfried Horn.
Umschlagfoto: Seufert.

ISBN 3-613-01196-2

Auflage Nr. 1055903

Die in diesem Buch enthaltenen Ratschläge werden nach bestem Wissen und Gewissen erteilt, *jedoch unter Ausschluß jeglicher Haftung.*
Dieser Band entspricht dem Kenntnisstand zum Zeitpunkt der Drucklegung. Abweichungen durch geänderte Anweisungen des Fahrzeug-Herstellers bzw. neuere gesetzliche Bestimmungen sind möglich.
Manuskriptbearbeitung: Redaktion »Jetzt helfe ich mir selbst«.
Fotos: Axmann 1, Haeberle 166, Lautenschlager 40, Thaer 3, Volkswagen 7.
Zeichnungen: Ate 1, autopress 4, Bosch 1, Brunner 3, Continental 1, Ford 1, Haeberle 8, Lautenschlager 1, Pierburg 1, Pirelli 1, Volkswagen 73.
Stromlaufpläne: Volkswagen.
Repros: Kunstanstalt Huber, 71636 Ludwigsburg.

Satz: Vaihinger Satz + Druck, 71665 Vaihingen.
Druck: KN Digital Printforce GmbH, Schockenriedstr. 37, 70565 Stuttgart
Printed in Germany.

Dieter Korp
Thomas Haeberle

VW Golf

bis Oktober '83

VW Jetta

bis Januar '84

VW Scirocco

bis April '81

Benziner ohne Einspritzer

Motorbuch Verlag Stuttgart

Sie finden in diesem Buch

Seite

Seite

Seite

Vorwort

Sparhilfe

Wenn man sein schon mehrere Jahre altes Fahrzeug zur Werkstatt bringt, bleibt der bange Blick in Richtung Brieftasche nicht aus. Denn oft endet der Werkstattbesuch mit einer umfangreichen, hohen Rechnung, da mehr als ursprünglich gedacht repariert oder ersetzt werden mußte. Dann kommt mancher Autobesitzer ins Grübeln: Waren wirklich alle aufgeführten Arbeiten notwendig? Hätte man nicht zumindest einen Teil der Wartungsarbeiten oder Reparaturen selbst erledigen können – und dabei Geld gespart?
Mit diesem Buch wollen wir Ihnen bei solchen Fragen zur Seite stehen. Aber da kommt gleich die nächste Frage – reichen die eigenen Fähigkeiten und Möglichkeiten aus? Auch hier ist es wie anderswo: Ob Frau oder Mann, jeder kann mehr, als er glaubt. Und auch am Auto gibt es einfache Handgriffe, nicht schwerer als im täglichen Leben. Wir nennen nur: Auswechseln von Glühbirnen, Kontrolle und Nachfüllen von Öl oder Wasser bzw. Reifendruck prüfen. Und man kann sich nach Belieben steigern.
Dieses Buch gibt Auskunft, z.B. mit dem farbigen Wartungsplan innen auf der hinteren Umschlagseite. Darin finden Sie genau aufgeführt, was Sie als verantwortungsbewußter Fahrer selbst erledigen können und welche Arbeiten Werkstatt bzw. Tankstelle rationeller erledigen. Die entsprechende Arbeitsbeschreibung finden Sie hier im Buch anhand der angegebenen Seitenzahl. Dort steht Punkt für Punkt, wie die Arbeit erledigt wird.
So können Sie einen kompletten Service in Eigenregie durchführen. Oder Sie erwerben sich das nötige Grundwissen, um bei der Auftragsvergabe in der Werkstatt sachkundig mitreden zu können. Wenn Ihnen das nicht genügt, können Sie auch an Reparaturen gehen – wir haben alle gängigen Arbeiten bis hin zur Teilzerlegung der Motors beschrieben.

Damit Sie sich im Innern dieses Bandes leichter zurecht finden, ist bereits im Inhaltsverzeichnis auf den vorangegangenen Seiten eine Auswahl der Stichworte herausgegriffen, die in den einzelnen Kapiteln zur Sprache kommen. Eine weitere Orientierungshilfe bietet das Stichwortverzeichnis auf den Seiten 269/270.
Ebenfalls der besseren Orientierung dient die Buchgestaltung auf den einzelnen Seiten. So sind Passagen, die der Information dienen, stets einspaltig abgedruckt, während reine Arbeitsschritte generell zweispaltig erscheinen. Je nach Interessenlage können Sie sich also mehr dem einen oder dem anderen Wissensgebiet zuwenden.

Bei der Erstellung des Manuskriptes für dieses Buch haben uns viele freundliche, geduldige und hilfsbereite Menschen bei Volkswagen, in den Werkstätten sowie in anderen Firmen mit Rat und Tat unterstützt. Wir möchten uns an dieser Stelle ganz herzlich bei ihnen bedanken.

Die Verfasser

Motorraumbild Schlepphebelmotor

Kleiner Quertreiber

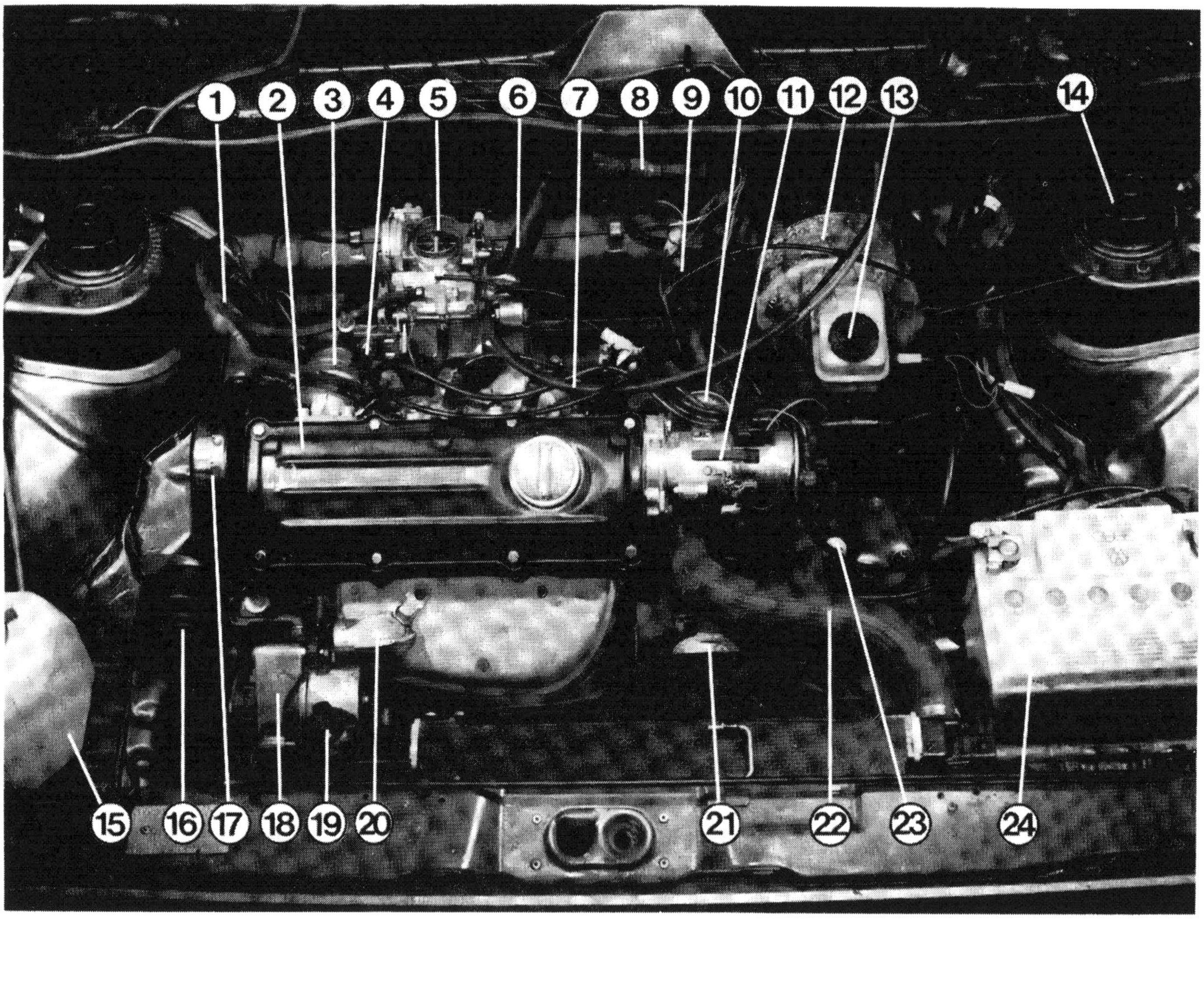

Hier haben wir die Motorhaube eines 1,3-Liter-Golf Modelljahr 1980 geöffnet: 1 – Kraftstoffilter; 2 – Zylinderkopfdeckel; 3 – Benzinpumpe; 4 – Gaszug; 5 – Vergaser; 6 – Schlauch der Kurbelgehäuse-Entlüftung; 7 – Starterzug; 8 – Zündspule; 9 – Heizventil; 10 – Unterdruckdose am Zündverteiler (11); 12 – Bremskraftverstärker; 13 – Vorratsbehälter für Bremsflüssigkeit; 14 – linkes Federbein; 15 – Scheibenwaschwasserbehälter; 16 – Motoraufhängung vorn rechts; 17 – Zahnriemenschutz; 18 – Lichtmaschine; 19 – Kühlerverschlußdeckel; 20 – Anschlußstutzen des Warmluftsammelblechs über dem Auspuffkrümmer; 21 – Kühlerventilator; 22 – Heißwasserzulauf in den Kühler; 23 – Kupplungszug; 24 – Batterie.

Motorraumbild Tassenstößelmotor

Mehr Kraft

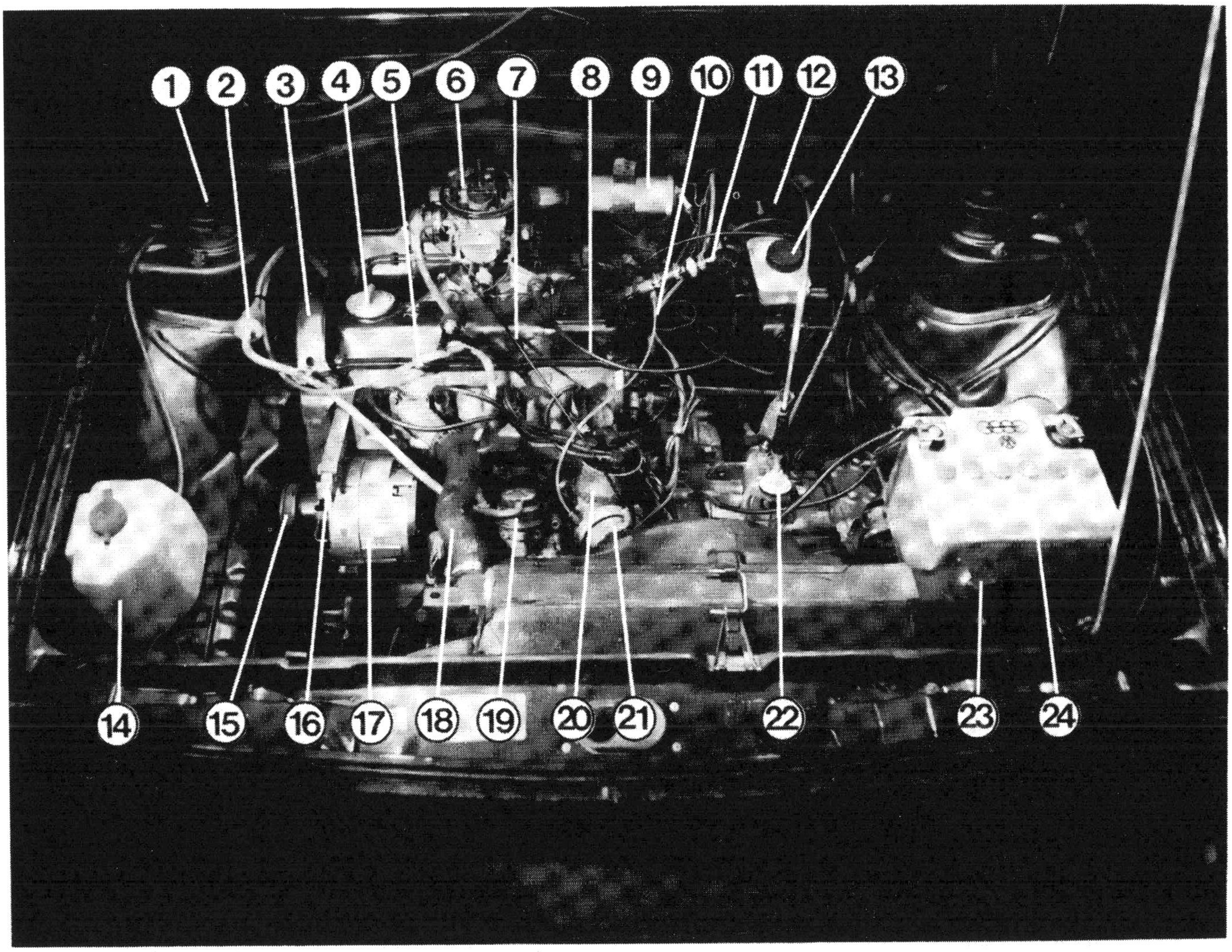

Der Blick ins Triebwerkabteil eines 1,6-Liter-Scirocco Modelljahr 1980 zeigt: 1 – rechtes Federbein; 2 – Kraftstoffilter; 3 – Zahnriemenschutz; 4 – Öleinfülldekkel; 5 – Kraftstoff-Rücklaufschlauch; 6 – Vergaser; 7 – Unterdruckleitung der Zündungs-Frühverstellung; 8 – Gaszug; 9 – Zündspule; 10 – Unterdruckleitung der Zündungs-Spätverstellung; 11 – Unterdruckschlauch zum Bremskraftverstärker (12); 13 – Vorratsbehälter für Bremsflüssigkeit; 14 – Scheibenwaschwasserbehälter; 15 – Keilriemen; 16 – Halterung der Lichtmaschine (17); 18 – Heißwasserzulauf in den Kühler; 19 – Kraftstoffpumpe; 20 – Zündverteiler mit Unterdruckdose (21); 22 – Kupplungszug; 23 – Kühlerverschlußdeckel; 24 – Batterie.

Zur Einstimmung

Selbst wenn Sie nicht die Absicht haben, an Ihrem VW zu schrauben, gibt es einige Punkte, die Aufmerksamkeit verlangen. Im Wartungsplan in der vorderen Buchklappe haben wir diese Prüfpunkte unter »Ständige Kontrollen« zusammengefaßt. Sie kommen hier im Text als erstes zur Sprache, damit Sie sich gewissermaßen langsam auf die Selbsthilfe einstimmen können.

Motorölstand prüfen

In der linken Abbildung sehen Sie den Ölpeilstab des Schlepphebelmotors (1,1- und 1,3-Liter), rechts der Meßstab beim Tassenstößelmotor (1,5- und 1,6-Liter). Bei jeder zweiten Tankfüllung sollten Sie den Peilstab ziehen. Näheres dazu steht auf Seite 15.

Stand der Kühlflüssigkeit prüfen

Bei einem Fahrzeug mit Ausgleichsbehälter (linke Abbildung) ist die Kontrolle einfach. Die Flüssigkeit muß bis zur Markierung stehen. Vorsicht bei der Wasserstandskontrolle im Kühler (Bild rechts)! Damit Sie sich nicht die Hände verbrennen, Text auf Seite 60 nachlesen.

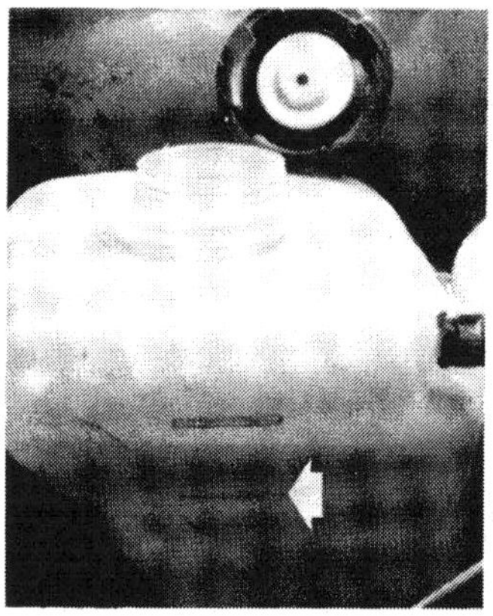

Stand der Bremsflüssigkeit prüfen

Bei sauberem Behälter läßt sich das Niveau der Bremsflüssigkeit schon von außen erkennen. Der Flüssigkeitsspiegel darf keinesfalls unter der unteren Marke (Pfeil) stehen.

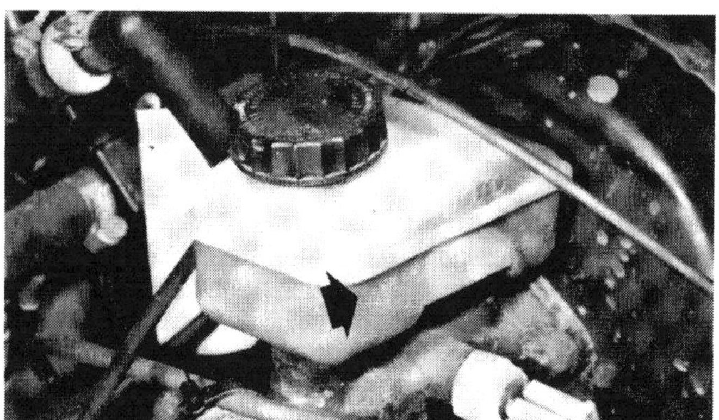

ATF-Stand im automatischen Getriebe kontrollieren

Den links im Motorraum sitzenden Peilstab sollten Sie ziehen, wenn die Motorhaube schon zur Motorölstandskontrolle geöffnet ist. Allerdings darf der Wagen nicht länger als 10 Minuten gefahren sein. Da zu wenig oder zu viel Flüssigkeit für die Getriebeautomatik gefährlich ist, gehen Sie bitte wie auf Seite 21 beschrieben zur Kontrolle vor.

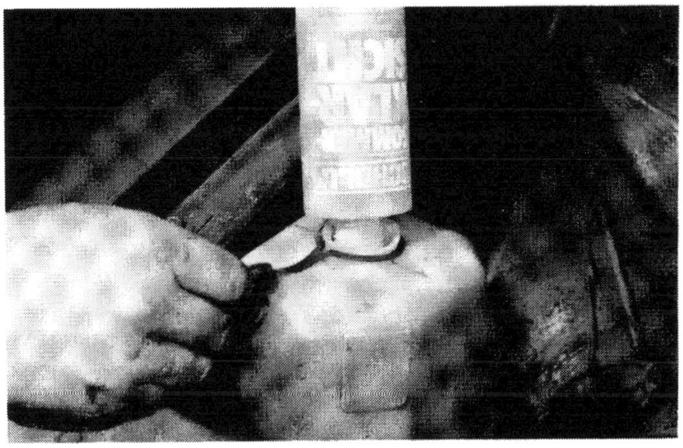

Scheibenwaschwasser auffüllen

Diese Kontrolle ist besonders in der Schlechtwetter-Jahreszeit wichtig, damit die Fahrt nicht zum Blindflug wird. Im Winter darf ein ausreichender Scheibenfrostschutz nicht vergessen werden, damit der gefüllte Behälter nicht einfriert. Näheres steht auf Seite 239.

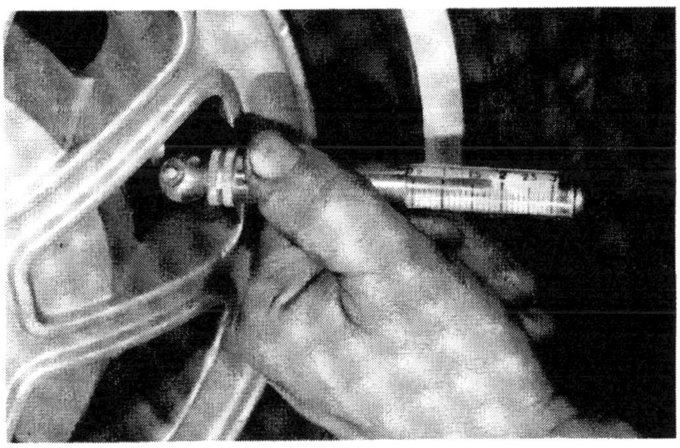

Reifendruck prüfen

Vom richtigen Luftdruck in den Reifen hängt die Fahrsicherheit ab. Wenn Sie keinen eigenen Luftdruckprüfer haben, sollten Sie bei jedem zweiten Tankstellenaufenthalt nach dem Druck in den Reifen schauen. Aber nicht bei warmen Reifen prüfen. Die Luftdruckwerte finden Sie auf Seite 153.

Beleuchtung kontrollieren

Wenn ein Helfer verfügbar ist, läßt sich diese Kontrolle ganz schnell durchführen. Andernfalls müssen Sie eben selbst den Wagen umrunden, um festzustellen, ob alle Lampen brennen.

Blink- und Warnblinkanlage prüfen

Auch hier geht es leichter, wenn ein Helfer außen am Wagen die Funktion der orange leuchtenden Blinklampen überprüft. Wie Sie die Ursache von Blinkerstörungen finden, steht auf Seite 214.

Bremsleuchten prüfen

Beim Tritt auf das Bremspedal müssen die roten Leuchten hinten am Wagen brennen. Falls Sie das alleine kontrollieren müssen, den Wagen dicht an eine helle Wand fahren und auf zwei rote Lichtpunkte achten. Auch eine Schaufensterscheibe o.ä. kann als »Spiegel« dienen.

Scheibenwischer und -wascher prüfen

Die Wischer kontrolliert man zwangsläufig bei jedem Regen. Prüfen Sie aber auch, ob wirklich Wasser aus den Wascherdüsen spritzt und an den richtigen Stellen auf die Scheibe auftrifft. Näheres dazu auf Seite 234.

Bremsen prüfen

Beim Tritt auf das Bremspedal merken Sie sofort, ob der VW die Spur hält oder sich seitwärts in die Büsche schlagen will. Was Sie beim Bremsenprüfen beachten müssen, steht auf Seite 130.

Pflege-Anweisung

Auf den vorangegangen Seiten wurden die »Ständigen Kontrollen« angesprochen, die jeder Autofahrer einfach erledigen kann. Jetzt gehen wir eine Stufe weiter und sprechen die Wartungsarbeiten an. Wo und wann nach dem Rechten gesehen werden soll, hat Volkswagen in detaillierten Wartungsanweisungen zusammengestellt.

Regel und Zwischen Service

Für unsere VW-Modelle gelten je nach Baujahr unterschiedliche Wartungsanweisungen. **Bis einschließlich Modelljahr 1982** sieht es so aus:
Zwischen Service mit Ölwechsel 7500 km nach einem Regel Service.
Regel Service alle 15000 km oder spätestens nach einem Jahr zusammen mit der Abgas-Sonderuntersuchung;
Regel Service mit Zusatzarbeiten alle 30000 km.
Für die **seit 8/82** gebauten Fahrzeuge entfällt der Zwischen Service.

Zeit- oder Kilometer-Intervalle?

Auch ein nicht benutztes Fahrzeug altert. Deshalb gilt für den Regel Service die jährliche Fälligkeit, auch wenn die 15000 km noch längst nicht zurückgelegt sind. Das hat durchaus seine Berechtigung, denn innerhalb eines Jahres kann z.B. eine Manschette brüchig geworden sein, so daß Schmutz in ein Antriebsgelenk oder ins Lenkgetriebe eindringt. Bleibt das unbemerkt, kann eine teure Reparatur die Folge sein.
Gleiches gilt für den Ölwechsel: Ein Motor, der nur im Kurzstreckenverkehr läuft, hat wesentlich mehr Kondensate und Schlamm in der Ölwanne. Die Schmierfähigkeit des Motoröls wird so ganz erheblich beeinträchtigt. Da ist es sinnvoll, die Ölfüllung spätestens nach sechs Monaten zu wechseln.

Wartungsplan für den Selbsthelfer

Auf den Empfehlungen von VW basiert auch der Wartungsplan dieses Buches, wobei wir die Reihenfolge speziell für den Heimwerker zusammengestellt haben.
Damit Sie zu unserem **Wartungsplan** während der Arbeit nicht ständig zurückblättern müssen, haben wir ihn **innen auf der hinteren Umschlagseite** abgedruckt. So haben Sie ihn ständig vor Augen und können die Arbeiten Punkt für Punkt erledigen.

Wer soll was machen?

Fast alle Wartungsarbeiten am VW können Sie selbst ausführen. Das entsprechende Wissen hierzu liefert unser Handbuch. Wenn dennoch Werkstatt oder Tankstelle den einen oder anderen Wartungspunkt rationeller erledigen können, so haben wir das im Wartungsplan vermerkt. Die »Selbsthelfer-Ampel« weist Ihnen dabei den richtigen Weg:
Grün: Freie Fahrt für den Selbsthelfer. Diese Arbeit können Sie mit den Kenntnissen aus diesem Buch fachgerecht durchführen und Geld sparen.
Gelb: Die Arbeit ist zwar nicht schwierig, doch es fehlen meist die nötigen Einrichtungen. In diesem Fall sind Sie an der Tankstelle am besten aufgehoben.
Rot: Halt, hier lassen Sie am besten die Werkstatt ran. Spezielle Werkzeuge oder Meßgeräte sind erforderlich. Der Aufwand an Eigenarbeit lohnt sich nicht, weil die Werkstatt wesentlich schneller arbeitet oder weitergehende Kenntnisse erforderlich sind.

Fingerzeig: *Wenn ein Austauschmotor eingebaut wurde, verlangt das Werk, daß die Wartungsarbeiten termingerecht in einer V.A.G.-Werkstatt erledigt werden. Andernfalls können auch berechtigte Garantieansprüche abgelehnt werden.*

Der sichere Arbeitsplatz

Safety first

Nicht jeder beliebige Platz eignet sich für den Autoschrauber. Auf einer Wiese oder auf Rasen bleiben Spuren zurück, und versehentlich heruntergefallene Teile sind unauffindbar. Ohnehin ist weicher Untergrund untauglich, wenn man sein Fahrzeug aufbocken will.

Wagen immer abstützen!

Wagenheber sind – wie ihr Name schon sagt – nur dazu da, das Fahrzeug anzuheben. Sie sind keine ausreichende Abstützung für Arbeiten an der Wagenunterseite. Lassen Sie es auch in der größten Eile nie an der fachgerechten Abstützung des aufgebockten Fahrzeugs fehlen. Sonst kann die eigenhändige Reparatur das Leben kosten.
Zum richtigen Abstützen gehört natürlich auch das Unterlegen der Räder mit Steinen oder Holzkeilen, damit der Wagen beim Anheben nicht wegrollen kann.

Womit abstützen?

Hohlblocksteine haben sich als preisgünstige Abstützmöglichkeit erwiesen. Sie dürfen allerdings nicht feucht oder rissig sein, sonst könnten sie unter Belastung in sich zusammenbrechen. Zwischen Stein und Karosserie muß ein Brett gelegt werden, damit sich die Last gleichmäßig über den ganzen Stein verteilen kann. Der Hohlblockstein selbst muß mit den Öffnungen senkrecht auf ebenem und tragfähigem Grund (Beton oder Asphalt) stehen.
Unterstellböcke stellen eine ideale Ergänzung zum Rangierwagenheber dar. Bei allen anderen Hebern – aber auch bei seitlich angesetztem Rangierheber – besteht allerdings die Gefahr, daß der auf der gegenüberliegenden Seite angesetzte Dreibeinbock einfach zur Seite weggedrückt wird. Am günstigsten steht der Bock, wenn eines seiner Beine nach außen und zwei zur Wagenmitte hin zeigen. Die Böcke sollten keine zu kleine Standfläche haben.
Kontrollieren Sie beim Ansetzen eines Unterstellbocks, ob das Blech nirgendwo eingedrückt werden kann. Günstig ist ein zusätzlich eingelegtes Kantholz.
Auffahrrampen sind die schnellste Aufbockmöglichkeit, da kein Wagenheber gebraucht wird. Auch steht der Wagen dann absolut sicher. Wichtig ist, daß die Rampen einerseits eine genügend hohe seitliche Absicherung und nach vorn einen Überfahrschutz haben, andererseits aber auch von einem Fahrzeug mit Frontspoiler befahren werden können. Als zusätzliche Sicherung des Wagens sollte in der Standfläche eine Mulde für die Räder vorhanden sein.

Wagenheber

Wagenheber gibt es für jeden Geldbeutel und Einsatzzweck. Hier die verschiedenen Typen:
Bordwagenheber: Er nützt bei einem alten Fahrzeug, dessen Türschweller bereits vom Rost geschwächt sind, nichts mehr. Im übrigen sollten Sie immer ein kleines Brett unterlegen, damit sich der Wagenheberfuß nicht in den Untergrund drücken kann.
Scherenwagenheber: Hiervon ist nur eine stabile Ausführung ratsam. Solch ein Wagenheber bewährt sich bei einem Fahrzeug, dessen Karosserie an den Anhebepunkten schon etwas morsch ist. Man kann den Heber dann etwas weiter zur Karosseriemitte hin ansetzen.
Hydraulischer Stempelwagenheber: Er ist schon preiswert zu haben. Der entscheidende Vorteil ist, daß der Wagen sehr schnell angehoben wird. Vor dem Kauf sollten Sie allerdings die Hubhöhe kontrollieren. Bei einer zu kurzen Ausführung werden die Räder nicht weit genug vom Boden abgehoben. Ein zu hoher Heber läßt sich erst gar nicht am Wagenboden ansetzen.
Rangierwagenheber: Wenn Sie sich zu dieser Anschaffung entscheiden, sollten Sie einen Heber mit zusätzlichem Fußpedal zum Hochpumpen kaufen. Für den Heimwerker gut geeignet ist ein kurzer, kleiner Rangierheber, der sich leicht verstauen läßt. Beachten Sie aber, daß sich ein Heber mit zu kleinen Rädern unter Last nicht mehr bewegen läßt. Auch sollte die Deichsel so befestigt sein, daß sich der angehobene VW wirklich rangieren läßt.

Heimische Ölquellen

Die Schmierung von Gleitflächen und Lagern ist natürlich die wichtigste Aufgabe des Öls, aber das Schmiermittel dient auch zur Feinabdichtung der Kolbenringe. Weiterhin muß es die beim Motorlauf entstehende Reibungs- und Verbrennungswärme abführen. Nicht zu vergessen Abrieb und Schmutz, die vom Öl gebunden werden, damit sie sich nicht Motorinnern ablagern.

Motorölstand prüfen

Ständige Kontrolle

Zum Ölpeilstab sollten Sie nach jeder zweiten Tankung greifen. Bei einem älteren Motor mit erhöhtem Ölverbrauch oder in der Einfahrzeit eines Austauschmotors erfolgt die Kontrolle sicherheitshalber schon bei jedem Volltanken. Der Peilstab sitzt in Fahrtrichtung gesehen

□ beim **Schlepphebelmotor** (bis 44 kW) **hinten rechts neben dem Luftfilter**;
□ beim **Tassenstößelmotor vorn in der Motormitte**.

■ Wagen auf waagrechtem Untergrund abstellen.

■ Nach dem Abstellen des vorher warmgefahrenen Motors mindestens fünf Minuten warten, damit alles Öl in die Ölwanne abtropfen kann. Besser ist die Kontrolle vor dem ersten Start bei noch kaltem Motor.

■ Peilstab ziehen, mit sauberem, fusselfreiem Lappen oder Papiertuch abwischen, bis zum Anschlag wieder hineinschieben, kurz warten und erneut herausziehen.

■ An der Peilstabspitze können Sie nun den Ölstand ablesen. Der Bereich zwischen Minimum und Maximum ist geriffelt oder durch zwei Kerben gekennzeichnet.

■ Reicht die Schmiermittelmenge nur noch bis zur unteren Markierung, muß Motoröl nachgefüllt werden.

Fingerzeige: *Wenn Sie über den Ölverbrauch Ihres VW ganz genau Buch führen wollen, sollten Sie immer an derselben Stelle messen; am besten vor dem ersten Start. Sie brauchen dann nicht einmal den Peilstab abzuwischen, da über Nacht aller Schmiersaft in die Ölwanne zurückgetropft ist.*
Lassen Sie sich nicht vom verkaufstüchtigen Tankwart verunsichern: Hochwertiges Motoröl wird schon nach kurzer Laufzeit dunkel. Es hält anfallenden Schmutz und Abrieb in der Schwebe. Das ist jedoch kein Zeichen, daß das Öl gewechselt werden müßte.

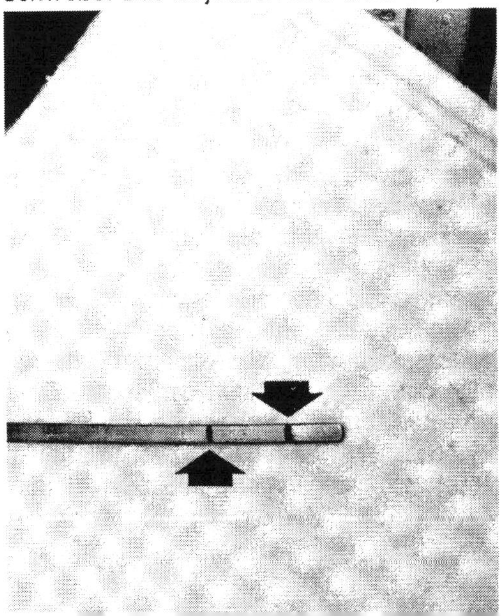

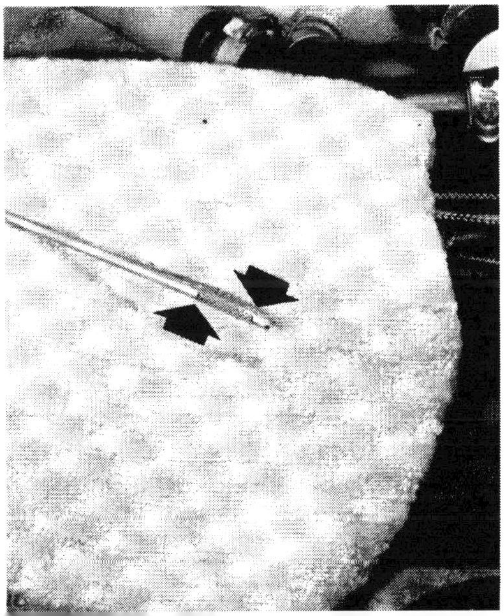

Die Pfeile zeigen auf die obere und untere Markierung des Ölpeilstabs: Beim Schlepphebelmotor (links) ist die Toleranzmenge durch zwei Kerben markiert. Bei den Tassenstößel-Triebwerken ist es grundsätzlich eine Riffelung (rechts). Innerhalb dieses Bereiches muß sich der Ölstand abzeichnen. Ist das Niveau an der unteren Markierung angelangt, läßt sich 1 Liter Öl nachfüllen.

Öl nachfüllen

Die Ölmenge zwischen oberer und unterer Peilstabmarke beträgt bei allen Motoren **1 Liter**. Unter die untere Marke sollte der Ölstand nicht fallen. Ein Viertelliter zu wenig ist für den Motor noch nicht gefährlich. Fehlt mehr Öl und wird der VW scharf gefahren, kann der Öldruck gefährlich abfallen, was bei einem Wagen mit dynamischer Öldruckkontrolle (ab 8/82, siehe Seite 227) durch den Warnsummer auch sofort angezeigt wird.
Unsinnig ist aber auch zu viel Schmiermittel im Motor. Es gelangt bei hohen Drehzahlen über die Kurbelgehäuse-Entlüftung ins Luftfilter und verstopft dessen Papiereinsatz.
Bei welchem Ölstand Sie nachfüllen sollten, hängt von Ihrer Fahrweise ab:

☐ Bei gemäßigtem Fahrstil genügt Nachfüllen, wenn das Niveau an der unteren Peilstabmarke angelangt ist.

☐ Für scharfe Fahrweise empfiehlt sich Auffüllen, wenn der Ölstand im unteren Drittel oder Viertel zwischen den beiden Peilstabmarken steht. Die etwas größere Ölmenge kann die Kühlungsaufgaben besser erfüllen.

Darf man Öle mischen?

Die Ölsorten aller Hersteller lassen sich ohne Gefahr untereinander mischen, auch Einbereichs- mit Mehrbereichsölen (siehe rechte Seite). Diese Mischbarkeit ohne schädliche Folgen ist eine Grundforderung der internationalen Öl-Normen. Zwar werden spezifische Eigenschaften eines bestimmten Öls durch die Vermischung mit anderem Motoröl möglicherweise leicht beeinträchtigt, da jede Ölmarke ihre eigene Additivkombination besitzt. Die Schmierwirkung ist jedoch nie gefährdet.
Ausgenommen hiervon sind synthetische Öle und Leichtlauföle, die nicht der VW-Norm 50000 entsprechen (siehe Seite 18): Bei der Mischung mit herkömmlichem Motorschmiersaft kann eine untaugliche Kombination entstehen mit der Gefahr eines Motorschadens.

Ölverbrauch

Ein Teil des Motoröls verbrennt bei seiner Schmiertätigkeit. Ölverbrauch ist also völlig natürlich. Gut eingefahrene Motoren kommen mit **0,2 Liter Öl auf 1000 km** aus, im Volkswagenwerk gilt als **höchstzulässiger Wert** ein Verbrauch von **1,5 Liter je 1000 km**. Wieviel Öl Ihr Fahrzeug braucht, hängt von folgenden Umständen ab:

☐ Ölüberfüllung bewirkt höheren Verbrauch, denn die Kurbelgehäuse-Entlüftung bläst das Zuviel wieder zum Motor hinaus.

☐ Dünnflüssiges Öl verbrennt schneller als dickflüssiges. Einbereichsöl wird in heißem Zustand dünn wie Wasser, Mehrbereichsöl bleibt dickflüssiger. Letzteres kann vor allem bei Langstreckenfahrern den Ölverbrauch senken.

☐ Motoröl – vor allem Mehrbereichsöl –, das zu lange im Motor bleibt, hat einen höheren Nachfüllbedarf.

☐ Scharfe Fahrweise treibt außer dem Kraftstoffkonsum auch den Ölverbrauch in die Höhe. Besonders stark wirkt sich aus, wenn der neue Motor sofort voll belastet wurde.

☐ In der Einlaufzeit braucht der Motor etwas mehr Schmiermittel.

☐ Motorundichtigkeiten. Kontrollieren Sie, wie auf Seite 29 beschrieben.

☐ Ventilschaftabdichtungen defekt; dieser Fehler trat bei den bis 1979 gebauten Motoren sehr häufig auf. Das läßt sich folgendermaßen prüfen: Heißgefahrenen Motor abstellen und zehn Minuten warten; zeigt sich beim Wiederstarten eine blaue Ölwolke, sind ziemlich sicher die Schaftabdichtungen der Ventile schadhaft.

☐ Spiel zwischen Ventilführung und Ventilschaft zu groß.

☐ Kolbenringe falsch eingebaut oder schadhaft.

☐ Beschädigte Zylinderwand durch Kolbenfresser.

☐ Öldruck im Zylinderkopf des Tassenstößelmotors zu hoch. Der Luftfilter ist ölnaß, und bei hohen Drehzahlen zieht der Wagen eine blaue Wolke von verbranntem Öl nach. Die Nockenwelle schleudert das Öl zur Kurbelgehäuse-Entlüftung hinaus. Als Abhilfe kann man einen Ölabweiser zwischen die Lagerböcke der Nockenwelle montieren (Teile-Nr. 026 102 547).

Ihr Motor verbraucht kein Öl?

Im winterlichen Kurzstreckenbetrieb kann es vorkommen, daß der Ölstand zwischen den Messungen überhaupt nicht abnimmt oder gar ansteigt. Das ist kein Grund zur Freude, denn dann ist das Motoröl durch Kraftstoff und Kondenswasser verdünnt. Diese in ihrer Schmiereigenschaft wesentlich beeinträchtigte Ölfüllung sollte durch eine regelmäßige, längere Fahrt »aufgekocht« werden, damit die Kondensate verdunsten. Sofort anschließend den Ölstand kontrollieren, da der Pegel durch die verdunsteten Benzin/Wasser-Anteile erheblich absinkt!
Bei extremem Stadtbetrieb ohne zwischenzeitliche Langstreckenfahrt sollten Sie das Motoröl

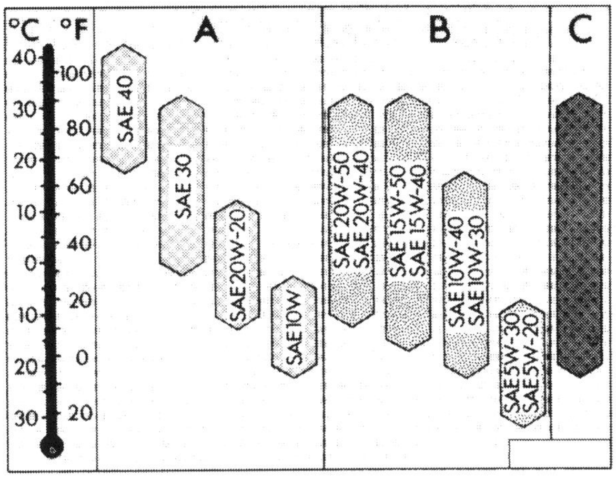

Die Tabelle zeigt die Ölviskositätsempfehlungen von VW: A – Einbereichsöle; B – Mehrbereichsöle; C – Leichtlauföle nach VW-Norm 500 00. Die genannten Temperaturen verstehen sich als Dauertemperaturen. Kurzzeitige Schwankungen spielen keine Rolle.

vor den üblichen Intervallen wechseln; evtl. schon nach 3000 km oder vier Monaten. Im Winter rechnet man mit einem Kraftstoffanteil im Öl von 2–5%.

Die richtige Ölsorte

Da bei relativ langen Ölwechselintervallen die Gefahr von Schmierungsmangel z. B. durch Ölschlammbildung besteht, gibt es von VW seit 1987 strenge Ölvorschriften.
□ Herkömmliches Motoröl auf Mineralölbasis muß der **VW-Norm 501 01** entsprechen. Dann besitzt es die notwendigen Reinigungseigenschaften zur Verhinderung von Ölschlamm.
□ Hochleistungsöle verringern die innere Reibung im Motor zusätzlich zur erwähnten Reinigungswirkung. Sie müssen der VW-eigenen Norm **VW 500 00** entsprechen **und gleichzeitig** auch der Turbodiesel-Ölnorm **VW 505 00**. Das sind synthetische oder teilsynthetische Öle, die natürlich entsprechend teuer sind.
□ Früher durfte es auch ein Markenöl sein, das nach dem API-System mit SF bezeichnet wird. In älteren Betriebsableitungen wird noch die Spezifikation API SE genannt. Neben diesen Bezeichnungen vom **A**merikanischen **P**etroleum **I**nstitut gibt es noch weitere von der Vereinigung europäischer Autohersteller (CCMC) und dem US-Militär (MIL).

Die Ölspezifikation

Motoröl für unsere Modelle sollte nach den Schmierungsempfehlungen der Volkswagen AG die folgenden Bezeichnungen tragen:
□ VW 501 01 (auf Mineralölbasis)
□ VW 500 00 **und** VW 505 00 (synthetisch oder teilsynthetisch)
Zum Nachfüllen genügt auch ein Motoröl mit den nachfolgenden Spezifikationen:
□ API SF
□ CCMC-G 3
□ MIL-L-46 152 B

Zähflüssigkeit des Öls

Das Fließverhalten des Öls – also die Dick- bzw. Dünnflüssigkeit – bestimmt, ob
□ der Anlasser den kalten Motor durchdrehen kann;
□ alle Schmierstellen nach dem Kaltstart sofort versorgt werden;
□ bei hohen Temperaturen und Drehzahlen der Schmierfilm nicht abreißt.
Die amerikanische **S**ociety of **A**utomotive **E**ngineers hat die Öle entsprechend ihrer Zähflüssigkeit in Klassen eingeteilt. Die reichen vom dünnflüssigen **W**interöl SAE 5 W, 10 W, 15 W über die Zwischenstufe SAE 20 W/20 zu den dickflüssigen Sommerölen SAE 30, 40 und 50.
□ Am billigsten ist Einbereichsöl. Für einwandfreie Motorschmierung muß es entsprechend der Jahreszeit dick- oder dünnflüssiger sein. Das bedeutet, daß im Herbst Winteröl und im Frühjahr Sommeröl in den Motor gefüllt werden muß.
□ Wesentlich aufwendiger in der Herstellung und deshalb auch viel teurer ist Mehrbereichsöl. Es besitzt Viskositätsindex-(VI-)Verbesserer – lange Molekülketten, die beim Erhitzen quellen und beim Abkühlen wieder schrumpfen. Das Öl kann sich damit den Temperaturen elastisch anpassen und mehrere Viskositätsklassen überspannen. Ein Öl SAE 15 W-50 entspricht bei einer Temperatur von –15° C der Zähflüssigkeitsklasse 15 W und bei 100° C der Klasse 50. Problematisch ist bei manchen Mehrbereichsölen, daß die Molekülketten ihrer Viskositäts-Verbesserer mit der Zeit regelrecht kleingehackt (abgeschert) werden können. Dann ist die obere Zähflüssigkeitsklasse nicht mehr voll erhalten, das Öl also nicht mehr so temperaturbeständig. Aus diesem Grund sind Mehrbereichsöle der Klassen SAE 10 W-30 und 10 W-40 in der warmen Jahreszeit für die VW-Motoren nicht freigegeben.

Welches Öl kaufen?

Bei welchen Temperaturen unsere Motoren welche Öl-Zähflüssigkeit verlangen, zeigt die Tabelle auf der Vorseite. Der Blick in die Tabelle zeigt, daß VW weiterhin das preiswertere Einbereichsöl freigegeben hat. Das ist eine Sparmöglichkeit, wenn Sie Ihren Wagen nicht dauernd bis zur Leistungsgrenze beanspruchen.
Einbereichsöle sind nicht schlechter als Mehrbereichsöle, aber sie können nur geringere Temperaturspannen überbrücken. Deshalb ist in der kalten Jahreszeit ein Mehrbereichsöl günstiger, das einerseits sicheren Motorstart bei Frost und andererseits volle Schmierwirkung auch bei Vollgas-Autobahnfahrt gewährleistet. In der warmen Jahreszeit genügt das Einbereichsöl.

Hochleistungsöle

Unter diesem Begriff haben wir Leichtlauf- oder Benzinsparöle (auf teilsynthetischer Basis) und auch vollsynthetische Öle zusammengefaßt, denn die Übergänge sind fließend. Sie sind durchweg teurer als herkömmliche Mehrbereichsöle. Da sie jedoch die Bildung von Ölschlamm besonders gut verhindern, werden diese Öle von VW seit 1987 sehr empfohlen.
□ Die in kaltem Zustand sehr dünnflüssigen **Leichtlauf-Schmierstoffe** verringern vor allem in der Warmlaufphase und im Kurzstreckenverkehr die innere Reibung im Motor, setzen ihm also weniger Widerstand entgegen. Man kann realistisch mit einer Benzinverbrauchs-Einsparung von rund 3% rechnen. Diese Ersparnis macht sich nur bei einem Motor bezahlt, der einen geringen Ölverbrauch hat.
□ **Vollsynthetische Öle** zählen zu den teuersten überhaupt. Sie sind besonders alterungsbeständig und hoch belastbar.

Fingerzeige: *Leichtlauföl und synthetischer Schmierstoff für die Benzinmotoren muß der VW-Norm 50000 und 50500 entsprechen. Diese Spezifikationen müssen auf der Öldose angegeben sein. Derartiges Schmiermittel darf nur bei Außentemperaturen zwischen –20 und +30°C verwendet werden.*
Beim Wechsel auf Leichtlauf- oder synthetisches Öl kann anfangs erhöhter Ölverbrauch auftreten.
Nach VW-Norm 50000 geprüfte Öle sind erwiesenermaßen untereinander mischbar.

Zusätze zum Motoröl

»Das Verwenden von Zusatzmitteln – gleich welcher Art – in Schmierölen verstößt gegen unsere Betriebsanleitung und kann im Garantie- bzw. Kulanzfall zu Auseinandersetzungen führen«. Das ist die Meinung des Volkswagenwerks zu Ölzusatzmitteln. Ob die Mehrkosten für Ölzusätze eine entsprechende Lebensverlängerung des Motors bewirken, hat ohnehin noch niemand eindeutig nachgewiesen.

Wie oft Öl wechseln?

Bis Baujahr 8/82 schreibt Volkswagen den Ölwechsel alle 7500 km bzw. alle sechs Monate vor. Für neuere Golf und Jetta gilt ein Ölwechsel alle 15000 km oder einmal jährlich. Wie genau soll man sich an diese Anweisungen halten?
Wir meinen, daß in den 7500-km-Intervallen bis 7/82 durchaus noch »Luft« ist. Doch dürfen zwischen den Ölwechseln nicht mehr als 15000 km verstreichen. Wer den VW hauptsächlich im Kurzstreckenverkehr fährt, sollte dagegen schon wesentlich früher den Ölwanneninhalt wechseln. In der kalten Jahreszeit spätestens nach sechs Monaten, unabhängig von der vielleicht noch geringen Kilometerleistung. Bei ausschließlichem Stadtverkehr sind bereits vier Monate genug für das Öl.
Wer ein Einbereichsöl verwendet, muß ohnehin an den jahreszeitlichen Wechsel denken – im Frühjahr und Herbst –, damit das Öl den Start- bzw. Außentemperaturen angepaßt ist.

Ölwechsel, wo und wie?

□ Das Motoröl soll bei betriebswarmem Motor gewechselt werden, damit es allen Schmutz beim Auslaufen herausschwemmt.
□ Das beim Ölwechsel anfallende Altöl muß ordnungsgemäß beseitigt werden. Wer es einfach ins Erdreich versickern läßt, vergräbt oder in die Kanalisation schüttet, gefährdet die Trinkwasserversorgung und muß mit hohen Strafen rechnen. Altöl kann man kostenlos abgeben bei zahlreichen Tankstellen, Werkstätten, manchen Autozubehörgeschäften oder bei einer Altölsammelstelle. Deren Adresse erfahren Sie von der Gemeindeverwaltung, der örtlichen Polizei oder einer Autoclub-Geschäftsstelle.
□ In Werkstätten kostet der Ölwechsel nach unseren Erfahrungen das meiste Geld, weil nur sehr teure Ölsorten vorrätig sind. Außerdem ist der Motor oft schon wieder kalt, bis das alte Öl

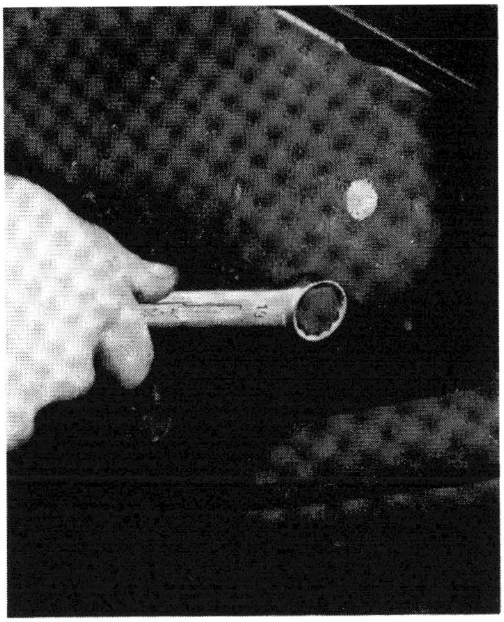

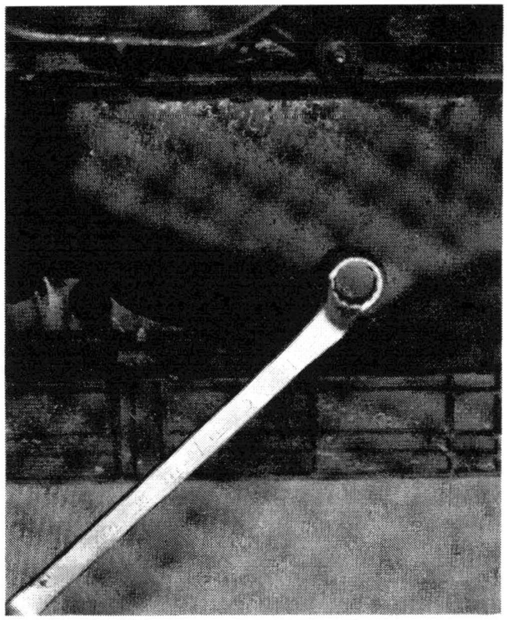

Die Ölablaßschraube sitzt beim Schlepphebelmotor ab 4/79 in Fahrtrichtung vorn an der Ölwanne (linkes Bild), bei den älteren Schlepphebel- und allen Tassenstößelmotoren dagegen an der Ölwannenrückseite (Bild rechts). Zum Lösen ist ein Ringschlüssel das am besten geeignete Werkzeug.

abgelassen wird. Und Werkstätten berechnen zumindest die Arbeit für den Ölfilterwechsel zusätzlich.

□ An Tankstellen kommt der Wagen meist sofort dran. Sie können auch ein billigeres Öl aus dem Verkaufsprogramm auswählen, und im Ölpreis ist die Arbeit des Tankwarts inbegriffen.

□ Gegen den SB-Ölwechsel mit einem Absauggerät an der Tankstelle bestehen keine Bedenken, vorausgesetzt, der Ölfilter wird bei jedem 15000-km-Intervall ebenfalls ausgetauscht. Das ist im Motorraum von oben her möglich.

□ Ölwechsel zu Hause lohnt sich nur, wenn Sie das Öl preiswert im Zubehörhandel, Großmarkt, Warenhaus oder durch gute Beziehungen billiger kaufen können. An der Tankstelle müssen Sie nach den etwas günstigeren SB- oder Mitnahmeölen fragen.

Fingerzeig: *Das beim Ölwechsel anfallende Altöl wird von spezialisierten Firmen bei Tankstellen, Werkstätten usw. eingesammelt und der Wiederverarbeitung zugeführt. So entstehen z. B. Isolierfarben oder Bohnerwachse. Voraussetzung für die Verarbeitung des Altöles ist, daß keine Fremdstoffe beigemischt sind. Andernfalls ist das Altöl lediglich noch Abfall, dessen Beseitigung Geld kostet.*

Motoröl und Ölfilter wechseln

Wartung Nr. 1 und 24

Für einen Ölwechsel brauchen Sie beim

□ **Schlepphebelmotor: 3,0 Liter Motoröl mit Filterwechsel bzw. 2,5 Liter ohne Filterwechsel** (in vielen Betriebsanleitungen werden andere Ölfüllmengen genannt, diese Angaben sind jedoch überholt);

□ **Tassenstößelmotor: 3,5 Liter Motoröl mit Filterwechsel bzw. 3 Liter ohne Filterwechsel**;

□ einen neuen Dichtring für die Ölablaßschraube;

□ einen Ölfilter für den alle 15000 km fälligen Filtertausch: V.A.G.-Teile-Nr. 056115561G.

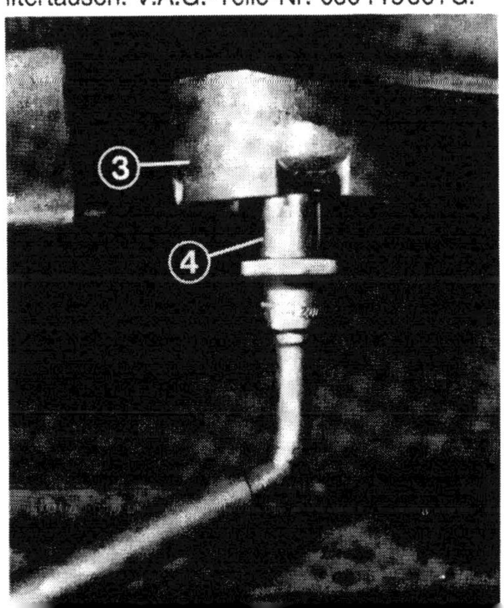

Links: So wird der Spannbandschlüssel (2) zum Losdrehen des Ölfilters (1) angesetzt. Im Bild rechts haben wir den Schlüssel »LS 7« (3) des Filterherstellers Mann am Ölfilter angesetzt. Sie brauchen dann allerdings auch eine Stecknuß SW 27 (4) oder einen langen Hebel, der zwischen die seitlichen Erhebungen gesteckt wird.

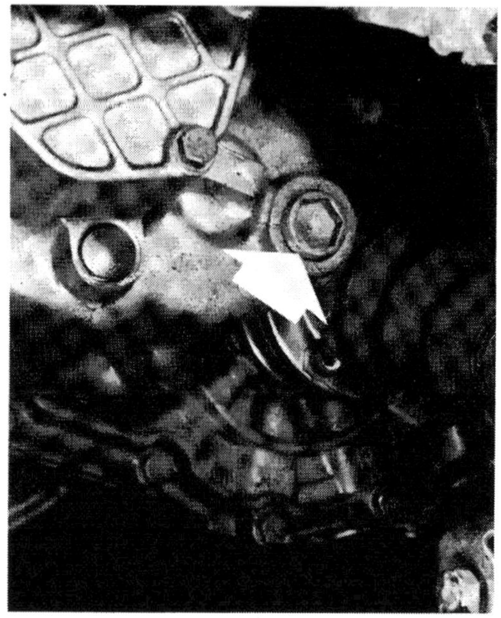

Bild links: Die Kontrollschraube (Pfeil) für den Getriebeölstand sehen Sie beim Schlepphebelmotor bei geöffneter Motorhaube in Fahrtrichtung links hinter der Antriebswelle. Rechte Abbildung: Am Tassenstößelmotor ist die Getriebeöl-Kontrollschraube bei abgenommenem linkem Vorderrad gut sichtbar.

■ Fahrzeug warmfahren.
■ VW waagrecht und rüttelsicher aufbocken.
■ Kleine Wanne oder einen genügend großen, aufgeschnittenen Plastik-Ölkanister unterstellen.
■ Ablaßschraube mit Ringschlüssel SW 19 öffnen. Sie sitzt in Fahrtrichtung gesehen beim Schlepphebelmotor ab 4/79 vorn; beim älteren Schlepphebel- sowie beim Tassenstößelmotor dagegen hinten an der Ölwanne.
■ Öl auslaufen lassen. Vorsicht, es ist heiß und kommt im Bogen herausgeflossen!
■ Haben Sie den VW mit Schlepphebelmotor nur vorn aufgebockt, sollten Sie ihn zum völligen Auslaufenlassen des Altöls nochmals ablassen. Aufpassen, daß dabei das Auffanggefäß nicht beschädigt oder umgekippt wird.
■ Ölfilter mit dem Bandschlüssel oder einem speziellen Filterschlüssel lösen. Beim Schlepphebelmotor müssen Sie den Bandschlüssel von unten her ansetzen.
■ Bei sehr festsitzendem Filter einen scharfen Schraubenzieher durch das Blechgehäuse des Filters treiben (Vorsicht, heißes Öl läuft aus) und Filter mit dem Schraubenzieher losdrehen.
■ Alten Ölfilter über der Ölwanne entleeren.
■ Einen gebrauchten Wechselfilter nicht in die Hausmülltonne werfen, sondern – wie auch ölgetränkte Lappen – zum Sondermüll geben. Die Adresse nennt Ihnen die Gemeindeverwaltung.
■ Dichtring am neuen Ölfilter mit etwas Fett einreiben. Kein Öl nehmen, das bei der Sichtkontrolle zum Schluß oft fälschlicherweise für austretendes Öl gehalten wird.
■ Filter ohne irgendwelches Werkzeug von Hand festdrehen.
■ Ölablaßschraube sauberreiben und mit neuem Dichtring eindrehen; nicht anknallen, sonst wird das Führungsgewinde in der Ölwanne beschädigt.
■ Nach dem Öleinfüllen Motor kurz laufen lassen. Bis die Ölpumpe den Filter gefüllt hat, leuchtet bzw. blinkt die Öldruckkontrolle kurz, und bei einem älteren Motor kann kurzfristig Lagerklappern hörbar werden.
■ Öldichtheit kontrollieren.

Getriebe auf Dichtheit prüfen

Wartung Nr. 32

Zeigt das Getriebegehäuse von außen keine öldurchtränkte Schmutzkruste, ist diese Wartung schon erledigt. Andernfalls muß der Ölstand geprüft werden. Wo die Kontroll- und Einfüllschraube sitzt, zeigen die Bilder oben.

■ **Schlepphebelmotor:** Wagen an einer ebenen Fläche abstellen.
■ Motorhaube öffnen.
■ **Tassenstößelmotor:** Fahrzeug waagrecht aufbocken.
■ **Beide Motoren:** Innensechskantschraube SW 17 herausdrehen.
■ Läuft nun bereits etwas Getriebeöl heraus, stimmt der Ölstand.
■ Andernfalls Finger in das Schraubengewinde stecken und fühlen, ob die Schmierflüssigkeit bis kurz unterhalb an die Öffnung heranreicht.
■ Bei größerem Ölmangel an der Tankstelle oder in der Werkstatt die vorgeschriebene Getriebeölsorte einfüllen lassen.

Die richtige Getriebeölsorte

An einen Getriebeölwechsel brauchen Sie nicht mehr zu denken. Das Getriebe ist mit einer Dauerfüllung versehen, aus der eventueller Abrieb durch Magnete herausgefischt wird. Allerdings muß das Getriebeöl bestimmten Anforderungen entsprechen. Das VW-Werk

schreibt Öle der Zähflüssigkeitsklasse SAE 80 oder 80 W-90 folgender Spezifikation vor:
□ API GL 4 bzw.
□ MIL-L-2105 (A)
□ Zum Nachfüllen kann auch das Synthetiköl G 50 mit der Teile-Nr. G 005 000 verwendet werden.

ATF-Stand im automatischen Getriebe kontrollieren

Ständige Kontrolle

Die Getriebeautomatik ist mit einer synthetischen Flüssigkeit namens **A**utomatic **T**ransmission **F**luid befüllt. Sie dient als Schmiermittel und zur Steuerung des hydraulischen Drucks im Getriebe. Damit sie den Anforderungen gerecht wird, muß die ATF geprüft sein und die Bezeichnung Dexron® (mit einer nachfolgenden Kontrollzahl) tragen. Falsche Flüssigkeit kann einen Getriebetotalschaden verursachen!

■ Die ATF soll zur Prüfung handwarm sein, das entspricht einer Fahrt von fünf bis zehn Minuten. Die Flüssigkeitsmenge verändert sich temperaturabhängig. Im kalten Zustand wird zu wenig angezeigt und nach längerer Fahrt ein zu hoher Stand.
■ Handbremse anziehen, Wählhebel in Stellung »P« legen, Motor im Leerlauf drehen lassen.
■ ATF-Peilstab – in Fahrtrichtung links im Motorraum; erkennbar an seiner Grifföse – herausziehen. Er darf nur mit einem sauberen, fusselfreien Tuch abgewischt werden.
■ Peilstab einschieben und nochmals herausziehen. Die Flüssigkeitsmenge zwischen oberer und unterer Marke am Peilstab beträgt **0,33 Liter**.
■ Zwischen beiden Markierungen muß ATF sichtbar sein.
■ Die Flüssigkeit ist rot oder rot/braun. Die seit Mitte 1985 verwendete rot/braune ATF verfärbt sich nach kurzer Zeit schwarz/braun. Das ist normal und bedeutet keinen Schaden.
■ Riecht die ATF verbrannt, liegt ein größerer Getriebeschaden vor.
■ Bei zu niedrigem Flüssigkeitsstand nicht einfach ATF nachfüllen, sondern das Getriebe auf Undichtigkeiten hin kontrollieren. Notwendige Abdichtarbeiten sollten Sie der Werkstatt überlassen.
■ Zu hoher Flüssigkeitsstand kann daher rühren, daß die Abdichtung zwischen dem Planetengetriebe und dem Achsantrieb schadhaft ist.
■ Ölstand im Achsantrieb kontrollieren, siehe nächsten Abschnitt.
■ Ist dort zu wenig Schmiermittel vorhanden, muß die Werkstatt die Teile neu abdichten und die ATF wechseln.
■ Stimmt der Schmiermittelstand im Achsantrieb, wird das Zuviel an ATF in der Getriebeautomatik lediglich abgesaugt. Zu hoher ATF-Stand kann ebenfalls einen Getriebeschaden verursachen.

Achsantrieb des automatischen Getriebes

Für den Achsantrieb der Getriebeautomatik wird ein anderes Öl als für das Schaltgetriebe gebraucht. Es muß die Viskosität SAE 90 und eine der beiden folgenden Spezifikationen aufweisen:
□ API GL 5
□ MIL-L-2105B

Weder eine Ölstandskontrolle noch ein Ölwechsel sind vorgesehen. Eine Überprüfung kann aber notwendig werden:
□ wenn das Achsantriebsgehäuse außen ölverschmiert ist oder
□ der ATF-Stand in der Getriebeautomatik angestiegen bzw. abgefallen ist ohne Anzeichen äußerer Undichtigkeiten. Dann hat möglicherweise ein Schmiermittelaustausch zwischen Planetengetriebe und Achsantrieb stattgefunden, wie im vorangegangenen Abschnitt beschrieben. Die Ölstandskontrolle geschieht, wie unter »Getriebe auf Dichtheit prüfen« beschrieben.

ATF wechseln

Wartung Nr. 47

Bei normalem Fahrbetrieb sieht der Wartungsplan den ATF-Wechsel alle 45 000 km vor. Wird der VW hauptsächlich im Kurzstreckenbetrieb oder viel mit Anhänger bzw. im Gebirge gefahren, kann der Flüssigkeitswechsel schon früher stattfinden. Dazu wird die alte ATF abgesaugt, und gleichzeitig müssen Ölwanne und -sieb gereinigt werden – Arbeiten für die V.A.G.-Werkstatt.

Zündverteiler schmieren

Wartung Nr. 20

Der Zündverteiler soll geschmiert werden, auch wenn Ihr VW mit einer wartungsfreien Transistorzündanlage (siehe Seite 187) ausgerüstet ist. Bei herkömmlicher Zündanlage geschieht dies beim Austausch der Unterbrecherkontakte (siehe Seite 193). Die Schmierstellen zeigen die folgenden Bilder. Aber wer im Verteiler zu ausgiebig mit Fett hantiert, kann Zündprobleme verursachen, wenn das Schmiermittel zwischen die Unterbrecherkontakte gelangt.

Die Schmierstellen im Zündverteiler, links beim Schlepphebel-, rechts beim Tassenstößelmotor. Es bedeuten: 1 – vierkantige Nockenbahn; 2 – Gleitstück am Unterbrecherhebel; 3 – Achse des Unterbrecherhebels; 4 – Schmierfilz in der Verteilerwelle.

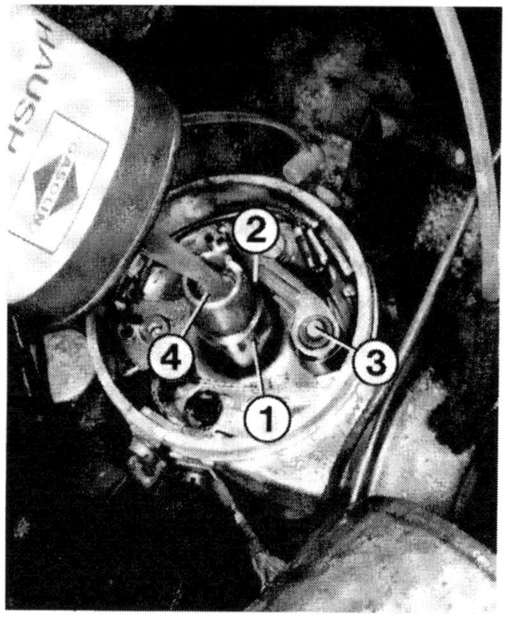

■ Verteilerdeckel, -finger und Staubschutzdeckel abnehmen, siehe Seite 191.

■ Damit das Gleitstück des Unterbrecherhammers nicht vorzeitig auf der Zündverteilerwelle abgeschliffen wird, erhält die vierkantige Nockenbahn der Welle eine dünne Schicht des Bosch-Fettes Ft 1 v 4.

■ Am Gleitstück wird eine stecknadelkopfgroße Menge desselben Fettes an jener Seite aufgetragen, die zur Lagerwelle des Unterbrecherhammers hin zeigt.

■ Fahrzeuge mit herkömmlicher Zündanlage erhalten einen Tropfen Öl in die Lagerwelle des Unterbrecherhammers.

■ In den Schmierfilz der hohl gebohrten Verteilerwelle des Tassenstößelmotors zwei Tropfen Haushalts- oder Motoröl träufeln.

Züge, Gelenke und Schlösser schmieren

Wartung Nr. 3 und 23

Der Serviceplan von Volkswagen sieht nur wenige Schmierarbeiten an unseren Modellen vor. Es hat sich aber gezeigt, daß eine zusätzliche Schmierration manches auf Dauer leichtgängig hält, was sonst quietscht, klemmt, reißt oder rostet. Dabei gilt folgende Faustregel: An Scharnieren und Gelenken mit engen Durchgängen, in die kein Fett eindringen kann, ist Öl oder Schmierspray günstiger. Gegeneinander reibende Flächen werden besser gefettet oder mit einer Schmierpaste behandelt, da diese Gleitstoffe besser haften.

Türen und Klappe hinten

■ Die Türscharniere sind eigentlich wartungsfrei. Dennoch kann es nicht schaden, hin und wieder etwas Öl anzusprühen. Abtropfendes Schmiermittel abwischen.

■ Für die Schloßfalle (siehe linkes Bild rechts unten) der Türen und der hinteren Klappe verwenden Sie am besten Silikonpaste oder ein Schmierspray.

■ Die Türfeststeller oder Türhaltebänder, die zu weites Aufschlagen der Türen verhindern, werden mit etwas Mehrzweckfett oder ebenfalls mit Silikonpaste bestrichen.

■ Die Heckklappenscharniere können Sie mit etwas Öl besprühen. Vorsicht an der Dachhinterkante des Golf und Scirocco, daß der Himmel nichts abbekommt.

Schließzylinder

Besonders gefährdet in der Winterzeit ist der Schließzylinder der Heckklappe. Er kann durch Schmutz und Salzkristalle blockiert werden. Dann muß meist ein neuer Schließzylinder her. Besser ist vorbeugende Pflege.

■ Sprühen Sie spätestens zu Beginn der kalten Jahreszeit etwas Rostlöser-Isolierspray in den Schlüsselschlitz. Es schmiert, verdrängt Feuchtigkeit und schützt vor Rost sowie Einfrieren im Winter.

■ Am Heckklappen-Schließzylinder winters gelegentlich nachsprühen.

■ Zur Schmierung des Schließzylinders eignet sich auch Waffenöl. Mit einer alten Injektionsspritze jeweils 0,5 cm^3 einspritzen.

Motorhaube

■ Entriegelungszug der Motorhaube von einem Helfer im Wageninnern ziehen lassen. An der Stelle, wo der Seilzug aus der Umhüllung kommt, etwas Fett anstreichen und durch mehrmalige Hebelbewegung in die Zugumhüllung ziehen.

■ Der Schließzapfen der Motorhaube, das eigentliche Motorhaubenschloß und die Achse des Fanghakens mit etwas Fett bestreichen oder Schmierspray auftragen.

■ Die Achsen der Motorhaubenscharniere erhalten etwas Öl oder Schmierspray.

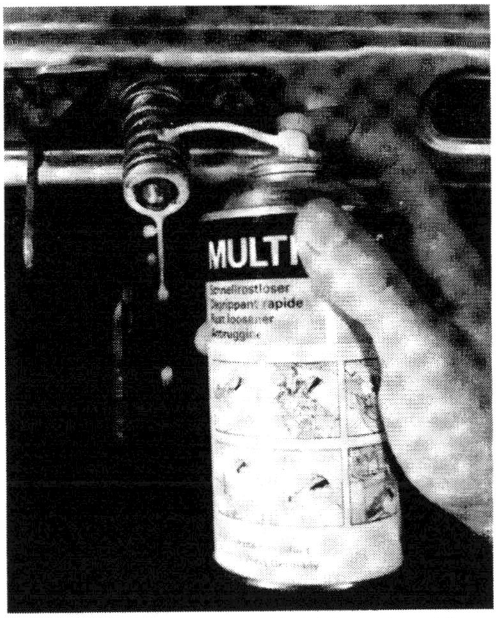

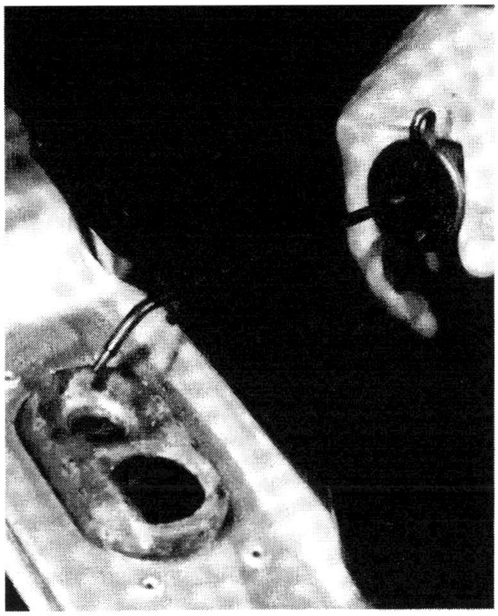

Links: Zum Schmieren des Schließzapfens der Motorraumhaube eignet sich Motoröl, Fett oder, wie hier gezeigt, Schmierspray. Rechts: Für das Motorhaubenschloß genügt Öl aus der Schmierkanne.

Kupplungszug

■ Im Motorraum am Getriebe den Kupplungshebel etwas hochziehen, so daß das Endstück locker an der Hebelnase hängt.

■ In den Zwischenraum etwas Fett oder Schmierpaste streichen.

■ Am Ende der Seilzugumhüllung etwas Fett um den Seilzug auftragen und durch mehrmaliges Kupplungspedaltreten in die Zug-Umhüllung ziehen.

Handbremszüge

Die Betätigung der Handbremse erfolgt über zwei Seilzüge. Etwas Schmierung kann nicht schaden. Dazu verwendet man am besten ein wasserbeständiges Mehrzweckfett, z. B. Molykote BR 2 Plus, das auch für die Schmierung der hinteren Radlager geeignet ist.

■ An den Zügen an der Stelle, wo die Züge in ihre Umhüllung eintreten, die Schutzmanschette abziehen.

■ An das Seilführungsrohr einen korrosionshemmenden »Fettkragen« aufstreichen.

Gasbetätigung

■ Von einem Helfer bei ausgeschaltetem Motor das Gaspedal durchtreten lassen.

■ An allen sich hierbei bewegenden Stellen die eventuell anhaftende Schmutzkruste abreiben und anschließend etwas Öl ansprühen, während ein Helfer ein paar Mal das Gaspedal bewegt.

■ Nicht geschmiert werden dürfen dagegen die Wellen und Lagerungen am Vergaser; das Schmiermittel verbunden mit Staub läßt sie sonst vorzeitig ausschlagen.

Schiebedach

■ Gleitschienen des Schiebedaches sauberreiben.

■ Schienen mit Silikonpaste oder -spray fetten.

■ Mit gewöhnlichem Fett besteht die Gefahr, daß der Dachhimmel verschmutzt wird.

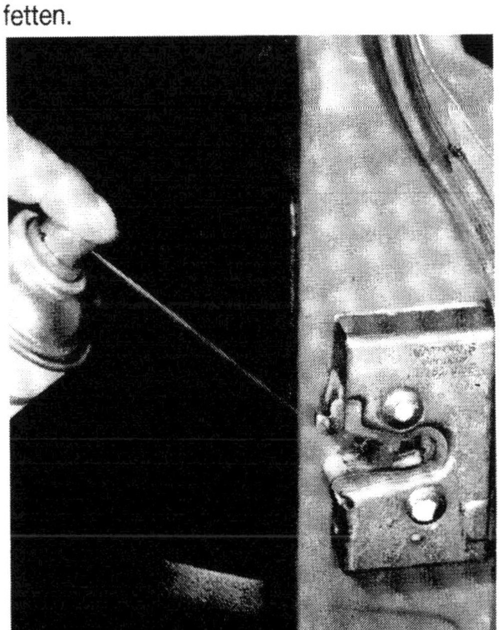

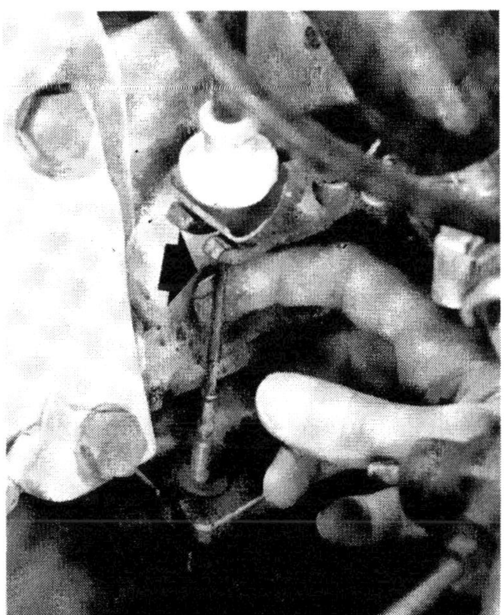

Links: Zum Schmieren der beweglichen Teile des Türschlosses nehmen Sie am besten ein Schmierspray oder Silikonpaste. Solche Schmiermittel hinterlassen keine Fettflecken auf der Bekleidung. Rechts: An der Stelle, wo der Kupplungszug aus der Hülle austritt (Pfeil), können Sie gelegentlich etwas wasserbeständiges Mehrzweckfett anstreichen.

Die Motoren und ihr Innenleben

Kurz und gut

In den in diesem Band besprochenen Modellen kommt eine ganze Reihe von Motorvarianten zum Einsatz. Sie lassen sich aber auf lediglich zwei Grundkonstruktionen zurückführen. Wir führen hier deshalb zwei Begriffe ein, die Sie im Buch laufend wiederfinden. Als wesentliches Unterscheidungsmerkmal haben wir die Art der Ventilbetätigung (siehe Seite 26) gewählt:

☐ **Schlepphebelmotor** heißen die 1,1- und 1,3-Liter-Versionen.

☐ **Tassenstößelmotor** steht für alle Triebwerke mit 1,5 und 1,6 Liter Hubraum.

Blick unter die Motorhaube

Charakteristisch für unsere VW-Modelle ist das quer zur Fahrtrichtung eingebaute Triebwerk. Gleich auf Anhieb können Sie den Schlepphebel- vom Tassenstößelmotor unterscheiden (siehe auch die Motorraumbilder auf Seite 8/9):

☐ Der Schlepphebelmotor mit der werksinternen Baumusterbezeichnung EA 801 ist um 15° nach vorn geneigt.

☐ Die Einbaulage des Tassenstößelmotors mit dem Baumustercode EA 827 ist dagegen um 20° nach hinten.

Zur genauen Identifizierung tragen die Motoren vor ihrer Seriennummer Kennbuchstaben (alle Angaben in Fahrtrichtung gesehen):

☐ Beim Schlepphebelmotor bis ca. 2/80 an der linken Motorstirnseite unterhalb von Zündverteiler und Thermostatgehäuse.

☐ Am Schlepphebeltriebwerk ab etwa 3/80 vorn rechts zwischen Zahnriemenabdeckung und Auspuffkrümmer.

☐ Der Tassenstößelmotor trägt seine Kennzeichnung vorn unter dem Einschraubgewinde des 3. Zylinders.

Die folgenden Motoren sind in diesem Band beschrieben:

Kurzbezeichnung	1,1	1,1	1,1 Formel E	1,3	1,5
Hubraum cm^3	1093	1093	1093	1272	1471
Leistung kW/PS	37/50	37/50	37/50	44/60	51/70
Kennbuchstaben	FA	GG bis 799999	GG ab 800000	GF	FH
Bauzeit	5/74–7/79	8/79–1/84	1/81–1/84	8/79–1/84	2/74–8/75
Kurzbezeichnung	1,5	1,5	1,6	1,6	
Hubraum cm^3	1471	1457	1588	1588	
Leistung kW/PS	63/85	51/70	55/75	63/85	
Kennbuchstaben	FD	JB	FP	FR	
Bauzeit	2/74–8/75	8/77–1/84	9/75–7/77	9/75–1/84	

Die Einzelteile des Motors

Wer sich für die Funktion des Motors interessiert, findet nachstehend die wichtigsten Teile herausgegriffen und beschrieben, bevor wir zu den Wartungs- und Reparaturarbeiten kommen.

Kolben und Zylinder

Die aus Leichtmetall gegossenen Kolben besitzen eine Stahleinlage, welche die Wärmedehnung verringert. Im oberen Drittel jedes Kolbens sind drei Kolbenringe elastisch in entsprechende Nuten im Kolben eingebettet. Sie drücken federnd gegen die Zylinderwand. Die beiden oberen Kolbenringe verwehren dem Gasgemisch den Weg aus dem Verbrennungsraum nach unten ins Kurbelgehäuse, während der untere Ölabstreifring verhindert, daß allzuviel Schmiersaft vom Kurbelgehäuse in den Brennraum gelangt.

Der Kolbenboden ist bei den verschiedenen Motorversionen unterschiedlich ausgeformt – flach oder mit einer mehr oder minder tiefen Mulde.
Die Zylinder, in denen die Kolben auf und ab laufen, sind in das Graugußmaterial des Motorblocks eingearbeitet. Die Triebwerke bis 1,5 Liter Hubraum besitzen zwischen und um die Zylinder herum Kühlwasserkanäle. Beim 1,6-Liter-Block stehen die Zylinder als siamesische Vierlinge gewissermaßen Wange an Wange ohne zwischendurchlaufende Kühlwasserkanäle. Man erreicht so eine möglichst kurze Bauweise mit zusätzlich versteiftem Zylinderblock, ohne thermische Probleme in Kauf nehmen zu müssen.
Die Zylinderbohrungen sind im sogenannten Kreuzschliff gehont (geschliffen). Die Wandungen dürfen nicht völlig glatt sein, weil sonst das zur Schmierung notwendige Öl nicht daran haften kann. Die Bohrungen der Zylinder sind um 0,03 mm weiter als die zugehörigen Kolben. Bis zu drei Mal können die Zylinderlaufbahnen bei Motorüberholungen ausgeschliffen werden.

Die Kurbelwelle

Aufgabe der Kurbelwelle ist es, die geradlinige Bewegung der in den Zylindern auf und ab laufenden Kolben in eine Drehbewegung umzusetzen. Die zu den Kolben führenden Verbindungsstangen – die Pleuel – wirken deshalb, wie bei einer Andrehkurbel, versetzt zur Mittelachse der Kurbelwelle. Die einzelnen Kurbeln sind um 180° zueinander versetzt, stehen sich also entgegengesetzt gegenüber. Für vibrationsarmen Lauf sitzen an der gegenüberliegenden Seite der Kurbelzapfen acht Gegengewichte. Die Kurbelwelle ist beim Schlepphebelmotor gegossen, beim Tassenstößeltriebwerk dagegen geschmiedet.
Um ein Durchbiegen der Kurbelwelle im Betrieb zu vermeiden, ist sie an fünf Stellen im Motorblock gelagert. Jede »Kurbel«, auf der eine Pleuelstange sitzt, ist also rechts und links durch ein Motorlager gestützt.
In Fahrtrichtung links sitzt auf der Kurbelwelle eine Scheibe mit dem Zahnkranz für das Ritzel des Anlassers. Das ist entweder die Schwungscheibe, auf welche die Kupplung und damit die Verbindung zum Getriebe montiert wird, oder die Mitnehmerscheibe, an die der Drehmomentwandler der Getriebeautomatik geschraubt ist. Am anderen Ende der Kurbelwelle sind das Antriebsrad für den Zahnriemen sowie die Keilriemenscheibe(n) angeschraubt.

Die Pleuel

Die vier Pleuel sind mit auswechselbaren Lagerschalen auf den Kurbelwellenzapfen montiert. In ihrem anderen Ende tragen sie Bronzebuchsen für die Kolbenbolzen, die »schwimmend« gelagert sind. Darunter ist zu verstehen, daß sich Kolben und Kolbenbolzen auf dem Pleuel etwas zur Seite bewegen können.

Zylinderkopf und Nockenwelle

Aus Gewichtsgründen und wegen der besseren Wärmeleitfähigkeit ist der Zylinderkopf aus Leichtmetall gegossen. Die Ventilsitze werden bei erhitztem Zylinderkopf eingesetzt, dadurch sind sie nach dem Abkühlen fest »eingeschrumpft«. Die Zündkerzen sind jeweils direkt in eingeschnittene Gewinde im Zylinderkopf eingeschraubt. Dadurch kann man das Gewinde beschädigen, wenn eine Zündkerze schräg angesetzt und mit Gewalt eingedreht wird.
Beim Schlepphebelmotor hängen die Ein- und Auslaßventile von rechts nach links gesehen abwechselnd nacheinander im Zylinderkopf. Das Benzin/Luft-Gemisch gelangt von der hinteren Motorseite in die Verbrennungsräume und verläßt sie nach der Zündung über den

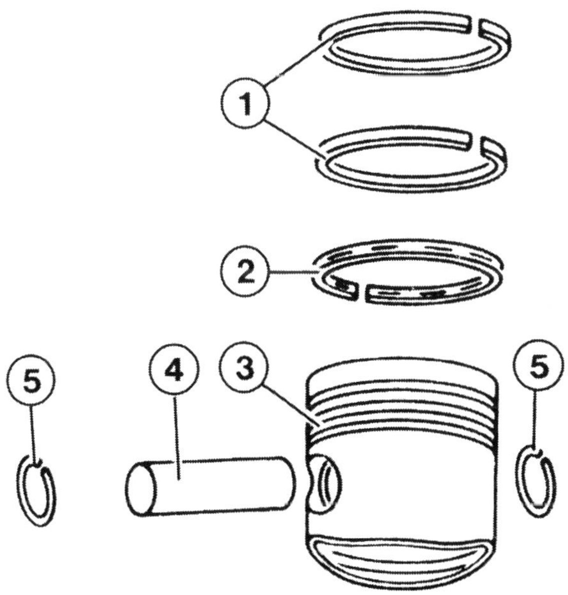

Zum Kolben (3) gehören zwei Verdichtungsringe (1), ein Ölabstreifring (2), der Kolbenbolzen (4) und die entsprechenden Sicherungsringe (5).

Der aufgeschnittene Schlepphebelmotor zeigt: 1 – Nockenwelle; 2 – Nockenwellenrad; 3 – Zahnriemen; 4 – Wasserpumpe; 5 – Zahnriemen-Schutzhaube; 6 – Kurbelwellen-Keilriemenscheibe; 7 – Ölpumpe; 8 – Pleuel; 9 – Ölansaugrohr; 10 – Kolben; 11 – Ölwanne mit Schlingerblech; 12 – Kurbelwelle mit Gegengewichten; 13 – Auspuffkrümmer; 14 – Auslaßventil des 3. Zylinders; 15 – Schlepphebel mit Haltefeder; 16 – Zündverteiler.

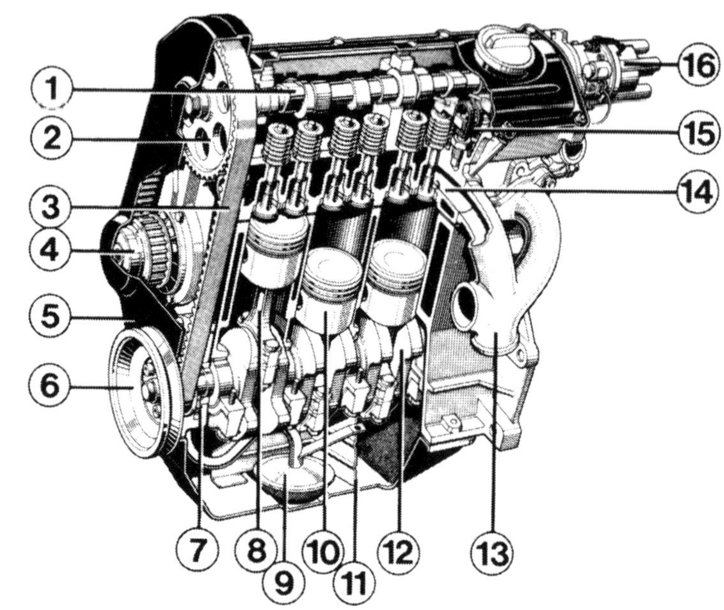

Auspuffkrümmer vorn. Einlaß- und Auslaßseite liegen sich also gegenüber, was man in der Fachsprache mit »Querstromkopf« bezeichnet. Die Reihenfolge der Ventile im Zylinderkopf des Tassenstößelmotors zeigt das Bild auf Seite 37 unten.

Ganz oben im Zylinderkopf sitzt die Nockenwelle. Mit ihren eiförmigen Nocken veranlaßt sie die Ventile zum Öffnen und Schließen bei bestimmten Kolbenstellungen. Sie bestimmt damit die sogenannten Ventilsteuerzeiten. Bei den Motoren mit Schlepphebeln (siehe übernächsten Abschnitt) ist die Nockenwelle dreifach gelagert, bei den Motoren mit Tassenstößeln läuft sie in fünf Lagern. Den Nockenwellenantrieb besorgt die Kurbelwelle über einen Zahnriemen.

Erwähnenswert ist noch, daß die Nockenwelle beim Schlepphebelmotor den Zündverteiler über einen Mitnehmer direkt und die Benzinpumpe über einen Exzenter antreibt. Beim Tassenstößelmotor wird vom Zahnriemen außer der Nockenwelle noch eine Zwischenwelle in Bewegung versetzt. Sie treibt ihrerseits über einen Nocken die Kraftstoffpumpe und über ein Zahnrad den Zündverteiler und die Ölpumpe an.

Die Ventilbetätigung

Die Ventile werden von der Nockenwelle auf kürzestem Übertragungsweg gesteuert; bei unseren Motoren allerdings auf zweierlei Weise.

Schlepphebel

Bei den 1,1- und 1,3-Liter-Motoren drücken die Nocken auf eine Art Zwischenlager – die Schlepphebel –, die dann die Ventile gegen die Kraft der Ventilfedern nach unten drücken. So wird ein Spalt zwischen Ventilteller und Ventilsitz frei, das Ventil öffnet. Beim Weiterlaufen des Nockens drücken die Ventilfedern das Ventil wieder zu. In Fahrtrichtung links sitzen die Schlepphebel auf Kugelschrauben im Zylinderkopf (siehe Zeichnung rechts oben).

Tassenstößel

Der Tassenstößel ist – wie eine auf den Kopf gestellt Tasse – über den Ventilschaft und die beiden Ventilfedern gestülpt, wie in der Zeichnung unten gezeigt. Zum Einstellen des Ventil-

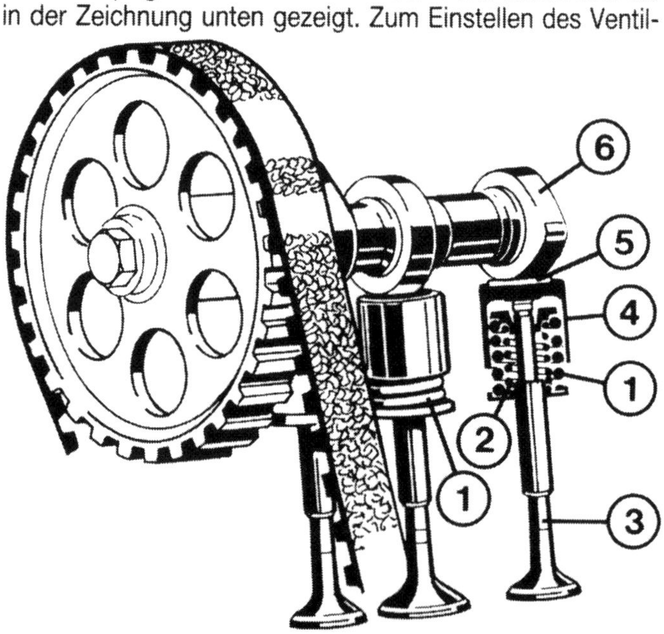

Zur Ventilbetätigung des Tassenstößelmotors gehören: 1 – äußere Ventilfeder; 2 – innere Ventilfeder; 3 – Ventil; 4 – Tassenstößel; 5 – Einstellplättchen; 6 – Nocke auf der Nockenwelle.

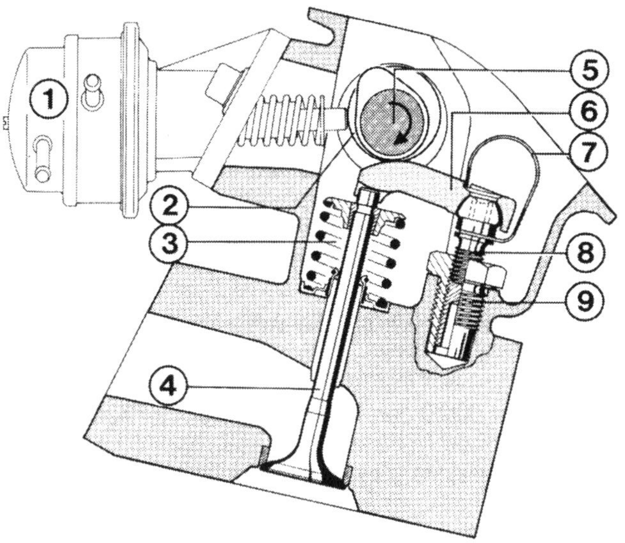

Die Ventilbetätigung des Schlepphebelmotors: Zum Öffnen eines Ventils (4) drückt der Nocken auf der Nockenwelle (5) auf den Schlepphebel (6). Weiter bedeuten: 1 – Benzinpumpe; 2 – Exzenter für den Benzinpumpenantrieb; 3 – Ventilfeder; 7 – Haltefeder; 8 – Kugelschraube; 9 – Hülsenschraube.

spiels werden in die Tassenstößel entsprechend dünnere oder dickere Einstellplättchen eingelegt. Die Nocken berühren die Tassenstößel übrigens nicht genau in der Mitte, sondern leicht versetzt. Dadurch wird erreicht, daß sich die Ventile bei jedem Niederdrücken ein klein wenig um ihre Achse drehen. Das verhindert, daß sie sich ungleichmäßig einschlagen und mit der Zeit undicht werden. Das ist auch der Grund dafür, daß beim Tassenstößelmotor das Ventilspiel nur alle 30000 km geprüft werden muß.

Die Steuerzeiten

Bekanntlich haben wir im VW einen Viertaktmotor, der das Gemisch aus Kraftstoff und Luft ansaugt, verdichtet, zündet und die verbrannten Gase wieder ausstößt. Fürs Ansaugen der Frischgase und das Ausschieben der Altgase bleibt dem ventilgesteuerten Verbrennungsmotor nur wenig Zeit. Weder kann die Nockenwelle die Ventile schlagartig öffnen noch vermögen sie die Ventilfedern derartig schnell zu schließen. Deshalb sind bei manchen Motorversionen die Nocken so geformt, daß das Einlaßventil bereits gegen Ende des Auslaßtakts öffnet und erst dann schließt, wenn der Kolben nach Beendigung des Ansaughubs wieder verdichtend aufwärtsstrebt. Das Auslaßventil öffnet schon vor Abschluß des Arbeitstakts und schließt erst, wenn der Kolben bereits wieder Frischgas ansaugt. Beide Ventile sind dann einen Sekundenbruchteil gleichzeitig geöffnet, wenn der Kolben im Oberen Totpunkt (OT) vom Ausstoßen zum Ansaugen umkehrt. Diese Zeitspanne wird mit Ventilüberschneidung bezeichnet.

Der Zahnriemen

Als geräuscharmes Antriebselement für die obenliegende Nockenwelle dient der von der Kurbelwelle in Bewegung gesetzte Zahnriemen. Der gezähnte Gummiriemen mit Stahldrahteinlage arbeitet verschleißfrei, zumal die Gummimischung des Zahnriemens überdies für eine Trockenschmierung der Riemenseiten sorgt. Außer der Nockenwelle treibt der Zahnriemen beim Schlepphebelmotor die Wasserpumpe an, die als Spannvorrichtung dient. Beim Tassenstößelmotor wird der Riemen durch eine spezielle Spannrolle gespannt und treibt zusätzlich eine Zwischenwelle an, die ihrerseits die Ölpumpe, den Zündverteiler sowie die Kraftstoffpumpe in Bewegung versetzt.
Unter ungünstigen Umständen kann der Zahnriemen überspringen, wenn etwa Bruchstücke eines gerissenen Zahnriemens zwischen den Riemen und ein Wellenrad gelangen. Ist der Zahnriemen einen oder mehrere Zähne versetzt, verändern sich die Ventilsteuerzeiten. Das hat schlechtere Motorleistung zur Folge oder der Motor stirbt ab und läßt sich nicht mehr starten. Gefährdet durch diesen Defekt sind die Tassenstößelmotoren, weshalb ab 2/79 der Zahnriemen auch nach unten gekapselt wurde.
Die Gefahr, daß bei übergesprungenem Zahnriemen Kolben und Ventile zusammenstoßen könnten, besteht nur für hochverdichtete Motoren, in unserem Fall der alte 1,5-Liter mit 63 kW (Scirocco bis 7/75). Der 1,1-Liter 37 kW (Formel E) ist als Schlepphebelmotor hiervon nicht betroffen.

Die Zylinderkopfdichtung

Die Dichtung zwischen Motorblock und Zylinderkopf hat einen schweren Stand: Sie hat dafür zu sorgen, daß die Verbrennungsräume und die Kanäle für Kühlmittel und Öl voneinander getrennt bleiben. Dabei muß sie enormen Temperatur- und Druckschwankungen widerstehen.

Das Schmiersystem

Im Motor verlangen eine ganze Reihe von Lagerstellen und Reibpartnern nach Schmierung. Das Motoröl muß dorthin unter Druck gepumpt werden – von der Ölpumpe. Sie saugt den Schmiersaft durch einen siebbewehrten Schnorchel an und drückt ihn in den Hauptstromfilter. Ist das Filterpapier von Schmutz zugesetzt, weil der Filter nicht rechtzeitig gewechselt wurde, tritt ein Sicherheitsventil in Aktion. Es öffnet, der Filter wird umgangen, die Ölversorgung ist sichergestellt. Allerdings bewirkt ungefiltertes Motoröl höheren Verschleiß an den Lagerstellen. Vom Filter aus gelangt das schmierfähige Naß über Bohrungen im Zylinderblock zu den Schmierstellen der Kurbelwelle, der Zwischenwelle (nur Tassenstößelmotor) und des Zylinderkopfes mit der Nockenwelle.
Das Öl fließt durch Bohrungen zurück in die Ölwanne und kann für einen erneuten Durchlauf von der Ölpumpe angesaugt werden.

Die Ölpumpe

Rund 30 Liter Öl werden bei Vollgas in der Minute durch den Motor gepumpt. Der Antrieb der Ölpumpe erfolgt je nach Motor unterschiedlich:
□ Beim **Schlepphebelmotor** ist die Pumpe in Fahrtrichtung vorn direkt auf die Kurbelwelle gesetzt.
□ Im **Tassenstößelmotor** ist die bereits erwähnte Zwischenwelle das Antriebselement für die nach unten verlängerte Zündverteilerwelle, wo die Ölpumpe sitzt.
Auch in der Arbeitsweise sind die bei unseren Motoren verwendeten Ölpumpen verschieden:
□ Der **Schlepphebelmotor** besitzt eine sogenannte Sichelpumpe. Ein kleineres Zahnrad sitzt direkt auf der Kurbelwelle und wird von einem größeren innenverzahnten Rad umhüllt. Zwischen beiden befindet sich ein halbmondförmiges Trennstück – die Sichel –, das Kammern veränderlicher Größe entstehen läßt. Beim Umlauf der miteinander kämmenden Räder kann so das Öl angesaugt und weitergepumpt werden.
□ Der **Tassenstößelmotor** besitzt eine herkömmliche Zahnradpumpe. Zwei ineinandergreifende Zahnräder schaufeln das Öl einfach von der Saug- zur Druckseite.

Fingerzeig: *Der Antrieb des Sichelpumpe beim Schlepphebelmotor kann abscheren. Dann fällt die Ölversorgung des Motors schlagartig aus. Beim Aufleuchten der Öldruckkontrolle während der Fahrt sofort den Motor abstellen. So läßt sich evtl. ein Lagerschaden noch verhindern, siehe auch Seite 46.*

Öltemperaturen

Für das Wohlbefinden des Motors ist die Öltemperatur ausschlaggebend. Allerdings besitzen nur bestimmte Scirocco-Modelle serienmäßig ein Ölthermometer, an dem Sie ablesen können, wie es um den Wärmehaushalt des Motors bestellt ist.
Bezüglich der Öltemperatur nennt Volkswagen 145°C in der Ölwanne als höchstzulässigen Wert. Voraussetzung ist dabei allerdings ein wirklich hochwertiges Motoröl. Dagegen können an den Kolbenringen Temperaturen bis 300°C auftreten.
Gefährlicher als hohe Temperaturen sind zu niedrige Werte. Bei weniger als 60°C sind die Öl-Additive nicht voll wirkungsfähig, was erheblich höheren Verschleiß zur Folge hat. Deshalb sollten Sie nach Möglichkeit den Motor nach dem Kaltstart nicht über 3500/min drehen lassen,

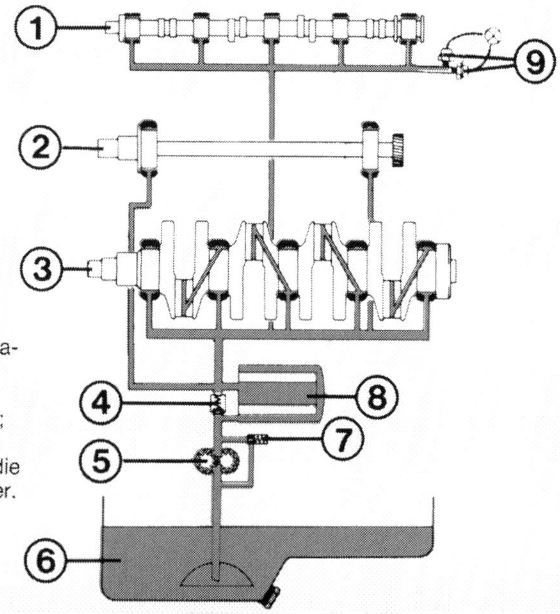

Die Ölversorgung des Tassenstößelmotors schematisch dargestellt: 1 – Nockenwelle; 2 – Zwischenwelle; 3 – Kurbelwelle; 4 – Kurzschlußventil zum Umgehen eines verstopften Ölfilters; 5 – Ölpumpe; 6 – Ölwanne; 7 – Überdruckventil, das bei zu hoch ansteigendem Öldruck einen Teil des Motoröls in die Wanne zurückleitet; 8 – Ölfilter; 9 – Öldruckschalter.

bis das Öl etwa 60°C erreicht hat. Ohne Ölthermometer gilt als Anhaltspunkt, daß das Motoröl im Winter und Kurzstreckenverkehr erst nach 15 Minuten 60°C erreicht hat; in der wärmeren Jahreszeit und bei zügiger Fahrt dagegen schon nach etwa 6 Minuten.

Der Öldruck

Bei einer Öltemperatur von 80°C und mit einem Einbereichsöl der Klasse SAE 20 W/20 soll der Öldruck folgenden Wert erreichen: Bei **2000/min** des Motors **mindestens 2 bar**.
Das können Sie in dieser Form nur ablesen, wenn Sie nachträglich einen Öldruckmesser eingebaut haben. Als serienmäßige Kontrollmöglichkeit gibt es einen Öldruckschalter, der ab einem Druck von 0,15–0,45 bar die Warnleuchte im Armaturenbrett verlöschen läßt und bei den seit 8/82 gebauten Fahrzeugen einen zweiten Schalter, der bei höheren Motordrehzahlen vor zu niedrigem Druck warnt. Sackt der Öldruck bei mehr als 2150/min unter 1,8 bar, blinkt die Kontrolleuchte, und ein Warnsummer ertönt. Näheres zur Öldruckkontrolle finden Sie auf Seite 227.
Aber zu hoch darf der Öldruck auch nicht sein. Ein Überdruckventil in der Ölpumpe öffnet den Weg zur Saugseite hin, wenn der Druck durch kaltes und sehr zähflüssiges Öl zu hoch ansteigt.
Wollen Sie den Öldruck Ihres Motors messen, muß ein Öldruckschalter herausgeschraubt und stattdessen ein Manometer angeschlossen werden.

Die Kurbelgehäuse-Entlüftung

Auch ein gesunder Motor bläst in der Minute 50 bis 70 Liter Verbrennungsgase an den Kolbenringen vorbei ins Kurbelgehäuse. Dieser Druck muß aus dem Motor entweichen können, damit die Dichtungen nicht zu stark beansprucht werden. Das geschieht über die Kurbelgehäuse-Entlüftung. Die giftigen Gase aus dem Motorinnern werden zum Schutz der Umwelt in das Luftfiltergehäuse und zum Ansaugstutzen zurückgeleitet. Von dort werden die Gase zur vollständigen Verbrennung nochmals vom Motor angesaugt.
Beim Schlepphebelmotor sitzt in Fahrtrichtung rechts hinten am Motorblock ein Entlüfteranschluß mit Schlauch und Ölabscheider, beim Tassenstößelmotor ist der Entlüfterschlauch am Zylinderkopfdeckel angeschlossen.

Sichtprüfung des Motors

Wartung Nr. 11

■ Betrachten Sie den Motor von oben und unten.
■ Geringfügig ölfeuchte Stellen sind nicht bedenklich, alle Motoren »schwitzen« gelegentlich etwas Schmiermittel aus.
■ Ölflecken unter dem geparkten Wagen und deutlichen Ölnässen sollten Sie aber auf den Grund gehen.
■ Motor mit einem Dampfstrahlgerät und Motorreiniger säubern.
■ Nach einer Probefahrt von wenigen Kilometern wird kontrolliert.

Mögliche Leckstellen

Auf die nachstehend genannten Stellen am Motor sollten Sie Ihr Augenmerk richten:
□ Abdichtung von Kurbelwelle, Nockenwelle und nur beim Tassenstößelmotor Zwischenwelle (alle vom Zahnriemenschutz verdeckt)
□ Dichtung im Zylinderkopf (Halbrunddichtung; nur beim Tassenstößelmotor)
□ Dichtung für Benzinpumpenfuß
□ Dichtung am Zündverteilerflansch bzw. -fuß
□ Öldruckschalter
□ Ölfilterhalter und Filtergehäuse
□ Ölwanne
□ Zylinderkopfdeckeldichtung
□ Zylinderkopfdichtung

Fingerzeige: *Tritt Öl an Verschraubungen aus, können Sie kontrollieren, ob Schrauben locker sind. Aber nicht mit Kraft »anknallen«. Folgende Drehmomente gelten: Kraftstoffpumpe 20 Nm, Ölwanne 20 Nm, Zylinderkopfdeckel 10 Nm.*
Der nach unten völlig offene Motorraum verschmutzt sehr schnell. Das ist im Winter besonders störend, denn das aufgewirbelte Streusalz bewirkt Korrosion und ggf. auch Zündstörungen. Nach einer gründlichen Motorwäsche sollten die Aggregate mit Konservierungswachs eingesprüht werden.

Einfahren des Motors

Nach dem Einbau eines Austauschmotors bzw. eines überholten Triebwerks sind gewisse Vorsichtsmaßregeln angebracht. Die Zylinderwände sowie die Kolben mit den dazugehörigen Kolbenringen weisen an den Oberflächen eine mikroskopische Rauhigkeit auf. Erst der Einlaufvorgang kann diese kleinen Unebenheiten beseitigen, so daß die Teile gut gegeneinander abdichten. Zu flottes Hochdrehen des Motors kann zu winzigen Freßstellen führen, die

Ein Blick in den Tassenstößelmotor: 1 – Öleinfüllstutzen; 2 – Nockenwellenrad; 3 – Zahnriemen-Schutzhaube; 4 – Zahnriemenspanner; 5 – Zahnriemen; 6 – Keilriemen; 7 – Zwischenwellenrad; 8 – Kurbelwellen-Keilriemenscheibe; 9 – Wasserpumpen-Keilriemenscheibe; 10 – Ölwanne; 11 – Kolben; 12 – Thermostat; 13 – Zwischenwelle; 14 – Kurbelwelle mit Gegengewichten; 15 – Ölpumpe; 16 – Antriebswelle für Ölpumpe und Verteiler (20); 17 – Ölfilter; 18 – Pleuel; 19 – Kraftstoffpumpe; 21 – Einlaßventil des 3. Zylinders; 22 – Zündkerze; 23 – Tassenstößel mit Ventilfedern; 24 – Nockenwelle; 25 – Kurbelgehäuse-Entlüftung.

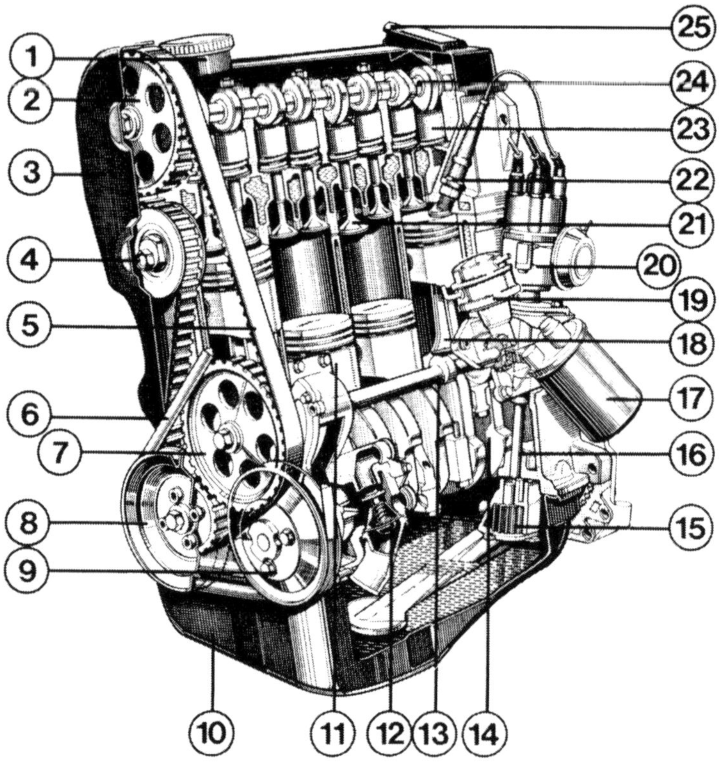

unter Umständen einen fatalen Kolbenfresser nach sich ziehen. Sie tun also im Hinblick auf die Motorlebensdauer gut daran, die Einfahr-Empfehlungen des VW-Werks zu beachten. Während der ersten 1000 km gelten als höchste Drehzahl 4200/min und als maximale Geschwindigkeiten (in km/h) in den einzelnen Gängen:

	Schlepphebelmotor	Tassenstößelmotor
1. Gang	25	25
2. Gang	45	45
3. Gang	65	75
4. Gang	95	105
5. Gang	–	120

Auf Landstraßen fühlt sich der Motor während der Einfahrzeit am wohlsten. Da muß fleißig geschaltet werden, man fährt mit wechselnden Geschwindigkeiten und wird selbst bei strikter Beachtung der anfänglichen Höchstgeschwindigkeit nicht zum Verkehrshindernis. Im Lauf der folgenden 500 km können Sie die Drehzahlen langsam steigern. Ab 1500 km darf der Motor ruhig auch einmal hochgedreht werden. Routinierte Einfahrer benutzen dazu vor allem Autobahngefälle: Bergab mit relativ hohen Motordrehzahlen, ohne den Motor gleichzeitig stark zu belasten. Die Maschine muß dazu allerdings restlos durchgewärmt sein, also mindestens 25 km Fahrstrecke nach dem Kaltstart hinter sich haben.
Etwa 3000 km muß der Motor schon auf dem Buckel haben, ehe er richtig eingefahren ist. Bei überwiegendem Stadtverkehr dauert es sogar noch viel länger.

Die Motor-Lebensdauer

Die nachstehend genannten Kilometerleistungen stellen nur Anhaltspunkte dar. Je nach Fahrweise und Pflege werden Sie den unteren oder den oberen Wert erreichen:

- ☐ Schlepphebelmotor: 90000–120000 km
- ☐ Tassenstößelmotor: 100000–160000 km

Der Fahrer entscheidet durch seinen Umgang mit der Maschine, ob der Exitus schon früh erfolgt oder 150000 km oder mehr auf den ersten Motor kommen. Von entscheidender Bedeutung ist hierbei die Motoröltemperatur, siehe den Text auf Seite 28.
Nach wochenlangem Kurzstreckenverkehr ist es ebenfalls nicht ratsam, gleich voll aufs Gaspedal zu treten. Bei den langen Leerlaufminuten in der Stadt bilden sich in den Brennräumen und an den Ventilen Ablagerungen, die bei voller Betriebstemperatur und zügiger, aber nicht scharfer Fahrt langsam abgebrannt werden sollen. Für Fahrzeuge mit Drehzahlmesser: Das entspricht 4000–5000/min. Ideal ist auch hier wieder die Fahrt auf der Landstraße.

Fingerzeig: *Beim Schlepphebelmotor können Defekte an der Ölpumpe für einen frühzeitigen Motortod verantwortlich sein, weil der Antrieb zwischen Kurbelwelle und Pumpe abschert.*

Nenn- und Höchstdrehzahl

Ein Verbrennungsmotor gibt seine höchste Leistung bei einer bestimmten Drehzahl ab – der sogenannten Nenndrehzahl. Höher als diese hinauszudrehen bringt keine Mehrleistung. Allerdings kann unter günstigen Umständen durch die höhere Motordrehzahl und vermehrte Radumdrehungen eine höhere Geschwindigkeit erreicht werden.
Unsere Motoren sind durchaus drehzahlfest. Die Ventile werden über die Schlepphebel bzw. Tassenstößel direkt von der obenliegenden Nockenwelle betätigt. Dabei werden nur geringe Massen in Bewegung gesetzt, was hohe Drehzahlen ohne Gefahr für den Ventiltrieb gestattet. Als höchstzulässige Drehzahl gelten etwa 6400/min. Hierbei handelt es sich um die »Betriebsdrehzahl«, die selbst über längere Zeit für den Motor ungefährlich ist. Wer noch weiter hochdreht, kommt in den Bereich der Überdrehzahlen. Der Motor brummt dann unüberhörbar, verursacht durch Schwingungen der Kurbelwelle in ihren Lagern.
Damit Sie über die Motordrehzahlen informiert sind, besitzen bestimmte Modellversionen serienmäßig einen Drehzahlmesser. Ein solches Instrument hat allerdings eine gewisse Voreilung – im oberen Skalenbereich bis zu 5%. 6000/min auf dem Tourenzähler sind demzufolge oft lediglich echte 5700/min.

Der Drehzahl-Begrenzer

Bei zu hohen Drehzahlen geraten die Ventilfedern so stark ins Schwingen, daß ein einwandfreies Öffnen und Schließen der Ventile nicht mehr gewährleistet ist. Die Ventilfedern können brechen, was zur Folge hat, daß das betreffende Ventil auf dem Kolben aufschlägt und gewaltige Zerstörungen anrichtet. Damit es gar nicht so weit kommen kann, besitzen einige Motoren eine Drehzahlbegrenzung. Dazu sitzt im Verteilerfinger eine Fliehkraft-Einrichtung, die bei zu hoher Drehzahl den Zündstrom unterbricht.

Kompressionsdruck messen

Die Messung des Kompressionsdrucks in den Motorzylindern gibt Aufschluß darüber, ob Ventile und Kolbenringe noch gut abdichten. Leistung, Kaltstartverhalten sowie Öl- und Kraftstoffverbrauch unseres Motors hängen davon ab.

- Motor warmfahren. Die Kolbenringe dichten bei warmem Öl besser ab.
- Ggf. Transistorzündung »lahmlegen« (siehe Seite 188).
- Alle Zündkerzen herausschrauben.
- Gummikonus des Druckprüfers auf das Kerzenloch des 1. Zylinders (in Fahrtrichtung der ganz rechts stehende) pressen oder Anschlußleitung ins Zündkerzengewinde schrauben.
- Handbremse anziehen, Schalthebel in Leerlaufstellung drücken bzw. Wählhebel in Stellung »P«.
- Von Helfer Gaspedal voll durchtreten lassen. So erhalten die Zylinder ihre größte Füllung.
- Mit dem Anlasser den Motor etwa fünf Sekunden durchdrehen lassen.
- Meßwert ablesen und notieren. Bei einem Druckschreiber mit Meßkärtchen weiterschalten für den nächsten Zylinder.

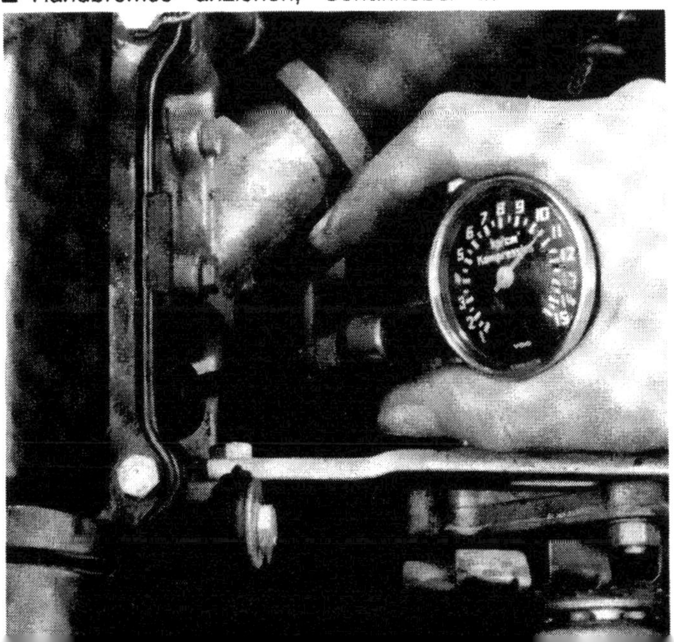

Beim Messen des Kompressionsdrucks muß das Prüfgerät absolut dicht mit dem Zündkerzenloch abschließen.

Druckwerte

Folgendes sagen die Kompressionsdruckwerte aus (Angaben in bar):

Motor	Kennbuchstaben	Guter Motor-zustand bar	Motor überholungs-bedürftig bar	Höchstzulässiger Unterschied zwischen den Zylindern bar
1,1 l/37 kW, 1,3 l/44 kW	FA, GG bis 799999, GF	8–10	6	3
1,1 l/37 kW Formel E	GG ab 800000	10–15	7	3
1,5 l/51 kW, 1,5 l/63 kW, 1,6 l/55 kW, 1,6 l/63 kW	FH, JB, FD, FP, FR	9–12	7,5	3

Zu niedrige Druckwerte

Gleichmäßig niedriger Kompressionsdruck ist nicht unbedingt ein Alarmzeichen; Ursache können Meßtoleranzen zwischen verschiedenen Prüfgeräten sein. Bedenklich ist es dagegen, wenn zwischen den vier Meßwerten für die Zylinder Unterschiede von mehr als 3 bar bestehen. Das kann bedeuten:

- ☐ Kolben- und Kolbenringverschleiß
- ☐ Festsitzende Kolbenringe durch Rückstandsbildung
- ☐ Unrunde Zylinder als Folgeerscheinung von Kolbenklemmern
- ☐ Ablagerungen an den Ventilschäften oder -sitzen durch Verbrennungs- bzw. Schmierölrückstände
- ☐ Eingeschlagene Ventile
- ☐ Verbrannte Ventile durch zu knappes Ventilspiel

Fingerzeig: *In den meisten Fällen sind undichte Ventile die Ursache für mangelhaften Kompressionsdruck und damit geringere Motorleistung. Abhilfe bringt entweder Einschleifen der Ventile oder die Überholung des Zylinderkopfes.*

Fehlersuche

Um bei zu niedrigem Kompressionsdruck den Fehler lokalisieren zu können, wendet man folgenden Trick an: Ins Zündkerzenloch mit einer Spritzkanne etwas zähflüssiges Öl träufeln und Kompressionsdruck nochmals messen.

☐ Sind die Werte weiterhin schlecht, liegt es an den Ventilen.

☐ Erhalten Sie höhere Druckwerte, liegt es an den Kolbenringen und vielleicht auch an den Zylindern. Ein typisches Erkennungsmerkmal für diesen Fehler ist langsames Ansteigen des Druckwertes beim Durchdrehen des Motors. Das eingefüllte Öl hat kurzfristig zwischen Kolben und Zylinderwänden besser abgedichtet, so daß das komprimierte Gas kaum noch entweichen konnte.

Der Druckverlusttest

Genauere Erkenntnisse liefert der Druckverlusttest, den manche Werkstätten durchführen können. Das Testgerät besteht aus zwei Kammern, wobei in einer ein gleichbleibender Druck herrscht. Die zweite Kammer ist über einen Schlauch zur Zündkerzenbohrung mit dem Verbrennungsraum, durch eine Düse mit der ersten Kammer und außerdem mit einer Anzeigeskala verbunden.

Verliert der geprüfte Brennraum Druck, wird dies auf der Skala angezeigt. Eine größere Leckstelle läßt sich durch Abhorchen erkennen:

☐ Blasgeräusche am Auspuff lassen auf ein undichtes Auslaßventil schließen.

☐ Strömt Druckluft aus dem Luftfiltergehäuse, ist das Einlaßventil defekt.

☐ Bei einer defekten Zylinderkopfdichtung oder einem Riß im Zylinderkopf gelangt Druckluft durch das benachbarte Zündkerzenloch oder aus dem geöffneten Kühler bzw. Kühlmittel-Ausgleichsbehälter ins Freie.

☐ Verschlissene Zylinderwände, Kolbenlaufbahnen oder Kolbenringe lassen Druck ins Kurbelgehäuse strömen und am geöffneten Öleinfüllstutzen oder am Rohr für den Ölpeilstab austreten.

Motor durchdrehen

Zu manchen Arbeiten muß man den Motor entweder in eine bestimmte Stellung bringen oder durchdrehen. Hierzu gibt es drei Möglichkeiten:

■ Den Schaltgetriebe-VW wie zu einem Radwechsel einseitig vorn aufbocken, 4. Gang einlegen und das freihängende Vorderrad durchdrehen, wodurch der Motor bewegt wird.

■ Oder, falls genügend ebene Fläche zur

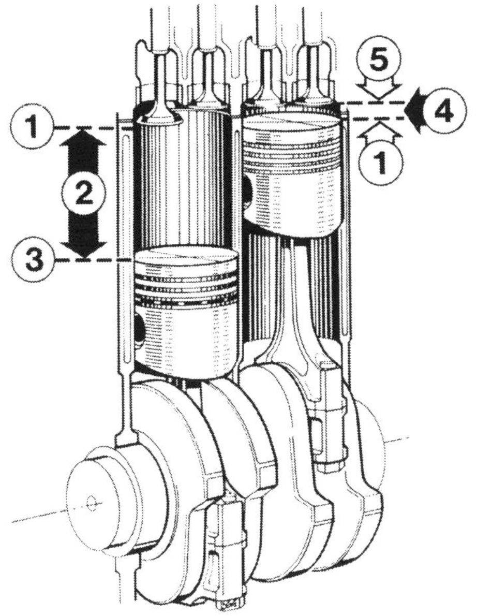

Der Hubraum (2) erstreckt sich vom oberen (1) bis zum unteren Totpunkt (3). Zwischen dem OT, der im rechten Zylinder gerade durch den Kolbenboden begrenzt wird, und der Wölbung des Zylinderkopfes (5) liegt der Brennraum (4).

Verfügung steht, bei eingelegtem 4. Gang den Wagen jeweils weiter vorschieben.

■ Oder (bei Getriebeautomatik) Zündkerzen herausschrauben – der Motor läßt sich dann leichter durchdrehen – und mit einem an der Kurbelwellen-Keilriemenscheibe angesetzten 19er-Ringschlüssel drehen.

■ Keinesfalls darf an der Befestigungsschraube für das Nockenwellen-Zahnriemenrad gedreht werden, sonst könnte der Zahnriemen überspringen.

Zylinder 1 auf Zündzeitpunkt stellen

Beim Viertaktmotor kommt der Kolben während der vier Arbeitstakte zweimal in den Oberen Totpunkt (OT): Einmal beim Zünden des angesaugten Gemisches und zum zweiten Mal nach dem Ausstoßen der Altgase mit anschließend beginnendem Wiederansaugen von Kraftstoff/Luft-Gemisch. Üblicherweise wird bei verschiedenen Einstellarbeiten die OT-Stellung gebraucht, bei der normalerweise der Zündfunke überspringt.

■ Verteilerdeckel abnehmen.

■ Motor so weit drehen, bis der Verteilerfinger auf die Kerbe im Verteilergehäuserand zeigt (siehe Bilder Seite 197).

■ Motor ggf. noch ein wenig drehen, bis

■ beim **Schlepphebelmotor** die Kerbe in der Kurbelwellen-Keilriemenscheibe unter der OT-Bezugskante des Markierungsbleches steht (Bild unten links);

■ beim **Tassenstößelmotor** im Schauloch der Getriebeglocke die Markierung »O« auf der Schwungscheibe der Gußnase am Gehäuse gegenübersteht (Bild unten rechts).

Ventilspiel – was ist das?

Die einzelnen Teile des Ventiltriebs, vor allem aber die Ventilschäfte, dehnen und längen sich bei Erwärmung des Motors. Deshalb muß – damit auch bei warmem Motor die Ventile trotz ihrer länger gewordenen Schäfte richtig abdichten können – etwas »Luft« oder »Spiel« zwischen Nockenwelle und Schlepphebel bzw. Tassenstößel vorhanden sein. Damit Sie dieser

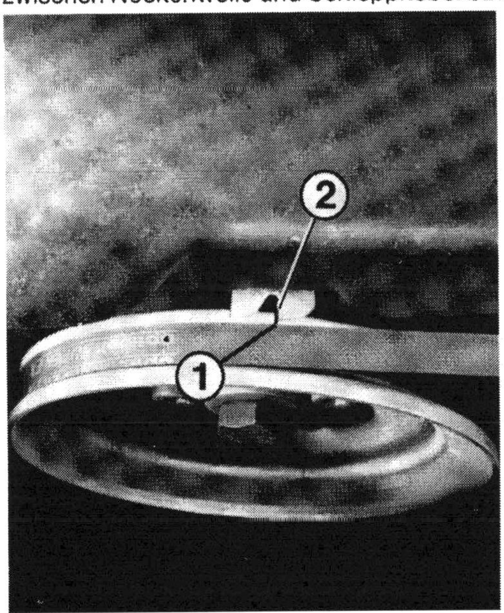

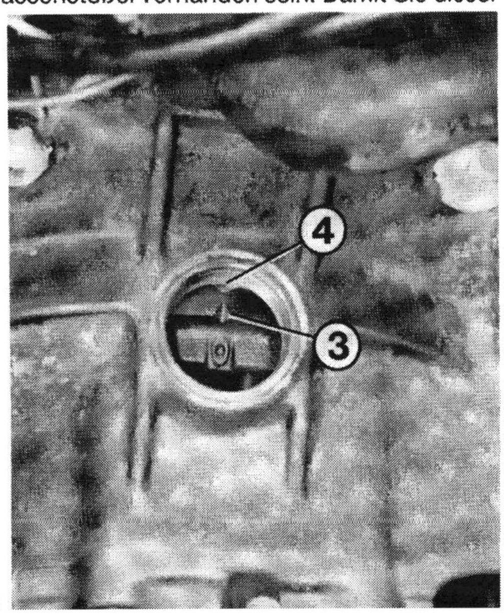

Zylinder 1 in OT-Stellung; links beim Schlepphebelmotor: Die Kerbe (1) auf der Keilriemenscheibe steht gegenüber der Kennzeichnung »O« auf dem Markierungsblech (2). Rechts beim Tassenstößelmotor muß die mit »O« bezeichnete Kerbe (3) mit der Gußnase im Gehäuse (4) fluchten.

Wartung die richtige Bedeutung beimessen, nennen wir hier die Folgen von falscher Einstellung:

□ Bei **zu kleinem Ventilspiel** liegen die Ventilteller nicht satt auf ihren Sitzflächen auf. Die sehr heiß werdenden Auslaßventile können dadurch ihre Wärme nicht mehr an die Sitze abgeben. Die Ränder der Ventilteller verformen sich und reißen ein. Der Kompressionsdruck entweicht, der Motor verliert Leistung, springt schlechter an und verbraucht mehr Kraftstoff.

□ Ist das **Ventilspiel zu groß**, öffnen die Ventile später als normal, die Zylinder werden schlechter gefüllt, und der Motor kommt nicht auf volle Leistung. Der Verschleiß an der Nockenwelle und an den Schlepphebeln bzw. den oben in die Tassenstößel eingelegten Einstellplättchen wird größer. Das hört man auch durch ein lauteres Ventiltriebsgeräusch.

Fingerzeig: *Üblicherweise wird das Ventilspiel kleiner, weil sich die Ventile auf ihren Sitzen einschlagen. Diese Erscheinung tritt beim Tassenstößelmotor nur in sehr geringem Maß auf, weil die Ventile bei jeder Betätigung ein klein wenig gedreht werden, siehe Seite 27.*

Ventilspiel prüfen am Schlepphebelmotor

Wartung Nr. 22

Die Ventilspieleinstellung erfolgt an der Kugelschraube, auf welcher der Schlepphebel sitzt. Diese Kugelschraube sitzt ihrerseits auf einer im Zylinderkopf befestigten Hülsenschraube, siehe Zeichnung Seite 27.

Bevor Sie mit der Arbeit beginnen, sollten Sie sicherheitshalber eine neue Zylinderkopfdeckeldichtung besorgen. Außerdem muß der Zylinderkopf mindestens 35°C warm sein, das entspricht einer fünfminütigen Fahrt.

Zylinderkopfhaube abnehmen

■ Halteschrauben bzw. Muttern losdrehen und mit Beilegscheiben und Unterlegblechen abnehmen. Diese Teile so weit entfernt ablegen, daß nichts in den Zylinderkopf fallen kann.

■ Zylinderkopfhaube vorsichtig abheben, evtl. durch leichtes Klopfen mit einem Hammerstiel nachhelfen.

■ Vor dem Einbau des Deckels kontrollieren, ob er verzogen ist (Gefahr von Ölverlust).

Spiel messen und einstellen

Die Auslaßventile brauchen größeres Ventilspiel, weil sie nicht vom angesaugten Frischgas gekühlt werden. Folgende Ventilspielwerte gelten:

Ventilspiel		bei handwarmem Zylinderkopf (mind. 35°C)	bei Raumtemperatur
Einlaßventile	mm	0,15–0,20	0,10–0,15
Auslaßventile	mm	0,25–0,30	0,20–0,25

■ Zylinder 1 auf Zündzeitpunkt stellen (Seite 33). Damit sind beide Ventile geschlossen, und ihr Spiel kann gemessen werden.

■ Zwischen Nockenwelle und Schlepphebel zuerst das dem höchsten Toleranzwert entsprechende Fühlerlehrenblatt durchzuziehen versuchen, dann das 0,05 mm dünnere Blatt nehmen.

■ Zumindest das Lehrenblatt für den untersten Wert soll sich mit leichtem Widerstand durchziehen lassen, sonst ist das Ventilspiel zu klein.

Beim Schlepphebelmotor hängen die Ventile (A – Auslaß; E – Einlaß) nebeneinander senkrecht zu den Zylinderachsen.

■ Ist dies der Fall, wird die im Bild unten rechts gezeigte Kugelschraube verstellt.
■ Statt eines normalen Innensechskantschlüssels SW 7 eignet sich hierfür besser ein Steckeinsatz mit entsprechendem Betätigungswerkzeug.
■ Haben Sie nur einen abgewinkelten Innensechskantschlüssel, sollten Sie ihn mit einem passenden Rohrstück verlängern, dann läßt sich die selbstsichernde Schraube durch den längeren Hebelarm gefühlvoller verstellen.
■ Durch Drehen im Uhrzeigersinn wird das Spiel größer, im Gegenuhrzeigersinn gedreht verringert sich das Ventilspiel.
■ Achten Sie darauf, daß das Lehrenblatt beim Nachstellen nicht eingesteckt bleibt. Es wird beim häufigen Einspannen wellig und damit ungenau.
■ Nach dem Einstellen muß das Spiel natürlich nochmals kontrolliert werden – zu leicht darf sich das Lehrenblatt auch nicht durchschieben lassen.
■ Gemäß der Zündfolge 1–3–4–2 wird als nächstes Zylinder 3 geprüft.
■ Motor ½ Umdrehung weiterdrehen. Als Anhaltspunkt für die halbe Umdrehung nehmen Sie den Zündverteilerfinger, der sich um 90° (= rechter Winkel) weiterbewegt. Zusätzliches Erkennungsmerkmal: An der Nockenwelle müssen beide Nocken für den betreffenden Zylinder spiegelbildlich nach außen weisen (Bild unten links).
■ Übrige Zylinder prüfen. Dazu den Motor jeweils eine halbe Umdrehung weiterdrehen.

Fingerzeig: *Das Ventilspiel soll auf den jeweils niedrigeren Wert eingestellt werden, was die Geräusche des Ventiltriebs verringert. Diese neuere Einstellanweisung gilt für alle Schlepphebelmotoren.*

Ventilspiel prüfen am Tassenstößelmotor

Wartung Nr. 44

Lediglich alle 30000 km ist die Kontrolle des Ventilspiels vorgesehen. Das ist insofern günstig, als das Ventilspiel sehr zum Leidwesen des Heimwerkers durch Einlegen von Distanzplättchen in die Tassenstößel eingestellt wird. Dazu hat die Werkstatt einen Niederhalter für die Tassenstößel, eine Spezialzange zum Herausheben der Plättchen sowie Distanzplättchen von 3,00–4,25 mm Stärke mit je 0,05 mm Dickenunterschied.
Wenn Sie die Ventile selbst einstellen wollen, müssen Sie zuerst das Spiel messen, bei Bedarf das entsprechende Einstellplättchen herausnehmen, das Maß für das neue Plättchen errechnen, dieses besorgen und dann einbauen. Der Wechsel ist ohne den genannten Niederhalter kaum möglich. Die Werkstatt berechnet fürs Einstellen der Ventile 60 Zeiteinheiten – eine starke ½ Stunde.

Vorbereitungen

□ Besorgen Sie auf jeden Fall einen Dichtungssatz für den Zylinderkopfdeckel. Es gibt zwei unterschiedliche Zylinderkopfdeckel-Dichtungen. Die Stehbolzen für die Befestigung des Deckels können einen »Bund« haben – das sieht aus wie ein Stehkragen. Entsprechend hat die zugehörige Dichtung größere Lochbohrungen. Eine derartige Dichtung nicht an einem Motor verwenden, der Stehbolzen ohne Bund besitzt. Sonst drückt Öl heraus!
□ Der Zylinderkopf muß zur Messung mindestens handwarm (35°C) sein, was einer Fahrt von fünf Minuten entspricht.

Links: Zum Messen des Ventilspiels mit der Fühlerblattlehre müssen die Nocken der Nockenwelle am jeweiligen Zylinder spiegelbildlich nach oben zeigen (Pfeile).
Rechts: Die Kugelschraube des Schlepphebelmotors läßt sich zum Ventileinstellen am leichtesten mit einem Innensechskant-Steckschlüssel (2) verdrehen. Zum Drehen der Schraube sollte das Fühlerblatt (1) allerdings herausgezogen werden.

Für öldichten Sitz des Zylinderkopfdeckels sorgt eine große Dichtung (3). Beim Tassenstößelmotor gehören noch eine Dichtung rechts (1) und die sogenannte Halbrunddichtung (2) links am Zylinderkopf dazu – jeweils in Fahrtrichtung gesehen.

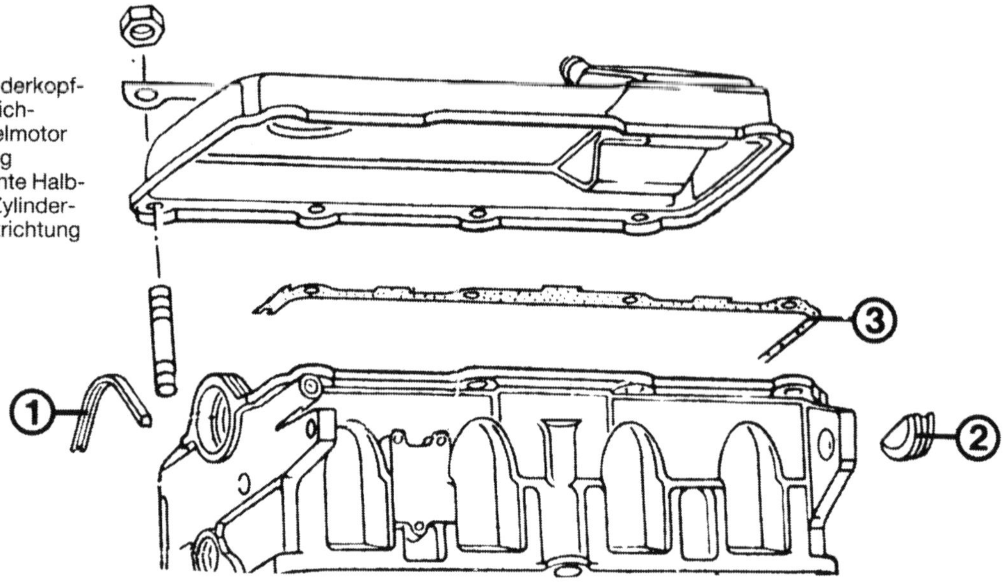

Zylinderkopfdeckel abnehmen

■ Schlauch der Kurbelgehäuse-Entlüftung abziehen.
■ Gaszug aus seinem Widerlager am Zylinderkopf aushängen.
■ Benzinschlauch zwischen dem Vergaser und der Kraftstoffpumpe bzw. dem Vorratsbehälter abnehmen.
■ Benzinschlauch mit einer passenden Schraube verschließen.
■ Innensechskant-Haltemutter der oberen Zahnriemenabdeckung (seit 2/79) an der Motorstirnseite rechts losdrehen.
■ Befestigungsmuttern des Deckels lösen und mit Unterlegscheiben und -blechen abnehmen. Teile nicht neben dem offenen Zylinderkopf ablegen.
■ Obere Zahnriemenabdeckung etwas anheben und Zylinderkopfdeckel vorsichtig abheben. Wenn er festsitzt, zum Lösen mit einem Hammerstiel dagegenklopfen.
■ Beim Zusammenbau außer der neuen Zylinderkopfdeckeldichtung auch die vordere und hintere Dichtung (Zeichnung oben) sorgfältig einbauen.

Spiel messen

Da die Auslaßventile heißer werden und sich ihre Schäfte stärker dehnen, brauchen sie das größere Spiel. Die Werte für das Ventilspiel lauten:
Auslaßventile 0,40–0,50 mm, Einlaßventile 0,20–0,30 mm.

■ Zylinder 1 auf Zündzeitpunkt stellen, siehe Seite 33. Damit sind beide Ventile geschlossen, und ihr Spiel kann geprüft werden.
■ Zuerst das Lehrenblatt mit dem höchsten Toleranzwert zwischen Nockenwelle und Tassenstößel durchzuziehen versuchen, dann jeweils 0,05 mm dünnere Blätter nehmen.
■ Das Lehrenblatt muß sich innerhalb der Toleranzwerte mit leichtem Widerstand durchziehen lassen. In diesem Fall ist keine Veränderung notwendig.
■ Meßwert notieren.
■ Entsprechend der Zündfolge 1–3–4–2 kommt als nächster Zylinder 3 dran. Dazu den Motor ½ Umdrehung weiterdrehen. Bei geöffnetem Zündverteiler bewegt sich der Verteilerfinger in diesem Fall um 90° (= rechter Winkel).
■ Eindeutiges Erkennungsmerkmal für die richtige Stellung des Motors: An der Nockenwelle müssen die beiden Nocken für den betreffenden Zylinder spiegelbildlich nach außen weisen, siehe auch Bild rechts oben.
■ Restliche Zylinder prüfen, dazu den Motor entsprechend weiterdrehen.

Einstellplättchen wechseln

Zum Wechseln der Einstellplättchen müssen die Tassenstößel gegen den Druck der Ventilfedern nach unten gedrückt werden. Vielleicht können Sie sich mit anderen VW-fahrenden Selbsthelfern zusammentun und den notwendigen Niederhalter sowie die Zange zum Herausheben gemeinsam anschaffen. Beides gibt es im Zubehör- und Werkzeughandel, z.B. von Hazet den Niederhalter unter der Bestell-Nr. 2574 (Motoren bis 7/82) bzw. 2574–1 (ab 8/82) und die Zange unter Nr. 2599.

■ Motor so drehen, daß am betreffenden Zylinder beide Nocken der Nockenwelle gleichmäßig nach oben zeigen.
■ Tassenstößel so drehen, daß die Kerben von beiden Seiten zugänglich sind.
■ Niederhalter zwischen den beiden Nocken des betreffenden Zylinders ansetzen. Die zwei Tassenstößel werden gleichzeitig heruntergedrückt.
■ Ohne die erwähnte Zange muß ein Helfer

Das Ventilspiel kann im jeweiligen Zylinder erst dann geprüft werden, wenn beide Ventile geschlossen sind. Hier beim Tassenstößelmotor steht der 1. Zylinder auf Zündzeitpunkt. Sie erkennen das daran, daß die Nocken der Nockenwelle spiegelbildlich zueinander nach außen zeigen (Pfeile).

mit einem schmalen Schraubenzieher das Einstellplättchen anheben und mit einem zweiten Schraubenzieher herausschieben.

■ Bei korrekter Montage liegt das Plättchen mit der Beschriftung seiner Dicke nach unten im Tassenstößel.

■ War es falsch herum eingelegt, werden die Ziffern kaum mehr erkennbar sein. Dann hilft nur ein Mikrometer, das z.B. die Werkstatt hat, weiter. Eine Schieblehre ist nicht ausreichend genau.

■ Stärke des erforderlichen Plättchens errechnen, siehe nächsten Abschnitt.

■ Neues Einstellplättchen mit den Zahlen nach unten zeigend in den Tassenstößel einlegen.

Welches Einstellplättchen wird gebraucht?

Wenn das Ventilspiel korrigiert werden muß: Das Plättchen für das Auslaßventil wird wegen der auftretenden höheren Temperaturen so gewählt, daß anschließend der obere Toleranzwert von 0,50 mm erreicht wird. Bei einem Einlaßventil stellen wir auf den mittleren Toleranzwert von 0,25 mm ein. Ist das Spiel zu gering, brauchen Sie ein dünneres Einstellplättchen; bei zu großem Spiel muß das Plättchen dicker sein. Hierzu zwei Beispiele:

Maße in mm	Meßwert	angestrebter Toleranzwert	Differenz	Dicke des alten Einstellplättchens	Neues Einstellplättchen
Auslaßventil	0,35	0,50	−0,15	3,85	3,70
Einlaßventil	0,35	0,25	+0,10	3,15	3,25

Die Stärke ist auf den Einstellplättchen abzulesen.

Fingerzeig: *Läßt sich trotz Verwendung des dünnsten Einstellplättchens das Spiel nicht mehr einstellen, können um 0,5 mm kürzere Ventile eingebaut werden.*

Dieses Bild zeigt die Reihenfolge der Ventile beim Tassenstößelmotor: A – Auslaßventil; E – Einlaßventil.

Der Zahnriemenschutz besteht beim Schlepphebelmotor aus dem vorderen Schutzblech (1) und einer hinteren Abdeckung (3). Unten am Ölpumpengehäuse ist noch ein Führungsblech (2) angeschraubt.

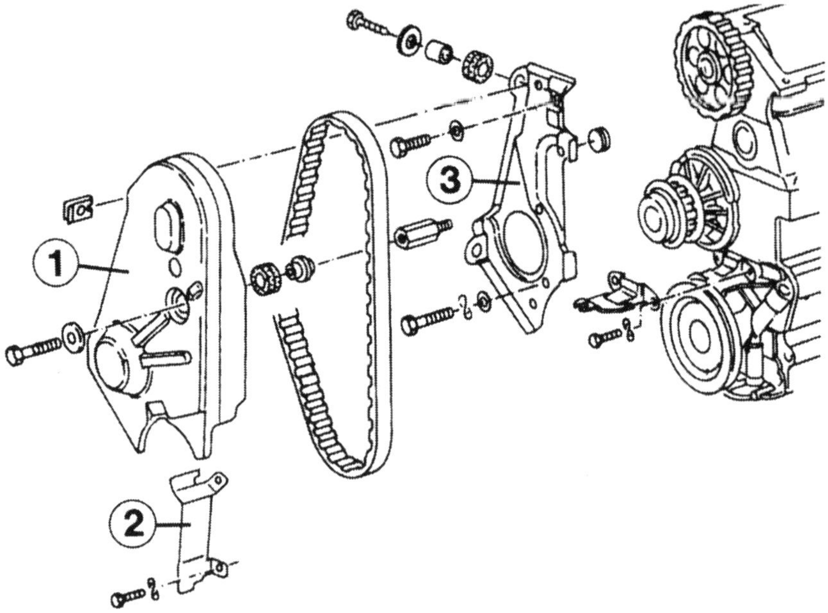

Arbeiten am Zahnriemen

Die Ventilsteuerung erfolgt, wie bereits angesprochen, über einen Zahnriemen. Dieser versetzt die Nockenwelle in die halbe Umdrehungszahl der Kurbelwelle.

Zahnriemenabdeckung abnehmen

■ Keilriemen abnehmen, siehe Seite 181.
■ Am **Schlepphebelmotor** rechts hinten an der Zahnriemenabdeckung zwei und an der Stirnseite eine Sechskantschraube lösen (siehe Zeichnung oben).
■ Die Schrauben werden beim Einbau mit 10 Nm festgedreht.
■ Beim **Tassenstößelmotor** die beiden rechts außen sitzenden Muttern der Zylinderkopfhaube lösen sowie bei einem ab 2/79 gebauten Motor die Innensechskant-Bundmutter an der Stirnseite der oberen Abdekkung.
■ Obere Zahnriemenabdeckung abnehmen.
■ Die Keilriemenscheiben an der Kurbelwelle und an der Wasserpumpe abschrauben.
■ Halteschraube und Mutter der unteren Zahnriemenabdeckung lösen und diese abziehen.
■ Beim Zusammenbau werden die Schrauben der Keilriemenscheiben mit 20 Nm, die Muttern und Schrauben der Zahnriemenabdeckung mit 10 Nm angezogen.

Zahnriemenzustand prüfen

■ Zahnriemenabdeckung abnehmen.
■ Der gezähnte Riemen darf nicht verölt oder rissig sein.
■ Die Flanken der Verzahnung müssen intakt sein und dürfen keine Abnutzungserscheinungen zeigen.
■ Damit Sie den Riemen auf seiner gesamten Länge begutachten können, den Motor durchdrehen, siehe Seite 32.
■ Einen beschädigten Zahnriemen unbedingt ersetzen.

Hier wird beim Schlepphebelmotor die Spannung des Zahnriemens (5) geprüft zwischen Nockenwellenrad (1) und Kurbelwellenrad (4). Links im Bild sehen Sie die Wasserpumpe (3) mit zwei ihrer drei Halteschrauben (2).

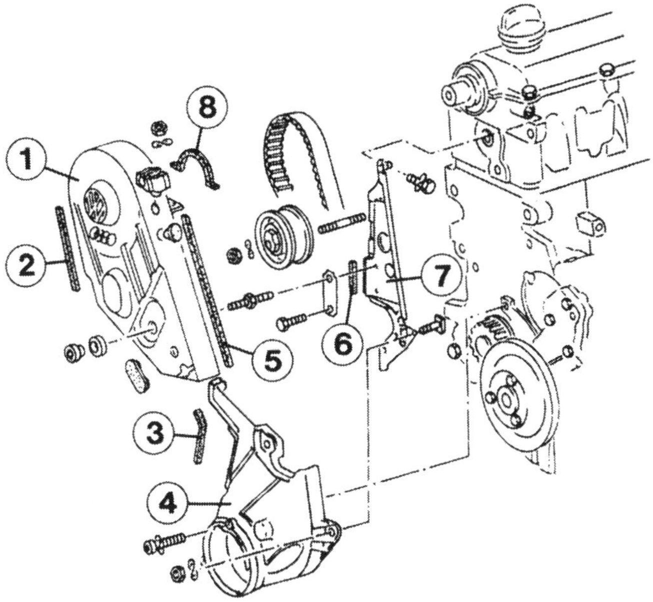

Die Zahnriemenabdeckung beim Tassenstößelmotor: 1 – Abdekkung oben; 2 – Dichtstreifen 130 mm; 3 – Dichtstreifen 105 mm; 4 – Abdeckung unten; 5 – Dichtstreifen 145 mm; 6 – Dichtstreifen 70 mm; 7 – Abdeckblech hinten; 8 – Dichtstreifen 215 mm.

Zahnriemenspannung kontrollieren

■ Zahnriemenabdeckung abnehmen.
■ Die Spannung wird an der längsten freilaufenden Stelle des Riemens geprüft:
■ Beim **Schlepphebelmotor** zwischen Nokkenwellen- und Kurbelwellenrad;
■ beim **Tassenstößelmotor** zwischen Nokkenwellen- und Zwischenwellenrad.
■ Der kalte Zahnriemen muß sich bei richtiger Spannung nur mit Daumen und Zeigefinger um 90° (= rechter Winkel) in sich verdrehen lassen.

Zahnriemenspannung einstellen

■ Beim **Schlepphebelmotor** die drei Halteschrauben der Wasserpumpe (zwei sehen Sie im Bild links unten) lösen.
■ Die Pumpe besitzt oben eine Aussparung zum Einstecken eines Schraubenziehers.
■ Durch Drehen der Pumpe im Gegenuhrzeigersinn wird der Zahnriemen gespannt.
■ Am **Tassenstößelmotor** an der Spannrolle des Zahnriemens den Sechskant mit einem 27er-Schlüssel gegenhalten.
■ Klemmutter vorn auf der Spannrolle lösen.
■ Drehen der Spannrolle im Uhrzeigersinn spannt den Zahnriemen.
■ Klemmutter mit 45 Nm festdrehen.

Zahnriemen auswechseln

■ Kolben im Zylinder 1 auf Zündzeitpunkt stellen, siehe Seite 33.
■ Zahnriemenabdeckung ausbauen.
■ Riemen entspannen, siehe vorangegangenen Abschnitt, und abnehmen.
■ Neuen Zahnriemen auflegen. Wurde die Stellung von Kurbelwellen- und Nockenwellenrad nicht verändert, stimmen die Ventilsteuerzeiten noch. Sicherheitshalber sollte man dies jedoch vor dem endgültigen Zusammenbau kontrollieren.
■ War der Zylinderkopf abgenommen, müssen die Steuerzeiten in jedem Fall eingestellt werden.

Am Tassenstößelmotor prüft man die Spannung des Zahnriemens (3) zwischen dem Nokkenwellenrad (1) und dem Rad der Zwischenwelle (2).

Zum Einstellen der Steuerzeiten beim Schlepphebelmotor muß die Körnermarkierung (2) vorn am Nockenwellenrad (1) in Höhe des Markierungsbleches (3) stehen.

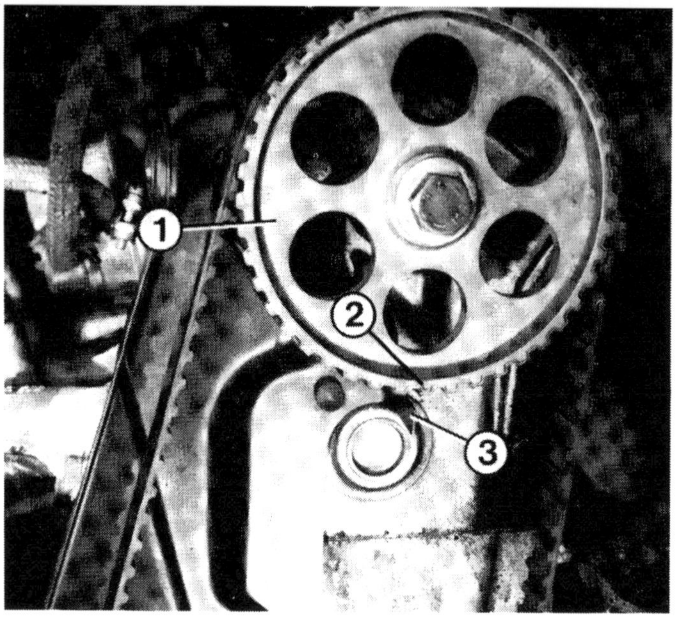

Steuerzeiten einstellen

Kurbel- und Nockenwelle müssen so zueinander eingestellt sein, daß die Ventile entsprechend der Kolbenstellung in ausreichender Menge Frischgas eintreten bzw. Abgas austreten lassen können.

Schlepphebelmotor

■ Zahnriemenrad der Nockenwelle so drehen, daß die Körnermarkierung an der Vorderseite des Rades über dem Markierungsblech steht (Bild oben).

■ Keilriemenscheibe der Kurbelwelle so weit drehen, daß deren Kerbe mit dem »O« im Markierungsblech (Bild Seite 33) fluchtet.

■ Zahnriemen auflegen – dabei darf sich die Stellung der Zahnriemenräder nicht verändern.

■ Zahnriemen spannen.

Tassenstößelmotor

■ Zahnriemenrad der Nockenwelle so drehen, daß die Körnermarkierung an der Rückseite des Rades in Höhe der vorderen Zylinderkopfhaubenkante steht (Bild unten links).

■ Zahnriemen auf Kurbel- und Zwischenwellenrad auflegen.

■ Kurbelwellen-Keilriemenscheibe mit einer Schraube befestigen, dabei richtige Stellung beachten: Der Fixierungsstift muß in die Riemenscheibe einrasten.

■ Kurbelwelle so drehen, daß die Kerbe in der Keilriemenscheibe nach oben zeigt.

■ Körnermarkierung auf dem Zwischenwellenrad mit der Keilriemenscheibenkerbe in eine Flucht bringen (Bild unten rechts).

■ Zahnriemen auflegen, dabei darauf achten, daß sich die Stellung der verschiedenen Räder nicht verändert.

■ Zahnriemen spannen.

■ Verteilerdeckel abnehmen und prüfen, ob der Verteilerfinger auf die Kerbe im Verteilergehäuserand zeigt (rechtes Bild Seite 197).

■ Wenn nicht, Verteilerhalteschraube lösen.

■ Verteiler so drehen, bis Verteilerfinger und Kerbe übereinstimmen, evtl. Zündverteiler herausnehmen und neu einsetzen (S. 192).

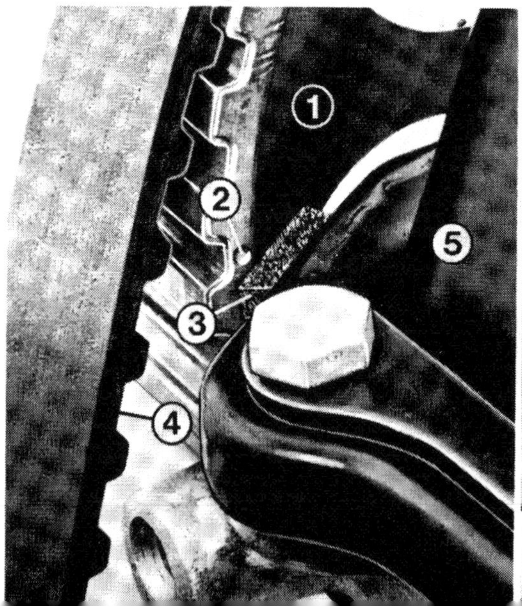

Beim Tassenstößelmotor muß zum Auflegen des Zahnriemens (4) die Körnermarkierung (2) an der Rückseite des Nockenwellenrades (1) in Fahrtrichtung vorn mit der Dichtung (3) des Zylinderkopfdeckels (5) auf gleicher Höhe stehen.
Die Kurbelwellen-Keilriemenscheibe (7) und die Zwischenwelle werden so gedreht, daß die Kerbe (6) auf der Keilriemenscheibe mit der Körnermarkierung (8) auf dem Zwischenwellenrad (9) fluchtet.

■ Halteschraube wieder festziehen.
■ Motor zweimal voll durchdrehen und die Einstellung nochmals überprüfen.
■ Vor dem Einbau der unteren Zahnriemenabdeckung die Kurbelwellen-Keilriemenscheibe nochmals abnehmen.

Fingerzeig: *Nach dem Zusammenbau muß die Zündeinstellung kontrolliert werden, siehe Seite 200/201.*

Motorschaden

Ein Schaden am Motor muß die Haushaltskasse nicht gleich ins Defizit stürzen. Unsere Liste soll Ihnen helfen, die wirtschaftlichste Methode herauszufinden, wie Sie Ihrem VW wieder auf die Sprünge helfen können.

□ Der Motor wird selbst repariert. Das lohnt sich bei einem Schaden an der Zylinderkopfdichtung, den Ventilen und evtl. Pleuellager. Die Reparaturen, die Sie mit etwas Geschick und Geduld selbst ausführen können, sind hier im Buch beschrieben. Nicht sinnvoll ist der Einbau neuer Lager an einer Kurbelwelle mit Riefen oder der Wechsel von Kolben bzw. Kolbenringen bei Zylindern mit Laufspuren. Hier werden weitergehende Arbeiten erforderlich, es muß ein Motorinstandsetzer bemüht werden.

□ Der Motor wird selbst teilweise zerlegt und dann zu einem Motor-Reparateur gebracht, der den eigentlichen Schaden behebt. Beispiel: Man baut den Zylinderkopf vom demontierten Motor ab und gibt den Motorblock zur Neulagerung der Kurbelwelle in die Werkstatt. Vorher sollten Sie jedoch einen genauen Kostenvergleich vornehmen.

□ Komplett- oder Teilüberholung des Motors durch eine Motorinstandsetzungsfirma. Viele Werkstätten dieser Branche haben sich zu einer Gütegemeinschaft zusammengeschlossen: Verband der Motorinstandsetzungsbetriebe e.V., Kölner Straße 89, 50859 Köln.

□ Kauf eines »Teilmotors« im Tausch bei einer V.A.G.-Werkstatt oder Instandsetzungsfirma. Der Teilmotor besteht aus Motorblock mit Kurbeltrieb, Kolben und Ölwanne, jedoch ohne Zylinderkopf und ohne alle Nebenaggregate. Die letztgenannten Teile baut man selbst um. Der alte Motorblock geht zurück an die Werkstatt zur Wiederaufbereitung.

□ Erwerb eines »Teilkomplettmotors« im Tausch von V.A.G. oder einem Motorinstandsetzer. Das ist ein Teilmotor mit Zylinderkopf, aber ohne Nebenaggregate.

□ Kauf eines kompletten Austauschmotors bei der V.A.G.-Werkstatt. In diesem Fall wird der Motor mit allen Zusatzaggregaten ausgetauscht. Das lohnt sich bei einem älteren oder schlecht erhaltenen Fahrzeug nicht mehr.

□ Ein gebrauchter Motor von der Autoverwertung. Achten Sie in diesem Fall unbedingt auf die Motorkennbuchstaben (Seite 24), damit Sie keine falsches Triebwerk einbauen. Angegebene Kilometerlaufleistungen sind mit einer gewissen Skepsis zu betrachten. Günstig ist es, wenn Sie den Motor noch im eingebauten Zustand laufen hören können. Seriöse Firmen geben eine Garantie auf den Motor oder legen ein (hoffentlich echtes) Kompressionsdiagramm vor.

Störungsbeistand Zylinderkopfdichtung

Ein Schaden an der Zylinderkopfdichtung tritt meist als Folge von Überhitzung auf.

Erkennungsmerkmal	Ursache/Besonderheiten
A Kühlflüssigkeitsstand nimmt laufend ab	Kühlmittel gelangt in sehr geringer Menge in die Brennräume. Diese Erscheinung kann sich ohne weitere Erkennungsmerkmale über längere Zeit hinziehen
B Beträchtlicher Kühlmittelverlust. Der Wagen zieht bei warmgefahrenem Motor einen weißen Abgasschleier hinter sich her	Kühlmittel dringt in erheblicher Menge in einen Verbrennungsraum, verdampft dort und entweicht als weiße Schwaden zum Auspuff hinaus
C Aus dem geöffneten Ausgleichsbehälter bzw. Kühler steigen Luftblasen auf oder beim Öffnen des Verschlußdeckels sprudelt eine größere Menge Kühlmittel heraus	Verbrennungsgase werden ins Kühlsystem gedrückt. Aus der Einfüllöffnung riecht es nach Abgasen
D Buntschillernde Verfärbung an der Oberfläche des Kühlmittels	Öl aus dem Schmierkreislauf gelangt ins Kühlsystem
E Gräulich aussehende Emulsion am herausgezogenen Ölpeilstab oder Öl von Wasserbläschen durchsetzt	Kühlflüssigkeit ist ins Schmieröl geraten. Achtung: Wasser im Motoröl kann einen Lagerschaden verursachen. Zylinderkopfdichtung sofort wechseln (lassen). Wagen zur Reparatur abschleppen

Arbeiten am Zylinderkopf

Zu den nachfolgenden Montagearbeiten ist ein Drehmomentschlüssel unerläßlich. Die Schrauben des Zylinderkopfes sind je nach Baudatum des Motors unterschiedlich:

□ Bis etwa 7/77 M 10 mit Innensechskant SW 8 oder 10 bzw. Innenvielzahn SW 10. Diese Schrauben müssen bei jeder Demontage des Zylinderkopfes ersetzt werden.

□ Seit etwa 8/77 M 11 mit Innenvielzahn SW 12. Solche Schrauben können Sie wiederverwenden.

Nockenwelle ausbauen am Schlepphebelmotor

■ Nur Formel-E-Modelle mit 37 kW: Motor so drehen (Seite 32), daß kein Kolben im OT steht.

■ Zahnriemenabdeckung abnehmen (Seite 38).

■ Zahnriemen entspannen, siehe Seite 39, und vom Nockenwellen-Riemenrad abstreifen.

■ Zylinderkopfdeckel abnehmen (Seite 34).

■ Nockenwellenrad, Benzinpumpe (Seite 75) und Zündverteiler mit seinem Zwischenflansch (Seite 192) abschrauben.

■ Kugelschraube hineindrehen (rechtes Bild Seite 35), bis sich die einzelnen Schlepphebel herausnehmen lassen.

■ Schlepphebel in ihrer Reihenfolge ablegen.

■ Nockenwelle zur Zündverteilerseite hin herausziehen.

■ Beim Einbau das Nockenwellenrad mit 80 Nm festziehen.

■ Steuerzeiten einstellen (Seite 40).

■ Zylinderkopfdeckeldichtung seitenrichtig auflegen, Deckel mit 10 Nm anziehen.

Nockenwelle ausbauen am Tassenstößelmotor

■ Zylinder 1 auf Zündzeitpunkt stellen (Seite 33).

■ Obere Zahnriemenabdeckung abschrauben, wie auf Seite 38 beschrieben.

■ Zylinderkopfdeckel abnehmen (Seite 36).

■ Zahnriemen lösen, wie unter »Zahnriemenspannung einstellen« beschrieben.

■ Falls die Nockenwelle ausgetauscht wird: Riemenrad der Nockenwelle abschrauben.

■ Die zur Sicherung des Rades auf der Welle eingelegte halbrunde »Scheibenfeder« mit einer Reißnadel aus der Welle herausheben.

■ Lagerdeckel 1 (in Fahrtrichtung rechts), 3 und 4 ausbauen.

■ Muttern an den Lagerdeckeln 2 und 5 abwechselnd über Kreuz lösen.

■ Nockenwelle mit ihrem vorderen Dichtring abnehmen.

■ Beim Einbau der Nockenwelle müssen die Nocken für Zylinder 1 nach oben zeigen.

■ Die Lagerdeckel lassen sich nur in einer Stellung korrekt auflegen. Vorsichtig aufsetzen und richtigen Sitz kontrollieren.

■ Erst Lagerdeckel 2 und 5 abwechselnd über Kreuz mit 20 Nm festdrehen, dann Lagerdeckel 1, 3 und 4 einbauen.

■ Nockenwellenrad mit 80 Nm festziehen.

■ Steuerzeiten einstellen (Seite 40).

Fingerzeig: *Wurde eine neue Nockenwelle eingebaut, muß vor dem weiteren Zusammenbau das Ventilspiel geprüft und eingestellt werden.*

Tassenstößel ausbauen

■ Nockenwelle ausbauen.

■ Tassenstößel der Reihe nach numerieren (mit wasserfestem Filzstift) und herausziehen.

Die ausgebauten, einstellbaren Tassenstößel von allen Seiten: 1 – Tassenstößel mit herausgenommener Einstellscheibe (2), die Einstellscheibe liegt daneben; 3 – kompletter Tassenstößel von oben; 4 – Unterseite eines Tassenstößels.

Zylinderkopf ausbauen

Bei dieser Arbeit muß das vordere Auspuffrohr vom Auspuffkrümmer getrennt werden. Das bereitet beim neueren 1,5-Liter-Motor Probleme. Krümmer und Rohr sind durch Klemmfedern miteinander verbunden, zu deren Aus- und Einbau die Werkstatt ein Spezialwerkzeug verwendet, siehe Seite 55. Wer sich dieses Werkzeug nicht besorgen kann, muß sich durch Abbau des Auspuffkrümmers behelfen. Das ist allerdings auch nicht ganz unproblematisch, denn die Stehbolzen können abreißen.

- Minuskabel der Batterie abnehmen.
- Luftfilter ausbauen (Seite 78).
- Kühlflüssigkeit ablassen und auffangen (Seite 62).
- Kühlwasserschläuche am Zylinderkopf lösen.
- Hauptzündkabel am Verteiler (Schlepphebelmotor) bzw. Zündkerzenstecker (Tassenstößelmotor) abziehen.
- Gaszug am Vergaser und am sogenannten Widerlager aushängen (Seite 97).
- Bei Stecksicherung an der bisherigen Kerbe wieder aufstecken, dann ersparen Sie sich das Einstellen des Gaszugs.
- Starterzug abklemmen, siehe Seite 97.
- Sämtliche elektrischen Leitungen am Zylinderkopf und Vergaser bzw. Ansaugrohr kennzeichnen und abziehen.
- Benzinleitungen vom Vergaser abklemmen.
- Unterdruckschläuche am Vergaser kennzeichnen und abnehmen.
- Auspuffrohr vom Auspuffkrümmer trennen (Seite 55).
- Zahnriemenabdeckung abnehmen (Seite 38).
- Zahnriemen entspannen (Seite 39) und vom Nockenwellenrad abstreifen.
- Zylinderkopfdeckel abnehmen.
- Zylinderkopfschrauben in umgekehrter Reihenfolge wie in der Zeichnung auf der folgenden Seite gezeigt lösen. Dazu muß der Motor abgekühlt sein, denn ein warmer Zylinderkopf kann sich nach dem Abbau verziehen.
- Zylinderkopf mit Ansaug- und Auspuffkrümmer sowie Verteiler (Schlepphebelmotor) abheben. Löst er sich nicht gleich, helfen leichte Schläge mit einem Kunststoffhammer.
- Alte Kopfdichtung abnehmen. Die Dichtflächen am Motorblock und Zylinderkopf müssen absolut sauber und frei von Dichtungsresten sein. Nicht mit hartem Werkzeug auf der weichen Zylinderkopf-Dichtfläche kratzen. Riefen können den nächsten Kopfdichtungsschaden verursachen.
- Kontrollieren Sie, ob der Zylinderkopf Risse zwischen den Ventilsitzen bzw. zwischen einem Ventilsitzring und dem Zündkerzengewinde aufweist.
- Ohne Einfluß auf die Lebensdauer sind leichte, höchstens 0,5 mm breite Anrisse oder wenn lediglich die ersten Zündkerzengewindegänge gerissen sind.
- Zylinderkopf auf Verzug prüfen, besonders dann, wenn der Kopfdichtungsschaden durch Überhitzung entstanden ist.
- Langes Metallineal oder garantiert geraden Metallwinkel längs über die gereinigte Dichtfläche des Zylinderkopfes legen.
- Mit einer Fühlerlehre prüfen, ob der Durchhang an irgendeiner Stelle größer als 0,1 mm ist. Dann muß der Zylinderkopf vor der Montage plangeschliffen werden.

Zylinderkopf montieren

- Die Gewinde an den Zylinderkopfschrauben und in den Schraubenlöchern des Motorblocks müssen sauber und ohne Beschädigung sein, sonst stimmt das Drehmoment beim Anziehen der Schrauben nicht.
- In den Schraubenlöchern im Motorblock

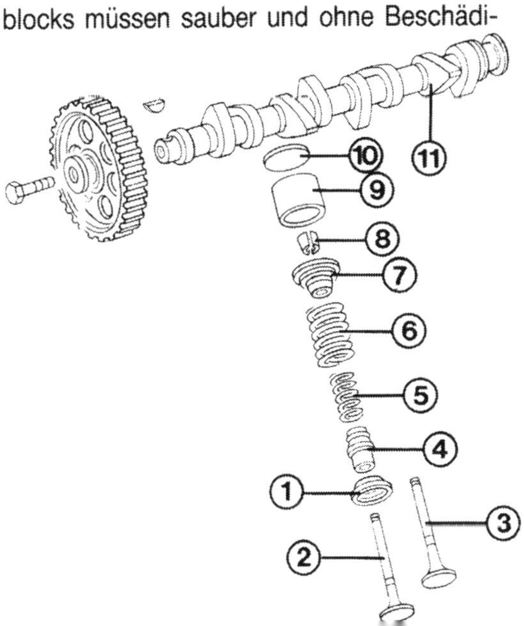

Die Teile des Ventiltriebs beim Tassenstößelmotor: 1 – unterer Ventilfederteller; 2 – Auslaßventil; 3 – Einlaßventil; 4 – Ventilschaftabdichtung; 5 – innere Ventilfeder; 6 – äußere Ventilfeder; 7 – oberer Ventilfederteller; 8 – Ventilhaltekeile; 9 – einstellbarer Tassenstößel; 10 – Einstellplättchen; 11 – Nockenwelle.

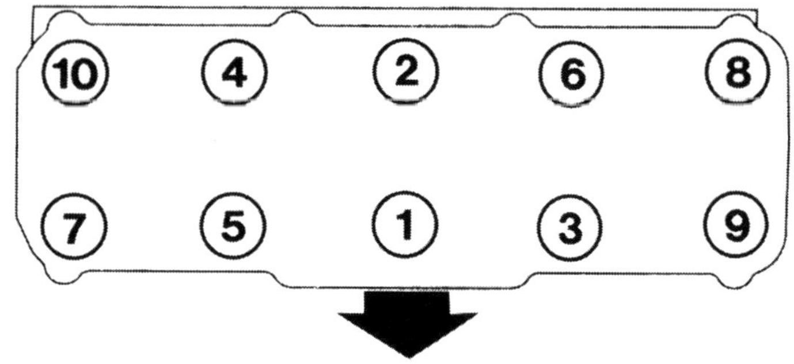

Die Zylinderkopfschrauben müssen in der Reihenfolge der Zahlen angezogen werden. Der Pfeil zeigt in Fahrtrichtung.

darf kein Öl oder Wasser stehen, sonst kann das Gußmaterial im Bereich der Gewindelöcher reißen.

■ Kurbelwelle beim Formel-E-37-kW-Motor so drehen, daß kein Kolben im OT steht, sonst könnte ein geöffnetes Ventil beim Aufsetzen des Zylinderkopfes mit einem Kolben zusammenstoßen.

■ Zylinderkopfdichtung so auf den Motorblock auflegen, daß beim Schlepphebelmotor die Ersatzteilnummer und beim Tassenstößelmotor die Kennzeichnung »oben« zum Zylinderkopf hin zeigt.

■ Zylinderkopf aufsetzen. Dazu verwendet die Werkstatt zwei Führungsbolzen, wenn der Motorblock nicht bereits Zentrierstifte für die Kopfdichtung besitzt. Behelfsmäßig geht es auch mit zwei Metallstäben in der Stärke der Zylinderkopfschrauben. Ohne Hilfsmittel verrutschen Dichtung und Kopf beim Aufsetzen ständig.

■ Zylinderkopfschrauben eindrehen.

■ Beim Schlepphebelmotor mit M-10-Zylinderkopfschrauben den Kopf mit den Schrauben Nr. 8 und 10 zentrieren; Schrauben aber noch nicht festziehen.

■ Übrige Schrauben ansetzen und handfest anziehen.

■ Zylinderkopfschrauben in der oben gezeigten Reihenfolge mit den in der Tabelle genannten Drehmomenten festziehen.

■ Damit sind die Schrauben endgültig festgezogen, ein Nachziehen ist nicht mehr erforderlich.

■ Zuletzt Ventilspiel (Seite 34 bzw. 36) und Zündeinstellung kontrollieren (Seite 200).

■ Wenn am Zylinderkopf ein Massekabel angeschraubt war, dieses nicht vergessen.

Anzugs-Drehmomente

	Schlepphebelmotor mit M-10-Schrauben	Schlepphebelmotor mit M-11-Schrauben	Tassenstößelmotor
1. Stufe	40 Nm	40 Nm	40 Nm
2. Stufe	55 Nm	60 Nm	60 Nm
3. Stufe	65 Nm	½ Umdrehung (= 180°)	½ Umdrehung (= 180°)
4. Stufe	¼ Umdrehung (= 90°)	–	–

Ventile ausbauen

Zum Aus- und Einbau der Ventile müssen deren Federn niedergedrückt werden. Das machte man früher mit zwei Schraubenziehern. Bei den unter hoher Spannung stehenden doppelten Ventilfedern unserer Motoren ist die Verletzungsgefahr bei dieser Methode ziemlich groß. Wir empfehlen die im Text unten beschriebene Methode:

Für den eigenhändigen Einbau brauchen Sie einen Bohrständer von der Heimwerker-Bohrmaschine. Mit diesem und einem passend zurechtgesägten Rohrstück von etwas geringerem Durchmesser als jenem der Ventilfederteller können Sie die Federn gefahrlos zusammenpressen. Aus diesem Rohr muß am unteren Ende ein genügend großes Stück herausgesägt werden, durch das Sie die Haltekeile der Ventile einsetzen können. Haben Sie kein derartiges Handwerkszeug zur Verfügung, sollten Sie den Ventileinbau einer Werkstatt überlassen.

Seit 5/81 beim Tassenstößelmotor und seit 8/81 beim Schlepphebelmotor werden standfestere Ventile eingebaut. Sie unterscheiden sich durch 3 Rillen statt einer, Ventilkegel mit 3 Wülsten statt einem, Ventilfederteller verkupfert bzw. gelb chromatiert und Fase innen statt stahlgrau. 1- und 3-Rillen-Ventile können gemischt im Zylinderkopf eingebaut werden, aber nur mit den zugehörigen Kegeln und Federtellern.

Aus- und Einbau

■ Zylinderkopf demontieren und auf ebene, saubere Arbeitsplatte legen.

■ Nockenwelle ausbauen.

■ Tassenstößel herausziehen, siehe auch Seite 42.

■ In den muldenförmigen Brennraum, dessen Ventile ausgebaut werden sollen, einen festen Lappenballen packen. Liegt der Zylinderkopf auf der Arbeitsfläche auf, kann das Ventil durch den Lappen beim Druck von oben nicht mehr ausweichen.

■ Am oberen Ventilfederteller eine große

Stecknuß (SW 27 oder 30) ansetzen und dieser einen kräftigen Hammerschlag versetzen. Dadurch lösen sich die Haltekeile der Ventile, können aber nicht wild durch die Gegend fliegen.

■ Ventilfedern abnehmen.
■ Ventil aus seiner Führung herausziehen.
■ Ventilteller von abgelagerten Rückständen reinigen.
■ Weist der Ventilteller Risse, Einbrandstellen (Verformungen am Rand) oder Schlagspuren auf?
■ Ist die Randdicke des Ventiltellers (siehe Zeichnung nächste Seite) noch ausreichend?
■ Defekte Ventile ersetzen.
■ Ventilfedern mit Bohrständer und Rohrstück zusammendrücken. Dabei ein Holzbrett als Unterlage für den Zylinderkopf nehmen, damit dieser nicht an seiner Dichtfläche beschädigt wird.
■ Von Helfer Haltekeile in die Nuten im Ventilschaft »einfädeln« lassen.
■ Nach dem Zusammenbau Ventilspiel kontrollieren.

Ventilschaftabdichtungen auswechseln

Vornehmlich im Schiebebetrieb des Motors und beim Gasgeben nach längerem Leerlauf kann bei älteren Motoren bläulich gefärbter Auspuffrauch auftreten. Schuld hieran sind zumeist versprödete Ventilschaftabdichtungen, die bis 3/79 besonders schnell verschlissen waren. Dann gelangt Motoröl ungehindert an den Ventilschäften vorbei in den Brennraum. Das Öl verbrennt dort unter Blaurauchbildung.
Die Abdichtungsringe der Ventilschäfte kann die Werkstatt ohne Abnahme der Zylinderkopfes auswechseln. Anstelle der Zündkerze wird ein Druckluftschlauch mit passendem Adapter eingeschraubt. Druckluft preßt die Ventile des betreffenden Zylinders in ihre Sitze. So lassen sich die Ventilfedern und die Schaftabdichtungen in aller Ruhe aus- und wieder einbauen. Allerdings muß ein ausreichend leistungsfähiger Druckluftkompressor zur Verfügung stehen.
Für den Heimwerker ohne entsprechende Ausstattung ist die Arbeit nicht ganz einfach, zumal die Schaftabdichtungen oft in der Ventilführung festgebrannt sind. Das »Herausoperieren« ist eine ziemliche Geduldsprobe ohne das V.A.G.-Spezialwerkzeug Nr. 3047.

■ Ventil ausbauen, lassen Sie es allerdings in seiner Führung stecken.
■ Ventilschaftabdichtung nach oben abhebeln, evtl. mit einer Zange oder einem Winkelschraubenzieher.
■ Montagehülse (sie ist den neuen Schaftabdichtungen beigepackt) über den Ventilschaft schieben. Diese Hülse verhindert, daß die neuen Abdichtringe von den scharfen Nuten des Ventilschafts beschädigt werden.
■ Schaftabdichtung aufsetzen und auf die Ventilführung aufdrücken. Die V.A.G.-Werkstatt verwendet den Aufdrücker 10-204. Behelfsweises Arbeiten mit einem passenden Rohrstück, Steckschlüssel etc. beschädigt die Dichtung oder die Ringfeder.
■ Nach dem Aufdrücken kontrollieren, ob die Schaftabdichtung Schaden gelitten hat, ggf. wieder abnehmen und eine neue montieren.

Ventile einschleifen

Wenn die kegelige Ventilsitzfläche keine zu großen Verschleiß- oder Verbrennungsspuren aufweist, kann man die Ventile einschleifen und so wieder für ausreichenden Kompressionsdruck sorgen. Sie brauchen zu dieser Arbeit Ventilschleifpaste und einen sogenannten Ventilsauger – beides vom Autozubehörhandel.

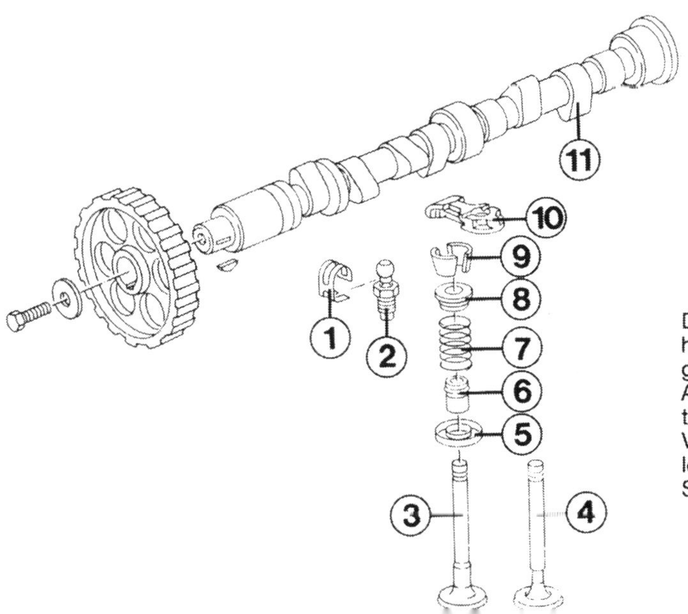

Der Ventiltrieb beim Schlepphebelmotor: 1 – Haltefeder; 2 – Kugelschraube; 3 – Einlaßventil; 4 – Auslaßventil; 5 – unterer Ventilfederteller; 6 – Ventilschaftabdichtung; 7 – Ventilfeder; 8 – oberer Ventilfederteller; 9 – Ventilhaltekeile; 10 – Schlepphebel; 11 – Nockenwelle.

Die Randdicke »b« soll beim Einlaßventil nicht geringer als 0,5 mm sein. Beim Auslaßventil wird sie nicht gemessen. Die ringförmige Dichtfläche soll nach dem Einschleifen die Breite »a« beim Einlaßventil von 2,0 mm, beim Auslaßventil von 2,4 mm haben.

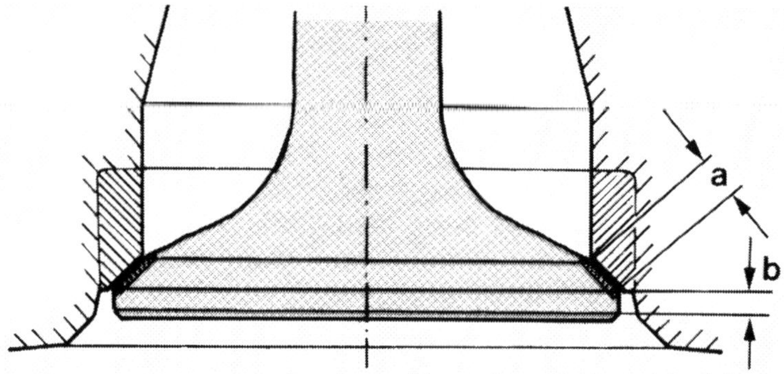

■ Ventile ausbauen.
■ Der Ventilsitz im Zylinderkopf soll jetzt eigentlich mit einem Fräser nachgearbeitet werden. In den meisten Fällen genügt Nachschleifen allein vollkommen, wenn der Sitz keinen größeren Schaden genommen hat.
■ Dichtfläche am Ventil mit Schleifpaste bestreichen.
■ Ventil wieder in den Zylinderkopf einsetzen, dabei darf an die Ventilführung keine Paste geraten.
■ Ventilsauger auf dem Ventilteller ansetzen und so lange hin und her drehen, bis sich die Dichtfläche hell glänzend vom umgebenden Metall abhebt.
■ Die geschliffene, hell glänzende Fläche soll beim Schlepphebelmotor am Einlaßventil 2,0 mm und am Auslaßventil 2,4 mm breit sein (Zeichnung oben).
■ Fertig geschliffenes Ventil gründlich von sämtlichen Resten der Schleifpaste säubern und wieder in seine Führung einsetzen.
■ Unteren Ventilfederteller einlegen und neue Ventilschaftabdichtung montieren.

Lagerschäden

Klopfgeräusche aus dem Motorraum, die mit wärmer werdendem Öl lauter werden, sind Anzeichen für einen Lagerschaden.

Ursachen

□ Wasser im Motoröl als Folge einer defekten Zylinderkopfdichtung
□ Mangelnde Schmierung durch zu niedrigen Ölstand
□ Zu hohe Drehzahlen bei kaltem Motor und daher zähflüssigem Öl
□ Abgerissener Schmierfilm bei hohen Öltemperaturen, evtl. durch falsche Ölviskosität
□ Nur Schlepphebelmotor: Abgescherter Ölpumpenantrieb

Pleuel- oder Hauptlager defekt?

Fast immer sind die Gleitlager der Pleuel defekt. Ganz selten liegt der Schaden an den Hauptlagern der Kurbelwelle. Normalerweise bedeutet ein Lagerschaden eine umfangreiche Motorreparatur. Wenn Sie ein defektes Pleuellager aber bereits im Frühstadium erkennen, kann der Austausch der Lagerschalen genügen. Voraussetzung ist, daß die Zapfen der Kurbelwelle noch keine Beschädigung ihrer Oberfläche aufweisen. So läßt sich der Lagerschaden erkennen:

■ Motor im Stand auf mittlere Drehzahlen bringen, Gas zurücknehmen. Mit abfallender Drehzahl taucht ein leichtes Klopfgeräusch auf, etwa »nack-nack-nack-nack«.
■ Dieses leichte Klopfen kann auch nach dem Hochschalten beim Beschleunigen hörbar werden.
■ Dann möglichst nicht mehr weiterfahren. Der Schaden kann sich verschlimmern und ist dann mit Eigenmitteln nicht mehr zu reparieren.
■ Hartes »klack-klack-klack-klack« beim Hochdrehen des Motors, das bei zurückgenommenem Gaspedal leiser oder sogar unhörbar wird, ist das Merkmal eines kapitalen Lagerschadens.

Defektes Lager lokalisieren

■ **Herkömmliche Zündanlage:** Alle Kerzenstecker abziehen und nur leicht wieder aufstecken.
■ Einen Kerzenstecker abziehen.
■ Motor von einem Helfer starten und hochdrehen lassen.
■ Läßt das Klopfgeräusch bei einem abgezogenen Stecker nach, ist an diesem Zylinder das Lager defekt.
■ Kerzenstecker aufdrücken und nächsten Zylinder prüfen.
■ Bei einem **Fahrzeug mit Transistorzündanlage** (Seite 187) dürfen bei der nachfolgenden Prüfung die Zündkabel und -kerzenstekker nur bei abgeschalteter Zündung angefaßt werden. Die Zündspannung ist bei der TSZ lebensgefährlich hoch. Außerdem darf der Motor nie laufen, solange ein Zündkerzenstecker von der Kerze abgezogen ist, sonst kann das TSZ-Schaltgerät Schaden nehmen.
■ Einen Kerzenstecker abziehen. Statt der Zündkerze einen Nagel, Schraubenzieher oder eine Reservekerze in den losen Stecker drücken. Diese Hilfskonstruktion fest an Mas-

se legen – am besten mit einem Starthilfekabel festklemmen.
■ Jetzt erst den Motor starten, wie bei der herkömmlichen Zündung beschrieben.
■ Zündung abschalten, Kerzenstecker aufdrücken und nächsten Zylinder auf dieselbe Weise prüfen.

Fahren mit defektem Lager

Besteht keine Möglichkeit zum Abschleppen, können Sie auch mit einem defekten Lager bei ausgesprochen niedertouriger Fahrweise noch in die Werkstatt oder nach Hause kommen.
■ Dazu legen Sie den Zylinder mit dem defekten Lager lahm: Zündkerze herausdrehen; dadurch entfällt die Belastung des Lagers durch den verdichtenden Kolben.
■ Um bei einem Fahrzeug mit Transistorzündung (Seite 187) Schäden am Schaltgerät zu vermeiden, muß das Zündkabel des defekten Zylinders an Masse gelegt werden:
■ Kerzenstecker abschrauben. Wenn die »Metallseele« nicht schon blank freiliegt, ein Stück Isolierung entfernen.
■ Blankes Kabelende unter eine Schraube am Motor klemmen, z.B. am Ventildeckel. Frei in der Luft darf das Zündkabel bei laufendem Motor nicht hängen.
■ Mit den verbliebenen Zylindern können Sie allerdings nicht mehr das gewohnte Tempo anschlagen. Der Motor soll höchstens bis in mittlere Drehzahlen hochgedreht werden.

Fingerzeige: *Bei laufendem Motor und ausgebauter Zündkerze verursacht die durch das Zündkerzenloch vom Kolben angesaugte und wieder herausgedrückte Luft ein pfeifend-knallendes Geräusch. Das darf Sie nicht irritieren.*
Bei einem ursprünglich noch guten Motor kann die unbesorgte Weiterfahrt einen größeren Schaden verursachen: Durch Abrieb von Gleitlagermaterial kann das defekte Lager fressen und im schlimmsten Fall das Pleuel brechen.

Selbsthilfe noch möglich?

Das genaue Ausmaß eines Lagerschadens läßt sich erst nach dem Öffnen des Lagers erkennen:
□ Zeigen lediglich die Lagerschalen Riefen oder flächige »Auswaschungen« und ist der Kurbelzapfen der Kurbelwelle noch spiegelglatt und unbeschädigt (mit dem Fingernagel prüfen), haben Sie Glück gehabt. Austauschen der Lagerschalen genügt fast immer.
□ Sind auf den Kurbelwellenzapfen nur geringe Lagermetallauftragungen erkennbar, müssen diese mit Polierpapier (Körnung 600) entfernt werden. Dabei nicht quer zur Laufrichtung schmirgeln. Nach dem Ersetzen der Lagerschalen ca. 500 km zurückhaltend fahren. Stellt sich erneut ein Lagerschaden ein, Pleuelbohrung vermessen lassen.
□ Weisen Kurbelwellen-Lagerzapfen und Lagerschalen starke Riefen auf, ist eine Motorüberholung fällig. Vermutlich wurde der Lagerdefekt zu spät erkannt.

Pleuellager ersetzen

Für diese Reparatur brauchen Sie:
□ Pleuellagerschalen – mit »Originalmaß« bzw. mit »Übermaß«, wenn der Motor schon einmal überholt wurde
□ Eine neue Ölwannendichtung
□ Beim Schlepphebelmotor neue Pleuelschrauben und -muttern sowie ersatzweise zwei Ölwannen-Innensechskantschrauben mit Federringen und Unterlegscheiben.
■ Wagen aufbocken.
■ Motoröl ablassen.
■ Ölwanne abschrauben.
■ Falls Sie beim Schlepphebelmotor die beiden Schrauben zum Getriebe hin mangels feingliedrigem Werkzeug nicht lösen können, muß die rechte Antriebswelle am Getriebe losgeschraubt werden. In diesem Fall werden die Innensechskantschrauben nicht benötigt.
■ Zylinder 1 auf OT stellen (Seite 33).
■ Muttern der Pleuellagerdeckel von Zylinder 2 und 3 abschrauben.
■ Lagerdeckel abnehmen und so ablegen, daß er beim Zusammenbau jeweils wieder mit seinem Pleuel verschraubt werden kann.
■ Kurbelwelle ein kleines Stück weiter- und dann zurückdrehen.
■ Am Pleuel eines höchstens um 10 mm höher geschobenen Kolbens die Lagerschale abnehmen.
■ Dazu in Fahrtrichtung hinten die Unterkante der Schale mit einem Schraubenzieher nach oben drücken. Die Lagerschale rutscht um den Kurbelwellenzapfen herum und kann abgenommen werden.
■ Neue Lagerschale einsetzen. Ihre Haltenase zeigt nach vorn und rutscht zuletzt in die entsprechende Führungsnut im Pleuel.

Beim hier gezeigten Wechsel der Pleuellager am Schlepphebelmotor sehen Sie:
1 – untere Lagerschale; 2 – Pleuellagerdeckel; 3 – obere Lagerschale; 4 – Pleuel; 5 – Zapfen der Kurbelwelle.

■ Kurbelwelle so weit drehen, bis die Lagerzapfen an den Pleueln anliegen.
■ Lagerschale in den Lagerdeckel einlegen – Haltenase in Haltenut.
■ Lagerdeckel montieren. Er besitzt eine Gußmarkierung, die in Fahrtrichtung nach hinten zeigen muß.
■ Anlageflächen der Muttern einölen.
■ Beim **Schlepphebelmotor** Pleuelmuttern mit **30 Nm** anziehen. Anschließend mit einem starren Schlüssel ¼ **Umdrehung (= 90°)** weiterdrehen.
■ Am **Tassenstößelmotor** die Muttern mit **45 Nm** festziehen.
■ **Alle Motoren:** Kurbelwelle eine halbe Umdrehung weiterdrehen und Lagerschalen an Zylinder 1 und 4 wechseln.
■ Ölwannenschrauben mit 20 Nm festdrehen.
■ Wenn beim Schlepphebelmotor die rechte Antriebswelle montiert blieb, werden die beiden Schrauben zum Schwungrad hin durch Innensechskantschrauben ersetzt und mit 8 Nm angezogen.
■ Motoröl einfüllen.

Motor aus- und einbauen

□ Der Motor wird mit dem Getriebe nach oben herausgehoben. Dazu brauchen Sie einen Flaschenzug, den Sie in ausreichender Höhe stabil aufhängen können.
□ Beim neueren 1,5-Liter-Motor muß zum Motorausbau das vordere Auspuffrohr vom -krümmer getrennt werden. Das bereitet dem Heimwerker erhebliche Probleme durch die Klammerbefestigung. Lesen Sie dazu den Text auf Seite 55.
□ Günstig ist ein »vorbelasteter« Helfer.
□ Schauen Sie sich vor der Arbeit die Motorraum-Schaubilder auf den Seiten 8 und 9 an, damit Sie wissen, wo die hier angesprochenen Teile im Motorraum sitzen.
□ Da im VW eine Vielzahl von elektrischen und Unterdruckleitungen eingebaut ist, sollten Sie als erstes alle diese Kabel und Schläuche so kennzeichnen, daß sie anschließend wieder an der richtigen Stelle angeschlossen werden.

Ausbau Schlepphebelmotor

■ Minuskabel der Batterie abklemmen.
■ Wagen vorn aufbocken.
■ Elektrische Anschlüsse am Anlasser abnehmen.
■ Anlasser ausbauen, siehe Seite 184.
■ Tachowelle vom Getriebe abschrauben.
■ Masseband vom Getriebe lösen.
■ Kabel am Rückfahrscheinwerferschalter abziehen.
■ Rechts und links am Getriebe die Antriebswellen abschrauben (Seite 114) und mit Draht an der Karosserie aufhängen.
■ Vorderes Auspuff- bzw. Hosenrohr von seinem Halter am Getriebe losschrauben.
■ Bei abgasbeheiztem Ansaugrohr (seit 8/79) Warmluftrohr vom Saugrohr abschrauben.
■ Vorderes Auspuff- bzw. Hosenrohr vom Auspuffkrümmer abnehmen, siehe Seite 56.
■ Schaltfinger vom Getriebe-Innenschalthebel ausbauen (Seite 108). Dessen selbstsichernde Halteschraube muß beim Zusammenbau durch eine neue ersetzt werden.
■ Triebwerkstütze hinten (Zeichnung rechts oben) von der Karosserie und vom Getriebegehäuse losdrehen, Stütze abnehmen.
■ Wagen ablassen.
■ Motorhaube abbauen, siehe Seite 245.

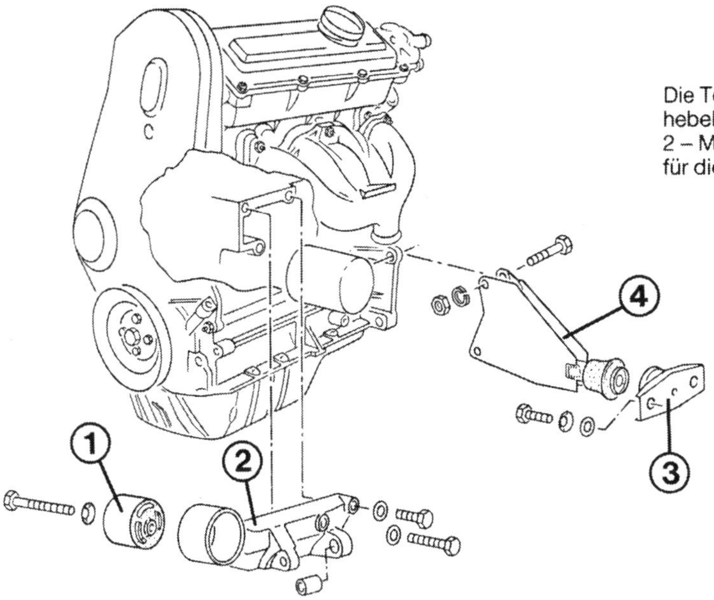

Die Teile der Aufhängung des Schlepphebelmotors: 1 – Gummi-Metall-Lager; 2 – Motorträger rechts; 3 – Aufnahme für die Drehmomentstütze (4).

■ Luftfilter komplett ausbauen (Seite 78), Vergaseröffnung mit einem Lappen zustopfen, damit nichts hineinfallen kann.
■ Elektrische Kabel abziehen bzw. Steckverbinder trennen bei: Lichtmaschine, Öldruckschalter, Temperaturfühler, Thermoschalter, Leerlauf-Abschaltventil, Starterdeckelbeheizung, Saugrohrbeheizung, Zündverteiler Klemme 1 bzw. Mehrfachstecker für TSZ (siehe Fingerzeig Seite 196).
■ Falls vorhanden, Massekabel zwischen Zylinderkopf und Frontblech abschrauben.
■ Zündverteilerkappe, -läufer und Schutzdeckel abnehmen.
■ Benzinleitungen abnehmen: Schlauch zur Kraftstoffpumpe (mit einer passenden Schraube verschließen, damit kein Benzin ausläuft) und Rücklaufleitung vom Vergaser zum Tank.
■ Gaszug am Vergaser aushängen (Seite 97), Stecksicherung (seit 8/79) wieder in die Kerbe stecken (erspart das Einstellen des Gaszugs beim Zusammenbau).
■ Starterzug am Vergaser abklemmen (Seite 97).
■ Kupplungsseil am Ausrückhebel und am Widerlager aushängen (Seite 103).
■ Kühlmittel ablassen und auffangen , siehe Seite 62.
■ Wasserschläuche vom Wasserrohr vorn am Motor und vom Thermostat abnehmen, außerdem sämtliche Schläuche zwischen Kühler, Motor, Heizkörper und ggf. Ausgleichsbehälter.
■ Scheiben-Waschwasserbehälter ausbauen.
■ Unterdruckleitung zum Bremskraftverstärker am Ansaugrohr abnehmen.
■ Steckverbindungen am Kühlerventilator und -Thermoschalter trennen.
■ Halteschrauben des Kühlers herausdrehen, wie auf Seite 63 beschrieben.
■ Kühler komplett mit Kühlerventilator, Tragring und Luftführungen ausbauen.
■ Zwei Ketten oder ausreichend starke Seile durch die Ösen rechts und links am Motor ziehen und in den Flaschenzug einhängen.
■ Motor/Getriebe-Einheit leicht anheben, daß sie unter leichter Spannung steht.
■ Halter vorn der Drehmomentstütze vom Querblech abschrauben.
■ Halteschraube des Motorträgers rechts herausdrehen. Damit ist das Lager von der Karosserie gelöst.
■ Getriebestütze links komplett ausbauen.
■ Unter leichtem Drehen den Triebwerkblock vorsichtig herausheben.
■ Beim Hochhieven den Motor von Hand sorgfältig führen, damit keine Teile am Motor (z. B. das Leerlauf-Abschaltventil) oder an der Karosserie beschädigt werden.
■ Verschraubungen zwischen Motor und Getriebe lösen.
■ Abdeckblech vom Getriebegehäuse abbauen.
■ Motor vom Getriebe trennen, z. B. mit einem Montierhebel abdrücken.

Ausbau Tassenstößelmotor

■ Motorhaube abbauen, siehe Seite 245.
■ Minuskabel der Batterie abklemmen.
■ Vorn rechts sitzenden Scheibenwaschwasserbehälter mit der Pumpe aus dem Halter nehmen und im Wasserfangkasten ablegen.
■ Beim Scirocco mit Doppelscheinwerfern die Verschlußkappe des in Fahrtrichtung rechts innen sitzenden Scheinwerfers ausbauen, siehe auch Seite 206.
■ Luftfilter ausbauen (Seite 78), Öffnung des Vergasers mit einem Lappen zustopfen.

Der Tassenstößelmotor mit seinen Aufhängungsteilen: 1 – Gummi-Metall-Lager; 2 – Motorträger rechts; 3 – Aufnahme für die Drehmomentstütze mit Anschlagpuffer (4). Die Stütze gibt es in unterschiedlicher Ausführung für Schaltgetriebe (5) und Getriebeautomatik (6).

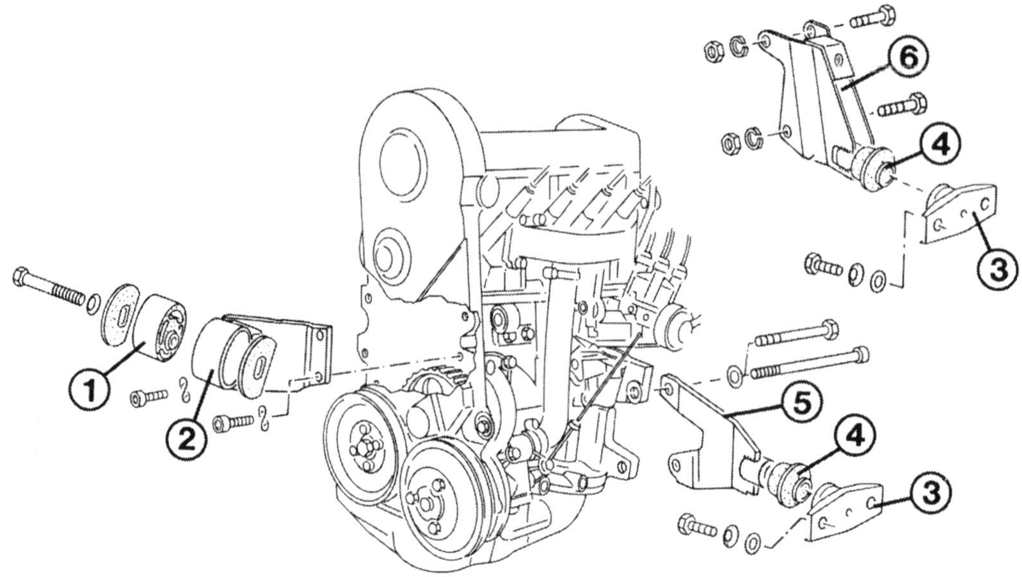

■ Kühlflüssigkeit ablassen (Seite 62).

■ Wasserschlauch vorn am Stutzen des Zylinderkopfes abnehmen, ebenso die Schläuche zwischen Motor, Kühler, Heizkörper und ggf. Ausgleichsbehälter.

■ Steckverbindungen am Kühlerventilator und -Thermoschalter trennen.

■ Halteschrauben des Kühlers herausdrehen, siehe Seite 63.

■ Kühler samt Kühlerventilator, Tragring und Luftführungen ausbauen.

■ Kraftstoffleitungen abnehmen: Schlauch zur Benzinpumpe (mit einer passenden Schraube verschließen, damit Benzin nicht auslaufen kann) und Rücklaufleitung vom Vergaser zum Tank.

■ Am Vergaser den Gaszug aushängen (Seite 97), Stecksicherung (seit 8/79) in die bisherige Kerbe zurückstecken.

■ Bei Getriebeautomatik Gaszughalter am Vergaser bzw. am Zylinderkopf abbauen. Achten Sie darauf, daß sich die Gaszugeinstellung nicht verändert.

■ Unterdruckbehälter rechts an der Spritzwand abschrauben und auf dem Motor ablegen.

■ Elektrikkabel abziehen bzw. Steckverbindungen trennen bei: Lichtmaschine, Öldruckschalter, Temperaturfühler, Thermoschalter, Leerlauf-Abschaltventil, Starterdeckelbeheizung, Saugrohrbeheizung, OT-Geber (falls vorhanden), Zündverteiler Klemme 1 und 15 bzw. Mehrfachstecker für TSZ, siehe Fingerzeig Seite 196.

■ Elektrische Leitungen am Anlasser abnehmen.

■ Anlasser ausbauen (Seite 184).

■ Tachowelle am Getriebe abschrauben. Öffnung im Getriebe mit einer Gummikappe o.ä. verschließen, damit kein Öl ausläuft.

■ Unterdruckleitung zum Bremskraftverstärker abnehmen, ebenso den Unterdruckschlauch am Ansaugrohr.

■ Verbindungsstange, Wählstange und Umlenkhebel des Schaltgestänges abbauen, siehe Seite 108.

■ Wählhebel des Automatikgetriebes in Stellung »P« schieben.

■ Wagen vorn aufbocken.

■ Vorderes Auspuff- bzw. Hosenrohr von seinem Halter am Getriebe losschrauben.

■ Vorderes Auspuff- bzw. Hosenrohr vom Auspuffkrümmer abnehmen, siehe Seite 56.

■ Kabel am Rückfahrscheinwerferschalter abziehen.

■ Rechts und links am Getriebe die Antriebswellen abschrauben (Seite 114) und mit Draht an der Karosserie aufhängen.

■ Umlenkhebel mit Verbindungsstange der Schaltbetätigung ausbauen (Seite 108).

■ **Getriebeautomatik:** Wählhebelseilzug abklemmen, Gaszug und Gaspedalzug aushängen sowie den Halter der Züge abschrauben.

■ Drehmomentwandler losschrauben. Das sind drei Schrauben, die Sie beim Drehen der außenverzahnten Mitnehmerscheibe nacheinander lösen können.

■ **Alle Modelle:** Triebwerkstütze hinten (siehe Zeichnung oben) von der Karosserie und vom Getriebegehäuse losdrehen, Stütze abnehmen.

■ Wagen ablassen.

■ Hauptzündkabel aus der Zündverteilerkappe abziehen.

■ Kupplungsseil am Ausrückhebel und am Widerlager aushängen (Seite 103).

■ Zwei Ketten oder ausreichend starke Seile durch die Ösen rechts und links am Motor ziehen und in den Flaschenzug einhängen.

■ Motor/Getriebe-Block anheben, daß er unter leichter Spannung steht.

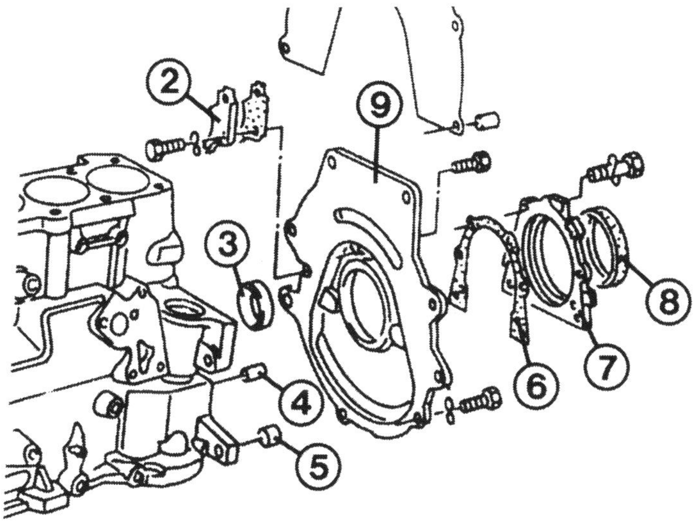

Der Tassenstößelmotor besitzt zum Getriebe hin eine Zwischenplatte (1). Außerdem sehen Sie in dieser Zeichnung: 2 – Abdeckblech; 3 – Dichtring; 4 – Paßstift; 5 – Paßhülse; 6 – Dichtung; 7 – Dichtflansch; 8 – Dichtring; 9 – Abdeckblech.

■ Vorn am Querblech den Halter der Drehmomentstütze abschrauben.
■ Halteschraube des Motorträgers rechts herausdrehen.
■ Getriebestütze links komplett ausbauen.
■ Unter leichtem Drehen den Triebwerkblock vorsichtig herausheben.
■ Beim Hochhieven den Motor von Hand sorgfältig führen, damit nichts beschädigt wird.

Motor vom Getriebe trennen

Bei einem älteren Tassenstößelmotor läßt sich dieser nur in einer bestimmten Stellung vom Getriebe trennen.

■ **Bis 11/78:** Schauloch oben im Getriebe freilegen.
■ Motor drehen (Seite 32), bis dem Pfeil im Schauloch die entsprechende Markierung auf dem Schwungrad gegenübersteht:
■ **Vor 9/74:** Eine Nase kennzeichnet die Stellung 33° vor OT.
■ **9/74 bis 10/78:** Die Kurbelwellenstellung 76° vor OT von Zylinder 1 ist durch eine Vertiefung markiert.
■ Abdeckblech am Flansch der Gelenkwelle abschrauben.
■ Verschraubungen zwischen Motor und Getriebe lösen.
■ Abdeckblech vom Getriebegehäuse abbauen.
■ Bei einem Fahrzeug mit abgeflachtem Gelenkwellenflansch muß zum Abnehmen des Getriebes vom Motor die Abflachung zum Schwungrad zeigen.
■ Motor vom Getriebe trennen.

Fingerzeig: *Wird in ein Fahrzeug bis 10/78 ein neuerer Ersatzmotor oder eine neue Schwungscheibe eingebaut, muß die Stiftschraube am Getriebe herausgedreht werden. Beim Zusammenbau wird eine neue Sechskantschraube mit der bisherigen Unterlegscheibe verwendet.*

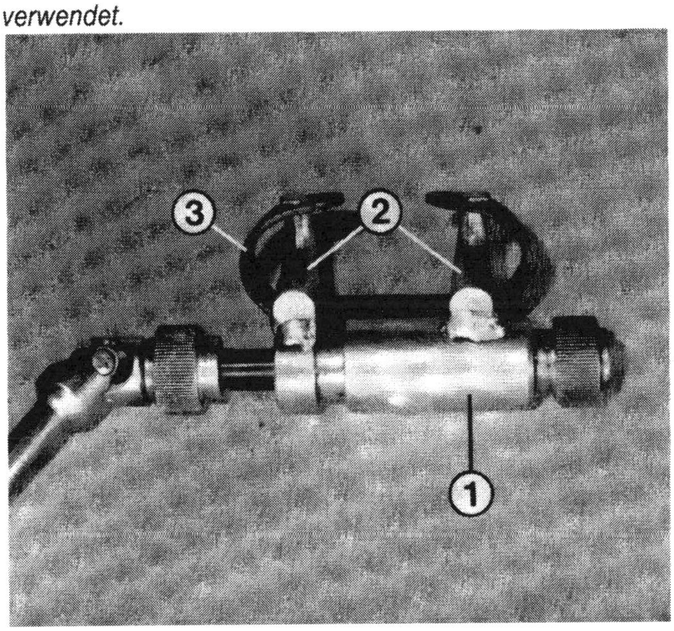

Hier sehen Sie das V.A.G.-Werkzeug 3049 A (1). Die Spreizbacken (2) sind so eingestellt, daß die Backen an den Bohrungen der Federklammer (3) anliegen. Durch Drehen am links angesetzten Hebel kann die Feder jetzt auseinandergedrückt werden, damit sie sich in die Halteösen am Auspuffkrümmer und am vorderen Auspuffrohr einhängen läßt.

Einbau

■ Sinngemäß wird in umgekehrter Reihenfolge des Ausbaus vorgegangen.
■ Sämtliche selbstsichernden Muttern ersetzen.
■ Ausrücklager der Kupplung und Verzahnung der Antriebswelle mit MoS_2-Fett schmieren.
■ Prüfen Sie vor dem Ansetzen des Getriebes, ob im Motorblock zwei Paßhülsen stekken zum Zentrieren von Motor/Getriebe. Ggf. einsetzen.
■ Zwischenplatte des Tassenstößelmotors auf die Paßhülsen aufsetzen und an einigen Punkten mit etwas Fett am Motorblock anheften.
■ Motor und Getriebe zusammenschrauben.
■ Motor/Getriebe-Einheit ins Fahrzeug absenken.
■ Zuerst die Getriebestütze links am Getriebe anschrauben und dabei gleich auf Mittellage zum Gummi-Metall-Lager ausrichten.
■ Motorträger rechts und Getriebestütze links an der Karosserie lose anschrauben, ausrichten und dann erst die Schrauben festziehen.
■ Triebwerkstütze hinten zunächst am Getriebe anschrauben und dann an der Karosserie schwach anziehen.
■ Stütze hinten ausrichten und festziehen.
■ Drehmomentstütze vorn genau in Mittelposition festschrauben.
■ Wie bereits erwähnt, muß beim Schlepphebelmotor die Halteschraube des Schaltfingers der Schaltbetätigung ersetzt werden. Notfalls alte Schraube mit Sicherungsmittel einsetzen.
■ Vorhandene Massekabel nicht vergessen.
■ Auspuffanlage ohne Spannung einbauen (Seite 54/55).
■ Eingestellt werden müssen: Gaszug (Seite 97), Kupplungsspiel (Seite 103), Leerlaufdrehzahl und CO-Gehalt (Seite 91), Starterzug (Seite 97; nur Motoren mit Handstarterzug) und Zündzeitpunkt (Seite 200).

Anzugsdrehmomente

Bauteil (Angaben in Nm)	Schlepphebelmotor	Tassenstößelmotor
Motor an Getriebe	55	45 (M 10) 75 (M 12)
Abdeckblech an Getriebe/Motor	–	10
Kühlmittelrohr an Wasserpumpe	10	–
Auspuffrohr vorn an Getriebehalter	25	25
Auspuffrohr vorn an Auspuffkrümmer	20 (Einfachrohr) 30 (Doppelrohr)	25 (M 8) 45 (M 10)
Stütze für Auspuffrohr vorn an Getriebe/Motor	40	40
Gelenkwellen an Flansch	45	45
Motor- bzw. Getriebeaufhängungen an Karosserie	40	40
Motor- bzw. Getriebeaufhängungen an Motor/Getriebe	30 (M 8) 45 (M 10)	30 (M 8) 45 (M 10)
Wandler an Mitnehmerscheibe	–	30

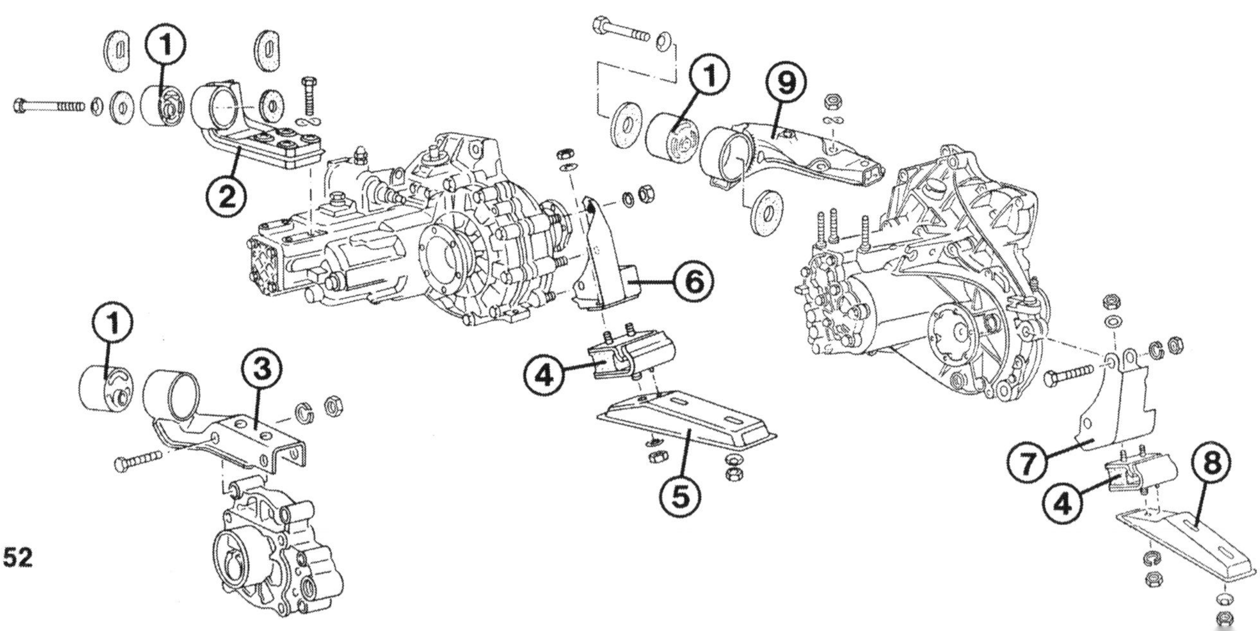

Die Teile der Getriebeaufhängung: 1 – Gummi-Metall-Lager; links das Schaltgetriebe des Tassenstößelmotors mit 2 – Stütze links Vierganggetriebe; 3 – Stütze links Fünfganggetriebe; 4 – Gummi-Metall-Lager hinten; 5 – Lagerbock; 6 – Stütze hinten. Rechts das Getriebe des Schlepphebelmotors: 7 – Stütze hinten; 8 – Lagerbock; 9 – Stütze links.

Hinaus damit

Wenn das Gemisch aus Kraftstoff und Luft in den Zylindern verbrannt wird, geht es ausgesprochen lautstark zu. Zum Dämpfen dieser Geräusche dient die Rohrleitung unter dem Wagenbauch.

Die Teile der Auspuffanlage

□ Am Zylinderkopf ist zunächst der Auspuffkrümmer angeschraubt.
□ Daran schließt das Abgasrohr vorn an. Besitzt es zwei Abgaskanäle, die weiter hinten in einem Rohr zusammengeführt werden, nennt man das auch »Hosenrohr«.
□ Das nicht bei allen Versionen eingebaute Wellrohr soll Schwingungen des Motors von der restlichen Auspuffanlage fernhalten.
□ Darauf folgen Zwischenrohr bzw. Vorschalldämpfer und zuletzt der Hauptschalldämpfer.
□ Je nach Baujahr und Motor besteht die Auspuffanlage aus folgenden Teilen:

Motor	Kennbuchstaben	Abgasrohr vorn Einkanal	Abgasrohr vorn Zweikanal	Wellrohr
1,1 l/37 kW	FA	+	–	+
1,1 l/37 kW	GG	–	+	+
1,3 l/44 kW	GF	–	+	+
1,5 l/51 kW	FH	–	+	+
1,5 l/51 kW	JB	–	+	Scirocco bis 7/79, Golf/Jetta bis 7/80
1,5 l/63 kW	FD	–	+	+
1,6 l/55 kW	FP	–	+	+
1,6 l/63 kW	FR	–	+	bis 7/80

Motor	Kennbuchstaben	Zwischenrohr	Vorschalldämpfer	Hauptschalldämpfer
1,1 l/37 kW	FA	ab 3/75	bis 2/75	+
1,1 l/37 kW	GG	+	–	+
1,3 l/44 kW	GF	–	+	+
1,5 l/51 kW	FH	ab 3/75	bis 3/75	+
1,5 l/51 kW	JB	Scirocco bis 7/79, Golf/Jetta bis 7/80	Scirocco ab 8/79, Golf/Jetta ab 8/80	+
1,5 l/63 kW	FD	ab 3/75	bis 2/75	+
1,6 l/55 kW	FP	+	–	+
1,6 l/63 kW	FR	bis 7/80	ab 8/80	+

□ Der für die Nachrüstung vorgesehene Mikro-Katalysator (Beschreibung im nächsten Kapitel) ist zwischen zwei Rohrverbindungen eingesteckt.

Fingerzeig: *Am Abgasrohr vorn ist bei bestimmten 1,5- und 1,6-Liter-Motoren ein Wärmeschutz angeschraubt, der Hitzeabstrahlung auf die nahegelegenen Kraftstoffleitungen und damit Dampfblasenbildung verhindern soll. Das bzw. die Bleche rosten im Lauf der Jahre ab. Wir würden sie nur dann ersetzen, wenn Sie Heißstartschwierigkeiten durch Dampfblasenbildung haben.*

Auspuff-Lebensdauer

Bei der Verbrennung von Benzin entsteht u. a. Wasser, das die Zerrostung der Auspuffanlage von innen heraus fördert. Die Auspuffkorrosion nimmt mit sinkender Abgastemperatur zu. Langstreckenbetrieb mit voll durchgewärmtem Motor und heißen Abgasen setzt der Auspuffanlage kaum zu. Anders dagegen andauernde Stadtfahrten mit meist unterkühltem Triebwerk.

□ Am geringsten betroffen ist das Auspuffrohr vorn, wo die Verbrennungsgase noch zwischen 800 und 1000°C heiß einströmen. In den Schalldämpfern und Rohren kühlen sie zunehmend ab und sind am Auspuffendrohr noch 150–300°C warm.

□ Das bewirkt, daß im letzten Schalldämpfer das meiste Kondenswasser auftritt. Es vermischt sich mit Verbrennungsrückständen zu aggressiven Säuren und läßt das Auspuffblech von innen nach außen durchrosten.

□ Die vorderen Teile der Auspuffanlage können bei Langstreckenfahrten unter Temperaturspannungen leiden, wenn bei Regen das heiße Blech ständig kalten Duschen ausgesetzt ist. Dann kann das Material reißen oder brechen.

□ Unabhängig von der Fahrweise fördern Spritz- und Salzwasser den Rostfraß von außen. Steinschlag oder Aufsetzen auf hartem Untergrund wirkt ebenso lebensverkürzend wie Schwingungen durch defekte oder fehlende Aufhängungsgummis bzw. eine schadhafte Motoraufhängung.

Aufhängung und Zustand der Auspuffanlage kontrollieren

Wartung Nr. 28

Die Auspuffanlage ist starr nur mit dem Auspuffkrümmer und durch einen Halter mit dem Getriebe verbunden. Am Fahrzeugboden hängt sie frei schwingend in Gummischlaufen.

■ Haltegummis auf Brüchigkeit, Einrisse oder sonstige Schäden überprüfen, ggf. ersetzen.

■ Schrauben der Halteschellen bzw. Verschraubungen am Auspuffkrümmer und an der Halterung am Getriebe auf festen Sitz kontrollieren, aber nicht mit Gewalt »anknallen«.

■ Mit einem Lappen in der Hand bei laufendem Motor das Auspuff-Endrohr zuhalten. Der Motor muß nach kurzer Zeit stehenbleiben.

■ Hören Sie zischende Geräusche und läuft der Motor ungestört weiter, ist die Anlage an der Geräuschstelle undicht.

■ Ein dumpferer Auspuffton als gewöhnlich und Knallen im Schiebebetrieb weist auf einen durchgerosteten Auspuff hin.

Auspuffanlage erneuern

Reparaturen an einer durchgerosteten Auspuffanlage sind meist nur kurzer Erfolg beschieden. Auf rostgeschwächtem Blech kann nicht mehr geschweißt werden. Auspuffkitt und Bandagen sind zwar recht dauerhaft, aber das Blech bricht bald neben der Reparaturstelle aus. Das ist also nur ein Behelf für unterwegs.

Ganz selten sind alle beide Schalldämpfer gleichzeitig austauschreif. Hat man einen Schalldämpfer ersetzt, gibt boshafterweise wenige Monate später der andere den Geist auf. Werkstätten wechseln deshalb die Auspuffanlage gleich komplett aus. Das empfehlen wir nicht so unbesehen:

■ Klopfen Sie den ausgebauten, noch intakten Schalldämpfer mit einem Hammer rundum gründlich ab, auch an den Stirnseiten. Dabei nicht zu zaghaft hämmern.

■ Klingt es bei jedem Schlag hell, ist das Blech noch gesund.

■ Wird das Klopfgeräusch an manchen Stellen dumpfer, ist die Außenhaut bereits geschwächt und wird bald durchbrechen; besonders in der streusalzhaltigen Winterszeit.

■ Für den Ersatzteilkauf gilt, daß Dichtung(en) und selbstsichernde Muttern durch neue ersetzt werden müssen.

■ Die Halteringe sollten ebenfalls erneuert werden. Es gibt sie in unterschiedlicher Ausführung für die diversen Motoren. Lassen Sie sich im Teilelager die richtigen aus dem Teilefilm heraussuchen.

Auspuffanlage ausbauen

■ Zu allen Arbeiten an der Auspuffanlage muß der Wagen absolut rüttelsicher aufgebockt sein, daß er nicht kippen kann – auch bei heftigem Drehen oder Zerren an den Rohren.

■ Wenn sich beim Demontieren eine Verschraubung nicht lösen läßt, sollten Sie sie durch Überdrehen abreißen. Beim Einbau werden grundsätzlich neue Schrauben und Muttern verwendet.

■ Halteringe sicherheitshalber ebenfalls gleich ersetzen.

■ Die Steckverbindungen der Rohrstutzen lassen sich am besten im erhitzten Zustand trennen. Die Werkstatt verwendet hierzu einen Schweißbrenner. Auch ein Heißluftfön kann genügen.

■ Kalt geht es allenfalls unter Zuhilfenahme von Rostlösemittel.

■ Die Rohre werden durch kräftige Drehbewegungen oder Hammerschläge getrennt.

■ Hilft das nicht, wird die Rohrverbindung des defekten Schalldämpfers knapp 10 cm hinter der Verbindungsstelle abgesägt.

■ Den verbleibenden Rohrrest mit der Metallsäge in Längsrichtung aufsägen und mit

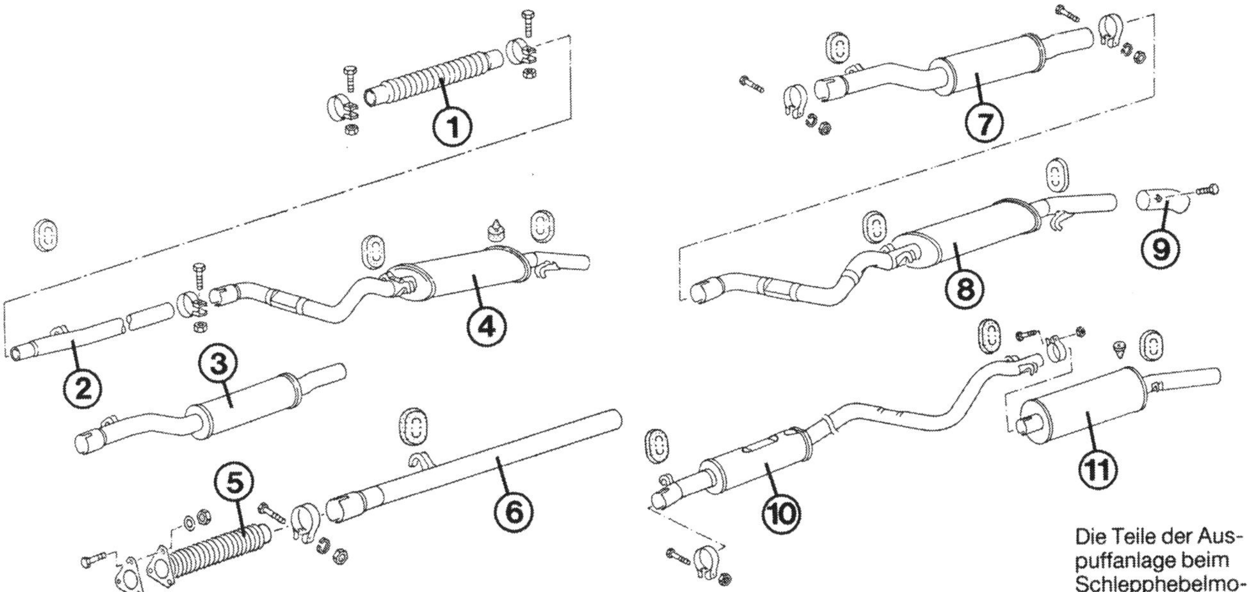

Die Teile der Auspuffanlage beim Schlepphebelmotor: 1 – Wellrohr; 2 – Zwischenrohr; 3 – Vorschalldämpfer; 4 – Hauptschalldämpfer. Beim Tassenstößelmotor bis 55 kW: 5 – Wellrohr; 6 – Zwischenrohr; 7 – Vorschalldämpfer; 8 – Hauptschalldämpfer; 9 – Endrohrverlängerung für Jetta. 63-kW-Motor: 10 – Vorschalldämpfer; 11 – Hauptschalldämpfer.

einem kräftigen Schraubenzieher aufhebeln.

■ Die Verschraubungen der Auspuffanlage lassen sich beim nächsten Mal leichter lösen, wenn die Gewinde beim Einbau mit Kupferfett bestrichen wurden.

■ Auch zwischen die Rohrverbindungen können Sie solches hitzebeständiges Fett streichen, damit sie sich später wieder leichter trennen lassen.

■ Beim Einbau ist auf spannungsfreie Ausrichtung der Anlage zu achten.

■ Teile provisorisch zusammenstecken, Halteschellen aber gleich über die Rohre streifen und ausrichten.

■ Auspuffanlage mit ihren Halteringen am Wagenboden aufhängen.

■ Die Gummiringe sollen unter gleichmäßigem Zug stehen.

■ Die Auspuffanlage muß auch genügend Abstand zur Karosserie haben. Durch Drehen bzw. Verschieben Rohre und Dämpfer in Längsrichtung auf gleichmäßigen Abstand zur Karosserie bringen. Zwischen dem Anschlagpuffer (nicht bei allen Modellen vorhanden) des hinteren Schalldämpfers und dem Kofferraumboden soll ein gewisser Abstand bleiben.

■ Verschraubungen festziehen, siehe Tabelle nächste Seite.

■ Stellt sich bei einer anschließenden Probefahrt heraus, daß die Auspuffanlage doch irgendwo anschlägt, Klemmschellen nochmals lösen (Vorsicht an den heißen Rohren!) und Auspuffanlage erneut ausrichten.

Fingerzeige: *Eine verspannt eingebaute Auspuffanlage macht sich durch Brumm- oder Dröhngeräusche bemerkbar. Außerdem können die inneren Spannungen Risse verursachen. Geringe Undichtigkeiten an einer der Steckverbindungen des neuen Auspuffs können mit Auspuffdichtmasse behoben werden.*

Vorderes Auspuffrohr ausbauen

Für das vordere Auspuffrohr gibt es drei Befestigungsarten:

□ 1,1-Liter-Motor bis 7/80: Der Auspuffkrümmer besitzt an seiner Unterseite einen halbkugelförmigen Flansch, mit dem das Auspuffrohr ohne Dichtung durch zwei Klemmbügel verbunden ist.

□ Übrige Motoren: Das vordere Auspuffrohr ist mit einer zwischengelegten Dichtung am Krümmer festgeschraubt.

□ Ausnahme: Beim 1,5-Liter-Motor ab 8/79 (Scirocco) bzw. ab 8/80 (Golf/Jetta) werden statt einer Schraubverbindung zwischen Auspuffkrümmer und vorderem Auspuffrohr unter hoher Spannung stehende Federklammern verwendet. Die lassen sich nicht einfach abhebeln und erst recht nicht mehr montieren. Von VW gibt es hierfür ein Spezialwerkzeug mit der Nummer 3049 A, das Ihnen vielleicht eine entgegenkommende Werkstatt leiht. Die Anwendung haben wir im Bild auf Seite 51 unten gezeigt.

Aus langjähriger Praxis wissen wir, daß das direkt am Auspuffkrümmer angeschraubte vordere Rohr beim Ausbau immer wieder Probleme macht. Trotz kräftigen Einsprühens mit Rostlöser neigen die Schraubenbolzen am Auspuffkrümmer zum Abreißen. Das heißt dann, daß der Krümmer ebenfalls abgebaut, der alte Bolzen ausgebohrt und ein neuer eingeschraubt werden muß.

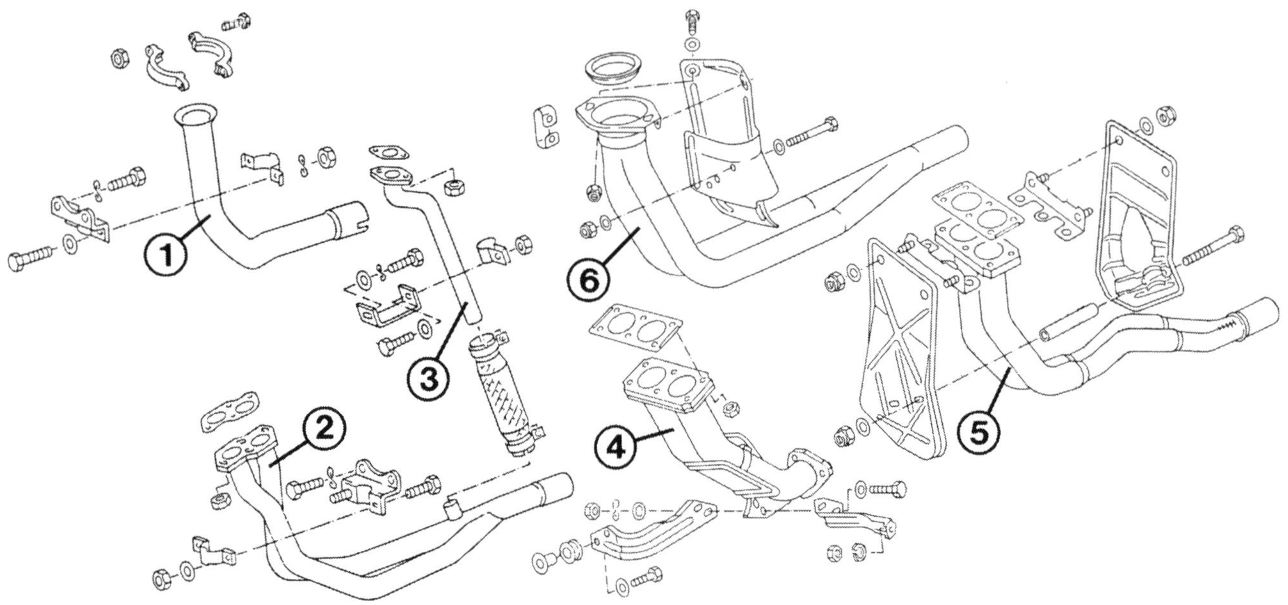

Das vordere Auspuffrohr: 1 – Schlepphebelmotor 37 kW/FA, 2 – Motor 37 kW/GG und 44 kW/GF mit Rohr (3) zur Ansaugrohrbeheizung; 4 – Tassenstößelmotor 51 kW/FH, 55 kW/FP, 51 kW/JB bis 7/79, 5 – Motor mit 63 kW/FR, 6 – Motor 51 kW/JB ab 8/79.

■ Wagen vorn aufbocken. Auspuffanlage abkühlen lassen.
■ Schraube an der Getriebehalterung losdrehen.
■ Verschraubungen der Klemmbügel zwischen Krümmer und Auspuffrohr lösen.
■ Bzw. vier oder sechs selbstsichernde Muttern an der Verbindung zum Krümmer losdrehen.
■ Bzw. Spannwerkzeug auf den Bohrungsabstand der Federn einstellen.
■ Werkzeug ansetzen und Rändelschrauben so weit drehen, daß es fest sitzt.
■ Verlängerung ansetzen und Spannwerkzeug bis zum Anschlag drehen.
■ Klemmfeder aus den Halteöffnungen im Auspuffkrümmer und Hosenrohr herausheben, dazu das Hosenrohr in Richtung der auszubauenden Feder drücken.
■ Beim Zusammenbau wird die Feder zuerst in die Halteöffnung am Krümmer eingehängt.
■ An der Klemmschelle zwischen Auspuffrohr und Wellrohr bzw. Vorschalldämpfer die Verschraubung losdrehen.
■ Bei einem Motor mit abgasbeheiztem Ansaugrohr untere Klemmschelle des nach oben führenden Wellrohrs lösen.
■ Auspuff-Halteringe aushängen.
■ Auspuff zurückdrücken und vorderes Auspuffrohr abnehmen, ggf. aus dem nach oben führenden Vorwärm-Wellrohr »ausfädeln«.
■ Beim Einbau muß die Dichtung der verschraubten Flanschverbindung erneuert werden.
■ Der sogenannte Gleitring zwischen dem Krümmer und dem mit Federklammern befestigten Abgasrohr vorn muß nur dann erneuert werden, wenn er beschädigt bzw. undicht ist oder Quietschgeräusche verursacht.

Auspuffkrümmer ausbauen

Für die Verbindung Auspuffkrümmer/Zylinderkopf gilt das gleiche wie für die Schraubverbindung zwischen Krümmer und vorderem Auspuffrohr. Ohne kräftigen Einsatz von Rostlösemittel reißen die Stehbolzen am Zylinderkopf leicht ab. Das ist dann ein ärgerlicher Schaden, weil man ohne Abnahme des Zylinderkopfes die Stehbolzen kaum ausbohren kann.

■ Vorderes Auspuffrohr vom Krümmer trennen.
■ Krümmerschrauben losdrehen und Krümmer abnehmen.
■ Anhaftende Dichtungsreste am Zylinderkopf und Auspuffkrümmer entfernen.
■ Zum Einbau wird eine neue Dichtung montiert.

Anzugsdrehmomente

Bauteil	Nm
Auspuffkrümmer an Zylinderkopf	25
Auspuffrohr vorn an Auspuffkrümmer	25
Klemmbügel an Auspuffrohr vorn/Auspuffkrümmer (Schlepphebelmotor)	20
Klemmschellen	25
Vorwärmrohr an Ansaugrohr (Schlepphebelmotor)	25
Halterung Vorwärmrohr (Schlepphebelmotor)	20
Klemmschellen Vorwärm-Wellrohr (Schlepphebelmotor)	10

Aktion Saubermann

Benzin besteht im wesentlichen aus den Elementen Kohlenstoff und Wasserstoff. Wenn der Kraftstoff im Motor verbrannt wird, verbindet sich der Kohlenstoff mit dem Luftsauerstoff zu **Kohlendioxid** (chemische Kurzformel CO_2), und der Wasserstoff vereinigt sich mit Sauerstoff zu **Wasserdampf** (H_2O). Aus einem Liter Benzin entstehen rund 0,9 Liter Wasser, das Sie aber gewöhnlich nicht sehen, da es durch die Verbrennungswärme unsichtbar-dampfförmig dem Auspuff entweicht. Nur in der kalten Jahreszeit sehen Sie weiße Auspuffwolken vom kondensierenden Wasser.
Diese Verbrennungsprodukte bilden sich, wenn Luft und Kraftstoff im optimalen Verhältnis (14,6 : 1) gemischt sind. Das ist leider fast nie der Fall. Deshalb entstehen auch Schadstoffe.

Welche Giftstoffe stößt der Motor aus?

□ **Kohlenmonoxid** (CO) ist wohl die bekannteste Verbindung, denn der CO-Gehalt im Abgas wird bei der Vergaser-Einstellung und natürlich bei der Abgas-Untersuchung gemessen, siehe Seite 91. Dieses Gas entsteht um so mehr, je fetter, also kraftstoffreicher das Benzin/Luft-Gemisch ist.
□ Unverbrannte **Kohlenwasserstoffe** (HC) entstehen, wenn die von der Zündkerze entzündete Flammenfront an kalten Wandungen und engen Winkeln im Brennraum erlöscht. Zu fettes oder zu mageres Gemisch erhöht den Ausstoß der Kohlenwasserstoffe.
□ **Stickoxide** (NO_x) bilden sich vor allem durch den zu über ¾ in der Verbrennungsluft enthaltenen Stickstoff. Ihr Anteil ist besonders hoch bei einer Auslegung des Motors für geringen Kraftstoffverbrauch und niedrigen CO- sowie HC-Ausstoß: Hohe Verbrennungstemperaturen und mageres Kraftstoff/Luft-Gemisch.
□ **Bleiverbindungen** werden dem herkömmlichen, bleihaltigen Kraftstoff als Antiklopfmittel zugesetzt, siehe Seite 70. Rund 75% davon werden zum Auspuff hinausgeblasen.
□ **Schwefeldioxid** (SO_2) bildet sich beim hier im Buch nicht behandelten Dieselmotor.

Was ist wie gefährlich?

□ Kohlenmonoxid ist giftig und kann beim Einatmen in geschlossenen Räumen zum Tod führen. In der Luft verbindet sich das Kohlenmonoxid relativ schnell mit Sauerstoff zu dem ungefährlichen Kohlendioxid (CO_2).
□ Die Kohlenwasserstoff-Verbindungen sind der Übersichtlichkeit wegen zusammengefaßt, wobei die Bandbreite von harmlos bis möglicherweise krebserregend reicht. In der Luft sind die Kohlenwasserstoffe mit den Stickoxiden für die Bildung von Smog (schwer auflösbare Abgasnebelwolken) verantwortlich.
□ Stickoxide können zu Reizungen der Atmungsorgane führen.
□ Die Bleiverbindungen lagern sich in der Umgebung ab und werden u.a. mit der Nahrung im Körper aufgenommen, aber nicht mehr ausgeschieden. Das ist bei höheren Konzentrationen gesundheitsgefährlich, weshalb in zurückliegenden Jahren der Bleigehalt des in der Bundesrepublik verkauften bleihaltigen Benzins bereits zwei Mal verringert wurde.

Schadstoffe und »Saurer Regen«

Der Anteil der in der Atmosphäre vorhandenen Schadstoffe, die auch für die Bildung von saurem Niederschlag verantwortlich sind, ist wie folgt (auf ganze Zahlen auf- bzw. abgerundet):
□ Schwefelverbindungen (SO_2): 35% natürlicher Ursprung, 65% menschliche Aktivität – davon 97% Kraftwerke, Industrie und Heizung, 3% Verkehr (Dieselfahrzeuge).
□ Stickoxide (NO_x): 95% natürlicher Ursprung, 5% menschliche Aktivität – davon knapp die Hälfte Verkehr.

Abgas-Entgiftung

Nur für die neueren Fahrzeuge sind Nachrüstlösungen zur Abgasentgiftung vorgesehen. Zur Verringerung der Abgasgifte gibt es zwei unterschiedliche Wege. Das wollen wir nun näher beschreiben.

□ Abgasrückführung beim hochverdichteten Motor mit 37 kW (Formel E), der ohne 98-ROZ-Kraftstoff (bleifreies Super Plus oder Super verbleit) nicht auskommt: Eine einfache, aber zur Verminderung der Stickoxide wirksame Maßnahme. Aus dem Abgasstrom wird durch ein ventilgeregeltes System des Motors ein Teil abgezweigt. Die Menge wird je nach Motorbelastung dosiert und ins Ansaugrohr zurückgeleitet. Da das Abgas kaum noch verbrennungsfähige Anteile enthält, kann es nicht nochmals verbrannt werden. Es verringert aber den Zustrom frischen Kraftstoff/Luft-Gemisches und bewirkt so eine Absenkung der Temperaturen im Verbrennungsraum und damit eine Verringerung des Stickoxidanteils. Das erkauft man allerdings mit einer etwas verringerten Leistung und geringfügig höherem Verbrauch. Bei kaltem Motor und im Leerlauf wird kein Abgas zurückgeführt, da in diesen Betriebszuständen kaum Stickoxid anfällt und sich das Leerlaufverhalten verschlechtern würde.

□ Katalysator ist normalerweise ein Stoff, der eine chemische Reaktion schon bei einer niedrigeren Temperatur einleitet als im Normalfall nötig. Dabei bleibt der Katalysator chemisch unverändert. Der Stoff zur Einleitung der Umwandlung sind die Edelmetalle Platin und Rhodium. Beim Auto verstehen wir unter dem Katalysator jedoch nicht nur diese katalytischen Stoffe, sondern das Bauteil in der Auspuffanlage.

Aus Platzgründen kommt nur ein sehr kleiner Katalysator zum Einsatz. Dieser Mikro-Katalysator besteht aus gewelltem Stahlblech, das gewissermaßen aufgewickelt und mit der katalytischen Schicht aus Platin/Rhodium versehen wurde.

Ungeregelter und geregelter Katalysator

Beim Mikro-Katalysator handelt es sich um einen ungeregelten Dreiweg-Katalysator. Damit rückt man den drei Schadstoffen Kohlenmonoxid, Kohlenwasserstoffe und Stickoxide zu Leibe. Der Schadstoffausstoß verringert sich um etwa 50%. Wirksamer ist die Umsetzung der Schadstoffe, wenn die Zusammensetzung des Kraftstoff/Luft-Gemisches beeinflußt werden kann. Solch ein »geregelter« Katalysator ist als Nachrüstlösung jedoch zu aufwendig.

Arbeits-Temperaturen

Ehe der Katalysator arbeiten kann, muß er eine »Anspringtemperatur« von etwa 300°C haben. Die sind bereits nach 25–80 Sekunden erreicht; im Stadtverkehr können aber auch drei Minuten vergehen, ehe die notwendige Temperatur erreicht ist.

Der Katalysator ist allerdings überhitzungsempfindlich. Steigen die Temperaturen im Katalysator über 900°C, setzt eine verstärkte Alterung ein, ab 1200°C wird seine Wirksamkeit auf Dauer zerstört.

Lebensdauer

Der Katalysator kann nur mit bleifreiem Benzin seine Wirkung entfalten. Die Bleianteile im verbleiten Benzin bedecken die Edelmetallschicht und gehen mit ihr chemische Verbindungen ein. Der Katalysator wird »vergiftet« und muß nach mehrmaliger Blei-Benzinbetankung ersetzt werden.

Mit zunehmender Laufleistung verliert der Katalysator allmählich an Wirksamkeit. Dennoch hält der Mikro-Katalysator so lange wie der Motor.

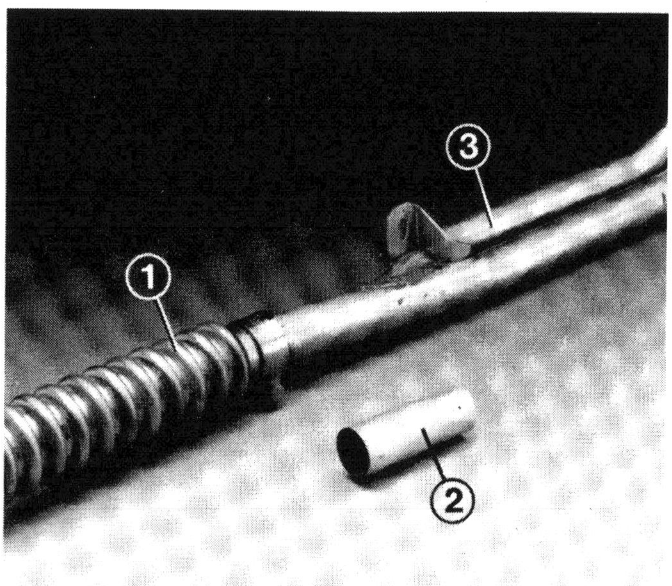

Der Mikrokatalysator (2) steckt im vorderen Auspuffrohr (3) an der Verbindungsstelle zum Wellrohr (1).

Das Kühlsystem

Warmbadetag

Bei der Verbrennung des Kraftstoff/Luft-Gemisches wird es dem Motor ausgesprochen warm ums Herz. Denn außer der Kraft für die Fortbewegung gibt er auch Wärme ab, und das nicht wenig: ¼ Kraft, ¾ Wärme. Diese Wärme gilt es abzuführen.

So wird gekühlt

Durch den Motor wird ständig Wasser gepumpt, und zwar von der Wasserpumpe. Vom Zahnriemen (Schlepphebelmotor) bzw. vom Keilriemen (Tassenstößelmotor) angetrieben beschleunigt sie den Wasserstrom durch ein kleines Schaufelrad. Das Kühlmittel fließt einerseits durch den Motor und andererseits auch durch den Kühler. Dort wirkt Luft als abkühlendes Element – entweder als durchströmender Fahrtwind oder durch den Kühlerventilator beschleunigt.
Ein weiterer Wasserweg führt zum Heizungskühler, wo das aufgeheizte Kühlmittel während der kalten Jahreszeit für angenehme Temperaturen im Innenraum sorgt. Zusätzlich mit Warmwasser versorgt werden das Ansaugrohr und die Vergaser-Startautomatik (beides nicht beim Schlepphebelmotor ab 8/79).
Da zuviel Kühlung aber auch schädlich wäre, regelt ein Thermostat den Kühlwasserstrom. Er sorgt dafür, daß der Motor schnell auf Betriebstemperatur kommt, aber unter Last nicht überhitzt; Näheres hierzu steht auf Seite 64.

Überdruck-Kühlsystem

Die Kühlanlage faßt je nach Ausführung unterschiedliche Flüssigkeitsmengen:
- **Alle Motoren mit Ausgleichsbehälter: 6,5 Liter**
- **Schlepphebelmotor ohne Ausgleichsbehälter: 4,2 Liter**
- **Tassenstößelmotor ohne Ausgleichsbehälter: 4,7 Liter**

Diese doch recht geringe Wassermenge würde bei einer scharfen Autobahnfahrt oder einem Paßaufstieg im Hochgebirge nicht ausreichen, wäre das Kühlsystem nicht unter Druck gesetzt. In der Kühlanlage herrscht bei Betriebstemperatur ein Überdruck von 0,9–1,15 bar (Verschlußdeckel bis 7/78) bzw. 1,2–1,35 bar (neuere Fahrzeuge und Ersatzteil). Das erhöht den Wasser-Siedepunkt von 100°C auf rund 120°C. So kann die für den Motor betriebsgünstige Kühlmitteltemperatur von über 100°C ohne »Kochgefahr« eingehalten werden, und das unter Druck gesetzte Wasser nimmt auch mehr Wärme auf.

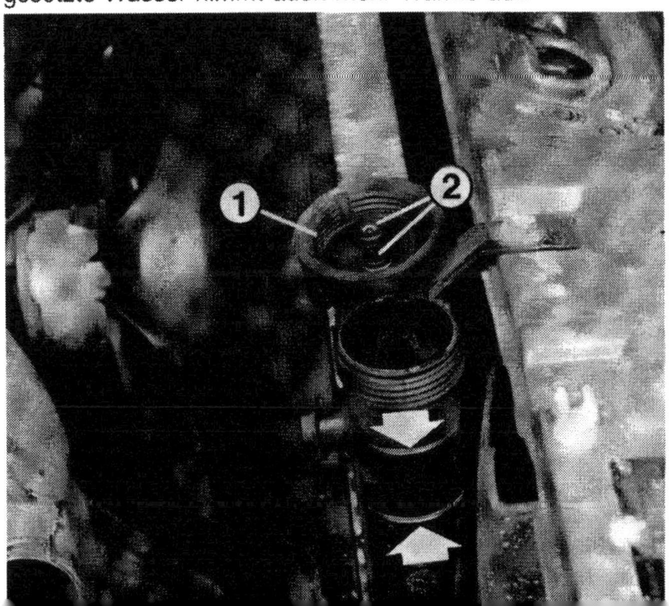

Der Kühlerverschlußdeckel (1) sollte nur bei kaltem Motor geöffnet werden. Das Kühlmittel muß zwischen den Markierungen »MIN« (unterer Pfeil) und »MAX« (Pfeil oben) sichtbar sein. Im Verschlußdeckel ist das Über- und Unterdruckventil (2) sichtbar.

Verantwortlich für ein gutes »Arbeitsklima« des Motors sind:
- □ Verschlußdeckel auf dem Kühler oder Ausgleichsbehälter, der den Druck reguliert.
- □ Thermostat, der nach dem Kaltstart die Kühlflüssigkeit nicht gleich durch den Kühler strömen läßt, sondern erst mit steigender Temperatur.

Stand der Kühlflüssigkeit prüfen

Ständige Kontrolle

Bei einem Fahrzeug ohne Ausgleichsbehälter sollten Sie den Stand des Kühlmittels nach Möglichkeit nur bei kaltem Motor kontrollieren. Dann ist das Kühlsystem praktisch drucklos. Der Überdruck baut sich erst mit Erwärmung der Kühlflüssigkeit auf. Je heißer sie ist, desto vorsichtiger muß man beim Öffnen des Deckels sein.

Kühlsystem ohne Ausgleichsbehälter

■ Dicken Lappen über den Deckel legen und diesen ganz langsam eine Umdrehung öffnen. So wird der Druck allmählich abgebaut, ohne daß gleich heißes Wasser aus dem Kühler sprudelt. Erst das vom Überdruck befreite Kühlmittel beginnt zu kochen.

■ Verschlußdeckel abschrauben.

■ Kontrollieren, ob der Flüssigkeitsstand mindestens bis zur unteren Markierung reicht (Bild auf der Vorseite).

■ Wenn der Wasserstand nicht zu erkennen ist, nehmen Sie eine Taschenlampe zu Hilfe.

Kühlsystem mit Ausgleichsbehälter

■ Bei kaltem oder warmem Motor muß der Kühlmittelstand zumindest bis zum unteren Markierungsstrich am Ausgleichsbehälter reichen, siehe Abbildung unten.

■ Ist der Motor warmgefahren, darf die Kühlflüssigkeit etwas über die »MAX«-Markierung hinausreichen.

Kühlmittel auffüllen

Verlust von Kühlflüssigkeit ist das Zeichen für eine Störung oder einen Defekt. Das Kühlmittel wird nicht verbraucht und kann im geschlossenen Kühlsystem auch nicht verdampfen oder verdunsten. Was Sie bei Kühlflüssigkeitsverlust tun sollten, steht auf Seite 62.

■ Bei warmgefahrenem Motor ist jetzt Vorsicht angebracht. Das Kühlsystem steht unter Überdruck.

■ Lappen über den Deckel legen und diesen ganz langsam eine Umdrehung öffnen. So kann der Druck langsam entweichen, ohne daß gleich Wasser heraussprudelt. Erst das vom Überdruck befreite Kühlmittel beginnt zu kochen.

■ Wird nur Wasser nachgefüllt, verdünnen Sie den Frostschutz allmählich. Deshalb evtl. gleich etwas Gefrierschutzmittel zusätzlich eingießen.

■ Nicht über die obere Markierung nachfüllen. Das Kühlmittel dehnt sich bei Erwärmung aus, und die Mehrmenge entweicht aus dem System.

■ Kleinere Flüssigkeitsmengen können Sie sowohl bei warmem wie kaltem Motor eingießen.

■ Bei erheblichem Wasserverlust und heißer Maschine kein kaltes Wasser nachfüllen. Durch den »Kälteschock« kann sich der Zylinderkopf verziehen oder der Motorblock reißen.

Das Gefrierschutzmittel

Im Kühlsystem sorgt nicht allein klares Wasser für die notwendige Abkühlung des Motors, sondern eine Mischung von Frost- und Korrosionsschutz sowie Wasser. Man spricht daher

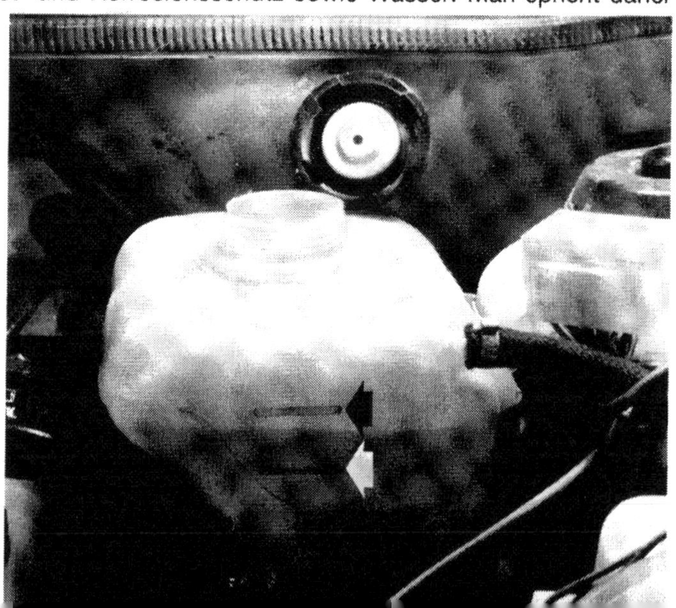

Im Ausgleichsbehälter soll der Kühlmittelstand nicht unter die untere Markierung (weißer Pfeil) fallen. Der Verschlußdekkel braucht zur Kontrolle nicht abgenommen zu werden. Beim Nachgießen nicht über die obere Marke (schwarzer Pfeil) auffüllen.

genauer von Kühlflüssigkeit oder Kühlmittel. Das Mischungsverhältnis beträgt für mitteleuropäische Verhältnisse 2:3, in nordischen Ländern dagegen 1:1.

Kühlsystem	Gefrierschutz bis °C	Frostschutz in Liter	Wasser in Liter
Schlepphebelmotor ohne	–25	1,7	2,5
Ausgleichsbehälter	–35	2,1	2,1
Tassenstößelmotor ohne	–25	1,9	2,8
Ausgleichsbehälter	–35	2,35	2,35
Alle Motoren mit	–25	2,6	3,9
Ausgleichsbehälter	–35	3,25	3,25

Als Frostschutz dienen gewöhnlich giftige Alkohole namens Äthylenglykol, Diäthylenglykol oder Propylenglykol. Diese Flüssigkeiten verdampfen bzw. verdunsten nicht. Ebenso wichtig wie der Gefrierschutz ist auch der Korrosionsschutz. Er verhindert, daß sich im Kühlsystem Kesselstein, Rost und andere Korrosionsprodukte bilden. Das werksseitig eingefüllte Kühlmittel mit Korrosionsschutz soll deshalb auch nicht im Frühjahr abgelassen werden, sondern verbleibt ganzjährig in der Kühlanlage.
In den V.A.G.-Werkstätten wird das eigene Frostschutzmittel »G 11« oder »G 10« verwendet. Wir sind in diesem Punkt nicht so markengläubig und würden jedes Gefrierschutzmittel nehmen, das auch eine Korrosionsschutzbeimischung enthält. Die Produkte verschiedener Hersteller lassen sich üblicherweise gefahrlos untereinander mischen. Am preisgünstigsten ist der Frostschutz aus dem Faß der Tankstelle.

Frostschutz prüfen

Wartung Nr. 12

Zum Nachprüfen der Kühlmittel-Frostfestigkeit brauchen Sie einen Hebe-Messer (Spindel, Aräometer). Damit wird das spezifische Gewicht der Flüssigkeit gemessen. Durch unterschiedliche Zugabe von Korrosionsschutzmitteln sind die spezifischen Gewichte der einzelnen Frostschutzprodukte nicht gleich. Für eine absolut genaue Messung brauchen Sie eine auf das eingefüllte Gefrierschutzmittel abgestimmte Spindel. Im Zweifelsfall ziehen Sie vom ermittelten Wert eine Meßtoleranz von 2–3°C ab.

- Etwas Kühlmittel aus dem Kühler oder Ausgleichsbehälter ansaugen. Die Spindel muß frei schwimmen können.
- Entsprechend dem spezifischen Gewicht der Flüssigkeit taucht die Spindel ein.
- An der Skala ablesen, bis zu welcher Temperatur der Frostschutz reicht.
- Manche Gefrierschutzprüfer haben Zeiger, an denen die Frostfestigkeit abgelesen werden kann.

Frostschutzkonzentration einstellen

Meist stellt sich heraus, daß die Konzentration des Gefrierschutzmittels nicht mehr völlig ausreicht. Dann muß etwas Frostschutz nachgefüllt werden. Grob über den Daumen gepeilt etwa 1 Liter für einen um 10°C erweiterten Gefrierschutz.

- Wanne unter den Kühler stellen.
- Deckel vom Kühler bzw. Ausgleichsbehälter abnehmen.
- Wasserschlauch unten am Kühler abnehmen, 1 bis 2 Liter Kühlmittel ablassen.
- Schlauch wieder montieren.
- Entsprechende Menge unverdünnten Frostschutz eingießen und mit der aufgefangenen Kühlflüssigkeit nachfüllen.

Bei diesem Frostschutzprüfer wird die Gefrierschutzmittel-Konzentration nicht durch eine in die Flüssigkeit eintauchende Spindel angezeigt, sondern durch zwei bewegliche Zeiger.

Kühlsystem auf Dichtheit prüfen

■ Schläuche am Kühler und Motor dicht, auch die dünneren zur Heizanlage bzw. – wo vorhanden – zum Ansaugrohr und zur Startautomatik?
■ Schläuche rissig? Durch Kneten feststellen, ob die Wasserschläuche hart und spröde sind – dann umgehend austauschen.
■ Sitzen die Schlauchenden nicht zu knapp auf ihren Stutzen?
■ Sind die Spannschrauben der Schraubschellen festgezogen?
■ Sind die Schellen verrostet? Dann können sie unvermutet während der Fahrt und bei vollem Betriebsdruck im Kühlsystem nachgeben. Auswechseln!
■ Die Werkstatt kontrolliert die Dichtheit der Kühlanlage mit einer speziellen Handluftpumpe mit Druckmesser.
■ Dieses Gerät wird auf die Kühler- bzw. Ausgleichsbehälteröffnung gesetzt und ein Druck von 1 bar aufgepumpt.
■ Fällt der Skalenzeiger nicht innerhalb von ein bis zwei Minuten, ist das Kühlsystem dicht.

Der Kühler

Er besitzt ein Kunststoffgehäuse, innen dagegen Röhren und Rippen aus Leichtmetall. Als Verbindung zwischen den Wasserkästen des Kühlers dient eine Vielzahl von dünnwandigen Röhrchen. Zur Vergrößerung der Kühlfläche sitzen zwischen den Röhrchen noch waagrechte Rippen.
Bei Verdacht auf einen undichten Kühler sollten Sie in der Werkstatt die oben beschriebene Druckprüfung durchführen lassen. Bei einem offenkundigen Defekt können Sie den Kühler auch gleich selbst ausbauen und zur Reparatur bringen. Es gibt spezielle Kühlerwerkstätten.

Fingerzeig: *Bei Temperaturen unter dem Gefrierpunkt dauert manchem die Aufheizzeit zu lange und er bindet dem Kühler ein »Lätzchen« vor. Dadurch wird der Luftstrom wesentlich verringert. Im Kurzstreckenverkehr erwärmt sich das Kühlwasser deutlich schneller. Damit sind aber auch die Gefahren klar: Bei einer Autobahnfahrt unter Vollast kann die Kühlluftmenge zu gering werden, der Motor überhitzt. Deshalb die Abdeckung bei Langstreckenfahrten grundsätzlich abnehmen und natürlich auch, sobald die Temperaturen über die 0° C-Grenze steigen (Notiz am Armaturenbrett anbringen, damit Sie bestimmt drandenken).*

Kühlmittelschläuche ausbauen

Besorgen Sie als Ersatz Originalschläuche in der richtigen Bogenform und grundsätzlich neue Schlauchschellen.
■ Kühlmittel ablassen und auffangen.
■ Schlauchschellen lösen, Schläuche abziehen.
■ Festsitzende Schlauchenden mit einem Schraubenzieher lockern, den man zwischen Schlauch und Stutzen schiebt und dann vorsichtig hebelt.
■ Neue Schläuche weit genug auf die Stutzen schieben, damit sie nicht wieder abrutschen können.
■ Schraubschellen nicht mit Gewalt anziehen, sonst wird das Gewinde überdreht.

Kühler reinigen

Vor und nach dem Sommerhalbjahr sollten die Kühlerlamellen von den dort festgesetzten Insektenleichen gesäubert werden, sonst wird die Kühlwirkung verschlechtert.
■ Kühlergrill ausbauen (Seite 246).
■ Elektroventilator mit Tragring abnehmen (Seite 68).
■ Angetrocknete Insektenreste mit einem eiweißlösenden Mittel einsprühen, z. B. »Summer Screen« von Holt.
■ Nach einer gewissen Einwirkzeit von der Kühlerrückseite her abspülen. Durch die Kühlerlamellen mit nicht zu starkem Strahl spritzen. Hartes Bürsten oder scharfes Werkzeug kann die Kühlerlamellen beschädigen.
■ Spezielle Reinigungsmittel für das Kühlerinnere sind nur bei einem Kühler notwendig, der etwa durch Elektrolyse (siehe Seite 68) oder Verschlammung zugesetzt ist.

Kühlflüssigkeit ablassen

■ Verschlußdeckel des Kühlers bzw. Ausgleichsbehälters abschrauben.
■ Heizregulierhebel in Stellung »Warm« schieben.
■ Wanne unterstellen.
■ Unteren Schlauch am Kühler abnehmen.

Fingerzeig: *Kühlerfrostschutzmittel ist giftig, es darf deshalb nicht einfach in die Kanalisation geschüttet werden. Stattdessen in ein gesondertes Gefäß füllen und zum Sondermüll geben (Annahmestelle von der Gemeindeverwaltung erfragen).*

Kühlsystem neu befüllen

■ Heizregulierhebel in Stellung »Warm« schieben.
■ Zuerst Gefrierschutzmittel, dann Wasser einfüllen.
■ Ist das Wasser in Ihrer Gegend besonders »hart« (kalkhaltig), sollte es zuvor abgekocht werden, dann bildet sich der Kesselstein im Kochtopf statt im Kühlsystem.
■ Der Flüssigkeitsspiegel soll bis zur oberen Markierung (Bilder Seite 59 und 60) stehen.
■ Verschlußdeckel aufsetzen und festdrehen.
■ Motor warmfahren, bis der Thermostat geöffnet hat. Dieser ist ganz sicher offen, wenn bei Motorleerlauf der elektrische Kühlerventilator anläuft.
■ Motor abkühlen lassen, Kühlmittelstand kontrollieren, ggf. etwas Wasser nachgießen.

Kühler ausbauen

■ Kühlmittel ablassen.
■ Wasserschläuche am Kühler abnehmen.
■ Kühlerventilator mit Tragring ausbauen (Seite 68).
■ Bis 12/80 unten am Kühler rechts und links die Muttern an den Gummilagern mit Steckschlüssel herausdrehen, Halteklammer oben herausziehen.
■ Seit 1/81 beide Schrauben der Kühlerhalter oben herausdrehen.
■ Kühler herausheben, er steckt seit 1/81 unten in Halteösen mit Gummizwischenlage.
■ Luftführungspappen abschrauben und Thermoschalter herausdrehen, falls notwendig.
■ Thermoschalter grundsätzlich mit neuem Dichtring einschrauben, Anzugsdrehmoment 25 Nm.

Ausgleichsbehälter ausbauen

Bei einem älteren Fahrzeug kann der Ausgleichsbehälter undicht werden. Schuld daran ist die Versprödung des Kunststoffes und eine ungünstige Formgebung im Bereich des Verschlußstutzens.

■ Schlauchklemmen am Behälter mit einer Zange aufschneiden.
■ Schläuche von den Stutzen abziehen.
■ Ausgleichsbehälter aus seiner Halterung ziehen.
■ Neue Schlauchschellen einbauen.

Der Kühlsystem-Verschlußdeckel

Im Überdruck-Kreislauf spielt der Kühlsystem-Verschlußdeckel eine wichtige Rolle:

□ Bei aufgeschraubtem Deckel drückt die Dichtfläche fest auf den Rand der Kühler- bzw. Ausgleichsbehälteröffnung. Es kann kein Druck entweichen.

□ Wenn bei steigender Erwärmung der Druck im Kühlsystem **0,9–1,15 bar** (bis 7/78) bzw. **1,2–1,35 bar** (ab 8/78 und grundsätzlich als Ersatzteil) übersteigt, öffnet das Überdruckventil im Deckel. Jetzt kann zum Druckausgleich etwas Wasserdampf entweichen.

□ Beim Abkühlen zieht sich die Kühlflüssigkeit wieder zusammen, und es entsteht ein Unterdruck in der Kühlanlage. Für diesen Unterdruckausgleich sitzt im Deckel ein zweites Ventil. Es öffnet bei einem Unterdruck von **0,06–0,1 bar**, so daß Außenluft in den Kühler bzw. Ausgleichsbehälter strömen kann.

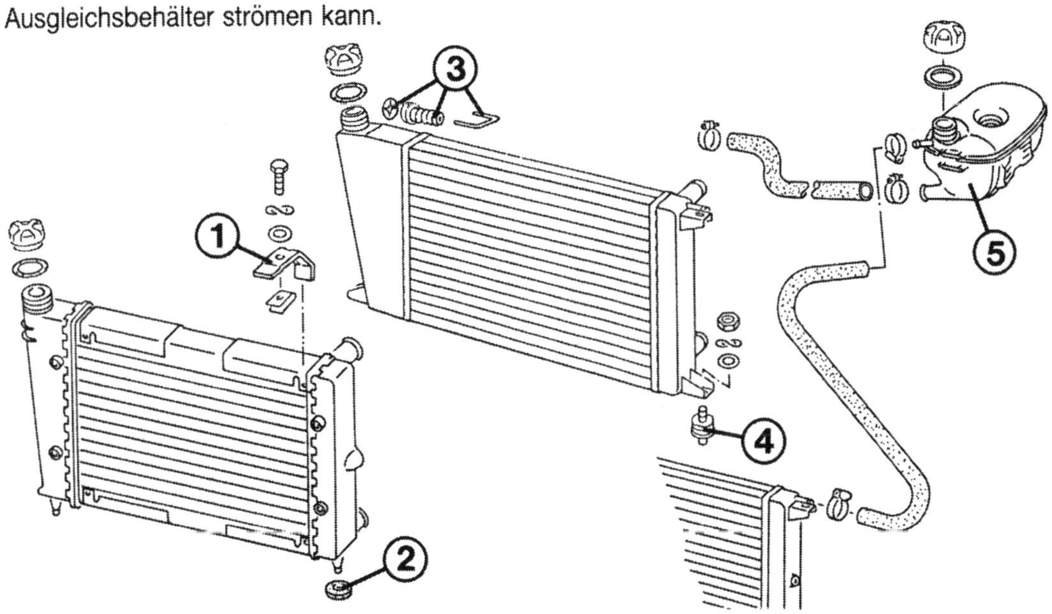

Links die Kühlerbefestigung ab 1/81 mit 1 – Haltewinkel; 2 – Gummiring. Die ältere Version besteht aus 3 – Klammer mit Gummibuchse und Klemmscheibe; 4 – Gummi-Metall-Lager. Rechts in der Abbildung der Ausgleichsbehälter (5).

Fingerzeig: *Die bis 7/78 verwendeten Verschlußdeckel mit einem Öffnungsdruck von 0,9–1,15 bar sind nicht mehr lieferbar, es gibt nur noch Deckel mit 1,2–1,35 bar Öffnungsdruck.*

Überdruckventil prüfen

Das Überdruckventil des Verschlußdeckels wird mit dem bereits beschriebenen Druckprüfgerät und einem Verbindungsstück auf richtige Funktion kontrolliert:

■ Druck aufpumpen.

■ Bei **0,9–1,15 bar** (bis 7/78) bzw. **1,2–1,35 bar** (ab 8/78 und Ersatzdeckel) muß das Ventil öffnen.

Unterdruckventil prüfen

Ob das Unterdruckventil richtig arbeitet, läßt sich nur behelfsmäßig feststellen:

■ Bei abgenommenem Verschlußdeckel einen dicken Wasserschlauch fest zusammendrücken.

■ Deckel aufsetzen und festdrehen, Schlauch loslassen.

■ Rundet sich der zusammengepreßte Schlauch wieder, dürfte das Ventil intakt sein.

■ Sind die Kühlwasserschläuche morgens vor dem ersten Start plattgedrückt, streikt sicher das Unterdruckventil.

Der Thermostat Kleiner und großer Kreislauf

Damit der Motor schnell auf seine Betriebstemperatur kommen kann, wurde das Kühlsystem in einen kleinen und einen großen Kreislauf aufgeteilt:

□ Nach dem Kaltstart zirkuliert das Kühlmittel im »kleinen« Kreislauf von der Wasserpumpe zum Motorblock sowie in den Zylinderkopf und wieder zurück zur Wasserpumpe. Vom kleinen Kreislauf mitversorgt werden der Heizungs-Wärmetauscher und ggf. die Startautomatik sowie die Ansaugrohrbeheizung.

□ Erst wenn die Kühlflüssigkeit eine bestimmte Temperatur erreicht hat (siehe Tabelle auf der rechten Seite), wird der Kühler zum Abkühlen des Heißwassers gebraucht.

□ Das Zuschalten des Kühlers besorgt der Thermostat oder Kühlwasserregler. Er öffnet aber nicht einfach einen Verbindungsschlauch zwischen Motor und Kühler, sondern kaltes Wasser aus dem Kühler wird vorgemischt mit bereits erwärmtem aus dem kleinen Kreislauf.

□ Durch diese allmähliche Kaltwasserbeimischung wird der sogenannte Kälteschock für den Motor vermieden.

□ Das unten abfließende kalte Wasser zieht heißes Kühlmittel oben in den Kühler nach. Dort wird es beim Zug durch die Kühlerlamellen abgekühlt. Gleichzeitig mit dem Hinzuschalten des Kühlers wird der »Kurzschluß-Kreislauf« geschlossen.

Funktion des Thermostats

□ Das »Umschalten« des Thermostats bewirkt eine mit Spezialwachs gefüllte Büchse und der daran befestigte Ventilteller. Bei Erwärmung des Kühlmittels verflüssigt sich das Wachs und dehnt sich dabei aus. Zwangsläufig öffnet es durch sein größeres Volumen jetzt den Ventilteller.

□ Solange die Wassertemperatur steigt, wird vom Thermostat der Kaltwasserzufluß aus dem Kühler zunehmend geöffnet und gleichzeitig der Kurzschluß-Kreislauf geschlossen.

□ Sinkt während der Fahrt die Wassertemperatur wieder unter die gewünschte Betriebstemperatur, drückt eine Feder am Thermostat den Ventilteller wieder in Richtung »Zu« und sperrt den Kühlerdurchfluß so lange, bis das Kühlmittel wieder genügend warm ist.

Der Thermostat sitzt beim

□ **Schlepphebelmotor** in Fahrtrichtung links hinten in einem Gehäuse unterhalb des Zündverteilers;

□ **Tassenstößelmotor** in Fahrtrichtung vorn rechts unten im Gehäuse der Wasserpumpe.

Störungen am Thermostat

Gewöhnlich halten Thermostate ein ganzes Autoleben klaglos durch. Wenn nicht, liegt es an folgenden Ursachen:

□ Ablagerungen aus dem Kühlsystem setzen sich zwischen dem Ventilteller und seinem Sitz fest. Der Thermostat kann dann bei niedrigen Wassertemperaturen nicht mehr völlig schließen; aufgeheiztes Kühlmittel strömt sofort durch den Kühler.

□ Erkennungsmerkmale: Die Temperaturanzeige klettert langsamer in die Höhe, und die Heizwirkung setzt später als üblich ein.

□ Folgen: Meßbarer Schaden entsteht zunächst nicht, wenn Sie so weiterfahren. Aber der Motor läuft unnötig lange im unterkühlten Bereich.

□ Gefährlich für den Motor ist, wenn Wachs aus der Thermostatbüchse austritt und der verbliebene Rest die Büchse nicht mehr aufdrücken kann. Dann bleibt das Ventil geschlossen.

□ Erkennungsmerkmal: Die Nadel der Temperaturanzeige steht im roten Bereich bzw. ganz rechts, und das Kühlmittelwarnlicht blinkt.
□ Folgen: Wer so weiterfährt, erhält die Quittung in Form einer durchgebrannten Zylinderkopfdichtung und eines verzogenen Zylinderkopfes.
□ Hier hilft nur der Ausbau des Thermostats oder Abschleppen.

Thermostat ausbauen

Einen klemmenden Thermostat unterwegs auszubauen ist nicht ganz unproblematisch. Beim Tassenstößelmotor sitzt er ziemlich weit unten, so daß beinahe die gesamte Kühlmittelmenge abgelassen werden muß. Zudem dauert es bei heißem Motor recht lange, ehe Sie mit der Arbeit beginnen können, ohne Gefahr zu laufen, daß Sie sich die Hände verbrühen. Beim Einbau eines neuen Thermostats soll zugleich der Dichtring am Thermostat- bzw. Wasserpumpengehäuse erneuert werden.

■ **Schlepphebelmotor:** 1 bis 2 Liter Kühlflüssigkeit ablassen.
■ In Fahrtrichtung links vorn Deckel des Thermostatgehäuses abschrauben.
■ Thermostat so einsetzen, daß die Entlüftungskerbe bzw. das Entlüftungsventil nach oben zeigt (Bild unten rechts).
■ Beim **Tassenstößelmotor** Kühlmittel vollständig ablassen.
■ Wagen vorn aufbocken.
■ Schlauchflansch unten am Wasserpumpen- bzw. am Thermostatgehäuse abschrauben und zur Seite drücken.
■ Beim Thermostateinbau muß dessen kleinere Abdichtplatte zum Motor hin zeigen.
■ **Beide Motoren:** Schrauben am Thermostat- bzw. Wasserpumpengehäuse mit 10 Nm anziehen.

Thermostat prüfen

Mit einem Einmachthermometer können Sie selbst kontrollieren, ob der Kühlwasserregler bei der vorgeschriebenen Temperatur öffnet. Die Öffnungsdaten hängen von der Motorversion ab:

Motor	Öffnungsbeginn	Öffnungsende	Öffnungshub mind.
Schlepphebelmotor bis 7/78	85°C	100°C	7 mm
Schlepphebelmotor ab 8/78	92°C	108°C	7 mm
Tassenstößelmotor bis 7/78	80°C	94°C	7 mm
Tassenstößelmotor ab 8/78	87°C	102°C	7 mm

■ Thermostat ausbauen.
■ Kühlwasserregler in einen Topf mit Wasser hängen und Wasser erhitzen.
■ Kontrollieren, ob das Ventil bei den genannten Temperaturen von seinem Sitz abhebt.
■ Wenn möglich, noch den Öffnungshub messen.

Die Wasserpumpe

Die Kühlflüssigkeit wird von der Wasserpumpe im Kreislauf gehalten. Sie sitzt – in Fahrtrichtung gesehen – je nach Motor an unterschiedlichen Stellen:
□ Beim **Schlepphebelmotor** ist sie rechts hinten am Motor eingebaut und wird vom Zahnriemen angetrieben.
□ Am **Tassenstößelmotor** sitzt die Pumpe in Fahrtrichtung rechts vorn am Motor und wird vom Keilriemen in Schwung versetzt.

Links: Die Schrauben (1) des Thermostatgehäuses (2) sind beim Schlepphebelmotor gut zugänglich. Rechts: Das Entlüftungsventil (Pfeil) des Thermostats (3) muß nach oben zeigen.

Links sehen Sie die Wasserpumpe (1) des Schlepphebelmotors mit ihrem Dichtring (2). Beim Tassenstößelmotor sitzt das sogenannte Lagergehäuse (5) der Wasserpumpe am Wasserpumpengehäuse (7). Außerdem abgebildet: 3 – Keilriemenscheibe; 4 – Riemenscheibe für den Keilriemen der Servolenkung; 6 – Dichtung; 8 und 11 – Dichtring; 9 – Deckel mit Schlauchflansch; 10 – Thermostat.

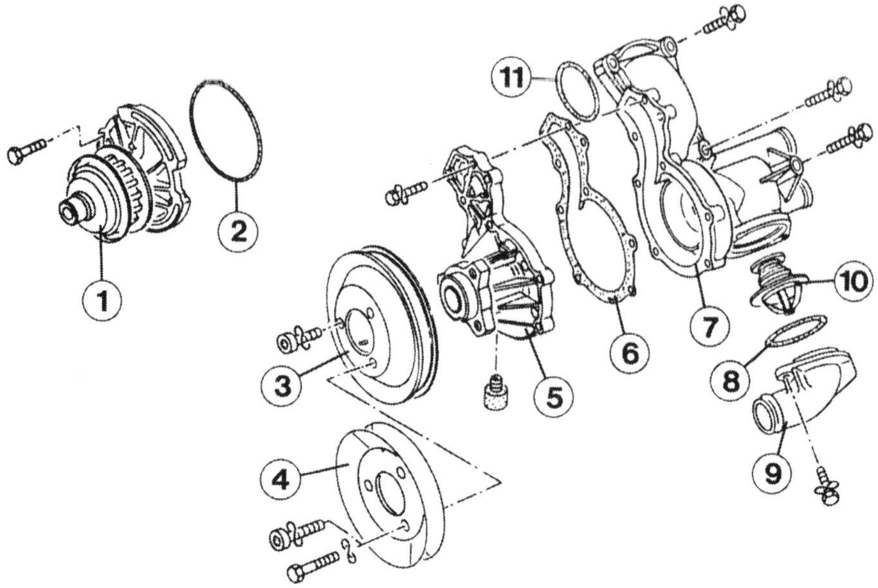

Fingerzeig: *Die Wasserpumpe ist wartungsfrei. Aber sie kann undicht werden, oder mahlende Geräusche lassen auf schadhafte Lager schließen.*

Wasserpumpe ausbauen

Das ist beim Schlepphebelmotor eine weitergehende Arbeit, da der Zahnriemen abgenommen und beim Zusammenbau die Steuerzeiten eingestellt werden müssen, siehe Seite 40.

- Kühlmittel ablassen.
- Beim **Schlepphebelmotor** Zahnriemen abnehmen (Seite 39).
- Hinteres Zahnriemenschutzblech abschrauben.
- Drei Halteschrauben der Wasserpumpe herausdrehen und diese mit dem Zahnriemenschutz abnehmen.
- Beim Einbau der Wasserpumpe neuen Dichtring verwenden.
- Wenn eine Austausch-Wasserpumpe eingebaut wird, kontrollieren, ob im Gehäuse die Kennziffer »5« eingeschlagen ist. Dann muß ein größerer Dichtring mit 5 mm Durchmesser eingebaut werden.
- Zahnriemen auflegen und Steuerzeiten einstellen.
- Wasserpumpe mit 10 Nm anziehen.
- Beim **Tassenstößelmotor** Keilriemen abnehmen, siehe Seite 181.
- Zahnriemenschutz ausbauen (Seite 38).
- Wagen aufbocken.
- Schläuche am Pumpengehäuse abnehmen.
- Zum leichteren Arbeiten die vier Schrauben des kompletten Wasserpumpengehäuses (Zeichnung oben) losdrehen.
- Ingesamt acht Verschraubungen zwischen dem vorderen Lagergehäuse und dem Wasserpumpengehäuse lösen. Das Pumpenrad sitzt im Lagergehäuse.
- Dichtung zwischen Lagergehäuse und Wasserpumpengehäuse erneuern.
- Falls das komplette Wasserpumpengehäuse ausgebaut wird, muß beim Einbau die Dichtung zwischen dem Gehäuse und dem Motorblock ebenfalls ersetzt werden.
- Lagergehäuse mit 10 Nm festschrauben, Halteschrauben der Keilriemenscheibe mit 20 Nm anziehen.

Keilriemenspannung prüfen

Tassenstößelmotor

Wartung Nr. 16

Nur beim Tassenstößelmotor wird die Wasserpumpe vom Keilriemen angetrieben. Zur Wartung der Kühlanlage gehört bei diesem Motor unbedingt die Kontrolle der Keilriemenspannung. Ein durchrutschender Keilriemen – erkennbar an Quietschgeräuschen, wenn man aus dem Leerlauf kurz Gas gibt – kann die Kühlung erheblich beeinträchtigen.

- Keilriemen zwischen Wasserpumpe und Lichtmaschine kräftig mit dem Finger eindrücken.
- Richtiges Maß: **5 mm**. Die in älteren Betriebsanleitungen genannten 10–15 mm sind überholte Werte.
- Das Keilriemenspannen ist auf Seite 180 beschrieben.

Gerissener Keilriemen am Tassenstößelmotor

Wenn Sie beim Tassenstößelmotor ohne Keilriemen und damit ohne Antrieb der Wasserpumpe weiterfahren, riskieren Sie einen Schaden am Motor!

Zwar ist kaltes Wasser schwerer als warmes. Es zirkuliert auch ohne Wasserpumpe langsam durch den Motor. Diese »Thermosiphon«- oder Selbstumlaufkühlung reicht aber nicht aus. Das Auflegen eines neuen Keilriemens und einen Behelf für den äußersten Notfall finden Sie auf Seite 182 beschrieben.

Der Kühlerventilator

An der in Fahrtrichtung linken Seite des Kühlers ist ein temperaturempfindlicher Schalter eingeschraubt. Wenn er »spürt«, daß die an ihm vorbeirauschende Flüssigkeit nach Durchfluß des Kühlers noch zu heiß ist, schaltet er den Kühlerventilator ein. Ebenso schaltet er den Ventilator wieder aus, wenn die Temperatur unten im Kühler auf einen bestimmten Wert abgesunken ist. Bei einigen Motoren kann der Kühlerventilator auch zweistufig geschaltet sein. Er erhält über einen Vorwiderstand reduzierte Spannung für die halbe Drehgeschwindigkeit. Bei höherer Kühlmitteltemperatur wird der Widerstand überbrückt, und der Propeller dreht mit vollem Tempo. Die Schalttemperaturen lauten:

		Kühlerventilator schaltet ein bei	Kühlerventilator schaltet ab bei
Einfach-Thermoschalter bis 7/78		ca. 92°C	ca. 87°C
Einfach-Thermoschalter ab 8/78		ca. 95°C	ca. 90°C
Doppel-Thermoschalter	1. Stufe	ca. 95°C	ca. 84°C
	2. Stufe	ca. 102°C	ca. 91°C

Bei der entsprechenden Einschalttemperatur schließt der Kontakt im Schalter den Stromkreis des Kühlerventilators, und dieser läuft an. Der Elektrolüfter hängt grundsätzlich an Dauerstrom, so daß er auch nach Abschalten der Zündung noch weiterlaufen kann.
Vorsicht beim Hantieren im Motorraum: Bei heißgefahrenem Triebwerk kann der Ventilator nochmals unvermittelt loslaufen!
Folgende Schaltungsvarianten für den Kühlerventilator gibt es:

Baujahr	Kühlerventilator erhält Spannung von	Thermoschalter erhält Spannung von	Thermoschalter schließt Stromkreis über
bis 7/75	Batterie+ über Brücke	–	Masse
bis 7/75	–	Batterie+ über Einzelsicherung	Batterie+
bis 7/75	–	Batterie+ über Brücke	Batterie+
bis 7/75	Relais	Batterie+	Relais
bis 7/78	Batterie+ über Sicherung 15	–	Masse
8/78 bis 7/81	–	Batterie+ über Sicherung 15	Batterie+
8/81 bis 7/82	–	Batterie+	Batterie+
seit 8/82	–	Batterie+ über Sicherung 1	Batterie+

Störungen am Kühlerventilator

Ein ausgefallener Lüftermotor kann zu hohe Kühlmitteltemperatur verursachen, allerdings nur bei längerem Motorleerlauf oder einer längeren Bergauffahrt.
Der Ausfallen des Ventilators muß aber nicht das Ende der Fahrt bedeuten:
□ Nachdem der Motor einigermaßen abgekühlt ist, kann man mit mittleren Drehzahlen und einigermaßen zügigem Tempo die nächste Werkstatt anlaufen. Dabei die Temperaturanzeige bzw. Warnleuchte im Auge behalten.
□ Leerlauf und Schleichfahrt dagegen sind für den Motor gefährlich. Da strömt kaum ein kühlender Lufthauch durch die Kühlerlamellen.

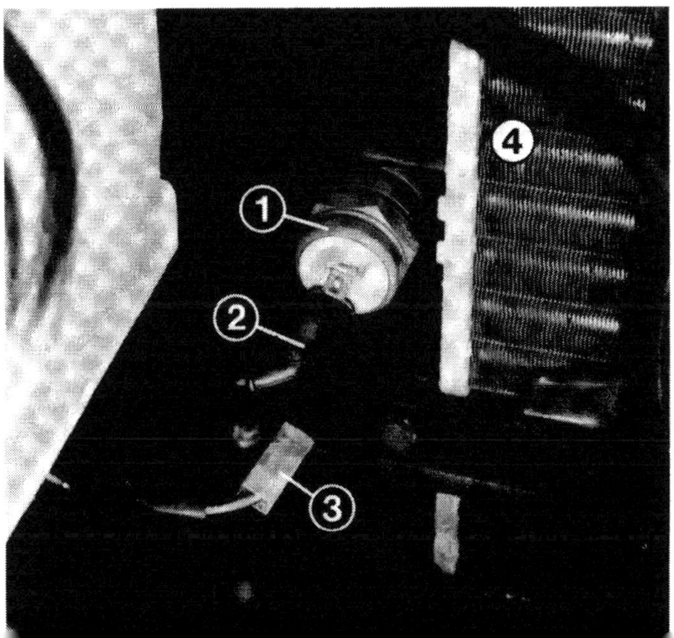

Der Thermoschalter (1) für den Kühlerventilator ist je nach Baujahr des VW seitlich oder an der Rückseite des Kühlers (4) eingeschraubt. Die angeschlossenen Kabel (3 und 4) können in beliebiger Weise aufgesteckt werden.

Störungssuche

■ Ziehen Sie am Thermoschalter den Doppelstecker bzw. beide Kabel ab.
■ Halten Sie die Steckkontaktzungen zusammen bzw. überbrücken Sie im Stecker die Kontakte mit einem Stück Draht.
■ Beim Doppelthermoschalter wird das rote mit dem rot/weißen oder dem rot/schwarzen Kabel verbunden.
■ Wenn nun der Ventilator losbraust, ist der Thermoschalter defekt, der jetzt aus dem Stromkreislauf herausgenommen ist.
■ Zur Weiterfahrt die losen Kabelstecker durch einen sogenannten Verteilerstecker, in den beide Kabelschuhe eingesteckt werden können, verbinden. Oder die Kabelbrücke im Doppelstecker gut festklemmen.
■ Damit die locker hängenden Kabel keinen Unfug stiften können, umklebt man sie kurzschlußsicher mit Klebeband oder Heftpflaster.
■ Half die Überbrückung des Thermoschalters nicht weiter, kontrollieren Sie, ob ggf. die betreffende Sicherung (siehe Tabelle auf der Vorseite) defekt ist.
■ Bei intakter Sicherung wird der Lüftermotor überprüft:
■ Kabelstecker abziehen und stattdessen am Kontakt der roten bzw. schwarz/roten Leitung Hilfskabel zum Batterie-Pluspol legen. Die Steckverbindung für das braune Kabel wird direkt mit Masse verbunden.
■ Dreht sich der Propeller immer noch nicht, ist der Ventilatormotor defekt – austauschen.
■ Läuft der Ventilator jedoch, müssen die Kabelstecker sowie sämtliche Kabelverbindungen von Thermoschalter und Elektrolüfter überprüft werden.
■ Auch mit direkt von der Batterie gespeistem Kühlerventilator können Sie unbesorgt weiterfahren.

Fingerzeig: *Bei allen Notschaltungen muß am Ende der Fahrt eine der Kabelverbindungen getrennt werden, sonst läuft der Lüftermotor so lange, bis die Batterie leer ist.*

Ventilatormotor ausbauen

■ Kabelstecker zum Kühlerventilator abziehen.
■ Vier Schrauben des Tragrings losdrehen und diesen samt Lüftermotor abnehmen.
■ Drei Muttern am Tragring lösen, Ventilatormotor abnehmen.
■ Der Propeller des Ventilators ist je nach Herstellerfirma auf unterschiedliche Weise mit der Motorwelle verbunden:
■ Am Bosch-Lüfter Spannstift herausklopfen und Sicherungsscheibe abnehmen.
■ Beim AEG-Ventilator Klemm- und Zahnscheibe abnehmen.
■ Am Ventilator von Marelli die Sicherungsklammer abnehmen.

Elektrolyse im Kühlsystem

Im Kühlsysten mit Leichtmetallkühler und unter voller Spannung stehendem Thermoschalter kann es zu Elektrolyse kommen – das ist elektrische Zersetzung durch chemische Verbindung. Falls der Kühler undicht oder schadhaft ist und vom Temperaturfühler im Zylinderkopf zu hohe Wassertemperatur signalisiert wird, muß das Kühlsystem auf Elektrolyseschäden überprüft werden. Erkennungsmerkmale hierfür sind:
□ Verstopfte Röhren im Kühler
□ Scheinbare Korrosionsflächen um undichte Stellen am Kühler
□ Grünspan-Ablagerungen am Thermoschalter

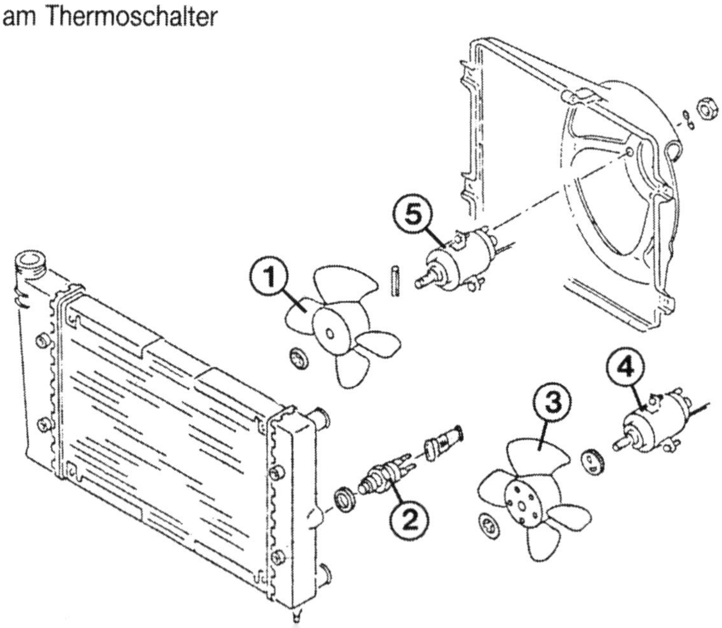

Der Kühlerventilator mit seinen Teilen: 1 – Vierflügelventilator für Motor Ausführung Bosch (5); 2 – Thermoschalter; 3 – Ventilator für Motor Ausführung AEG (4).

Kühler und Ventilatorgehäuse prüfen

Das Gehäuse des Kühlerventilators kann unter elektrischer Spannung zur Masse stehen und so Elektrolyse hervorrufen. So wird geprüft:

■ Kabel am Thermoschalter abziehen.

■ Voltmeter zwischen Ventilatorgehäuse und Batterie-Minuspol schalten.

■ Keine Anzeige oder geringfügiger Ausschlag in den negativen Bereich ist ohne Bedeutung. Weiterprüfen, wie im nächsten Abschnitt beschrieben.

■ Messen Sie dagegen Spannung, so wird eine größere Instandsetzung fällig: Der Kühler muß zusammen mit dem Elektroventilator und dem Thermoschalter ersetzt werden. Andernfalls taucht der Fehler immer wieder auf!

■ Abgelassene Kühlflüssigkeit nicht wiederverwenden, sondern zum Sondermüll geben.

■ Nach dem Einbau neuer Teile klares Wasser einfüllen.

■ Motor warmfahren.

■ Wasser wieder vollständig ablassen.

■ Kühlsystem neu befüllen, siehe Seite 63.

■ Abschließend wird geprüft, ob Kühler und Ventilatorgehäuse nun spannungslos sind.

■ Dazu Voltmeter an Batterie-Minuspol und mit seiner Plusklemme an die Kühlerlamellen anschließen.

■ Negative Anzeige ist ohne Bedeutung.

■ Dagegen erfordert selbst geringe Anzeige in den positiven Bereich den erneuten Austausch des soeben ersetzten Kühlerventilators.

Thermoschalter prüfen

Wenn bei der vorangegangenen Prüfung keine Spannung gemessen wurde:

■ Thermoschalter herausschrauben.

■ Hat er an seiner in den Kühler ragenden Stirnseite grün/blaue Ablagerungen (Grünspan), muß der Schalter ersetzt werden.

■ Der Kühlertausch ist in diesem Fall nur dann notwendig, wenn er durch Elektrolyse verstopft ist.

■ Erst nach einem »Spülgang« mit klarem Wasser oder ggf. Kühlerreinigungsmittel neues Kühlmittel einfüllen (Seite 63).

Störungsbeistand Kühlsystem

Die Störung	– ihre Ursache	– ihre Abhilfe
A Temperatur-Anzeigenadel steht im roten Bereich bzw. ganz rechts; rote Warnleuchte brennt oder blinkt	1 Nur Tassenstößelmotor: Keilriemen zu schwach gespannt oder gerissen	Keilriemenspannung kontrollieren oder Riemen ersetzen
	2 Zu wenig Flüssigkeit im Kühlsystem	Auffüllen, notfalls aus der Scheibenwaschanlage
	3 Kabel zur Temperaturanzeige hat Massekontakt	Kabel am Temperaturfühler abziehen, Zeiger muß zurückgehen bzw. rote Lampe muß verlöschen sonst Masseschluß; Kabelverlauf kontrollieren
	4 Thermostat öffnet den Kaltwasserzufluß aus dem Kühler nicht (Kühler kalt)	Thermostat ausbauen und ohne ihn weiterfahren oder Wagen abschleppen lassen
	5 Kühlerventilator schaltet nicht ein	Siehe linke Seite
	6 Überdruckventil im Verschlußdeckel defekt	Deckel prüfen (lassen), ggf. austauschen
	7 Spannungs-Konstanter defekt	Austauschen
	8 Anzeigeinstrument defekt	Überprüfen, siehe Seite 223
	9 Temperaturfühler hat Kurzschluß	Austauschen
	10 Kühlerlamellen zugesetzt	Kühler reinigen
B Temperaturanzeige spricht sehr langsam an, schwache Heizleistung	Thermostat schließt nicht völlig, aufgeheiztes Kühlwasser strömt zu früh durch den Kühler	Thermostat säubern, ggf. ersetzen

Benzingaststätte

Die Bezeichnungen »Normal« und »Super« stimmen eigentlich nicht, denn beide Kraftstoffarten sind z.B. im Reinheitsgrad und im Verdampfungsverhalten gleich. Das wesentliche Unterscheidungsmerkmal ist die Klopffestigkeit.

Normal- oder Superbenzin?

Superkraftstoff kann höhere Kompressionsdrücke aushalten, ohne sich selbst zu entzünden, was sonst zu Motorklopfen führt, siehe unten. Beim Verdichten erwärmt sich jedes Gas, auch das Kraftstoff/Luft-Gemisch. Sie kennen das vielleicht von der Fahrrad-Luftpumpe beim Aufpumpen eines Reifens. Mit höherem Kompressionsverhältnis kann es also um so leichter zu Selbstzündungen im Verbrennungsraum kommen, wenn der Kraftstoff nicht klopffest genug ist. Das Verdichtungsverhältnis bestimmt also, ob unsere Motoren Normal- oder Superbenzin benötigen:

□ **Superkraftstoff** ist nur für den **1,5-Liter mit 63 kW** (Kennbuchstabe FD) und den **1,1-Liter mit 37 kW der Formel-E-Version** (Kennbuchstabe GG ab Nr. 800000) erforderlich.

□ **Alle übrigen Motoren** begnügen sich mit **Normalbenzin**.

Bleifreies Benzin

Das »Blei« im Kraftstoff dient nicht nur als Klopfbremse, wie im nächsten Abschnitt beschrieben. An den Ventilsitzen der Auslaßventile wirkt es außerdem wie ein Puffer – es federt den Aufschlag des Ventils beim Schließen ab. Mit bleifreiem Benzin ist dieser Dämpfeffekt nicht gegeben. Unsere VW-Modelle besitzen schon seit 8/76 entsprechend gefertigte Ventilsitze, die bei Verwendung von unverbleitem Benzin keinen Schaden nehmen. Für ältere Fahrzeuge gilt, daß nach viermaliger Bleifrei-Betankung einmal verbleiter Kraftstoff eingefüllt werden soll.

□ **Bleifrei Normal** kann in allen Motoren mit Ausnahme des 1,1-Liter/37-kW-Formel-E- und des 1,5-Liter/63-kW-Triebwerks gefahren werden.

□ **Bleifrei Super** ist in den niedriger verdichteten Motoren nicht erforderlich.

□ **Bleifreies Benzin** ist für einen VW **mit nachgerüstetem Katalysator zwingend vorgeschrieben**, da sonst der Katalysator »vergiftet« wird, siehe Seite 58.

Die Kraftstoffqualität

Die Klopffestigkeit eines Kraftstoffes – und damit seine Qualität – hängt zum einen von der Güte und der Verarbeitung des verwendeten Rohöls ab. Zum anderen wird die Klopffestigkeit durch sogenannte Klopfbremsen gesteigert, bei dem herkömmlichen bleihaltigen Benzin dient hierzu das hochgiftige Blei-Tetraäthyl.

Zur Kennzeichnung der Klopffestigkeit dient die Oktanzahl. Das ist eine Vergleichsgröße, die in einem speziellen Prüfmotor mit bestimmten Meßkraftstoffen ermittelt wird. Häufig genannt ist die »Research-Oktanzahl«, kurz ROZ. Für die Normalbenzin-Motoren werden 91 ROZ gefordert, die superkraftstoffbedürftigen Triebwerke verlangen 98 ROZ.

Klingeln und Klopfen

Normalerweise entflammt das Kraftstoff/Luft-Gemisch im Zylinder auf »Befehl« des Zündkerzenfunkens wellenförmig – wie wenn man einen Stein in ruhiges Wasser wirft: Die Wellen breiten sich kreisförmig aus. Durch die zunehmende Entzündung des Gemisches dehnen sich die Gase im Zylinder aus. Ist diese Ausdehnung zu stark, kann ein noch unverbrannter Gasrest an die Wand gedrückt werden. Diese Drucksteigerung bewirkt eine Wärmezunahme des Gasrestes, so daß er sich von selbst entzünden kann.

Tritt dieser Effekt bei hohen Motordrehzahlen auf, werden die harten Verbrennungsgeräusche von den Fahrgeräuschen übertönt. Das ist für den Motor ausgesprochen gefährlich. Dieses Hochdrehzahlklopfen bewirkt eine erhebliche Motorüberhitzung.

Vom Tank zur Kraftstoffpumpe

Saft gibt Kraft

Der energiereiche Saft für die Fortbewegung muß in ausreichender Menge an Bord sein. Dazu dient der Tank. Und für den Transport zum Vergaser ist die Kraftstoffpumpe zuständig.

Der Tank

An sicherer Stelle – vor der Hinterachse – sitzt der Tank. Er faßt etwa 42 Liter Kraftstoff und ist aus Blech gefertigt. Deshalb sollte man bei mehrwöchigen Ruhepausen des VW den Tank vollfüllen. Andernfalls kann sich an den Innenwänden Kondenswasser bilden, das zu Rostbildung führt. Gelangt der Rost trotz der dazwischenliegenden Filter in den Vergaser, gibt es ärgerliche Funktionsstörungen. Zwar besitzen heutige Kraftstoffe einen Alkoholzusatz, der Wasser im Benzin »aufsaugt«, aber manchmal reicht das doch nicht völlig.

Fingerzeig: *Bevor Sie Arbeiten an der Kraftstoffanlage in Angriff nehmen, sollten Sie unbedingt das Batterie-Massekabel abnehmen. Unbeabsichtigte elektrische Verbindungen können zu gefährlicher Funkenbildung führen und Benzindämpfe explodierend entzünden.*

Kraftstoff ablassen

Nur bei den bis 2/76 gebauten Modellen geht das mit der Ablaßschraube, die aber sicher festgerostet ist. Der neuere Tank besitzt keine solche Schraube mehr. Da der Kraftstoffzu- sowie -rücklauf an der Tankoberseite sitzen, kann man nicht einfach eine Leitung abziehen und das Benzin auslaufen lassen.

- Ist der Tank noch einigermaßen voll, durch den Einfüllstutzen einen Schlauch möglichst tief in den Tank schieben.
- Obere Schlauchöffnung mit dem Finger dicht verschließen. Schlauch wieder ein Stück herausziehen und so tief wie möglich in ein Gefäß halten.
- Wenn der Schlauch weit genug ins Benzin reichte, fließt das Benzin jetzt durch das Gefälle heraus.
- Ansaugen des Benzins mit dem Mund ist gesundheitsgefährdend!
- Bei weitgehend leerem Tank Wagen hinten aufbocken.
- Schlauchbänder des Verbindungsschlauches zwischen Einfüllstutzen und Tank lösen.
- Schlauch vom Tank abziehen, Benzin in ein bereitgestelltes Gefäß laufen lassen.
- Schlauch und Schlauchbänder ggf. ersetzen.

Tank ausbauen

- Wagenunterseite gründlich sauberspritzen, damit kein Schmutz in die Kraftstoffanlage gelangt.
- Kraftstoff ablassen.
- Abdeckblech des Tankgebers im Kofferraum abschrauben.
- Schlauchleitungen und Kabelstecker vom Tankgeber abziehen.
- Wagen hinten aufbocken.
- Bremsschläuche von den hinteren Leitungen zur Hinterachse lösen, siehe Seite 146.
- Rechts und links je zwei Haltemuttern der Hinterachse losdrehen, Achse nach unten schwenken und abstützen.
- Zwei Halteringe vor und einen hinter dem Hauptschalldämpfer aushängen.
- Schlauch zwischen Einfüllstutzen und Tank abnehmen.
- Muttern der Tankhaltebänder am Karosserieboden losdrehen.
- Tank absenken und abnehmen.
- Beim Einbau kontrollieren, ob die Rückschlagklappe unten an der Tank-Einfüllöffnung leichtgängig ist.
- Die Klappe muß in hängender Stellung eingebaut sein.
- Ggf. Rohreinsatz mit der daran befestigten Klappe herausziehen und drehen.
- Zum Befestigen der Hinterachse siehe Seite 127.
- Nach Anschließen der Bremsschläuche Bremsanlage entlüften (Seite 147).

Zum Kraftstofftank gehören folgende Teile: 1 – Abdeckung unten; 2 – Halteband; 3 – Einfüllstutzen; 4 – Schlauch der Schnellentlüftung; 5 – Reduzierstück für Bleifrei-Zapfpistole (bei nachgerüstetem Katalysator); 6 – Schwerkraftventil; 7 – Schlauch der Feinentlüftung.

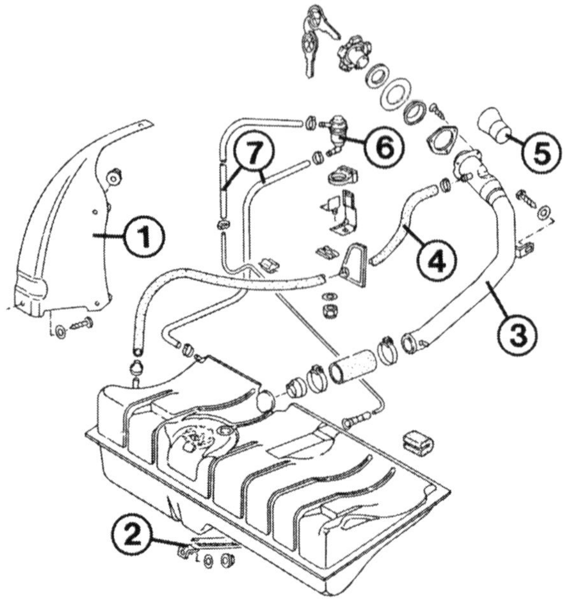

Tank ersetzen

Seit 8/79 hat der Tank eine im Durchmesser verringerte Betankungs-Schnellentlüftung und eine anstelle von zwei Feinentlüftungsleitungen. Als Ersatzteil gibt es nur noch den neuen Tank. Im Umbaufall:

■ Entlüftungsleitungen zwischen Tank und Verbindungsstück (Bild oben) ausbauen.

■ In die auf 1,2 m zugeschnittene neue 12-mm-Schnellentlüftungsleitung eine Spiralfeder als Knickschutz einsetzen, und zwar 700 mm von dem Verbindungsstück oben am Einfüllstutzen entfernt.

■ Leitung mit einem Stopfen dicht verschließen und durch die Öffnung zum Tank hin durchstecken.

■ Leitungsende gründlich sauberreiben, am Tank aufstecken.

■ Damit das obere Schlauchende geschmeidig genug zum Aufstecken auf das Verbindungsstück ist, muß es eine Weile in kochendes Wasser gelegt werden.

■ Die neue Feinentlüftungsleitung mit 5 mm Durchmesser auf 1,2 m Lange abschneiden.

■ Leitungsende ebenfalls verschließen und zum Tank hin durchstecken.

■ Leitung erst nach gründlichem Säubern am Tank aufstecken.

■ Der am Verbindungsstück übrigbleibende Anschluß wird mit einem Stopfen verschlossen.

■ Sämtliche Leitungen mit Schraubschellen sichern, auch den Verschlußstopfen.

■ Zwischen Tank und Halteband darf der Gummistreifen nicht fehlen, andernfalls kann das Blech aufgescheuert und der Tank undicht werden.

■ Zum Schutz eines neuen Tanks soll Langzeit-Unterbodenschutz an seiner Unterseite aufgetragen werden.

■ Bei einem Fahrzeug ohne Spiralfeder in der Schnellentlüftungsleitung bis 2/78:

■ Alte Leitung zwischen Hinterachse und dem Durchbruch im Längsträger abschneiden.

■ Oberes Ende am Einfüllstutzen abnehmen.

■ Neue Leitung (mit Spiralfeder) auf Länge der alten Leitung kürzen und am Einfüllstutzen befestigen.

■ Nachdem die Schlauchleitung mit einem Stopfen versehen wurde, durch das Karosserieblech führen.

■ Vor dem Anschließen am Tank das Leitungsende gründlich säubern.

■ Die neue sowie die im Fahrzeug verbliebene Leitung am Verbindungsstück anschließen und mit Schraubschellen befestigen.

Geber für die Tankanzeige

Der Tankgeber ist bis 1/76 rechts und seit 2/76 oben in den Kraftstoffbehälter eingesetzt. Wie er funktioniert, ist in der Zeichnung auf Seite 222 gezeigt.
Die Anzeige für den Benzinstand ist kein Präzisionsinstrument. Einen falsch anzeigenden Geber kann man durch Nachbiegen des Schwimmerarms korrigieren, siehe Seite 223.

Tankgeber ausbauen

■ **Bis 1/76:** Kraftstoff ablassen.

■ **Ab 2/76:** Beim Golf Rücksitzbank komplett ausbauen (Seite 259).

■ Am Jetta und Scirocco Rücksitzbank herausnehmen, siehe Seite 259.

■ Bodenbelag ggf. ablösen.

■ Schwarzen Blechdeckel abschrauben.

■ **Alle Baujahre:** Klemmschellen der angeschlossenen Schläuche öffnen (Seite 74).

■ Anschlüsse verwechslungssicher kennzeichnen. Die blaue Leitung stellt den Kraftstoff-Rücklauf her (bei 1,5-Liter-Tassenstößelmotoren bis 7/75 nicht vorhanden).

■ Schläuche und Kabelstecker vom Tankgeber abziehen.

■ Rohrzange in die Aussparungen im Oberteil des Tankgebers einsetzen.

■ Geber losdrehen und mit leichter Drehung herausziehen.

■ Der Dichtring soll ersetzt werden. Es genügt aber nach unseren Erfahrungen, wenn der Ring vor dem Einbau mit etwas Öl bestrichen wird, damit er sich beim Festdrehen des Tankgebers mitdrehen kann.

■ Deckel des Tankgebers gleichmäßig andrücken, bevor man die Rohrzange zum Festziehen ansetzt.

■ Beim Einbau die richtige Einbaulage des Gebers beachten:

■ **Bis 1/76:** Der Kraftstoffanschluß ist nach vorn gerichtet.

■ **Ab 2/76:** Der elektrische Anschluß am Tankgeber muß in Fahrtrichtung gesehen nach vorn zeigen.

■ **Alle Modelle:** Kraftstoff-Ansaug- und Rücklaufschlauch richtig anschließen, sonst kann die Benzinpumpe nichts ansaugen.

Die Tank-Be- und -entlüftung

Ein Kraftstofftank braucht ein aufwendiges Be- und Entlüftungssystem. Es besteht seit 8/79 aus zwei Leitungen, bei den älteren Modellen aus drei Leitungen:

□ Nach unten geneigt ist am Tankeinfüllrohr die sogenannte Schnellentlüftung angeschlossen, die zur Tankoberseite führt. Durch diese Leitung entweicht die Luft, wenn der Tank mit Benzin gefüllt wird.

□ Die zweite (und dritte) Entlüftungsleitung mündet im Tank an dessen Oberseite an einer kraftstofffreien Stelle. Sie soll die ständig und unvermeidlich sich bildenden Benzindämpfe ableiten. Während der Fahrt strömt durch diese Leitung entsprechend der verbrauchten Kraftstoffmenge von außen Luft in den Tank hinein, so daß sich kein Unterdruck bilden kann. Der würde sonst die weitere Kraftstoffzufuhr in Richtung Motor verhindern und sogar zum Zusammenziehen des Tanks führen.

□ Seit 8/79 läuft die Feinentlüftung zu einem Schwerkraftventil oben am Tankeinfüllstutzen und von dort weiter nach unten an den Wagenboden.

Fingerzeige: *Bis Baujahr 1/78 ist in Verbindung mit dem Originaltank ein Tankdeckel mit Belüftung eingebaut. Bei Ersatz darauf achten, daß der neue Deckel ebenfalls ein Entlüftungsventil besitzt (beim Original-Teil innen eingeprägt »mit Entlüftung – ventilated«).*
Für die neueren Modelle ist ein nicht belüfteter Deckel der richtige; Kennzeichnung »ohne Entlüftung – not ventilated«.

Schwerkraftventil prüfen

Das seit 8/79 eingebaute Schwerkraftventil am Einfüllstutzen verschließt bei schrägstehendem Wagen die Benzinleitung. Dadurch wird verhindert, daß selbst bei randvollem Tank und schräg geparktem Fahrzeug Benzin durch die Entlüftungsleitung austreten kann. Gleiches gilt auch für den Fall, daß der VW nach einem Unfall auf dem Dach liegt. Wenn der Kraftstoffnachschub Probleme macht oder die Zapfpistole beim Tanken dauernd abschaltet, sollten Sie das Schwerkraftventil prüfen.

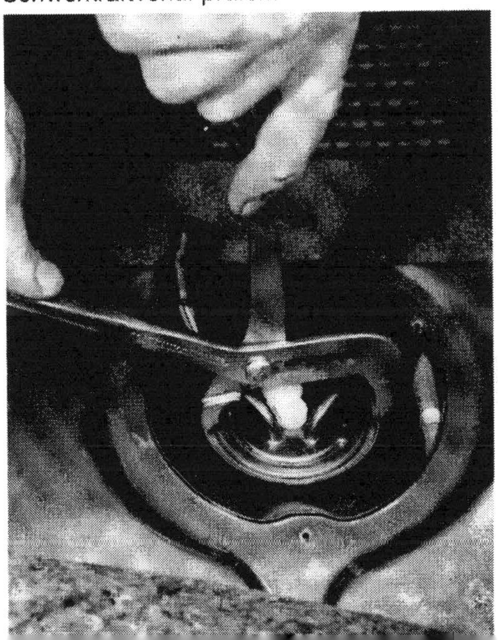

Links: Zum Losschrauben des Tankgebers muß die Rohrzange wie hier im Bild gezeigt ins Oberteil des Gebers eingesetzt werden.
Rechts: Am Tankgeber (2) sind angeschlossen: 1 – Schlauch zur Kraftstoffpumpe; 3 – Rücklaufschlauch; 4 – Kabelstecker.

■ Abdeckung oberhalb des rechten Hinterrades abschrauben.
■ Ist das Schwerkraftventil senkrecht eingebaut?
■ Wenn nicht, Ventil senkrecht montieren.
■ Gibt es trotz richtiger Einbaulage Störungen, Schlauchschellen lösen und Entlüftungsleitungen vom Ventil abziehen.
■ Schwerkraftventil aus seiner Halterung herausnehmen.
■ Am oberen und unteren Ventilanschluß Hilfsschläuche aufstecken.
■ Unteren Schlauch in ein wassergefülltes Glas hängen.
■ Wenn Sie jetzt bei senkrecht gehaltenem Ventil durch den oberen Schlauch blasen, muß dies leicht gehen, und im Glas müssen Wasserblasen aufsteigen.
■ Ventil um ca. 45° neigen und erneut durchblasen.
■ Das darf jetzt nur noch mit starkem Widerstand möglich sein, und es dürfen keine Luftblasen im Glas aufsteigen.
■ Beim Austausch des Schwerkraftventils auf die richtige Ausführung achten.

Die Kraftstoffleitungen

□ Der Kraftstoff wird in einfachen Schläuchen und Leitungen vom Tank nach vorn gepumpt. Damit der Druck auf das Schwimmernadelventil im Vergaser nicht zu groß wird, gelangt bei allen seit 8/75 gebauten Fahrzeugen zuviel geförderter Kraftstoff durch eine Rücklaufleitung in den Tank zurück.
□ Für den Rücklauf (nicht 1,5-Liter bis 7/75) ist eine meist blau eingefärbte Leitung zuständig.
□ Damit der Kraftstoff nicht in zu großer Menge vom Vergaser abgezweigt wird, ist in die Rücklaufleitung eine Reduzierdüse eingesetzt.
□ Bis 7/78 teilt sich die Kraftstoffleitung schon vor dem Vergaser, das Reduzierstück sitzt in der Rücklaufleitung.
□ Seit 8/78 ist die Reduzierdüse im T-förmigen Verteilerstück eingesetzt.
□ Bei Fahrzeugen mit 1 B 3-Vergaser bis 4/80 ist die Rücklaufleitung am Schwimmerkammerdeckel angeschlossen, und die Reduzierdüse sitzt im Anschlußstutzen.

Vorratsbehälter

Zwischen Benzinpumpe und Vergaser sitzt bei Fahrzeugen mit 1 B 3-Vergaser ein sogenannter Vorratsbehälter. Er soll den Start bei warmgefahrenem Motor sicherstellen. Beim Anschließen der Schläuche an diesen Behälter folgendes beachten:
□ Der senkrecht nach oben ragende Stutzen führt zum Vergaser.
□ Am schräg angesetzten Anschluß oben ist der Rücklaufschlauch befestigt. An der Behälterwand muß die von der Kraftstoffpumpe kommende Leitung angeschlossen werden.
□ Der Stutzen an der Behälterwand ist mit der Kraftstoffpumpe verbunden.

Kraftstoffleitungen und -schläuche ausbauen

■ Mit einem schmalen Schraubenzieher in die Schlaufe der Klemmschelle fahren und diese durch seitliches Hebeln lockern.
■ Schlauch unter Drehbewegungen abziehen.
■ Ist dies nicht möglich, kleinen Gabelschlüssel am Schlauchende ansetzen und damit abdrücken.
■ Beim Einbau sollten Sie statt der Klemmschellen solche zum Schrauben verwenden.

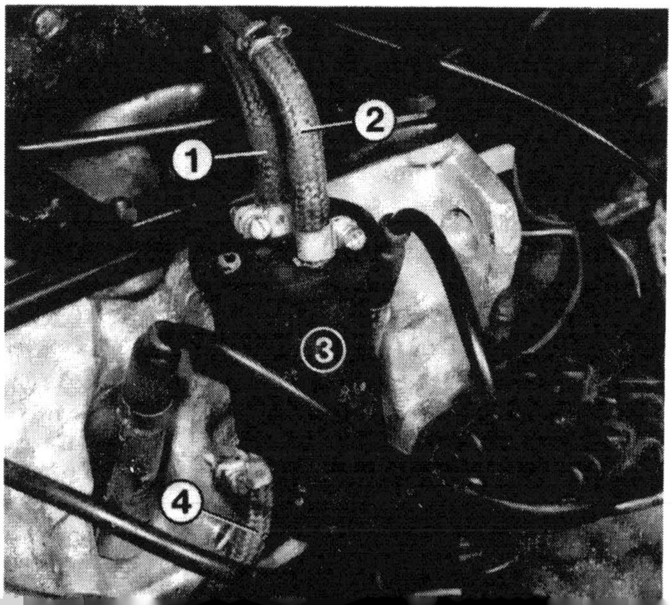

Der Vorratsbehälter (3) zwischen Benzinpumpe und 1 B 3-Vergaser soll Heißstartproblemen durch Dampfblasenbildung vorbeugen. Der Anschluß der Benzinleitungen: 1 – zum Vergaser; 2 – Rücklaufschlauch zum Tank; 4 – von der Benzinpumpe.

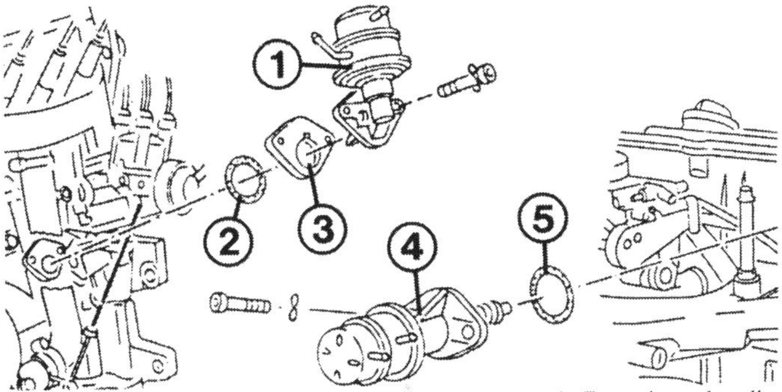

Die Benzinpumpe (1) des Tassenstößelmotors ist mit einem Zwischenflansch (3) und einem Dichtring (2) am Motorblock festgeschraubt. Beim Schlepphebelmotor sitzt die Kraftstoffpumpe (4) mit einem Dichtring (5) am Zylinderkopf.

Kraftstoffanlage auf Dichtheit prüfen

Riecht es am Abstellplatz des Wagens nach Benzin, tritt dies irgendwo aus einer Leitung oder an einem Bauteil der Kraftstoffanlage aus. Zur Suche einer Undichtigkeit sollte der Wagen über Nacht an einem trockenen, sauberen Platz gestanden haben.

■ Flecken unter den Wagenboden?
■ Wenn nicht, Motor starten, einige Minuten laufen lassen und wieder abstellen.
■ Erneute Kontrolle auf dem Boden.
■ Falls immer noch nichts sichtbar ist, sämtliche Leitungen und Teile der Kraftstoffanlage verfolgen und auf den charakteristischen Benzingeruch achten.

Die Kraftstoffpumpe

□ Beim **Schlepphebelmotor** sitzt die Pumpe in Fahrtrichtung rechts in Höhe des 1. Zylinders. Angetrieben wird sie von einem Exzenter der Nockenwelle.
□ Beim **Tassenstößelmotor** finden wir die Benzinpumpe vorn in Höhe des 3. Zylinders. Den Antrieb liefert die Zwischenwelle über einen Exzenter.
□ In ihrer **Funktion** gibt es keine Unterschiede: Im Oberteil ist das Saug- und Druckventil eingebaut, im Unterteil sitzt der Steuermechanismus und dazwischen eine Membrane. Eine Feder am Pumpenstößel zieht diesen samt Membrane nach unten, das Saugventil öffnet: Benzin wird aus dem Tank angesaugt. Der Pumpenantrieb drückt nun den Pumpenstößel mit der Membrane zurück, und das Druckventil öffnet: Kraftstoff wird in den Vergaser gefördert.

Störungen an der Benzinpumpe

□ Die Pumpenventile können Probleme bereiten. Sie sind lediglich eingepreßt. Wenn sich eines löst, stockt der Benzinstrom. Falls ein Ventil lediglich hängt, hilft bisweilen kräftiges Klopfen auf das Pumpengehäuse.
□ Das Oberteil der Pumpe ist nicht zugänglich. Erweist sich die Pumpe als defekt, muß sie komplett ersetzt werden.

Kraftstoffpumpe prüfen

■ Benzinschlauch zum Vergaser abnehmen und in ein Gefäß halten.
■ Motor von Helfer starten lassen. Kommt Benzin?
■ Sie können den Benzinpumpendruck mit einem entsprechenden Manometer messen: Es müssen bei 4000/min und abgeklemmter Rücklaufleitung **0,20–0,25 bar** sein.

Benzinpumpe ausbauen

■ Schläuche an der Pumpe abnehmen.
■ Vom Tank kommenden Schlauch durch Hineindrehen einer Schraube verschließen.
■ Innensechskant-Halteschrauben losdrehen.
■ Beim Einbau Dichtung unter der Pumpe erneuern. Der Zwischenflansch des Tassenstößelmotors kann dagegen wieder verwendet werden.
■ Halteschrauben mit 20 Nm anziehen.

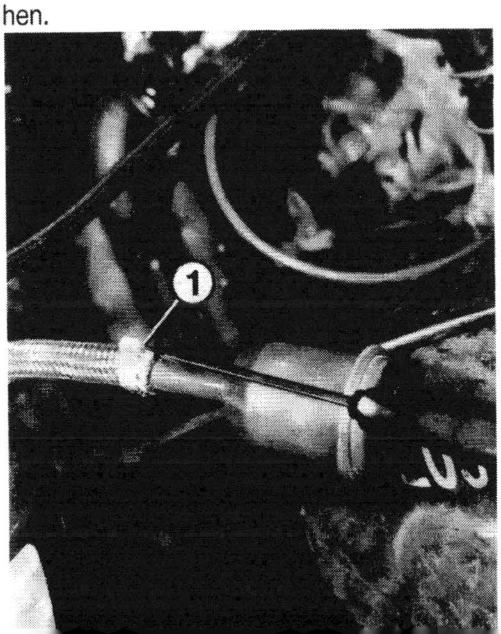

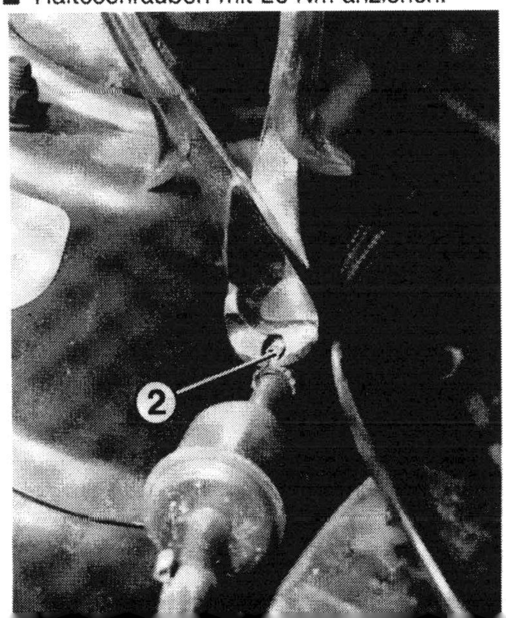

Zum Abnehmen eines Kraftstoffschlauches fährt man mit einem Schraubenzieher in die Öse der Schlauchschelle (1) und hebelt sie auf. Zum Festklemmen eignet sich eine Zange, wie im rechten Bild gezeigt. Dort sehen Sie die Öse (2) wieder zusammengepreßt.

In die Kraftstoff-Ansaugleitung ist ein Filter (2) eingesetzt. Hier im Bild dienen zur Sicherung eine Schraubschelle (1) sowie eine Klemmschelle (3).

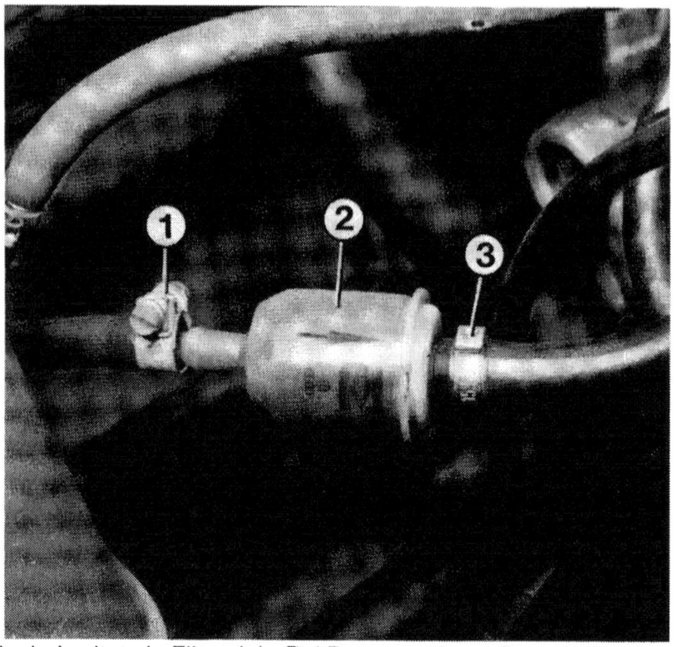

Filtersieb der Kraftstoffpumpe reinigen
Wartung Nr. 14

Unterhalb des Kraftstoffpumpendeckels sitzt ein Filtersieb. Bei Pumpen älterer Bauart läßt sich der Deckel noch abnehmen.

- Halteschraube des Deckels losdrehen.
- Deckel abnehmen.
- Filtersieb in sauberem Benzin auswaschen und dann ausblasen.
- Dichtring kontrollieren.
- Beim Einbau muß die evtl. vorhandene Kerbe im Deckel in die Aussparung des Pumpengehäuses eingesetzt werden.

Kraftstoffilter ersetzen
Wartung Nr. 45

Der Kraftstofftank aus Blech kann durch Kondenswasser Rost ansetzen. Aber Verunreinigungen können auch aus dem Tank einer Zapfstation stammen. Etwa dann, wenn Sie irgendwo getankt haben, als die Erdtanks eben frisch befüllt wurden. Dadurch können Schmutzpartikel und auch Kondenswasser aufgewirbelt werden und über den Zapfhahn in Ihren Tank gelangen. Deshalb an frisch belieferten Tankstellen möglichst nicht auftanken.
Sicherheitshalber ist bei allen Modellen ein Kraftstoffilter eingesetzt, der regelmäßig ausgewechselt werden soll.

- Der Filter sitzt »fliegend« in der Leitung vom Tank zur Kraftstoffpumpe.
- Klemmschellen aufdrücken, Schläuche abziehen.
- Neuen Filter mit neuen Schellen befestigen.
- Achten Sie beim Einbau auf die richtige Durchflußrichtung des Filters. Darauf weist ein Pfeil am Filtergehäuse.

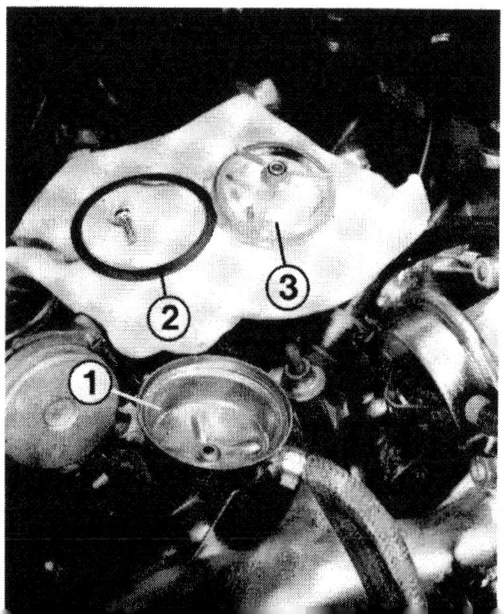

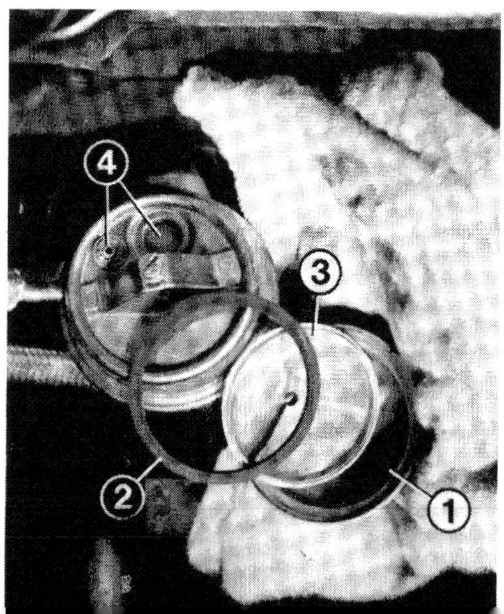

Die Benzinpumpe am Schlepphebelmotor (links) und am Tassenstößelmotor (rechts). Bei einer Benzinpumpe älterer Bauart kann der Deckel (1) abgeschraubt werden. Darunter sitzt ein Filtersieb (3), das man in Benzin auswäscht. Beim Zusammenbau den Dichtring (2) richtig einsetzen. Position »4« zeigt die Pumpenventile.

Die Mischung macht's

Kraftstoff gibt seine Energie in flüssiger Form beim Entzünden nur schwach ab. Eine Benzinpfütze brennt zwar lange, aber ziemlich müde. Das liegt daran, daß nur an der Oberfläche der Pfütze Kontakt zwischen dem Kraftstoff und der zur Verbrennung notwendigen Luft besteht. Zur kraftvollen Entzündung muß also das Benzin gut mit Luft durchmischt werden. Das besorgt der Vergaser, der aber kein »Gas« herstellt, sondern einen Benzin/Luft-Nebel in zündfähiger Zusammensetzung.

Der Luftfilter

Gewissermaßen als Vorzimmer für die in den Vergaser einströmende Verbrennungsluft dient der Luftfilter. Er muß die Staub- und Schmutzteilchen aus der angesaugten Luft herausfiltern, damit sie nicht in den Vergaser oder die Verbrennungsräume gelangen und dort Schaden anrichten. Außerdem wirkt der Filter als Ansauggeräuschdämpfer.

Luftfiltereinsatz ausblasen

Wartung Nr. 13

Das Papierfilterelement soll mindestens einmal im Jahr ausgeblasen werden. Falls Sie viel auf unbefestigten Straßen fahren (etwa im Urlaub), sollten Sie die Reinigungskur schon nach 5000 km durchführen.

- Luftfiltereinsatz ausbauen (nächste Seite).
- Papierfilter auf harter Unterlage ausklopfen.
- Den feinen Staub müssen Sie mit Druckluft ausblasen.
- Luftstrahl seitlich an den Filterlamellen vorbeistreichen lassen. Nicht von außen nach innen blasen, sonst wird der Staub noch fester in die Filterporen gedrückt.
- Niemals den Papierfilter in Flüssigkeiten zu reinigen versuchen. Das verstopft die Filterporen.

Luftfiltereinsatz wechseln

Wartung Nr. 43

Durch einen verschmutzten Filtereinsatz erhält der Motor nicht mehr die volle Ansaugluftmenge. Das Gemisch wird fetter, der Verbrauch steigt, und die Leistung sinkt. Der rechtzeitige Filtertausch ist daher durchaus ratsam. Die Teilenummern der V.A.G.-Filtereinsätze lauten:

- ☐ Alle Motoren bis 5/75: 113 129 620
- ☐ Schlepphebelmotor ab 6/75: 036 129 620
- ☐ Tassenstößelmotor ab 6/75: 055 129 620A

Beim Schlepphebelmotor halten Klammern (Pfeile) den Luftfilterdeckel (4) am Unterteil (3). Das Unterteil ist mit zwei Muttern (2) auf Haltebolzen angeschraubt. Links im Bild der runde Luftfiltereinsatz (1).

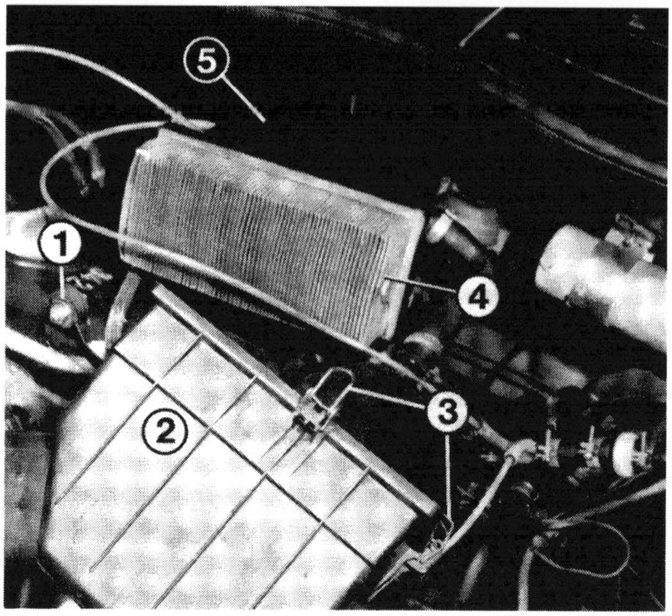

Der Luftfilter des Tassenstößelmotors: 1 – Halteblech vorn mit dem Gummilager; 2 – Deckel; 3 – Spannbügel; 4 – Luftfiltereinsatz; 5 – Filtergehäuse.

Luftfiltereinsatz ausbauen

■ Spannbügel rund um den Luftfilterdeckel lösen.

■ **Tassenstößelmotor bis 5/75:** Zwei spiralförmige Haltefedern am Luftfilterdeckel aushängen. Sie sind möglicherweise nicht mehr vorhanden, da sie beim Aus- und Einbau mit Vorliebe herunterfallen.

■ **Tassenstößelmotor ab 8/78:** In Fahrtrichtung vorn oben am Zylinderkopfdeckel die Mutter am Halteblech herausdrehen. Meist dreht sich der Schraubenbolzen mit. Das ist unproblematisch.

■ **Alle Motoren:** Deckel abnehmen, ggf. beim Tassenstößelmotor ab 8/78 das Halteblech etwas nach vorn biegen.

■ Papiereinsatz herausnehmen.

■ Beim Einbau muß beim runden Luftfilter des Schlepphebelmotors der eingeprägte Pfeil auf dem Luftfilterdeckel dem Pfeil auf dem Luftfiltergehäuse gegenüberstehen bzw. die Kerbe im Deckel in die Haltefahne am Filterunterteil eingesteckt sein.

Luftfiltergehäuse ausbauen

Für manche Arbeiten am Vergaser muß der Luftfilter bzw. dessen Ansaugstutzen abgenommen werden.

■ **Bis 5/75:** Am Ansaugstutzen den Haltebügel beiseite drücken bzw. Befestigungsmutter losdrehen.

■ Stutzen abnehmen und beiseite legen.

■ Soll auch das Filtergehäuse abgenommen werden, die Halteklammern am rechten Längsträger lösen, Gehäuse abheben.

■ **Ab 6/75:** Wo vorhanden, Halteklammern des Filter-Ansaugstutzens lösen, Stutzen abziehen.

■ Oder Warmluftschlauch am Vorwärmgehäuse bzw. an der Auspuffkrümmerabdekkung abnehmen.

■ **Schlepphebelmotor:** Filterdeckel und -einsatz abbauen.

■ Lappen in die Vergaseröffnung stopfen, damit nichts hineinfallen kann.

■ Am Filterunterteil zwei selbstsichernde Muttern herausdrehen.

■ Falls vorhanden, Spiralfeder zwischen Unterteil und Vergaser aushängen.

■ Gehäuseunterteil vom Vergaser abheben.

■ **Alle Motoren:** Steuerschläuche der automatischen Ansaugluft-Vorwärmung abziehen.

■ **Tassenstößelmotor:** Luftfilterdeckel abbauen und Filtereinsatz herausnehmen.

■ Schlauch der Kurbelgehäuse-Entlüftung vom Saugstutzen abnehmen.

■ Haltebügel des Ansaugstutzens abdrükken, Stutzen abziehen.

■ **1,6 l/63 kW:** Mutter oben auf dem Stutzen losdrehen und diesen abnehmen.

■ **Alle Motoren:** Beim Einbau auf den richtigen Sitz des Dichtrings zwischen Vergaser und Filterunterteil bzw. Ansaugstutzen achten.

Die Ansaugluft-Vorwärmung

Die Temperatur der angesaugten Verbrennungsluft wirkt sich auf Fahrverhalten und Kraftstoffverbrauch aus:

□ Bei kühlem Wetter verteilen sich die Kraftstofftröpfchen besser in der Verbrennungsluft, wenn diese etwas angewärmt ist. Das gilt vor allem für den Leerlauf und den unteren Drehzahlbereich.

□ Weiterhin verhindert man Vergaservereisung. Sie tritt verstärkt zwischen +3° und +8°C und hoher Luftfeuchtigkeit auf. Bei laufendem Motor verdunstet ein Teil des Kraftstoffes durch den Druckabfall im Vergaser. Die entstehende Verdunstungskälte kann dann an Vergaserwänden und -düsen zur Bildung einer Eisschicht führen und die einwandfreie Gemischbildung verhindern.

□ Bei höheren Außentemperaturen und grundsätzlich bei stärkerer Motorbelastung ist für gute Leistung kältere Ansaugluft besser. Erwärmte Luft hat ein größeres Volumen. Da der Motor nur eine bestimmte Menge Luft ansaugen kann, erhält er weniger, wenn diese angewärmt wurde. Das führt zu fetterem Gemisch und höherem Verbrauch.

□ Bei unseren Fahrzeugen gibt es drei unterschiedliche Versionen der Ansaugluft-Vorwärmung, wie die Tabelle zeigt.

	Ansaugluft-Vorwärmung	
Manuell	temperaturabhängig	last- und temperaturabhängig
Schlepphebelmotor 6/75–7/79, Tassenstößelmotor 51/55 kW mit Schaltgetriebe 6/75–7/77, alle Tassenstößelmotoren mit Klimaanlage ab 6/75	Alle Motoren bis 5/75	Schlepphebelmotor ab 8/79, Tassenstößelmotor 51/55 kW mit Getriebeautomatik ab 6/75, Tassenstößelmotor 51 kW mit Schaltgetriebe ab 8/77, Tassenstößelmotor 63 kW ab 6/75

Manuell gesteuerte Vorwärmung

Unter manuell gesteuert verstehen wir, daß der Fahrer sich selbst darum kümmern muß, daß der Motor richtig temperierte Ansaugluft zugeführt bekommt. Zeit zum Umstellen wird es, wenn die Durchschnittstemperaturen über +15°C (Sommer) steigen bzw. unter +15°C (Winter) fallen. In manchen Betriebsanleitungen wurden auch +20°C genannt.

□ Beim **Schlepphebelmotor** sitzt vorn am Luftfilterdeckel ein drehbarer Ansaugschnorchel, der mit einer Klemmschelle befestigt ist:

Sommerstellung: Der Schnorchel zeigt in Fahrtrichtung nach rechts und saugt Frischluft an.

Winterstellung: Das Blechrohr muß nach unten in Richtung Auspuffkrümmer gedreht sein, so daß angewärmte Luft einströmen kann.

□ Der **Tassenstößelmotor** hat einen flexiblen Luftschlauch, der je nach Jahreszeit angeschlossen wird.

Sommerstellung: Der Ring am Ansaugschlauch wird mit seinem Kugelkopf im Gummistopfen am rechten Stehblech eingesteckt, so daß Frischluft eintreten kann.

Winterstellung: Der Ansaugschlauch muß auf dem Warmluftsammelblech aufgesteckt werden, damit vorgewärmte Luft zum Vergaser gelangt.

Automatisch gesteuerte Ansaugluft-Vorwärmung

□ **Temperaturabhängige Vorwärmung:** Im Mischgehäuse sitzt ein Thermostat. Dieser betätigt direkt die Warmluftregelklappe und hält den Warmluftzutritt bis zu einer bestimmten Temperatur offen.

□ **Last- und temperaturabhängige Vorwärmung:** Sie wird über Unterdruck gesteuert. Dazu entnimmt man dem Vergaser Unterdruck und läßt ihn auf eine Unterdruckdose einwirken, die wiederum die Warmluftregelklappe im Mischgehäuse öffnet. In diese Unterdruckleitung ist ein Temperaturregler zwischengeschaltet. Er unterbricht den freien Durchgang in diesem Schlauch, wenn die Temperatur der angesaugten Luft über einen bestimmten Wert ansteigt.

Die Teile der automatischen Ansaugluft-Vorwärmung

□ **Mischgehäuse:** Darin sitzt die Warmluftregelklappe. In das Gehäuse strömt durch einen Stutzen Kaltluft. Die Klappe kann durch einen zweiten Kanal vom Auspuffkrümmer angewärmte Luft einströmen lassen.

□ **Unterdruckdose:** Der auf sie einwirkende Unterdruck (vom Vergaser) zieht eine Membrane an. Dabei betätigt die Membrane über einen Verbindungshebel die Warmluftregelklappe.

□ **Temperaturregler:** Er hat seinen Platz im Luftfiltergehäuse. Nur bis zu einer festgelegten Temperatur läßt er den Unterdruck vom Vergaser auf die Unterdruckdose am Mischgehäuse einwirken.

□ **Thermostat:** Bei der temperaturgesteuerten Vorwärmung bis 5/75 betätigt er die Klappe am Eintritt der Warmluft.

In Verbindung mit der last- und temperaturabhängigen Steuerung des Schlepphebelmotors ab 8/79 sitzt der Thermostat unten am Mischgehäuse und öffnet selbständig den Warmluftkanal bei Temperaturen unter +17°C.

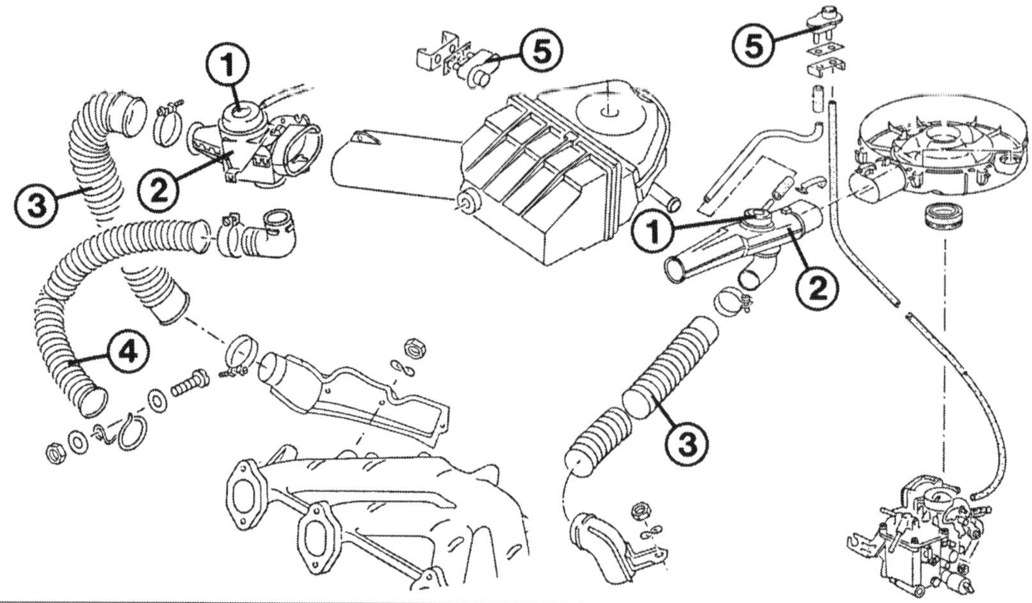

Die Ansaugluft-Vorwärmung, links beim Tassenstößel-, rechts beim Schlepphebelmotor: 1 – Unterdruckdose; 2 – Mischgehäuse; 3 – Warmluftschlauch zum Warmluft-Sammelblech am Auspuffkrümmer; 4 – Kaltluftschlauch; 5 – Temperaturregler.

Störungsbeistand Ansaugluft-Vorwärmung

Die Beanstandung	– ihre Ursache
A Schlechter Leerlauf nach dem Kaltstart in der Warmlaufphase	Keine Warmluftzumischung im Winter
B Schlechter Übergang, Motor neigt zum Stottern	Siehe A
C Geringere Leistung, übliche Höchstgeschwindigkeit wird nicht erreicht	Warmluft wird bei höherer Lufttemperatur und stärkerer Motorbelastung weiterhin zugemischt
D Höherer Kraftstoffverbrauch	Siehe C
E Höhere Kühlmitteltemperatur durch geringere Innenkühlung	Siehe C

Automatische Ansaugluft-Vorwärmung kontrollieren

■ Warmluftschlauch vom Ansaugstutzen des Luftfilters abnehmen.
■ Spannklammern an der Verbindung Ansaugstutzen/Filtergehäuse abhebeln, Stutzen abnehmen.
■ **Temperaturregler:** Die Lufttemperatur sollte nicht höher als 20°C liegen. Kalten Motor starten und im Leerlauf drehen lassen.
■ Die Warmluftklappe muß aufgezogen werden.
■ Unterdruckschlauch vom Vergaserstutzen zum Temperaturregler abziehen.
■ Die Klappe muß nach spätestens 20 s in Ruhelage zurückgegangen sein.
■ **Thermostat:** Bei mehr als +20°C muß die Klappe im Stutzen die Warmluftöffnung (unten) verschließen.
■ Im Temperaturbereich zwischen –20°C und +20°C darf die Klappe die Warmluftzufuhr höchstens zu ⅔ geöffnet haben. Ansaugstutzen ggf. unbemerkt von der Hausfrau im Kühlschrank oder in der Gefriertruhe abkühlen.
■ An der Unterdruckdose einen passenden Schlauch aufstecken und mit dem Mund Luft ansaugen bzw. Luft einströmen lassen, dabei die Klappe beobachten.
■ Die Klappe muß öffnen bzw. schließen. Von Hand prüfen, ob sie leicht beweglich ist.
■ Beim Aufstecken der Schläuche beachten: Der Anschluß aus Messing bzw. mit Kerbe am Temperaturregler wird mit der Unterdruckdose am Mischgehäuse verbunden.

Die wichtigsten Teile des Vergasers

Austrittsrohr (auch Vorzerstäuber genannt): Der von den nachfolgend aufgezählten Düsen mit Luft vorgemischte Kraftstoff wird aus diesem Rohr abgesaugt. Seine Austrittsöffnung sitzt in der engsten Stelle des Lufttrichters.
Beschleunigungspumpe: Beim Durchtreten des Gaspedals spritzt sie zusätzlich Benzin in den Saugkanal ein, damit bei plötzlichem Gasgeben das Kraftstoff/Luft-Gemisch durch das schlagartige Öffnen der Drosselklappe nicht zu kraftstoffarm wird.
Drosselklappe: Sie sitzt ganz unten im Vergaser und regelt die Menge des Kraftstoff/Luft-Gemisches, die der Motor ansaugen soll. Wie weit sie geöffnet wird, bestimmt der Fahrer beim Treten des Gaspedals. Pedal und Drosselklappe sind über den Gaszug direkt verbunden.
Hauptdüse: Sie ist in die Schwimmerkammer eingeschraubt. Mit ihrer genau bemessenen Bohrung sorgt sie für den Abfluß der richtigen Kraftstoffmenge aus der Schwimmerkammer.

Leerlaufdüse: Sie liefert dem Leerlaufsystem eine stets gleichbleibende Kraftstoffmenge zur Aufbereitung des Leerlaufgemisches.
Luftkorrekturdüse: Sie mischt den von der Hauptdüse kommenden Kraftstoff mit Luft vor.
Lufttrichter: Er sitzt im Saugkanal (Vergasereinlaß). Eine Einschnürung in seinem Innendurchmesser beschleunigt die durchströmende Luft. Das verstärkt den Unterdruck, und aus dem Austrittsrohr kann mehr Kraftstoff abgesaugt werden.
Mischrohr: Ihm werden Kraftstoff von der Hauptdüse und Luft durch Bohrungen von der Luftkorrekturdüse zugeführt. Beides wird vermischt in den Austrittsarm im Saugkanal weitergeleitet. Bei höheren Drehzahlen werden Bohrungen frei, die zusätzliche Luft einströmen lassen, um das andernfalls durch höheren Kraftstoffdurchsatz fetter werdende Mischungsverhältnis konstant zu halten.
Schwimmerkammer: Hier wird die Speicherung des Kraftstoffes durch Schwimmer und Schwimmernadelventil geregelt. Sobald der Kraftstoffstand in der Kammer eine bestimmte Höhe erreicht hat, drückt der Schwimmer durch seinen Auftrieb über einen Hebel gegen die Ventilnadel. Deren spitz zulaufendes Ende sperrt dann den weiteren Zufluß ab.
Starterklappe: Sie sitzt ganz oben im Vergaser. Bei kaltem Motor muß sie geschlossen werden. So baut sich beim Anlaufen der Maschine im Vergasereinlaß stärkerer Unterdruck auf, der mehr Benzin am Austrittsrohr absaugen kann. Das Gemisch wird kraftstoffreicher (fetter). Mit zunehmender Motorerwärmung muß die Starterklappe wieder geöffnet werden.

Welcher Vergaser ist eingebaut?

Für unsere VW-Modelle kommen recht unterschiedliche Vergaser zum Einsatz. Damit Sie aus den folgenden Typenbezeichnungen auf Anhieb die für Ihren Motor richtige heraussuchen können, hier eine Aufstellung:

Motor/Leistung Kennbuchstaben	1,1 l/37 kW 5/75–7/79 FA	1,1 l/37 kW 8/79–7/81 GG	1,1 l/37 kW ab 8/81 GG	1,3 l/44 kW bis 7/81 GF	1,3 l/44 kW ab 8/81 GF
Vergaser	31 PICT-5	31 PIC-6	31 PIC-7	34 PIC-5	34 PIC-6
Motor/Leistung Kennbuchstaben	1,1 l/37 kW bis 5/75, 1,5 l/51 kW bis 7/79, 1,6 l/55 kW FA, FH, JB, FP	1,5 l/51 kW ab 8/79 JB	1,5 l/63 kW, 1,6 l/63 kW bis 7/79 FD, FR	1,6 l/63 kW ab 8/79 FR	
Vergaser	34 PICT-5	1 B 3	2 B 2	2 B 5	

Vergaser-Beschreibung

Gemeinsam haben unsere Modelle sogenannte Fallstrom-Vergaser. Die angesaugte Luft strömt darin senkrecht (»fällt«) nach unten und saugt dabei aus den verschiedenen Düsen den Kraftstoff. Der Solex PIC(T) und der Pierburg 1 B 3 sind sogenannte Einfach-Vergaser, denn es ist nur eine Mischkammer vorhanden. Im Gegensatz dazu handelt es sich beim Zenith 2 B 2 und Pierburg 2 B 5 um Register- oder Stufen-Vergaser mit zwei Mischkammern. Ein solcher Vergaser ermöglicht bessere Gemischzuteilung für die einzelnen Zylinder. Charakteristisch ist die Betätigung der Drosselklappe für die II. Vergaserstufe: Erst wenn die Drosselklappe der I. Stufe mehr als zur Hälfte den Vergaserdurchlaß freigibt, öffnet bei entsprechenden Drehzahlen eine Unterdruckdose am Vergaser die Drosselklappe der II. Stufe.

Solex 31 und 34 PIC(T)

Hier haben wir Einfach-Vergaser vor uns, die sich im wesentlichen durch die Art der Starterklappenbetätigung voneinander unterscheiden.

Start

PIC-Vergaser: Der Fahrer muß den Starterzug ziehen, um die Starterklappe zu schließen. Dadurch wird über einen Starterhebel und eine Verbindungsstange die Starterklappe geschlossen und gleichzeitig die Drosselklappe einen gewissen Spalt geöffnet. Der Unterdruck – von den im Motor auf und ab laufenden Kolben erzeugt – kann nun die fette Startmischung ansaugen. Die Starterklappe bleibt jedoch nicht fest in Geschlossen-Stellung: Sie kann durch ihre außermittige Aufhängung von der angesaugten Verbrennungsluft zum Flattern gebracht werden. Das verhindert zu starke Gemischanreicherung.
Gleich nach dem Anspringen dreht der Motor hoch auf die Kaltleerlaufdrehzahl. Der Starterzug muß jetzt in die erste Raste zurückgeschoben werden, der Motor fällt auf die sogenannte

Die Leerlaufgemischbildung beim PIC-Vergaser: 1 – Hauptdüse; 2 – Drosselklappe; 3 – By-pass-Bohrungen; 4 – Leerlaufluftbohrung; 5 – Zusatzluftdüse; 6 – Zusatzkraftstoffdüse; 7 – Leerlaufdüse; 8 – Zusatzgemisch-Regulierschraube; 9 – Gemisch-Regulierschraube; 10 – Leerlauf-Abschaltventil; H – einströmende Hauptluft; K – Kraftstoff; L – Luft; Z – Zusatzluft.

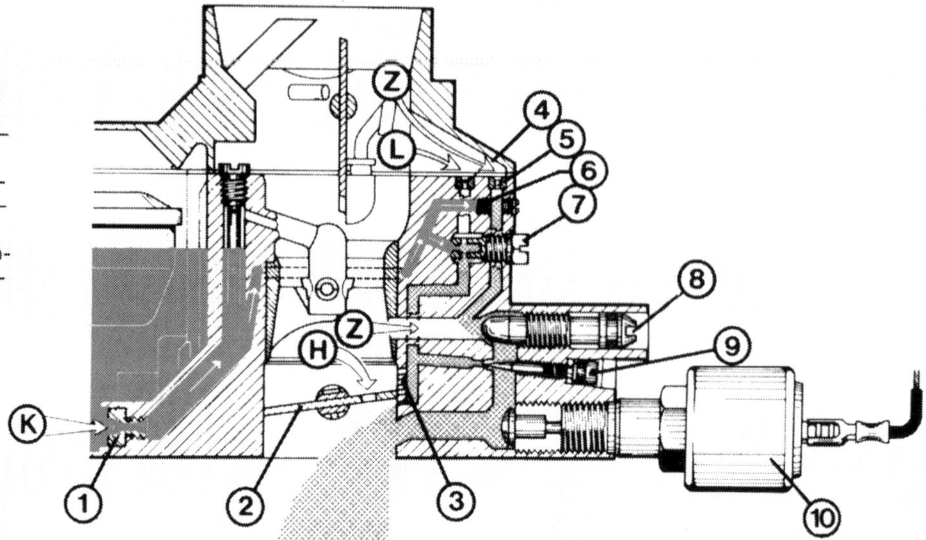

Durchlaufdrehzahl ab. Zeitgleich zieht der Starterklappen-Pulldown die Klappe in eine festgelegte Öffnungsstellung für erhöhte Luftzufuhr.

Der Starterzug muß mit wärmer werdendem Motor wieder hineingeschoben werden. Damit die Starterklappe bei eventuell falscher Bedienung durch den Fahrer nicht zu lange geschlossen bleibt, greift ein sogenanntes Thermo-Choke-System ein. An die Starterklappenwelle ist ein Hebel montiert, in den eine Bimetallfeder eingehängt ist. Sie reagiert auf die Umgebungstemperatur. Bei kaltem Motor drückt sie die Luftklappe in »Geschlossen«-Stellung. Mit zunehmender Erwärmung dehnt sich die Feder aus und zieht damit die Starterklappe allmählich wieder auf, auch wenn der Starterzug noch gezogen ist. Damit wird verhindert, daß bei versehentlich gezogenem Starterzug das Gemisch für den Motor zu stark angereichert (überfettet) wird.

PICT-Vergaser: Das Schließen und Öffnen der Starterklappe geschieht hier mit einer Startautomatik. Zum Einschalten dieser Automatik muß das Gaspedal vor dem Anlassen des kalten Motors ein- oder zweimal durchgetreten werden. Dadurch schließt die Starterklappe (wie eben beschrieben). Mit dem Einschalten der Zündung wird die Bimetallfeder der Startautomatik elektrisch beheizt. Bei den Tassenstößelmotoren ab 8/75 fließt außerdem das während der Fahrt erhitzte Kühlwasser durch den Starterdeckel. Bei Aufheizung dehnt sich die Bimetallfeder aus. So öffnet sie die Starterklappe allmählich wieder.

Zur Startautomatik gehört außerdem noch eine Unterdruckmembrane mit Zugstange, die mit der Starterklappe in Verbindung steht. Unmittelbar nach dem Anspringen des Motors öffnet sie die Luftklappe einen Spalt, damit das Gemisch nicht zu fett wird.

Leerlauf

Das Leerlaufgemisch wird in zwei getrennten Systemen gebildet:

□ **Grundleerlauf:** Die Leerlaufdüse erhält Benzin von der Hauptdüse, Luft strömt durch die Leerlaufluftbohrung hinzu. Zum Einstellen der Gemischzusammensetzung dient die CO-Einstellschraube.

□ **Zusatzleerlauf:** Das Gemisch bildet die Zusatzkraftstoff- und Zusatzluftdüse. Beim PIC-7 ist das eine kombinierte Düse. Vom Lufttrichter strömt noch Zusatzluft hinzu. Die Zusatzgemischmenge und damit die Drehzahl wird mit einer eigenen Schraube eingestellt.

□ Grund- und Zusatzgemisch gelangen in einen gemeinsamen Kanal an das Leerlauf-Abschaltventil und durch eine Bohrung unterhalb der Drosselklappe ins Saugrohr.

□ Bei Fahrzeugen mit Formel-E-Ausstattung ab 8/81 sitzt die kombinierte Zusatzkraftstoff- und Zusatzluftdüse in Fahrtrichtung vorn am Vergaser. Wenn beim Bremsen der Kraftstoff in der Schwimmerkammer nach vorn schwappt, fehlt es dem Grundleerlaufsystem an Kraftstoff. Das gleicht jetzt das Zusatzgemischsystem aus, das weiterhin eine ausreichende Kraftstoffmenge geliefert bekommt.

Übergang

Vier kleine Bohrungen oberhalb der Ruhestellung der Drosselklappe lassen zusätzliches Gemisch einströmen, das vom Grundleerlauf-Gemisch abgezweigt wird.

Normalbetrieb

Mit dem Öffnen der Drosselklappe setzt das Hauptdüsensystem ein. Das Kraftstoff/Luft-Gemisch bilden die Hauptdüse und die Luftkorrekturdüse. Diese Mischung gelangt über das Austrittsrohr ins Ansaugrohr.

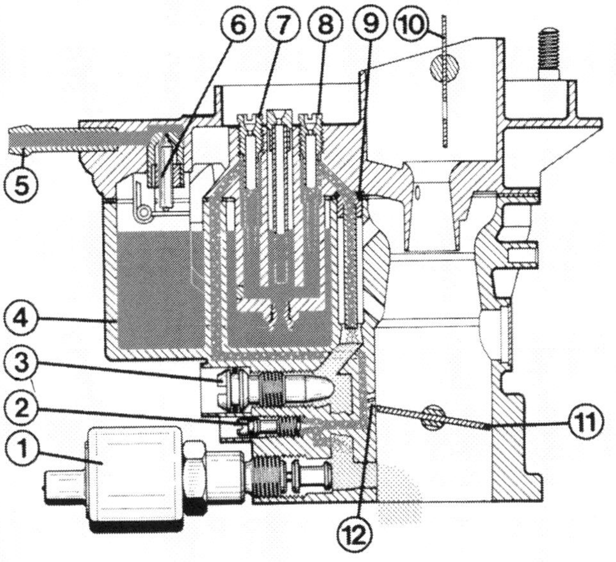

So fließt der Kraftstoff beim Leerlauf durch den 1 B 3-Vergaser: 1 – Leerlauf-Abschaltventil; 2 – Leerlaufgemisch-Regulierschraube; 3 – Zusatzgemisch-Regulierschraube; 4 – Hauptdüse; 5 – Kraftstoff-Zufluß; 6 – Schwimmernadelventil; 7 – kombinierte Kraftstoff/Luftdüse; 8 – kombinierte Zusatzkraftstoff/Zusatzluftdüse; 9 – Mischrohr; 10 – Starterklappe; 11 – Drosselklappe; 12 – Übergangsbohrungen.

Beschleunigen

Bei zügigem Tritt auf das Gaspedal wird zusätzlich Benzin in den Saugkanal eingespritzt, da das Hauptdüsensystem nicht gleich genügend Kraftstoff liefern kann. Das geschieht über einen mit der Drosselklappe verbundenen Hebel und eine kleine separate Membranpumpe.

Vollast

Bei voll geöffneter Drosselklappe und hohen Drehzahlen gelangt zusätzlicher Kraftstoff in den Saugkanal, damit der Motor auf seine volle Leistung kommt. Der Unterdruck im Ansaugrohr bewirkt, daß zwei Kugelventile öffnen. Damit ist der Kraftstoffweg zu den zwei Anreicherungsrohren im Vergaserdeckel frei.

Pierburg 1 B 3 Start

Die Starterklappe wird prinzipiell wie beim PICT-Vergaser betätigt. Die Beheizung der Startautomatik erfolgt sowohl elektrisch als auch durch das aufgeheizte Kühlwasser.
Zur Startautomatik gehört ein erweitertes Pulldownsystem. Nachdem die Starterklappe gleich beim Anspringen ein wenig aufgezogen wurde, kommt etwas später die zweite Pulldownstufe zum Einsatz. Ein grüner Unterdruckbehälter im Motorraum läßt den Saugrohr-Unterdruck durch »Umleitung« mit leichter Verzögerung auf die Pulldownmembrane einwirken. Das veranlaßt die Starterklappe zu einer weiteren Öffnung. Das Gemisch wird auf diese Weise erneut abgemagert.

Leerlauf

Das Leerlaufgemisch wird gebildet aus einem Grund- und einem Zusatz-Leerlaufsystem. Eine kombinierte Kraftstoff/Luftdüse erhält Benzin von der Hauptdüse und sorgt für die erforderliche Grundmischung. Das Zusatzgemisch bildet eine gleichfalls kombinierte Zusatz-Kraftstoff/Luftdüse mit Luft aus dem Mischrohr. Beide Leerlaufgemische durchlaufen jeweils eigene Regulierschrauben und gelangen dann aus einer gemeinsamen Bohrung unterhalb der Drosselklappe in das Ansaugrohr.
Übergang, Normalbetrieb und Beschleunigen sind weitestgehend identisch mit den bereits beschriebenen PIC(T)-Vergasern.

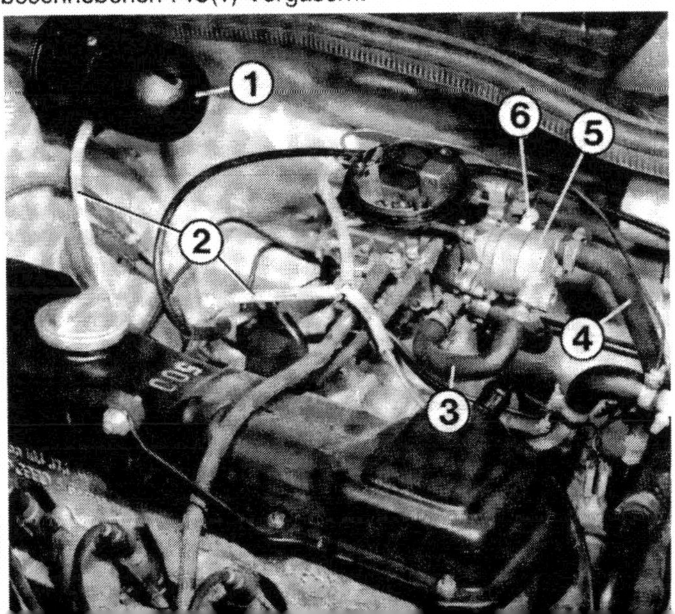

Startautomatik und Pulldown beim 1 B 3-Vergaser: 1 – Unterdruckbehälter; 2 – Unterdruckleitungen; 3 – Warmwasserschlauch zur Ansaugrohrbeheizung; 4 – Warmwasserschlauch zum Starterdeckel (5); 6 – Anschluß für die elektrische Starterdeckelbeheizung.

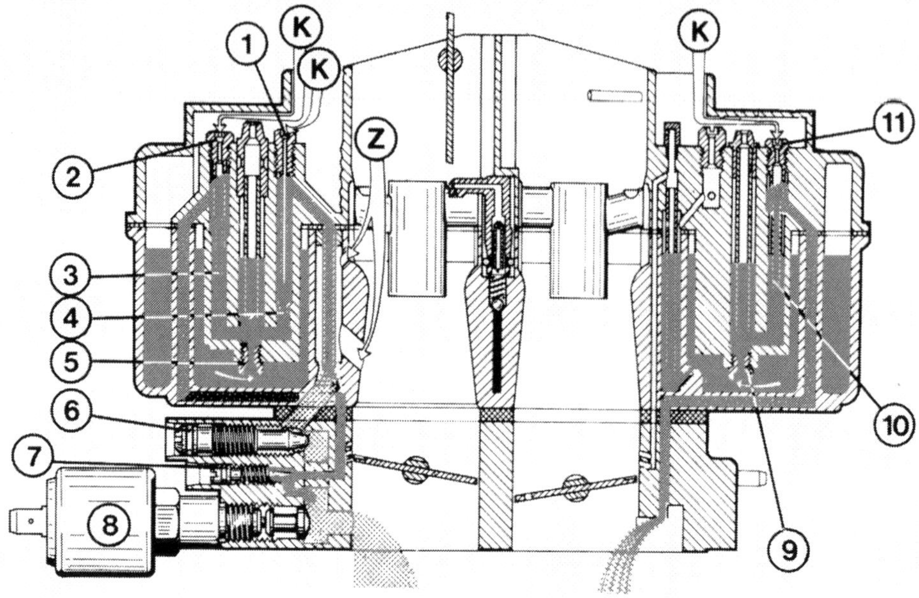

Der Leerlauf im Vergaser 2 B 2 und 2 B 5. Es bedeuten: 1 – Zusatzluftdüse; 2 – Leerlaufluftdüse; 3 – Leerlaufkraftstoffdüse; 4 – Zusatzkraftstoffdüse; 5 – Hauptdüse; 6 – Zusatzgemisch-Regulierschraube; 7 – Leerlaufgemisch-Regulierschraube; 8 – Leerlauf-Abschaltventil; 9 – Hauptdüse II. Stufe; 10 – Leerlaufkraftstoffdüse II. Stufe; 11 – Leerlaufluftdüse II. Stufe; K – Korrekturluft; Z – Luft für das Zusatzgemischsystem.

Teillast

Mit fortschreitender Öffnung der Drosselklappe wird zusätzlicher Kraftstoff gebraucht. Dazu gibt ein unterdruckgesteuertes Membranventil einen Kraftstoffkanal frei.

Vollast

Das vom Unterdruck im Ansaugrohr gesteuerte Anreicherungsventil öffnet hierzu den entsprechenden Kraftstoffkanal. Außerdem bleibt die Teillastanreicherung weiterhin wirksam.

Zenith 2 B 2 und Pierburg 2 B 5

Bei den bis 7/79 gebauten Modellen nannte sich der Registervergaser 2 B 2 und wurde unter dem Markennamen »Zenith« verkauft.
Mit Einführung des Modelljahres 1980 kam der weiterentwickelte 2 B 5 zum Einsatz, jetzt unter dem Namen »Pierburg«.

Start

Nur die I. Stufe besitzt eine Luftklappe mit Startautomatik. Der Starterdeckel wird elektrisch und mit Kühlwasser beheizt. Der Starterklappen-Pulldown erfolgt ebenfalls in zwei Stufen. Die entsprechenden Beschreibungen finden Sie beim 1 B 3-Vergaser.

Leerlauf

In der I. Stufe bildet die Leerlauf-Kraftstoffdüse mit von der Hauptdüse kommendem Benzin das Leerlauf-Grundgemisch mit Luft aus der Leerlauf-Luftdüse. Das Leerlauf-Zusatzgemisch wird von der Zusatz-Kraftstoffdüse und -Luftdüse gebildet. Beide Gemische gelangen an eigenen Regulierschrauben vorbei in eine gemeinsame Bohrung weiter in den Vergaserdurchlaß. In der II. Stufe fließt ein nicht einstellbares Gemisch. Es entsteht durch Benzin, das von der Hauptdüse zur Leerlauf-Kraftstoffdüse fließt, und Luft von der Leerlauf-Luftdüse.

Weitere Funktionen

Übergang, Normalbetrieb, Beschleunigen und Vollast sind weitestgehend identisch mit den bereits beschriebenen Vergasern mit folgenden Unterschieden:

- Für weiches Zuschalten der II. Vergaserstufe sorgen Bohrungen im zweiten Saugkanal. Mit zunehmender Drosselklappenöffnung lassen sie zusätzlich Kraftstoff/Luft-Gemisch einströmen.
- Die Beschleunigungspumpe versorgt lediglich die I. Stufe des Vergasers.

Das Leerlauf-Abschaltventil

Bei der heutigen abgasarmen Einstellung neigt der Motor nach dem Abschalten dazu, noch einige Takte weiterzulaufen. Ursache ist nach dem Abstellen angesaugtes Gemisch, das sich an heißen Stellen im Brennraum entzünden kann. Da dieses Nachdieseln oder Nachlaufen dem Motor nicht gut bekommt, wird ihm mit Abschalten der Zündung die Gemischzufuhr abgeriegelt. Ein Leerlauf-Abschaltventil verschließt den gemeinsamen Austritt von Grundleerlauf und Zusatzgemisch in die Mischkammer unterhalb der Drosselklappe.

Motor dieselt nach

Falls der Motor nach Ausschalten der Zündung weiterläuft:

- Handbremse fest anziehen.
- 2. Gang einlegen, Kupplungspedal langsam loslassen – der Motor wird abgewürgt.
- Bei einem Fahrzeug mit Getriebeautomatik so lange mit dem Gaspedal pumpen, bis der Motor »abgesoffen« ist.

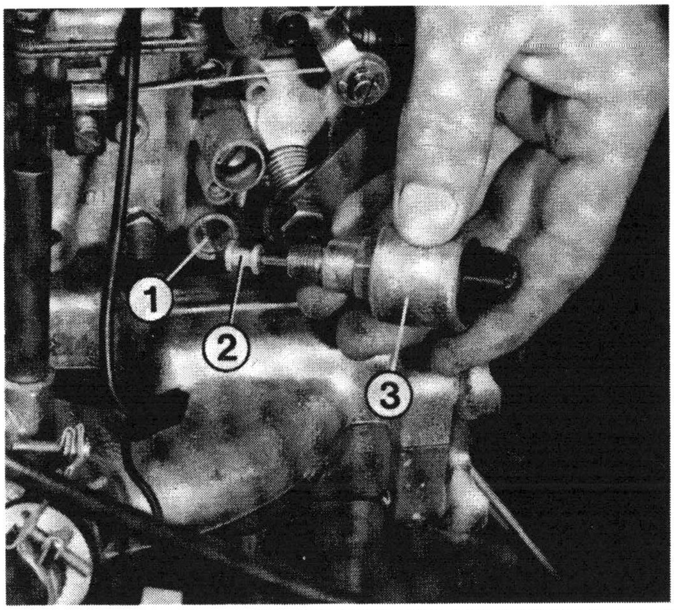

Hier haben wir das Leerlauf-Abschaltventil (3) aus dem Gewindestutzen (1) des PIC-Vergasers herausgeschraubt. Nach der Anleitung unten im Text kann geprüft werden, ob der Ventilstöpsel (2) gängig ist.

Störungsbeistand Abschaltventil

Die Störung	– ihre Ursache	– ihre Abhilfe
A Motor dieselt nach	1 Abschaltventil locker (Motor zieht »falsche Luft«)	Festschrauben
	2 Ventilstöpsel bzw. -nadel hängt	Prüfen, ggf. Ventil austauschen
B Motor geht im Leerlauf sofort aus	1 Ab 9/75: Sicherung defekt	Kontrollieren, ggf. ersetzen
	2 Elektrische Leitung zum Ventil unterbrochen	Leitungsverlauf kontrollieren
	3 Siehe A 2	

Abschaltventil prüfen

■ Ohr an das Abschaltventil halten.

■ Beim Ein- und Ausschalten der Zündung (von einem Helfer) muß das Ventil deutlich hörbar klicken.

■ Oder elektrische Leitung am Ventil abziehen.

■ Abschaltventil losschrauben.

■ Beim 1 B 3-Vergaser geht dies bei eingebautem Vergaser nur mit dem V.A.G.-Spezialwerkzeug 3082.

■ Behelfsmäßig können Sie es mit einer Zange versuchen.

■ Kabel wieder aufstecken, Ventilstöpsel etwa 4 mm zurückdrücken.

■ Ventil gegen blankes Metall halten und von Helfer Zündung ein- und ausschalten lassen.

■ Der Ventilstöpsel muß sich bewegen, sonst Abschaltventil austauschen.

Gemischkanal-Beheizung

Bei ungünstigen Witterungsbedingungen (Temperaturen wenig über dem Gefrierpunkt und hohe Luftfeuchtigkeit) kann ein Gemischkanal im Vergaser durch Vereisung verstopfen. Das wird beim PIC- und 1 B 3-Vergaser durch Beheizung des »Teillastkanals« verhindert.

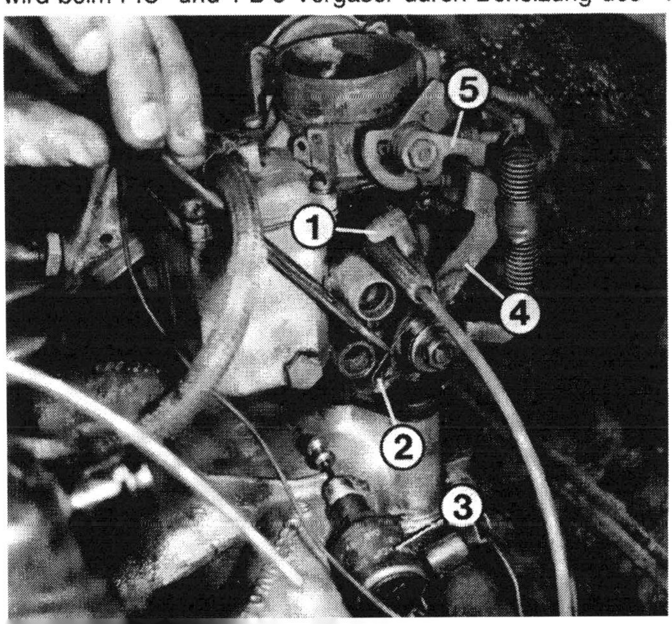

Beim Einschrauben des Abschaltventils (3) am PICT-Vergaser müssen Sie darauf achten, daß die Feder (2) auf der Drosselklappenwelle zurückgedrückt wird. Sonst hängt der Hebel (1) für den sogenannten Wide-open-kick lose. Bei voller Öffnung des Drosselklappenhebels (4) zieht er über den Mitnehmerhebel (5) die Starterklappe bei kaltem Motor in Stellung »Auf«.

Anstelle der Verschlußschraube ist hier in der Schwimmerkammer (1) des PIC-Vergasers ein Thermoschalter (2) eingeschraubt, der die Gemischkanalbeheizung ab ca. 25°C abschaltet.

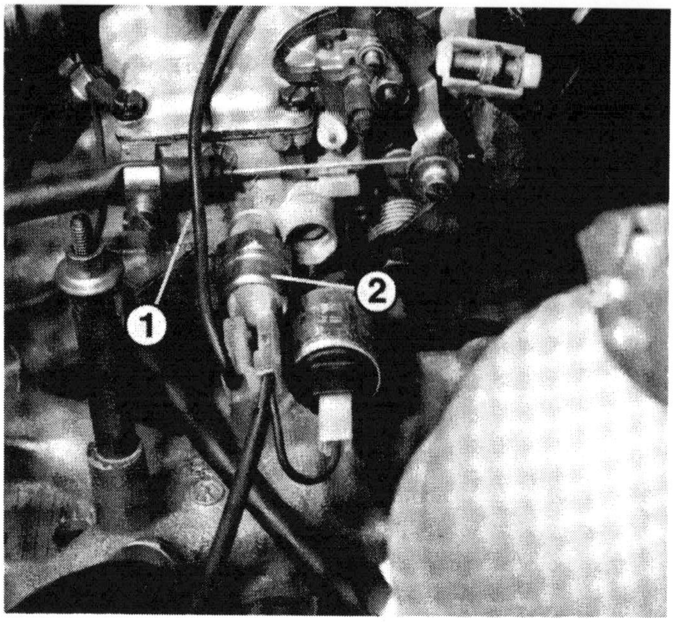

□ Beim PIC-Vergaser ab 8/78 sitzt ein elektrisches Heizelement neben der Beschleunigungspumpe am Vergaserunterteil in Fahrtrichtung gesehen hinten. Seit 9/82 wird die Teillastkanalbeheizung bei einer Kraftstofftemperatur von mehr als 24°C abgeschaltet. Der dafür zuständige Thermoschalter ist in die Schwimmerkammer eingeschraubt.

□ Der 1 B 3-Vergaser besitzt bis 5/80 einen kühlwasserbeheizten Teillastkanal. Seit 6/80 hat ein elektrisches Heizelement eingesetzt. Es ist in Fahrtrichtung links am Vergaser angeschraubt (beim Blick auf den Vergaser vom Startautomatikgehäuse verdeckt).

Heizelement prüfen

Leerlaufprobleme oder mangelhafter Übergang beim Gasgeben können in der kalten Jahreszeit bzw. in der Warmlaufphase durch ein defektes Heizelement verursacht werden.

■ Kontrollieren, ob das Heizelement am Vergaser fest angeschraubt ist.

■ Evtl. Anlageflächen säubern, damit eine gute Masseverbindung sichergestellt ist.

■ **PIC-Vergaser:** Stecker beim Heizelement trennen.

■ **1 B 3-Vergaser:** Kabelstecker vom Leerlauf-Abschaltventil und die nur wenig entfernt sitzende Steckverbindung trennen.

■ **Beide Vergaser:** Am Pluspol der Batterie eine Prüflampe anschließen und mit der zum Heizelement (PIC) bzw. zum Abschaltventil (1 B 3) führenden Leitung verbinden.

■ Brennt die Prüflampe, ist das Heizelement in Ordnung, andernfalls austauschen.

Fingerzeig: *Beim PIC-Vergaser kann sich die Beheizung des Teillastkanals in der warmen Jahreszeit nachteilig auswirken. Dann wird das Gemisch im Vergaser regelrecht »verkocht«. Abhilfe schafft der seit 9/82 eingebaute Thermoschalter. Er kann nachgerüstet werden, indem man ihn anstelle der Verschlußschraube in die Schwimmerkammer eindreht. Bei einer Temperatur von ca. 25°C wird die Beheizung des Teillastkanals abgeschaltet.*

Ansaugrohr-Beheizung

Der vom Vergaser in die Luft eingemischte Kraftstoff neigt zum Niederschlagen an den Wandungen des Ansaugrohrs, vor allem bei kaltem Motor. Durch Beheizung des Ansaugrohrs erreicht man, daß die Kraftstofftröpfchen in gasförmigen Zustand übergehen und sich besser entzünden lassen. Die Beheizung erfolgt auf unterschiedliche Weise:

□ **Wasserbeheizung:** Wir finden sie bei den Vergasern PICT, 1 B 3, 2 B 2 und 2 B 5. Das Ansaugrohr wird von aufgeheiztem Kühlmittel (aus dem »kleinen Kreislauf«) durchflossen. Doch in der Warmlaufphase genügt das nicht ganz. Deshalb erhielten die Tassenstößelmotoren ab 8/79 zusätzlich ein elektrisches Heizelement.

□ **Elektrobeheizung:** Unten im Saugrohr ist ein leistungsstarkes elektrisches Heizelement eingeschraubt. Wegen seiner Vielzahl nach oben ragender wärmeabstrahlender Stifte heißt dieses Heizelement »Igel«. Beim Einschalten der Zündung werden die Halbleiter-Heizelemente für schnelle Erwärmung sofort mit Spannung versorgt. Wer bei kaltem Motor die Zündung lange Zeit einschaltet, ohne den Motor zu starten, kann eine schwache Batterie in die Knie zwingen. Erst ab einer bestimmten Temperatur kann auf die Elektroheizung verzichtet werden. Das besorgt ein Thermoschalter (siehe Seite 88).

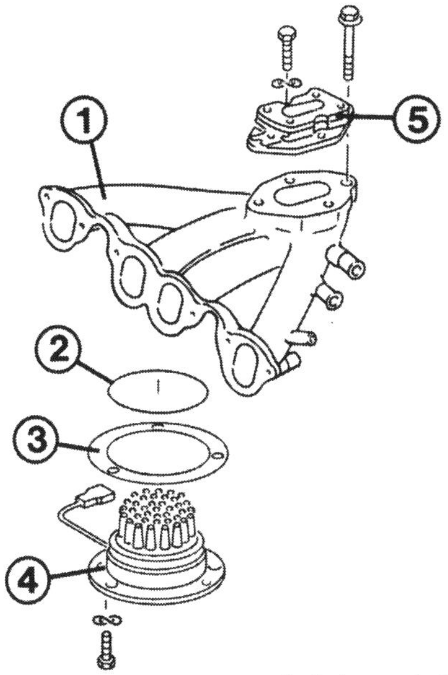

Im Ansaugrohr (1) der neueren Tassenstößelmotoren ist ein elektrisches Heizelement (4) mit Dichtung (2) und Dichtring (3) von unten her eingeschraubt. Der Vergaser ist mit einem Zwischenflansch (5) am Saugrohr befestigt.

□ **Abgasbeheizung:** Bei den seit 8/79 gebauten Schlepphebelmotoren erfolgt die Saugrohrbeheizung ausschließlich durch die Motorabgase. Dazu führt vom vorderen Abgasrohr eine Leitung nach oben ans Saugrohr.

Ansaugrohr-Beheizung prüfen

Mangelhafter Leerlauf oder schlechter Übergang beim Tassenstößelmotor ab 8/79 können durch eine defekte Ansaugrohrbeheizung verursacht werden.

■ Das elektrische Heizelement wird bei kaltem Motor überprüft:

■ Unten am Ansaugrohr die Steckverbindung zum Heizelement trennen.

■ Voltmeter an der stromzuführenden Leitung anschließen.

■ Zündung einschalten. Die Spannung muß mindestens 11,5 V betragen.

■ Liegt keine Spannung an, ist möglicherweise das Relais der Ansaugrohrbeheizung defekt. Prüfung siehe Seite 233. Oder der Thermoschalter (nächste Seite) streikt.

■ Ohmmeter zwischen das Anschlußkabel des elektrischen Heizelements und Fahrzeugmasse anschließen.

■ Der gemessene Widerstand muß 0,25–0,50 Ω betragen, sonst Heizelement ersetzen.

Doppelt beheizte Startautomatik

Der Starterdeckel wird beheizt, damit die Bimetallfeder die Starterklappe öffnen kann. Das geschieht bei den Tassenstößelmotoren mit Vergaser PICT ab 8/75, 1 B 3, 2 B 2 und 2 B 5 auf zweierlei Weise:

□ Damit die Beheizung schnell wirkt, wird der Starterdeckel zunächst elektrisch beheizt. Das ermöglicht schnelles Öffnen der Starterklappe.

□ Sobald die Kühlflüssigkeit eine festgelegte Temperatur erreicht hat, kann sie die Beheizung des Starterdeckels übernehmen, und die Elektrobeheizung wird abgeschaltet. Bei vorübergehendem Abstellen des Motors hält die Warmwasserbeheizung die Starterklappe offen. Das verhindert Überfettung beim Wiederstart.

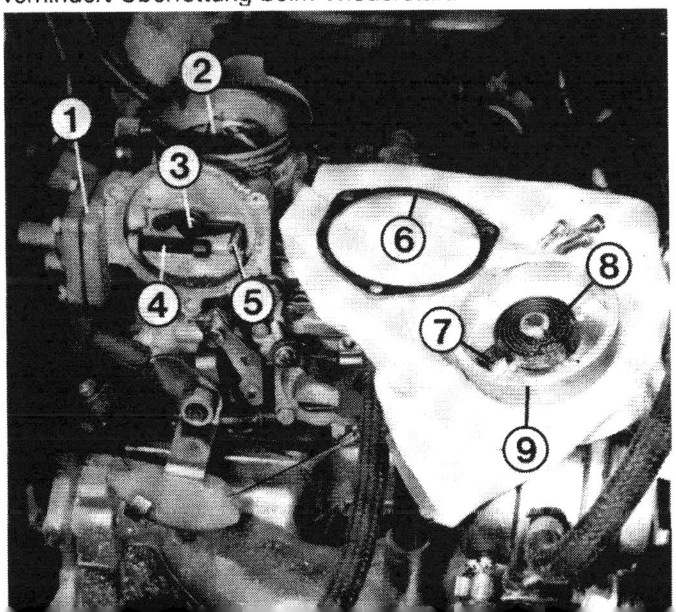

Der PIC-Vergaser mit zerlegtem Thermo-Choke: 1 – Gehäuse mit der Pulldown-Membrane; 2 – Starterklappe; 3 – Starterklappenwelle; 4 – Betätigungsstange; 5 – Mitnehmerhebel; 6 – Haltering; 7 – Öse zum Einhängen des Mitnehmerhebels; 8 – Bimetallfeder; 9 – Starterdeckel.

Die Steuerung der Starterdeckelbeheizung übernimmt ein Thermoschalter, siehe Absatz »Thermoschalter«.

Starterdeckel prüfen

Läuft der Motor nach dem Kaltstart in der Warmlaufphase unwillig, und verlassen schwärzliche Abgase den Auspuff? Wenn dieser Effekt bei den auf der Vorseite genannten Vergasern mit zunehmender Betriebstemperatur verschwindet, kann es an der Elektroheizung des Starterdeckels liegen. Zur Prüfung muß der Motor kalt sein – Kühlmitteltemperatur unter 40°C.

■ Steckverbindung zum Starterdeckel trennen.

■ Prüflampe zwischen Steckverbindung und Stecker zum Starterdeckel anschließen.

■ Zündung einschalten. Die Lampe muß aufleuchten, sonst Deckel ersetzen.

Thermoschalter

Wie bereits angesprochen, wird bei den Tassenstößelmotoren die elektrische Starterdeckelbeheizung und ggf. die Ansaugrohrbeheizung von einem temperaturempfindlichen Schalter zu- oder abgeschaltet. Gleiches gilt für die Teillastkanalbeheizung am Schlepphebelmotor ab 9/82.

□ Beim Tassenstößelmotor mit PICT- und 2 B 2-Vergaser steuert ein Schalter in Fahrtrichtung links im Warmwasserschlauch vom Zylinderkopf zum Ansaugrohr die Starterdeckelbeheizung.

□ Beim Tassenstößelmotor seit 7/79 mit Vergaser 1 B 3 bzw. 2 B 5 sitzen an derselben Stelle zwei Thermoschalter in einem gemeinsamen Schlauchstutzen. Zur Unterscheidung ist das Isoliermaterial um die Steckzungen eingefärbt. Transparent: Thermoschalter für elektrische Ansaugrohrbeheizung. Rot: Schalter für elektrische Starterdeckelbeheizung.

□ Der Schlepphebelmotor ab 9/82 mit abschaltbarer Teillastkanalbeheizung besitzt einen Thermoschalter an der Schwimmerkammer.

Thermoschalter prüfen

Falls Sie aufgrund von Motorlaufstörungen vermuten, daß der Thermoschalter nicht richtig arbeitet, läßt sich dies mit einem Thermometer und einem Ohmmeter prüfen.

■ Thermoschalter ausbauen.

■ Ohmmeter an den Steckkontakten des Schalters anschließen.

■ Thermoschalter in einen Topf mit kaltem Wasser legen, Widerstand messen.

■ Wasser langsam erhitzen und prüfen, ob der Thermoschalter bei der entsprechenden Temperatur seine Kontakte öffnet.

■ Werden die in der folgenden Tabelle aufgeführten Schalttemperaturen nicht eingehalten, muß der Thermoschalter ersetzt werden.

Thermoschalter für	Vergaser	Temperatur in °C	Widerstand in Ω
Gemischkanalbeheizung (Schlepphebelmotor ab 9/82)	PIC	unter 20 über 28	0 ∞
Starterdeckelbeheizung 1. Stufe/unterer Schalter (Tassenstößelmotor mit Schaltgetriebe 8/75–7/77)	PICT	unter 9 über 18	0 ∞
2. Stufe/oberer Schalter		unter 23 über 31	0 ∞
Starterdeckelbeheizung Tassenstößelmotor mit Getriebeautomatik ab 8/75, Schaltgetriebe ab 8/78	PICT	unter 25 über 30	0 ∞
Starterdeckelbeheizung (Tassenstößelmotor)	1 B 3, 2 B 2, 2 B 5	unter 30 über 40	0 ∞
Saugrohrbeheizung (Tassenstößelmotor)	1 B 3, 2 B 5	unter 50 über 55	0 ∞

Starterklappe prüfen PIC

■ Luftfilterdeckel abnehmen.

■ Chokezug voll ziehen.

■ Die Starterklappe muß jetzt bis auf einen kleinen Spalt geschlossen sein.

■ Wird der Zug am Armaturenbrett hineingeschoben, muß die Starterklappe senkrecht im Vergaserdurchlaß stehen.

■ Das Spaltmaß der Starterklappe bei gezogenem Starterzug kann geprüft werden.

■ Hierzu muß an der Pulldown-Unterdruckdose in Fahrtrichtung hinten am Vergasergehäuse Unterdruck anliegen. Behelfsmäßig mit dem Mund am Schlauch zur Dose Luft ansaugen.

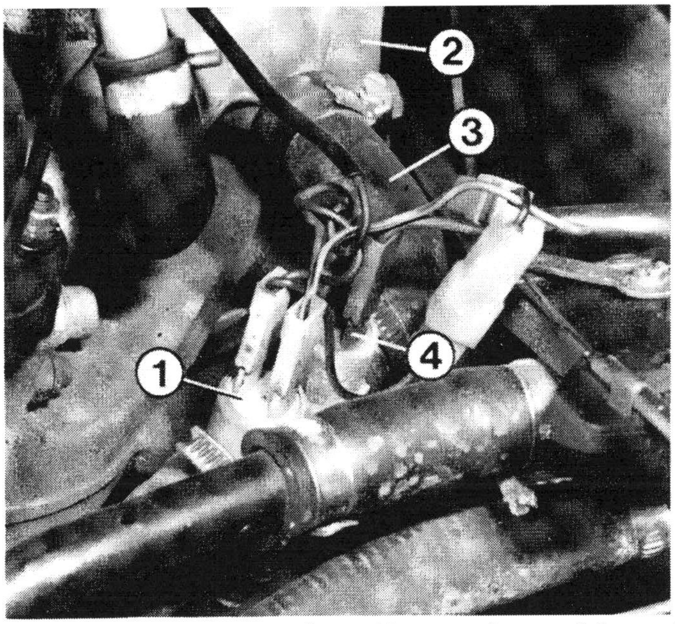

Der Thermoschalter (1) für die Ansaugrohrbeheizung und der rot eingefärbte Thermoschalter (4) für die Startautomatik sitzen in einem gemeinsamen Stutzen im Warmwasserschlauch (3) vom Zylinderkopf zum Ansaugrohr (2).

■ Betätigungshebel der Starterklappe mit leichtem Fingerdruck in Geschlossen-Stellung drücken.
■ Zwischen Starterklappe und Vergaserdurchlaß muß sich ein herkömmlicher Bohrer gerade durchschieben lassen.
■ Dieser Bohrer muß folgenden Durchmesser haben:
■ 2,0 mm für 1,1 l/37 kW (Kennbuchstaben GG bis 799999) und 1,3 l/44 kW (GF).
■ 2,2 mm für 1,1 l/37 kW Formel E (GG ab 800000).
■ Stimmt das Spaltmaß nicht, wird die Einstellschraube in der Mitte der Pulldowndose entsprechend verdreht.

PICT, 1 B 3 2 B 2 und 2 B 5

■ Luftfilterdeckel bzw. -gehäuse abnehmen.
■ Solange das Gaspedal bei kaltem Motor noch nicht getreten wurde, muß die Starterklappe senkrecht stehen.
■ Gaspedal einmal durchtreten und langsam zurückkommen lassen.
■ Die Starterklappe muß jetzt bis auf einen geringen Spalt geschlossen sein.
■ **1 B 3 und 2 B 5:** Das exakte Starterklappen-Spaltmaß läßt sich nur dann prüfen, wenn ständig Unterdruck am Pulldownsystem anliegt. Da außerdem das Maß für die erste Öffnungsstufe hierbei kontrolliert wird, muß der Vergaser-Spezialist ran.
■ **PICT und 2 B 2:** Zum Messen des exakten Starterklappen-Spaltmaßes Starterdeckel abschrauben.
■ Starterklappe in Geschlossen-Stellung bringen, die Einstellschraube steht auf der höchsten Stufe der Stufenscheibe.
■ **PICT:** Mit einem Schraubenzieher die Zugstange der Unterdruckmembrane bis zum Anschlag drücken (Bild unten).
■ **2 B 2:** Schlepphebel mit einem Gummi in Stellung »Klappe geschlossen« ziehen.
■ Zugstange bis zum Anschlag drücken.
■ **PICT und 2 B 2:** In dieser Stellung muß sich ein herkömmlicher Bohrer zwischen Starterklappe und Vergaserdurchlaß durchschieben lassen.

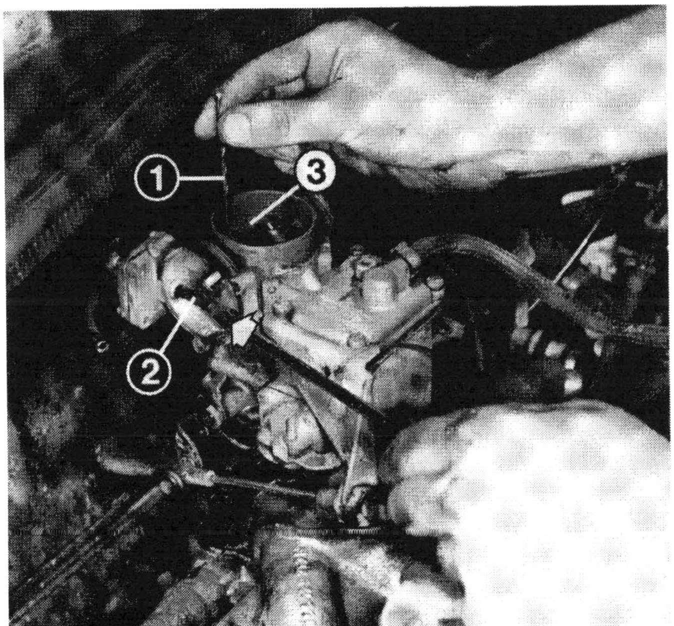

Zum Messen des Starterklappenspalts am PICT-Vergaser wird ein entsprechend starker Bohrer (1) durch den Spalt zwischen Starterklappe (3) und Vergaserwandung geschoben. Gleichzeitig muß die Zugstange (2) der Unterdruckmembrane zum Anschlag (in Pfeilrichtung) gedrückt werden.

Links der PIC-Vergaser mit Thermo-Choke, rechts der Vergaser 1 B 3 mit Startautomatik. Für die korrekte Einstellung des Starterdeckels dient eine Kerbe am Vergasergehäuse (2). Am Starterdeckel befindet sich ebenfalls eine Kerbe (1). Die Kerben sollen sich gegenüberstehen.

■ Der Bohrer muß je nach Motorversion folgenden Durchmesser aufweisen:
■ **PICT:** 1,1 l/37 kW bis 4/75 (Kennbuchstaben FA) 3,0 mm.
■ 1,1 l/37 kW ab 5/75, 1,5 l/51 kW 3,2 mm.
■ 1,6 l/55 kW 4,4 mm.
■ **2 B 2:** 1,5 l/63 kW (FD) 3,5 mm.
■ 1,6 l/63 kW bis 4/78 (FR) 4,5 mm.
■ 1,6 l/63 kW mit Schaltgetriebe ab 5/78 3,15 mm.
■ 1,6 l/63 kW Automatik ab 5/78 4,3 mm.
■ Zum Verändern des Starterklappenspalts wird die Einstellschraube in der Pulldowndose der Startautomatik gedreht.
■ **Alle Vergaser:** Sie können auch folgendes prüfen:
■ Drosselklappe an ihrem Betätigungshebel ein wenig öffnen und kontrollieren, ob die Starterklappe gut beweglich ist.
■ Außerdem kontrollieren, ob die Kerbe am Starterdeckel der Kerbe am Vergasergehäuse gegenübersteht. Das ist die Grundeinstellung des Starterdeckels.
■ Bei den von 8/78 bis 7/79 gebauten Modellen können Sie noch prüfen, ob das Verzögerungsventil (vorn am Luftfilterunterteil) für die Starterklappe richtig angeschlossen ist.
■ Oben sitzt der weiße Schlauch zur Pulldowndose.
■ Unten ist der schwarze Schlauch vom Vergaser aufgesteckt.

Pulldownsystem prüfen

Bei allen Vergasern mit Startautomatik können Sie das Pulldownsystem behelfsmäßig überprüfen.

■ Motor bei abgenommenem Luftfilter starten und im Leerlauf drehen lassen.
■ Luftklappe in Richtung »Geschlossen« drücken. Das muß bis auf einen Spalt von 4 mm leicht möglich sein, dann wird ein größerer Widerstand spürbar.
■ Läßt sich die Starterklappe ohne Widerstand ganz schließen, ist entweder die Membran der Pulldowndose am Vergaser gerissen oder das Unterdrucksystem undicht.
■ Zur Überprüfung der Pulldowndose verwendet die Werkstatt ein spezielles Meßgerät und eine Unterdruckpumpe.

Das Teillast-Anreicherungsventil

Am 1 B 3-Vergaser sitzt in Fahrtrichtung vorn oberhalb des Leerlauf-Abschaltventils das Teillast-Anreicherungsventil. Wenn es defekt ist, zeigt sich dies durch unregelmäßigen bzw. nicht einstellbaren Leerlauf. Außerdem steigt der Kraftstoffverbrauch an und am Auspuff entweicht schwarzer Qualm (Ruß durch unvollständige Verbrennung).

Einspritzrohr ausrichten PIC und PICT

Falls der Motor nicht sauber Gas annimmt, können Sie kontrollieren, ob die von der Beschleunigungspumpe eingespritzte Menge an der richtigen Stelle auftrifft:

■ Luftfilterdeckel abnehmen.
■ Von Helfer Gaspedal bei abgeschaltetem Motor durchtreten lassen.
■ Spritzt Benzin aus dem Einspritzrohr im Vergaserdurchlaß?
■ Falls nicht, Vergaser reinigen, siehe Seite 96.
■ Spritzrichtung prüfen:
■ Bis 7/79 muß der Kraftstoffstrahl auf den Kragen des Austrittsarmes auftreffen.
■ Seit 8/79 muß der Strahl des Kraftstoffes in den Drosselklappenspalt gerichtet sein.

Das Anreicherungsventil des 1 B 3-Vergasers kann die Ursache für schlechten Leerlauf und hohen Kraftstoffverbrauch sein. Hier im Bild haben wir es ausgebaut: 1 – Deckel; 2 – Druckfeder; 3 – Halteschrauben; 4 – Membrane.

Leerlaufdrehzahl und CO-Gehalt einstellen

Wartung Nr. 41

Für den Selbsthelfer ist eine genaue Leerlaufeinstellung leider kaum mehr zu bewerkstelligen. Außer einem exakten Drehzahlmesser wird ein Abgasmeßgerät benötigt, das in vernünftiger Ausführung praktisch unerschwinglich ist. Die einfachen Abgastester, wie sie für Heimwerker angeboten werden, arbeiten nicht ausreichend genau. Für die Einstellung empfehlen wir hier eine Werkstatt mit einem Vergaserspezialisten (auch Pierburg und Bosch).

Vorbereitungen

□ Für die Einstellung muß der Motor betriebswarm sein. Das entspricht 60°C Öltemperatur.
□ Elektrische Prüfgeräte anschließen. Das darf bei einem Fahrzeug mit Transistorzündung nur bei abgeschaltetem Motor geschehen, siehe auch Seite 187.
□ Die Starterklappe muß voll geöffnet sein. D.h. der Starterzugknopf ist ganz zurückgeschoben, bzw. bei einem Fahrzeug mit Startautomatik darf die Anschlagschraube der Drosselklappe nicht mehr auf der Stufenscheibe aufliegen.
□ Schlauch der Kurbelgehäuse-Entlüftung am Luftfilter abziehen. Stutzen für den Schlauch verschließen.
□ Bei manueller Einstellung der Ansaugluft-Vorwärmung Ansaugschnorchel bzw. -schlauch in Sommerstellung bringen.
□ Bei einem Scirocco mit Digitaler Leerlauf-Stabilisierung (DLS; siehe Seite 199) beide Stecker am Schaltgerät abziehen und miteinander verbinden.
□ Alle elekrischen Verbraucher müssen abgeschaltet sein. Wenn der Kühlerventilator anläuft, muß der Einstellvorgang unterbrochen werden.
□ Falls die Einstellung länger als etwa zwei Minuten dauert, staut sich CO-Gas im Auspuff und verfälscht den Abgas-Meßwert. In diesem Fall den Motor runde 20 Sekunden mit halber Gasstellung drehen lassen.

Die Einstellschrauben

Sie sind in den Abbildungen auf diesen Seiten gezeigt. Der Luftfilter darf im Gegensatz zu den Bildern jedoch nicht abgenommen werden.
□ Die **Leerlaufdrehzahl** wird **bei allen Vergasern** mit der **Zusatzgemisch-Regulierschraube** eingestellt.
□ Zur **Einstellung des CO-Gehalts** wird an **allen Vergasern** die **CO-Einstellschraube** verdreht. Sie sitzt aufgrund einer gesetzlichen Vorschrift unter einer Abdeckkappe bzw. einem Stopfen. Das soll unbefugtes Verdrehen verhindern. Wenn an dieser Einstellschraube gedreht werden muß, wird die Abdeckung der Schraube mit einer Zange abgenommen oder mit einer Nadel o.ä. herausgehebelt.

Einstellwerte

Die richtige Leerlaufdrehzahl lautet:

Motor	Leerlaufdrehzahl
Schlepphebelmotor 1,3 l/44 kW (GF) mit DLS	850 ± 50/min
Tassenstößelmotor 1,5 l/51 kW (JB) mit DLS, Tassenstößelmotor 1,6 l/63 kW (FR) mit DLS	800 ± 50/min
alle übrigen Motoren	950 ± 50/min

Zur Leerlaufkorrektur wird beim PIC(T)-Vergaser mit der Zusatzgemisch-Regulierschraube (1) die Drehzahl verstellt. Die leicht versetzt darunter liegende Gemisch-Regulierschraube (2) dient der Einstellung des CO-Gehalts.

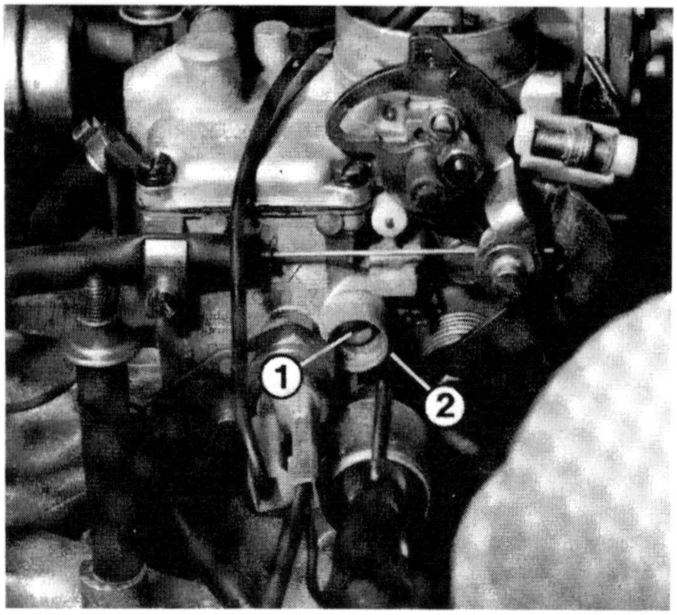

Am Anteil von Kohlenmonoxid (siehe Seite 57) kann man erkennen, ob der Motor fett oder mager eingestellt ist. Die werksseitig festgelegten Werte für die verschiedenen Motoren lauten:

Motor	Kennbuchstaben	Vergaser	ohne Kat CO Vol.%	mit Kat CO Vol.%
1,1 l/37 kW, 1,5 l/51 kW	FA, FH, JB	PICT	1,5 ± 0,5	–
1,5 l/63 kW	FD	2 B 2	1,5 ± 0,5	–
1,1 l/37 kW, 1,3 l/44 kW, 1,5 l/51 kW, 1,6 l/55 kW, 1,6 l/63 kW	GG, GF, JB, FP, FR	PIC, 1 B 3, PICT, 2 B 2, 2 B 5	1,0 ± 0,5	0–1,5

Einstellung mit CO-Tester

■ Die Einstellung erfolgt durch wechselweises Verdrehen der Einstellschraube für Drehzahl bzw. CO-Wert.

■ **Scirocco mit DLS:** Zündung abschalten.

■ Stecker am DLS-Schaltgerät wieder anschließen.

■ Motor starten und kurz Gas geben. Die Drehzahl muß jetzt zwischen 850 und 950/min liegen.

■ Stimmt die Drehzahl nicht, ist das DLS-Schaltgerät defekt.

■ CO-Gehalt nochmals überprüfen.

■ **Alle Modelle:** Bei noch laufendem Motor Schlauch der Kurbelgehäuse-Entlüftung wieder aufstecken und Abgaswert beobachten.

■ Steigt der CO-Gehalt, liegt das nicht an falscher Einstellung, sondern an Überfettung aus dem Kurbelgehäuse. Im Schmieröl sind Kraftstoffkondensate durch überwiegenden Kurzstreckenverkehr.

■ Hier hilft eine zügige Überlandfahrt über rund 100 km. Die Kraftstoffkondensate verdunsten.

■ Anschließend sofort den Ölstand kontrollieren, der erheblich absinken kann!

■ Oder, wie auf Seite 18 empfohlen, den Ölwechsel vorverlegen.

■ Nach der Vergasereinstellung Ansaugluft-Vorwärmung in der kalten Jahreszeit wieder auf Winterstellung bringen (nur bei manueller Einstellung).

Behelfsmäßige Vergaser-Einstellung

■ Zuerst wird die Motordrehzahl durch Herausdrehen der Zusatzgemisch-Regulierschraube etwas erhöht.

■ Jetzt die CO-Einstellschraube etwas hineindrehen, bis die Drehzahl abfällt.

■ CO-Einstellschraube wieder so weit herausdrehen, daß der Motor gleichmäßig dreht.

■ Zum Absenken der Motordrehzahl auf den vorgeschriebenen Wert die Zusatzgemisch-Regulierschraube hineindrehen.

■ Evtl. die CO-Einstellschraube nochmals verdrehen, wenn der Motor nicht sauber rund läuft.

■ Diese Einstellung sollte alsbald mit einem CO-Tester überprüft werden.

Abgas-Untersuchung (AU)

Für die **Motoren ohne bzw. mit ungeregeltem Katalysator** ist in der Bundesrepublik eine **jährliche** Abgaskontrolle vorgeschrieben.

Wenn für den VW eine »Fahrzeug-Hauptuntersuchung« beim DEKRA oder TÜV ansteht, muß

Beim 1 B 3-Vergaser sitzt die Zusatzgemisch-Regulierschraube (1) in Fahrtrichtung links. Mit ihr wird die Leerlaufdrehzahl eingestellt. Für die CO-Einstellung dient die spiegelbildlich zu dieser Schraube sitzende CO-Einstellschraube (2).

ein gültiger Abgas-Prüfbericht vorliegen. Üblicherweise wird man zuerst die Abgas-Untersuchung durchführen lassen, wozu neben der Marken-Werkstatt auch freie Werkstätten, Bosch-Dienste, DEKRA und TÜV berechtigt sind.
Nach unseren Erfahrungen geht es aber am schnellsten in der Marken-Werkstatt, die auch immer die allerneuesten Einstelldaten besitzt, während sie anderswo vielleicht erst mit einer gewissen Verzögerung vorliegen.
Bei der Abgas-Untersuchung wird auch die Zündeinstellung geprüft. Zur AU muß die Auspuffanlage intakt sein, und am Ansaugrohr darf keine »Nebenluft« eintreten können. Stellen Sie im übrigen sicher, daß der Luftfilter sauber ist und das Ventilspiel sowie der Zündkerzen-Elektrodenabstand stimmt. Außerdem sollten Sie mit betriebswarmem Motor zur Messung vorfahren und ggf. einen Motorölwechsel spendieren, falls der Wagen lange Zeit im winterlichen Kurzstreckenbetrieb gefahren wurde. Das so ins Motoröl gelangte Kraftstoff-Kondensat verschlechtert die Abgaswerte.
Bei einem Fahrzeug mit ungeregeltem Katalysator wird zusätzlich dessen Wirksamkeit geprüft.

Fingerzeige: *Wenn Sie die Wartung des VW immer in der Werkstatt durchführen lassen, gehört die Abgas-Untersuchung grundsätzlich zum Umfang des regelmäßigen Service dazu. Falls Ihr VW mit Kat bei der AU »durchgefallen« ist und teure Reparaturen angekündigt werden, kann sich ein erneuter Versuch bei einer anderen Werkstatt lohnen. Manchmal genügt auch schon eine zügige Probefahrt, damit Motor und Katalysator volle Betriebstemperatur haben.*

Am Vergaser 2 B 2 und 2 B 5 findet sich die Zusatzgemisch-Regulierschraube (1) für die Drehzahlkorrektur rechts quer zur Fahrtrichtung. Auf der gegenüberliegenden Seite des Vergasers sitzt die CO-Einstellschraube (2).

Weist der Motor mechanische Mängel auf (ausgeschlagener Vergaser, Nebenluft, defekter Auspuff), gibt es keine Plakette. Dann muß der betreffende Fehler erst behoben werden.

Leerlaufschwankungen

Eine Undichtigkeit im Bereich des Ansaugsystems läßt sogenannte Nebenluft eintreten. Das vom Vergaser aufbereitete Gemisch wird nachträglich abgemagert. Am deutlichsten erkennt man die Störung im Leerlauf an schwankender Drehzahl, es kann aber auch zu Klingelerscheinungen bei voll belastetem Motor kommen. Nebenluft und die verursachende undichte Stelle läßt sich recht einfach erkennen.

■ Motor warmfahren und anschließend im Leerlauf drehen lassen, Haube öffnen.

■ Mit einer Startkraftstoff-Spraydose (z.B. »Startpilot«) Vergaserfuß, Saugrohr und Leitungen zu den unterdruckgesteuerten Aggregaten (z.B. Bremskraftverstärker, Zündverteiler) ansprühen.

■ Nicht zu kräftig sprühen, sonst wird der Nebel vom Luftfilter angesaugt, und die Drehzahl wird erhöht.

■ Dreht der Motor beim Besprühen einer bestimmten Stelle höher, liegt dort die Undichtigkeit vor. Recht häufig sind Undichtigkeiten am Zwischenflansch des Vergasers.

Kaltleerlaufdrehzahl einstellen

Damit der kältestarre Motor nach dem Start richtig rund läuft, liegt die sogenannte Kaltleerlaufdrehzahl wesentlich höher als die übliche Leerlaufdrehzahl. Falls der Motor nach dem Start nicht richtig läuft, muß der Kaltleerlauf eingestellt werden.

■ Motor warmfahren (mindestens 60°C Öltemperatur).

■ Drehzahlmesser anschließen.

■ **PIC:** Starterzug ganz herausziehen und in die erste Raststellung zurückschieben.

■ Am Hebel der Starterklappe und irgendwo in der Nähe ein Gummi so einhängen, daß die Starterklappe in »Offen«-Stellung gezogen wird.

■ Motor starten und Drehzahl ablesen.

■ Falls die Drehzahl korrigiert werden muß, die Kaltleerlauf-Einstellschraube oberhalb der Drosselklappen-Anschlagschraube (siehe Bild Seite 97) entsprechend verdrehen.

■ **PICT, 1 B 3, 2 B 2, 2 B 5:** Hebel der Drosselklappe in Stellung »Auf« drücken und die Stufenscheibe der Startautomatik so drehen, daß die Einstellschraube für den Kaltleerlauf in folgender Stellung der Stufenscheibe steht:

■ 3. Stufe (PICT) bzw. höchste Stufe (übrige Vergaser).

■ Motor ohne Gas starten und Drehzahl ablesen.

■ Zur Korrektur des Kaltleerlaufes die Einstellschraube ggf. verdrehen.

Motor	Kennbuchstaben	Vergaser	Einstellschraube auf	Drehzahl 1/min
1,1 l/37 kW	FA	PICT	Stufenscheibe 3. Stufe	2600 ± 50
1,5 l/51 kW, 1,6 l/55 kW	FH, FP	PICT	Stufenscheibe 3. Stufe	2400 ± 100
1,1 l/37 kW	GG bis 799999	PIC	Kurvenscheibe Durchlaufraste	2400 ± 100
1,1 l/37 kW Formel E	GG ab 800000	PIC	Kurvenscheibe Durchlaufraste	2500 ± 100
1,3 l/44 kW	GF	PIC	Kurvenscheibe Durchlaufraste	2600 ± 100
1,5 l/51 kW Schaltgetriebe	JB	1 B 3	Stufenscheibe höchste Stufe	3900 ± 200
1,5 l/51 kW Getriebeautomatik	JB	1 B 3	Stufenscheibe höchste Stufe	3700 ± 200
1,5 l/51 kW, 1,6 l/55 kW Schaltgetriebe	FD, FP	2 B 2	Stufenscheibe höchste Stufe	3200 ± 50
1,5 l/51 kW, 1,6 l/55 kW Getriebeautomatik	FD, FP	2 B 2	Stufenscheibe höchste Stufe	3400 ± 50
1,6 l/63 kW Schaltgetriebe	FR	2 B 5	Stufenscheibe höchste Stufe	3400 ± 50
1,6 l/63 kW Getriebeautomatik	FR	2 B 5	Stufenscheibe höchste Stufe	3600 ± 50

Vergaser ausbauen

Der Vergaser ist entweder mit einer zwischengelegten Dichtung auf das Saugrohr geschraubt oder mit einem elastischen Gummiflansch auf dem Ansaugrohr befestigt. Auch die Befestigungsart ist unterschiedlich: Die Vergaser 1 B 3, 2 B 2 und 2 B 5 werden von oben mit

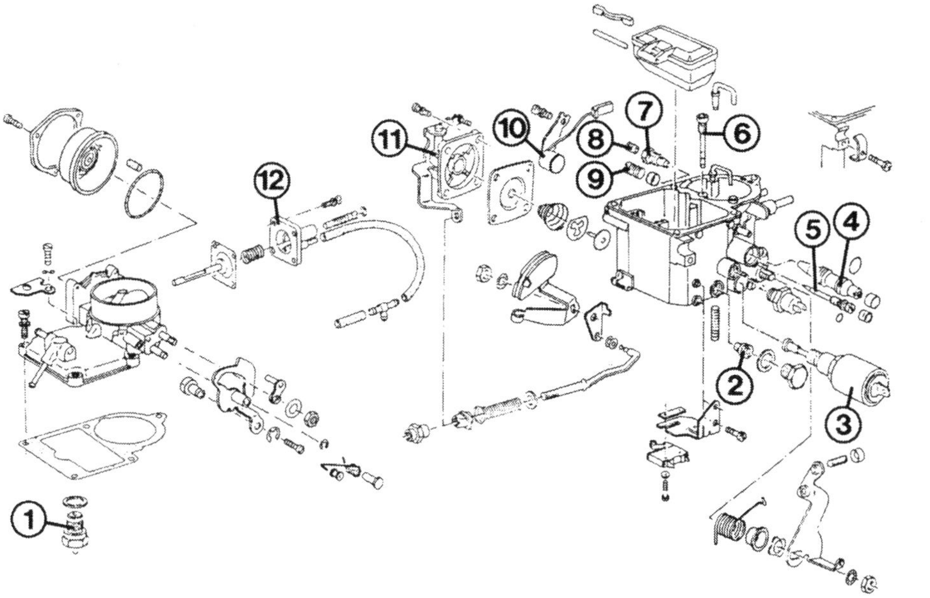

Die wichtigsten Teile des PIC-Vergasers: 1 – Schwimmernadelventil; 2 – Hauptdüse; 3 – Leerlauf-Abschaltventil; 4 – Zusatzgemisch-Regulierschraube; 5 – CO-Einstellschraube; 6 – Luftkorrekturdüse; 7 – Leerlaufdüse; 8 – Zusatzkraftstoffdüse; 9 – kombinierte Zusatzkraftstoff-/Luftdüse; 10 – Heizelement; 11 – Beschleunigungspumpe; 12 – Starterklappen-Pulldown.

durchgehenden Schrauben auf dem Saugrohr bzw. Zwischenflansch gehalten. Die Haltemuttern der PIC- und PICT-Vergaser bzw. des Zwischenflansches sind von unten am Saugrohr erreichbar.

Damit nichts in das Ansaugrohr fallen kann, sollten Sie sofort nach dem Abnehmen des Vergasers die Öffnung im Ansaugrohr abdecken.

■ Luftfilter komplett bzw. Ansaugstutzen auf dem Vergaser abnehmen.

■ Benzin- und Unterdruckschläuche sowie elektrische Leitungen kennzeichnen und abziehen.

■ Ggf. Wasserschläuche am Starterdeckel abziehen. Vorsicht, Verbrühungsgefahr bei warmem Motor! Erst den Verschlußdeckel des Ausgleichsbehälters bzw. Kühlers losdrehen, damit der Überdruck aus dem Kühlsystem entweichen kann.

■ Gaszug am Vergaser aushängen.

■ **PIC-Vergaser:** Starterzug abklemmen.

■ **Vergaser PIC und PICT:** Unten am Ansaugrohr zwei bzw. vier Muttern herausdrehen.

■ Vergaser ggf. mit Zwischenflansch hochziehen.

■ Bei Vergaserbefestigung mit elastischem Flansch dessen zwei Haltemuttern unten losdrehen, wenn er vom Vergaser getrennt werden soll.

■ **Vergaser 1 B 3, 2 B 2 und 2 B 5:** Oben die M-6-Schrauben herausdrehen, Vergaser hochziehen.

■ Falls der Zwischenflansch abgenommen werden soll: Oben am Ansaugrohr vier Haltemuttern lösen.

■ **Alle Vergaser:** Beim Einbau die Schrauben bzw. Muttern von Vergaser und Flansch mit 10 Nm anziehen.

■ Einstellung des Gas- und ggf. des Starterzugs kontrollieren, siehe Seite 97.

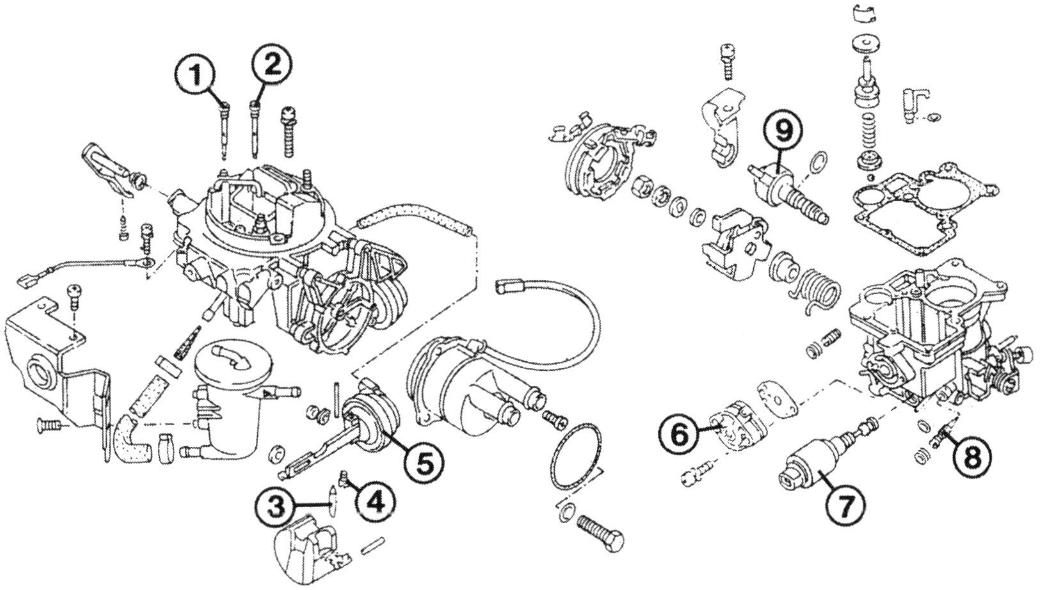

Der 1 B 3-Vergaser mit seinen wichtigsten Teilen: 1 – Zusatzkraftstoffdüse; 2 – Leerlauf-Kraftstoff/Luftdüse; 3 – Schwimmernadel; 4 – Hauptdüse; 5 – Starterklappen-Pulldown; 6 – Teillastanreicherungsventil; 7 – Leerlauf-Abschaltventil; 8 – CO-Einstellschraube; 9 – Leerlauf-Einstellschraube.

Die Vergaser 2 B 2 und 2 B 5 unterscheiden sich in ihren Bauteilen nur gering: 1 – Schwimmernadel; 2 – Hauptdüsen; 3 – Zusatzgemisch-Regulierschraube; 4 – Abschaltventil; 5 – CO-Einstellschraube; 6 – Unterdruckdose zur Betätigung der II. Vergaserstufe; 7 – Starterklappen-Pulldowndose; 8 – Leerlauf/Luftdüse Stufe II; 9 – Luftkorrekturdüse; 10 – Leerlauf/Luftdüse Stufe I; 11 – Zusatzkraftstoffdüse.

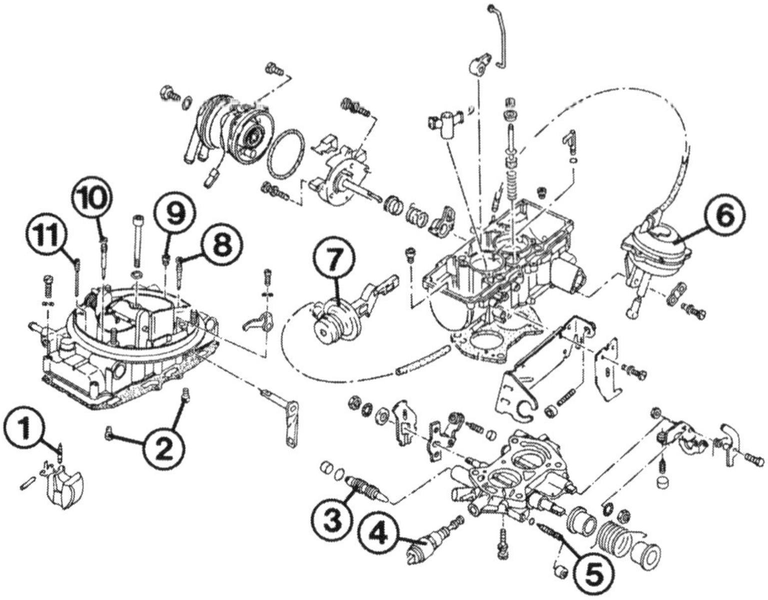

Vergaser reinigen

Schmutzablagerungen im Vergaser sind mittlerweile äußerst selten. Rostpartikel können sich jedoch im Blechtank durch Kondenswasser bilden, oder Schmutz und Kondenswasser ist aus dem Erdtank einer Zapfstation in den Kraftstoffbehälter gelangt. Falls Sie den Vergaser auseinandernehmen müssen, sehen Sie in den Zeichnungen auf diesen Seiten die Einzelteile.

- Vergaser abbauen.
- Vergaserdeckel abschrauben.
- Schwimmer herausnehmen und prüfen, ob er sich auf seiner Achse leicht bewegen läßt.
- Im Vergaserdeckel kontrollieren, ob das Schwimmernadelventil fest eingeschraubt ist. Ventilnadel beschädigt?
- Wenn sich Schmutz am Boden der Schwimmerkammer abgesetzt hat, diesen mit einem sauberen Lappen abtupfen.
- Herausgeschraubte Düsen mit Druckluft sauberblasen.
- Die Düsen sind aus weichem Messing und dürfen nur mit geringer Kraft angezogen werden.
- Keine lackgesicherten Einstellschrauben verdrehen. Das kann die Vergaserfunktion grundlegend stören.
- Lagerung der Drosselklappenwelle überprüfen. Ist dort Spiel vorhanden, kann unkontrolliert Luft zuströmen und den Leerlauf und Übergang durcheinanderbringen.
- Neue Dichtung zwischen Vergasergehäuse und Oberteil einlegen.
- Die Dichtung darf keine Bohrungen teilweise verdecken, das gibt Funktionsfehler.
- Die Lagerungen der Drossel- und Starterklappenwellen dürfen auf keinen Fall geschmiert werden. Am Schmierstoff anhaftender Staub wirkt an den Lagern wie Schmirgel.

Der Gaszug

Der Verbindungszug zwischen Gaspedal und Vergaser ist sehr knickempfindlich. Sollte er gerissen sein, muß beim Einbau des neuen Zugs unbedingt darauf geachtet werden, daß dieser keinerlei Knickstellen zeigt, sonst ist er möglicherweise bald wieder hin.
Für die Modelle bis 7/78 gibt es zahlreiche Gaszugvarianten mit unterschiedlicher Befestigung.

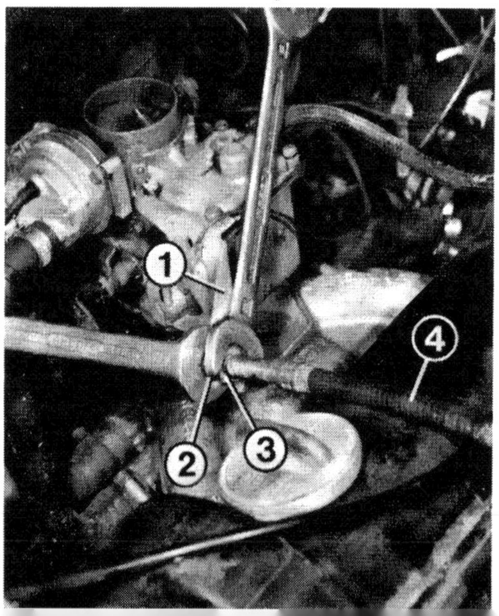

Das Einstellen des Gaszugs (4). Links an der älteren, rechts an der neueren Ausführung gezeigt. Am Widerlager (1) wird nach Lösen der Kontermutter (3) die Einstellmutter (2) verdreht bzw. die Stecksicherung (5) auf den Kerben in der Gaszughülle umgesteckt.

Gaszug ersetzen

- Luftfilter bzw. Ansaugstutzen abbauen.
- Am Vergaser Haltefeder aushängen und abziehen.
- Oder Sechskantschraube am Lagerbolzen losdrehen.
- Zwei Muttern des Gaszugs am Haltebügel am Vergaser bzw. am Zylinderkopfdeckel lösen.
- Bei neueren Modellen Halteklammer und am Befestigungspunkt der Seilzughülle die Stecksicherung abnehmen.
- Im Innenraum Ablage oder Abdeckung unter dem Armaturenbrett abnehmen (S. 260).
- Am Gaspedal die Klammer am gewinkelten Ende des Gaszugs abdrücken.
- Oder Öse des Gaszugs aus dem Haltenippel am Hebel des Gaspedals herausziehen.
- Gummitülle aus der Trennwand vom Motorraum zum Innenraum durchdrücken.
- Gaszug herausziehen.
- Beim Einsetzen der Gummitülle des neuen Gaszugs in die Trennwand darauf achten, daß der Zug nicht geknickt wird.

Gaszug einstellen

- Gaspedal voll durchtreten lassen.
- Drosselklappenhebel in Vollgasstellung drücken.
- Muttern am Widerlager des Gaszugs entsprechend verdrehen.
- Bzw. Stecksicherung in die entsprechende Kerbe der Gaszughülle am Widerlager einstecken.
- Am Drosselklappenhebel darf bei voll getretenem Gaspedal ein Spiel von höchstens 1 mm vorhanden sein.
- Der zweigeteilte Gaszug bei Getriebeautomatik läßt sich so nur behelfsmäßig einstellen.

Der Starterzug

Nur beim PIC-Vergaser wird die Starterklappe über einen Zug vom Armaturenbrett aus betätigt.

Starterzug ersetzen

- Halteschrauben des Zugs und seiner Hülle am Vergaser losdrehen.
- Linkes Ablagefach bzw. Abdeckung des Armaturenbretts ausbauen, wie auf Seite 260 beschrieben.
- Runden Zugknopf losdrehen.
- Bzw. Haltedorn aus dem T-förmigen Starterzuggriff abdrücken. Griff abschrauben.
- Ringmutter in der Aussparung des Armaturenbretts losdrehen.
- Zug nach unten herausziehen.
- Kabelstecker am Kontaktschalter abziehen.
- Starterzug in den Innenraum ziehen.
- Beim Einbau den Starterzug vorsichtig durch die Tülle in der Trennwand schieben.

Starterzug einstellen

- Hülle des Starterzugs am Vergasergehäuse befestigen, wobei die Umhüllung etwa 12 mm aus der Klemmschelle herausragen soll.
- Starterzug vollständig einschieben und rund 3 mm wieder herausziehen; dabei darf die Kontrolleuchte noch nicht brennen.
- Betätigungshebel der Starterklappe voll in Richtung »Klappe auf« drücken.
- In dieser Stellung wird der Zug am Hebel festgeschraubt.

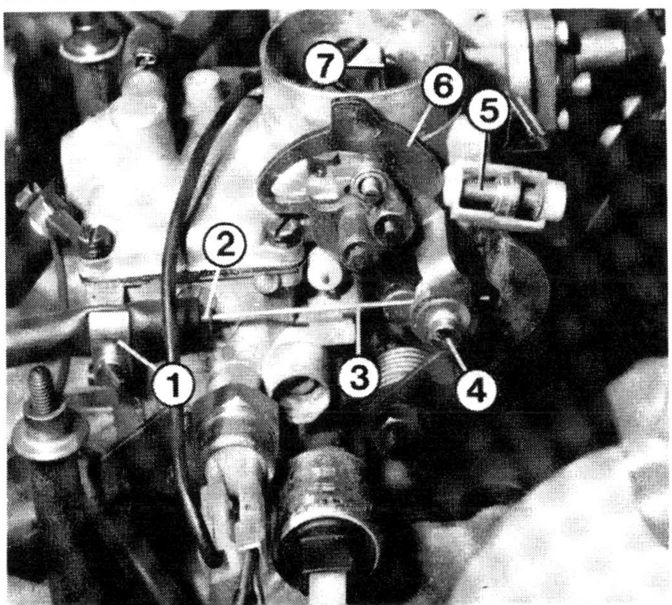

Die Einstellung des Starterzuges (3): 1 – Klemmschelle zum Befestigen der Starterzughülle (2); 4 – Feststellschraube des Zuges am Starterklappenhebel (6); 5 – Kaltleerlauf-Einstellschraube; 7 – voll geöffnete Starterklappe.

Links die ältere Starterzugversion: 1 – Kabelstecker; 2 – Zugknopf; 3 – Ringmutter; 4 – Kontaktschalter; 5 – Halter im Armaturenbrett. Rechts der T-förmige Griff (7) der neueren Version mit Haltedorn (6) und Ringmutter (3).

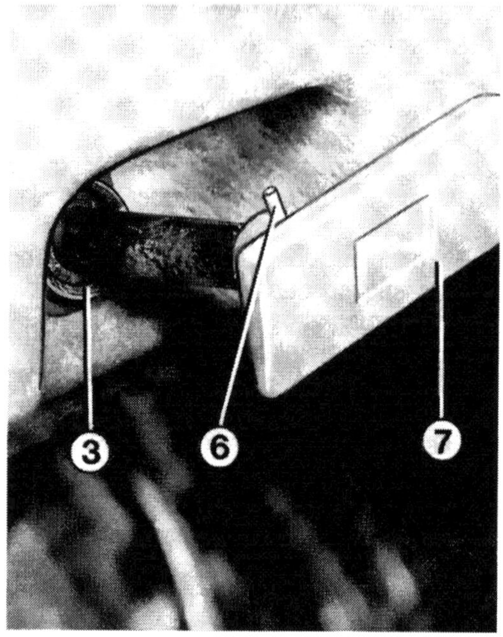

Störungsbeistand
Vergaser

Diese umfangreiche Liste sollten Sie erst dann durcharbeiten, wenn Sie zuvor die Zündanlage überprüft haben.

Die Störung	– ihre Ursache	– ihre Abhilfe
A Kalter Motor springt nicht oder schlecht an	1 Kraftstoffweg im Vergaser nicht in Ordnung	Prüfung: Zuleitung am Vergaser abziehen, in ein Gefäß halten und Motor starten. Kommt kein Benzin, siehe unter Kraftstoffpumpe
	a) Schwimmernadelventil klemmt oder Schwimmer defekt	Gegen Schwimmerkammerdeckel klopfen, evtl. Vergaserdeckel abnehmen, Schwimmer und Nadelventil überprüfen
	b) Bohrungen, Düsen und Kanäle im Vergaser verstopft	Vergaser reinigen
	2 Leerlauf-Abschaltventil defekt	Siehe Seite 85
	3 PIC-Vergaser: Starterzug falsch eingestellt	Einstellen
	4 Starterklappe schwergängig oder klemmt	Gängig machen
	5 Bimetallfeder der Startautomatik ausgehängt	Feder einhängen oder Starterdeckel ersetzen
	6 »Falsche Luft« tritt an Deckeldichtung Ansaugflansch bzw. Unterdruckschläuchen ein	Kontrollieren, schadhafte Dichtungen bzw. Schläuche ersetzen
	7 Grundeinstellung der Drosselklappe falsch	Einstellen lassen
B Kalter Motor geht nach dem Start wieder aus	1 Siehe A 4, 6 und 7	
	2 Starterklappenspalt falsch eingestellt	Einstellen (lassen)
	3 Starterdeckel falsch eingestellt	Einstellmarken gegenüberstellen
	4 Pulldowneinrichtung gestört	Prüfen
C Kalter Motor hat zu hohe oder niedrige Leerlaufdrehzahl	1 Siehe A 6 und 7	
	2 Ansaugrohrbeheizung gestört	Siehe Seite 87
	3 Starterdeckelbeheizung gestört	Siehe Seite 88
	4 Elektrische Gemischkanalbeheizung defekt	Leitung überprüfen, schadhaftes Heizelement austauschen
	5 Leerlauf falsch eingestellt	Einstellen (CO-Wert)

Die Störung	– ihre Ursache	– ihre Abhilfe
D Kalter Motor nimmt schlecht Gas an und ruckelt	1 Ansaugluft-Vorwärmung falsch eingestellt bzw. gestört	Siehe Seite 80
	2 Siehe A 4 und 6	
	3 Siehe B 2 und 4	
	4 Siehe C 2, 3, 4 und 5	
	5 Beschleunigungssystem arbeitet nicht	Prüfung: Luftfilterdeckel bzw. Stutzen abnehmen. Wird Benzin eingespritzt, wenn Sie den Drosselklappenhebel bewegen?
	a) Kanäle verstopft	Vergaser reinigen
	b) Membrane defekt	Auswechseln
	6 Beschleunigungs-Einspritzmenge falsch	Einstellen lassen
E Warmer Motor springt schlecht oder nicht an	1 Siehe A 2	
	2 Dampfblasen im Kraftstoffsystem	Mit durchgetretenem Gaspedal starten
	a) Benzinzulaufleitung liegt am Motor oder Ventildeckel an	Leitung so verlegen, daß sie frei hängt
	b) PIC-Vergaser: Gemischkanalbeheizung wird nicht abgeschaltet	Thermoschalter überprüfen, siehe Seite 88. Falls nicht eingebaut, Thermoschalter nachrüsten
	3 Schwimmernadelventil undicht	Ersetzen
	4 Schwimmer defekt	Prüfen, ggf. austauschen
	5 Schwimmerstand falsch	Dünnere oder dickere Dichtung unter Schwimmernadelventil einbauen
F Leerlauf ungleichmäßig bzw. zu hoch oder zu niedrig	1 Siehe A 6	
	2 Siehe C 5	
	3 Leerlauf-Kraftstoffdüse oder Zusatzgemisch-Kraftstoffdüse verschmutzt oder lose	Vergaser reinigen bzw. Düse festziehen
	4 CO-Einstellschraube beschädigt	Ersetzen
	5 1 B 3-Vergaser: Anreicherungsventil defekt	Ersetzen
G Leerlaufdrehzahl oder CO-Gehalt nicht einstellbar	1 Siehe A 3, 4, 5 und 7	
	2 Siehe F 5	
H Motor nimmt aus dem Leerlauf ruckartig Gas an	Drosselklappe klemmt	Grundeinstellung der Drosselklappe einstellen lassen
I Schlechte Übergänge bei höheren Drehzahlen (nur beim 2 B 2- und 2 B 5-Vergaser)	Unterdruckdose der 2. Stufe undicht	Austauschen
J Auspuffknallen im Schiebebetrieb	1 Siehe A 6 und 7	
	2 Siehe C 5	
K Kraftstoffverbrauch zu hoch	1 Siehe A 3 und 4	
	2 Siehe C 2, 3 und 5	
	3 Siehe D 1	
	4 Siehe E 3, 4 und 5	
	5 Siehe F 5	

Die Kupplung

Verbindungen

Motor und Getriebe sind durch die Kupplung verbunden. Ohne Kupplung geht es nicht. Die einzelnen Gangstufen lassen sich nicht schalten, solange sie vom Motor angetrieben werden. Man muß die Verbindung zwischen Triebwerk und Schaltgetriebe kurz unterbrechen. Dann läßt sich eine andere Gangstufe einlegen. Anschließend kann die Kupplung beide Teile wieder miteinander verbinden.

So funktioniert die Kupplung

Die Kraftübertragung der Kupplung zwischen Motor und Getriebe erfolgt durch Reibung. Zwei Körper werden gegeneinander gepreßt, wodurch der eine den anderen mitnimmt. Die Beteiligten sind:

□ die **Schwungscheibe** am Motor als die eine Anlagefläche;

□ die **Kupplungsdruckplatte** als die zweite Anlagefläche, die gegen die Schwungscheibe drückt.

□ Dazwischen befindet sich als Reibpartner die **Mitnehmerscheibe**. Sie sitzt auf der Eingangswelle des Getriebes.

□ Weiterhin gehört noch das **Ausrücklager** dazu.

Durch den Tritt auf das Kupplungspedal wird über den Kupplungszug der Ausrückhebel auf der Ausrückwelle angehoben. Diese Bewegung drückt

□ beim **Schlepphebelmotor** das Ausrücklager auf die tortenförmig eingeschnittene Tellerfeder der Druckplatte;

□ beim **Tassenstößelmotor** über das im Getriebe sitzende Ausrücklager die Kupplungs-Druckstange in Richtung Kupplung. Diese Stange läuft durch die hohl gebohrte Eingangswelle des Getriebes und drückt über eine Ausrückplatte auf die Feder der Druckplatte.

Das Ausrücklager kann nun die Federkraft übernehmen, die Druckplatte wird entlastet und bei völlig durchgetretenem Pedal zurückgezogen. Die Mitnehmerscheibe kann jetzt im Raum dazwischen frei umlaufen – es ist ausgekuppelt.

Beim Einkuppeln drückt die Tellerfeder der Druckplatte die Mitnehmerscheibe wieder gegen das Motorschwungrad. Zum sanften Übertragen der Kräfte muß dies langsam geschehen. Die Anlageflächen schleifen also eine gewisse Zeit aufeinander, ehe die Reibung wieder so groß

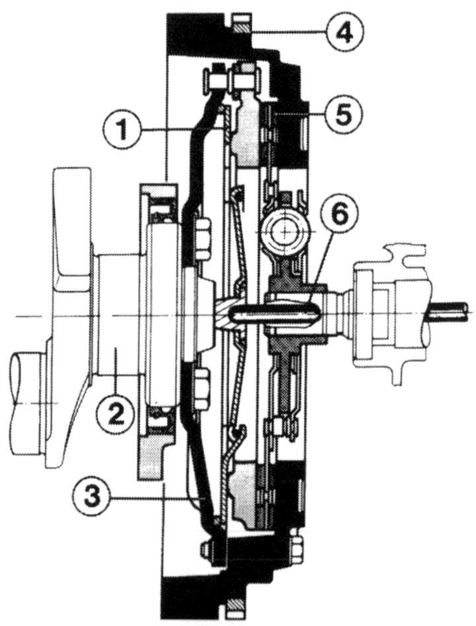

Die Kupplung des Tassenstößelmotors: Beim Durchdrücken des Kupplungspedals schiebt das Ausrücklager im Getriebe die Kupplungsbetätigungsstange (6) nach links in Richtung Kurbelwelle (2). Dadurch wird die Ausrückplatte gegen die Tellerfeder (1) gedrückt. Diese Feder in der Kupplungsdruckplatte (3) gibt nun die Mitnehmerscheibe (5) frei. Damit besteht zwischen der am Getriebe befestigten Schwungscheibe (4) und der am Motor angeschraubten Kupplungsdruckplatte keine Verbindung mehr – es ist ausgekuppelt.

ist, daß die Motorleistung vollständig an das Getriebe weitergeleitet wird. Dieses Schleifen beim Einkuppeln erzeugt Wärme; bei niedrigen Drehzahlen und kurzem Einkuppeln natürlich weniger als bei hohen Drehzahlen und langsamem Nachgeben des Kupplungsfußes. Schleifdauer und Hitzeentwicklung bestimmen die Lebensdauer der Beläge auf der Mitnehmerscheibe.

Die Kupplungs-Lebensdauer

Jedes Einkuppeln bewirkt, daß die Beläge der Mitnehmerscheibe an ihren Gegenreibflächen schleifen und dabei heiß werden. Besonders verschleißfördernd ist hierbei das Anfahren mit hoher Motordrehzahl – Kavalierstart genannt –, Anfahren im 2. Gang, »Herummogeln« an Kreuzungen im 2. oder 3. Gang mit teilweise getretenem Kupplungspedal oder das »In-der-Waage-halten« an einer Steigung mit Kupplungs- und Gaspedal.

Auskuppeln beim Halt an der Kreuzung?

Recht verbreitet ist die Angewohnheit, mit eingelegtem 1. Gang und durchgetretenem Kupplungspedal an der roten Ampel zu warten. Mancher fürchtet, den Gang nicht gleich einlegen zu können, wenn das grüne Licht den Weg freigibt. Wenn auch kein direkter oder sofort meßbarer Schaden entsteht, so beansprucht das Auskuppeln doch das Ausrücklager und bewirkt so wieder Verschleiß. Je öfter und länger das vor den vielen Ampeln geschieht, desto früher ist dieses Lager abgenutzt.

Kupplung prüfen

Die Abnutzung der Mitnehmerscheibe läßt sich im eingebauten Zustand nicht erkennen. Das erste Anzeichen für Verschleiß ist, wenn die Kupplung durchrutscht. Eine schleifende Kupplung bemerken Sie beim Fahren zuerst im höchsten Gang unter Last. Der Motor dreht hoch, ohne daß die Fahrgeschwindigkeit in gleichem Maß zunimmt. Einen gewissen Aufschluß kann die nachstehende Methode geben, die Sie aber nur gelegentlich anwenden sollten.

Schleift die Kupplung?

- Handbremse anziehen, Motor starten.
- 3. Gang einlegen, langsam einkuppeln und Gas geben.
- Bei einwandfreier Handbremse müßte der Motor abgewürgt werden.
- Dreht er durch, muß das Kupplungspedalspiel kontrolliert werden.
- Prüfung wiederholen. Dreht der Motor weiterhin durch, wird ein Kupplungstausch fällig.

Trennt die Kupplung richtig?

Wird der Schaltvorgang von kratzenden oder krachenden Geräuschen »untermalt«, dann trennt die Kupplung nicht mehr richtig. Um sicherzugehen, daß es nicht am Getriebe liegt, macht man die Probe mit dem nicht synchronisierten Rückwärtsgang:

- Motor im Leerlauf drehen lassen.
- Kupplungspedal voll durchtreten, etwa drei Sekunden warten, dann den Rückwärtsgang einlegen.
- Kratzt es hierbei, trennt die Kupplung nicht mehr sauber – die Mitnehmerscheibe läuft also nicht ganz frei.
- Kupplungspedalspiel kontrollieren, evtl. Spiel einstellen.
- Prüfung nochmals durchführen. Kratzt es immer noch, sollten Sie unseren Störungsbeistand auf Seite 106 zu Hilfe nehmen.

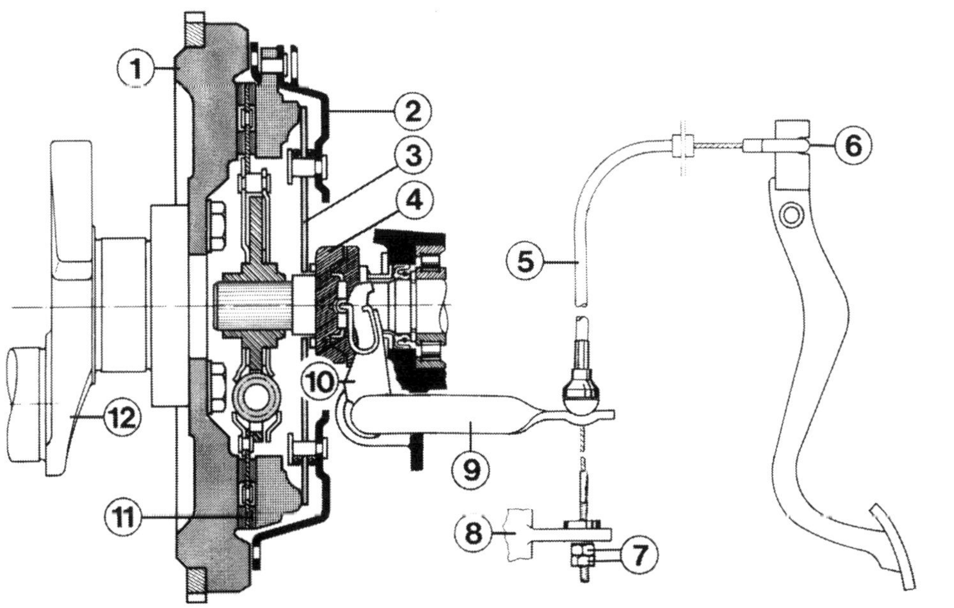

Die Kupplung des Schlepphebelmotors: 1 – Schwungscheibe; 2 – Druckplatte; 3 – Tellerfeder; 4 – Ausrücklager; 5 – Kupplungszug; 6 – Öse des Kupplungszugs am Pedal; 7 – Einstellmutter mit Kontermutter; 8 – Widerlager am Getriebegehäuse; 9 – Kupplungshebel; 10 – Ausrückhebel; 11 – Mitnehmerscheibe; 12 – Kurbelwelle des Motors.

Links der Kupplungszug (1) des Schlepphebelmotors mit Lagerbolzen (2) und Splintstekker (3). In der Mitte der Zug (4) des Tassenstößelmotors: 5 – Gummischeibe; 6 – Befestigungsteile. Rechts sehen Sie das Kupplungspedal (7).

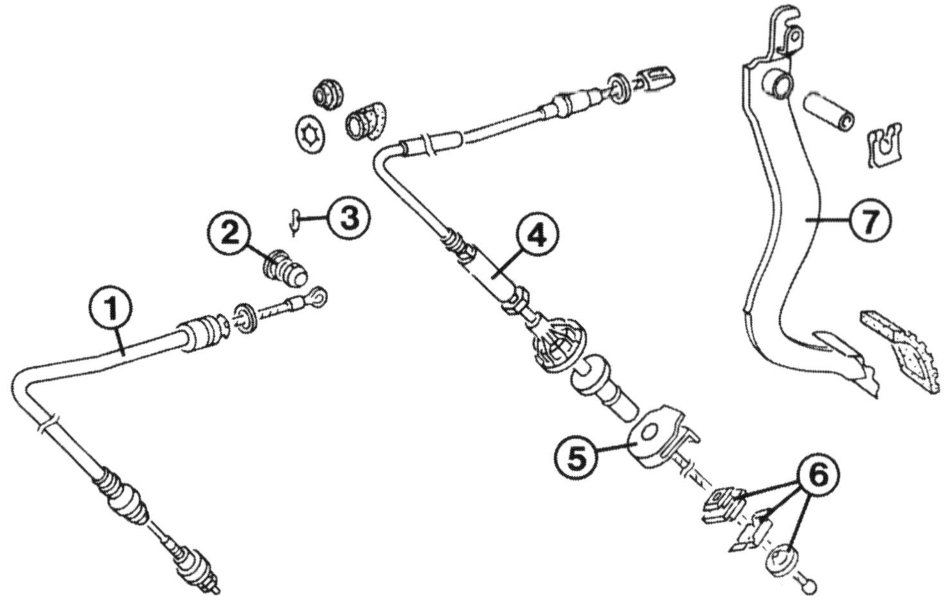

Das Kupplungspedalspiel

Zwischen den Teilen der Kupplungsübertragung muß ein gewisser Abstand verbleiben, solange das Pedal nicht niedergedrückt wird.

□ Dieses Spiel muß so groß sein, daß das Ausrücklager nicht unter verschleißförderndem Druck steht. Je stärker das Ausrücklager durch die Kraft der Tellerfeder belastet wird, um so geringer wird die Reibungskraft der Mitnehmerscheibe. Es besteht also die Gefahr, daß die Kupplung durchrutscht.

□ Wenn das Spiel zu groß ist, geht etwas vom normalen Kupplungsweg verloren. Dann wird die Kupplung beim Niederdrücken des Pedals nicht ganz getrennt.

Die Kupplung ist so konstruiert, daß mit fortschreitender Abnutzung der Kupplungsbeläge das Spiel kleiner wird. Durch die verschleißende und dünner werdende Mitnehmerscheibe wandert die federbelastete Druckplatte näher zur gegenüberliegenden Reibfläche der Schwungscheibe. Die Druckplatte des Schlepphebelmotors bzw. die Ausrückplatte des Tassenstößelmotors nähert sich dem Ausrücklager. Liegt das Lager ohne Spiel am Ausrückhebel an, so stützt sich die Tellerfeder der Druckplatte gegen das Ausrücklager ab – beim Tassenstößelmotor über die Ausrückplatte. Statt die Mitnehmerscheibe gegen die Anlageflächen zu pressen, wird die Feder entlastet und die Reibungskraft geringer, die Kupplung rutscht durch.

Kupplungspedalspiel messen

Wartung Nr. 9

■ Neben das Kupplungspedal ein Lineal o. ä. halten.

■ Trittplatte von Hand niederdrücken, bis stärkerer Widerstand spürbar wird.

■ Aus der Ruhestellung soll dies der Fall sein:

■ beim **Schlepphebelmotor** nach **15–20 mm**;

■ am **Tassenstößelmotor** nach **15–25 mm**.

■ Stimmt das Pedalspiel nicht, muß die Länge des Kupplungszugs nachgestellt werden.

Zum Einstellen des Pedalspiels am Schlepphebelmotor die Kontermutter (3) lösen und die Einstellmutter (Schraubenschlüssel darauf angesetzt) verdrehen. Dabei die Hülse des Zuges (4) gegenhalten. Links im Bild der Ausrückhebel (1), rechts das Widerlager (2) am Getriebegehäuse.

Pedalspiel einstellen

Die Hülle des Seilzugs stützt sich an einem sogenannten Widerlager am Getriebe ab.

- Beim **Schlepphebelmotor** untere Kontermutter am Seilzug (Bild links unten) losdrehen.
- Am **Tassenstößelmotor** die Mutter oben am Schaftstück lösen, siehe Bild unten.
- **Alle Motoren:** Einstellmutter des Kupplungszugs drehen (beim Tassenstößelmotor das Schaftstück gegenhalten): Im Gegenuhrzeigersinn – Spiel wird größer; im Uhrzeigersinn – Spiel wird kleiner.
- Pedalspiel messen, Arretiermutter wieder festziehen.

Kupplungszug ersetzen

- Im Innenraum das linke Ablagefach bzw. die Abdeckung abbauen (Seite 260).
- Im Motorraum den Kupplungszug lösen:
- **Schlepphebelmotor:** Konter- und Einstellmutter des Kupplungszugs losdrehen.
- **Tassenstößelmotor:** Von einem Helfer den Ausrückhebel nach oben ziehen lassen.
- Am dicken Seilzugende die Halteklammer nach links (in Fahrtrichtung gesehen) abziehen.
- Halteplatte und Verdrehsicherung abnehmen.
- **Alle Motoren:** Kupplungszug aus der Gummiführung im Widerlager des Getriebes herausziehen.
- Seilzugöse am Pedal aushaken.
- Gummitülle in der Karosserietrennwand herausdrücken; Zug zum Motorraum herausziehen.
- Beim Einbau das Kupplungsseil zuerst am Pedal einhängen.
- Kupplungszug an den Gelenken mit heller MoS_2-Paste schmieren.
- Kupplungspedal mehrmals durchtreten und Pedalspiel einstellen.

Fahren mit gerissenem Kupplungszug

Sollte der Kupplungszug unterwegs reißen, muß das noch nicht das Ende der Fahrt bedeuten. Zumindest ein nahes Ziel oder die nächste Werkstatt kann man auch ohne Kupplungsbetätigung erreichen. Bei feinfühligem Umgang mit Gaspedal und Schalthebel können Sie sogar hoch- bzw. herunterschalten.

Gang herausnehmen: Gas wegnehmen und Schalthebel in Richtung Leerlauf drücken. Bei schiebendem Wagen evtl. ein klein wenig Gas geben, falls der Gang »klemmt«.

Anfahren: Motor ausschalten, 1. Gang einlegen und Anlasser betätigen. Der VW ruckelt los und setzt sich mit anspringendem Motor in Bewegung. Wer während der Fahrt nicht schalten will, fährt auf diese Weise in der Ebene im 2. Gang an.

Hochschalten: Im 1. Gang mit dem Anlasser anfahren. 1. Gang nur knapp über Leerlaufdrehzahl hinausdrehen (ca. 1000/min). Gas etwas zurücknehmen, Schalthebel in Leerlaufstellung ziehen. Gaspedal loslassen und den Schalthebel mit leichter Hand in Richtung des 2. Gangs drücken. Bei richtiger Motor- und Getriebedrehzahl rutscht der Gang fast von selbst hinein. Wenn Sie zu lange gewartet haben, müssen Sie ein klein wenig Gas geben, damit sich die Fahrstufe ohne Zähneknirschen einlegen läßt. Hat es nicht geklappt, halten Sie nochmals an und versuchen das Ganze von neuem. In die weiteren Gänge wird auf die gleiche Weise hochgeschaltet. Am leichtesten geht es in sehr niedrigen Geschwindigkeiten: In den 2. Gang bei höchstens 20 km/h, in den 3. bei 25 km/h, in den 4. bei 35 km/h und in den 5. bei 45 km/h.

Herunterschalten: Hierbei muß die Motordrehzahl angehoben werden, damit sich der nächstniedrige Gang einlegen läßt. Fuß leicht vom Gas, Gang herausnehmen, behutsam Gas

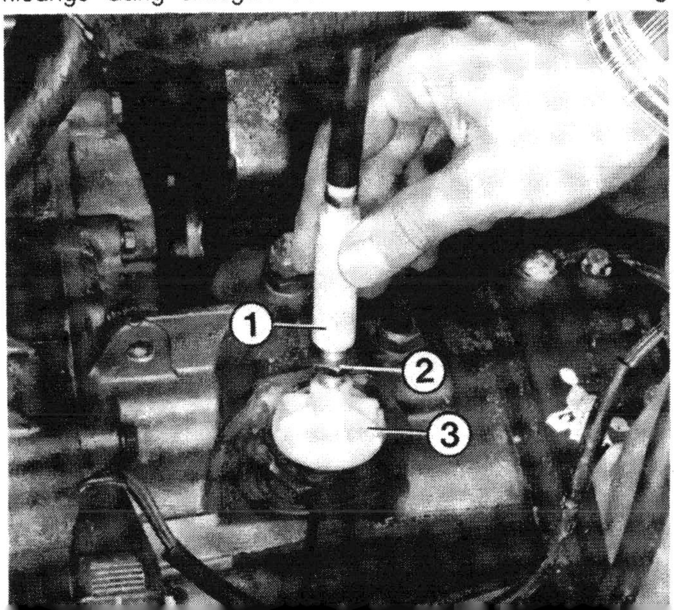

Am Tassenstößelmotor muß die Kontermutter (2) gelockert werden. Dann kann die Einstellmutter (3) verdreht werden, während das Schaftstück (1) gegengehalten wird.

Die Kupplung beim Tassenstößelmotor in ihren Einzelteilen: 1 – Druckplatte; 2 – Zwischenblech; 3 – Druckteller; 4 – Haltering für 190-mm-Kupplung; 5 – Mitnehmerscheibe; 6 – Haltering für die Kupplung mit 200 mm ∅.

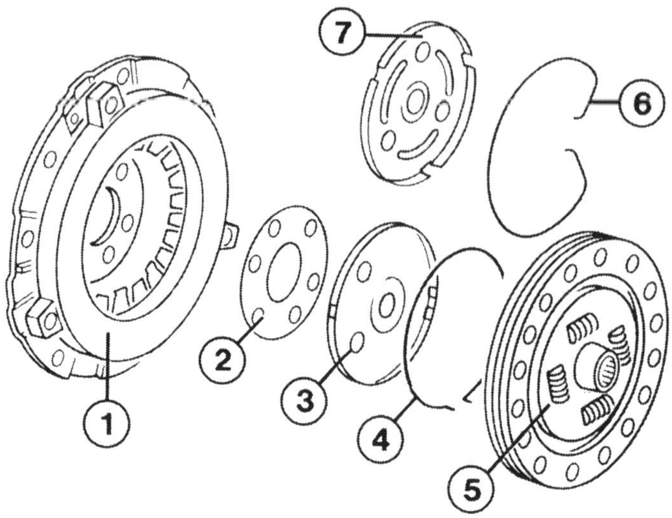

zugeben und gleichzeitig den Schalthebel in Richtung des neuen Gangs drücken. Bei richtiger Motordrehzahl rutscht der Gang fast ohne Nachdruck hinein. Auch das Herunterschalten geschieht wieder am besten bei niedrigen Drehzahlen und Geschwindigkeiten.

Kupplung aus- und einbauen

■ Getriebe ausbauen (Seite 109).
■ Druckplatte (Schlepphebelmotor) bzw. Schwungscheibe (Tassenstößelmotor) über Kreuz losschrauben, dazu einen Schraubenzieher als Arretierung in die Verzahnung der Schwungscheibe stecken (Bild unten links).
■ Druckplatte bzw. Schwungscheibe und Mitnehmerscheibe abnehmen.
■ **Tassenstößelmotor:** Soll auch die Kupplungsdruckplatte ausgebaut werden, hebeln Sie mit einem Schraubenzieher den Haltering der Ausrückplatte heraus.
■ Sechs Schrauben in der Druckplatte losdrehen.
■ Druckplatte mit Zwischenblech abnehmen.
■ **Alle Motoren:** Schwungscheibe mit Druckluft sauberblasen oder mit einem benzingetränkten Lappen abwischen. Kontrollieren Sie bei dieser Gelegenheit gleich, ob die Zentrierstifte in der Schwungscheibe fest sitzen.
■ Alte Druckplatte nur dann einbauen, wenn die Nietverbindungen noch fest sind.
■ Die Anlagefläche zur Mitnehmerscheibe darf keine Risse oder Brandstellen zeigen und nicht mehr als 0,3 mm nach innen durchgebogen sein. Zum Messen ein Metallineal quer über die Druckplatte legen und mit der Fühlerblattlehre am Innenrand messen.
■ **Tassenstößelmotor:** Zwischenblech in die Druckplatte einlegen.
■ Neue Halteschrauben mit Schraubensicherungsmittel bestreichen. Anzugsdrehmoment 75 Nm (Schrauben ohne Bund) bzw. 100 Nm (Schrauben mit Bund).
■ An der Ausrückplatte die Auflagefläche und die Aufnahme für die Kupplungsdruckstange mit etwas Mehrzweckfett bestreichen.
■ Ausrückplatte so einsetzen, daß ihre Aussparung für die Kupplungsdruckstange in Richtung Getriebe zeigt.
■ Drahtring in die Halter der Ausrückplatte einhängen. Bei der 190-mm-Mitnehmerscheibe müssen die Drahtenden in Richtung Getriebe zeigen, bei der 200-mm-Scheibe dagegen in Richtung Motor.

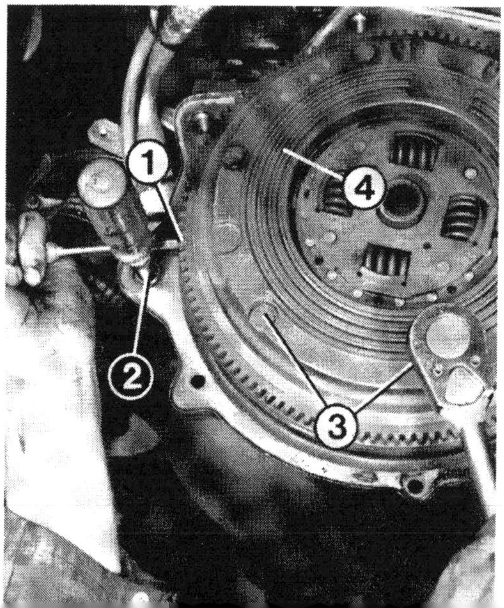

Der Kupplungsausbau am Tassenstößelmotor. Links: Zum Lösen der Schrauben (3) der Schwungscheibe (4) haben wir einen Schraubenzieher (2) durch eine der Bohrungen gesteckt und halten mit einem in die Verzahnung gesteckten Schraubenzieher (1) gegen. Rechts: Der Haltering (5) der Druckplatte (6) wird nur herausgehebelt.

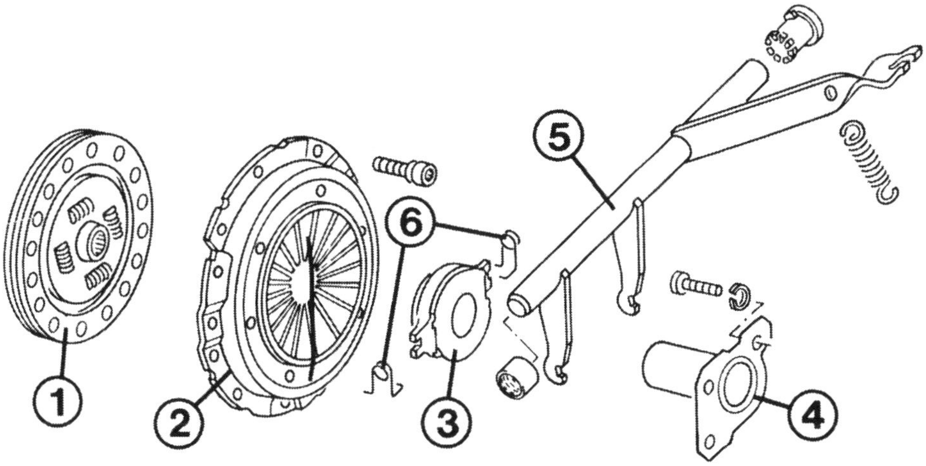

Die Kupplung des Schlepphebelmotors in ihren Einzelteilen: 1 – Mitnehmerscheibe; 2 – Druckplatte; 3 – Ausrücklager mit seinen Haltefedern (7); 4 – Führungshülse des Ausrücklagers; 5 – Ausrückwelle; 6 – Kupplungshebel.

■ **Alle Motoren:** Innenverzahnung der Mitnehmerscheibe mit etwas MoS_2-Puder schmieren.

■ **Schlepphebelmotor:** Mitnehmerscheibe und Druckplatte in die Schwungscheibe einsetzen. Dabei müssen die Federkäfige der vier Dämpfungsfedern in der Mitnehmerscheibe zur Druckplatte hin zeigen.

■ Mitnehmerscheibe mit einem passenden Dorn zentrieren.

■ Halteschrauben der Druckplatte über Kreuz mit 25 Nm anziehen.

■ **Tassenstößelmotor:** Mitnehmerscheibe einsetzen, ihre verlängerte Innenverzahnung zeigt in Richtung Getriebe.

■ Schwungscheibe so ansetzen, daß ihre Zentrierstifte in die entsprechenden Bohrungen bzw. Schlitze in der Druckplatte greifen. Andernfalls stimmt die OT-Markierung auf der Schwungscheibe nicht mehr.

■ Beim Anschrauben der Schwungscheibe muß die Mitnehmerscheibe zentriert werden. Dazu hat die V.A.G.-Werkstatt das Spezialwerkzeug 547, eine Scheibe aus Kunststoff.

■ Behelfsmäßig können Sie die Schwungscheibe leicht festschrauben und den Abstand zwischen Mitnehmerscheiben-Außenkante und Schwungscheiben-Innendurchmesser mit einer Schieblehre kontrollieren.

■ Der Abstand muß rundum gleich groß sein, andernfalls die Mitnehmerscheibe so lange versetzen, bis sie genau in der Mitte sitzt.

■ Schrauben der Schwungscheibe über Kreuz mit 20 Nm anziehen.

Ausrücklager ersetzen

Schlepphebelmotor

Nur beim Schlepphebelmotor muß das Getriebe zum Wechseln des Ausrücklagers ausgebaut werden. Beim Tassenstößelmotor geht es bei eingebautem Getriebe, siehe Seite 110.

■ Getriebe ausbauen.

■ Das Ausrücklager hängt mit Klammern an der Ausrückwelle. Kupplungshebel herunterdrücken und das Ausrücklager abnehmen.

■ Wird das alte Lager wieder eingebaut, darf es nicht ausgewaschen werden; lediglich abwischen.

■ Beim Einbau sämtliche Lager- und Berührungsstellen mit MoS_2-Paste bestreichen.

■ Halteklammern am Ausrücklager aufstecken.

■ Haltefedern in die Halteklammern und anschließend in den Ausrückhebel einsetzen.

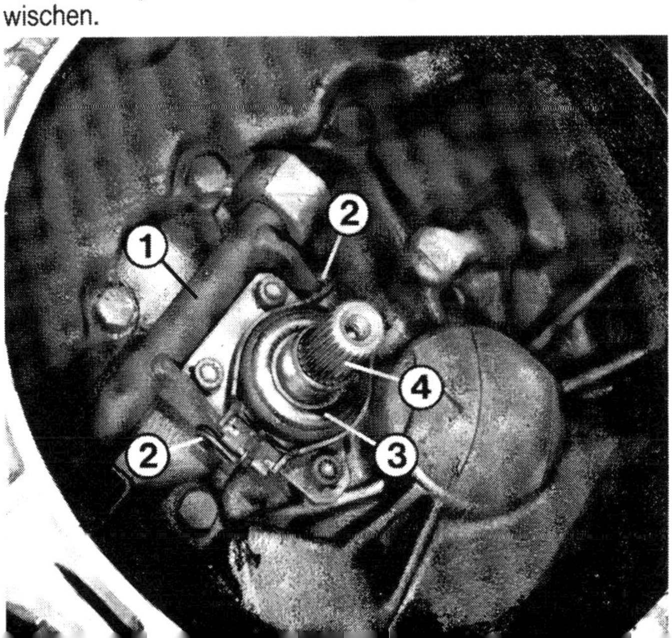

Ein Blick in die Kupplungsglocke des ausgebauten Getriebes beim Schlepphebelmotor: 1 – Kupplungshebel; 2 – Halteklammern des Ausrücklagers (3); 4 – Getriebe-Antriebswelle.

Fingerzeig: *Soll beim Schlepphebelmotor die alte Kupplung wieder eingebaut werden, markiert man vor dem Ausbau die Stellung von Druckplatte und Schwungscheibe (durch einen Anriß mit Körner oder Stahlnadel). Das verhindert mögliche Unwuchten der Kupplung.*

Störungsbeistand Kupplung

Die Störung	– ihre Ursache	– ihre Abhilfe
A Kupplung rutscht	1 Kupplungsspiel zu klein	Nachstellen
	2 Kupplungsbeläge abgenutzt	Mitnehmerscheibe ersetzen
	3 Anpreßdruck der Kupplung zu gering	Kupplungsdruckplatte ersetzen
	4 Belag verölt	Mitnehmerscheibe und defekte Getriebe- oder Kurbelwellen-dichtung ersetzen
	5 Kupplung wurde überhitzt	Defekte Teile ersetzen
B Kupplung trennt nicht	1 Zu großes Kupplungsspiel	Nachstellen
	2 Mitnehmerscheibe klemmt auf Getriebewelle	Kerbverzahnung mit Drahtbürste gründlich reinigen. Anschließend mit Moly-Paste oder -Spray schmieren
	3 Mitnehmerscheibe hat Schlag	Mitnehmerscheibe ersetzen
	4 Mitnehmerscheibe verzogen oder Belag gebrochen	Mitnehmerscheibe ersetzen
	5 Nach sehr langer Standzeit: Belag an Schwungscheibe festgerostet	Anfahren, wie unter »Fahren mit gerissenem Kupplungszug« beschrieben. Kupplung dauernd durchtreten. Gaspedal ruckartig durchtreten und loslassen, um die Kupplung loszubrechen. Andernfalls ausbauen
C Kupplung trennt nicht und rutscht gleichzeitig durch	Kupplungsdruckplatte defekt	Druckplatte auswechseln
D Kupplung rupft	1 Motor oder Getriebe-aufhängung defekt	Motor- oder Getriebelager ersetzen
	2 Unebenheiten auf der Anlagefläche von Schwung-scheibe oder Druckplatte	Defektes Teil ersetzen
	3 Falsche Beläge	Mitnehmerscheibe ersetzen
E Kupplungsgeräusche	1 Unwucht der Kupplungs-druckplatte bzw. Mitnehmerscheibe	Kupplungsdruckplatte bzw. Mitnehmerscheibe ersetzen
	2 Torsions-Dämpferfeder defekt	Mitnehmerscheibe ersetzen
	3 Ausrücklager defekt	Ausrücklager ersetzen
	4 Nietverbindungen in der Kupplung locker	Kupplungsdruckplatte ersetzen

Schalterhalle

Je nach Fahrertemperament kann man die Gänge selbst schalten oder einen Automaten schalten lassen. Da stellt sich mancher die Frage, wozu verschiedene Übersetzungsstufen (oder Gänge) überhaupt gebraucht werden: Der Motor verfügt erst ab einer bestimmten Drehzahl über ausreichende Durchzugskraft (Drehmoment). Außerdem erfordern die Streckenverhältnisse und die Fahrgeschwindigkeit eine Anpassung der Drehzahlen von Motor und Antriebsrädern.

Das Schaltgetriebe

Die Motorleistung wird über die Kupplung auf die Eingangswelle des Schaltgetriebes geleitet. Auf dieser Eingangs- oder Antriebswelle sitzen fünf bzw. sechs Zahnräder (einschließlich Rückwärtsgang), die mit fünf oder sechs dazu passenden Zahnrädern auf der sogenannten Abtriebswelle ständig im Eingriff stehen. Diese Zahnräder können frei umlaufen, bis eines von ihnen beim Schalten eines bestimmten Gangs mit seinem entsprechenden Gegenrad auf der Antriebswelle gekuppelt wird. Das Verhältnis der Zähnezahlen des jeweiligen Zahnradpaars ergibt die betreffende Untersetzungsstufe.
Der VW hat »vollsynchronisierte« Vorwärtsgänge. Die Zahnräder auf der Antriebs- und Abtriebswelle sind auf stiftartigen Rollen (»Nadeln«) gelagert. Es besteht also keine starre Verbindung zwischen Wellen und Rädern. Die Zahnräder bleiben immer im Eingriff. Beim Gangwechsel wird eine Verbindung zwischen Zahnrad und Welle hergestellt, nicht zwischen den Zahnrädern. Um die Drehzahlen von Welle und Zahnrad einander anzugleichen, läßt man ein Teil einer Welle gegen ein Teil der anderen Welle über Reibelemente schleifen. Durch die Reibung wird die schnellere Welle abgebremst, bis bei gleichem (synchronem) Lauf eine kraftübertragende Verbindung hergestellt werden kann.

Schaltungsprobleme

Wenn die Schaltung Schwierigkeiten macht, muß kontrolliert werden, ob die Teile der Schaltbetätigung nicht verbogen und alle Lagerbuchsen o.ä. in Ordnung sind.

Schlepphebelmotor bis 8/75

- Schalthebelmanschette abziehen und hochstülpen.
- Wagen aufbocken.
- Beide Muttern des Führungsbleches unter dem Schalthebel lösen.
- Blech so verschieben, daß der untere Teil des Schalthebels in Längsrichtung senkrecht oder höchstens 5° nach hinten geneigt ist.
- Schrauben festziehen.
- Rückwärtsgang einlegen und an der Lagerplatte vorn zwei Muttern lösen.
- Jetzt die Platte so weit in den Längslöchern verschieben, bis der Schalthebel in Querrichtung senkrecht steht, dann Muttern festziehen.

Schlepphebelmotor ab 9/75

- Die Teile der Schaltung sehen Sie in der Zeichnung auf der folgenden Seite oben.
- Schalthebel in Leerlaufstellung drücken.
- Wagen aufbocken und die Muttern der Lagerplatte sowie der Klemmschelle lösen.
- Prüfen Sie, ob die Verbindung Schaltstange/Winkelfinger leichtgängig ist.
- Lagerplatte in den Langlöchern so verschieben, daß das Maß zwischen Schaltfinger und Winkelfinger 6 mm beträgt.
- Muttern der Lagerplatte festziehen.
- Dabei wird der eingestellte Abstand wieder geringer. Mindestens 5 mm müssen es sein. Ggf. Lagerplatte nochmals verschieben.
- Zum weiteren Einstellen benutzt die Werkstatt die Lehre 2087.
- Behelfsmäßig Schaltstange ein wenig verschieben. Klemmschelle wieder festziehen.
- Alle Gänge durchschalten. Funktioniert die Rückwärtsgangsperre noch?

Wichtige Teile der Schaltbetätigung beim Schlepphebelmotor ab 9/75: 1 – Klemmschelle; 2 – Schaltfinger; 3 – Führung für Schaltstange; 4 – vorderer Lagerbock für Schaltstange; 5 – Schalthebel; 6 – Schaltstange.

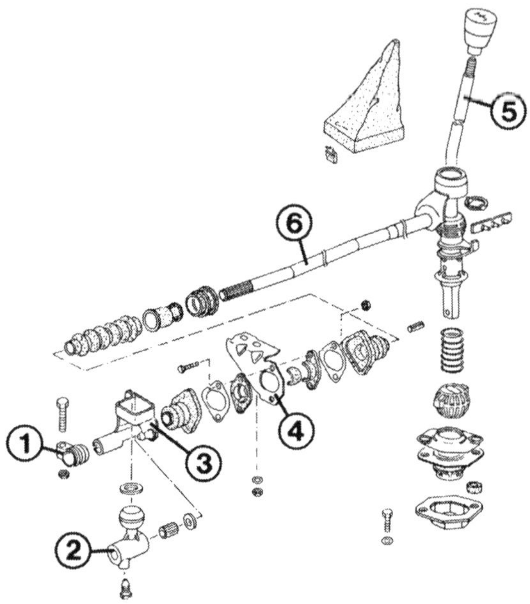

Tassenstößelmotor bis 8/75

■ Schalthebel in Leerlaufstellung bringen.
■ Manschette des Schalthebels nach oben stülpen.
■ Schrauben des Schaltbocks unten am Schalthebel lösen.
■ Schaltbock so verschieben, daß der untere Teil des Schalthebels senkrecht steht.
■ Falls nicht, das darunterliegende Deckblech entsprechend in den Langlöchern verschieben.

Tassenstößelmotor ab 9/75

■ Schalthebel in Leerlaufstellung drücken.
■ Schalthebelknopf abschrauben, Manschette hochziehen und abnehmen.
■ Halteschrauben des Schaltbocks lösen. Dieser muß so ausgerichtet sein, daß seine Zentrierbohrungen mit denen der darunterliegenden Platte übereinstimmen.
■ Stehen die Langlöcher des Schaltbocks genau in der Mitte über den Gewindebohrungen für seine Halteschrauben?
■ Wenn nicht, Schaltbock um 180° drehen und festschrauben.
■ Wagen aufbocken.
■ Klemmschelle der Verbindung Schaltstange/Wählhebel lösen. Die Schaltstange muß sich in der Führung des Wählhebels leicht bewegen lassen.
■ Am Gehäuse der Schaltbetätigung unten den Deckel der Gummimanschette abnehmen.
■ Der Schalthebel muß im Leerlauf so ausgerichtet sein, daß der Schaltfinger in Längsrichtung genau in der Mitte des Gehäuses steht.
■ Zur Seiteneinstellung des Schalthebels brauchen Sie für das Vierganggetriebe einen exakt 20 mm bzw. fürs Fünfganggetriebe einen 15 mm breiten, stabilen Kartonstreifen.
■ Schaltstange so drehen, daß der genannte Abstand (»a« in der Zeichnung unten) zwischen Schaltfinger und Gehäuseunterkante eingehalten wird.
■ Klemmschelle in dieser Stellung festziehen.

Teile der Schaltbetätigung beim Fünfganggetriebe des Tassenstößelmotors: 1 – Hebel für Schaltwelle; 2 – Wählstange vorn; 3 – Umlenkwinkel; 4 – Wählstange hinten; 5 – Wählhebel; 6 – Umlenkhebel; 7 – Schaltfinger; 8 – Anschlagblech; 9 – Schalthebellager; 10 – Schaltstange; 11 – Umlenkwelle; 12 – Verbindungsstange; 13 – Arretierschraube für 5. Gang; 14 – Arretierschraube für Schaltwelle. Der Abstand »a« muß beim Vierganggetriebe 20 mm und bei der Fünfgangschaltbox 15 mm betragen.

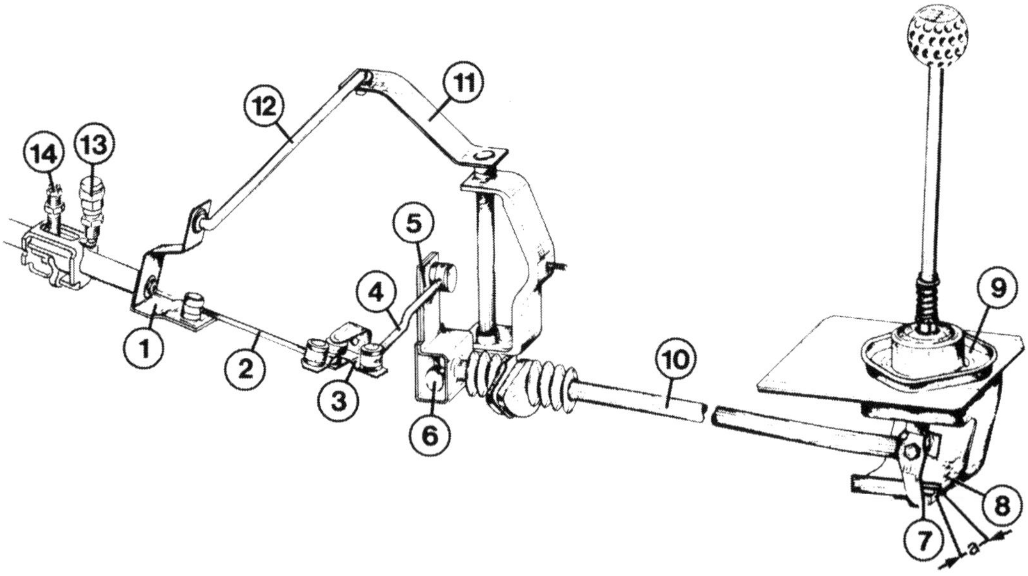

Schaltwelle einstellen am Tassenstößelmotor

Bei hakeliger oder schwammiger Schaltung kann durch Einstellen der Schaltwelle am Getriebe Abhilfe geschaffen werden. Dazu muß an der Arretierschraube der Schaltwelle gedreht werden, siehe Zeichnung links unten.

■ Schalthebel in Leerlaufstellung drücken.

■ Am Schaltwellenhebel oben die Sicherungsfeder der Verbindungsstange herausziehen, Stange aushängen.

■ Am Kunststoffkopf der Wählstange vorn den kleinen Plastikbügel mit einem Schraubenzieher abhebeln (nur Schaltung ab 9/75).

■ Stange vom Kugelkopf des Schaltwellenhebels abdrücken.

■ Abdeckkappe der Kontermutter abhebeln und diese lösen.

■ Arretierschraube hineindrehen, bei der Schaltung ab 9/75 so weit, bis der Sicherungsclip oben an der Schraube frei wird.

■ **Bis 9/75:** Schaltwelle bis zum Anschlag der Rückwärtsgangsperre hineindrücken.

■ Arretierschraube so weit langsam herausdrehen, bis die Schaltwelle durch die Federkraft von selbst herausspringt.

■ Aus dieser Stellung die Arretierschraube noch ¼ Umdrehung weiter lösen.

■ **Ab 9/75:** Arretierschraube wieder zurückdrehen, so daß der Sicherungsclip gerade anliegt. Bei richtiger Einstellung muß sich der Sicherungsclip bei geringfügigem Drehen der Schaltwelle von seinem Sitz abheben.

■ Arretierschraube kontern, ggf. Abdeckkappe aufsetzen.

■ Beim Befestigen des Schaltgestänges Sicherungsfeder der Verbindungsstange nicht vergessen.

Getriebe aus- und einbauen

Der Wagen muß so aufgebockt werden, daß Sie sowohl im Motorraum als auch an der Wagenunterseite arbeiten können. Das Getriebe wird nach unten abgenommen. Die im Text angesprochenen Aufhängungen zeigen die Zeichnungen auf Seite 49 bis 52.

■ Masseband der Batterie abnehmen.

■ **Tassenstößelmotor:** Bei einem älteren Fahrzeug Kolben des 1. Zylinders in eine bestimmte Stellung drehen.

■ Bis 8/74: 33° vor OT. Auf der Schwungscheibe ist eine Nase vorhanden.

■ Bis 11/78: 76° vor OT – im Schauloch steht der Zeigerspitze eine kleine Vertiefung im Schwungrad gegenüber.

■ Neuere Modelle erfordern keine bestimmte Motor/Getriebe-Stellung mehr.

■ **Alle Motoren:** Ein Kantholz über den Motorraum legen. Beim Schlepphebelmotor längs auf die vordere Wand des Wasserfangkastens und das Querblech vorn; beim Tassenstößelmotor quer auf die Befestigungskanten der Kotflügel – nicht direkt auf die Kotflügel. An diesem Holz muß der Motor aufgehängt werden, solange die Triebwerklagerungen abgeschraubt sind.

■ Kette oder Seil beim Schlepphebelmotor durch die Öse in Fahrtrichtung links bzw. beim Tassenstößelmotor durch beide Ösen am Zylinderkopf ziehen und am Kantholz »auf Spannung«, also straff befestigen.

■ Kupplungsseil am Kupplungshebel aushängen (Seite 103).

■ Linke Getriebestütze losschrauben.

■ Tachowelle am Getriebe abschrauben (Seite 225) und beim Tassenstößelmotor die Öffnung verstopfen, daß beim Abnehmen des Getriebes kein Öl ausläuft.

■ Elektrische Leitungen für Rückfahrscheinwerfer sowie ggf. Schalt- und Verbrauchsanzeige abziehen.

■ Massekabel am Getriebe abschrauben.

■ Anlasser abschrauben (S. 184) und aufhängen, daß er nicht an seinen Kabeln zerrt.

■ Gelenkwellen vom Getriebe abschrauben (Seite 114).

■ Beide Wellen mit Draht hochbinden.

■ Schaltgestänge abnehmen:

■ **Schlepphebelmotor:** Schraube unten am Schaltfinger (Zeichnung links oben) lösen und Schaltfinger ausbauen.

■ **Tassenstößelmotor:** Am Vierganggetriebe Schaltbetätigung von der Schaltwelle abschrauben, Umlenkhebel von der Lagerstange bzw. vom Lagerbock abnehmen.

■ Beim Fünfganggetriebe Sicherungsfeder der Verbindungsstange abziehen, Stange am Wählhebel aushaken.

■ Linken Kunststoffkopf der hinteren Wählstange und beide Köpfe an der Wählstange vorn von ihren Kugelbolzen abdrücken.

■ Vorher ggf. den Plastikbügel am Kunststoffkopf mit einem Schraubenzieher abhebeln.

■ **Alle:** Drehmomentstütze vorn am Stirnblech vom Getriebe und von der Karosserie losschrauben.

■ Hintere Getriebestütze von Getriebe und Karosserie abschrauben.

■ Verbindungsschrauben oben zwischen Motor und Getriebe herausdrehen.

■ **Tassenstößelmotor:** Das große Abdeckblech bleibt am Motor.

■ Ebenfalls von der Motorseite die Schraube am kleinen Abdeckblech losdrehen, Blech abnehmen.

■ Unter dem rechten Gelenkwellenflansch die Sechskantschraube bzw. -mutter (bei älteren Modellen) losdrehen.
■ **Schlepphebelmotor:** Schrauben des Abdeckbleches lösen.
■ Oberhalb des rechten Gelenkwellenflansches die Schraube zwischen Motor und Getriebe losdrehen.
■ **Alle Motoren:** Getriebe mit einem Rangierwagenheber (Holz zwischenlegen) leicht anheben bzw. Getriebe anderweitig sicher unterbauen.
■ Oder auf der Hebebühne mit Helfer das Getriebe abnehmen.
■ Getriebe mit einem kräftigen Schraubenzieher von den Paßhülsen abdrücken und ablassen bzw. abnehmen.
■ Vor dem Einbau die Getriebe-Antriebswelle mit etwas Moly-Gleitpaste bestreichen.
■ Beim Ansetzen des Getriebes darauf achten, daß das Zwischenblech zum Motor hin richtig sitzt. Man kann es ggf. mit etwas Fett »ankleben«.
■ Selbstsichernde Sechskantschraube am Schaltfinger des Schlepphebelmotors ersetzen; die Schraube mit Vierkantkopf kann wiederverwendet werden.
■ Motor/Getriebe-Aufhängungen spannungsfrei montieren.
■ Kupplungsspiel einstellen, siehe Seite 103.
■ Schaltung ggf. neu einstellen.

Anzugsdrehmomente

Bauteil	Schlepphebelmotor	Tassenstößelmotor
Getriebe an Motor	55	45 (M 10) 75 (M 12)
Gelenkwellen an Getriebe	45	45
Anlasser an Getriebe	25	25
Aufhängungen an Getriebe	40	40
Aufhängungen an Karosserie	40	40
Schaltbetätigung an Schaltwelle	–	15

Ausrücklager ersetzen am Tassenstößelmotor

Zu dieser Arbeit ist der Ausbau des Getriebes nicht erforderlich. Um ans Ausrücklager zu gelangen, muß das Getriebe lediglich abgesenkt werden. Bei genügend Bewegungsfreiheit geht es sogar ohne Getriebeabsenken. Außer dem neuen Ausrücklager brauchen Sie für das Vierganggetriebe eine neue Getriebedeckeldichtung, für die Fünfgangschaltbox dagegen einen neuen Deckel.

■ Kupplungszug am Ausrückhebel aushängen.
■ Wagen vorn aufbocken.
■ Auspuffanlage aus ihren Halteringen aushängen, damit sie sich nicht verspannt.
■ Motor/Getriebe-Block mit einem Rangierheber abstützen.
■ Drehmomentstütze vorn sowie Getriebestütze links und hinten abschrauben.
■ Triebwerkblock so weit ablassen, daß Sie an den Getriebedeckel herankommen.
■ Beim Vierganggetriebe Deckel abschrauben.
■ Am Fünfganggetriebe Deckel mit einem scharfen Schraubenzieher durchstoßen und abhebeln.
■ Außerdem den Anschlagpuffer vom Ausrückhebel abdrücken.
■ Ausrückhebel nach unten drücken.
■ Ausrücklager aus seiner Führungshülse ziehen, neues Lager einsetzen.
■ Kunststoffdeckel des Fünfganggetriebes einklopfen. Keinen Metallhammer verwenden, sonst kann es Bruch geben. Legen Sie ein Stück Holz unter.
■ Motor- und Getriebeaufhängungen spannungsfrei einbauen, Drehmomente siehe Tabelle oben.

Getriebegeräusche

Im Lauf der Zeit kann das Getriebe durch Geräuschentwicklung auf sich aufmerksam machen.
□ Zuerst sollten Sie nach dem Ölstand im Getriebe sehen.
□ Tritt ein heulendes Geräusch in einem Gang auf und verändert sich der Ton beim Gasgeben und Gas wegnehmen, dürfte die Verzahnung des betreffenden Gangradpaares verschlissen sein.
□ Bei Geräuschen in allen Gängen liegt es am Achsantrieb oder an Getriebe-Wellenlagern.
□ Rauhe, mahlende Geräusche, die erst bei warmem Getriebe hörbar werden, weisen auf schlagende Synchronringe hin. Bei dünnflüssiger werdendem Öl wird dieses immer an derselben Stelle vom Synchronring weggedrückt.

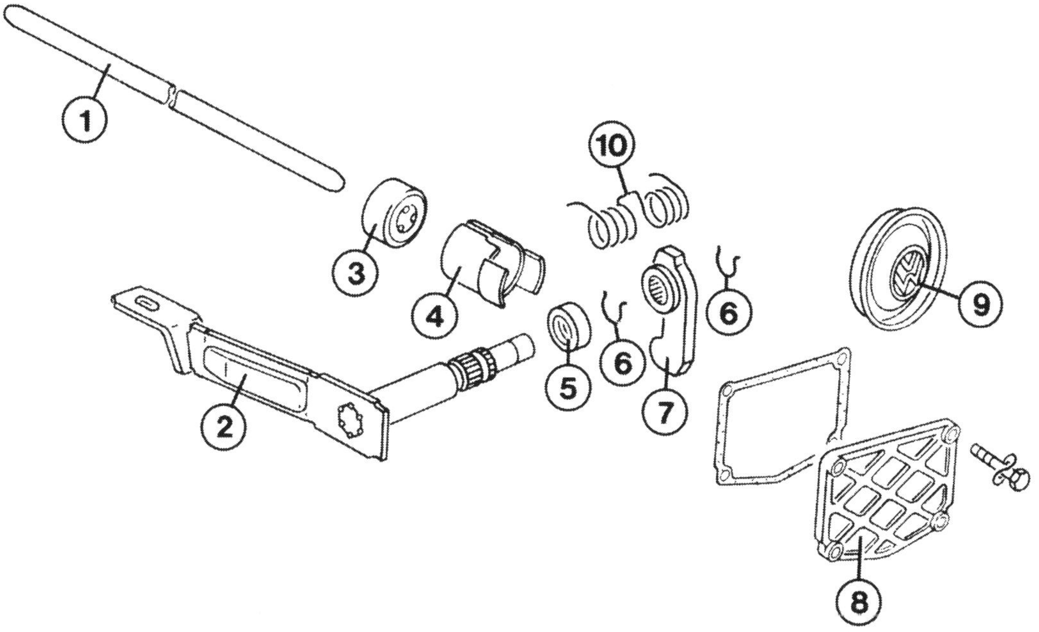

Das Kupplungs-Ausrücklager (3) des Tassenstößelmotors mit den umgebenden Teilen: 1 – Kupplungsdruckstange; 2 – Ausrückwelle; 4 – Führungshülse; 5 – Gummiring; 6 – Sicherungsring; 7 – Kupplungshebel; 8 – Getriebedeckel des Vierganggetriebes; 9 – Deckel für Fünfganggetriebe; 10 – Rückzugfeder.

Fingerzeige: *Werkstätten wagen sich nur selten an die Reparatur oder Überholung eines Getriebes, sondern raten lieber zu einem Austauschaggregat. Preiswerter ist in den meisten Fällen der Einbau einer gebrauchten Schaltbox von der Autoverwertung. Achten Sie dabei auf die richtigen Getriebe-Kennbuchstaben (siehe unter »Technische Daten«).*
Am Getriebegehäuse sind die Kennbuchstaben eingeschlagen, außerdem das Herstellungsdatum mit Tag und Monat, während von der Jahreszahl nur die letzte Ziffer angegeben ist. Sie finden die Kennzeichnung für das Getriebe des Schlepphebelmotors vorn oben am Gehäuse, für das Getriebe des Tassenstößelmotors seitlich links unterhalb der Antriebswelle bzw. unten in der Mitte am Anlageflansch zum Motor.

Die Getriebeautomatik

Das automatische Getriebe funktioniert folgendermaßen: Zwischen ein Dreigang-Planetengetriebe und den Motor ist ein hydraulischer Drehmomentwandler geschaltet, in dem das Drehmoment des Motors auf Schaufelräder übertragen wird. Bei laufendem Motor versetzt das mit ihm gekoppelte Pumpenrad die Wandlerflüssigkeit (ATF) in eine Drehbewegung und schleudert sie nach außen gegen das Wandlergehäuse. Dabei trifft die Flüssigkeit auf das sogenannte Leitrad, das den ATF-Strom in die vorgesehene Richtung lenkt. Dadurch wird auch das mit dem Getriebe verbundene Turbinenrad in Drehung versetzt und somit die Motorkraft übertragen.
Die Übersetzungsänderung erfolgt beim automatischen Getriebe durch Zusammenschalten verschiedener Zahnräder unter Betätigung von Kupplungen und Bremsbändern durch das hydraulische Steuersystem. Das geschieht abhängig von Motordrehzahl und Gaspedalstellung.

Fingerzeige: *Weil die Zahnräder des Planetengetriebes dauernd im Eingriff stehen und die Wandlerflüssigkeit bei laufendem Motor immer versucht – durch den Motor in Drehung versetzt –, das Getriebe und damit auch die Antriebsräder zu bewegen, »kriecht« der VW im Leerlauf.*
Sollte der Automatik-VW einmal nicht anspringen, hilft Anschieben oder Anschleppen nicht. Der hydraulische Drehmomentwandler kann bei stehendem Motor keine Verbindung zwischen Triebwerk und Getriebe herstellen. Es geht nur mit Starthilfekabeln.

Schaltpunkte prüfen

Wartung Nr. 39

Ob die Getriebeautomatik richtig hoch- bzw. herunterschaltet, können Sie anhand der Tabelle auf der folgenden Seite prüfen. Allerdings sollten Sie von den Geschwindigkeitsangaben des Tachometers rund 5% Voreilung abziehen.
Durch kräftiges Niedertreten des Gaspedals (Kickdown) veranlaßt man das automatische Getriebe zum Herunterschalten, wenn die entsprechenden Schaltpunkte noch nicht überschritten sind. Reagiert die Automatik nicht auf Kickdown, muß die Werkstatt die Einstellung des geteilten Gaszugs vom Pedal zum Getriebe bzw. vom Getriebe zur Drosselklappe kontrollieren. Die exakte Einstellung läßt sich in Selbsthilfe nicht bewerkstelligen.

Gaspedalstellung	Schaltpunkte in km/h			
	beim Hochschalten		beim Zurückschalten	
	1. – 2. Gang	2. – 3. Gang	3. – 2. Gang	2. – 1. Gang
Vollgas	32–37	82–87	58–50	27–24
Kickdown	58–63	109–111	105–103	56–52

Störungsbeistand Getriebeautomatik

Hier finden Sie nur Störungen beschrieben, die sich durch die Ölstandskontrolle oder einfachere Einstellarbeiten beheben lassen. Läßt sich der Fehler anhand der genannten Punkte nicht abstellen, liegt die Ursache im Innern der Getriebeautomatik.

Die Beanstandung	– ihre Ursache
A Ruckartige Schaltübergänge beim Einlegen der Fahrstufen »D« oder »R« aus der Stellung »N« heraus	1 ATF-Stand zu niedrig 2 Leerlaufdrehzahl zu hoch
B Starkes Kriechen im Leerlauf bei eingelegtem Fahrbereich	Siehe A 2
C Fahrzeug setzt sich bei eingelegtem Fahrbereich nicht in Bewegung, kein Antrieb in allen Fahrstufen	Siehe A 1
D Langgezogene, schleifende Schaltübergänge	Siehe A 1
E Verzögerter Antrieb nach längerer Standzeit	Siehe A 1
F Unregelmäßiger Antrieb in allen Fahrstufen	Siehe A 1
G Kickdown arbeitet nicht	Gasbetätigung und Gaspedalzug falsch eingestellt
H Getriebe schaltet bei mittleren Geschwindigkeiten zu spät hoch	Siehe G
I Schlechte Beschleunigung, Höchstgeschwindigkeit wird nicht erreicht	1 Siehe A 1 2 Schlechte Motorleistung durch falsche Einstellung oder Verschleiß

Automatikgetriebe ausbauen

Hier gilt gleiches wie für den Ausbau des Schaltgetriebes, Sie müssen im Motorraum und an der Wagenunterseite arbeiten. Der Motor muß, wie dort beschrieben, aufgehängt werden, damit er bei ausgebauten Aufhängungen nicht durchhängt. Zum Abnehmen des Getriebes ist ein Rangierwagenheber oder ein Helfer notwendig.

■ Masseband und Plusleitung von der Batterie abklemmen.

■ Tachowelle am Getriebe losschrauben.

■ Beide oberen Verbindungsschrauben zwischen Motor und Getriebe herausdrehen.

■ Getriebestütze hinten von Getriebe und Karosserie abschrauben.

■ Gelenkwellenschrauben losdrehen.

■ Anlasser ausbauen; die dritte Schraube sitzt zwischen Motor und Anlasser.

■ Ölwannenschutzblech und Abdeckblech für den Drehmomentwandler abschrauben.

■ Durch den Flansch für den Anlasser die drei Halteschrauben des Drehmomentwand-

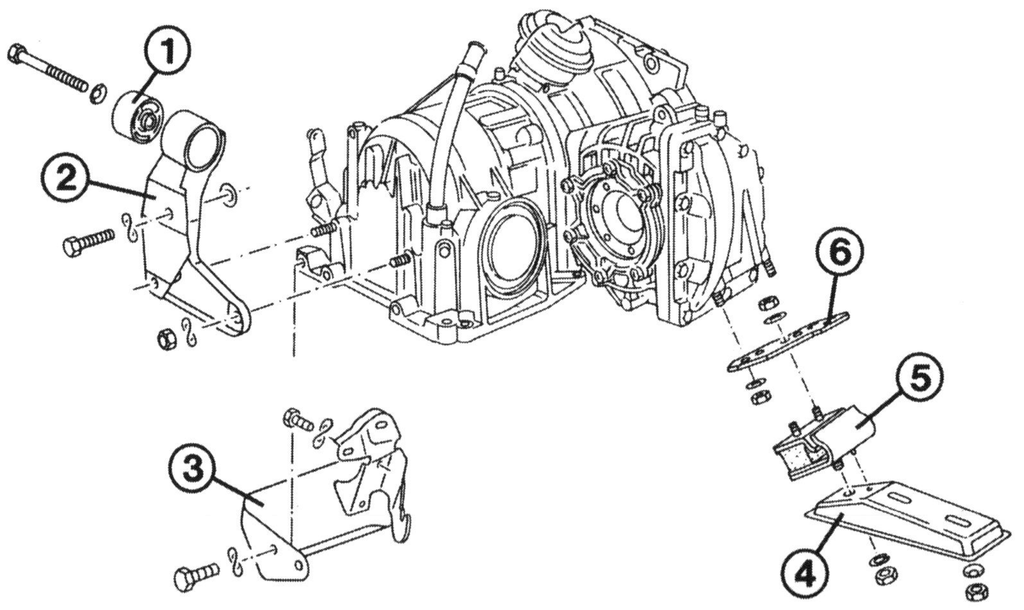

Das Automatikgetriebe besitzt folgende Aufhängungsteile: 1 – Gummi-Metall-Lager; 2 – Stütze vorn; 3 – Abdeckblech für Getriebe; 4 – Lagerbock hinten; 5 – Gummi-Metall-Lager; 6 – Verstärkungsblech.

lers losdrehen, dazu den Motor jeweils ⅓ Umdrehung weiterdrehen.

■ In Stellung »P« den Seilzug zum Wählhebel abklemmen.

■ Am Getriebe den Haltebock für die Seilzüge abschrauben.

■ Pedalzug und Vergaserzug aushängen, dabei die Einstellung nicht verändern.

■ Getriebestütze links von Getriebe und Karosserie abschrauben.

■ Vorn am Stirnblech und am Getriebe die Drehmomentstütze abschrauben.

■ Getriebe mit einem Rangierwagenheber unten abstützen, dabei ein Holzstück zwischenlegen.

■ Untere Verbindungsschraube zwischen Motor und Getriebe herausdrehen.

■ Mit einem Montierhebel das Getriebe vom Motor abdrücken.

■ Getriebe auf dem Wagenheber am Anlageflansch zum Motor in Fahrtrichtung nach vorn ziehen und gleichzeitig vorsichtig ablassen.

■ Drehmomentwandler ggf. mit Draht oder Schnur so festbinden, daß er nicht aus dem Getriebe herausfallen kann.

■ Wenn er verrutscht, wird die Pumpenwelle aus der Verzahnung zum Mitnehmer herausgezogen.

■ Vor dem Ansetzen des Getriebes muß dann erst der Wandler korrekt eingesetzt werden: Etwas hin- und herdrehen, damit er bis zum Anschlag auf der sogenannten Freilaufstütze steckt.

■ Beim Einbau gelten die gleichen Drehmomente wie beim Schaltgetriebe, siehe Tabelle Seite 110. Der Drehmomentwandler wird mit 30 Nm am Mitnehmerblech angeschraubt.

■ Nach dem Zusammenbau sollte die Werkstatt die Einstellung des zweigeteilten Gaszugs sowie des Wählhebelseilzugs kontrollieren.

Der Achsantrieb

Das Getriebe und der Achsantrieb mit dem Ausgleichsgetriebe sitzen in einem gemeinsamen Gehäuse. Die vom Motor ans Getriebe geleitete Kraft gelangt über ein kleines und ein großes Zahnrad an den Achsantrieb. Am großen Zahnrad ist das Gehäuse des Ausgleichsgetriebes angeschraubt. In diesem Gehäuse sitzen vier ineinandergreifende Kegelräder, von denen zwei mit den Antriebswellen verbunden sind.
Solange wir geradeaus fahren, rollen beide Vorderräder mit der Drehzahl des großen Achsantriebsrades. Die Kegelräder des ebenfalls im gleichen Tempo drehenden Ausgleichsgetriebe-Gehäuses stehen dagegen still. Beim Durchfahren einer Kurve muß das kurvenäußere Rad einen längeren Weg zurücklegen als das innere. Jetzt treten die Kegelräder in Aktion: Die schnellere Drehung des äußeren Rades und seines Kegelrades wirkt über die beiden Übertragungskegelräder auf jenes Kegelrad auf der Kurveninnenseite ein, das nun entsprechend langamer dreht.
Dieser Ausgleich ist notwendig, sonst würde der Wagen ruckartig mit durchdrehenden Vorderradern durch die Kurven fahren. Nachteilig wirkt sich das Ausgleichsgetriebe jedoch aus, wenn ein Antriebsrad auf glattem Untergrund durchdreht. Dann wird auf das andere Vorderrad praktisch keine Kraft mehr übertragen, der Wagen rührt sich nicht von der Stelle.

Die Antriebswellen

Damit Sie beim Fahren und Lenken möglichst wenig von den Antriebskräften in der Lenkung verspüren, müssen die Gelenke der Antriebswellen die Kräfte in allen Feder- und Lenkstellungen vollkommen gleichmäßig übertragen. Am Ausgleichsgetriebe sitzt ein sogenanntes Ver-

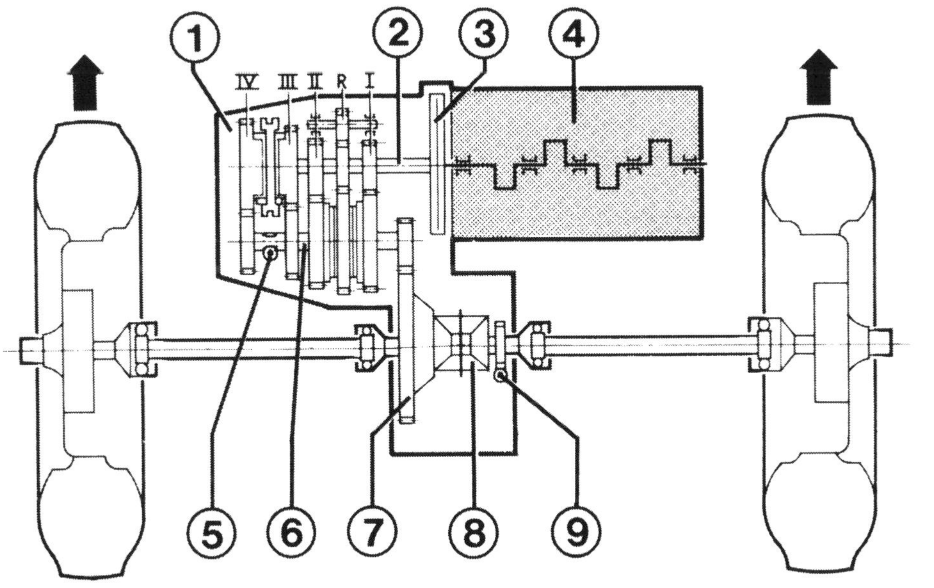

Der Motor (4) treibt über die Kupplung (3) das Getriebe (1) an. Auf der Getriebe-Antriebswelle (2) sitzen die Zahnräder der einzelnen Gänge (I bis IV und R). Ihnen gegenüber liegen die Zahnräder auf der Abtriebswelle (6). Diese Welle gibt die Motorleistung an den Achsantrieb (7) weiter. Das Ausgleichsgetriebe (8) muß die unterschiedlichen Wegstrecken der Räder bei Kurvenfahrt ausgleichen. 5 – Tachoantrieb beim Tassenstößelmotor; 9 – Tachoantrieb beim Schlepphebelmotor.

schiebegelenk. Es ermöglicht den zum Ein- und Ausfedern notwendigen Längenausgleich, muß aber nur geringe Beugewinkel ertragen. Am Rad sitzt ein festes Gelenk. Hier ist kein Längenausgleich notwendig, dafür ein großer Beugewinkel für den Lenkeinschlag.

Manschetten der Antriebswellen prüfen

Wartung Nr. 31

Die Gelenke der Antriebswellen sind durch Gummimanschetten vor Feuchtigkeit und Schmutz geschützt und mit je 90 g MoS_2-Schmierfett gefüllt.

■ Wagen vorn mit freihängenden Rädern aufbocken.

■ Am Rad drehen und beide Manschetten der Welle auf feine Risse und spröde Stellen kontrollieren.

■ Sitzen die Schlauchbinder fest?

■ Fettspuren an der Manschette sind ein Alarmsignal, denn fehlendes Schmiermittel oder eindringender Schmutz bzw. Feuchtigkeit zerstören die Gelenkoberflächen sehr schnell.

■ Beschädigte Manschetten sofort ersetzen. Dazu muß die Antriebswelle ausgebaut und zerlegt werden.

Gelenkwellen-Ausführungen

Je nach Getriebe sind unterschiedlich lange Gelenkwellen eingebaut. Darauf müssen Sie achten, wenn Sie eine gebrauchte Welle kaufen.

Getriebe	Länge der Welle ohne Gelenke links mm	rechts mm	Bemerkungen
Schlepphebelmotor	467,5	658	
Tassenstößelmotor mit Schaltgetriebe	445,5	658	links Vollwelle, rechts Rohrwelle
Tassenstößelmotor mit Getriebeautomatik	445,5	658	

Störungssuche an den Antriebswellen

Die Gelenke der Antriebswellen zeigen meist schlagartig Ausfallserscheinungen, die aber zwischendurch wieder völlig verschwinden können. Die »ruhige Phase« kann sich über mehrere Tage und Kilometer erstrecken.

□ Charakteristisch sind **rhythmische Schlag- oder Knack-knack-knack-Geräusche** beim Gasgeben und im Schiebebetrieb. Verändern sich diese Töne noch abhängig vom Lenkeinschlag, dürfte das radseitige Gelenk defekt sein.

□ **Vibrationen und Zitterbewegungen im Lenkrad** bei eingeschlagenen Rädern weisen ebenfalls auf ein schadhaftes äußeres Gelenk.

□ Ein Knackgeräusch beim Anfahren mit eingeschlagenen Rädern liegt nicht unbedingt an den Antriebswellen, sondern evtl. am Radlager, siehe Seite 123.

Antriebswelle ausbauen

Die Haltemutter an der Achsnabe ist selbstsichernd und muß jedesmal erneuert werden. Außerdem ist es wichtig zu wissen, daß der VW mit ausgebauter Gelenkwelle nicht abgebockt oder gar geschoben werden darf. Hierbei würde das Radlager ungleichmäßig belastet, und die Lagerrollen werden beschädigt.

■ Naben- bzw. Radzierkappe abnehmen.

■ Sechskantmutter SW 30 in der Radnabe lösen; hierzu muß der VW absolut fest auf dem Boden stehen. Mutter herausdrehen.

■ Wagen vorn aufbocken.

■ Innenvielzahnschrauben der Welle am Getriebe herausdrehen.

■ Gelenkwelle vom Getriebeflansch abdrücken und herausziehen.

■ Gelenkwelle aus dem Radlagergehäuse ziehen.

■ Bei Getriebeautomatik: Nach Lösen der Klemmverbindung das Achsgelenk aus dem Radlagergehäuse ziehen. Erst bei nach außen geschwenktem Radlagergehäuse kann die Gelenkwelle »ausgefädelt« werden.

■ Beim Einbau die Innenvielzahnschrauben mit den Unterlegplättchen bzw. neuen Federringen montieren. Anzugsdrehmoment 45 Nm.

■ Wagen ablassen, Räder blockieren. Neue Achsnabenmutter mit 230 Nm anziehen.

Antriebswelle zerlegen

Zum Manschetten- oder Gelenkwechsel muß die ausgebaute Antriebswelle zerlegt werden. Problematisch ist hierbei, daß das getriebeseitige Verschiebegelenk aufgepreßt ist. Wenn Sie es nach unserer behelfsmäßigen Ausbaumethode nicht abnehmen können, muß es abgepreßt und das neue Gelenk aufgepreßt werden.

Außerdem beachten, daß seit 8/80 parallel zur bisherigen Ausführung eine geänderte Befestigung des äußeren Gelenks eingesetzt hat.

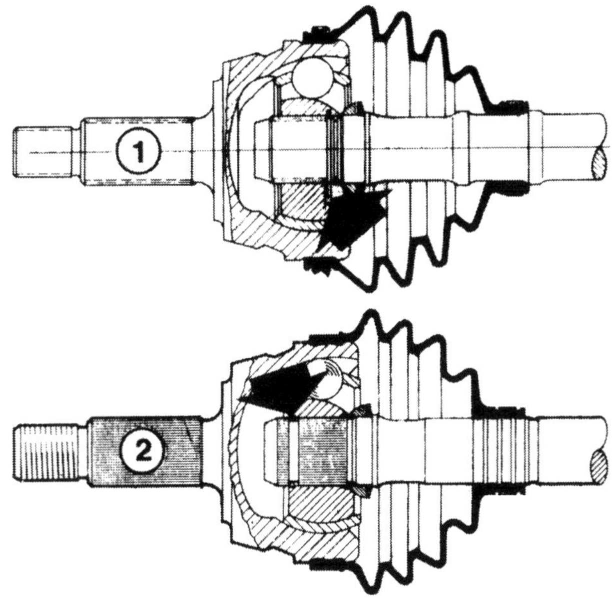

Der Pfeil zeigt jeweils auf den Sicherungsring an der Gelenkwelle älterer (1) und neuerer Bauart (2).

■ **Äußeres Gelenk:** An einer intakten Manschette den großen Schlauchbinder aufbiegen, Schutzhülle zurückstreifen.
■ Bei beschädigter Manschette diese komplett abnehmen.
■ Im Gelenk älterer Bauart (Zeichnung Nr. 1 oben) den Sicherungsring auseinanderdrükken, gleichzeitig auf den Radzapfen schlagen; dadurch löst sich das Gelenk von der Welle.
■ Beim Zusammenbau Sicherungsscheibe, Abstandsring und Tellerfeder in der oben gezeigten Reihenfolge einsetzen.
■ Gelenk auf die Welle aufklopfen, bis der eingesetzte Sicherungsring in der Nut der Welle einrastet.
■ Bei der neueren Gelenkausführung (Zeichnung Nr. 2 oben) dieses mit einem Kunststoffhammer von der Gelenkwelle mit einem kräftigen Schlag losklopfen.
■ Beim Einbau Sitz der Tellerfeder und des Abstandsrings beachten (Zeichnung oben).
■ Manschette aufziehen.
■ Neuen Sicherungsring in die Nut der Gelenkwelle einsetzen, dann Gelenk mit dem Kunststoffhammer aufklopfen, bis der Sicherungsring einrastet.
■ Ein neues Gelenk erhält 90 g MoS_2-Fett eingedrückt, ein gebrauchtes nachfetten.
■ Klemmschellen der Manschette fest zusammenpressen.
■ **Inneres Gelenk:** Blech-Schutzkappe mit der daran befestigten Manschette mit Hammer und Durchschlag vorsichtig vom Gelenk herunterklopfen. Dabei den Durchschlag an mehreren Stellen rund um das Gelenk ansetzen.
■ Am Wellenstumpf den Sicherungsring des Gelenks mit zwei feinen Schraubenziehern und Geduld aus seiner Nut herausheben.
■ Antriebsgelenk mit Hammerschlägen von der Welle losklopfen.
■ Tellerfeder von der Antriebswelle abdrücken.
■ Klemmschelle der Manschette aufbiegen oder mit Seitenschneider durchschneiden, Manschette abziehen.
■ Neue Manschette montieren. Klemmschelle fest zusammenpressen.
■ Tellerfeder so einbauen, daß ihr größerer Durchmesser zum Gelenk hin zeigt.
■ Gelenk in seinen Sitz klopfen, Sicherungsring montieren.
■ Auf jeder Seite des neuen Gelenks 45 g MoS_2-Schmierfett eindrücken. Ein gebrauchtes Gelenk lediglich nachfetten.
■ Blech-Schutzkappe der Manschette aufdrücken, notfalls leicht aufklopfen.

Fingerzeig: *Die aus Vollmaterial gefertigten Gelenkwellen bis 1/80 mit vier Wülsten am Wellenrohr besitzen eine Tellerfeder ohne Innenverzahnung. Die neuere Wellenausführung (Kennzeichnung je fünf Kerben im Rohr an beiden Wellenenden) besitzt dagegen eine innenverzahnte Tellerfeder.*

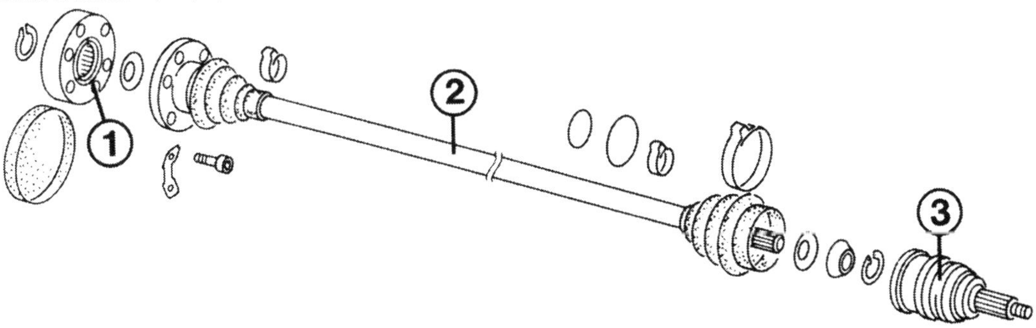

Die Antriebswelle (2) mit ihrem inneren (1) und äußeren Gelenk (3).

Standfestigkeit

Die Radaufhängung stellt die gelenkige Verbindung zwischen Karosserie und den Rädern auf der Fahrbahn her. Dazu gehört auch die Lenkung. Zusammengefaßt nennt man diese Teile das Fahrwerk, das dem oberflächlichen Betrachter durch die Karosserie verborgen bleibt.

Die Vorderradaufhängung

Es genügt nicht, die Vorderräder einfach mit der Karosserie zu verbinden, sie müssen auch exakt »geführt« werden.

□ Bei unseren Modellen dient zur Aufnahme der längs sowie seitlich auftretenden Kräfte ein sogenannter Querlenker in Form eines Dreiecks. Er ist an zwei Punkten mit der Karosserie gelenkig verbunden. Seine Anlenkpunkte liegen quer zur Fahrtrichtung.

□ An der äußeren Spitze des Dreieckslenkers sitzt das sogenannte Achsgelenk, mit dem die Federungs-/Stoßdämpfungseinheit (das Federbein, siehe rechte Seite) verbunden ist.

Die Lenkung

Die Drehungen am Lenkrad wandelt ein Lenkgetriebe – es sitzt hinter dem Motor vor der Trennwand zum Innenraum – in eine hin- und hergehende Bewegung um, damit die Vorderräder zur Seite schwenken können.

□ Der VW hat eine Zahnstangenlenkung. Ein Zahnrad (Ritzel) am Ende der Lenksäule greift in eine gezähnte Stange ein und verschiebt diese je nach Drehung am Lenkrad nach rechts oder links.

□ Diese Bewegungen übertragen die an beiden Seiten der Zahnstange direkt angeschraubten Spurstangen auf die schwenkbaren Radzapfen (Achsschenkel) und damit auf die Räder.

Die Hinterachse

□ Hier haben wir eine richtige Achse aus einem Stück vor uns. Sie ist aber nicht starr, sondern in sich verdrehbar. Das Kernstück bildet ein T-förmiger Querträger aus Federstahl. Daran sind rechts und links rohrförmige Längslenker (= in Längsrichtung angelenkt) angeschweißt. Sie tragen in Fahrtrichtung hinten die Haltekonsole für das Federbein. Seitlich an der Konsole ist der Radzapfen angeschraubt.

□ Beim Jetta ist ein zusätzlicher Stabilisator am Hinterachskörper befestigt: Federn beide Räder gleichzeitig ein, macht der an beiden Enden zu Hebeln gebogene Stabilisatorstab die Bewegung mit, ohne sich dagegen zu sperren. Beim Durchfahren einer Kurve federt jedoch

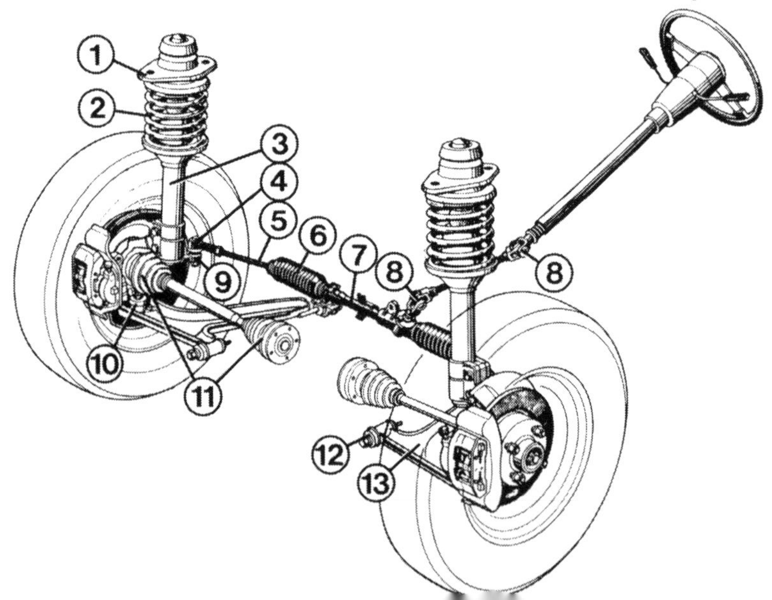

Vorderradaufhängung und Lenkung unserer VW-Modelle: 1 – Federbeinlagerung; 2 – Schraubenfeder; 3 – Stoßdämpfergehäuse; 4 – Spurstangenkopf; 5 – Spurstange; 6 – Lenkgetriebemanschette; 7 – Lenkgetriebe; 8 – Gelenke der Lenksäule; 9 – Lenkhebel; 10 – Achsgelenk; 11 – Gelenke der Antriebswelle; 12 – Gummi-Metall-Lager des Dreieckslenkers (13).

das kurveninnere Rad aus, und die Feder des kurvenäußeren Rades wird stärker zusammengepreßt. Dadurch wird der Stabilisator in sich verdreht. Er verstärkt so die Federung im kurvenäußeren Rad und bewirkt, daß sich die Karosserie weniger stark zur Kurvenaußenseite neigt. Golf und Scirocco kommen ohne Stabilisator aus, da der Federstahl-Achskörper eine für sie ausreichende Stabilisatorwirkung besitzt.

□ Die Verbindung zwischen Hinterachse und Karosserie stellt je ein Lagerbock mit Gummi-Metall-Lager in Fahrtrichtung vorn am Längslenker her.

Die Federbeine

Unter dem Begriff Federbein verstehen wir die Zusammenfassung von Feder und Stoßdämpfer in einer Einheit. Der Dämpfer ist in die Schraubenfeder hineingesteckt. Feder und Dämpfer arbeiten genau in derselben Bewegungsrichtung. Das ergibt gleichmäßige, für die Fahrzeuginsassen angenehme Federbewegungen. Solche Federbeine hat der VW an der Vorder- und Hinterachse.

Für die Vorderradfederung wurde ein Patent des Amerikaners Earl S. McPherson verwendet. Das nach ihm benannte Federbein stellt ein komplettes Radaufhängungssystem dar. Oben an der Verbindung zur Karosserie ist es drehbar gelagert, so daß Lenkbewegungen überhaupt möglich sind. Am unteren Teil sitzt der Radzapfen, auf dem das Vorderrad läuft.

Die Stoßdämpfer

Die Stöße der Fahrbahn schlucken Reifen und Federn. Die Stoßdämpfer indessen sollen die Schwingungen der Radmassen unterdrücken bzw. zum Abklingen bringen. Richtiger wäre daher die Bezeichnung »Schwingungsdämpfer«.

Serienmäßig sind sogenannte Zweirohrdämpfer eingebaut. Sie bestehen aus einem Arbeitszylinder, in dem ein mit einer Kolbenstange verbundener Arbeitskolben auf und ab gleiten kann. Der Arbeitszylinder ist von einem zweiten Zylinder umgeben, der als Vorratsbehälter für das Stoßdämpfer-Hydrauliköl dient. Bei Federbewegungen eines Rades verschiebt sich der Kolben im Zylinder. Das in Bewegung versetzte Spezialöl wird durch Ventile hindurchgepreßt, was die Kolbenbewegung verlangsamt und damit die Schwingungen des jeweiligen Rades dämpft.

Lenkgetriebe-Manschetten kontrollieren

Wartung Nr. 26

Die gelenkigen Verbindungen zwischen dem Lenkgetriebe und den Spurstangen sind durch je eine Gummimanschette geschützt. Ein schadhafter Faltenbalg läßt Schmutz und Feuchtigkeit ins Lenkgetriebe gelangen. Das ergibt zusammen mit dem Lenkgetriebefett eine Art Schleifpaste und nagt am Lenkritzel. Ist die Lenkung in der Geradeausstellung schon etwas »teigig«, hilft Nachstellen nicht mehr, sonst klemmt sie beim Einschlagen der Räder und geht nach Kurven nicht mehr zurück.

■ Am besten geht die Kontrolle bei abgenommenen Vorderrädern.

■ Lenkrad nach links bzw. rechts einschlagen.

■ Ziehen Sie den Faltenbalg Stück um Stück auseinander, um Risse in den Gummiwülsten zu erkennen.

■ Sitzt der Haltering außen (Bild auf der nächsten Seite unten links) fest auf der jeweiligen Manschette?

■ Kontrollieren Sie den festen Sitz des Schlauchbinders innen an der rechten Manschette.

■ Eine defekte Manschette sofort ersetzen, siehe Seite 122.

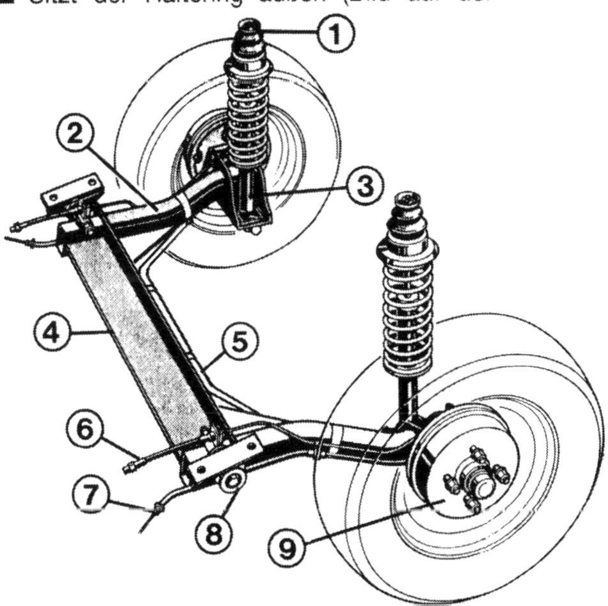

Die hintere Radaufhängung: 1 – oberes Federbeinlager; 2 – Längslenker; 3 – Stoßdämpfer; 4 – T-förmiger Querträger aus Federstahl; 5 – Stabilisator (nur Jetta); 6 – Bremsschlauch; 7 – Handbremsseil; 8 – Gummi-Metall-Lager; 9 – Bremstrommel.

Staubkappen und Spiel der Spurstangenköpfe prüfen

Wartung Nr. 29

Rechts und links zwischen Spurstange und Lenkhebel am Radlagergehäuse sitzt ein Gelenk. Der stählerne Kugelkopf ist von selbstschmierendem Kunststoff umhüllt und durch eine staub- sowie wasserdichte Umhüllung geschützt.

■ Kontrollieren Sie die Manschetten der Spurstangengelenke auf Risse.

■ Eventuelles Spiel im Gelenk wird bei auf dem Boden stehendem Wagen geprüft. Am besten geht das auf einer Grube.

■ Lassen Sie einen Helfer das Lenkrad mehrmals kurz nach links bzw. rechts drehen und fühlen Sie an den Spurstangengelenken, ob sie »Luft« haben.

■ Spurstangenköpfe mit defekter Manschette oder Spiel müssen umgehend ersetzt werden, siehe Seite 122.

Achsgelenk-Staubkappen kontrollieren

Wartung Nr. 30

Die Gelenke rechts und links zwischen Dreieckslenker und Radlagergehäuse sind wartungsfrei. Die stählernen Kugelköpfe der Achsgelenke sitzen in einer Fett-Dauerfüllung und zusätzlich in Kunststoffschalen. Als Schutz vor Nässe und Schmutz dienen Staubkappen aus Kunststoff. Eindringender Schmutz wirkt wie Schmirgelsand im Gelenk; Feuchtigkeit läßt es mit der Zeit festrosten.

■ Lenkung nach einer Seite voll einschlagen.

■ Kappen der Achsgelenke rechts und links auf Beschädigungen kontrollieren.

■ Eine schadhafte Staubkappe kann nicht einzeln ersetzt werden, das Achsgelenk muß komplett ausgetauscht werden (Seite 120).

Spiel der Achsgelenke kontrollieren

Eine Prüfung, ob die Achsgelenke Spiel aufweisen, ist im Wartungsplan nicht vorgesehen. Die Kontrolle ist nach unseren Erfahrungen nur bei Wagen mit Kilometerleistungen ab 80000 erforderlich.

■ Wagen aufbocken, daß das betreffende Vorderrad frei hängt.

■ Rad oben und unten fassen und quer zur Fahrtrichtung daran rütteln.

■ Zeigt sich »Luft«, sollten Sie das Spiel in der Werkstatt prüfen lassen.

Lenkungsspiel prüfen

Wartung Nr. 10

■ Linkes Seitenfenster herunterkurbeln. Stellen Sie sich neben den Wagen.

■ Durchs Fenster greifen und Lenkrad kurz hin und her drehen.

■ Bewegt sich das linke Vorderrad aus der Geradeausstellung sofort mit? Achten Sie auf die Felge, denn der elastische Reifen kann einen Teil des Einschlags »schlucken«, ehe er sich bewegt.

■ Zeigt das Lenkgetriebe Spiel, kann es nachgestellt werden.

■ Die Einstellschraube läßt sich nur mit einem speziell gekröpften und gebogenen Ringschraubenschlüssel verdrehen. Diese sehr selten notwendige Arbeit würden wir der Werkstatt überlassen.

Radlagerspiel prüfen

Wartung Nr. 46

Die Räder laufen vorn auf zweireihigen Kugellagern und hinten auf Schrägkegel-Rollenlagern. Sie halten, mit Dauerfetten montiert, an der Hinterachse weitaus mehr als 100000 km durch. Die vorderen Radlager können schon wesentlich früher durch laute Laufgeräusche auf sich aufmerksam machen. Wird das Geräusch z.B. in Rechtskurven lauter, ist das linke Radlager defekt.

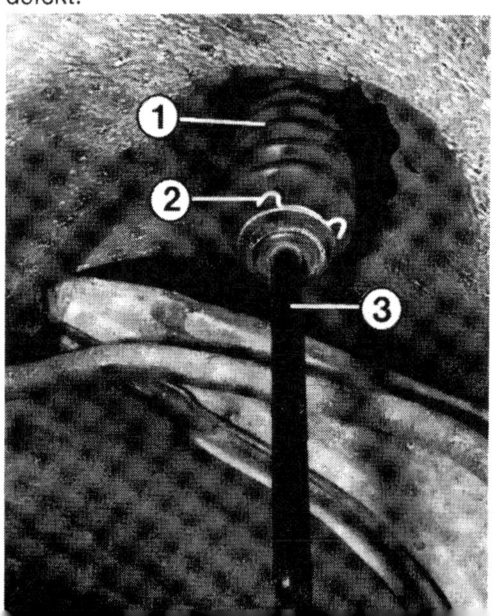

Links: Die Gummimanschette (1) an der Verbindung zwischen Spurstange (3) und Lenkgetriebe darf nicht beschädigt sein. Auch der Spannring (2) muß fest sitzen. Rechts: Wenn die Staubkappe eines Spurstangenkopfes beschädigt ist, muß der Spurstangenkopf ersetzt werden.

■ Fassen Sie nacheinander die fest am Boden stehenden Räder oben und versuchen Sie, diese quer zum Wagen zu bewegen.
■ Bei einwandfreien Lagern darf praktisch keine »Luft« vorhanden sein.
■ Zeigen die hinteren Radlager Spiel, können sie nachgestellt werden (Seite 128).
■ Bei Spiel an den Lagern der Vorderräder lassen Sie einen Helfer auf das Bremspedal treten und wiederholen die Kontrolle.
■ Ist weiterhin Spiel vorhanden, liegt die Ursache am Achsgelenk.
■ Die vorderen Radlager können nicht eingestellt werden, sondern man muß sie ersetzen, siehe Seite 123.
■ Bei hochgebocktem Wagen können Sie noch prüfen, ob sich die Räder leicht drehen lassen (keine Schleif- oder Mahlgeräusche?).

Stoßdämpfer prüfen

Nachlassende Dämpfwirkung wird oft unbewußt durch verändertes Fahrverhalten ausgeglichen. Eine Faustregel besagt, daß nach zwei verschlissenen Reifensätzen die Serienstoßdämpfer nur noch die Hälfte ihrer ursprünglichen Wirkung besitzen und somit austauschreif sind.
Keine genaue Diagnose erhält man durch die bekannte »Schaukelmethode« im Stand, bei der man den Wagen am betreffenden Kotflügel aufschaukelt und plötzlich losläßt: Die Federbewegung müßte sofort gedämpft werden. So läßt sich aber nur ein total ausgefallener Stoßdämpfer feststellen.
Ein genaueres Bild über den Stoßdämpferzustand liefert ein spezieller Prüfstand, wie z.B. der »Shocktester« von Boge. Die Ausschwingbewegungen der zuvor in Schwingung versetzten Fahrzeugachse werden auf ein Diagramm aufgezeichnet. Dazu darf das Stoßdämpferöl nicht zu kalt sein, sonst wird das Meßergebnis verfälscht. Anhand des Diagramms hat man einen Anhaltspunkt über die Funktionsfähigkeit der Stoßdämpfer. Solche Prüfstände haben Autoclubs im »Wandereinsatz« sowie manche Werkstätten und TÜV-Stellen.

Störungsbeistand Stoßdämpfer

Es gibt einige untrügliche Anzeichen für nachlassende Stoßdämpferwirkung:
□ **Flatternde Lenkung**, weil die Räder keinen ständigen Bodenkontakt haben.
□ **Die Karosserie schwingt** nach Überfahren von Unebenheiten **nach**.
□ **»Schwammiges« Verhalten in Kurven**, weil die kurveninneren Räder nicht genügend auf den Boden gedrückt und die äußeren nicht stark genug entlastet werden.
□ **Springende Räder**; das muß freilich ein neben- oder hinterherfahrender Begleiter beobachten.
□ **Vielfach unterbrochene Bremsspur bei Vollbremsung** durch springende Räder.
□ **Ungleichmäßige Abnutzung der Reifen** und erhöhter Reifenverschleiß.
□ **Erhebliche Ölspuren außen am Stoßdämpfer** bis unter den Federteller des Federbeins. Geringe Leckverluste sind dagegen normal.

Die Federbein-Lagerung

Die obere Lagerung der Federbeine dient der Geräuschisolation, soll die Federwirkung erhöhen und beim Lenkeinschlag einen möglichst geringen Widerstand entgegensetzen.
Solange die Vorderräder Fahrbahnkontakt haben, sind die Federbeinlager ständig unter Last verspannt. Falls bei der Hauptuntersuchung durch DEKRA oder TÜV das Spiel der Vorderradaufhängung bei angehobenen Rädern geprüft wird, zeigt sich zwischen Federbeinlager und Kolbenstange des Stoßdämpfers Spiel. Dies ist jedoch konstruktiv bedingt und deutet nicht auf Verschleiß.

Eigenarbeiten an Fahrwerk und Lenkung

Für die Verkehrssicherheit sind Fahrwerk und Lenkung von entscheidender Bedeutung. Sie sollten daran nur schrauben, wenn Sie sich Ihrer Sache völlig sicher sind. Andernfalls gefährden Sie sich und andere.
Sollten Sie die hier genannten Werkzeuge nicht besitzen oder im Zweifel sein, ob Sie die betreffende Reparatur selbst bewerkstelligen können, gehört die Arbeit in die Werkstatt.

Vorderradaufhängung zerlegen

An den Teilen der vorderen Radaufhängung läßt sich vieles selbst aus- und einbauen. Für bestimmte Arbeiten sind allerdings Werkstattgeräte erforderlich. Beschädigte Teile der Radaufhängung dürfen nicht gerichtet oder gar geschweißt, sondern müssen grundsätzlich erneuert werden.

Stabilisator ausbauen

■ Wagen vorn aufbocken. Beide Räder müssen gleichmäßig ausgefedert sein.
■ Je zwei Muttern an den Halteschellen an beiden Dreieckslenkern losdrehen.

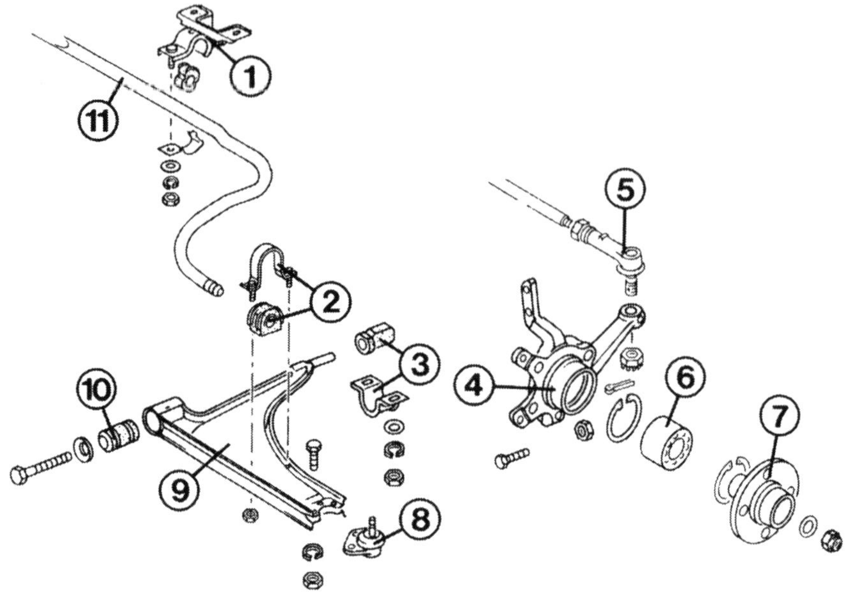

Einzelteile der zerlegten Vorderradaufhängung: 1 – Halteschelle innen und außen (2) des Stabilisators (11). Dieser ist serienmäßig nur an den Einspritzversionen eingebaut. 3 – Halteschelle des Dreieckslenkers (9); 4 – Radlagergehäuse; 5 – Spurstange; 6 – Radlager; 7 – Radnabe; 8 – Achsgelenk; 10 – Gummi-Metall-Lager.

■ An den hinteren Lagerpunkten der Lenker beidseitig eine Mutter der kleinen Halteschelle herausschrauben.
■ Stabilisator abnehmen.
■ Kontrollieren Sie vor dem Einbau den Zustand der Stabilisator-Gummilager.
■ Beim Einbau an den hinteren Gummilagern die Einstecköffnung mit Glyzerin bestreichen. So lassen sie sich leichter auf den Stabilisator aufschieben.
■ Hintere Schellen zuerst in ihre entsprechenden Halteösen einstecken.
■ Alle Muttern mit 25 Nm festziehen.

Dreieckslenker ausbauen

■ Ggf. Stabilisator abschrauben.
■ Klemmverschraubung oben am Achsgelenk lösen.
■ Achsgelenk nach unten herausziehen.
■ Falls das nicht problemlos geht, Schnellrostlöser ansprühen und mit Hammerschlägen herausklopfen.
■ Halteschrauben aus dem vorderen Lager des Dreieckslenkers herausdrehen.
■ Beide Muttern der hinteren Halteschelle lösen, Lenker abnehmen.
■ Gummi-Metall-Lager auf Risse oder sonstige Beschädigungen kontrollieren.
■ Beim Einbau Muttern der hinteren Halteschelle mit 45 Nm anziehen.
■ Am vorderen Lager des Dreieckslenkers wird eine neue Spezial-Sicherungsscheibe gebraucht.
■ Schraubgewinde und Gewindebohrung im Lager von Öl und Fett säubern.
■ Schraube mit Sicherungsmittel einsetzen und 70 Nm festziehen.
■ An der Klemmbefestigung des Achsgelenks neue selbstsichernde Mutter verwenden und mit 30 Nm (M 8) bzw. 50 Nm (M 10) anschrauben.

Achsgelenk ersetzen

Das Achsgelenk ist ab Werk am Dreieckslenker angenietet. Zum Einbau des Achsgelenks drei Schrauben M 7 × 22 mit Federringen verwenden. Bis Fahrgestell-Nummer 178 3 173 584 bzw. 538 2 028 903 wurden Achsgelenke mit 15 mm Zapfendurchmesser eingebaut, später solche mit einem Durchmesser von 17 mm. In Verbindung mit den neueren Radlagergehäusen können die 17-mm-Gelenke auch in einem älteren Fahrzeug eingebaut werden.

■ Dreieckslenker ausbauen.
■ Niete mit 6-mm-Bohrer durchbohren.
■ Nietköpfe mit einem Flachmeißel abschlagen, Nietreste heraustreiben.
■ Schrauben mit 25 Nm festziehen.

Federbein ausbauen

■ Im Motorraum die beiden außenliegenden Muttern der oberen Federbeinbefestigung losdrehen.
■ Wagen vorn aufbocken, betreffendes Rad abschrauben.
■ Lage der oberen Exzenterschraube am Federbein anzeichnen (Bild rechts unten), damit der Radsturz nicht unnötig verstellt wird.
■ Beide unteren Verschraubungen des Federbeins lösen, Schraubenbolzen heraustreiben.
■ Federbein abnehmen.
■ Beim Einbau für die Exzenterschraube eine neue Spezial-Sicherungsscheibe verwenden.
■ Verschraubungen unten mit 80 Nm, Muttern oben mit 20 Nm festziehen.
■ Radsturz gelegentlich kontrollieren lassen.

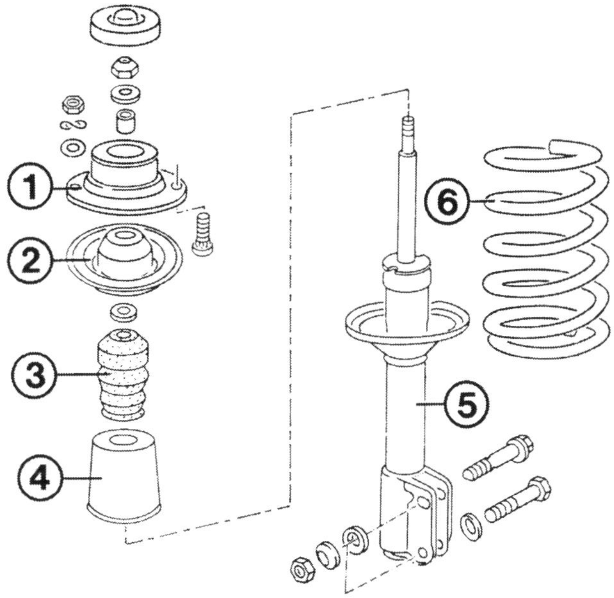

Im linken Bild sind zwei Federspanner an der vorderen Schraubenfeder angesetzt. Rechts die Einzelteile des vorderen Federbeins: 1 – Federbeinlagerung; 2 – oberer Federteller; 3 – Anschlagpuffer; 4 – Schutzhülle; 5 – Stoßdämpfer; 6 – Schraubenfeder.

Stoßdämpfer bzw. Feder ausbauen

Zu dieser Arbeit ist eine Spannvorrichtung für die Schraubenfeder zwingend erforderlich. Gebraucht werden mindestens zwei Federspanner. Ohne diese besteht durch die etwa vierfache Vorspannung der Schraubenfeder die Gefahr, daß die Teile nach Lösen der zentralen Halteschraube explosionsartig auseinanderfliegen – allerhöchste Verletzungsgefahr!
Als Ersatz für die offenen »Naßdämpfer« der Erstausrüstung gibt es geschlossene Stoßdämpferpatronen von V.A.G. und im Zubehörhandel. Allerdings bereitet der Ausbau des Stoßdämpfers Probleme: Ihn hält eine Schraubkappe im Federbeingehäuse. Diese Kappe besitzt keinen Außensechskant, sondern ihre geschlitzte Mutter muß mit Spezialwerkzeug gelöst werden. Als Behelf dient eine besonders lange Rohrzange. Falls die Schraubkappe festgerostet ist, hilft nur Losmeißeln. Im Einbausatz ist eine neue Schraubkappe enthalten. Unter dem Strich (Zeitersparnis) kann es aber günstiger sein, das Federbeingehäuse komplett zu wechseln.

- Federbein ausbauen.
- Schraubenfeder spannen.
- Selbstsichernde Mutter SW 22 oben lösen, gleichzeitig die Kolbenstange des Stoßdämpfers mit einem Innensechskantschlüssel SW 7 gegenhalten.
- Teile abnehmen und in ihrer Reihenfolge ablegen.
- Schraubenfeder langsam entspannen.
- Anschlaggummi und Abdeckung über dem Stoßdämpfer abnehmen.
- Schraubkappe losdrehen.
- Kolben und Kolbenstange aus dem Federbeingehäuse herausziehen.
- Stoßdämpferöl im Gehäuse zum Altöl gießen; ein ganz geringer Rest soll drin bleiben.
- Nach dem Einsetzen der neuen Stoßdämpferpatrone die Schraubkappe mit 150 Nm anziehen, was ohne Spezialwerkzeug nicht möglich ist.
- Nach Einsetzen von Abdeckung und Gummipuffer die Schraubenfeder wieder spannen, dann Federbeinlager mit seinen Teilen montieren.
- Bei der älteren Federbeinausführung soll der Dämpfungsring zwischen dem oberen und unteren Teil des Federbeinlagers mit Talkum eingesetzt werden.

Bevor die Verschraubungen unten am Federbein gelöst werden, sollten Sie die Lage der Exzenterschraube (Pfeil) anzeichnen. Das dient dann als Anhaltspunkt beim Zusammenschrauben, damit die Vorderradeinstellung in etwa wieder stimmt.

Fingerzeige: *Gebrochene Schraubenfedern kamen in den ersten Modelljahren öfters vor. Schuld ist häufig eine beschädigte Lackschicht der Feder. Kontrollieren Sie vor dem Einbau einer gebrauchten Feder deren Lackierung.*
Klappergeräusche können von Schraubenfedern stammen, deren Windungen sich berühren. Als Abhilfe kann man auf die ausgebaute Feder an deren Enden einen Schutzschlauch (gibt es im V.A.G.-Teilelager) aufziehen.
Federn und Stoßdämpfer gibt es für unsere Modelle in zahllosen Varianten. Was für Ihr spezielles Fahrzeug richtig ist, muß der V.A.G.-Teile-Spezialist aus dem betreffenden Mikrofilm heraussuchen.
Wenn Sie gebrauchte Teile einbauen, sollten die aus dem gleich starken, identischen Modell stammen. Denn zwischen Golf, Jetta und Scirocco gibt es diesbezüglich einige Unterschiede. Die Schraubenfedern sind durch Farbstriche gekennzeichnet, die Sie hoffentlich noch an der alten Feder erkennen können. Dann sollten Sie als Gebraucht-Ersatz eine mit derselben Farbkennzeichnung suchen.

Arbeiten an der Lenkung

Spurstangenkopf auswechseln

Der Spurstangenkopf an der rechten Spurstange ist getrennt angeschraubt. Als Ersatz gibt es auch für die linke Seite nur Spurstangen mit getrennten Köpfen.

- Rad abnehmen.
- Enden des Kronenmutter-Splints geradebiegen, wobei sie meist abbrechen; Splintkopf in die Kronenmutter hineinklopfen.
- Stecknuß ansetzen und Kronenmutter losdrehen, wobei der Splint abgerissen wird.
- Spurstangenkopf mit einem Klauenabzieher nach oben aus dem Lenkhebel am Radlagergehäuse herausdrücken.
- Kontermutter an der Spurstange losdrehen, dabei den Sechskant an der Stange gegenhalten.
- Lage der Spurstangenkopf-Verschraubung anzeichnen, dann stimmt die Spur nach dem Zusammenschrauben einigermaßen.
- Spurstangenkopf abschrauben und neuen bis zur Markierung eindrehen.
- Kugelbolzen des Spurstangenkopfes in den Lenkhebel hineindrücken, ggf. vorsichtig hineinklopfen.
- Kronenmutter am Spurstangenkopf mit 30 Nm anziehen und bis zum Splintloch weiterdrehen.
- Neuen Splint einstecken und Enden umbiegen.
- Kontermutter an der Spurstangenkopfverschraubung mit 50 Nm festziehen.
- Spur kontrollieren lassen.

Spurstange bzw. Lenkgetriebemanschette auswechseln

- Spannring der Gummimanschette am Lenkgetriebe zurückstreifen.
- Lenkung auf Mittelstellung drehen.
- Zum Spurstangenwechsel Abstand von der Spurstangenkopfmitte zum Gelenk innen messen, siehe Zeichnung rechts oben.
- Kontermutter am Spurstangengelenk lösen, Spurstange vom Lenkgetriebe abschrauben.
- Jetzt kann ggf. die Lenkgetriebemanschette abgezogen und durch eine neue ersetzt werden.
- Beim Montieren des Spannrings für die Manschette müssen dessen »Ohren« nach oben zeigen.
- Neue Spurstange auf 379 mm Länge einstellen, ggf. auf den Meßwert an der alten Spurstange korrigieren.

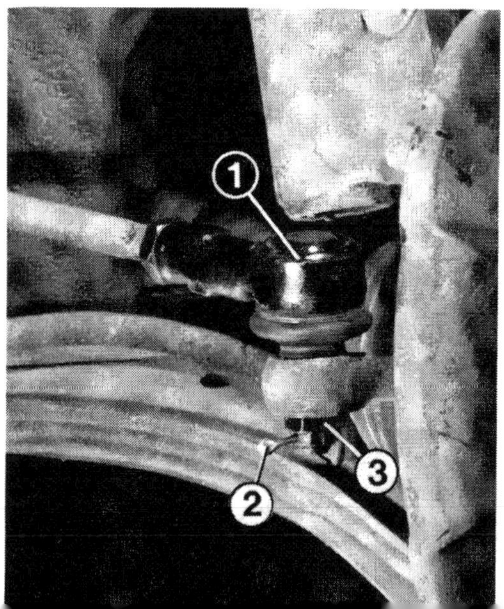

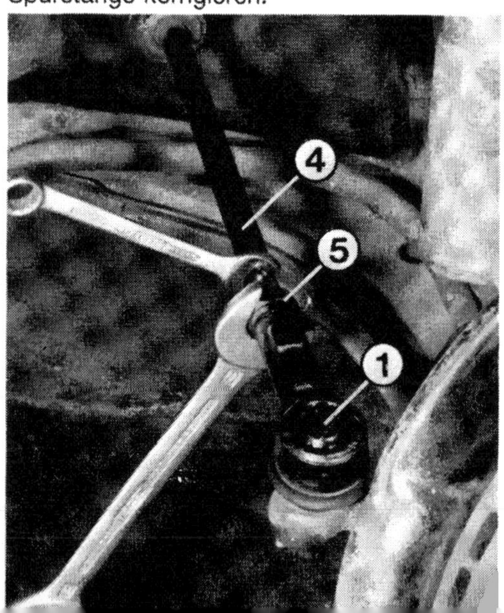

Links: Nach Aufschrauben der Kronenmutter (3) auf das Gewinde des Spurstangenkopfes (1) muß der Sicherungssplint (2) eingebaut werden.
Rechts: Zum Verändern der Radspur lassen sich die Spurstange (4) und die Mutter (5) des Spurstangenkopfes (1) verdrehen.

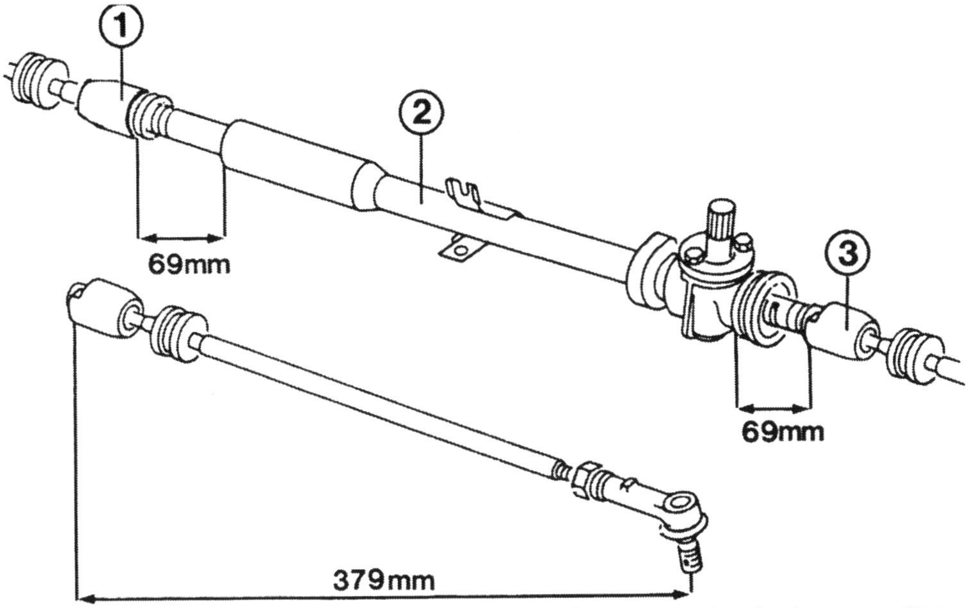

Beim Anschrauben einer Spurstange an das Lenkgetriebe muß das Gewindestück der Spurstange so eingedreht werden, daß noch ein Abstand von 69 mm zum Lenkgetriebe verbleibt (oben).
Zum Ersatz der Spurstange muß die neue auf eine Länge von 379 mm eingestellt werden (unten).

■ Rechte Spurstange auf den eigenen Meßwert einstellen, dann stimmt die Spur nach dem Einbau zumindest annähernd.
■ Kontermutter am inneren Spurstangengelenk festziehen.
■ Spurstangenkopf mit neuem Sicherungssplint montieren, siehe vorangegangenen Abschnitt.

Radlager ausbauen

Beim Anfahren mit voll eingeschlagenen Vorderrädern kann ein Knackgeräusch auftreten. Dann verschiebt sich das Radlager geringfügig im Radlagergehäuse. Abhilfe ist durch Molypaste möglich, womit der Radlagersitz – nicht das Lager – eingestrichen werden muß. Bei den V.A.G.-Ersatz-Radlagern wird diese Paste gleich mitgeliefert.
Das Radlager ist mit seinem Außenring ins Radlagergehäuse eingepreßt, am inneren Lagerring ist die Radnabe eingepreßt. Ein neues Radlager darf auf keinen Fall mit dem Hammer in seinen Sitz geklopft werden, sonst ist der nächste Schaden »mit eingebaut«. Das Aus- und Einpressen sollten Sie in der Werkstatt machen lassen.
■ Bundmutter der Antriebswelle lösen, siehe Seite 114.
■ Rad abschrauben, Bremssattel abnehmen (Seite 137) und mit angeschlossenem Bremsschlauch an der Karosserie aufhängen.
■ Bremsscheibe abschrauben (Seite 138).
■ Stellung der Exzenterschraube für die Sturzeinstellung anzeichnen, beide Verschraubungen unten am Federbein losdrehen (Seite 120).
■ Radlagergehäuse ebenso wie das Abdeckblech für die Bremsscheibe abnehmen.
■ Zuerst Radnabe vom Innenring des Radlagers abpressen.
■ Abdeckblech der Bremsscheibe losschrauben.
■ Lagerinnenring von der Radnabe abziehen.
■ Radlager-Sicherungsringe auf beiden Seiten abnehmen. Lager aus dem Gehäuse pressen.
■ Sicherungsring an der Außenseite des

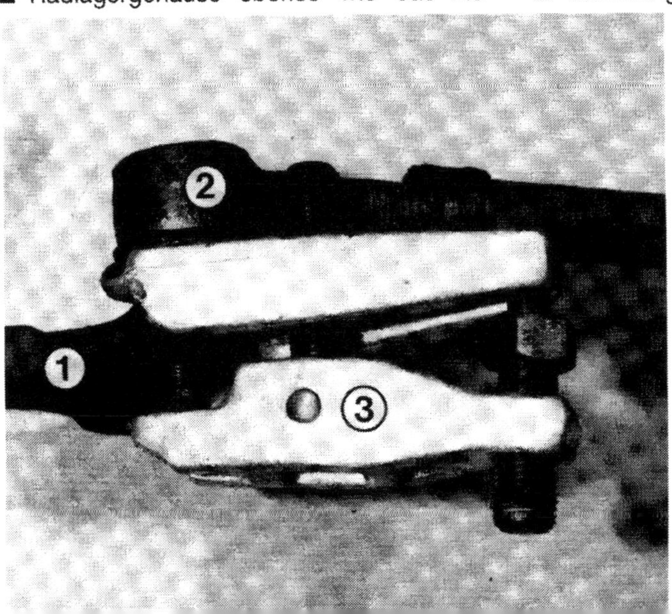

Mit einem Spurstangenabzieher (3) läßt sich der Spurstangenkopf (2) leicht vom Lenkhebel (1) trennen.

Radlagers einsetzen, Lager bis zum Anschlag einpressen, zweiten Sicherungsring einbauen.

■ Zum Einpressen der Radnabe muß der Innenring des Radlagers unterstützt werden, damit das Lager nicht überlastet wird.

Lenkrad ausbauen

■ Polsterabdeckung im Zwei- und Dreispeichenlenkrad (Bild unten links) mit einem kräftigen Ruck abziehen.
■ Beim Vierspeichen-Sportlenkrad mit einem schmalen Schraubenzieher die flexible Abdeckung in Lenkradmitte vorsichtig herausheben.
■ Lenkrad in Sperrstellung einrasten lassen.
■ Lenksäulenmutter mit Stecknuß SW 24 lösen.
■ Vorderräder genau geradeaus stellen, so daß die Lenkradspeichen symmetrisch stehen.
■ Mutter und Unterlegscheibe abnehmen, Lenkrad mit ruckelnden Bewegungen abziehen.
■ Beim Aufstecken des Lenkrades darauf achten, daß der Blinkerhebel in Neutralstellung steht, damit er nicht beschädigt wird.
■ Lenkradspeichen bei geradeaus gestellten Vorderrädern symmetrisch ausrichten.
■ Lenkschloß einrasten lassen.
■ Lenksäulenmutter mit 50 Nm anziehen.

Die Radeinstellung

Die Vorderräder müssen für ein sicheres Fahrverhalten in Längs- und Seitenrichtung in bestimmten Winkelstellungen stehen. Damit Sie sich unter der »Lenkgeometrie« etwas vorstellen können, hier eine Erläuterung der Begriffe, die sich jeweils auf den Grundeinstellwert bezieht:

Spur: Im Gegensatz zu vielen anderen Fahrzeugen stehen die Vorderräder im Stillstand an der Vorderseite ein klein wenig weiter auseinander als hinten, das nennt sich **Nachspur**. Die Reibung zwischen Rad und Straße will das linke Rad nach links weg und das rechte nach rechts weg drücken. Dagegen wirken die Kräfte des Frontantriebs, die bestrebt sind, die Vorderräder vorn zusammenzudrücken. Beim Hineinlenken des Wagens in eine Kurve verstärkt sich die Nachspur durch die trapezförmige Anordnung des Lenkgestänges. Das kurveninnere Rad schwenkt stärker herum als das kurvenäußere. Dies ist auch notwendig, weil ja in einer Kurve die inneren Räder einen engeren Kreis fahren müssen als die äußeren. Das ergibt automatisch eine Unterstützung der Lenkbewegung und der Lenkkräfte.

Sturz: So nennt man die Stellung der Vorderräder beim Blick von vorn. Bei unseren Modellen haben die Räder oben im Radkasten einen weiteren Abstand voneinander als unten am Boden. Das heißt in der Fachsprache **positiver** Sturz.

Spreizung: Sie gehört zum Sturz. Spreizung ist die geringfügige Neigung der Schwenkachse, um die beim Lenken die ganze Geschichte schwenkt. Beide Schwenkachsen haben oben einen kleineren Abstand voneinander als unten. Sturz und Spreizung verhindern zusätzlich das Flattern der Räder. Ferner erleichtern sie das Einschlagen. Und zusätzlich bewirken sie das »Rückstellmoment«, worunter man das Bestreben der Vorderräder versteht, bei oder nach Kurven selbsttätig wieder in Geradeausstellung zu gehen.

Links das Lenkrad mit abgezogener Abdeckung (1): 2 – einer der Hupkontakte; 3 – Hupenkabel, das in der Fahne (5) eingesteckt sein muß; 4 – zwei der drei Haltezapfen. Rechts: Am besten eignet sich zum Lösen des Lenkrades ein Steckschlüssel.

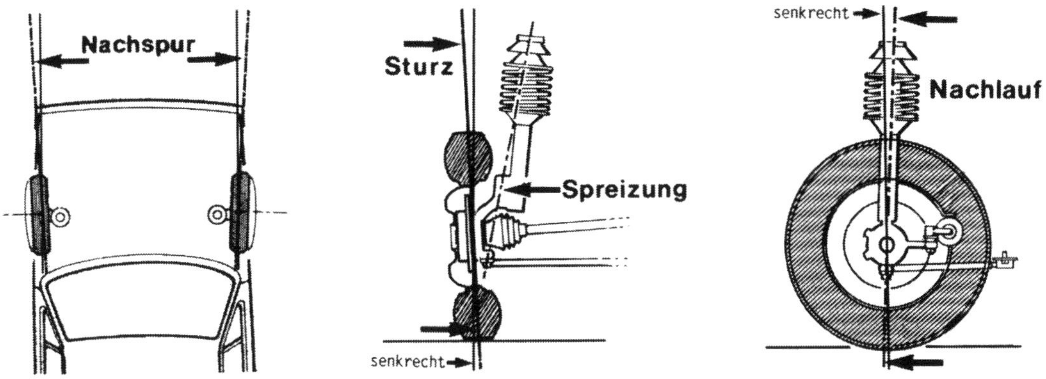

Damit Sie sich die nebenstehenden Begriffe besser vorstellen können, haben wir sie hier zeichnerisch deutlich gemacht.

Nachlauf: Darunter versteht man die Schrägstellung der Schwenkachse in Fahrzeuglängsrichtung. Das hilft ebenfalls, den Geradeauslauf zu stabilisieren und Flattern der Vorderräder zu verhindern. Außerdem bewirkt er eine Rückstellung der Lenkung nach Kurven.

Erkennungsmerkmale für falsche Radeinstellung

Wenn Sie fehlerhafter Lenkgeometrie beim Fahren auf die Schliche kommen wollen, müssen Sie zuerst sicherstellen, daß beide Vorderreifen dieselbe Reifensorte, Profiltiefe und den vorgeschriebenen Luftdruck (siehe Seite 153) aufweisen.

□ Stehen die **Lenkradspeichen bei Geradeausfahrt symmetrisch**? Ein schiefsitzendes Lenkrad ist oft das Zeichen für falsche Spureinstellung.

□ **Unruhiger Geradeauslauf**; er ist besonders gut auf schnee- oder eisglattem Untergrund zu erkennen. Überbreite Reifen können den Geradeauslauf trotz richtiger Radeinstellung ebenfalls verschlechtern.

□ **Zieht der VW zur Seite** auf völlig ebener Fahrbahn und bei losgelassenem Lenkrad?

□ **Stellt sich die Lenkung** nach Kurven wieder **von selbst in Geradeausstellung**?

□ Schauen Sie sich die **Vorderräder** aus fünf bis zehn Meter Entfernung an – stehen sie **in Geradeausstellung symmetrisch zueinander**?

□ **Ist das Reifenprofil einseitig abgenutzt**? Bei scharfer Fahrweise ist es allerdings nicht ungewöhnlich, daß an beiden Vorderreifen die Außenkanten stärkere Verschleißspuren zeigen als innen.

□ Eine **verbeulte Felge** deutet auf eine harte Bordsteinberührung, wodurch die Geometrie der Federbein-Vorderradaufhängung leicht aus dem Winkel gerät.

□ Weitere Ursachen für fehlerhafte Stellung der Räder können verschlissene Gelenke bzw. Gummilager sein oder unsachgemäße Unfallreparaturen.

Radeinstellung messen

Zur Vermessung der Radstellung wird ein optischer Achsmeßstand verwendet. Zur Messung muß der Reifendruck stimmen, das Fahrzeug unbeladen, durchgefedert und ausgerichtet sein, und die Teile der Vorderradaufhängung und Lenkung dürfen kein zu großes Spiel aufweisen. Folgende Meßwerte gelten (frühere Angaben sind ungültig):

Vorderachse	
Gesamtspur	$-15' {}^{+10'}_{-15'}$
Sturz in Geradeausstellung	+20′ ± 30′
Höchstzulässiger Sturzunterschied zwischen beiden Seiten	1°
Spurdifferenzwinkel beim Lenkeinschlag von 20° nach links bzw. rechts	−1°30′ ± 30′
Nachlauf	+1°50′ ± 20′
Höchstzulässiger Nachlaufunterschied zwischen beiden Seiten	1°
Hinterachse	
Sturz[1] bis Fahrgestell-Nr. 1763241690 bzw. 5362031722	−1° ± 35′
ab Fahrgestell-Nr. 1763241691 bzw. 5362031723 (2/76)	−1°15′ ± 35′
Höchstzulässiger Sturzunterschied zwischen beiden Seiten	40′
Gesamtspur[1] bis Fahrgestell-Nr. 1763241690 bzw. 5362031722	+10′ ± 30′
ab Fahrgestell-Nr. 1763241691 bzw. 5362031723 (2/76)	+20′ ± 20′
Höchstzulässige Abweichung von der Laufrichtung	30′

[1] Werte sind nicht einstellbar

Hinterachse zerlegen

Wurde beim Vermessen der Hinterradstellung eine zu große Abweichung vom Sollwert festgestellt, muß der Achskörper komplett ausgetauscht werden. Richt- und auch Schweißarbeiten sind nicht zulässig.

Das hintere Federbein besteht aus: 1 – Lagerringe; 2 – oberer Federteller; 3 – Schraubenfeder; 4 – Anschlagpuffer; 5 – Stoßdämpfer; 6 – Schutzrohr.

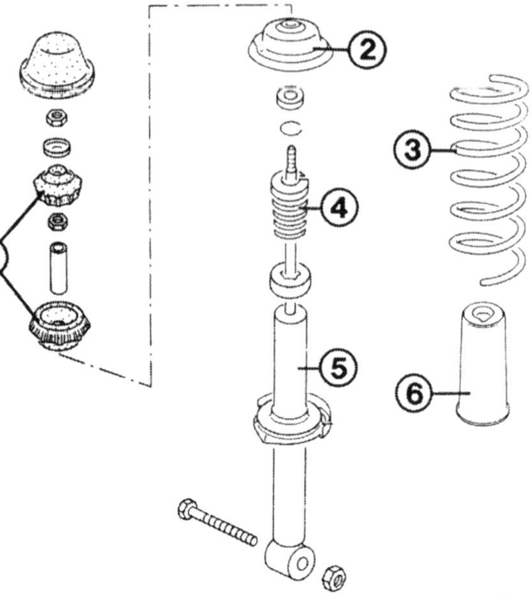

Federbein ausbauen

■ Schutzkappe im Innen- bzw. Kofferraum abnehmen.
■ Haltemutter des Federbeins bei am Boden stehendem Fahrzeug mit einem gekröpften Ringschlüssel lösen.
■ Anlageblech und oberes Gummilager abnehmen.
■ Fahrzeug hochbocken, Rad abnehmen.
■ Ausgefederte Achse abstützen.
■ Untere Verschraubung des Federbeins losdrehen und Federbein abnehmen.
■ Beim Einbau untere Verschraubung mit 45 Nm, Haltemutter oben mit 35 Nm anziehen.

Stoßdämpfer bzw. Schraubenfeder ausbauen

Die Schraubenfeder des hinteren Federbeins steht nur unter geringer Vorspannung; ein Federspanner wird daher nicht gebraucht. Problematisch beim Ausbau kann das Lösen der Schlitzmutter sein, mit welcher der obere Federteller auf der Kolbenstange des Stoßdämpfers befestigt ist. Dafür gibt es das V.A.G.-Spezialwerkzeug 50–200. Behelfsmäßig lösen Sie die Mutter mit einer Zange, und verwenden beim Einbau eine passende neue Sechskantmutter.

■ Federbein ausbauen.
■ Haltemutter des oberen Federtellers losdrehen, dabei den Zweikantansatz der Stoßdämpfer-Kolbenstange gegenhalten.
■ Federteller oben, Schraubenfeder und Distanzring abnehmen.
■ Sprengring oben am Anschlaggummi mit zwei schmalen Schraubenziehern »herausoperieren«.
■ Anschlaggummi, Stoßdämpfer-Schutzrohr und unteren Federteller abnehmen.
■ Beim Einbau die Mutter auf der Stoßdämpfer-Kolbenstange mit 20 Nm anziehen.

Fingerzeig: *Was auf Seite 122 für die Stoßdämpfer und Federn der Vorderachse gesagt wurde, gilt in gleicher Weise für die Hinterradfederung.*

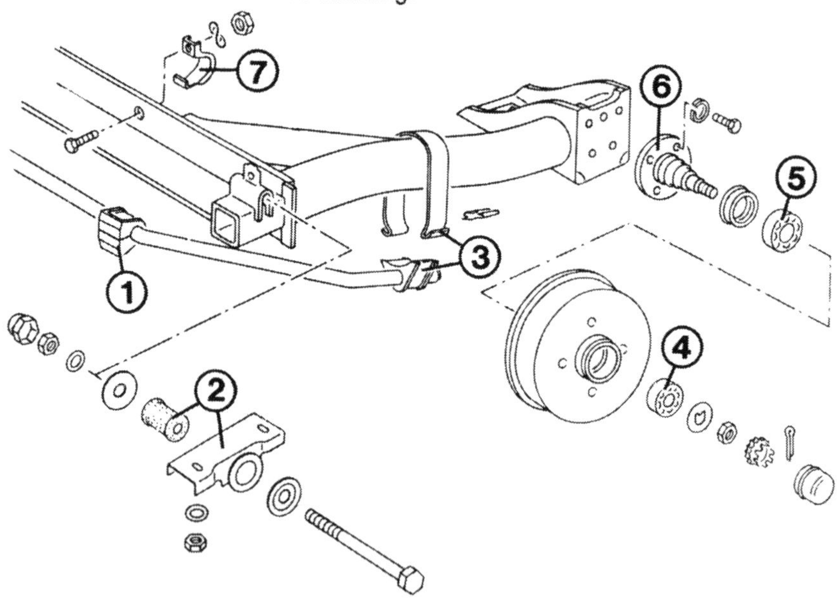

Die Teile der Hinterachse: 1 – Gummilager innen des Stabilsators; 2 – Lagerbock; 3 – Halteschelle außen; 4 – äußeres Radlager; 5 – inneres Radlager; 6 – Radzapfen.

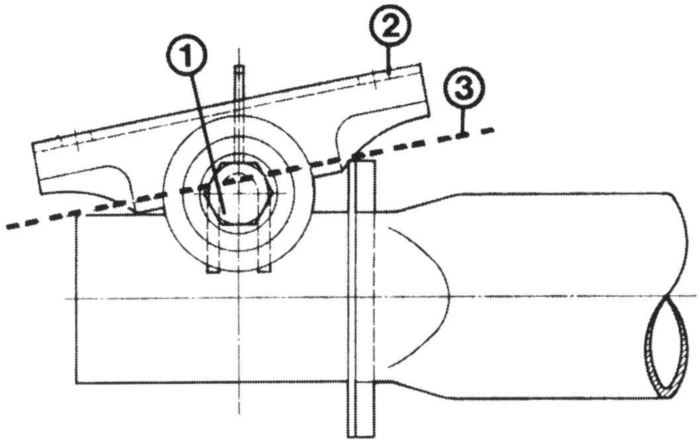

Die Halteschraube (1) des Hinterachs-Lagerbocks sollten Sie erst dann festziehen, wenn er mit seiner Oberkante (2) parallel zur Linie »3« liegt.

Hinterachse ausbauen

Die Hinterachse ist mit zwei Lagerböcken an der Karosserie angeschraubt. Vor dem Losdrehen der Haltemuttern müssen die Stehbolzen mit Rostlöser behandelt werden. Falls dann doch ein Stehbolzen abreißt, muß an dieser Stelle ein Gewinde eingeschnitten werden. Stehbolzenrest mit 8-mm-Bohrer durchbohren, und M-10-Gewinde ins Blech schneiden. Zum Befestigen eine Schraube M 10×40 der Festigkeitsklasse 10.9 verwenden.
Sollten Sie beim Schrauben feststellen, daß der Hinterachsträger an der Karosserie zerrostet ist, kann an dieser Stelle ein Reparaturblech angeschweißt werden. Der Rost hat dann allerdings auch andere tragende Teile so stark angegriffen, daß Sie eine Verschrottung ernsthaft ins Auge fassen sollten.

- Wagen aufbocken.
- Handbremsseile am Handbremshebel lösen (Seite 143; nur zur kompletten Abnahme der Achse).
- In Höhe des Achskörpers rechts und links die Bremsschläuche von den -leitungen losschrauben.
- Je zwei Haltemuttern der Hinterachs-Lagerböcke herausdrehen, jeweils eine Mutter lockern, aber noch eingedreht lassen.
- Halteringe der Auspuffanlage aushängen.
- Wagen ablassen, Hinterachse abstützen.
- Federbeine entweder oben an der Karosserie oder unten an der Achse losschrauben.
- Lagerbock-Muttern vollends herausdrehen.
- Fahrzeug langsam anheben.
- Beim Einbau kontrollieren, ob die Lagerböcke der Hinterachse im oben gezeigten Winkel angeschraubt sind, sonst korrigieren.
- Zum »Einfädeln« der Federbeine in die Achskonsole bzw. die Aufnahme in der Karosserie den Wagen vorsichtig ablassen.
- Muttern mit 45 Nm festziehen.
- Nach dem Einbau Bremsanlage entlüften.

Lagerbock der Hinterachse ausbauen

Ein Hinterachs-Lagerbock mit verschlissenem Gummi-Metall-Lager muß komplett ersetzt werden.

- Hinterachse von der Karosserie abschrauben, siehe vorangegangenen Abschnitt.
- Verschraubung zwischen Lagerbock und Längslenker lösen, Teile in der Reihenfolge des Ausbaus ablegen.
- Neuen Lagerbock so ausrichten, wie in der Zeichnung oben gezeigt.
- Verschraubung zwischen Lagerbock und Längslenker mit 70 Nm anziehen.

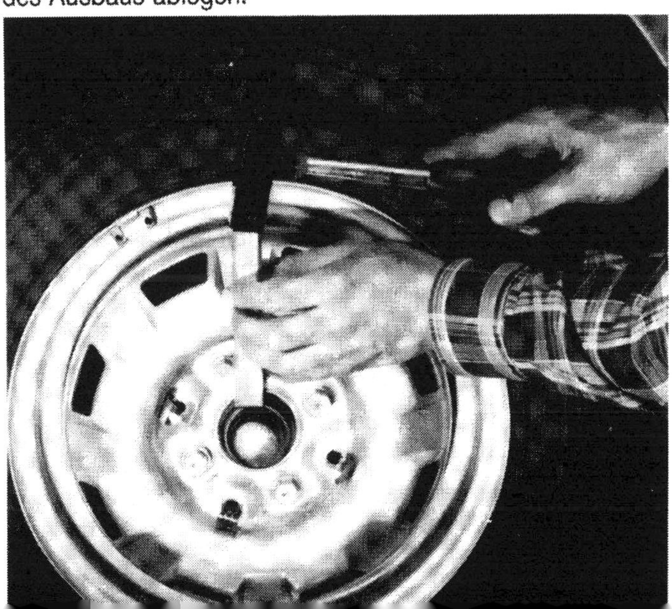

Die Nabenkappe läßt sich am besten mit einem schmalen, aber nicht zu scharfen Meißel aus ihrem Sitz lockern.

Die Druckscheibe (1) unter der Einstellmutter (2) muß sich bei richtigem Radlagerspiel noch verschieben lassen. Die Schraubenzieherklinge darf nicht an der Bremstrommel abgestützt werden.

Radlager ausbauen

■ Wagen aufbocken, Rad abnehmen.
■ Nicht zu scharfen Meißel an den Abdichtwulst der Nabenkappe ansetzen und diese ein wenig nach außen treiben.
■ Kräftige Schraubenzieherklinge hinter den Nabenwulst klemmen und die Kappe gleichmäßig abhebeln.
■ Sicherungssplint geradebiegen, aus der Kronensicherung ziehen und diese abnehmen.
■ Sechskantmutter SW 24 losdrehen, Druckscheibe und äußeres Radlager abnehmen.
■ Bremstrommel abnehmen (Seite 140).
■ Dichtring an der Innenseite der Bremstrommel abhebeln, inneres Radlager herausnehmen.
■ Beide Radlager sauberreiben und auf Verschleiß kontrollieren.
■ Laufringe der Lager in der Bremstrommel ebenfalls kontrollieren. Zeigen sich hier Verschleißspuren, müssen neue Ringe eingepreßt werden.
■ Radlager mit Mehrzweckfett einsetzen, Nabenkappe etwa zur Hälfte mit Fett füllen.
■ Inneren Dichtring über Kreuz mit Kunststoffhammer einschlagen.
■ Spiel der Radlager einstellen, wie im nächsten Abschnitt beschrieben.

Radlagerspiel einstellen

■ Besorgen Sie sich einen neuen Splint für die Kronensicherung der Radlager-Haltemutter.
■ Nabenkappe und Kronensicherung abnehmen, siehe oben.
■ Sechskantmutter SW 24 festziehen, dabei das Rad bzw. die Radnabe drehen, damit sich die Lager nicht verklemmen.
■ Mutter wieder etwas lockern.
■ Das Spiel ist richtig eingestellt, wenn sich die Druckscheibe hinter der Mutter mit einem Schraubenzieher unter mäßigem Fingerdruck gerade noch verschieben läßt. Die Schraubenzieherklinge dabei nicht an der Radnabe abstützen.
■ Läßt sich jetzt der neue (!) Sicherungssplint noch nicht durch die Kronensicherung einschieben, wird die Mutter ein wenig in Richtung »Zu« gedreht.
■ Nabenkappe mit Kunststoffhammer eintreiben.

Radzapfen ausbauen

■ Radlager und Bremstrommel ausbauen.
■ Handbremsseil aushängen (Seite 143).
■ Bremsleitung am Bremsträgerblech abschrauben (Seite 145).
■ Halteschrauben des Bremsträgers losdrehen; damit ist auch der Radzapfen vom Achskörper gelöst.
■ Zum Anschrauben (60 Nm) neue Federringe (sogenannte Hochspannungsringe) verwenden.
■ Die Anlagefläche für den Radzapfen und die Gewindelöcher müssen frei von Lack und Schmutz sein.
■ Zuletzt Bremse entlüften.

Verzögernde Wirkung

Im VW haben wir eine hydraulische Fußbremse – sie funktioniert per Flüssigkeit. Das griechische Wort »hydro« bedeutet Wasser, was nicht so ganz stimmt, denn Wasser hat in der Bremsanlage nichts verloren, siehe unten.

Eigenarbeiten an der Bremse

Von der richtigen Funktion der Bremsen in Ihrem VW hängt Ihr Leben ab. Diese Tatsache sollten Sie sich stets vor Augen halten, wenn Sie Reparaturen daran ausführen wollen. Muten Sie sich also nicht zu viel zu. Andererseits ist bei der Bedeutung der Bremsen keine Kontrolle zu viel. Auch wenn Sie regelmäßig die Werkstatt besuchen, sehen gerade in diesem speziellen Fall vier Augen mehr als zwei. Durch gezielte Kontrollen, nicht aber durch unsachgemäßige Reparaturen können Sie dazu beitragen, die Verkehrssicherheit Ihres Wagens zu erhalten und so sich selbst zu schützen. Was Sie selbst tun können, ist hier im Buch behandelt. Alle anderen Arbeiten sollten Sie der Werkstatt überlassen.

So funktioniert die Bremse

□ Wenn Sie auf das Bremspedal treten, preßt eine mit dem Pedal verbundene Druckstange zwei hintereinanderliegende Kolben in den Hauptbremszylinder (im Motorraum).
□ Die Kolben übertragen die Kraft auf die dort eingeschlossene Bremsflüssigkeit. Der so entstehende hydraulische Druck in der Bremsflüssigkeit gelangt über Rohr- und Schlauchleitungen zu den Radzylindern.
□ In diesen drücken Kolben die Bremsklötze gegen die Bremsscheiben bzw. die Bremsbakken gegen die Bremstrommeln.
□ Der Flüssigkeitsdruck gelangt an die Radbremszylinder in zwei voneinander unabhängigen Leitungssystemen, und zwar für je ein Vorderrad und das gegenüberliegende Hinterrad (diagonal aufgeteilte Zweikreisbremse).
□ Falls ein Bremskreis ausfallen sollte, bleiben so ein Vorderrad und das Hinterrad auf der anderen Seite bremsfähig. Mit dem ungebremsten Vorderrad kann man noch lenken, und das ungebremste Hinterrad hält das Heck in der Spur.

Fingerzeig: *Bei Ausfall eines Bremskreises müssen Sie wesentlich stärker auf das Bremspedal treten (bei gleichzeitig längerem Pedalweg), um die übliche Bremswirkung zu erreichen. Außerdem wird der Anhalteweg länger.*

Die Bremsflüssigkeit

Die Flüssigkeit in den Bremsleitungen und Bremszylindern ist eine Mischung aus Glykol, Polyglykoläther und ein paar weiteren Bestandteilen. Diese gelbliche – übrigens giftige und gegen Autolack aggressive – Flüssigkeit greift die Metall- und Gummiteile nicht an. Sie bleibt selbst bei −40°C noch ausreichend dünnflüssig, und sie hat trotz ihrer Dünnflüssigkeit den extrem hohen Siedepunkt von ca. 260°C.
Aber die Bremsflüssigkeit hat auch eine sehr unangenehme Eigenschaft: Sie nimmt gern Wasser auf, sie ist »hygroskopisch«. Und das Wasser kann tatsächlich – z.B. über die Luftfeuchtigkeit – in die Bremsflüssigkeit gelangen: Über den Vorratsbehälter sowie durch mikroskopische Undichtigkeiten an den Bremsschläuchen und Gummimanschetten. Solche Wasseraufnahme führt nicht nur zu Korrosion an den Metallteilen der Anlage, sondern bewirkt ein rapides Absinken des Siedepunkts. Bei nur 2,5% Wassergehalt liegt der Siedepunkt nur noch bei 150°C.
Das ist bei starker Beanspruchung der Bremsen (Paßabfahrt, evtl. noch mit Anhänger, häufige Vollbremsungen auf der Autobahn) gefährlich, weil sie sich dann sehr stark aufheizen. In der

Nähe der erhitzten Bremsen können sich Dampfblasen in der Hydraulikflüssigkeit bilden. Die lassen sich zusammenpressen – das Bremspedal kann tief durchgetreten werden; manchmal tritt man sogar ins Leere! In diesem Fall kann bisweilen noch schnelles Pumpen mit dem Bremspedal helfen. Besonders gefährlich ist dieser Effekt nach dem Abstellen des Wagens nach starker Bremsbeanspruchung. Mangels Fahrtwind heizt sich die Bremsenumgebung noch stärker auf; die höchste Temperatur herrscht nach etwa 15 Minuten Standzeit. Erst nach etwa einer halben Stunde ist wieder die normale Bremsflüssigkeitstemperatur erreicht. Vorbeugend schreibt der Wartungsplan daher den Wechsel der Bremsflüssigkeit alle zwei Jahre vor (siehe Seite 148).
Bremsflüssigkeit muß der Spezifikation FMVSS 116 DOT 3 oder DOT 4 entsprechen. Alle mit DOT 3 bzw. 4 gekennzeichneten Flüssigkeiten können gefahrlos gemischt werden.

Bremsflüssigkeitsstand prüfen

Ständige Kontrolle

Bedingt durch die vorderen Scheibenbremsen sinkt der Flüssigkeitsstand auch bei völlig intakter Bremsanlage mit zunehmender Kilometerleistung. Denn die im Durchmesser verhältnismäßig großen Kolben der Scheibenbrems-Radzylinder wandern mit den verschleißenden Belägen weiter heraus, und mehr Flüssigkeit fließt nach. Ein gewisses, langsames Absinken der Bremsflüssigkeit muß also nicht unbedingt alarmierend sein.
Wenn Sie wissen, wie hoch die Bremsflüssigkeit bei neuen und abgenutzten Scheibenbremsbelägen steht, läßt sich am Niveau der hydraulischen Flüssigkeit sogar ablesen, wie weit die Beläge abgenutzt sind. Werden neue Scheibenbremsbeläge eingesetzt, müssen die Kolben in den Bremssätteln zurückgedrückt werden, wodurch der Flüssigkeitsstand im Behälter wieder ansteigt. Wurde unnötigerweise bei abgefahrenen Belägen Bremsflüssigkeit aufgefüllt, kann diese beim Zurückdrücken der Kolben durch die Belüftungslöcher im Deckel austreten.

- Links hinten im Motorraum, direkt auf dem Hauptbremszylinder, sitzt der Bremsflüssigkeitsbehälter (siehe Bild unten).
- Im weißlich durchscheinenden Behälter soll die Bremsflüssigkeit zwischen den Markierungen »MIN« und »MAX« stehen.
- Ist der Flüssigkeitsstand auffallend gesunken – was bei manchen Modellen auch durch eine Warnleuchte am Armaturenbrett angezeigt wird –, muß die Bremsanlage auf undichte Stellen kontrolliert werden, siehe übernächsten Abschnitt.

Bremsen prüfen

Ständige Kontrolle

- Zuerst eine Vollbremsung bei Schrittgeschwindigkeit.
- Am Gummiabrieb auf der Straße sehen Sie bei gleich langen Spuren, daß die Bremsen gleichmäßig ziehen.
- Gleiche Prüfung mit der Handbremse.
- Für die Bremsenprüfung bei höheren Geschwindigkeiten brauchen Sie eine ebene Strecke.
- Nun aus etwa 50 km/h bei losgelassenem Lenkrad, aber mit griffbereiten Händen zuerst sanft und dann scharf abbremsen.
- Zieht der Wagen etwa nach links, ist eine der rechten Radbremsen nicht in Ordnung. Das Auto zieht in Richtung des stärker gebremsten Rades.
- Lassen Sie den VW ein schwaches Gefälle hinunterrollen, um festzustellen, ob die Räder leichtgängig sind.
- Nach der Probefahrt kontrollieren:
- Ist eine Felge auf der einen Wagenseite wärmer als auf der anderen Seite?
- Ursachen siehe Störungsbeistand ab Seite 148.

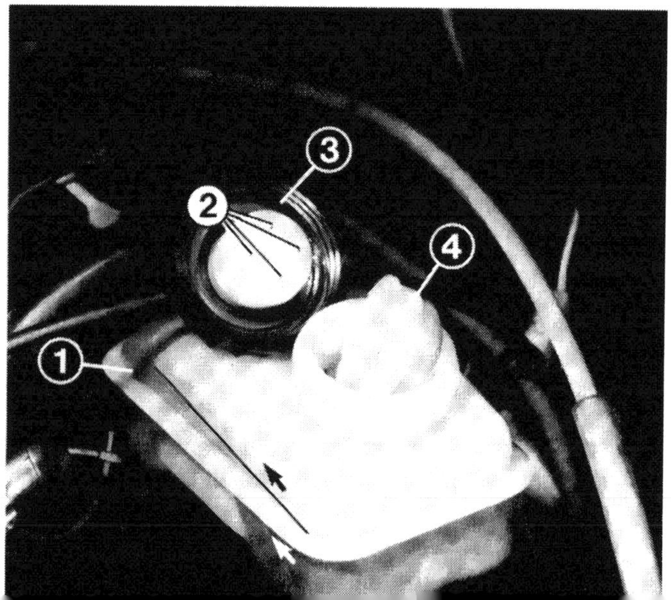

Im Bremsflüssigkeitsbehälter (1) soll sich das Niveau zwischen unterer (weißer Pfeil) und oberer Markierung (schwarzer Pfeil) befinden. Im Verschlußdeckel (3) sitzen Be- und Entlüftungslöcher (2). In der Einfüllöffnung hält ein Sieb (4) Verschmutzungen zurück.

Bremsanlage auf Undichtigkeiten und Beschädigungen prüfen

Wartung Nr. 27

Zur Kontrolle muß die Wagenunterseite trocken sein, damit Sie undichte Stellen erkennen können. Bremsflüssigkeit kriecht auch unter Schmutz. Feuchtdunkle Stellen oder schwarzer Schmutz lassen eine Undichtigkeit vermuten.

■ Kontrollieren Sie sämtliche Anschluß- und Verbindungsstellen; auch Bremslichtschalter, Bremssättel und die Bremsankerplatten der Trommelbremse, hinter denen die Radbremszylinder sitzen.

■ Die Bremsschläuche dürfen weder feucht noch aufgequollen oder angescheuert sein. Sonst auswechseln, siehe Seite 146.

■ Die Bremsleitungen der Modelle ab 8/78 sind zum Schutz gegen Rost mit einer Kunststoffschicht überzogen. Wird diese Schutzschicht beschädigt, kann es zu Rostansatz kommen. Deshalb die Leitungen nie mit Schraubenzieher, Schmirgelleinen oder Drahtbürste säubern, sondern Kaltreiniger nehmen.

■ Ist die Schutzschicht beschädigt, soll Rostschutzgrundierung dünn aufgestrichen werden.

■ Leitungen mit Rostnarben und solche, die plattgedrückt sind, müssen ersetzt werden.

■ Sind Schutzkappen auf allen Entlüftungsventilen? Sie sitzen an den Bremssätteln bzw. innen an den Bremsankerblechen der Trommelbremse.

■ Die Bremsdruckprobe können Sie provisorisch selbst machen:

■ Treten Sie mit voller Kraft aufs Bremspedal.

■ Es darf auch nach einigen Minuten der vollen Belastung nicht nachgeben, sonst ist eine der Manschetten im Hauptbremszylinder defekt.

■ Durch die undichte Manschette sinkt der Flüssigkeitsstand im Behälter nicht, sondern die unter Druck gesetzte Flüssigkeit mogelt sich an einem Kolben des Hauptbremszylinders vorbei auf die drucklose Seite.

■ Gewisse undichte Stellen an den Kolbenmanschetten lassen sich allerdings nur bei einer genauen Druckprüfung in der Werkstatt ermitteln.

Fingerzeig: *Bremsschläuche sind empfindlich gegen Benzin, Dieselkraftstoff, Fett, Petroleum. Sie dürfen auch nicht überlackiert werden. Nur Unterbodenschutzmittel sind ungefährlich.*

Die Scheibenbremsen

Zusammen mit jedem Vorderrad dreht sich eine Stahlscheibe frei im Luftstrom. Sogenannte Bremssättel umfassen sattelförmig die Scheiben. Beim Tritt auf das Bremspedal drücken Kolben die Bremsbeläge gegen die Scheiben – es wird gebremst.
Durch den Fahrtwind werden die Scheibenbremsen ständig gekühlt.

Schwimmsattel- und Faustsattelbremsen

□ Großenteils sind in unseren Modellen »Schwimmsattel«-Bremsen eingebaut. Das bedeutet, daß der Bremssattel beweglich (»schwimmend«) gelagert ist. In den früheren Modelljahren wurden neben den Bremssätteln des Herstellers ATE auch solche der Firma Girling verbaut, siehe Abbildungen auf den folgenden Seiten.

□ In den leistungsstärkeren Modellen seit 8/79 wurden wechselweise auch sogenannte Faustsattelbremsen verbaut. Der ebenfalls bewegliche Bremssattel sieht wie eine geballte Faust aus.

□ Der Bremskolben im Zylindergehäuse drückt bei beiden Bremsenversionen den inneren Belag gegen die Bremsscheibe, wodurch das Zylindergehäuse in seiner Führung herübergezogen und der Bremsklotz auf der anderen Seite ebenfalls gegen die Scheibe gepreßt wird.

Fingerzeige: *Bei Regen wird die offen liegende Bremsscheibe kräftig geduscht, weshalb die Bremswirkung einen Sekundenbruchteil verspätet einsetzt. Die Feuchtigkeit zwischen Bremsscheiben und -klötzen muß erst zum Verdampfen gebracht werden.*
In streusalzreichen Wintern tritt diese Erscheinung verstärkt auf, unter ungünstigen Umständen spricht die Bremse überhaupt nicht an. Die auf Bremsbelägen und -scheiben sitzende Salzschicht muß beim Bremsen erst abgeschliffen werden. Bei Fahrten in streusalzhaltigem Tauwasser die Bremsen immer wieder mal ein paar Sekunden lang warmbremsen. regen- oder tauwassernasse Bremsen sollten Sie vor mehrtägigem Abstellen des Wagens »trockenfahren«. Es genügt, die letzten hundert Meter Wegstrecke mit dauernd leicht getretenem Bremspedal zu fahren.
Bei den Schwimmsattelbremsen wird der Belag erst nach einigen Metern Fahrt wieder zurückgedrückt. Deshalb rollen die schwimmsattelgebremsten Vorderräder erst nach einigen Metern Fahrt wieder ganz frei.

Zum Prüfen der Belagstärke an der Schwimmsattelbremse eignen sich mehrere 10-Pfennig-Stücke (3). Wenn nur noch ein Groschen zwischen Spreizfeder (2) und Belagträger (1) paßt, sind die Beläge reif zum Austausch.

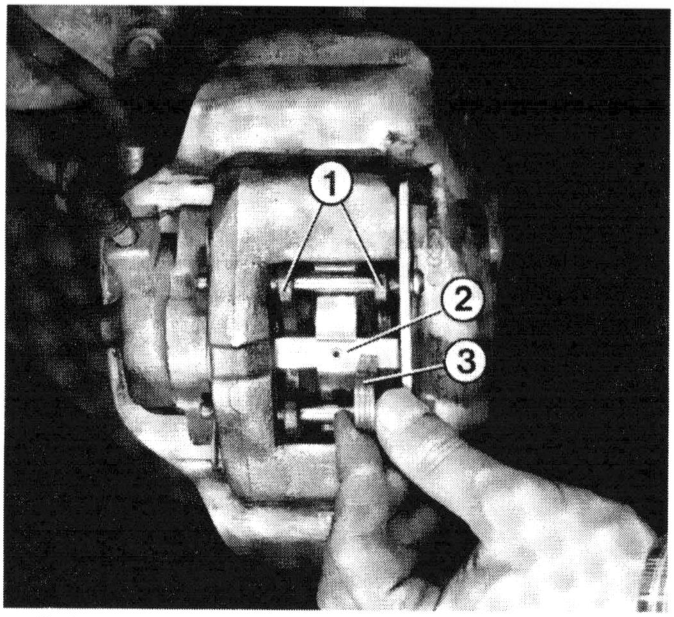

Der beim Bremsen abgeschliffene Belag findet sich als schwarzes Pulver an den Rädern wieder. Da dieser Abrieb mit der Zeit festbackt, sollte man die Felgen – vor allem Leichtmetallräder – regelmäßig mit einer kräftigen Bürste und ggf. Haushaltsreiniger abwaschen.

Stärke der Scheibenbremsbeläge messen

Wartung Nr. 2 und 35

Den verschleißenden Bremsbelag schiebt der Kolben jeweils so weit nach, daß er nur Bruchteile von Millimetern von der Bremsscheibe entfernt ist. Der Bremspedalweg ist deshalb keine Richtschnur für die Abnutzung der vorderen Bremsbeläge. Verlassen Sie sich daher nicht auf Ihr Gefühl im Fuß! Wenn Sie sich um die Wartung Ihres VW selbst kümmern, gilt es, auf die Scheibenbremsbeläge ein wachsames Auge zu haben. Das gilt inbesondere für die Schwimmsattelbremsen.

- Die **Mindestbelagstärke** beträgt **ohne Trägerplatte** des Bremsbelags **2 mm**.
- Mit einer Lampe durch ein Felgenloch leuchten und die Belagstärke abschätzen.
- Genauer ist die Kontrolle bei abgenommenen Rädern.
- An der ATE-Bremse wird der Abstand zwischen der Kreuzfeder und der Trägerplatte gemessen, siehe Bild oben.
- Beim Girling-Schwimmsattel die Spreizfeder abhebeln (Bild rechts oben), Belagstärke zwischen Bremsscheibe und Belagträger mit Groschen oder Meßstab messen.
- Bei der Faustsattelbremse einen Meterstab anlegen und messen, wie im Bild unten gezeigt.

Zustand der Bremsscheiben kontrollieren

Wartung Nr. 36

Wenn die Vorderräder zur Belagkontrolle abgenommen sind, prüft man auch den Zustand der Bremsscheiben.

- Die Scheiben dürfen keine tiefen Rillen (durch Schmutz oder zu stark abgefahrene Beläge) aufweisen. Die Riefen graben sich in neue Bremsbeläge tief ein, was deren Lebensdauer wesentlich verkürzt.
- Riefige Bremsscheiben können nachge-

Die restliche Belagstärke können Sie bei der Faustsattelbremse nach Abnahme des betreffenden Rades mit einem Zentimetermaß exakt messen.

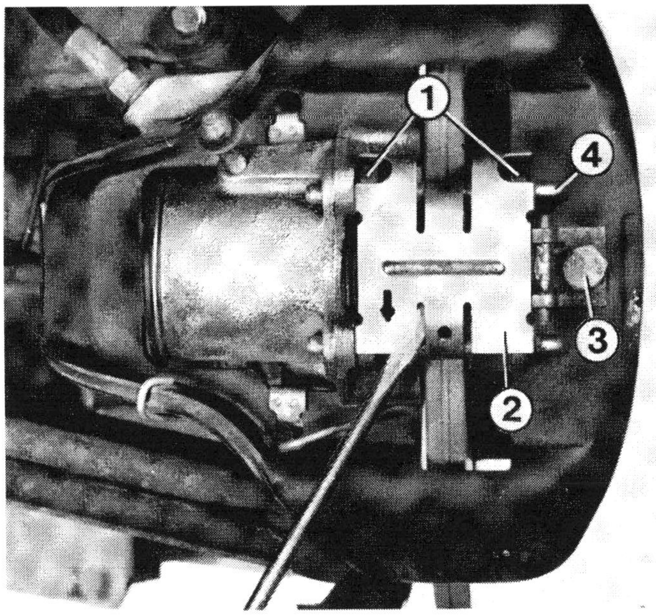

An der Girling-Bremse muß vor der Belagstärkenkontrolle die Spreizfeder (2) abgehebelt werden. Die übrigen Zahlen bezeichnen: 1 – Belagträger; 3 – Schraube des Befestigungsbügels (4).

schliffen werden, wenn sie nicht durch lange Laufzeit auf das zulässige Mindestmaß »abgemagert« sind.

■ Die entsprechenden Werte lauten: **Schlepphebelmotor ab 8/75 8 mm**; **übrige Motoren 10 mm.**

■ Zu dünne Scheiben müssen paarweise ausgetauscht werden, siehe Seite 138.

■ Eine bläuliche Verfärbung der Bremsscheibe ist ohne Bedeutung.

Scheibenbremsbeläge erneuern

Grundsätzlich müssen rechts und links beide Beläge ausgetauscht werden. Nur Beläge mit Allgemeiner Betriebserlaubnis (ABE) verwenden. Die Belaghaltefedern bzw. Haltebügel sollen bei dieser Arbeit ebenfalls ersetzt werden. Weil die Kolben in den Bremssätteln mit zunehmendem Verschleiß der Beläge weiter herauswandern, müssen sie vor dem Einsetzen neuer, dicker Beläge zurückgedrückt werden. Hierbei wird die Bremsflüssigkeit durch die Leitungen in den Vorratsbehälter gepreßt. Wurde in der Zwischenzeit unnötigerweise Bremsflüssigkeit nachgefüllt, muß das Zuviel jetzt abgesaugt werden. Andernfalls greift die am Vorratsbehälter austretende Bremsflüssigkeit umliegende lackierte Teile im Motorraum an. Zum Absaugen nur eine absolut saubere Pipette oder alte Injektionsspritze verwenden.

■ Wagen vorn aufbocken.

■ Rad abnehmen.

■ Lenkung einschlagen, damit die Beläge gut zugänglich sind.

ATE-Schwimmsattel

■ Falls vorhanden, Sicherungsfeder aus den Haltestiften herausziehen.

■ Haltestifte mit Hammer und Durchschlag von innen nach außen herausklopfen, Spreizfeder abnehmen.

■ Inneren Bremsbelag herausziehen, dazu Schraubenzieher abwechselnd durch die Ösen des inneren Belagträgers stecken und – die Schraubenzieherklinge auf den Bremssattel gestützt (siehe Bild unten rechts) – den Belag heraushebeln.

■ Oder mit einer Rohrzange abwechselnd an

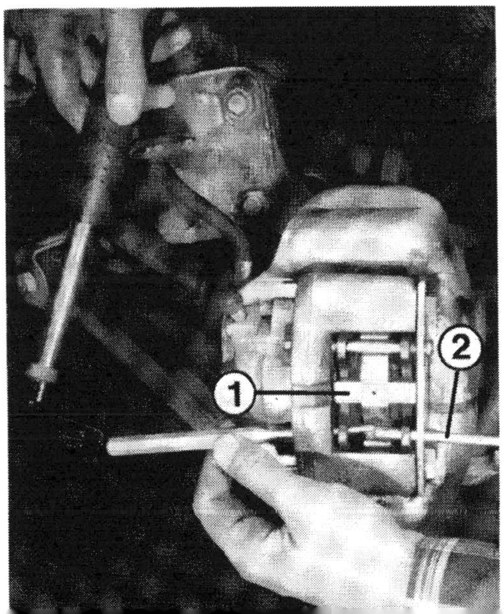

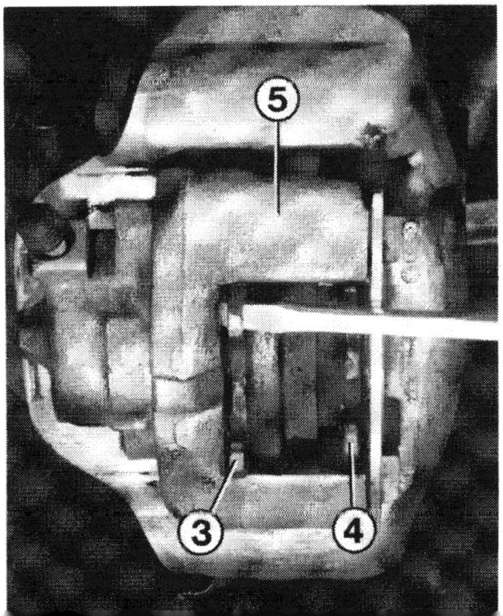

Links: Zum Belagausbau an der Schwimmsattelbremse kann nach Herausziehen der Haltestifte (2) die Spreizfeder (1) abgenommen werden.
Rechts: Dann muß zuerst der innere Belag (3) herausgezogen werden. Darauf den Bremssattel (5) nach außen drücken, ggf. mit leichten Hammerschlägen nachhelfen. Jetzt erst läßt sich der äußere Belag (4) aus der Haltenase am Schwimmrahmen herausnehmen.

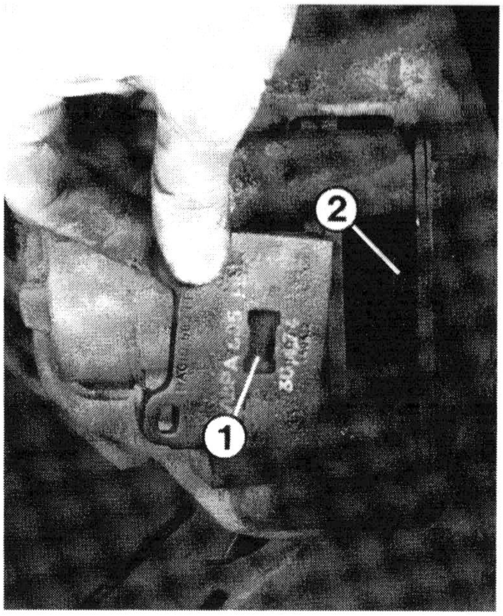

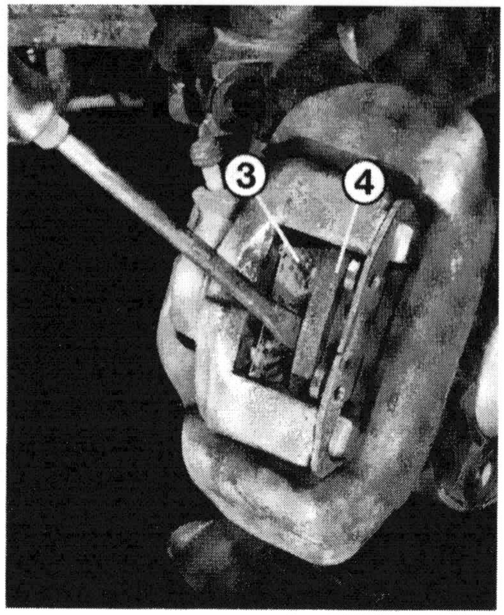

Links: Eine Haltenase (2) im Schwimmsattel greift in die Aussparung (1) des Belagträgers ein und sichert so den äußeren Belag. Rechts: So wird der Kolben im Schwimmsattel zurückgedrückt: Alten Belag (4) außen nochmals einsetzen. Zum Schutz des Kolbens im Bremssattel ein Holzbrettchen (3) einlegen. Mit dem am alten Belag abgestützten Schraubenzieher kann der Kolben zurückgedrückt werden.

der oberen und unteren Belagträgeröse ziehen.

■ Beweglichen Schwimmrahmen nach außen drücken. Dadurch gibt die Haltenase im Bremssattel den äußeren Belag frei, und er kann auf die gleiche Weise abgenommen werden.

■ Bremsbelag-Führungsschächte mit Spiritus (keinesfalls Benzin) und Lappen, evtl. mit Flaschenbürste von Belagabrieb säubern.

■ Festgebackene Belagstaubkrusten und Rost mit einem flachen Schraubenzieher wegkratzen. Vorsicht, daß hierbei die Kolbenmanschette nicht beschädigt wird.

■ Zum Zurückdrücken des Kolbens einen alten, abgefahrenen Bremsbelag nochmals einsetzen.

■ Mit einem zwischen Bremsscheibe und Belag angesetzten breiten Schraubenzieher den Kolben zurückdrücken, wobei sich der Schraubenzieher auf der Bremsscheibe abstützt.

■ Vor dem Einbau der Bremsbeläge soll noch die Stellung des Kolbens im Schwimmsattel überprüft werden, wozu die Werkstatt eine entsprechende Kolbenlehre besitzt.

■ Es genügt aber die behelfsmäßige Kontrolle, ob die abgesenkte Anlagefläche am Kolben hinten leicht schräg (20°) nach unten geneigt ist.

■ Schwimmrahmen nach außen drücken, äußeren Belag einsetzen.

■ Schwimmrahmen zurückdrücken und inneren Belag einsetzen.

■ Einen Haltestift von außen einstecken und mit dem Hammer vorsichtig hineintreiben; zuletzt mit einem Durchschlag, bis der Haltestift innen vollkommen anliegt.

■ Spreizfeder einsetzen und zweiten Haltestift montieren.

■ Sicherungsfeder in den Haltestiften einstecken, ggf. Stifte entsprechend verdrehen.

■ **Bremspedal mehrmals treten**, bis Widerstand spürbar ist. Erst jetzt liegen die Beläge an der Bremsscheibe an, und der Wagen ist bremsbereit!

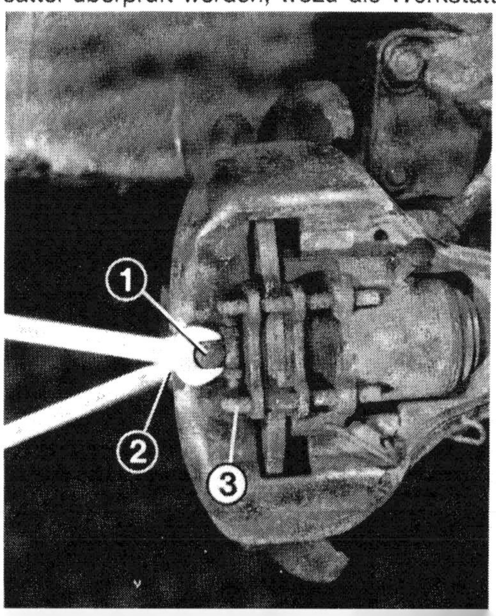

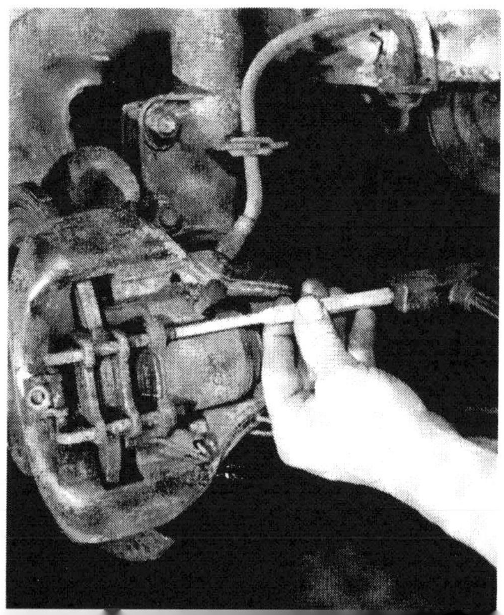

Links: Zum Ausbau der Bremsbeläge am Girling-Bremssattel wird die Schraube (1) des Haltebügels (3) losgedreht. Dazu die Mutter (2) an der Rückseite gegenhalten. Rechts: Oft ist der Haltebügel in den Ösen der Belagträger so festgerostet, daß er wechselweise mit Hammer und Durchschlag herausgetrieben werden muß.

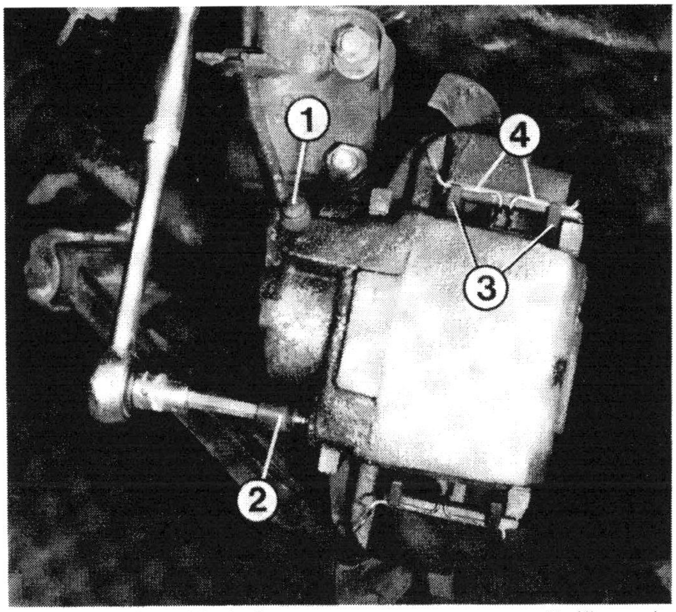

Zum Ausbau der Beläge (3) am Faustsattel müssen die Haltefedern oben (4) und unten abgenommen werden. Dann mit dem Innensechskant-Steckschlüssel den oberen und den unteren Führungbolzen (2) losschrauben. Position »1« zeigt die Entlüfterschraube.

Girling-Schwimmsattel

■ Spreizfeder abhebeln.
■ Haltebügel der Bremsbeläge losschrauben (SW 13 oder 14) und wegziehen.
■ Falls der Bügel durch Rostansatz in den Belaghalteösen klemmt, einen Durchschlag ansetzen und den Bügel wechselweise oben und unten heraustreiben.
■ Mit einem Schraubenzieher in die Belaghalteösen fahren und Beläge herausziehen.
■ Kontrollieren Sie beim Einbau der neuen Beläge, ob diese auf dem Haltebügel ausreichend beweglich sind.
■ Haben Sie mit den Belägen keine neuen Bügel gekauft, die alten blankschleifen.
■ Spreizfeder aufdrücken, dabei muß der Pfeil nach unten zeigen (in Drehrichtung der Bremsscheibe bei Vorwärtsfahrt).
■ **Bremspedal mehrmals treten**, damit sich die Beläge an die Bremsscheiben anlegen. Sonst haben Sie keine Bremswirkung!

Faustsattel

■ Belaghaltefedern oben und unten aushängen.
■ Führungsbolzen an der Innenseite (Bild oben) mit Innensechskantschlüssel SW 7 herausdrehen.
■ Bolzen herausziehen, Bremssattelgehäuse abnehmen.
■ Damit das Bremssattelgehäuse nicht an seinem Bremsschlauch zerrt, wird es mit Draht am Federbein aufgehängt.
■ Beläge rechts und links aus den Führungsschienen nehmen.
■ Kolben im Bremssattel mit einer Schraubzwinge zurückdrücken. Damit der Kolben nicht verkantet oder beschädigt wird, auf den Anlagering ein kleines Brettchen legen.
■ Innen den Belag mit kleinerer Fläche, außen den größeren Belag einsetzen und Bremssattelgehäuse aufstecken.
■ Langen Führungsbolzen oben, kürzeren unten einsetzen und mit jeweils 40 Nm anziehen.
■ Haltefedern einsetzen.
■ Nach dem Zusammenbau das **Bremspedal mehrmals treten**, bis die Beläge an den Bremsscheiben anliegen. Sonst ist keine Bremswirkung vorhanden!

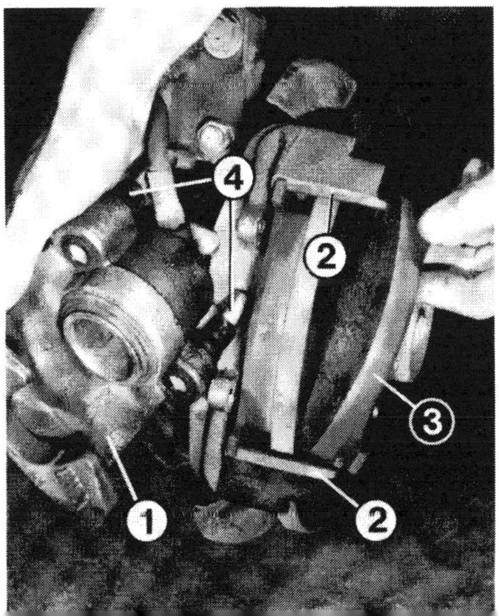

Links: Hier haben wir den Faustbremssattel (1) mit den Führungsbolzen (4) abgenommen. Bei zur Seite abgezogenem Bremsbelag (3) sehen Sie die Belagführungen oben und unten (2). Rechts: Die Belagführung muß für gute Bremsfunktion sauber und rostfrei sein. Bei eingelaufenen Bremsscheiben die Innenkante des neuen Belages Pfeil mit einer Feile leicht anschrägen, damit der Belag sofort voll an der Scheibe anliegt.

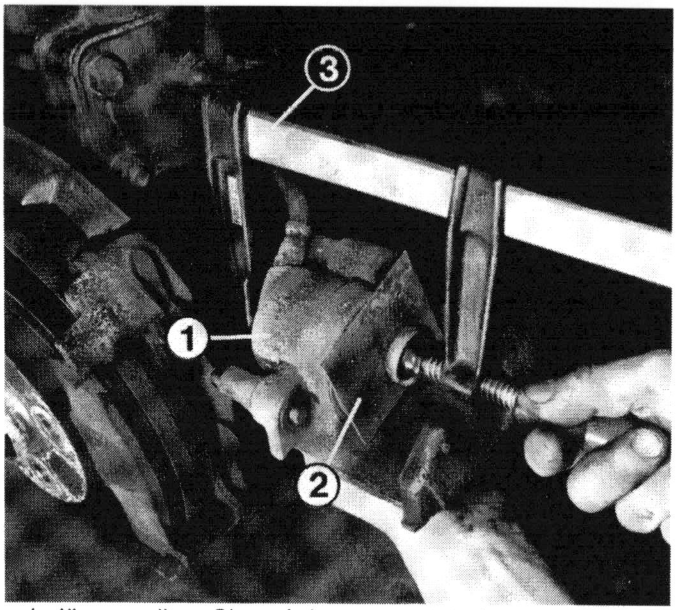

Links: Zum Zurückdrücken des Bremskolbens in das Faustsattelgehäuse (1) ist eine Schraubzwinge (3) das beste Werkzeug. Zum Schutz des Kolbens dient ein zwischengelegtes Holzbrettchen oder hier eine kleine Metallplatte (2).

Fingerzeige: *Mit neuen Bremsbelägen sollten Sie auf den ersten 500 km nur behutsam bremsen, wenn möglich. Gewaltbremsungen gleich zu Anfang führen zu Brandstellen im Belag. Er verändert sich in seinem Gefüge. Die günstigste Bremswirkung wird nicht erreicht, der Belag verhärtet – »verglast«, wie der Fachmann sagt.*
Bei Pfeifgeräuschen der vorderen Scheibenbremsen kann bei den Schwimmsattelbremsen die Spezialpaste »Plastilube PL Brems« an der Belagrückseite, an den seitlichen Kanten sowie an den Belaghaltestiften aufgetragen werden. Für Faustsattelbremsen ist die Schmiermethode nicht zulässig. Hier kann ein geräuschdämpfender Aufkleber (Teile-Nr. 171 698 993) an den Belagrückenplatten angebracht werden.

Bremssattel und -kolben gängig machen

Durch Korrosion an den Gleitflächen des Bremssattels kann dieser schwergängig werden. Eine defekte Kolbenmanschette bewirkt, daß der Kolben im Bremssattel durch Schmutz und Korrosion festgeht. Beides ergibt ungleichmäßige Bremswirkung.

- Bremsbeläge ausbauen.
- Kontrollieren Sie, ob sich die Beläge in ihren Führungen leicht bewegen lassen.
- Andernfalls Führungen mit einem Schraubenzieher sauberkratzen. Dabei Kolbenmanschette nicht beschädigen.
- Bei der ATE-Schwimmsattelbremse Beweglichkeit des Rahmens kontrollieren. Führungen ebenfalls sauberkratzen.
- Damit die Führungen künftig gängig bleiben, an den Gleitstellen etwas Kupferfett auftragen.
- Girling-Bremse: In der streusalzreichen Winterzeit setzt der Bügel eine dicke Rostschicht an, so daß die Beläge klemmen. Das hat langen Pedalweg und schlechte Bremswirkung zur Folge.
- Belaghaltebügel blank schleifen und mit etwas Kupferfett bestreichen.
- Zusätzlich die Belaghalteösen mit einem geringfügig größeren Bohrer (1–2 mm) aufbohren. Eine zu große Bohrung schwächt die Halteöse.
- Kontrolle, ob der Kolben leichtgängig ist:

Die zerlegte Schwimmsattelbremse des Herstellers Ate zeigt hier: 1 – Schwimmrahmen; 2 – Bremskolben; 3 – Staubschutzmanschette; 4 – Halter; 5 – Klemmring; 6 – Bremszylindergehäuse.

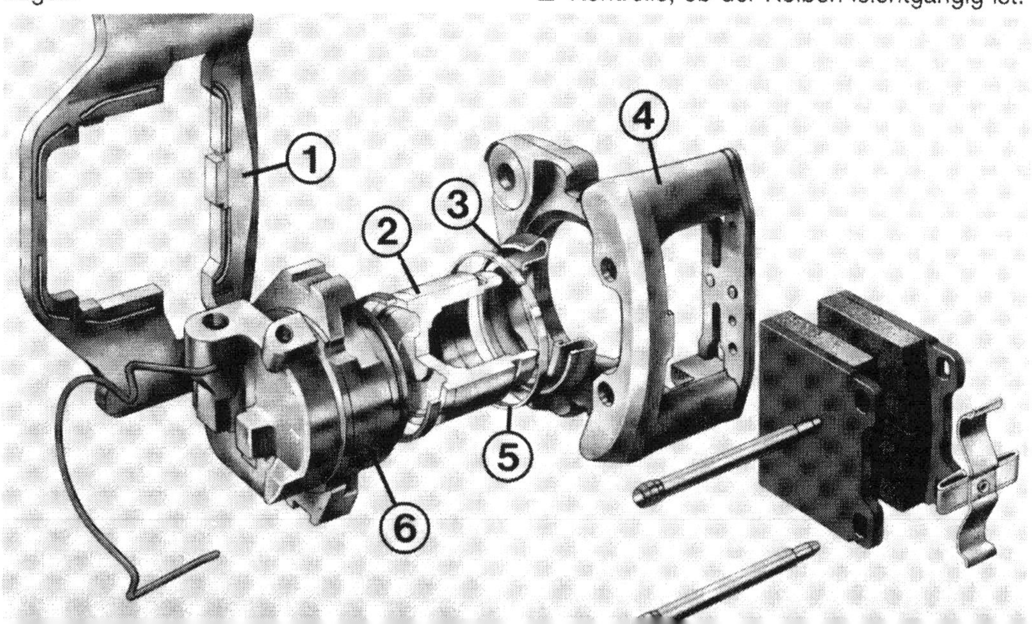

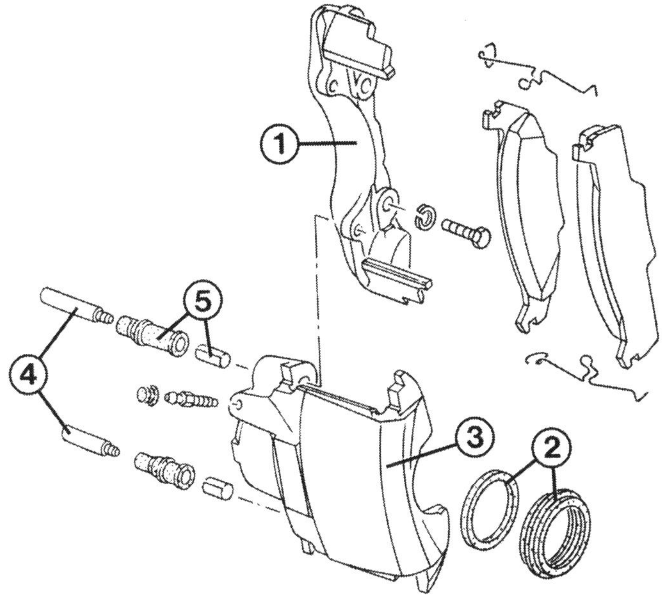

Die Teile der Faustsattelbremse: 1 – Halter; 2 – Dichtungen; 3 – Bremszylindergehäuse; 4 – Führungsbolzen; 5 – Führungsbuchsen.

■ Bei der Schwimmsattelbremse einen alten, möglichst weit abgefahrenen Belag oder ein dünnes Holzbrettchen an der Seite mit dem Kolben als Kolbenanschlag einstecken.
■ An der Faustsattelbremse eine Schraubzwinge mit zwischengelegtem Holzstück als Anschlag für den Kolben ansetzen (siehe »Scheibenbremsbeläge erneuern«), damit der Kolben nicht zu weit herausgleiten kann.
■ Bremspedal von Helfer vorsichtig treten lassen. Bewegt sich der Kolben?
■ Kommt der Kolben nicht heraus, so lange mit dem Bremspedal pumpen, bis sich der Kolben bewegt.
■ Kolben zurückdrücken, wie unter »Scheibenbremsbeläge erneuern« beschrieben.
■ Dieses Spiel so lange wiederholen, bis sich der Kolben leichtgängig bewegt.
■ Seitenflächen des Kolbens mit ATE-Bremspaste bestreichen.

Bremssattel ausbauen

Der Bremssattel ist an dem auf Seite 120 gezeigten Radlagergehäuse angeschraubt. Bei den älteren Modellen wurden hierfür normale Sechskantschrauben verwendet. Seit Ende 1981 werden zur Bremssattelbefestigung grundsätzlich sogenannte Rippschrauben eingebaut. Sie besitzen hinter dem Sechskantkopf eine geriffelte Fläche. Dadurch wird ein verbesserter Halt der Schraube erreicht. Als Ersatz gibt es nur solche Rippschrauben. Werden herkömmliche Schrauben gegen Rippschrauben getauscht, muß an den Befestigungslöchern des Bremssattels eine sogenannte Fase angebracht werden – eine leichte Ansenkung am Schraubloch. Sie soll 1 mm breit sein und einen Winkel von 45° aufweisen. Hierfür eignet sich ein großer Bohrer, der lediglich von Hand angesetzt wird.

■ Rad abschrauben.
■ Evtl. Bremsbeläge ausbauen.
■ Halteschrauben des Bremssattels losdrehen.
■ Bremssattel mit angeschraubtem Bremsschlauch so aufhängen, daß der Schlauch nicht unter Spannung steht.
■ Oder Bremsschlauch abschrauben (Seite 146) und hochbinden, damit nicht der gesamte Bremskreis ausläuft.
■ Rippschrauben mit 70 Nm anziehen, normale Sechskantschrauben mit 60 Nm.
■ Bremsanlage entlüften, falls der Bremsschlauch abgeschraubt war.
■ Bei nicht abgenommenem Bremsschlauch das Pedal mehrmals treten, damit sich die Bremsbeläge an die Bremsscheibe anlegen.

Bremskolbenmanschette auswechseln

Eine beschädigte Kolbenmanschette im Bremssattel sollte umgehend erneuert werden, damit der Kolben nicht durch Korrosion und Schmutz festgeht.

■ Bremsbeläge ausbauen.
■ Von Helfer das Bremspedal vorsichtig treten lassen, damit der Kolben ein Stück herausragt.
■ **Schwimmsattel** ausbauen.
■ Klemmring der Kolbenmanschette abhebeln. Manschette abziehen.
■ Innenlippe der neuen Manschette in den herausragenden Bremskolben einsetzen.
■ Kolben zurückdrücken.
■ Äußere Lippe der Manschette am Bremssattel ansetzen und rundum gleichmäßig aufdrücken.
■ Klemmring am Zylinderwulst des Brems-

Die Bremsscheibe ist mit einer Kreuzschlitzschraube auf der vorderen Radnabe gesichert.

sattels ansetzen und rundum über die Manschette ziehen.

■ Wenn Sie hierfür einen Schraubenzieher benutzen, aufpassen, daß die Manschette nicht beschädigt wird.

■ Am **Faustsattel** die alte Manschette abziehen.

■ Neue Manschette mit der äußeren Dichtlippe am Kolben aufziehen.

■ Innere Dichtlippe der Manschette mit einem Schraubenzieher ohne die Manschette zu beschädigen in die Nut im Bremssattelgehäuse vorsichtig einsetzen.

■ Kolben ins Bremssattelgehäuse zurückdrücken.

Bremsscheibe ausbauen

Bremsscheiben müssen grundsätzlich beidseitig erneuert werden. Einseitiger Wechsel kann ungleiche Bremswirkung zur Folge haben. Achten Sie auf die richtige Scheibenstärke: Schlepphebelmotor seit 8/75 10 mm, alle übrigen Motoren 12 mm.

■ Beim Schwimmsattel die Beläge ausbauen, Schwimmrahmen zur Seite drücken.

■ Bzw. Faustbremssattel ausbauen.

■ Kreuzschlitz-Halteschraube der Bremsscheibe losdrehen.

■ Bremsscheibe durch Schläge mit dem Gummihammer von der Radnabe trennen.

■ Vor dem Ansetzen der neuen Bremsscheibe die Anlagefläche an der Radnabe säubern.

Die Trommelbremsen

An den Hinterrädern besitzt unser VW sogenannte Trommelbremsen. Bei den 50-PS-Golf der ersten Serie waren auch vorn solche Bremsen eingebaut. Charakteristisch sind je zwei halbkreisförmige Beläge, die von einem oben sitzenden Radbremszylinder gegen die zylindrischen Bremstrommeln gedrückt werden. Diese Bauart mit einem Radzylinder für zwei Beläge nennt sich Simplexbremse.

Die Trommelbremse wirkt selbstverstärkend. Und zwar zieht sich eine Bremsbacke durch die Drehung des Rades in gewissem Maß selbsttätig an die Bremstrommel. Dadurch sind geringere Fußkräfte am Pedal notwendig. Bei Vorwärtsfahrt wirkt die vordere Bremsbacke selbstverstärkend. Sie heißt Auflauf- oder Primärbremsbacke im Gegensatz zur hinteren Ablauf- bzw. Sekundärbremsbacke.

Belagstärke der Trommelbremsen kontrollieren

Wartung Nr. 37

Da die Auflaufbacke schneller verschleißt als die hintere Ablaufbacke, wird nur an der vorderen Bremsbacke die Stärke gemessen.

■ Wagen aufbocken.

■ An der Innenseite des jeweiligen Rades vorn am Bremsträgerblech den Plastikstopfen abziehen.

■ Mit Taschenlampe ins Schauloch leuchten, Belagstärke feststellen.

■ **Alle Maße** im folgenden geben die Mindeststärke an und gelten **mit Belagträger**. Aufgenietete Beläge besitzen eine gerade Bremsbacke. Sind die Beläge aufgepreßt, so besitzt der Belagträger einen Höcker (siehe Bild rechts oben).

■ **Vorderradbremse** mit **aufgenieteten Belägen 6,0 mm.**

■ **Aufgepreßte Beläge vorn 4,5 mm.**

■ **Aufgenietete Beläge** an der **Hinterradbremse 5,0 mm.**

■ **Aufgepreßte Beläge hinten 3,5 mm.**

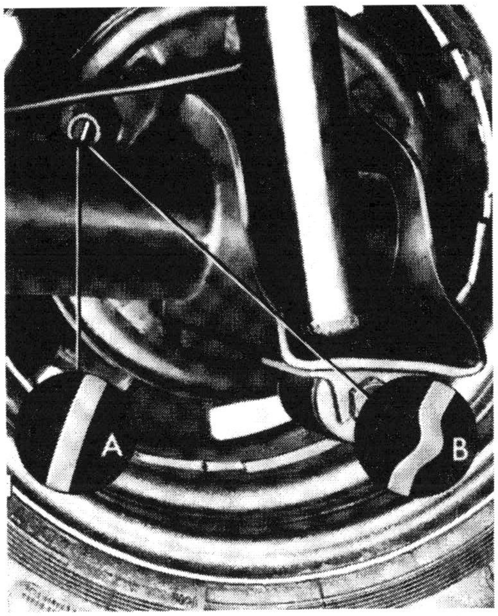

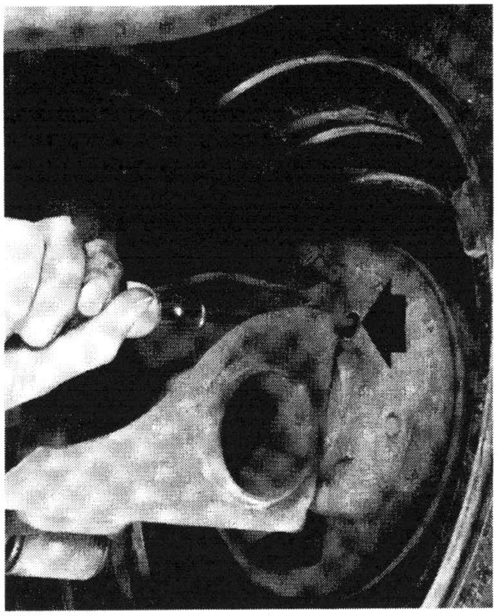

Links: Aufgenietete Beläge haben eine gerade Bremsbakke (A), während aufgepreßte Bremsbeläge Bakken mit Höcker (B) besitzen.
Rechts: Zum Einstellen der Trommelbremsen einen Schraubenzieher durch die in Fahrtrichtung hinten sitzende Öffnung im Bremsträgerblech stecken. Dahinter sitzt die gezähnte Einstellmutter.

Bremspedalweg prüfen

Wartung Nr. 6

■ Drücken Sie das Bremspedal von Hand nieder.
■ Der **Leerweg** soll **höchstens ⅓ des gesamten Pedalwegs** betragen.
■ Längerer Pedalweg bei den Modellen seit 8/78 bedeutet, daß die hinteren Beläge auf das Mindestmaß abgefahren sind und erneuert werden müssen.
■ Bei den älteren Fahrzeugen können die Trommelbremsen nachgestellt werden, wie im folgenden Abschnitt beschrieben.
■ Eine weitere Prüfmöglichkeit für nachzustellende Bremsen: Bei teilweise angezogener Handbremse wird der Leerweg kürzer.
■ Zu langer Pedalweg kann auch durch verklemmte Bremsbeläge oder einen festgerosteten Bremssattel verursacht werden.

Trommelbremsen nachstellen

■ Mehrmals das Bremspedal kräftig durchtreten, damit sich die Bremsbacken in den Trommeln zentrieren.
■ Wagen aufbocken.
■ **Hinterradbremse:** Handbremse völlig lösen.
■ Ggf. Hebel am Bremskraftregler (siehe Text und Bild Seite 145) einmal von Hand kräftig in Richtung Hinterachse drücken, sonst könnte durch möglicherweise noch vorhandenen Restdruck im Bremssystem die rechts Hinterradbremse schon ohne Nachstellen schleifen.
■ **Alle Bremsen:** Innen an den Bremsankerblechen die in Fahrtrichtung hinteren Plastikstopfen abziehen.
■ Damit die Beläge näher an die Bremstrommel gebracht werden, müssen auf beiden Seiten die wie Zahnräder aussehenden Einstellmuttern nach unten gedreht werden.
■ Zahnmutter mit einem Schraubenzieher unter hebelnden Bewegungen Zahn um Zahn weiterdrehen.
■ Ist die Einstellmutter eingerostet, kräftigen Schraubenzieher schräg auf einen Zahn ansetzen und mit einem Hammer auf den Schraubenzieherschaft schlagen.
■ Hilft das nicht, Bremstrommel abnehmen und versuchen, den Einstellmechanismus mit Rostlöser gängig zu machen. Vorsicht, daß nichts auf die Bremsbeläge gelangt.
■ Zahnmutter so lange verdrehen, bis sich das Rad nicht mehr bewegen läßt – die Beläge liegen jetzt an der Trommel an.
■ Jetzt wieder so weit zurückdrehen, bis sich das Rad gerade frei drehen läßt. Achten Sie auf Schleifgeräusche.

Automatische Bremsennachstellung seit 8/78

Mit gleitendem Einsatz wurden für das Modelljahr 1979 Trommelbremsen eingebaut, die nicht mehr nachgestellt zu werden brauchen. Dies bewirkt eine einfache Mechanik. Die Druckstange zwischen den Bremsbacken muß mit zunehmendem Belagverschleiß verlängert werden, damit die Beläge wieder zum Anliegen an die Trommel kommen. Das geschieht durch einen unter Federzug stehenden Keil, der mit den allmählich verschleißenden Belägen in der Druckstange nachrückt.

Die Trommelbremse bis 8/78: 1 – Radbremszylinder; 2 – Nachstellzahnmutter; 3 – Bremsbacke mit Bremsbelag; 4 – Haltefeder; 5 – Handbremszug; 6 – Rückzugfeder; 7 – Blattfeder; 8 – Druckstange.

Bremstrommel abnehmen

Die Bremstrommel kann auch mit angeschraubtem Rad abgenommen werden.

■ Wagen aufbocken.

■ Radlager ausbauen (Seite 128).

■ **Bis 8/78:** Gezähnte Einstellmutter nach oben drehen, damit die Bremsbacken zurückgezogen werden.

■ **Ab 8/78:** Eine Radschraube herausdrehen.

■ Felge oder Bremstrommel so drehen, daß ein Radschraubenloch in Fahrtrichtung vorn oben steht.

■ Durch das Schraubenloch mit einem Schraubenzieher den Nachstellkeil nach oben drücken – damit werden die Bremsbakken zurückgezogen.

■ **Alle Baujahre:** Bremstrommel abziehen.

■ Beim Zusammenbau Radlagerspiel einstellen, siehe Seite 128.

■ Beläge durch einmaliges kräftiges Treten des Bremspedals zum Anliegen an der Trommel bringen.

Zustand der Bremstrommeln kontrollieren

■ Die Schleiffläche in der Bremstrommel muß möglichst glatt sein.

■ Zeigen sich tiefe Rillen oder Riefen (durch bis auf die Nieten abgefahrene Bremsbeläge), kann die Trommel ausgedreht werden.

■ Neue Bremstrommeln haben einen Innendurchmesser von 180 mm.

■ Nach dem Ausdrehen darf der Durchmesser nicht größer als 181 mm sein.

■ Zu weit eingelaufene Bremstrommeln sind zu ersetzen, und zwar immer beide.

Bremsbacken ausbauen bis 8/78

Die im Text genannten Teile sehen Sie im Bild oben.

■ Bremstrommel abnehmen.

■ **Bremsen hinten:** Große Haltefedern seitlich an der Bremsbacke mit einer Kombizange herausziehen. Dabei die Feder mit der anderen Hand festhalten, denn sie steht unter Vorspannung.

■ Blattfedern an den Bremsbacken abziehen.

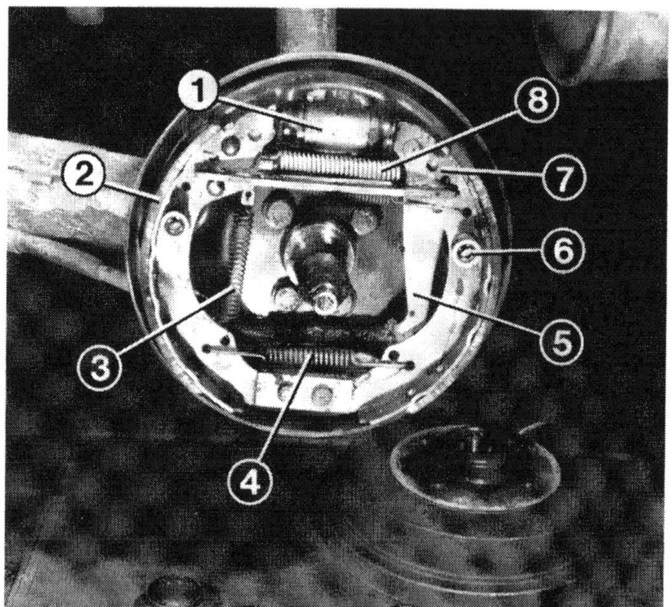

Die selbstnachstellende Trommelbremse ab 8/78 geöffnet: 1 – Radbremszylinder; 2 – Bremsbelag; 3 – Zugfeder mit Nachstellkeil; 4 – Rückzugfeder unten; 5 – Handbremshebel; 6 – Niederhaltefeder; 7 – Bremsbacke; 8 – Rückzugfeder oben.

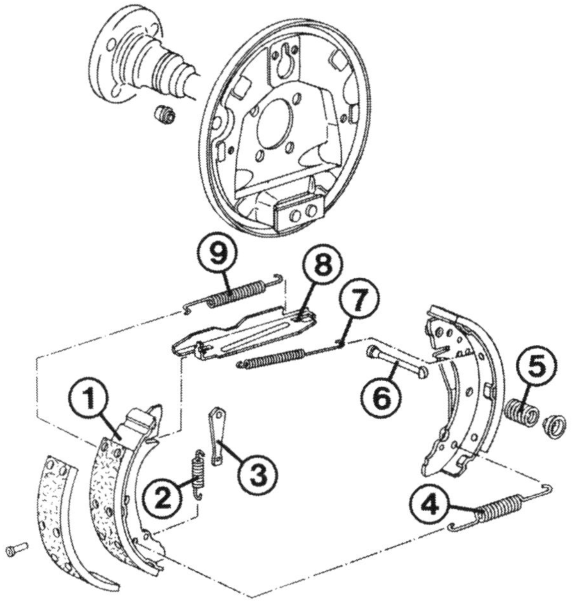

Die Befestigungsteile der Bremsbakken (1): 2 – Zugfeder des Nachstellkeils (3); 4 – untere Rückzugfeder; 5 – Druckfeder; 6 – Haltestift; 7 – obere Rückzugfeder; 8 – Druckstange; 9 – Anlagefeder.

■ Blattfedern unten aushängen.
■ Bremsbacken aus der unteren Abstützung sowie aus den Schlitzen der Kolben des Radbremszylinders herausheben.
■ Beim Einbau läßt sich das Handbremsseil bei noch nicht montierten Bremsbacken leichter einhängen.
■ **Bremsen vorn:** Rückzugfedern unten und die Blattfedern aushängen.
■ Bremsbacken über die Vorderradnabe schieben und gleichzeitig aus den oberen Rückzugfedern und der Druckstange herausnehmen.
■ Zum Einbau erst die oberen Rückzugfedern am Bremsträgerblech einhängen und zugleich die Druckstange einsetzen.
■ Nachdem die Bremsbacken über die Vorderradnabe gedrückt wurden, Rückzug- und Haltefedern einhängen.

Bremsbacken ausbauen ab 8/78

In den Abbildungen links unten und auf dieser Seite sind die genannten Teile gezeigt.
■ Federteller der Druckfedern an den Bremsbacken mit einer Kombizange oder besser mit einem Steckschlüssel SW 10 zurückdrücken, Haltestift hinten an der Bremsankerplatte um 90° drehen und herausziehen, Federn abnehmen.
■ Rückzugfeder des Nachstellkeils aushängen.
■ Bremsbacken aus der unteren Abstützung und den Kolben im Radbremszylinder herausheben.
■ Handbremsseil an den abgezogenen Bremsbacken aushängen.
■ Rückzugfedern oben und unten abnehmen.
■ Nachstellkeil aus der Druckstange ziehen.
■ Anlagefeder oben aus der Druckstange aushängen. Ggf. hierzu die Druckstange in einen Schraubstock spannen.
■ Beim Zusammenbau Druckstange in Schraubstock spannen.
■ Anlagefeder an der Druckstange und Bremsbacke einhängen. Wie die Feder richtig montiert wird, zeigt das Bild unten.
■ Bremsbacke auf der Druckstange einsetzen, Nachstellkeil von oben einstek-

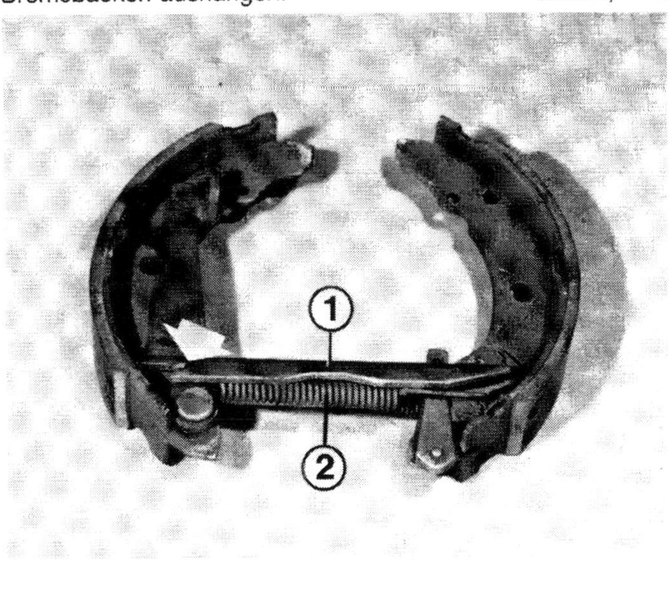

Das umgebogene Ende (Pfeil) der Anlagefeder (2) muß nach innen zeigen, wenn sie richtig in die Druckstange (1) eingesetzt ist.

Links: Ein Handnietwerkzeug, bestehend aus Oberteil (1) und Unterteil (2), ist das beste Hilfsmittel zum Aufnieten der hinteren Trommelbremsbeläge. Rechts: Das Unterteil ist im Schraubstock eingespannt, das Oberteil bekommt einen Hammerschlag verpaßt, wodurch der Niet umgebördelt wird. Bremsbacke und Belag sollten von einem Helfer gehalten werden.

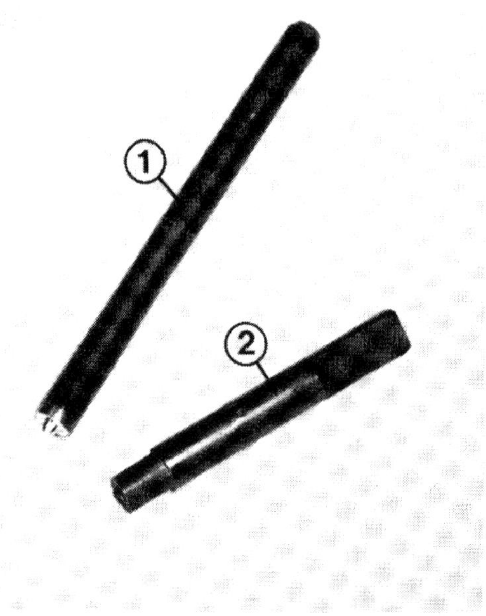

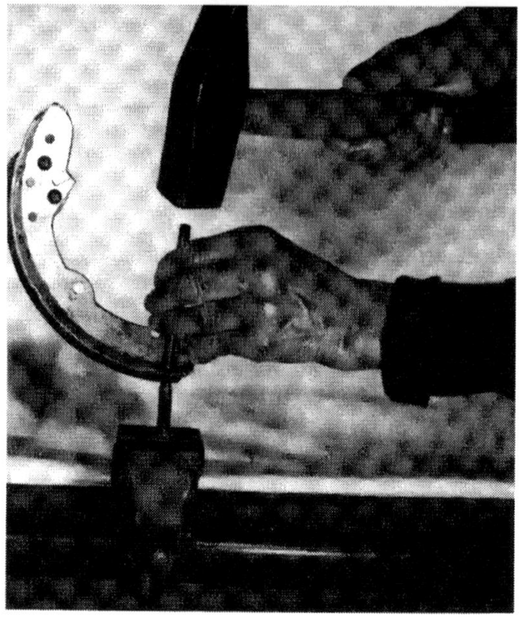

ken. Seine Nase zeigt zur Bremsbacke hin.

■ Bremshebel der Sekundär-Bremsbacke in die Aussparung der Druckstange einsetzen.

■ Obere Rückzugfeder einhängen.

■ Handbremsseil bei noch nicht montierten Bremsbacken am Bremshebel einhängen.

Bremsbacken belegen

Grundsätzlich müssen beide Beläge auf jeder Seite ausgewechselt werden. Für einwandfreie Bremswirkung nur Beläge mit ABE verwenden.

Die aufgepreßten Hinterrad-Bremsbeläge gibt es im Austausch komplett mit den Backen. Genietete Beläge werden als Austauschteil mit den Backen verkauft, oder Sie können die Beläge selbst aufnieten. Zum fachgerechten Aufnieten gehört ein Handnietwerkzeug, z. B. von Jurid (siehe Bild oben links), und ein Schraubstock.

■ Bremsbacke in den Schraubstock spannen.

■ Alten Bremsbelag mit Meißel und Hammer entfernen.

■ Reste der Niete herausklopfen. Sie können die Niete aber auch einzeln ausbohren. Achten Sie dann jedoch darauf, daß die Bremsbacke nicht mit durchbohrt wird.

■ Nietlöcher entgraten und Oberfläche der Bremsbacke säubern. Die Anlagefläche muß eben sein, deshalb Bremsbacken mit tiefen Rostnarben nicht mehr verwenden.

■ Unterteil des Nietwerkzeugs in den Schraubstock einspannen.

■ Niet zuerst in eines der mittleren Löcher im Belag einsetzen. Bremsbacke mit auflegen und Niet durchdrücken.

■ Komplette Bremsbacke jetzt mit dem Belag nach unten an dem Niet auf den Dorn halten.

■ Ein Helfer muß mit Hammer und Nietwerkzeug den überstehenden Niet an der Rückseite der Bremsbacke umbördeln.

■ Aus der Mitte des Belages beginnend die restlichen Niete einsetzen.

■ Der Bremshebel kann – entgegen der VW-Empfehlung – zum Nieten an der Bremsbakke bleiben. Mit einem schlanken Nietwerkzeug kommt man gut daran vorbei.

■ Außenkanten der Beläge mit einer Feile abrunden.

Die Handbremse

Die Bremskraft wird bei der Handbremse mechanisch durch zwei getrennte Seilzüge übertragen.

Beim Zug am Handbremshebel zieht jedes Seil den Bremshebel an der hinteren Sekundärbremsbacke an. Durch diese Bewegung wird die Bremsbacke gegen die Trommel gedrückt. Gleichzeitig stützt sich der Bremshebel über die Druckstange an der vorderen Bremsbacke ab, die ebenfalls nach außen gedrückt wird – die Hinterräder werden gebremst.

Leerweg des Handbremshebels prüfen

Wartung Nr. 8

■ Die Wirkung der Handbremse soll mit der **dritten Raste** des Hebels beginnen.

■ Bei eingerastetem vierten Zahn sollten die Hinterräder blockiert sein.

■ Wenn der Hebelweg zu lang ist:

■ Gedehnte Seilzüge, weil die Handbremse bei jedem Parken kräftig angezogen wurde.

■ **Bis 8/78:** Die Hinterradbremsen sind ein wenig abgenutzt und müssen nachgestellt werden.

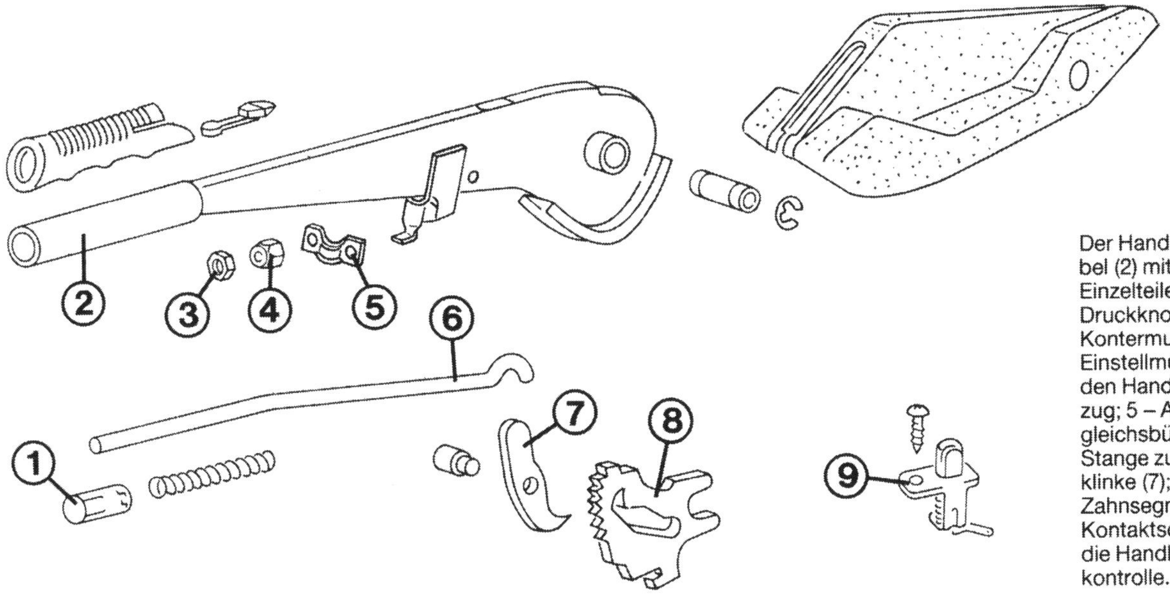

Der Handbremshebel (2) mit seinen Einzelteilen: 1 – Druckknopf; 3 – Kontermutter; 4 – Einstellmutter für den Handbremszug; 5 – Ausgleichsbügel; 6 – Stange zur Sperrklinke (7); 8 – Zahnsegment; 9 – Kontaktschalter für die Handbremskontrolle.

■ **Ab 8/78:** Die hinteren Bremsbeläge sind zu weit abgenutzt und müssen ersetzt werden.

■ Einstellen der Handbremse ist bei den Modellen mit automatischer Bremsennachstellung nur nach Auswechseln eines Handbremsseils erforderlich.

Handbremszug ersetzen

■ Abdeckung am Handbremshebel abziehen.

■ Konter- und Einstellmuttern der Bremsseile lösen.

■ Bremstrommel ausbauen (Seite 140), Bremsbacken abnehmen und Handbremsseil aushängen.

■ Bremsseilzug aus dem Führungsrohr am Wagenboden, dem Drahthalter an der Hinterachse und der Bremsankerplatte herausziehen.

■ Neuen Zug zum Handbremshebel durchschieben.

■ Eintrittsstelle des Zuges am Führungsrohr mit wasserbeständigem Mehrzweckfett bestreichen.

■ Handbremse einstellen.

Handbremse einstellen

Bei Fahrzeugen mit automatischer Bremsennachstellung wird diese Arbeit nur nach dem Wechsel eines Handbremsseils durchgeführt.

■ Wagen hinten hochbocken, so daß beide Hinterräder frei hängen.

■ Im Innenraum die Kunststoffabdeckung am Handbremshebel abziehen.

■ Am Schraubgewinde beider Handbremszüge die Kontermutter von der Einstellmutter losdrehen.

■ Handbremshebel in die dritte Raststellung ziehen.

■ Einstellmutter auf jeder Seite so weit anziehen, bis sich das betreffende Rad von Hand nicht mehr durchdrehen läßt.

■ Beim Drehen der Einstellmutter das Gewindeteil des Handbremsseils mit einem

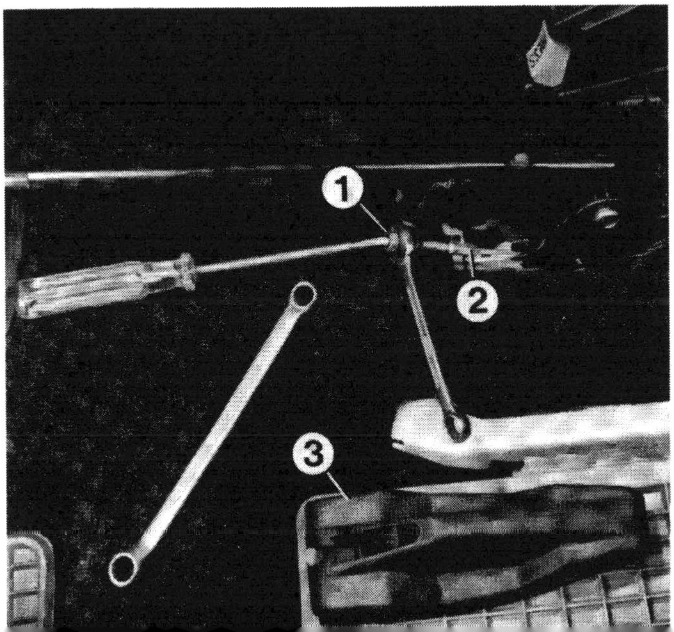

Bei abgenommener Abdekkung (3) und gelöster Kontermutter (1) kann die Einstellmutter mit dem daran angesetzten Schraubenschlüssel verdreht werden. Das jeweilige Bremsseil (2) sollten Sie mit einem Schraubenzieher zum Schutz vor Verdrehen festhalten.

Schraubenzieher gegenhalten, wie im Bild auf der Vorseite gezeigt.

■ Handbremse mehrmals anziehen und lösen.

■ Kontrollieren Sie anschließend, ob sich beide Hinterräder ohne Widerstand durchdrehen lassen.

■ Einstellmuttern kontern.

Der Bremskraftverstärker

Scheibenbremsen wirken nicht, wie Trommelbremsen, selbstverstärkend. Es ist eine wesentlich höhere Pedalkraft vonnöten. Deshalb haben alle Modelle (ausgenommen 37 kW bis Baujahr 7/81) serienmäßig einen Bremskraftverstärker, der rund 60% der Bremskraft aufbringt. Diese Hilfseinrichtung sitzt links im Motorraum hinter dem Hauptbremszylinder. Das Bremspedal ist jedoch weiterhin direkt mit den Bremskolben im Hauptbremszylinder verbunden, so daß man auch noch bei ausgefallenem Hilfsgerät bremsen kann. Der notwendige Pedaldruck muß dann allerdings mehr als verdoppelt werden!

Die Hilfskraft liefert der Unterdruck aus dem Ansaugrohr. Der Bremskraftverstärker ist über einen Schlauch mit dem Saugrohr verbunden. Beim Bremsen verschiebt der Druckunterschied zwischen dem äußeren Luftdruck und dem Unterdruck im Ansaugrohr eine große, elastische Membrane und drückt zusätzlich auf die Kolben im Hauptbremszylinder.

Wenn der Motor nicht läuft, kann der Servo auch keine (zusätzliche) Bremskraft liefern. Deswegen müssen Sie stärker aufs Pedal treten, wenn Ihr Wagen z.B. abgeschleppt wird. Bleibt der Motor unterwegs plötzlich stehen, haben Sie durch den Unterdruckspeicher noch eine Reserve für einige kurze Bremsungen; erst dann werden die Wadenmuskeln voll beansprucht.

Bremskraftverstärker prüfen

Wartung Nr. 7

■ Bei abgestelltem Motor das Bremspedal mehrmals durchtreten und in seiner tiefsten Stellung halten.

■ Motor starten. Bei einwandfrei funktionierendem Verstärker muß das Pedal noch ein Stück nachgeben.

■ Senkt sich das Pedal nicht, kommen in Betracht: Unterdruckschlauch vom Ansaugkrümmer zum Bremskraftverstärker undicht, Rückschlagventil im Unterdruckschlauch, Gummiring zwischen Hauptbremszylinder und Servogerät oder Membrane des Bremskraftverstärkers defekt.

■ Zur Kontrolle des Rückschlagventils den Unterdruckschlauch am Bremsservo abnehmen.

■ Durchblasen muß, Ansaugen darf nicht möglich sein.

■ Das Rückschlagventil gibt es nur mit dem zugehörigen Unterdruckschlauch.

■ Der Pfeil am Ventil muß in Richtung Ansaugkrümmer zeigen.

■ Zum Austausch eines schadhaften Gummirings zwischen Hauptbremszylinder und Verstärker muß der Zylinder demontiert werden, siehe Seite 146.

■ Ein defekter Bremskraftverstärker wird komplett ersetzt. Reparieren ist nicht möglich.

Der Bremskraftregler

Bei allen 1,5-/1,6-l-Modellen ab 8/78 (früher nur in Verbindung mit Getriebeautomatik) sitzt in Fahrtrichtung links vor der Hinterachse ein Bremskraftregler. Er kann den Flüssigkeitsdruck zu den hinteren Radbremszylindern reduzieren. Das geschieht je nach Beladung: Viel Druck bei vollgeladenem Wagen, wobei die Hinterachse auch beim Bremsen nur wenig entlastet wird; wenig Druck bei Ein- oder Zweimannbesatzung – hierbei hebt sich der Wagen stärker aus den Hinterfedern. Durch zu viel Bremsdruck an den Hinterrädern blockieren diese vorzeitig, und das Auto stellt sich quer.

Bremskraftregler prüfen

Für eine schnelle Funktionsprüfung brauchen Sie einen Helfer. Der Wagen darf nicht aufgebockt sein.

■ Treten Sie das Bremspedal kräftig durch und lassen Sie es schnell los.

■ Hierbei muß sich der Hebel am Bremskraftregler bewegen.

■ Für eine genaue Prüfung werden Federspanner und ein Druckprüfgerät gebraucht – eine Arbeit für die V.A.G.-Werkstatt.

Arbeiten an der Bremshydraulik

Bei allen nachfolgend beschriebenen Arbeiten kommen Sie mit Bremsflüssigkeit in Kontakt. Deshalb ein paar Sicherheitshinweise:

□ Bremsflüssigkeit ist giftig, deshalb nicht mit dem Mund oder offenen Wunden in Berührung bringen.

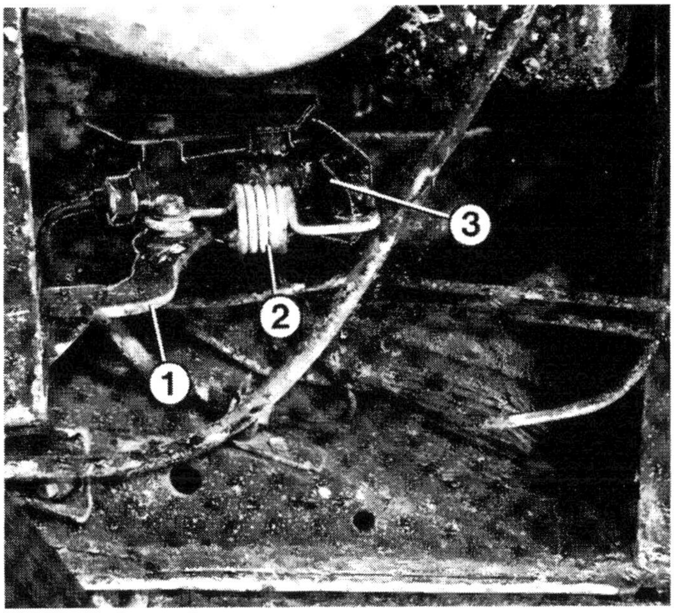

Der Bremskraftregler (3) erhält über den mit der Hinterachse verbundenen Hebel (1) und die Übertragungsfeder (2) die Information über die Stellung der Hinterachse. Vor dem Bremseneinstellen muß der Hebel einmal in Richtung Hinterachse gedrückt werden, damit kein Restdruck schleifende Beläge vortäuscht.

□ Die Bremsflüssigkeit greift den Lack an. Deshalb keine bremsflüssigkeitsgetränkten Lappen oder -verschmierten Werkzeuge auf die Lackierung legen. Auch im Motorraum nach der Montage die Spuren von Bremsflüssigkeit abwaschen; aber erst, wenn sämtliche Anschlüsse fest angeschraubt sind.

□ Beim Lösen eines Bremsschlauches oder einer Bremsleitung läuft der Vorratsbehälter allmählich leer. Das läßt sich verhindern: Vor dem Öffnen der Verschraubung eine Entlüftungsschraube im betreffenden Bremskreis lösen. Entlüftungsschlauch aufstecken und in ein Gefäß halten. Nun das Bremspedal voll durchtreten und mit einer passenden Holzlatte o.ä. in dieser Stellung halten. Damit sind die Zulaufbohrungen im Hauptbremszylinder verschlossen, es kann keine Bremsflüssigkeit mehr auslaufen.

□ Zum Lösen und Anziehen der Bremsleitungen brauchen Sie einen Bremsleitungsschlüssel 10×11 (z.B. Hazet-Nr. 05202). Der sieht aus wie ein aufgesägter Ringschlüssel. Für die Bremsschläuche genügt ein Gabelschlüssel SW 14.

□ Nach allen Arbeiten an der Bremshydraulik muß die Bremsanlage entlüftet werden, siehe übernächste Seite. Oft genügt es, nur den Bremskreis zu entlüften, an dem gearbeitet wurde.

Bremsleitung ausbauen

■ Überwurfmutter der Bremsleitung losdrehen. Hierzu Gegenverschraubung – z.B. an einem Bremsschlauch – festhalten.

■ Ist die Mutter auf der Leitung angerostet, wodurch sich diese mitdreht, muß die Leitung in jedem Fall erneuert werden. Die dünnwandigen Rohre knicken schnell ab.

■ Zum Lösen der Leitungsanschlüsse kann folgender Trick weiterhelfen, wenn das betreffende Leitungsstück ohnehin ausgewechselt werden soll:

■ Bremsleitung nahe der Verschraubung absägen, Überwurfmutter mit einer Sechskantnuß losdrehen.

■ Muß eine neue Leitung noch etwas zurechtgebogen werden, darf dies nur in einem großen Radius geschehen. Andernfalls knickt das dünne Rohr ab.

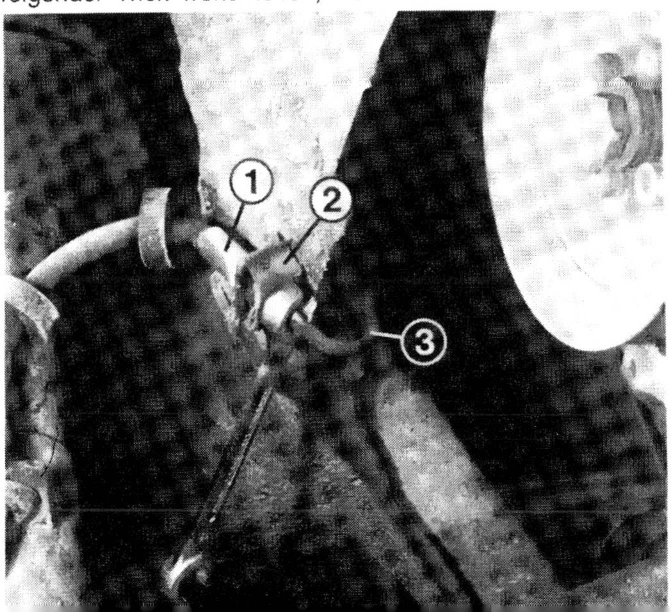

Zwischen der Verbindung von Bremsschlauch (1) und Bremsleitung (3) sitzt ein Schlauchhalter (2), der beim Zusammenbau nicht vergessen werden darf.

■ Innenseite des Bogens beim Biegen mit dem Daumen unterstützen. So können Sie sich langsam dem Radius entlang arbeiten.
■ Evtl. vorhandene Schutzschläuche der Leitungen nicht vergessen.
■ Bremsleitungen in ihren Abstandshaltern verlegen.
■ Bremsanlage entlüften.

Bremsschlauch ausbauen

■ Zuerst die Überwurfmutter der betreffenden Bremsleitung losdrehen. Dabei darauf achten, daß sich die Leitung nicht verdreht.
■ Ist ein Bremsschlauch mit einem Blechhalter an der Karosserie befestigt, dann ist er mit einem Blechbügel gegen Hin- und Herrutschen gesichert. Beim Zusammenbau darf dieser sogenannte Schlauchhalter (Bild auf der Vorseite) nicht vergessen werden.
■ Beim Einbau den Schlauch immer zuerst an der Stelle festdrehen, an der er sein Außengewinde hat.
■ Dann andere Verschraubung anziehen.
■ Der Bremsschlauch darf nicht in sich verdreht sein. Zur Kontrolle dient der Farbstreifen oder Gummianguß entlang des Schlauches.
■ Bremssystem entlüften.
■ Sofort nach der Reparatur kontrollieren, ob der Schlauch bei Federbewegungen irgendwo scheuern kann.
■ Diese Kontrolle nach einer längeren Fahrtstrecke wiederholen.

Radbremszylinder ausbauen

■ Bremstrommel (Seite 140) und Bremsbakken ausbauen.
■ Entlüftungsventil und Bremsleitung hinten am Bremsankerblech abschrauben.
■ Halteschrauben des Bremszylinders losdrehen, Radzylinder abnehmen.
■ Nach dem Zusammenbau Bremsen entlüften.

Hauptbremszylinder ausbauen

■ Bremsflüssigkeit aus dem Vorratsbehälter absaugen.
■ Behälter aus dem Hauptbremszylinder herausziehen.
■ Kabelstecker am Bremslichtschalter abnehmen.
■ Sämtliche Bremsleitungen am Hauptbremszylinder abschrauben.
■ Ggf. Muttern der Verbindung Hauptbremszylinder/Bremskraftverstärker losdrehen, Hauptbremszylinder abnehmen.
■ Beim Zusammenbau neuen Dichtring zwischen Bremskraftverstärker und Hauptbremszylinder einlegen.
■ Dichtstopfen für die Anschlußstutzen des Vorratsbehälters innen mit Bremsflüssigkeit anfeuchten, bevor der Behälter aufgedrückt wird.
■ Bremsanlage entlüften.

Bremskraftverstärker ausbauen

■ Ablage oder Abdeckung links unter dem Armaturenbrett ausbauen (Seite 260).
■ Am Hebel des Bremspedals die Sicherungsklammer am Haltebolzen für die Bremsdruckstange abnehmen, Bolzen herausdrücken.
■ Unterdruckschlauch am Verstärker abnehmen.
■ Bremsflüssigkeit absaugen und Bremsleitungen abschrauben, wie auf der Vorseite beschrieben.
■ Vom Motorraum aus Muttern des Haltebocks von Bremskraftverstärker und Hauptbremszylinder losdrehen.
■ Servogerät mit Hauptbremszylinder und Haltebock aus dem Motorraum herausnehmen.
■ Hauptbremszylinder abschrauben.
■ Haltebock vom Bremskraftverstärker losschrauben.
■ Beim Einbau muß sich der Haltebolzen für die Bremsdruckstange in Ruhestellung von Bremspedal und Bremsdruckstange einschieben lassen.
■ Ist dies nicht möglich, Kontermutter des Gabelkopfes an der Druckstange lösen.
■ Gabelkopf so lange verdrehen, bis die Bohrungen für den Bolzen in einer Ebene stehen.
■ Sicherungsklammer auf dem Bolzen nicht vergessen.
■ Bremssystem entlüften.

Zum Hauptbremszylinder (5) und Bremskraftverstärker (7) gehören: 1 – Haltebock; 2 – Sicherungsklammer; 3 – Haltebolzen; 4 – Gabelkopf; 6 – Dichtring; 8 – Bremsdruckstange.

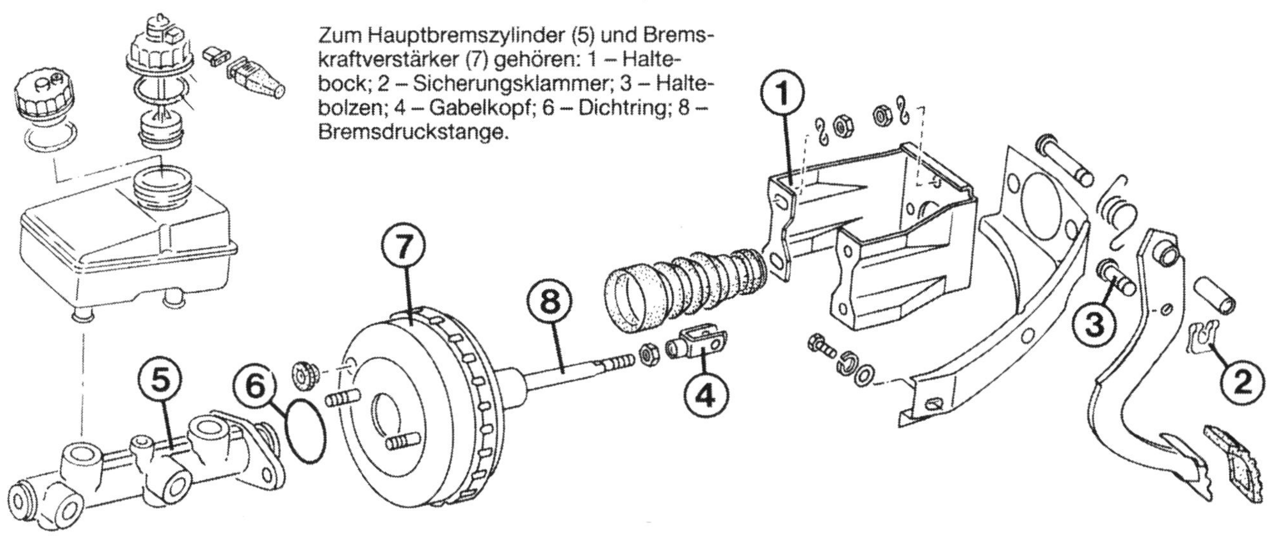

Bremsanlage entlüften

Nach allen Reparaturen an der Bremshydraulik muß entlüftet werden. Die Werkstatt benutzt hierzu ein Entlüftungsgerät, es geht aber genauso gut nach der althergebrachten Methode.

■ Die Arbeitsreihenfolge lautet: Hinten rechts, vorn links, hinten links und zuletzt vorn rechts.

■ Vorratsbehälter auf dem Hauptbremszylinder mit frischer Bremsflüssigkeit auffüllen. Während des Entlüftens muß immer wieder nachgefüllt werden, sonst wird aus dem leeren Behälter wieder Luft angesaugt.

■ Gummikappe vom Entlüftungsventil abnehmen, Ventilnippel sauberreiben.

■ Durchsichtigen Schlauch auf den Nippel schieben, freies Schlauchende in ein teilweise mit Bremsflüssigkeit gefülltes Glas stecken.

■ Entlüfterventil eine bis eineinhalb Umdrehungen lösen.

■ Von Helfer das Bremspedal langsam niedertreten lassen. So wird Bremsflüssigkeit und die darin eingeschlossene Luft herausgepumpt. Sie sehen die Luftbläschen im durchsichtigen Schlauch und im Glas.

■ Entlüfterventil schließen – der Helfer muß das Pedal niedergetreten halten.

■ Pedal langsam zurückkommen lassen.

■ Das wird nun so lange wiederholt, bis keine Luft mehr kommt. Dabei müssen sich Entlüfter und Pedaltreter jeweils durch Zuruf verständigen, wann das Pedal durchgetreten und wann das Ventil wieder geschlossen ist.

■ Bremspedal ganz durchgetreten halten, bis das Entlüftungsventil endgültig angezogen (nicht »angeknallt«) wurde.

■ Auf gleiche Weise werden die übrigen Radbremsen entlüftet.

Fingerzeig: *Bremsflüssigkeit ist giftig. Deshalb gebrauchte Flüssigkeit nicht in die Kanalisation schütten, sondern in einem getrennten Gefäß zum Sondermüll geben (Adresse der Sammelstelle bei der Gemeindeverwaltung erfragen).*

Beim Entlüften wird die Schutzkappe vom Entlüfterventil (2) abgezogen. Durchsichtigen Schlauch (3) am Ventil aufstekken. Das andere Schlauchende muß in ein mit Bremsflüssigkeit teilweise gefülltes Glasgefäß (4) reichen. Erst jetzt das Ventil mit einem Ringschlüssel (1) öffnen.

Bremsflüssigkeit wechseln

Wartung Nr. 48

Nicht nur die auf Seite 129 erwähnte Gefahr von Dampfblasen macht den Bremsflüssigkeitswechsel erforderlich. Das in der Bremsflüssigkeit aufgenommene Wasser verursacht Korrosion in den Bremszylindern und -leitungen. Beim Flüssigkeitswechsel geht man wie beim Entlüften vor. Gebraucht werden 2 Liter frische Bremsflüssigkeit.

■ Bremsflüssigkeit aus dem Vorratsbehälter mit einer Pipette oder einer sauberen Injektionsspritze absaugen.

■ Frische Bremsflüssigkeit einfüllen bzw. regelmäßig nachgießen.

■ An jedem Entlüfterventil sollen 500 cm^3 Bremsflüssigkeit durchgepumpt werden.

■ Durch diese relativ hohe Menge ist gewährleistet, daß sich neue Bremsflüssigkeit nicht mit der alten vermischt hat, sondern das Bremssystem durchweg mit unverbrauchter Flüssigkeit befüllt ist.

Störungsbeistand Bremsen

Die Störung	– ihre Ursache	– ihre Abhilfe
A Bremsen ziehen einseitig	1 Reifendruck ungleichmäßig	Korrigieren bei kalten Reifen
	2 Reifenprofil ungleich abgefahren	Reifen so untereinander auswechseln, daß auf jede Achse gleichmäßig abgenutzte Reifen kommen
	3 Beläge verschmutzt, verschmiert oder abgenutzt	Erneuern
	4 Bremsflächen der Scheiben bzw. Trommeln stark verschmutzt, verrostet oder zu stark abgenutzt	Scheiben abschleifen bzw. Trommeln ausdrehen. Ggf. austauschen
	5 Belagschacht bzw. Belagführung am Bremssattel verschmutzt oder verrostet	Blank schleifen
	6 Festsitzender Kolben im Bremssattel	Gängig machen oder Bremssattel überholen lassen
	7 Nachstellmechanismus einer Trommelbremse nicht in Ordnung	Einbaulage der Bauteile überprüfen
	8 Festsitzender Kolben im Radbremszylinder	Gängig machen oder Bremszylinder austauschen
	9 Bremskraftregler defekt	Druckprüfung in der Werkstatt
B Bremse quietscht	1 Resonanzgeräusche zwischen Bremsscheibe und Belägen	Siehe Fingerzeig Seite 136
	2 Beläge verschlissen oder verhärtet (»verglast«)	Erneuern
	3 Siehe A 4, 5, 6, 7 und 8	
	4 Neue Bremsbeläge liegen nicht plan an	Außenkanten der Beläge mit einer Feile brechen
	5 Lose Belagnieten	Erneuern
C Bremse rubbelt, Bremspedal pulsiert	1 Bremsscheiben verschlissen, beschädigt oder Belagreste angeklebt. Seitenschlag der Bremsscheibe oder Radnabe zu groß	Scheiben abschleifen oder austauschen. Ggf. Radnaben und evtl. Radlager ersetzen
	2 Siehe A 3 und 7	
	3 Bremstrommel hat Seiten- oder Höhenschlag oder beschädigte Bremsflächen	Bremstrommeln ausdrehen bzw. austauschen
D Hinterräder blockieren	1 Bremsflächen der Trommeln verrostet oder mit starken Riefen	Bremstrommeln ausdrehen bzw. ersetzen
	2 Siehe A 7 und 9	
	3 Beläge gerissen oder an der Oberfläche beschädigt	Erneuern
	4 Schwache Vorderradbremswirkung, siehe A 4, 5 und 6	

Die Störung	– ihre Ursache	– ihre Abhilfe
E Bremse wird heiß, löst sich nicht	1 Hydrauliksystem unter Vordruck. Alle Räder schwergängig:	Prüfung: Wagen aufbocken, Räder durchdrehen
	a) Kein Spiel zwischen Bremspedal (Druckstange) und Hauptbremszylinderkolben	Spiel kontrollieren
	b) Bremskraftverstärker defekt	Austauschen
	c) Hauptbremszylinder defekt	Ersetzen
	2 Ein Bremskreis unter Vordruck. Ein Vorderrad und evtl. gegenüberliegendes Hinterrad schwergängig:	
	Ausgleichsbohrung im Hauptbremszylinder verstopft	Säubern lassen
	3 Bremsmechanik klemmt. Ein oder zwei Räder einer Achse schwergängig:	
	a) Siehe A 4, 5, 6, 7 und 8	
	b) Handbremse löst nicht	Handbremseinstellung kontrollieren
	4 Gummiteile gequollen durch Verwendung falscher Bremsflüssigkeit	Bremsflüssigkeit wechseln und schadhafte Teile erneuern
F Pedalweg zu groß	1 Trommelbremsbeläge abgenutzt	Erneuern
	2 Siehe A 5	
G Pedalweg zu groß; Pedal läßt sich weich und federnd durchtreten	1 Luft im Bremssystem, evtl. Flüssigkeit im Vorratsbehälter zu tief abgesunken. Ursachen:	
	a) Leck im Bremssystem	Kontrollieren, schadhafte Teile erneuern
	b) Manschette im Hauptbremszylinder undicht	Hauptbremszylinder austauschen oder überholen lassen
	2 Überhitzte Bremsflüssigkeit, Dampfblasenbildung durch zu hohen Wassergehalt der Bremsflüssigkeit oder Überbeanspruchung der Bremsen	Bremsflüssigkeit wechseln
	3 Siehe A 6 und 7	
H Schlechte Bremswirkung bei hohem Pedaldruck	1 Pedalweg normal:	
	a) Beläge verölt, verbrannt oder verhärtet	Erneuern
	b) Siehe A 4 und 8	
	2 Pedalweg kurz: Bremskraftverstärker arbeitet nicht	Siehe Seite 144
	3 Pedalweg lang:	
	a) Siehe A 6	
	b) Ein Bremskreis ausgefallen durch Undichtigkeit oder Beschädigung	Kontrollieren, schadhafte Teile auswechseln

Gummi-Paragraph

Durch vier luftgefüllte Gebilde aus Gummi ist der VW mit der Straße verbunden. Dabei ist die Kontaktfläche zur Fahrbahn nur jeweils etwa handtellergroß. Verdeutlicht man sich, daß auf diese Flächen die enormen Kräfte beim Beschleunigen und Bremsen sowie in Kurven einwirken, so leuchtet ein, daß an den Reifen Pflege und Kontrolle not tut.

Welche Reifen sind montiert?

Welche Reifengrößen für Ihr Fahrzeug **zugelassen sind, steht in den Kfz-Papieren**. Andere als die dort vermerkten dürfen nur dann montiert werden, wenn sie vom TÜV begutachtet und anschließend in die Fahrzeugpapiere eingetragen wurden.
Folgende Reifengrößen gab es bei unseren Modellen in Serien- bzw. Sonderausstattung:

Modell	Golf 37 kW ab 5/75	Golf 44–55 kW, Jetta 37 und 44 kW, Scirocco 37–55 kW	Jetta 51 und 63 kW, Scirocco 63 kW
Serienausstattung Sonderausstattung	145 R 13 155 R 13 175/70 R 13	155 R 13[1] 175/70 R 13 –	175/70 R 13 – –

[1] 37-kW-Golf bis 5/75 waren ab Werk mit Diagonalreifen 5.95/145–13 (mit Trommelbremsen vorn) bzw. 6.15/155–13 (mit Scheibenbremsen vorn) ausgerüstet

Die Reifenbezeichnung

Nach international gültigen Vereinbarungen wird die Reifengröße in Millimeter oder, wie in unserem Fall, gemischt in Millimeter und Zoll angegeben. Die Bezeichnungen 145 SR 13, 155 R 13 S oder 175/70 SR 13 besagen folgendes:
145, 155, 175: Reifenbreite in unbelastetem Zustand in mm.
/70: Das Verhältnis von Reifenhöhe zu Reifenbreite beträgt 70 : 100. Normale Gürtelreifen haben ein Höhen/Breiten-Verhältnis von 80 : 100.
R: Kennzeichnung der Bauart als **R**adial- oder Gürtelreifen. Dagegen tragen die veralteten Diagonalreifen, die bis 5/75 beim 37-kW-Golf Serienstandard waren, zwischen den Reifengrößen einen Bindestrich.
13: Innendurchmesser des Reifens in Zoll (").

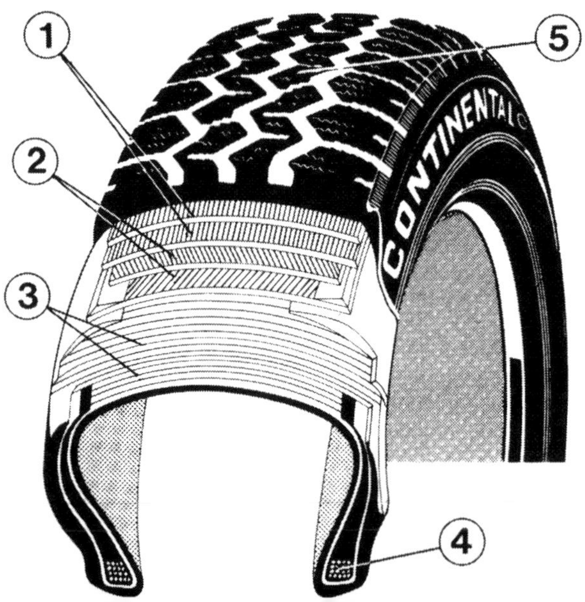

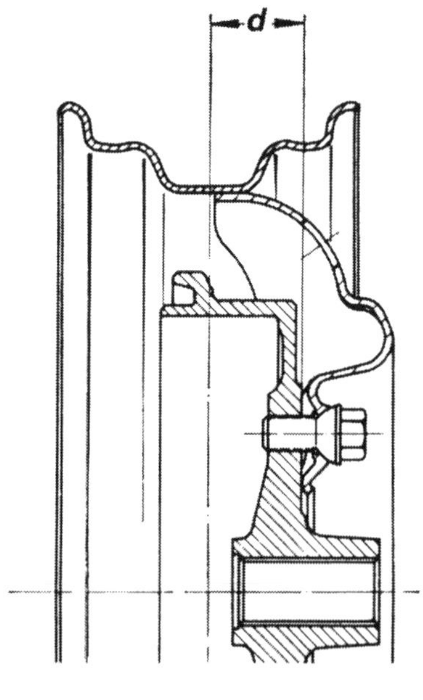

Links der Aufbau eines Gürtelreifens: 1 – doppelte Bandage; 2 – Gürtel; 3 – Karkasse (Unterbau); 4 – Wulst; 5 – Lauffläche.
Rechts: Ein wichtiges Felgenmaß stellt die Einpreßtiefe »d« dar. Damit bezeichnet man den Abstand zwischen der Felgenmitte und der Anlagefläche der Felge an die Radnabe.

Q: Zulässige Höchstgeschwindigkeit bis 160 km/h – Geschwindigkeitsklasse für herkömmliche M+S-Reifen.
S: Höchstgeschwindigkeit bis 180 km/h.
T, H und V: Geschwindigkeitsklassen bis 190, 210 und über 210 km/h – für unsere höchstens 172 km/h schnellen Modelle nicht erforderlich.

Die Felgen

An unseren Fahrzeugen können z. B. Felgen mit folgender Bezeichnung montiert sein: 4½ J × 13 H 2 ET 50, 4½ J × 13 H 2 ET 45, 5 J × 13 H 2 ET 45 oder 5½ J × 13 H 2 ET 38. Diese Zahlen und Buchstaben besagen
4½, 5, 5½: Felgenmaulweite in Zoll, an der Felgenhornbasis quer zur Laufrichtung des Rades gemessen.
J: Kennzeichnung der Felgenhorn-Höhe.
×: Zeichen für Tiefbettfelge.
13: Felgendurchmesser in Zoll, von Wulst zu Wulst gemessen.
H 2: Zeichen für Doppelhump-Felge. Zwei höckerartige Erhebungen innen im Felgenbett verhindern, daß die Reifenwülste bei seitlicher Beanspruchung (scharfe Kurvenfahrt mit niedrigem Luftdruck) vom Felgenhorn abgleiten können.
ET 38, ET 45, ET 50: Einpreßtiefe 38, 45 bzw. 50 mm. Dieses Maß erläutert unsere Zeichnung auf der linken Seite näher.
Diese Norm-Bezeichnungen geben nur die Hauptabmessungen der Felgen an, nicht aber die fahrzeugspezifischen Daten, wie Anzahl der Radbefestigungslöcher oder Lochkreisdurchmesser.

Reifen/Felgen-Kombinationen

Folgende Reifen/Felgen-Kombinationen sind beim Golf, Jetta und Scirocco möglich und **zulässig ohne Änderung der Fahrzeugpapiere**:

Reifen	Felge	Einpreßtiefe mm	Modell
145 SR 13[1]	4½ J × 13	50	Golf 37 kW mit Trommelbremsen vorn
145 SR 13	4½ J × 13	45	Golf/Scirocco 37 kW[2]
155 SR 13	4½ J × 13	45	Golf/Scirocco 37 kW
155 SR 13	5 J × 13	45	alle
175/70 SR 13	5 J × 13	45	Golf 37–55 kW, Jetta 55 und 63 kW, Scirocco 37–63 kW
175/70 SR 13	5½ J × 13	38	Jetta 51 und 63 kW, Scirocco 37–63 kW[3]

[1] Diagonalreifen sind nicht mehr berücksichtigt
[2] Vor 5/75 ist ein Eintrag in die Kfz-Papiere erforderlich
[3] Bei älteren Fahrzeugen ist ein Eintrag in die Kfz-Papiere erforderlich

Welche Felgen verwenden?

An Golf, Jetta und Scirocco können zahlreiche Original-VW-Felgen verwendet werden. Anfang 1981 erhielten Golf und Jetta neu gestylte Leichtmetallräder mit 9, 16 bzw. 24 Speichen. Der Scirocco-Nachfolger (ab 4/81) übernahm die neu gestalteten Stahlfelgen vom kurz zuvor

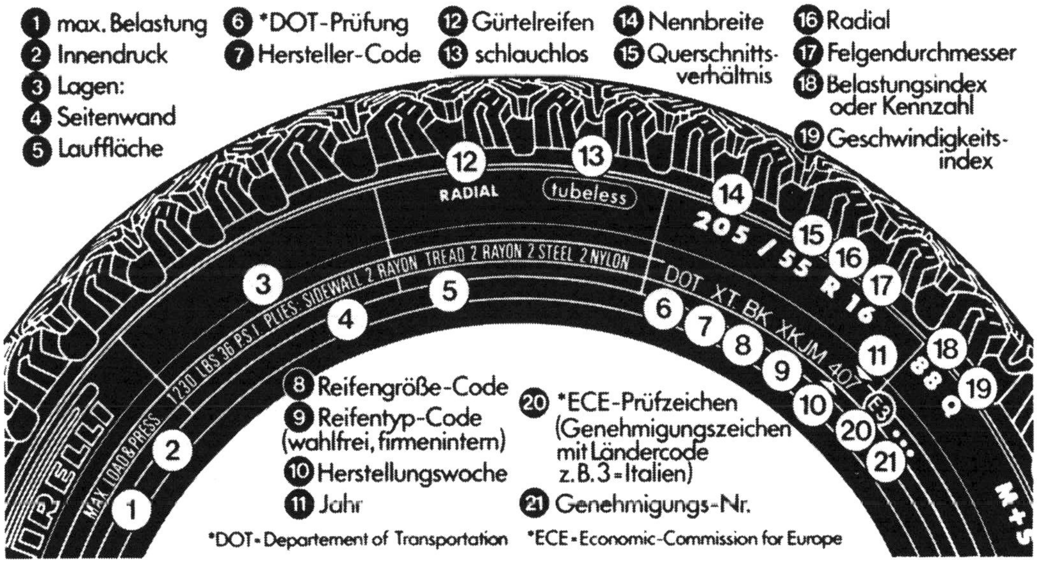

Was die verschiedenen Bezeichnungen auf der Reifenflanke bedeuten, finden Sie hier zusammengestellt.

erschienenen Passat-Nachfolgemodell. Seit 8/85 sind Golf und Jetta mit glatten Stahlfelgen ausgerüstet.
Für alle diese »neuen« Stahl- und Leichtmetallräder gilt, daß sie nicht an Fahrzeugen mit Schwimmsattelbremsen (Seite 131) in Verbindung mit 12 mm starken Bremsscheiben (siehe Seite 138) montiert werden dürfen.

Die richtigen Radschrauben

Für die entsprechende Stärke der Felgen-Anlagefläche muß die passende Radschraubenlänge verwendet werden. Eine falsch gewählte Radschraube bewirkt, daß das Rad nicht sicher an der Nabe hält. Eine Schraube mit zu langem Schraubengewinde ragt zu weit in die Schraubenbohrung der Radnabe und kann Teile der Trommelbremse beschädigen. Außerdem muß die kugelförmige Anlagefläche der Radschraube auf die Gegenfläche an der Felge im Durchmesser abgestimmt sein.
Für unsere Fahrzeuge gelten die nachfolgenden Felgen/Schrauben-Kombinationen:

Felgen		Radschrauben
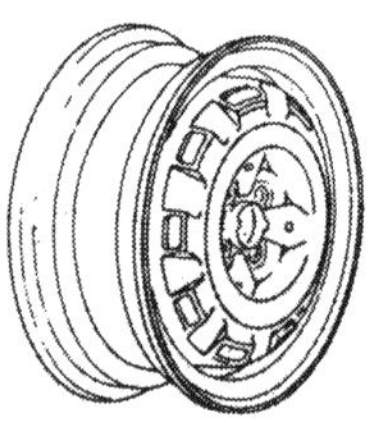	Stahl 2/74–10/83 4½ J × 13 ET 50 Teile-Nr. 861 601 025 4½ J × 13 ET 45 321 601 025 5 J × 13 ET 45 321 601 025 A 5½ J × 13 ET 38 171 601 025 B	M 12 × 1,5 × 20 (Schraubenkopf mit kleiner halbkugeliger Vertiefung)
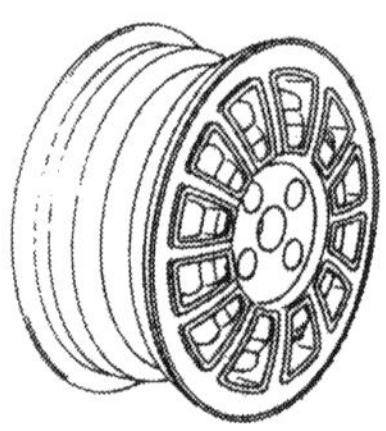	Leichtmetall 2/74–1/81 5 J × 13 ET 45 Teile-Nr. 321 601 025 C 5½ J × 13 ET 38 171 601 025 C	M 12 × 1,5 × 28 (Schraubenkopf mit großer ebener Vertiefung)
Stahl (S) und Leichtmetall (L) neues Styling 5 J × 13 ET 45 (S) Teile-Nr. 321 601 025 K/D 5 J × 13 ET 45 (S) 191 601 025 A 5 J × 13 ET 45 (L) 531 601 025 A 5½ J × 13 ET 38 (S) 321 601 025 J 5½ J × 13 ET 38 (S) 191 601 025 D 5½ J × 13 ET 38 (L) 171 601 025 J 5½ J × 13 ET 38 (L) 321 601 025 G 5½ J × 13 ET 38 (L) 191 601 025 J		M 12 × 1,5 × 24 (Schraubenkopf mit Krone)

Fingerzeig: *Wichtig bei allen Umrüstungen: Falls das bisherige Reserverad beibehalten wird, müssen die passenden Radschrauben für dieses Rad mit einem entsprechenden Hinweis zum Bordwerkzeug gelegt werden.*

Anbau von Sonderfelgen

Sonderfelgen heißen auf Amtsdeutsch solche Räder, die in Form oder Material nicht der serienmäßigen Ausstattung entsprechen. Da es wegen nachträglich montierten Rädern und Reifen immer wieder Schwierigkeiten bei Polizeikontrollen oder der Hauptuntersuchung bei DEKRA oder TÜV gibt, hier einige Punkte, die Sie beachten müssen.
☐ Felgen- und Reifengröße stimmen mit den Angaben in den Fahrzeugpapieren überein, die Felgen sind Original-VW-Teile: Keine Eintragung erforderlich.
☐ Felgen- und Reifengröße entsprechen den Angaben in den Kfz-Papieren, für das Sonderrad liegt eine ABE vor: Die Zulassungsstelle muß die ABE-Nr. in die Fahrzeugpapiere eintragen.
☐ Felgen- und Reifengröße werden gegenüber den Angaben in den Kfz-Papieren verändert und/oder für die Felgen liegt lediglich ein TÜV-Bericht vor: Hier ist ein Gutachten nach § 19 (2) StVZO beim TÜV (Teilgutachten) mit Eintrag im Kfz-Brief notwendig. Anschließend berichtigt die Zulassungsstelle die Daten im Kfz-Schein.
☐ Beim Kauf neuer Sonderfelgen muß eine Rad-ABE oder ein TÜV-Bericht beigefügt sein.
☐ Vor dem Kauf gebrauchter, nicht originaler Felgen ohne entsprechende Papiere sollten Sie anhand der genauen Hersteller- und Typenbezeichnung sowie des Herstellungsdatums (es ist

in der Felge eingeschlagen oder eingegossen) aus dem Räderkatalog des TÜV heraussuchen lassen, ob hierfür eine Rad-ABE oder ein TÜV-Bericht vorliegt.

☐ Räder ohne ABE oder TÜV-Bericht dürfen in der Bundesrepublik nicht montiert werden.

Breite Reifen und Felgen

Für unsere Fahrzeuge sind einige Kombinationen breiterer Reifen und Felgen zulässig. Was **beim TÜV eingetragen werden muß**, zeigt die folgende Tabelle:

Reifengröße	Felgengröße	Einpreßtiefe mm	oder Felgengröße	Einpreßtiefe mm	Bemerkungen
155 R 13	5½ J × 13	38			
165 R 13	5 J × 13	45	5½ J × 13	38	A
165/70 R 13	5 J × 13	45	5½ J × 13	38	
175/70 R 13	5½ J × 13	38			B, C
175/70 R 13	6 J × 13	33–35			C, D
185/70 R 13	5½ J × 13	38	6 J × 13	33–35	A, C, D
185/65 R 13	5½ J × 13	38			C, D
185/60 R 13	5½ J × 13	38	6 J × 13	33–35	C, D
205/60 R 13	5½ J × 13	38	6 J × 13	33–35	C, D
185/60 R 14	6 J × 14	33–38			C, D
195/60 R 14	6 J × 14	33–38			A, C, D
195/50 R 15	5½ J × 15	38			C, D
195/50 R 15	6 J × 15	33–38			C, D, E, F

Allgemein gilt: Je nach bauartbedingter Höchstgeschwindigkeit Reifen der Geschwindigkeitsklasse S, H oder V verwenden

A Tachometer kann nacheilen, ggf. angleichen lassen

B Fahrzeuge, bei denen diese Räder und Reifen schon in die Fahrzeugpapiere eingetragen sind, brauchen bei serienmäßiger Einpreßtiefe keine neue Betriebserlaubnis

C Golf/Jetta: Reifen müssen abgedeckt werden, ggf. Kotflügelverbreiterungen montieren

D Scirocco: Reifen müssen abgedeckt werden, ggf. Kotflügelverbreiterungen montieren

E Querstrebe (Teile-Nr. 175 809 001 SP) zwischen den unteren Querlenkerlagern erforderlich

F Sturz der Vorderräder auf −30′ ± 30′ einstellen

Reifendruck prüfen

Ständige Kontrolle

Fahren mit zu wenig Luftdruck bewirkt, daß der Reifen vermehrt duchgewalkt (verformt) und dabei zu heiß wird. Das kann zu einem Totalausfall führen, wenn sich die äußere Gummierung vom Gewebe ablöst. Die nachfolgend genannten Werte (in bar Überdruck) entsprechen den neuesten Werksangaben. Ältere Betriebsanleitungen nennen teilweise niedrigere Werte:

Beladung	Sommerreifen		Winterreifen		Reserverad
	vorn	hinten	vorn	hinten	
halb	1,7	1,7	1,9	1,9	2,2
voll	1,8	2,2	2,0	2,4	

Luftdruck bei kalten Reifen messen

Bereits wenige Kilometer zügiger Fahrt lassen den Reifendruck um 0,2–0,4 bar ansteigen. Diese Druckerhöhung durch Erwärmung ist bei den Luftdruckempfehlungen bereits berücksichtigt worden und darf deshalb nicht abgelassen werden. Am günstigsten ist ein eigener Luftdruckprüfer, womit der Reifendruck vor Antritt der Fahrt bei kalten Reifen gemessen werden kann.

Reifenzustand kontrollieren

Wartung Nr. 25

Die Kontrolle geht am besten bei aufgebocktem Wagen, z. B. wenn der VW zum Ölwechsel an der Tankstelle auf der Herbebühne steht.

■ Drehen Sie jedes Rad einmal komplett durch.

■ Fremdkörper, wie kleine Steinchen, bohren Sie mit einem feinen Schraubenzieher aus den Profillamellen, ohne den Reifen dabei zu beschädigen.

■ Das Reifenprofil muß laut Gesetzesvorschrift über die gesamte Profilbreite noch mindestens **1,6 mm** tief sein.

■ Zur Verschleißkontrolle dienen in regelmäßigen Abständen quer zur Lauffläche verlaufende Erhebungen in den Profilrillen. Sie sind an der Reifenflanke durch die Buchstaben »TWI« gekennzeichnet.

■ Spätestens, wenn diese Erhebungen mit den Profilrippen in gleicher Höhe stehen, ist der Reifentausch zwingend erforderlich. Das Fahrverhalten auf nasser Fahrbahn wird schon ab einer Profiltiefe von 3 mm ganz erheblich schlechter, speziell mit breiten Reifen.

■ Aus der Art der Profilabnutzung können Sie einiges herauslesen, wie im folgenden Abschnitt beschrieben.

Das Reifenlaufbild

□ **An der Außenseite abgefahrene Vorderreifen** deuten auf sehr flotte Fahrweise in Kurven hin. Entweder die Reifen auf den Felgen drehen lassen oder die vorderen regelmäßig gegen die Hinterräder austauschen.
□ **Einseitig abgefahrenes Profil** kann auch auf falsche Radeinstellung hinweisen; vor allem dann, wenn lediglich ein Reifen schräg abgelaufen ist.
□ **Starke Abnutzung in der Profilmitte** deutet auf wesentlich zu hohen Luftdruck. Dieser Effekt tritt besonders deutlich an den Hinterrädern auf.
□ Sind **beide Außenschultern** eines Reifens **stärker abgefahren als die Profilmitte**, wurde lange Zeit mit zu niedrigem Luftdruck gefahren.
□ **Gleichmäßige Auswaschungen** im Profil deuten auf einen defekten Stoßdämpfer.
□ Tritt die **ungleiche Abnutzung nur an bestimmten Stellen** auf, ist das Rad unwuchtig.
□ Eine **einzelne Stelle mit starker Abnutzung** im Profil stammt von einer Bremsung mit blockiertem Rad – eine sogenannte Bremsplatte.

Wie lange halten die Reifen?

Der Reifenverschleiß hängt weniger von der Reifenmarke als vom Fahrertemperament ab. Wenn die Räder nicht untereinander ausgetauscht werden, kann man bei den Vorderrädern mit einer Laufleistung von 15000–35000 km rechnen, hinten mit 30000–50000 km.
Da die vorderen Reifen antreiben, lenken und zudem die Hauptbelastung beim Bremsen aushalten müssen, sind sie auch früher verschlissen. In der Betriebsanleitung wird deshalb empfohlen, die Räder jeweils einer Seite gegeneinander auszutauschen; also unter Beibehaltung ihrer bisherigen Laufrichtung.

Der Radwechsel

■ Handbremse anziehen und 1. oder Rückwärtsgang einlegen.
■ Unterwegs Warnblinkanlage einschalten und Warndreieck aufstellen.
■ Räder der anderen Wagenseite gegen Wegrollen sichern, z.B. mit Steinen.
■ Kappen der Radschrauben mit einem Schlitzschraubenzieher abdrücken oder mit einer Zange abziehen.
■ Oder verchromte Radkappe mit dem Bügel aus dem Bordwerkzeug und einer am Reifen abgestützten Stange abziehen.
■ Radschrauben jeweils knapp eine Umdrehung lockern.
■ Wagen anheben.
■ Bei Stahlfelge mit Nabenkappe eine Radschraube herausdrehen, Nabenkappe abnehmen.
■ Übrige Schrauben losdrehen und in der Naben- bzw. Radkappe ablegen.
■ Rad abnehmen, Ersatzrad aufstecken.
■ An der Stahlfelge drei Schrauben eindrehen, Nabenkappe aufstecken und dann letzte Schraube ansetzen.
■ Schrauben über Kreuz gleichmäßig so stark wie möglich anziehen. Dabei das Rad hin- und herdrehen, damit es sich einwandfrei auf der Radnabe zentriert.
■ Wagen ablassen, Schrauben festziehen (110 Nm).
■ Schraubenkappen bzw. Radkappe aufdrücken.

Reifen-Reparatur

Die Instandsetzung eines Stahlgürtelreifens ist problematisch:
□ Hat man den Defekt erst nach geraumer Zeit festgestellt, kann der Reifenunterbau durch länger anhaltendes Fahren mit zu geringem Luftdruck inneren Schaden gelitten haben.
□ Ist Feuchtigkeit durch das Einstichloch eingedrungen, kann Rost den stabilisierenden Stahlgürtel zersetzen. Gefährlich ist, daß man die Schädigung von außen nicht erkennen kann. Wird der reparierte Pneu stark beansprucht (hohes Tempo, volle Zuladung), kann er schlagartig aufgeben.
□ Das Einlegen eines Schlauches ist nur ein wenig tauglicher Notbehelf, denn überstehende Stahldrähte an der Schadensstelle können den Schlauch zerscheuern.
Falls Sie einen Stahlgürtelreifen reparieren lassen, muß dies ein Reifendienst durchführen. Evtl. den Pneu als nicht mehr hochgeschwindigkeitstaugliches Ersatzrad kennzeichnen und in den Kofferraum legen. Im Zweifelsfall lieber einen neuen Reifen kaufen.

Festen Sitz der Radschrauben kontrollieren
Wartung Nr. 38

Nach einigen Kilometern Fahrtstrecke soll nach jeder Radmontage kontrolliert werden, ob die Radschrauben richtig angezogen sind. Als Anzugsdrehmoment sind 110 Nm vorgeschrieben, also nicht mit einem zusätzlich verlängerten Radschlüssel die Schrauben »anknallen«.
Zu starkes oder ungleichmäßiges Festschrauben kann dazu führen, daß sich die Bremsscheiben oder -trommeln verziehen. Das ergibt ungleichmäßige Bremswirkung, Bremsenschütteln und punkt- oder flächenförmigen Reifenverschleiß.

Rad-Unwuchten

Unwuchtige Räder spürt man durch Vibrationen im Lenkrad oder Schütteln im Vorderwagen. Beides tritt bei bestimmten Geschwindigkeiten besonders stark auf. Die Ursache liegt an ungleichmäßiger Gewichtsverteilung am Rad.
Die Räder müssen statisch und dynamisch ausgewuchtet werden. Dazu gibt es zwei Methoden:

□ Das Rad wird am Wagen ab- und an einer Auswuchtmaschine angeschraubt. Dort läuft es zur Probe, Unwuchten werden dabei angezeigt und können durch Anbringen von Bleigewichten ausgeglichen werden.

□ Zum Ausschalten letzter Unwuchten ist Feinwuchten erforderlich. Dabei werden auch Unwuchten von Radnabe und Bremsscheibe ausgeglichen. Die am Wagen anmontierten Räder werden durch einen Elektromotor mit Reibrad in die notwendige schnelle Drehung versetzt und die Restunwucht angezeigt. Das gleicht man wieder durch Bleigewichte aus.

Fingerzeig: *Die Vorderräder dürfen beim Feinwuchten nicht vom Elektromotor angetrieben werden. Die einseitige Beschleunigung ist für das Ausgleichsgetriebe schädlich. Stattdessen hebt man den VW vorn an und läßt den Motor die Vorderräder im vierten Gang auf etwa 90 km/h beschleunigen.*

Neue Reifen kaufen

Wenn im Kofferraum noch der neue Ersatzreifen liegt, können Sie jetzt Geld sparen. Voraussetzung hierfür ist, daß das gleiche Fabrikat mit demselben Profil noch lieferbar ist. Dann kaufen Sie einen entsprechenden Reifen dazu und haben bereits eine Achse neu ausgestattet.

□ Die Größe 145 R 13 darf nur an den 37-kW-Modellen montiert werden (an der ersten Golf/Scirocco-Modellserie muß diese Bereifung ggf. in den Kfz-Papieren nachgetragen werden).

□ Für die Modelle bis 55 kW bietet sich mit der Dimension 155 SR 13 ein guter Kompromiß bezüglich Preis, Fahrverhalten und Lebensdauer.

□ Wer sein Fahrzeug gerne auf eine breitere Basis stellen und den entsprechenden Mehrpreis berappen will, wählt die 175/70 R 13. Fahrtechnisch notwendig ist diese Reifengröße bei den Modellen bis 55 kW jedoch nicht.

□ Auch beim Jetta mit 51 kW sind die serienmäßigen, breiteren 175/70 R 13 nicht unbedingt erforderlich. Wer sparen will, nimmt die schmäleren 155er, die ebenfalls in den Kfz-Papieren eingetragen sind.

□ Bei 63-kW-Modellen würden wir bei der serienmäßigen Größe 175/70 R 13 bleiben.

□ An allen unseren Fahrzeugen waren ab Werk grundsätzlich Reifen der Geschwindigkeitskategorie »S« montiert. Das genügt vollauf, zumal auch die 63-kW-Modelle nicht schneller als 172 km/h laufen.

□ Bei der Montage neuer schlauchloser Reifen sollen auch neue Ventile verwendet werden. Das verhindert Luftverlust, denn die Ventile altern im Lauf der Zeit, und der Gummi wird rissig. Doch auch die bei Verwendung luftdichter Leichtmetallfelgen eingesetzten Metall-Schraubventile sollten ersetzt werden, weil die Gummidichtung am Ventilfuß altert.

Winterbereifung

Breite Sommerreifen neigen auf Schnee und Eis schneller zum Durchdrehen als die schmäleren 145 bzw. 155 SR 13. Je nach Einsatzgebiet und bisheriger Sommerbereifung läßt sich die Anschaffung spezieller Winterreifen nicht immer umgehen.

□ Gleichgültig, welche Reifen Sie fahren, bedenken Sie immer: Bei Temperaturen um den Gefrierpunkt bildet sich auf Glatteis beim Darüberrollen ein Wasserfilm, der die Haftfähigkeit auch der besten Winterreifen gefährlich herabsetzt.

□ In Sachen Reifendimension raten wir bei Winterbereifung zu möglichst schmalen Ausführungen. Das hat vor allem Kostengründe: Schmälere Reifen sind billiger als breitere. Fürs gesparte Geld werden gleich die passenden Felgen gekauft, denn regelmäßiges Ummontieren im Frühjahr und Herbst kommt auf Dauer viel zu teuer. Folgende Winterreifengrößen können montiert werden:

□ 145 R 13 auf Felgen 4½ J × 13 (nur 37-kW-Modelle mit entsprechendem Eintrag in den Fahrzeugpapieren).

□ 155 R 13 auf Felgen 5 J × 13 (alle Modelle).

□ 175/70 R 13 auf Felgen 5 J × 13 (37-kW-Modelle nur mit entsprechendem Eintrag in den Fahrzeugpapieren).

□ 175/70 R 13 auf Felgen 5½ J × 13 (nur Jetta und Scirocco, bei denen diese Reifengröße in den Fahrzeugpapieren eingetragen ist).

Wirkung im Verborgenen

Elektrizität kann man leider nicht sehen; das erschwert für manchen das Verständnis. Wir wollen es Ihnen anhand eines Beispiels leichter machen.

Elektrik – ganz einfach

Vorgänge um den elektrischen Strom lassen sich am einfachsten mit einer Wasserleitung erklären. Durch eine solche strömt unter Druck eine gewisse Menge Wasser.

☐ Man kann den Wasserdruck vergleichen mit der **Spannung**, gemessen in Volt (kurz: V).

☐ Die in einer bestimmten Zeit durchfließende Wassermenge entspricht dem **Strom**, der in Ampere (Abkürzung: A) gemessen wird.

☐ Multipliziert man Spannung und Strom miteinander, so erhält man die elektrische **Leistung** mit der Maßeinheit Watt (abgekürzt: W).

☐ Einen anderen Wert erhalten wir, wenn wir die Spannung durch den Strom dividieren, nämlich den **Widerstand**, der in Ohm (Zeichen: Ω) gemessen wird. Wir können ihn uns als Absperrhahn in der Wasserleitung vorstellen. Bei geöffnetem Wasserhahn ist der Widerstand gleich 0, das Wasser fließt ungehindert. Wird der Hahn zugedreht, erhöht sich der Widerstand bis schließlich zum Wert unendlich (∞), wobei der Strom versiegt.

Jeder Stromverbraucher stellt einen Widerstand dar, der für seine einwandfreie Funktion mit genügend Strom beliefert werden muß. Deshalb braucht eine kleine Kontrollampe lediglich ein dünnes Kabel, der leistungsstarke Anlasser dagegen eine besonders dicke Leitung.

Spannung messen

Prüflampe

Praktisch ist eine Prüflampe mit Nadelkontakt (auf der hinteren Umschlagseite abgebildet), mit deren Nadel einfach die Isolierung des zu prüfenden Kabels durchstochen werden kann. Die Klemme am Kabel der Lampe wird irgendwo an blankem Fahrzeugmetall, der sogenannten Masse, angeklipst. Die Lampe gibt in erster Linie Auskunft darüber, ob überhaupt Spannung anliegt. An ihrer Helligkeit kann man in etwa die Höhe der Spannung abschätzen.

Diodenprüfer

An elektronischen Bauteilen darf mit einer herkömmlichen Prüflampe nicht gemessen werden. Sie nimmt zu viel Leistung auf und kann so Bauteile der Elektronik beschädigen. Wer im Bereich der elektronischen Steuergeräte Messungen vornehmen will, sollte sich einen Spannungsprüfer mit Leuchtdioden anschaffen.

Voltmeter

Mit einem Voltmeter oder dem entsprechenden Meßbereich des Vielfachinstruments können Sie beispielsweise die Batterie-Ruhespannung messen. Zeigt das Instrument nur 10,4 Volt an, hat eine der Batteriezellen Kurzschluß. Interessant kann es auch sein, die Batteriespannung zu messen, während der Anlasser betätigt wird. Sind dann nur noch 5 Volt abzulesen, steht es mit der Batterie nicht mehr zum besten.

Zum Messen wird das mit »–« gekennzeichnete Kabel an den Minuspol der Batterie oder eine blanke Schraube am Motor oder an der Karosserie angeklemmt. Das »+«-Kabel des Meßgeräts wird an die zu messende Leitung angehängt oder an den Pluspol der Batterie.

Strom messen

Ob Strom zu einem Verbraucher hin fließt, wird mit dem Amperemeter bzw. dem entsprechenden Meßbereich des Vielfachinstruments gemessen. Dazu muß der Stromkreis aufgetrennt und das Meßgerät dazwischen geschaltet werden. Im Auto kann dazu einer der Steckkontakte abgezogen und dann das Meßgerät zwischen Stecker und Kontaktzunge geschaltet werden. Strom wird beispielsweise gemessen, wenn der Verdacht besteht, daß ein Stromverbraucher irgendwo im Bordnetz über Nacht die Batterie leersaugt. Um diese Leckstelle festzustellen, nehmen Sie das Batterie-Massekabel ab und klemmen zwischen Batteriepol und -kabel das Amperemeter. Zeigt das Instrument Stromfluß an, wird der Stromkreis ermittelt: Eine Sicherung nach der anderen herausnehmen und statt deren das Amperemeter an den Kontaktzungen im Sicherungskasten anklemmen. So können Sie erkennen, in welchem Stromkreis Verluste entstehen. Anhand der Sicherungstabelle ab Seite 160 vergleichen Sie dann, welche Verbraucher in diesen Stromkreis eingeschaltet sind und kontrollieren diese der Reihe nach durch.

Widerstand messen

Die Messung des Widerstands läßt beispielsweise erkennen, ob eine Leitung oder ein Schalter »Durchgang« hat (der Meßwert ist dann 0) oder ob der Stromweg irgendwo unterbrochen ist (dann erhalten Sie den Meßwert unendlich = ∞).
Zur Widerstandsmessung muß das Meßgerät allerdings eine eigene Stromversorgung haben.

Grundbegriffe der Elektronik

Aus dem Wort Elektronik läßt es sich schon herauslesen: Sie basiert auf Elektronen, jenen extrem kleinen Bausteinen, aus denen das ohnehin schon kleine Atom zum Teil besteht. Die Elektronen sorgen in allen elektrisch leitenden Werkstoffen (Fachausdruck: Leiter) dafür, daß überhaupt Strom fließen kann. Die Elektronen wandern dabei im Leiter von Atom zu Atom.
Nicht leitende Werkstoffe besitzen ebenfalls Elektronen. Die sind jedoch stark an den Atomkern gebunden und können nicht weiterwandern. Somit fließt auch kein Strom.
Die dritte Werkstoffgruppe sind die sogenannten Halbleiter. Das sind Kristalle (meist Germanium oder Silizium), die so nachbehandelt wurden, daß in ihrem Aufbau Elektronen fehlen oder überschüssige Elektronen vorhanden sind. Das bewirkt den durchaus erwünschten Effekt, daß durch die Kristallplättchen nur unter bestimmten Bedingungen Strom fließen kann. Wenn die Bedingungen nicht erfüllt sind, wird der Stromfluß gehemmt. Dann baut sich eine Sperrschicht auf. Diese Eigenschaft macht man sich beispielsweise bei Dioden und Transistoren zunutze.
Halbleiter-Bauelemente findet man in der Fahrzeugelektrik seltener einzeln verwendet, sondern zumeist in größerer Stückzahl zu kompletten Schaltungen zusammengefaßt; etwa im Regler der Lichtmaschine.

Halbleiter

Transistor: Er läßt nur dann Strom durchfließen, wenn an seinem dritten Anschluß eine Spannung anliegt. Ist diese Spannung hoch, fließt viel Strom durch; bei geringer Spannung entsprechend weniger. Vergleichbar ist das mit einem Wasserhahn. Je weiter das Ventil aufgedreht wird, desto mehr Wasser fließt durch.
Diode: Sie ist nur in einer Richtung für den elektrischen Strom leitend. Kommt der Strom aus der Gegenrichtung, sperrt sie den Durchgang. Das ist wie beim Reifenventil: Luft kann durchgepumpt werden, aber sie kommt nicht mehr heraus.
Leuchtdiode: Der Halbleiterkristall sendet Licht aus, sobald Spannung anliegt. Im Grund genommen ist das wie bei einer Glühlampe, aber es gibt keinen Glühfaden.

Weitere Bauelemente

Widerstand: Seine Aufgabe ist es, den Stromfluß zu hemmen, siehe linke Seite.
Kondensator: Er wirkt wie eine kleine Batterie und kann elektrische Energie für eine gewisse Zeit speichern. Er wird zur Glättung von Spannungsschwankungen und zum Dämpfen von Spannungsspitzen verwendet. Wenn eine Zeitverzögerung in einer Schaltung erwünscht ist, wird ein Kondensator mit einem Widerstand zu einem »Zeitglied« zusammengeschaltet.

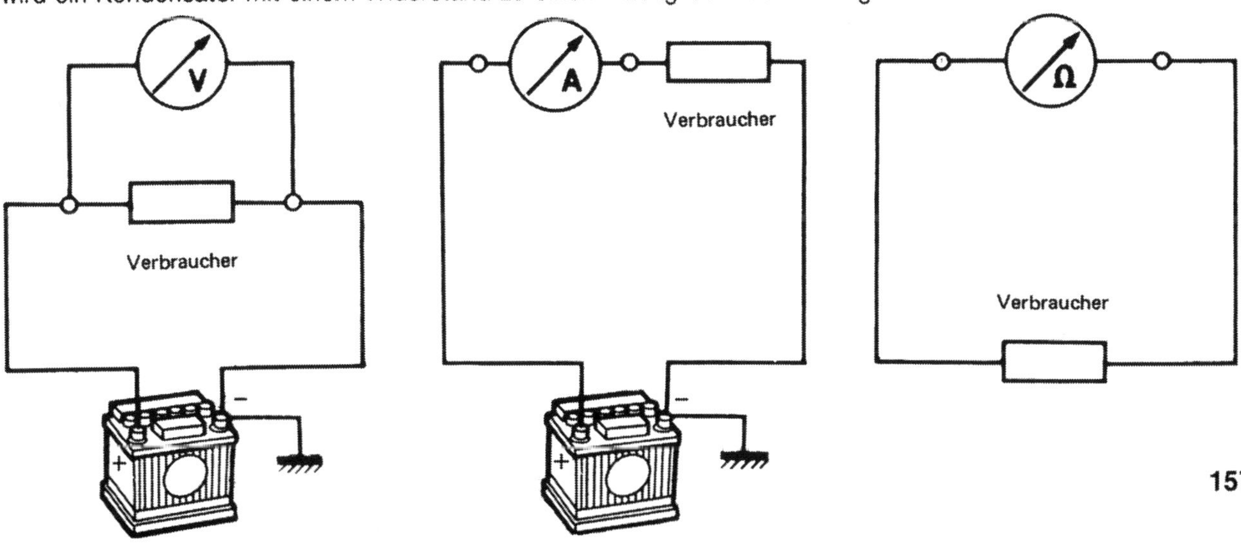

Die Zeichnungen zeigen schematisch, wie das betreffende Meßgerät für die elektrischen Größen Spannung, Strom und Widerstand (von links nach rechts) angeschlossen wird. Der Kreis mit Zeiger stellt das Meßgerät dar, »Verbraucher« sind z. B. Lampe, Elektromotor usw.

Auf Draht gebracht

Lassen Sie sich von dem Kabelwirrwarr im Fahrzeug und der Vielzahl von Leitungen in den ab Seite 165 folgenden Stromlaufplänen nicht abschrecken. Nehmen Sie sich Zeit und etwas Geduld zum Hineindenken, dann werden Sie bald sehen, daß alles mit rechten Dingen zugeht.

Minus an Masse

Strom kann nur in einem geschlossenen Kreislauf fließen. Wenn Sie zu Hause den Lichtschalter anknipsen, leuchtet das Licht auf. Genauso ist es im Auto, nur daß hier der von Batterie oder Lichtmaschine kommende Strom über den jeweiligen Stromverbraucher zurück zur Batterie oder Lichtmaschine fließt.
An die Mehrzahl der Stromverbraucher im VW sind zwei Kabel angeschlossen. Doch nur eines läßt sich bis zur Batterie bzw. bis zum Generator zurück verfolgen, wie dies auch die Stromlaufpläne ab Seite 165 zeigen. Die andere Leitung ist dagegen meist schon nach wenigen Zentimetern irgendwo am Karosserieblech festgeschraubt oder mit einer Steckerfahne eingesteckt.
Hier hat man sich zunutze gemacht, daß die Metallteile von Karosserie und Motor bzw. Getriebe ebenfalls Strom leiten können. In der Autoelektrik bezeichnet man sie mit der »Masse«. Sie sorgen für die Stromrückleitung zum Minuspol der Batterie. Merksatz: **M**inus an **M**asse.
Wenn ein Stromverbraucher direkt auf Metall sitzt, braucht er nur ein einziges Anschlußkabel, aber im heutigen kunststoffreichen Automobil müssen fast immer kleine Verbindungsleitungen den Kontakt zur Fahrzeugmasse herstellen.

Fingerzeig: *Wenn eine Glühlampe oder etwa ein Anzeigeinstrument nicht so funktioniert, wie es soll, liegt dies nicht selten an fehlender Masseverbindung. Den fehlenden Kontakt zur Fahrzeugmasse holt sich der Verbraucher auf Umwegen und stiftet so Verwirrung.*

Wegweiser durch Normung

Das bunte Kabelgewirr im Auto ist eigentlich ganz gut geordnet, denn viele Einzelheiten der Kraftfahrzeug-Elektrik sind genormt. Die Zahlen an verschiedenen Bauteilen und Kabelanschlüssen sowie in den Stromlaufplänen haben in allen deutschen und in manchen ausländischen Fahrzeugen dieselbe Bedeutung:
Klemme 15 erhält nur bei eingeschalteter Zündung Strom ab Zündschloß, wobei außer der Zündspule jene Stromverbraucher versorgt werden, die nur bei Betrieb des Wagens Strom erhalten sollen. Die Kabel an den Normklemmen 15 besitzen vielfach eine schwarze Ummantelung, bisweilen auch mit farbigen Zusatzstreifen bei bestimmten Stromverbrauchern.
Klemme X ist eine VW-eigene Benennung für Anschlüsse, die ausschließlich bei eingeschalteter Zündung Spannung führen, nicht aber in Zündschloßstellung »Anlassen«. Die Kabel-Kennfarbe ist schwarz/gelb.
Klemme 30 erhält dauernd Strom vom Pluspol der Batterie bzw. bei laufendem Motor von der Lichtmaschine. Das kann bei unvorsichtigem Umgang mit Werkzeug zu Kurzschlüssen und Funkenregen führen, wenn das Minuskabel der Batterie nicht abgenommen wurde. Diese stets stromführenden Kabel haben meist eine rote Umhüllung, ggf. mit zusätzlichen Farbstreifen.
Klemme 49 ist für die Blink- und Warnblinkanlage zuständig.
Klemme 53 versorgt die Scheibenwischeranlage in meist grün bzw. grün mit Zusatzfarben gekennzeichneten Leitungen.
Klemme 56 ist für die Spannungszufuhr des Abblendlichts mit gelben und gelb/schwarzen Kabeln sowie des Fernlichts mit weißen und weiß/schwarzen Leitungen zuständig.

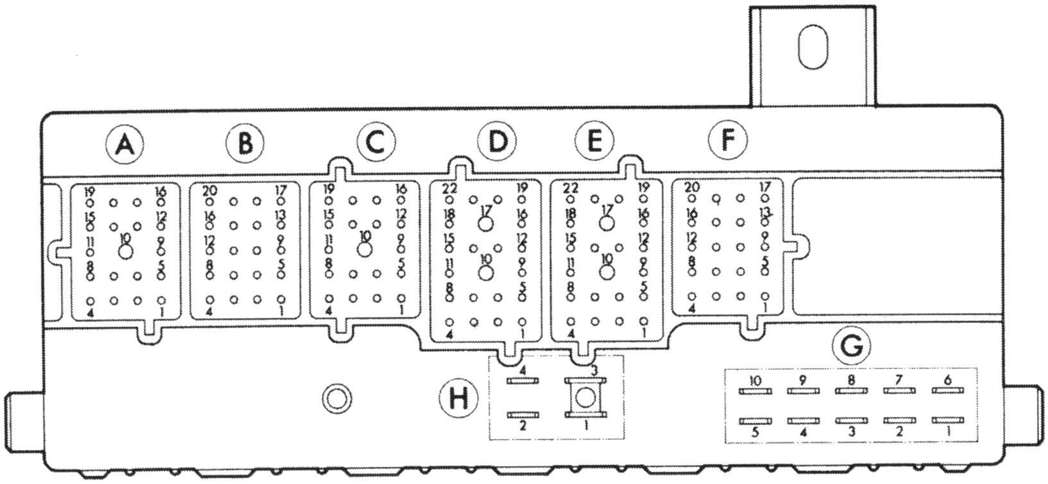

Die Zentralelektrik bis 7/82. Die Buchstaben kennzeichnen die angeschlossenen Mehrfachstecker. An den Kontakten G liegen an: G_1 und G_6 Klemme 30 (Sicherung 15); G_2 Klemme 53c; G_3 Klemme 15; G_4 Klemme 58b (Sicherung 12); G_5 Klemme 61; G_7 Klemme X; G_8 Klemme 56a; G_9 Öldruck; G_{10} Klemme 56. H-Kontakte: Alle Klemme 30.

Klemme 58 gehört zum Standlicht vorn sowie zu den Schluß- und Kennzeichenleuchten. Die Grundfarbe der Kabelumhüllung ist grau, jeweils mit zusätzlichen Farbstreifen.
Klemme 31 ist die Masse-Klemme, mit der ein Stromverbraucher zur Fahrzeugmasse verbunden sein muß, damit der Stromkreis geschlossen ist. Die entsprechenden Kabel sind braun umhüllt.

Die Leitungen

Von den einzelnen, bunten Kabeln sehen Sie immer nur die Enden, denn sonst laufen sie in schwarzen Isolierschläuchen. Wichtig bei eventuellen eigenhändigen Einbauten ist, daß der Querschnitt eines Kabels je nach Leistung (Stromanspruch) des betreffenden Verbrauchers ausgewählt wird. Ein Kontrollämpchen kommt mit 0,5 mm^2 Kabelstärke aus, der Anlasser braucht dagegen eine 16-mm^2-Leitung. Ein zu dünnes Kabel heizt sich auf, und die Spannung fällt ab. Dann kommen statt der erwünschten 12 Volt am Scheinwerfer nur 10 oder 9,5 Volt an – das Licht wird trübe.

Die Zentralelektrik

Sämtliche Leitungen sind in bestimmten Leitungssträngen zusammengefaßt. Sie alle gehen von der sogenannten Zentralelektrik im Fahrerfußraum aus. Dort sitzen zum einen die Sicherungen, und zum anderen sind die Relais eingesteckt. Auf die Funktion und Einbaulage der verschiedenen Relais und Steuergeräte gehen wir auf Seite 232 ein.
Hat sich bei der Störungssuche herausgestellt, daß Kabelzuleitungen, die zuständige Sicherung bzw. das betreffende Relais keinen Schaden aufweisen, kann es an der Zentralelektrik liegen. Typische Fehler sind Wackelkontakte oder temperaturabhängige Ausfallserscheinungen. Dann könnte eine Verbindung in der Zentralelektrik unterbrochen sein. Zur Reparatur muß die Zentralelektrik zerlegt werden – eine Arbeit, an die sich die Werkstatt verständlicherweise nicht wagt.
Bevor Sie nun selbst an die Zentralelektrik herangehen, sollten Sie anhand des betreffenden Stromlaufplanes ab Seite 166 herausfinden, ob sich die unterbrochene Stelle möglicherweise überbrücken läßt. Aber Vorsicht, keine zusätzlichen Verbraucher an einen anderen Stromkreis hängen!
Ein Elektronikbastler wird sich nicht scheuen, die Zentralelektrik zu öffnen. Er hat meist den geeigneten Lötkolben, womit eine unterbrochene Kontaktstelle repariert werden kann. Hilft das nicht, muß ein neues oder gebrauchtes Ersatzteil her.

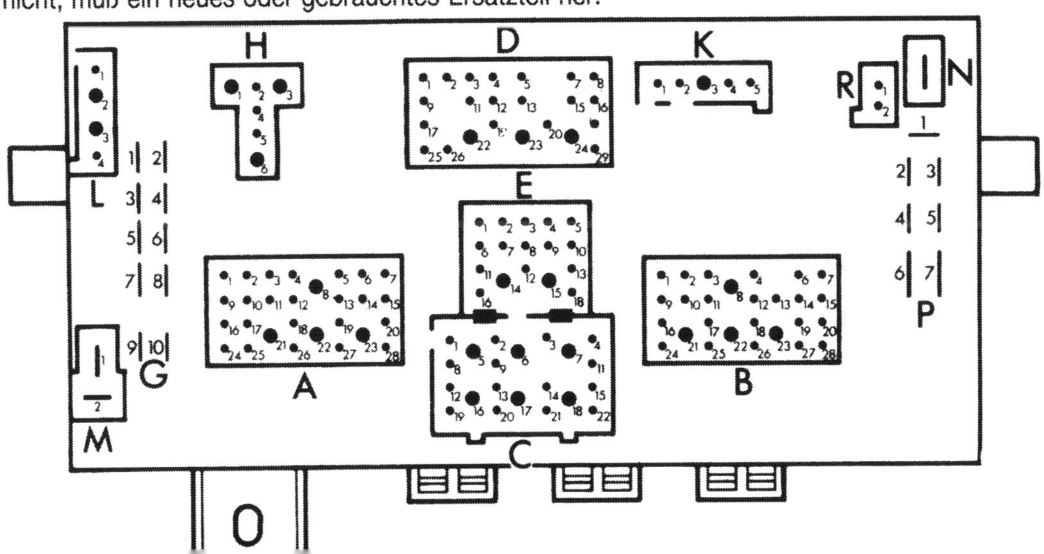

An der Zentralelektrik ab 8/82 bedeuten G_1 und G_3 Klemme X; G_2 und G_5 Klemme 15; G_4 Klemme 61; G_6 Öldruck 0,3 bar; G_7 Klemme 56; G_8 Klemme 58b; G_9 Klemme 58; G_{10} Klemme T Wascherpumpe. P_1–P_7 Klemme 30. Die übrigen Buchstaben bezeichnen die Mehrfachstecker.

Die Sicherungen

Wenn durch einen Defekt ein Kurzschluß entsteht (der nichts anderes ist als ein abnorm ansteigender Stromdurchfluß) oder an einen vorhandenen Stromkreis zusätzliche Verbraucher angeschlossen werden, würde der Stromkreis überlastet. Die Leitung würde warm oder zu glühen beginnen, wären da nicht die elektrischen Sicherungen zwischengeschaltet. Die sind sehr kurz angebunden: Wenn der Strom ein gewisses, zuträgliches Maß übersteigt, unterbrechen sie ihn einfach.
Damit der VW bei einem Defekt nicht gleich völlig ohne Strom dasteht, sind die Sicherungen auf verschiedene Stromkreise verteilt. Allerdings sind die Schaltungen zwischen Anlasser, Batterie, Lichtmaschine und Zündschloß nicht von Sicherungen überwacht. Dagegen haben alle übrigen elektrischen Aggregate eine eigene Absicherung.

Herkömmliche Sicherungen bis 7/82

Ein schmaler Metallstreifen auf einem Kunststoff- oder Keramikkörper stellt die Brücke für den Stromfluß her. Beim Einsetzen einer neuen Sicherung sollten Sie deren Metallstreifen nicht berühren. Falls die Sicherung zu einem ständig unter Spannung stehenden Stromkreis gehört und der Kurzschluß darin nicht behoben ist, kann folgendes passieren: Der Metallstreifen heizt sich sofort auf, und Sie verbrennen sich die Finger.

Kein Strom durch Oxidation

Wenn ein Stromkreis ausgefallen ist, liegt es bisweilen daran, daß die Haltezungen der betreffenden Sicherung oxidiert sind und den Stromfluß hemmen.

- Sicherung herausnehmen.
- Haltezungen zusammendrücken.
- Sicherung wieder einsetzen und mehrmals in den zusammengedrückten Zungen drehen, damit sich die Berührungsflächen gegeneinander blank reiben und wieder einwandfreier Kontakt herrscht.

Sicherungstabelle ab 2/74

Nr.	Klemme	erhält Strom	angeschlossene Stromverbraucher
1	56b	bei eingeschalteter Zündung über Abblendrelais Klemme 56	Abblendlicht links
2	56b	wie Sicherung 1	Abblendlicht rechts
3	56a	wie Sicherung 1	Fernlicht links, Fernlichtkontrolle
4	56a	wie Sicherung 1	Fernlicht rechts
5	X	bei eingeschalteter Zündung vom Relais für heizbare Heckscheibe	Heizbare Heckscheibe (Arbeitsstrom)
6	30	ständig von Batterie+	Bremsleuchten über Bremslichtschalter, Warnblinker über Warnblinkschalter
7	30	wie Sicherung 6	Innenleuchte, Anzünder, Radio
8	15	bei eingeschalteter Zündung vom Zündschloß Klemme 15	Richtungsblinker
9	15	wie Sicherung 8	Signalhorn bzw. Zweiklanghörner (Arbeitsstrom), Rückfahrscheinwerfer über Rückfahrlichtschalter, Fahrstufenanzeige (Getriebeautomatik)
10	X	bei eingeschalteter Zündung vom Zündschloß Klemme X	Heizbare Heckscheibe (Schaltstrom)
11	X	wie Sicherung 10	Frontscheibenwischermotor und -wascherpumpe über Wischerschalter, Luftgebläse
12	58	über Lichtschalter Klemme 58	Kennzeichenleuchten, Nebelscheinwerfer (Schaltstrom), Nebelschlußleuchte über Nebelscheinwerferschalter
13	58L	über Lichtschalter Klemme 58 bzw. Klemme 58L oder Parklichtschalter Klemme PL	Standlicht links, Schlußlicht links
14	58R	über Lichtschalter Klemme 58 bzw. Klemme 58R oder Parklichtschalter Klemme PR	Standlicht rechts, Schlußlicht rechts
15	30	ständig von Batterie+	Kühlerventilator
15	Z	über Relais für Nebelscheinwerfer	Nebelscheinwerfer

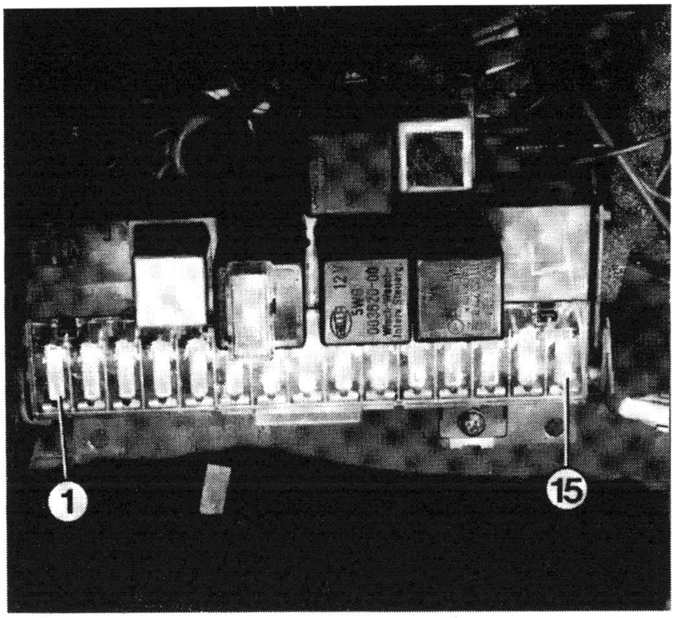

Wo bei der älteren Zentralelektrik die Sicherungen 1 bis 15 zu finden sind, zeigen die im Sicherungskastendeckel eingeprägten Zahlen und unsere Hinweisziffern.

Abweichungen seit 8/74

Nr.	Klemme	erhält Strom	angeschlossene Stromverbraucher
10	X	bei eingeschalteter Zündung vom Zündschloß Klemme X	Frontscheibenwischermotor und -wascherpumpe über Wischerschalter, Pumpe für Scheinwerfer-Reinigungsanlage

Abweichungen seit 8/75

9	15	bei eingeschalteter Zündung vom Zündschloß Klemme 15	Signalhorn bzw. Zweiklanghörner (Arbeitsstrom), Leerlauf-Abschaltventil, elektrisch beheizte Startautomatik, Saugrohr-Beheizung (Schaltstrom), Rückfahrscheinwerfer über Rückfahrlichtschalter, Fahrstufenanzeige (Getriebeautomatik)

Abweichungen seit 8/76

1	56b	bei eingeschalteter Zündung über Lichtschalter und Abblendhebel Klemme 56b	Abblendlicht links
2	56b	wie Sicherung 1	Abblendlicht rechts
3	56a	bei eingeschalteter Zündung über Lichtschalter und Abblendhebel Klemme 56a	Fernlicht links, Fernlichtkontrolle
4	56a	wie Sicherung 3	Fernlicht rechts

Abweichungen seit 1/77

7	30	ständig von Batterie+	Innenleuchte, Zeituhr, Anzünder, Radio

Abweichungen seit 8/77

5	X	bei eingeschalteter Zündung vom Entlastungsrelais für X-Kontakte und Schalter für heizbare Heckscheibe	Heizbare Heckscheibe
10	X	bei eingeschalteter Zündung vom Entlastungsrelais für X-Kontakte	Luftgebläse
11	X	wie Sicherung 10	Frontscheibenwischermotor und -wascherpumpe über Wischerschalter, Heckwascherpumpe, Scheinwerfer-Reinigungsanlage
12	58	über Lichtschalter Klemme 58	Kennzeichenleuchten, Instrumentenbeleuchtung, Nebelscheinwerfer (Schaltstrom), Nebelschlußleuchte über Nebelscheinwerferschalter

Abweichungen seit 8/78

Nr.	Klemme	erhält Strom	angeschlossene Stromverbraucher
11	X	bei eingeschalteter Zündung vom Entlastungsrelais für X-Kontakte	Frontscheibenwischermotor und -wascherpumpe über Wischerschalter, Scheinwerfer-Reinigungsanlage, Zweiklanghörner (Schaltstrom)

Abweichungen seit 10/80

6	30	ständig von Batterie+	Bremsleuchten über Bremslichtschalter, Warnblinker über Warnblinkschalter, Radio

Abweichungen seit 8/81

15	X	bei eingeschalteter Zündung vom Entlastungsrelais für X-Kontakte	Heckscheibenwischermotor

Zusatz-Sicherungen

A	X	Bis 7/77: bei eingeschalteter Zündung vom Zündschloß Klemme X	Heckscheibenwischermotor und -wascherpumpe
A	X	bei eingeschalteter Zündung vom Entlastungsrelais für X-Kontakte über Sicherung 11	Heckscheibenwischermotor
B	X	8/78–7/82: bei eingeschalteter Zündung vom Entlastungsrelais für X-Kontakte über Relais für Nebelscheinwerfer	Nebelscheinwerfer (Arbeitsstrom)

Flachsteck-Sicherungen seit 8/82

In Verbindung mit der seit 8/82 eingebauten Zentralelektrik werden anstelle der herkömmlichen Sicherungen sogenannte Flachstecksicherungen verwendet. In ein durchscheinendes, eingefärbtes Kunststoffteil sind zwei Flachstecker eingebettet, die durch den Schmelzfaden verbunden sind. Mit diesen Sicherungen gibt es keine Korrosionsprobleme mehr, da sie wesentlich größere Kontaktflächen besitzen als die früheren Sicherungen.
Zum Herausnehmen und Einsetzen der Stecksicherungen ist an der Zentralelektrik eine kleine Kunststoffzange befestigt. Der Wechsel geht aber auch mit spitzen Fingern, wenn die Plastikzange fehlt.

Sicherungstabelle seit 8/82

Nr.	Klemme	erhält Strom	angeschlossene Stromverbraucher
1	30	ständig von Batterie+	Kühlerventilator über Thermoschalter
2	30	wie Sicherung 1	Bremsleuchten über Bremslichtschalter
3	30	wie Sicherung 1	Innenleuchte, Anzünder, Zeituhr, Radio
4	30	wie Sicherung 1	Warnblinker über Warnblinkschalter
5	15a	bei eingeschalteter Zündung vom Zündschloß Klemme 30 über Relais für Ansaugrohr-Beheizung	frei
6	83	bei eingeschalteter Zündung vom Zündschloß Klemme X über Relais für Nebelscheinwerfer und Nebelscheinwerferschalter	Nebelscheinwerfer
7	58L	über Lichtschalter Klemme 58L oder Parklichtschalter Klemme PL	Standlicht links, Schlußlicht links
8	58R	über Lichtschalter Klemme 58R oder Parklichtschalter Klemme PR	Standlicht rechts, Schlußlicht rechts
9	56a	bei eingeschalteter Zündung über Lichtschalter und Abblendhebel Klemme 56a	Fernlicht rechts, Fernlichtkontrolle
10	56a	wie Sicherung 9	Fernlicht links
11	X	bei eingeschalteter Zündung vom Entlastungsrelais für X-Kontakte	Frontscheibenwischermotor und -wascherpumpe über Wischerschalter, Heckscheibenwascherpumpe
12	X	wie Sicherung 11	Heckscheibenwischermotor

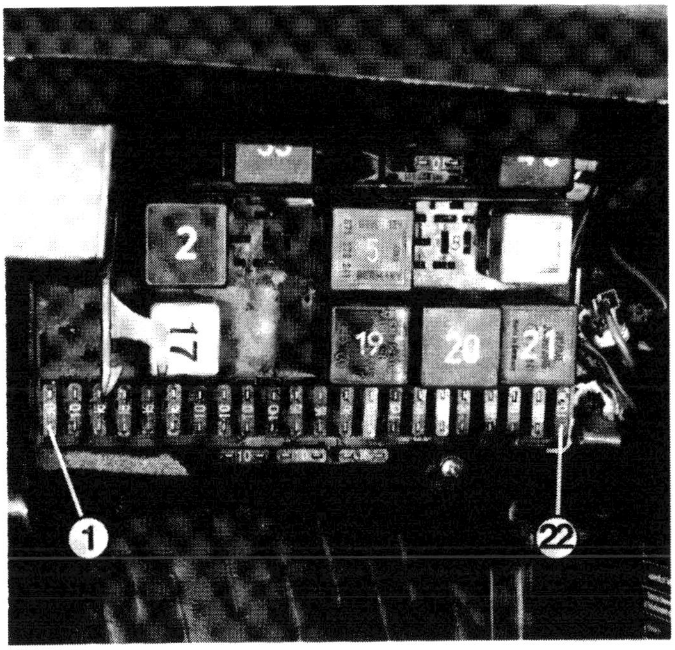

Die Flachstecksicherungen ab 8/82 erreichen Sie nach Ausrasten der linken unteren Armaturenbrettverkleidung. Im Bild ist die Reihenfolge der Sicherungen von 1 bis 22 gezeigt.

Nr.	Klemme	erhält Strom	angeschlossene Stromverbraucher
13	X	bei eingeschalteter Zündung vom Entlastungsrelais für X-Kontakte und Schalter für heizbare Heckscheibe	Heizbare Heckscheibe
14	X	wie Sicherung 11	Luftgebläse über Gebläseschalter, Lichtschalter-Beleuchtung
15	15	bei eingeschalteter Zündung vom Zündschloß Klemme 15	Rückfahrscheinwerfer über Rückfahrlichtschalter, Fahrstufenanzeige (Getriebeautomatik)
16	15	wie Sicherung 14	Signalhorn bzw. Zweiklanghörner (Arbeitsstrom)
17	15	wie Sicherung 15	Leerlauf-Abschaltventil, elektrische Gemischkanalbeheizung (Schlepphebelmotor), elektrisch beheizte Startautomatik über Thermoschalter (Tassenstößelmotor)
18	15	wie Sicherung 15	Bremskontrolleuchte, Zweiklanghörner (Schaltstrom)
19	15	wie Sicherung 15	Richtungsblinker
20	58	über Lichtschalter Klemme 58	Kennzeichenleuchten, Pumpe für Scheinwerfer-Reinigungsanlage
21	56b	bei eingeschalteter Zündung über Lichtschalter und Abblendhebel Klemme 56b	Abblendlicht links
22	56b	wie Sicherung 21	Abblendlicht rechts

Zusatz-Sicherungen

A	X	bei eingeschaltetem Licht vom Nebelscheinwerferschalter Klemme 83b	Nebelschlußleuchte(n)

Radio-Absicherung

In der Spannungszuleitung für das Autoradio sitzt bisweilen noch eine weitere Sicherung in einer Kunststoffhülse. Diese spezielle »mittelträge« reagierende Glassicherung mit innenliegendem Metallstreifen ist normalerweise auf 2 Ampere ausgelegt.

■ Zum Herausnehmen die Kunststoffhülsenteile gegeneinander drücken und gleichzeitig etwas drehen (sogenannter Bajonettverschluß).

■ Hülsenteile auseinandernehmen, dann fällt die alte Sicherung heraus.

Pfadfinder in Sachen Strom

Für Arbeiten an der Autoelektrik ist es wichtiger, die elektrische Verschaltung zu erkennen, als die Lage der einzelnen Bauteile zu ersehen. Deshalb haben sich bei VW die sogenannten Stromlaufpläne durchgesetzt, aus denen sich der funktionelle Zusammenhang der verschiedenen Teile der Autoelektrik ohne große Probleme erfassen läßt.

Aufbau der Stromlaufpläne

Im Stromlaufplan ist ein Stromkreis mit dem kürzestmöglichen Kabelweg – dem Strompfad – gezeichnet ohne Rücksicht auf die Einbaulage im Fahrzeug. Bauteile mit mehreren Funktionen können auf mehrere Pfade aufgeteilt sein.

Zentralelektrik: Wie schon auf Seite 159 beschrieben, vereinigt die oben im Stromlaufplan eingezeichnete Zentralelektrik den Sicherungskasten, die Steckfelder für die zahlreichen Relais (Kennbuchstaben »J«) und die Anschlüsse der Vielfachstecker. Diese Stecker sind in alphabetischer Folge gekennzeichnet, siehe Zeichnungen Seite 159. Die Buchstaben/Zahlen-Kombination an der unteren Leiste der Zentralelektrik gibt die Belegung der Leitungen in den Steckern an. So ist beispielsweise »C 5« der Kontakt 5 im Vielfachstecker C.

Stromverteilung: Ganz oben in der Zentralelektrik ist die Plus-Seite dargestellt. Von hier wird der Strom verteilt, der von der Batterie bzw. der Lichtmaschine kommt. An der unteren Seite zweigen die Leitungen zu den Verbrauchern ab.

Sicherungen: Mit dem Kennbuchstaben »S« und einer nachfolgenden Zahl sind die im Sicherungshalter sitzenden Sicherungen bezeichnet. Die Numerierung entspricht ihrem Platz im Halter. Außerdem ist die elektrische Belastbarkeit angegeben – z. B. 10 A Nennstrom.

Leitungen: Die elektrischen Leitungen sind mit dem Querschnitt ihrer Metallseele angegeben; »0,5« steht für 0,5 mm^2 Querschnitt. Außerdem sind die Kabelfarben abgekürzt wiedergegeben: Es bedeuten: bl – blau; br – braun; ge – gelb; gn – grün; gr – grau; li – lila; ro bzw. rt – rot; sw – schwarz; ws – weiß.

Steckverbindungen: Sie tragen mit Ausnahme der Vielfachstecker an der Zentralelektrik den Kennbuchstaben »T«. Aus der nachfolgenden Zahl läßt sich ablesen, um was für einen Stecker es sich handelt: »T3« bedeutet Dreifachstecker. Anhand der Legende zum Stromlaufplan läßt sich herauslesen, wo dieser Stecker im Fahrzeug zu finden ist.

Bauteile: Alle elektrischen Bauteile im Stromlaufplan tragen Kennbuchstaben, ggf. mit Unterscheidungsziffern. Die Bedeutung ist einheitlich für alle VW- und Audi-Modelle. So bedeuten z. B. A – Batterie, E – Handschalter, L und M – Glühlampen, V – Motoren.

Schaltzeichen: Zur Darstellung der Bauteile werden genormte Schaltzeichen verwendet, wobei alle Schalter und Kontakte in Ruhestellung gezeichnet sind.

Klemmenbezeichnungen: Zweistellige Ziffern, ggf. mit Zusatzbuchstaben im Stromlaufplan finden sich gleichlautend am entsprechenden Bauteil, siehe auch Seite 158.

Strompfade: Unten an der Fußleiste sind die Stromlaufpläne durchnumeriert. Für jedes Bauteil ist mindestens ein eigener Strompfad vorhanden. Endet ein Strompfad mit einem quadratischen Kästchen, so gibt die Zahl im Kästchen an, wo der Strompfad weiterläuft.

Interne Verbindungen: Sie sind nicht als Kabel vorhanden, sondern als Metallschienen oder -brücken. Im Stromlaufplan sind sie als dünne Querlinien gezeichnet.

Masse: Karosserie, Motor oder Getriebe dienen in der Autoelektrik zur Rückleitung des Stromes – man spricht hier von »Masse«. Im Stromlaufplan ist sie unten als dünne Querlinie dargestellt. Kann ein elektrisches Bauteil nicht direkt mit Masse verbunden werden, stellt man die Verbindung über einen sogenannten Massepunkt her. Dieser ist im Stromlaufplan durch eine Zahl im Kreis unten bei der Masseleiste dargestellt.

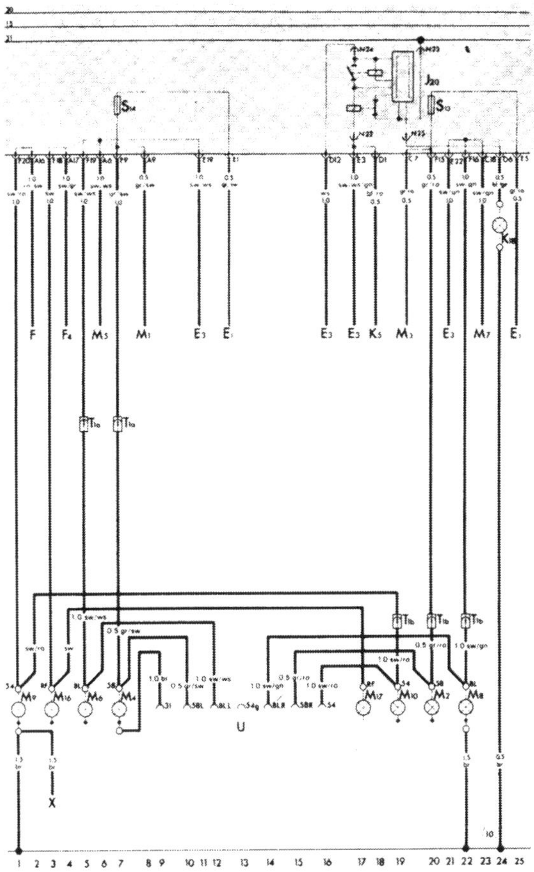

Stromlaufplan für Anhängerkupplung

Bezeichnung der Teile		im Strompfad
E 3	– zum Warnblinkschalter	11, 16, 17, 21
F	– zum Bremslichtschalter	2
F 4	– zum Schalter für Rückfahrleuchten	4
J 20	– Blinkrelais für Anhängerbetrieb	17, 19
K 5	– zur Kontrollampe für Blinker	18
K 18	– Kontrollampe für Blinker bei Anhängerbetrieb	24
M 1	– zur Lampe für Standlicht links	8
M 2	– Lampe für Schlußlicht rechts	20
M 3	– zur Lampe für Standlicht rechts	19
M 4	– Lampe für Schlußlicht links	7
M 5	– zur Lampe für Blinklicht vorn links	8
M 6	– Lampe für Blinklicht hinten links	5
M 7	– zur Lampe für Blinklicht vorn rechts	23
M 8	– Lampe für Blinklicht hinten rechts	22
M 9	– Lampe für Bremslicht links	1
M 10	– Lampe für Bremslicht rechts	10
M 16	– Lampe für Rückfahrlicht links	3
M 17	– Lampe für Rückfahrlicht rechts	17
S 13, 24	– Sicherungen im Sicherungskasten	
T 1a	– Steckverbindung im Kofferraum hinten links	
T 1b	– Steckverbindung im Kofferraum hinten rechts	
U	– Steckdose für Anhänger	9, 10
X	– zu den Kennzeichenleuchten	3
(10)	– Massepunkt am Armaturenbrett	

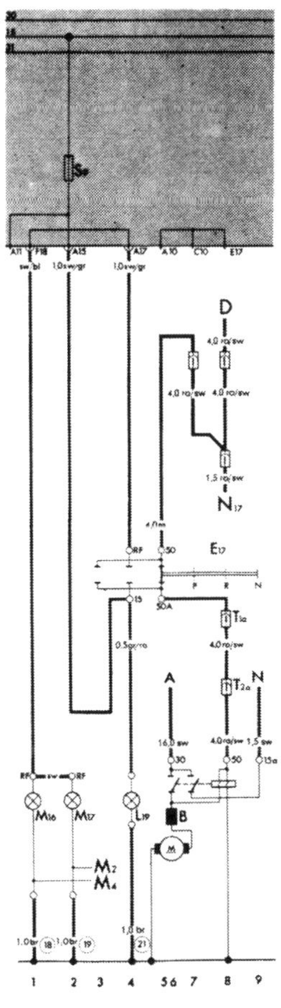

Stromlaufplan für Automatikgetriebe

Bezeichnung der Teile

A	– von der Batterie
B	– zum Anlasser Klemme 50
D	– vom Zünd/Anlaß-Schalter Klemme 50
E 17	– Startsperrschalter und Schalter für Rückfahrleuchten
M 2	– zur Lampe für Schlußlicht rechts
M 4	– zur Lampe für Schlußlicht links
M 16	– Lampe für Rückfahrlicht links
M 17	– Lampe für Rückfahrlicht rechts
N	– zur Zündspule Klemme 15
N 17	– nicht eingebaut
S 9	– Sicherung im Sicherungskasten
T 1a, 1b, 2b	– Steckverbindungen hinter dem Armaturenbrett
T 2a	– Steckverbindung im Motorraum beim Anlasser
(18)	– Massepunkt am Abschlußblech hinten links
(19)	– Massepunkt am Abschlußblech hinten rechts
(20)	– Massepunkt beim Wählhebel

Stromlaufplan Teil I VW Golf/Scirocco ab 8/79

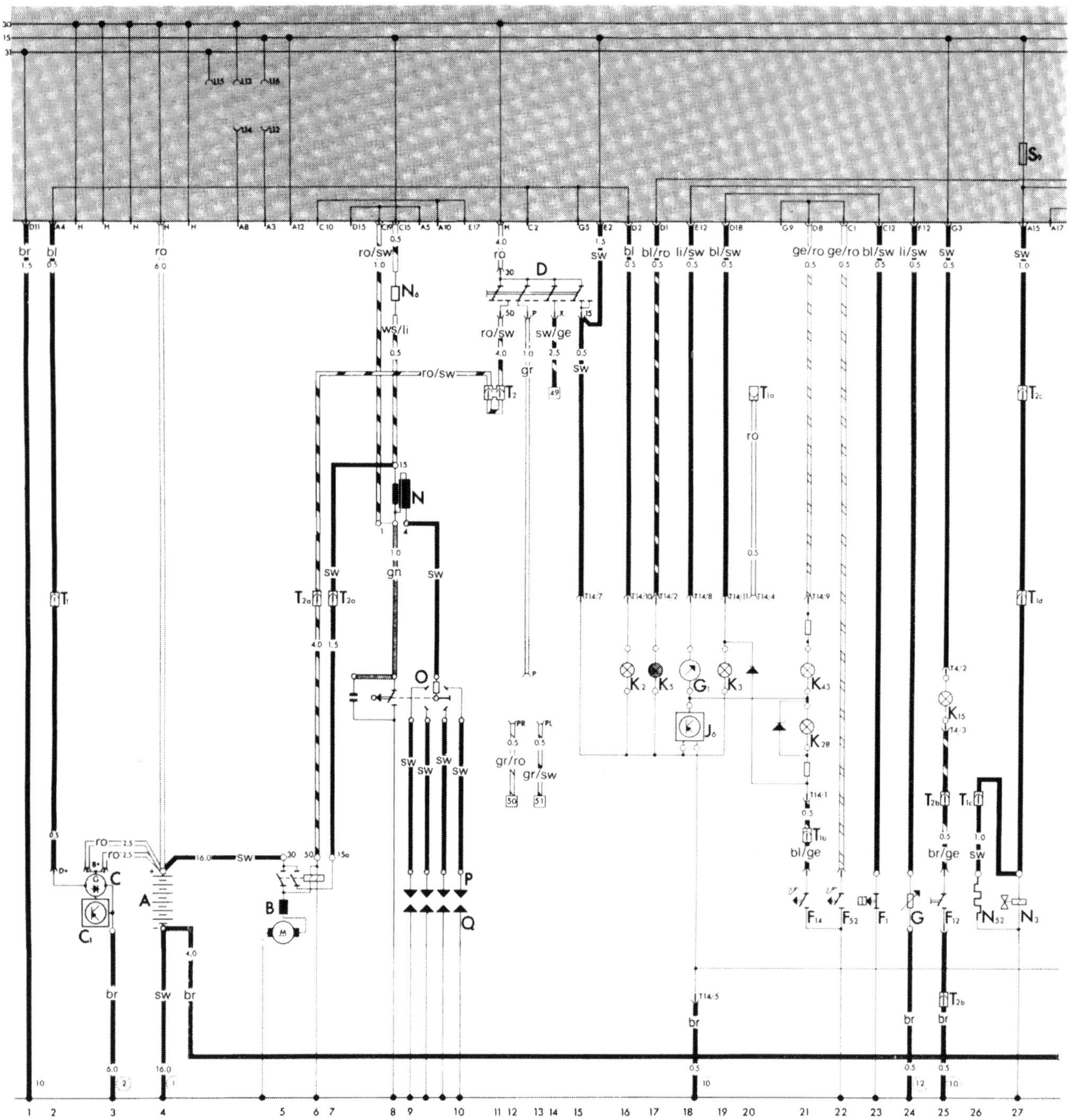

Bezeichnung der Teile		im Strompfad
A	– Batterie	4
B	– Anlasser	5–7
C	– Generator	3
C 1	– Spannungsregler	3
D	– Zünd/Anlaß-Schalter	10–14
E 2	– Blinkerschalter	39, 40
E 3	– Warnblinkschalter	36–41
F	– Bremslichtschalter	31
F 1	– Öldruckschalter	23
F 12	– Kontaktschalter für Starterzugkontrolle	25
F 14	– Kontaktschalter für Temperaturleuchte »zu heiß«	21
F 34	– Kontaktschalter für Temperaturleuchte »zu kalt«	22
G	– Geber für Tankanzeige	24
G 1	– Tankanzeige	18
H	– Hupkontakt	30

Bezeichnung der Teile		im Strompfad
H 1	– Signalhorn	29
J 2	– Blinkrelais	38, 39
J 6	– Spannungskonstanter	18
K 2	– Kontrollampe für Generator	16
K 3	– Kontrollampe für Öldruck	19
K 5	– Kontrollampe für Blinker	17
K 6	– Kontrollampe für Warnblinkanlage	41
K 15	– Kontrollampe für Starterzug	80
K 28	– Kontrollampe für Kühlmittel »zu heiß« (rot)	21
K 43	– Kontrollampe für Kühlmittel »zu kalt« (gelb)	21
M 5	– Lampe für Blinklicht vorn links	42
M 6	– Lampe für Blinklicht hinten links	43
M 7	– Lampe für Blinklicht vorn rechts	44
M 8	– Lampe für Blinklicht hinten rechts	45
M 9	– Lampe für Bremslicht links	34

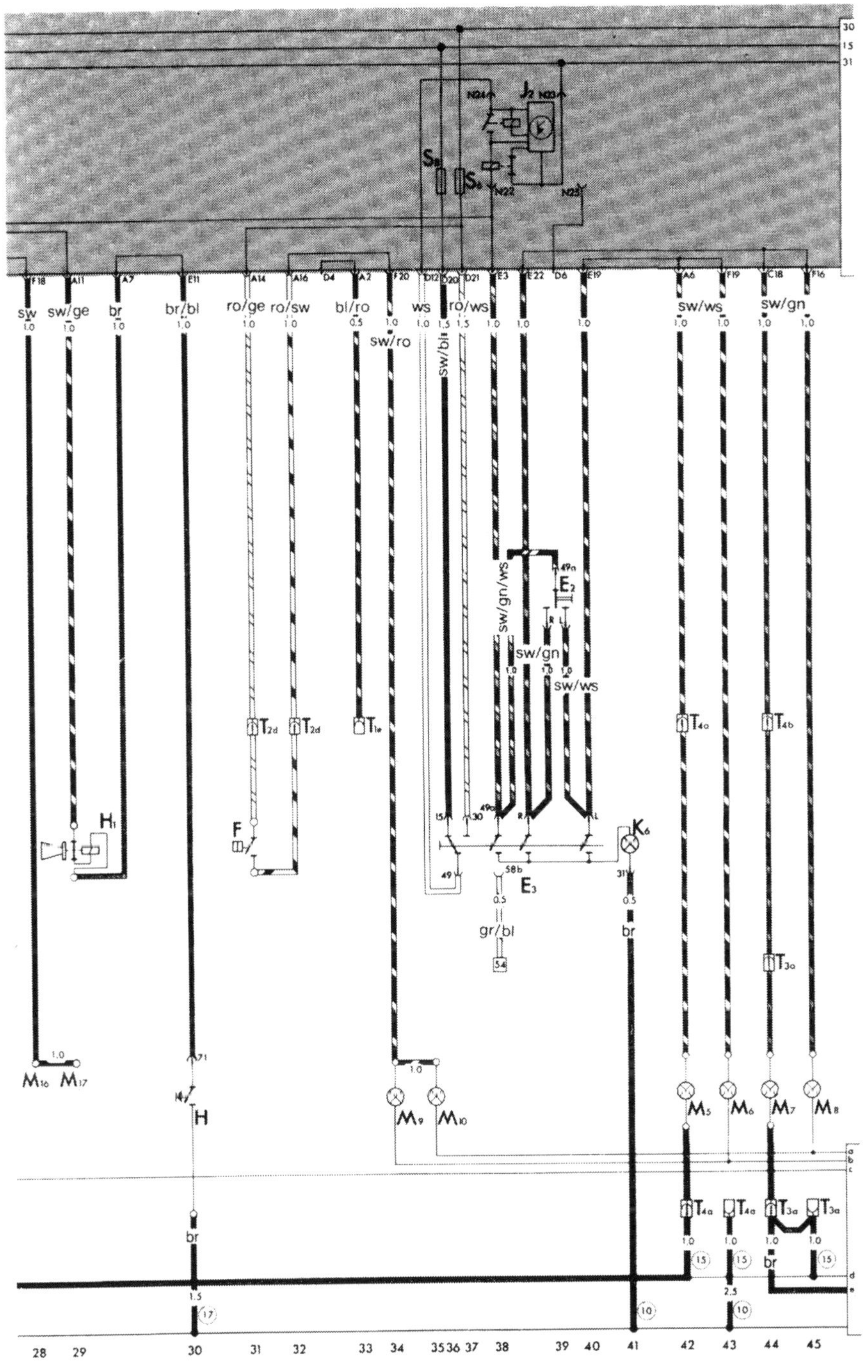

Stromlaufplan Heckscheibenwischer und -wascher

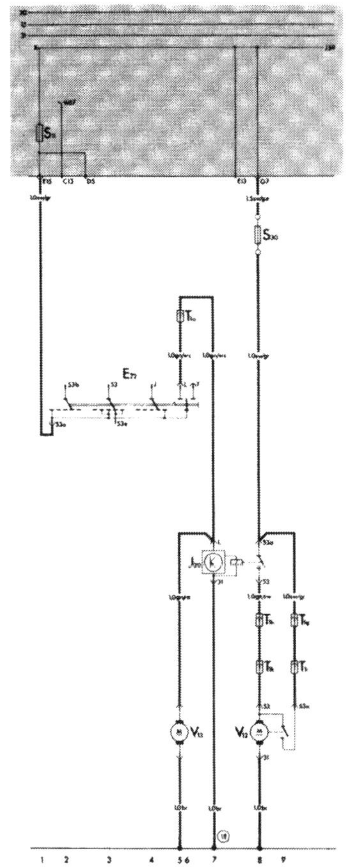

Bezeichnung der Teile

E 22 – Scheibenwischerschalter
J 30 – Relais für Heckscheibenwischer und -wascher
S 11 – Sicherung 11 im Sicherungskasten
S 30 – Einzelsicherung für Heckscheibenwischer
T 1g, 1h – Steckverbindungen im Kofferraum hinten links
T 1i, 1k – Steckverbindungen in der Heckklappe
T 1o – Steckverbindung hinter dem Armaturenbrett
V 12 – Motor für Heckscheibenwischer
V 13 – Motor für Heckscheibenwascherpumpe
⑩ – Massepunkt am Kombiinstrument

Bezeichnung der Teile	**im Strompfad**
M 10 – Lampe für Bremslicht rechts	35
M 16 – Anschluß für Rückfahrlicht rechts	28
M 17 – Anschluß für Rückfahrlicht rechts	29
N – Zündspule	8
N 3 – Leerlauf-Abschaltventil	27
N 6 – Zündspulen-Vorwiderstandsleitung	8
N 52 – Heizwiderstand der Gemischkanalbeheizung	18
O – Zündverteiler	8–10
P – Zündkerzenstecker	8–10
Q – Zündkerzen	8–10
S 6, 8, 9 – Sicherungen im Sicherungskasten	
T 1, 4a – Steckverbindungen im Motorraum vorn links	
T 1a, 2c, 4b – Steckverbindungen hinter dem Armaturenbrett	
T 1b, 2 – Steckverbindungen bei der Zentralelektrik	

Bezeichnung der Teile

T 1c, 1d – Steckverbindungen beim Vergaser
T 1e, 2d – Steckverbindungen am Bremslichtschalter
T 2a – Steckverbindung im Motorraum vorn
T 2b – Steckverbindung bei der Starterzugkontrolle
T 3a – Steckverbindung im Motorraum vorn rechts
T 14/ – Steckverbindung am Kombiinstrument
① – Masseband der Batterie über Aufbau zum Getriebe
② – Masseleitung vom Generator zum Motorblock
⑩ – Massepunkt an der Lenksäulenabstützung
⑫ – Massepunkt am Kofferraumboden hinten
⑮ – Massepunkt im Isolierschlauch des Leitungsstranges vorn
⑰ – Masseleitung am Lenkgetriebe

Stromlaufplan Teil II VW Golf/Scirocco ab 8/79

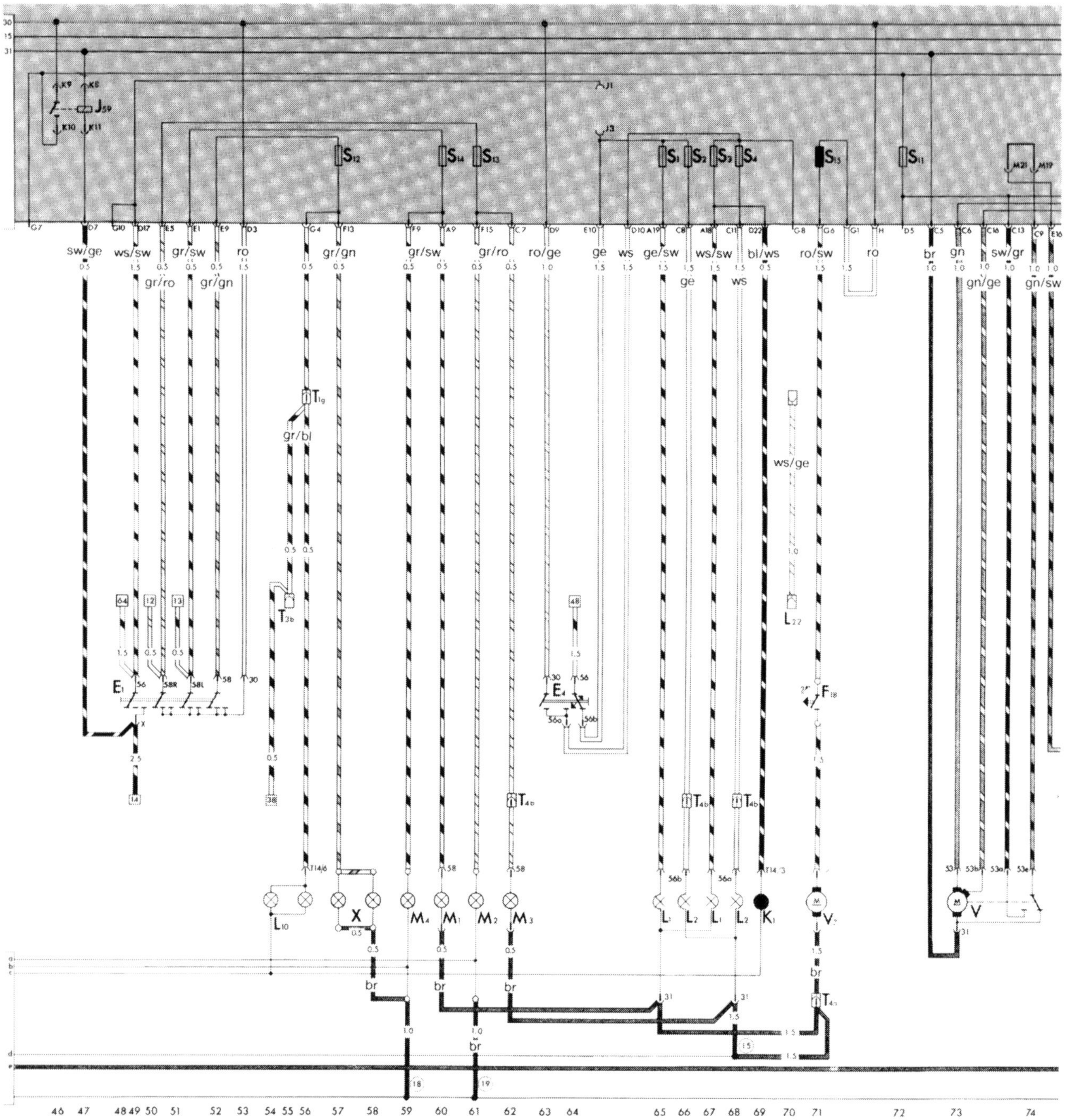

Bezeichnung der Teile		im Strompfad
E 1	– Lichtschalter	48–53
E 4	– Lichtumschalter	63, 64
E 9	– Schalter für Luftgebläse	80, 81
E 15	– Schalter für heizbare Heckscheibe	89, 90
E 22	– Scheibenwischerschalter	75–78
F 2	– Türkontaktschalter vorn links	84
F 3	– Türkontaktschalter vorn rechts	83
F 18	– Thermoschalter für Kühlerventilator	71
J 59	– Entlastungsrelais für X-Kontakte	46, 47
K 1	– Kontrollampe für Fernlicht	69
K 10	– Kontrollampe für heizbare Heckscheibe	90
L 1	– Zweifadenlampe für Scheinwerfer links	65, 67
L 2	– Zweifadenlampe für Scheinwerfer rechts	66, 68
L 10	– Lampe für Beleuchtung Kombiinstrument	54, 56

Bezeichnung der Teile		im Strompfad
L 22	– Anschluß für Nebelscheinwerfer	
M 1	– Lampe für Standlicht links	60
M 2	– Lampe für Schlußlicht rechts	61
M 3	– Lampe für Standlicht rechts	62
M 4	– Lampe für Schlußlicht links	59
N 23	– Vorwiderstand für Luftgebläse	80
R	– Anschluß für Radio	87
S 1–5, 7, 10–15	– Sicherungen im Sicherungskasten	
T 1g, 1i, 1k, 2c, 2f, 3b, 4b	Steckverbindungen hinter dem Armaturenbrett	
T 1h	– Steckverbindung im Kofferraum hinten links	
T 2	– Steckverbindung im Motorraum vorn links	
T 14/	– Steckverbindung am Kombiinstrument	
V	– Motor für Scheibenwischer	73, 74

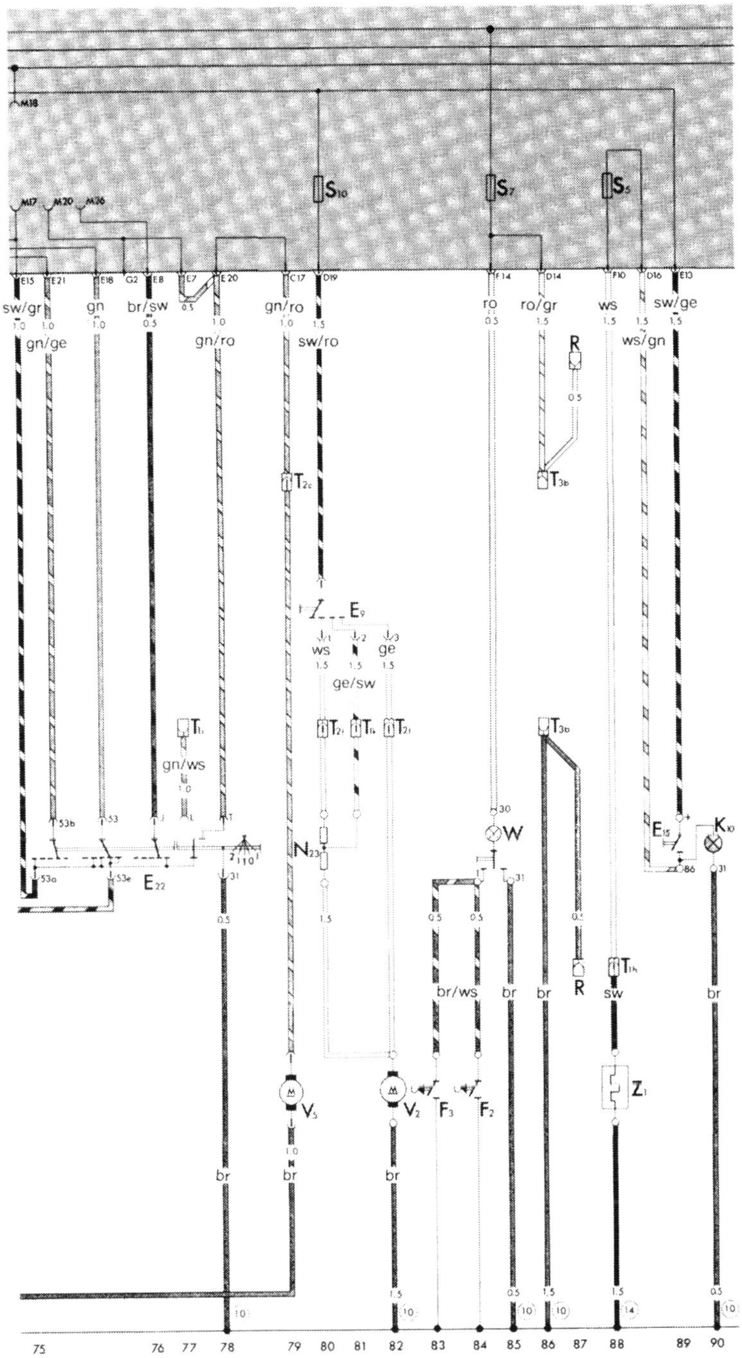

Bezeichnung der Teile		**im Strompfad**
V 2	– Motor für Luftgebläse	82
V 5	– Motor für Scheibenwascherpumpe	79
V 7	– Motor für Kühlerventilator	71
W	– Innenleuchte	85
X	– Kennzeichenleuchte	57, 58
Z 1	– heizbare Heckscheibe	88
⑩	– Massepunkt an der Lenksäulenabstützung	
⑭	– Massepunkt am Dachquerträger hinten mitte	
⑮	– Massepunkt im Isolierschlauch des Leitungsstranges vorn	
⑱	– Massepunkt am Abschlußblech hinten links	
⑲	– Massepunkt am Abschlußblech hinten rechts	

Stromlaufplan Nebelscheinwerfer und -schlußleuchte bis 7/82

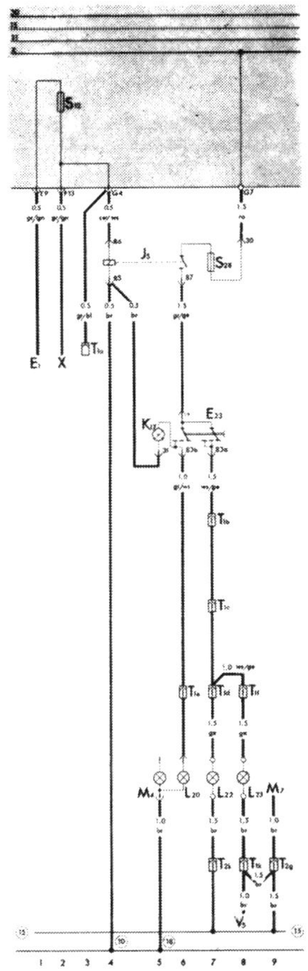

Bezeichnung der Teile

- E 1 – zum Lichtschalter Klemme 58
- E 23 – Schalter für Nebelscheinwerfer und -schlußleuchte
- J 5 – Relais für Nebelscheinwerfer
- K 17 – Kontrollampe für Nebelschlußleuchte
- L 20 – Lampe für Nebelschlußleuchte
- L 22 – Lampe für Nebelscheinwerfer links
- L 23 – Lampe für Nebelscheinwerfer rechts
- M 4 – Lampe für Schlußlicht links
- M 7 – zur Lampe für Blinklicht vorn rechts
- S 12 – Sicherung im Sicherungskasten
- S 28 – Einzelsicherung für Nebelscheinwerfer
- T 1a, 1b, 1e – Steckverbindung hinter dem Armaturenbrett
- T 1c – Steckverbindung beim Hauptbremszylinder
- T 1d, 2k – Steckverbindungen im Motorraum vorn links
- T 1f, 1k, 2d – Steckverbindungen im Motorraum vorn rechts
- V 5 – zum Motor für Scheibenwascherpumpe
- X – zu den Kennzeichenleuchten
- ⑩ – Massepunkt an der Zentralelektrik
- ⑮ – Massepunkt im Isolierschlauch des Leitungsstranges vorn
- ⑱ – Massepunkt am Abschlußblech hinten links

Stromlaufplan Teil I VW Golf/Jetta ab 8/82

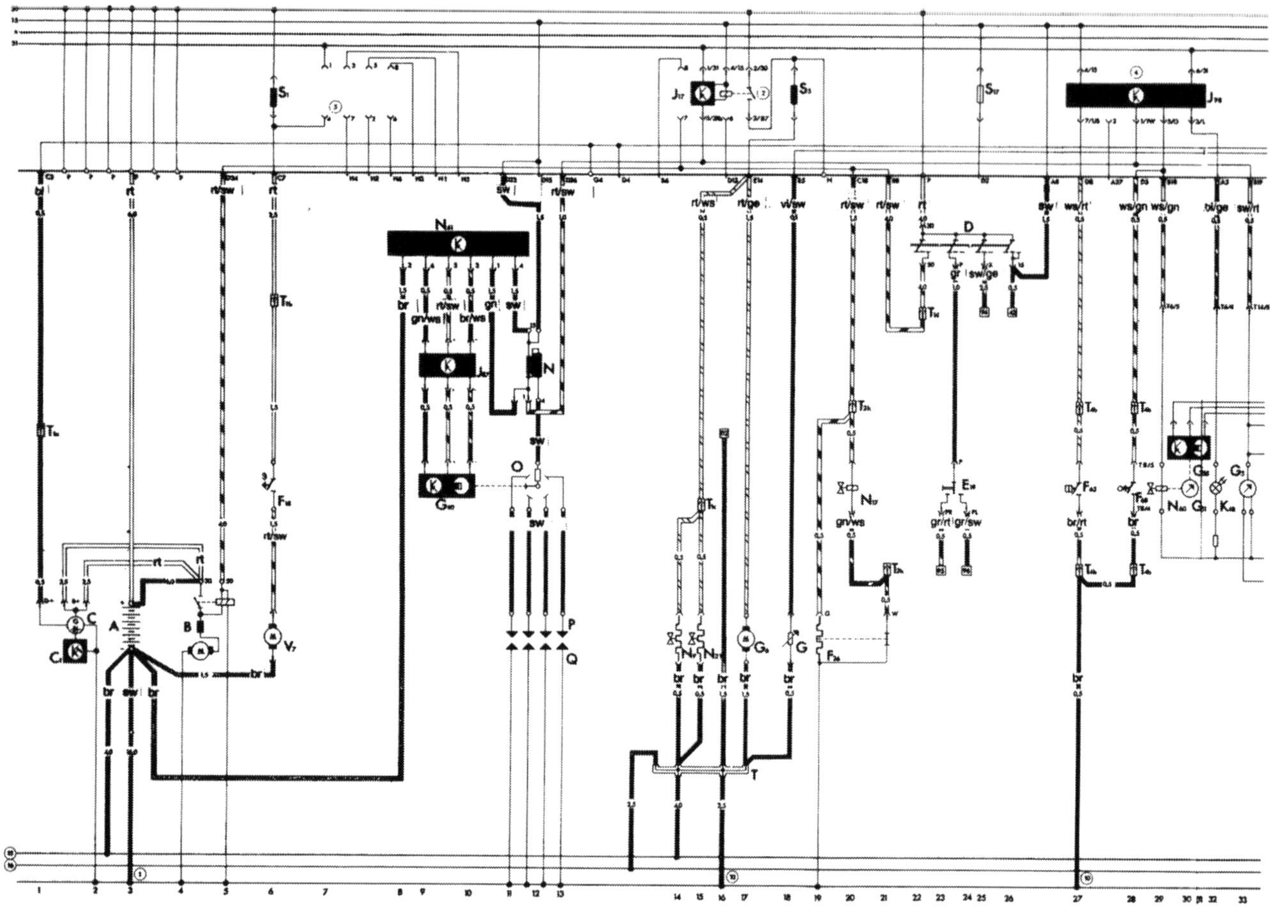

Bezeichnung der Teile		im Strompfad
A	– Batterie	3
B	– Anlasser	4, 5
C	– Generator	1, 2
C 1	– Spannungsregler	1, 2
D	– Zünd/Anlaß-Schalter	22–26
E 19	– Parklichtschalter	23, 24
E 86	– nicht eingebaut	
F 1	– Öldruckschalter 1,8 bar	64
F 2	– Türkontaktschalter vorn links	62
F 3	– Türkontaktschalter vorn rechts	61
F 4	– Schalter für Rückfahrleuchten	65
F 18	– Thermoschalter für Kühlerventilator	6
F 22	– Öldruckschalter 0,3 bar	35
F 26	– nicht eingebaut	
F 62	– Unterdruckschalter für Schaltanzeige	27
F 68	– Gangschalter für Schalt- und Verbrauchsanzeige	28
G	– Geber für Tankanzeige	18
G 1	– Tankanzeige	43
G 2	– Geber für Temperaturanzeige	54
G 3	– Temperaturanzeige	44
G 5	– Drehzahlmesser	33
G 6	– nicht eingebaut	
G 8	– Geber für Öltemperatur	53
G 17	– nicht eingebaut	
G 40	– Hallgeber	9, 10
G 51	– Verbrauchsanzeige	30
G 54	– nicht eingebaut	
G 55	– Unterdruckgeber für Verbrauchsanzeige	24–31
H 1	– Zweiklanghörner (nur GL)	67, 68
J 2	– Blinkrelais	54–56
J 4	– Relais für Zweiklanghörner	22–25
J 6	– Spannungskonstanter	43
J 17	– nicht eingebaut	
J 87	– Schaltgerät für DLS	9, 10
J 98	– Steuergerät für Schaltanzeige	27–32
J 114	– Steuergerät für Öldruckkontrolle	34–36
J 119	– nicht eingebaut	
K 1	– Kontrollampe für Fernlicht	41
K 2	– Kontrollampe für Generator	39

Bezeichnung der Teile		im Strompfad
K 3	– Kontrollampe für Öldruck	37
K 5	– Kontrollampe für Blinker	40
K 28	– Kontrollampe für Kühlmittel	45, 46
K 48	– Kontrollampe für Schaltanzeige	22
L 16	– Lampe für Beleuchtung Heizregulierung	57
L 28	– Lampe für Beleuchtung Anzünder	58
M 16	– Lampe für Rückfahrlicht links	66
M 17	– Lampe für Rückfahrlicht rechts	67
N	– Zündspule	14
N 9	– nicht eingebaut	
N 17	– nicht eingebaut	
N 21	– nicht eingebaut	
N 41	– TSZ-Schaltgerät	8–11
N 60	– Magnetventil für Verbrauchsanzeige	29
O	– Zündverteiler	11–13
P	– Zündkerzenstecker	11–13
Q	– Zündkerzen	11–13
R	– Anschluß für Radio	60
S 1, 3, 5, 15–17	– Sicherungen im Sicherungskasten	
T	– Leitungsverteiler	
T 1a, 1b	– Steckverbindungen beim Batterie-Pluspol	
T 1c, 1d, 1e, 1f, 2a, 2h	– Steckverbindungen hinter der Zentralelektrik	
T 2b	– Steckverbindung hinter der Verkleidung der Hebelschalter	
T 2e, 4b	– Steckverbindungen im Motorraum	
T 2n	– Steckverbindung bei den Signalhörnern	
T 3b, 4a	– Steckverbindungen hinter dem Armaturenbrett	
T 6/, 14/	– Steckverbindungen am Kombiinstrument	
T 8/	– Steckverbindung am Getriebe	
U 1	– Anzünder	59
V 7	– Motor für Kühlerventilator	6
W	– Innenleuchte	62, 63
①	– Masseband der Batterie über Aufbau zum Getriebe	
⑩	– Massepunkt an der Zentralelektrik	
⑫	– Massepunkt am Zylinderkopfdeckel	
⑮	– Massepunkt im Isolierschlauch des Leitungsstranges vorn	
⑯	– Massepunkt im Leitungsstrang Kombiinstrument	

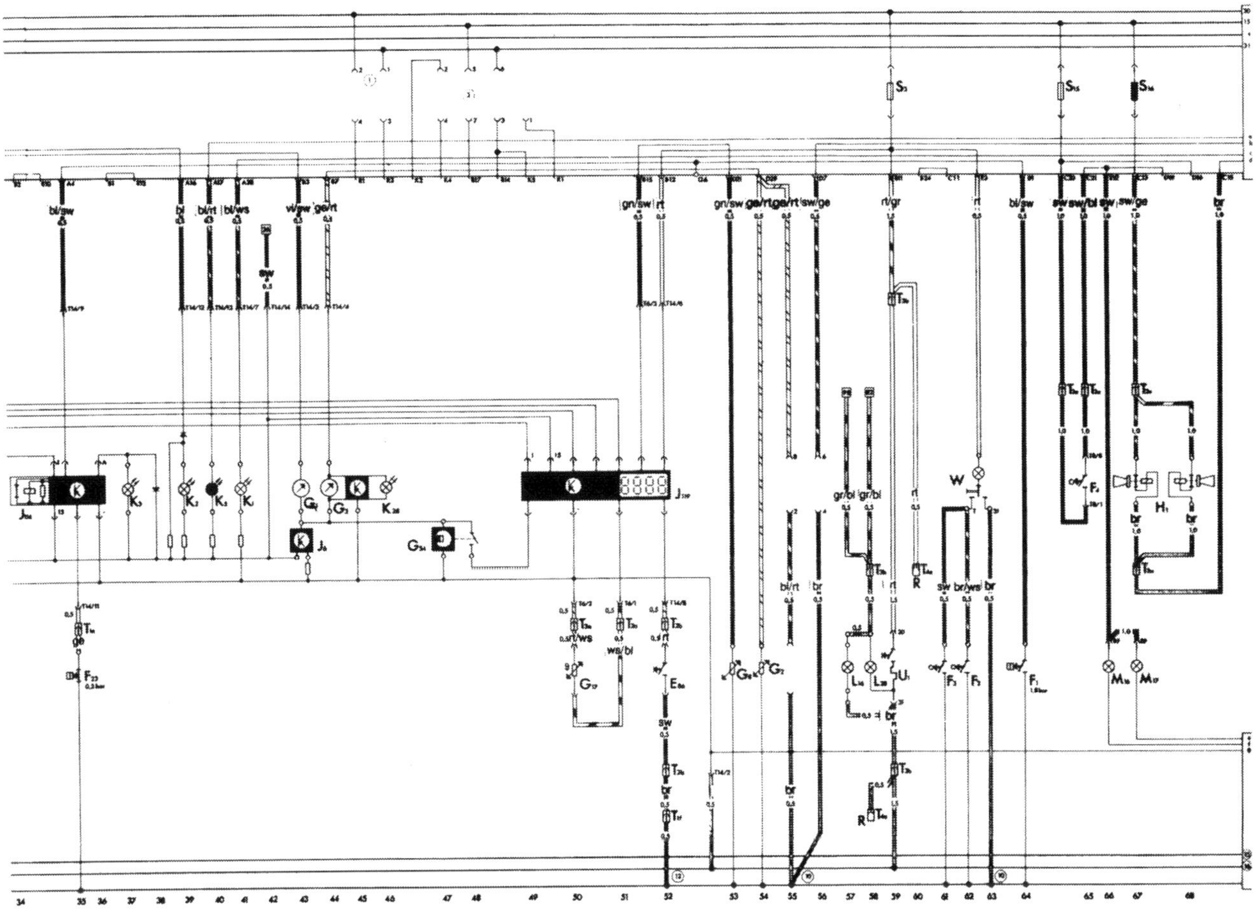

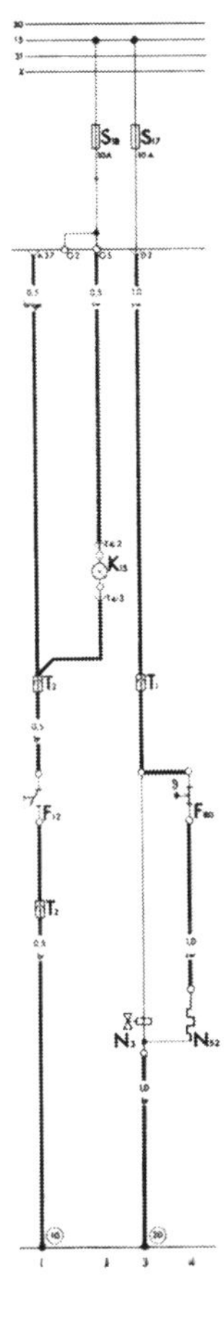

Zusatzstromlaufplan 37-kW-Motor ab 8/82

Bezeichnung der Teile

F 12 – Kontakt für Starterzugkontrolle
F 80 – Thermoschalter für N 52
K 15 – Kontrollampe für Starterzug
N 3 – Leerlauf-Abschaltventil
N 52 – Heizwiderstand der Gemischkanalbeheizung
S 17, 18 – Sicherungen im Sicherungskasten
T 1 – Steckverbindung beim Vergaser
T 2 – Steckverbindung beim Kontakt für Starterzugkontrolle
(10) – Massepunkt an der Zentralelektrik
(20) – Massepunkt am Zylinderkopfdeckel

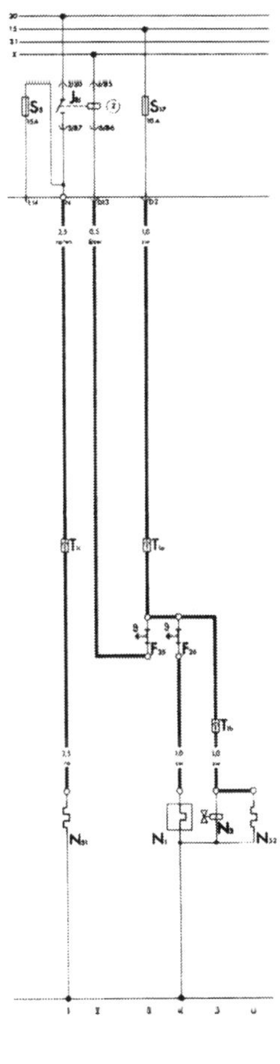

Zusatzstromlaufplan 51-kW-Motor ab 8/82

Bezeichnung der Teile

F 26 – Thermoschalter für Startautomatik
F 35 – Thermoschalter für Ansaugrohrbeheizung
J 81 – Relais für Ansaugrohrbeheizung
N 1 – Heizwiderstand der Startautomatik
N 3 – Leerlauf-Abschaltventil
N 51 – Heizwiderstand der Ansaugrohrbeheizung
N 52 – Heizwiderstand der Gemischkanalbeheizung
S 5, 17 – Sicherungen im Sicherungskasten
T 1a, 1b, 1c – Steckverbindungen beim Vergaser

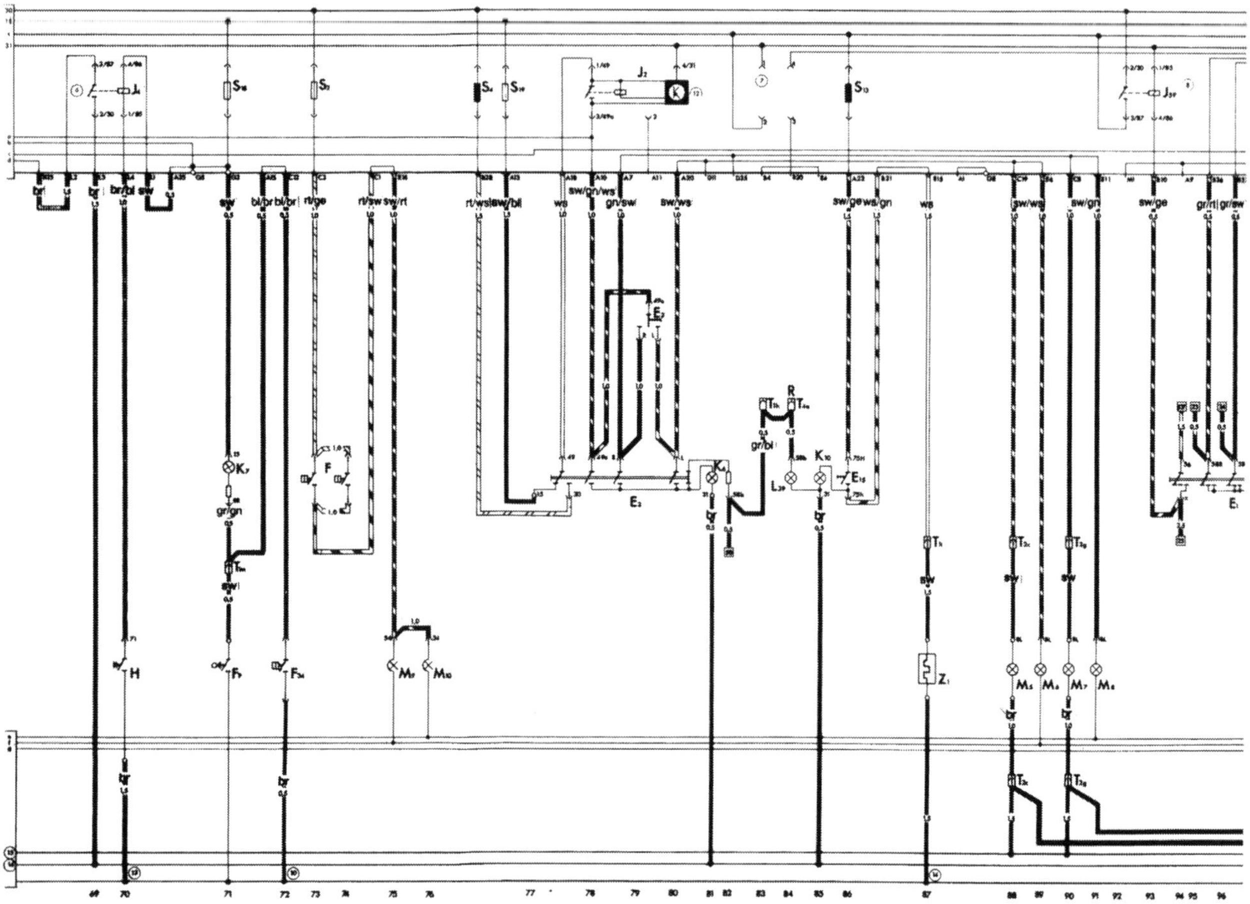

Bezeichnung der Teile		im Strompfad
E 1	– Lichtschalter	94–98
E 2	– Blinkerschalter	79, 80
E 3	– Warnblinkschalter	77–80
E 4	– Lichtumschalter	106, 107
E 9	– Schalter für Luftgebläse	125, 126
E 15	– Schalter für heizbare Heckscheibe	86
E 20	– Regler für Instrumentenbeleuchtung	99
E 22	– Scheibenwischerschalter	116–118
F	– Bremslichtschalter	73, 74
F 9	– Schalter für Handbremskontrolle	71
F 34	– Warnkontakt für Bremsflüssigkeitsstand	72
H	– Hupkontakt	70
J 2	– Blinkrelais	78–80
J 4	– Relais für Zweiklanghörner	69, 70
J 30	– Relais für Heckscheibenwischer und -wascher	119–121
J 31	– Relais für Wisch/Wasch-Intervallschaltung	116, 117
J 59	– Entlastungsrelais für X-Kontakte	92, 93
K 6	– Kontrollampe für Warnblinkanlage	81
K 7	– Kontrollampe für Bremsanlage	71
K 10	– Kontrollampe für heizbare Heckscheibe	85
L 1	– Zweifadenlampe für Scheinwerfer links	108, 110
L 2	– Zweifadenlampe für Scheinwerfer rechts	109, 111
L 9	– Lampe für Beleuchtung Lichtschalter	124
L 10	– Lampe für Beleuchtung Kombiinstrument	98, 99
L 22	– Anschluß für Nebelscheinwerfer	123
L 39	– Lampe für Beleuchtung Heizscheibenschalter	84
M 1	– Lampe für Standlicht links	102
M 2	– Lampe für Schlußlicht rechts	105
M 3	– Lampe für Standlicht rechts	104
M 4	– Lampe für Schlußlicht links	103
M 5	– Lampe für Blinklicht vorn links	88
M 6	– Lampe für Blinklicht hinten links	89
M 7	– Lampe für Blinklicht vorn rechts	90

Bezeichnung der Teile		im Strompfad
M 8	– Lampe für Blinklicht hinten rechts	91
M 9	– Lampe für Bremslicht links	75
M 10	– Lampe für Bremslicht rechts	76
N 23	– Vorwiderstand für Luftgebläse	125
R	– Anschluß für Radio	84
S 2, 4, 6–14, 18–22	– Sicherungen im Sicherungskasten	
T 1g, 1h, 2d, 4a	– Steckverbindungen hinter dem Armaturenbrett	
T 1i, 2k	– Steckverbindungen im Kofferraum	
T 1m	– Steckverbindung hinter der Zentralelektrik	
T 2c, 2f, 2g	– Steckverbindungen im Motorraum	
V	– Motor für Scheibenwischer	113–115
V 2	– Motor für Luftgebläse	126
V 5	– Motor für Scheibenwascherpumpe	120
V 12	– Motor für Heckscheibenwischer	121, 122
V 13	– Motor für Heckscheibenwascherpumpe	119
X	– Kennzeichenleuchte	100, 101
Z 1	– heizbare Heckscheibe	87
⑩	– Massepunkt am Halter der Zentralelektrik	
⑬	– Masseleitung Lenkgetriebe	
⑭	– Massepunkt Dachquerträger hinten mitte	
⑮	– Massepunkt im Isolierschlauch des Leitungsstranges vorn	
⑯	– Massepunkt Leitungsstrang Kombiinstrument	
⑱	– Massepunkt Abschlußblech hinten links	

Stromlaufplan Nebelscheinwerfer und -schlußleuchte ab 8/82 »

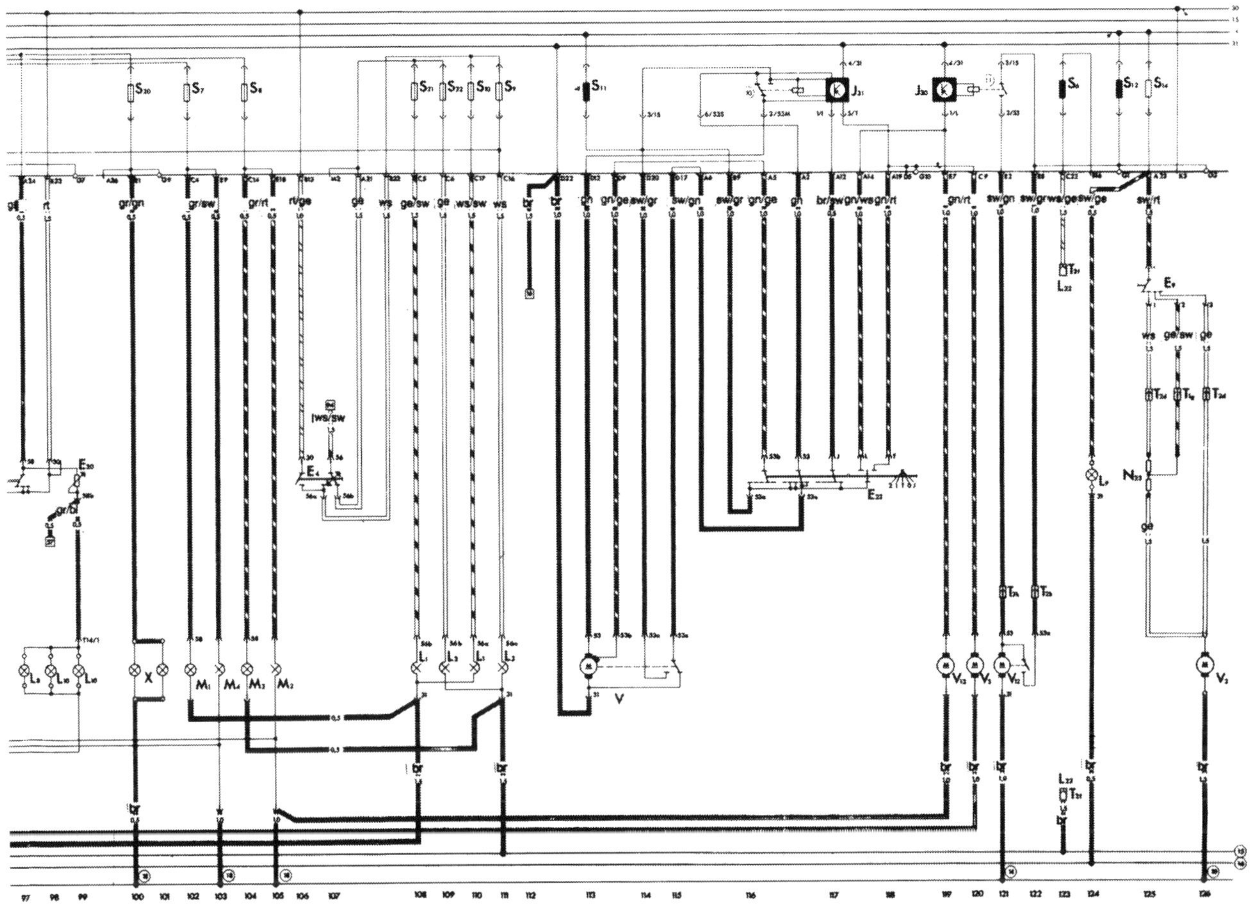

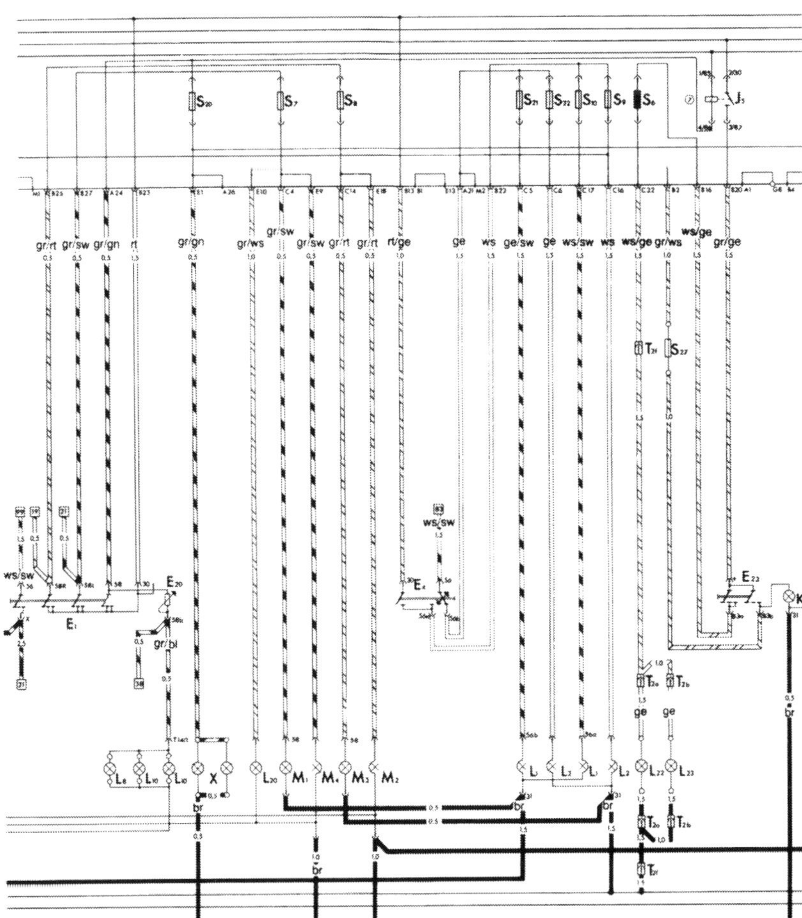

Bezeichnung der Teile		im Strompfad
E 1	– Lichtschalter	83–90
E 4	– Lichtumschalter	98–100
E 20	– Regler für Instrumentenbeleuchtung	90
E 23	– Schalter für Nebelscheinwerfer und -schlußleuchte	110–112
J 5	– Relais für Nebelscheinwerfer und -schlußleuchte	109, 110
K 17	– Kontrollampe für Nebelscheinwerfer	111
L 1	– Zweifadenlampe für Scheinwerfer links	103, 105
L 2	– Zweifadenlampe für Scheinwerfer rechts	104, 106
L 8	– Lampe für Beleuchtung Zeituhr	88
L 10	– Lampe für Beleuchtung Instrumente	89, 90
L 20	– Lampe für Nebelschlußleuchte	93
L 22	– Lampe für Nebelscheinwerfer links	107
L 23	– Lampe für Nebelscheinwerfer rechts	108
L 40	– Lampe für Beleuchtung Nebelscheinwerferschalter	112
M 1	– Lampe für Standlicht links	94
M 2	– Lampe für Schlußlicht rechts	97
M 3	– Lampe für Standlicht rechts	96
M 4	– Lampe für Schlußlicht links	95
S 6–10, 21, 22	– Sicherungen im Sicherungskasten	
S 27	– Einzelsicherung für Nebelschlußleuchte	108
T 2a, 2f	– Steckverbindungen im Motorraum links	
T 2b	– Steckverbindung im Motorraum rechts	
X	– Kennzeichenleuchte	91, 92

Vorratspackung

Die Energie zum Starten des Motors führt unser VW in der Batterie mit. Dazu wurde sie während der vorangegangenen Fahrt von der Lichtmaschine aufgeladen. Die liefert mehr Leistung, als verbraucht wird, es bleibt also etwas übrig für die »hohe Kante«.

Batterie-Daten

Typnummer: Eine fünfstellige Zahl dient einheitlich bei allen deutschen Batterie-Herstellern zur Kennzeichnung von Leistung, Abmessungen und Bauart. Bei unseren Modellen lauten die entsprechenden Kennzahlen 53621, 54533, 55415 bzw. 56316. Die auf die Ziffer 5 folgende Zahl 36, 45, 54 oder 63 gibt die Batterie-Kapazität an. Die nachfolgenden beiden Ziffern kennzeichnen Konstruktionsmerkmale sowie die Ausführung.
Spannung und Kapazität: In der Angabe 12 V/36 Ah gibt die vorangestellte 12 V natürlich die Spannung an. Hinter dem Schrägstrich ist die Stromstärke in ihrer »zeitlich lieferbaren Menge« vermerkt – »Ah« steht für Amperestunden. Das ist die Nenn-Batteriekapazität, die nach Normbedingungen gemessen wird. In Wirklichkeit rechnet man allerdings nur mit ⅔ der angegebenen Kapazität; bei einer älteren Batterie lediglich mit der Hälfte.
Kälteprüfstrom: Die Zahl 175 A, 220 A, 265 A oder 300 A nennt die Stromstärke, welche die Batterie bei −18°C liefern kann.

Leistung der Batterie

Etwa 9 Watt werden verbraucht, wenn Sie Ihren VW mit eingeschaltetem Parklicht abstellen. Bei 12 Volt Spannung fließen dazu (nach folgender Formel: Leistung geteilt durch Spannung = Strom) 0,75 Ampere. Die können von der 36-Ah-Batterie theoretisch etwa 48 Stunden lang geliefert werden.
Realistisch betrachtet sieht es aber schlechter aus:

- ☐ Nach etwa 32 Stunden ist das Parklicht aus und die Batterie leer.
- ☐ Bei brennendem Standlicht versagt die Stromlieferung nach rund 9½ Stunden.
- ☐ Mit eingeschalteten Warnblinkern reicht der Strom etwa 3 Stunden.
- ☐ Die größten Anforderungen an die Batterie stellt der Anlasser. Daher auch der Name »Starterbatterie«. Durch Reibungsverluste frißt der Anlasser im Augenblick des Einschaltens über 3000 Watt. Zum Durchdrehen des warmen Motors braucht er nur ⅕ dieser Leistung. Andererseits wird der Strombedarf des Anlassers höher, wenn die Temperaturen sinken und die Schmierstoffe dadurch zäher sind.

Temperatureinfluß auf die Batterie

Batterien haben die Eigenart, um so unwilliger auf Kälte zu reagieren, je weniger Strom sie gespeichert haben. Völlig leere Akkus sind so empfindlich, daß sie bei Frost einfrieren und platzen können. Ist die Batterie dagegen randvoll geladen, verträgt sie die Kälte verhältnismäßig gut. Vor der kalten Jahreszeit empfiehlt sich bei einem älteren Akku die Kontrolle des Ladezustands, siehe Seite 176.

Unterschiedliche Batterien

Die Batterieflüssigkeit besteht aus Schwefelsäure, die mit destilliertem Wasser verdünnt ist. Ein Teil dieses Wassers kann verdunsten oder wird beim Ladevorgang in Wasserstoff und Sauerstoff zersetzt.

- ☐ Bei herkömmlichen Autobatterien muß der Flüssigkeitsstand regelmäßig ergänzt werden.
- ☐ Seit 8/80 wurde serienmäßig eine wartungsfreie Batterie nach DIN 72311 eingebaut. Sie besitzt ein größeres Flüssigkeitsvolumen. Unter normalen Bedingungen soll sie ihr gesamtes Leben ohne Nachfüllen von destilliertem Wasser auskommen. Erhöhten Wasserverlust verursachen lediglich höhere Umgebungstemperaturen, längere Aufenthalte in heißen Regionen

(Urlaub), ein defekter Lichtmaschinen-Spannungsregler, Selbstentladung bei langen Standzeiten des Fahrzeugs oder Tiefentladung, etwa durch eingeschaltetes Standlicht über Nacht.
□ Ein völlig wartungsfreier Akku ist die teuerste Version. Da man bei ihm von keinerlei Flüssigkeitsverlust ausgeht, hat er auch keine Verschlußstopfen mehr.

Batteriesäurestand kontrollieren

Wartung Nr. 17

Auch bei den wartungsfreien Akkus sollte regelmäßig nach dem Flüssigkeitsstand gesehen werden. Vielleicht wurde das destillierte Wasser vom defekten Lichtmaschinenregler »verkocht«.

- Die Batterieflüssigkeit muß mindestens bis zum unteren der beiden am Gehäuse auflakkierten Striche reichen, zumindest aber die Plattenoberkanten gut bedecken.
- Bei abgesunkenem Flüssigkeitspegel Verschlußstopfen herausdrehen. Die Stopfen der wartungsfreien Batterie seit 8/80 lassen sich nicht einfach losdrehen. Dann:
- Einen schmalen Schraubenzieher unten am »Deckel« des Verschlußstopfens ansetzen und den Deckel hochhebeln. Unteres Stopfenteil von Hand oder mit einer Zange herausdrehen.
- Oder mit einem Schraubenzieher die etwas größere Kerbe in der Riffelung durchstechen und mit dem Werkzeug das Stopfenoberteil nach links bis zum Anschlag drehen, dann Stopfen losdrehen.
- Bei einer geladenen Batterie bis zum oberen Strich bzw. bis 15 mm über die Plattenoberkanten destilliertes Wasser auffüllen.
- In eine stark entladene Batterie nur so viel Wasser einfüllen, daß die Platten oben bedeckt sind. Beim Wiederaufladen steigt der Flüssigkeitsstand nämlich erheblich.
- Erst nach dem Laden bis zur oberen Marke nachfüllen.
- Die Wassermenge aus der Einfüllflasche muß gut dosierbar sein, sonst wird der Akku überfüllt.
- Eine überfüllte Batterie »kocht über«, die Säure tritt an den Verschlußstopfen aus und verursacht Korrosion und Säurekristalle an Batterieoberfläche und -standplatz.

Destilliertes Wasser verwenden!

In den Akku darf niemals Batteriesäure gefüllt werden, sondern nur entsalztes (ionengetauschtes) Wasser, landläufig destilliertes Wasser genannt. Leitungswasser, Regenwasser und auch abgekochtes Wasser enthält leitfähige Salze und andere mineralische Stoffe, die der Batterie schaden.
Wenn Sie Batteriewasser nicht umsonst an Ihrer Stammtankstelle bekommen, kaufen Sie es am billigsten in der Drogerie oder Apotheke. Abgepacktes destilliertes Wasser an der Tankstelle ist meist überteuert.

Batterie ausbauen

- Mutter an der Klemme des Minuskabels (gedrillte Kupferlitze) lösen, Klemme vom Batteriepol abheben.
- Pluskabel-Klemme lösen und abnehmen.
- Schraube der Halteleiste vorn am Batteriefuß losdrehen, Schraube und Leiste abnehmen.
- Batterie aus dem Motorraum herausheben.
- Beim Einbau zuerst das Pluskabel anschließen, dann die Minusklemme.
- Ein Vertauschen der Kabelklemmen ist nur mit Gewalt möglich, denn der Plus-Polkopf ist dicker als der Minus-Polkopf.

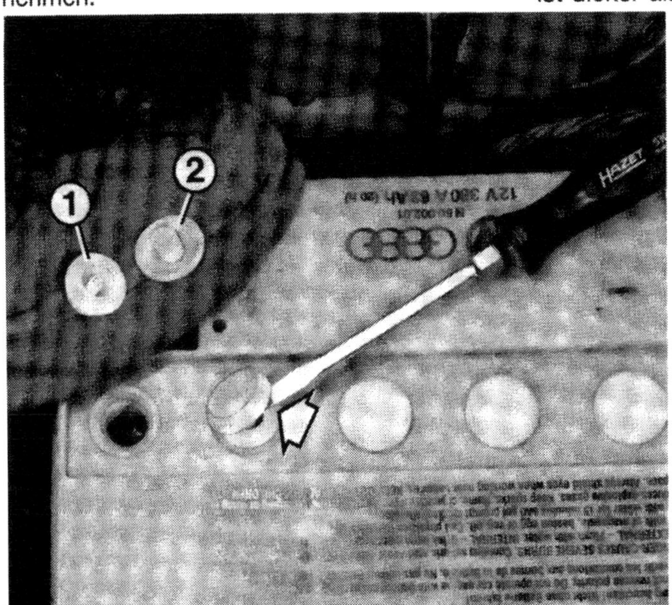

Zum Abnehmen eines Batteriestopfens einen schmalen Schraubenzieher unten am Stopfen (Pfeil) ansetzen und Stopfenoberteil (2) abnehmen. Position »1« zeigt das Unterteil, das sich von Hand oder mit einer Zange herausdrehen läßt.

Batterie sauber halten

■ Eine äußerlich verschmutzte Batterie ausbauen und Gehäuse mit Kaltreiniger, Wasser und einer kräftigen Bürste abwaschen.
■ Oxidkristalle an den Batterieklemmen mit warmem Sodawasser abwaschen oder mit »Neutralon« von Varta behandeln.
■ An den Stopfen kontrollieren, ob ihre Entlüftungsbohrungen frei sind, sonst säubern.
■ Batteriepolköpfe und Kabelklemmen mit Säureschutzfett (Bosch »Ft 40 v 1«) einstreichen.
■ Kein Fett erhalten die Polkopfseiten und die Innenseiten der Klemmen, sonst kann es Kontaktschwierigkeiten geben.

Ladezustand der Batterie prüfen

Erscheint der Akku trotz richtigem Säurestand kraftlos, muß der Ladezustand kontrolliert werden. Auskunft darüber gibt das spezifische Gewicht der Batteriesäure. Sie brauchen einen speziellen Hebe-Säuremesser (Aräometer), den Sie sich bei der Tankstelle ausleihen können.
■ Batterie-Verschlußstopfen herausdrehen.
■ So viel Batteriesäure ansaugen, daß die Meßspindel frei schwimmt.
■ Säuregewicht ablesen. Es bedeuten: 1,28 kg/l = Batterie voll geladen; 1,20 kg/l = halb geladen; 1,12 kg/l = entladen.

Fingerzeig: *Bei gleichmäßig niedriger Säuredichte kann Nachladen der Batterie genügen. Ist eine einzelne Zelle entladen, ist die Batterie vermutlich defekt – in einer Werkstatt kontrollieren lassen.*

Batterie laden

Auch wenn die Batterie nichts zu leisten hat, will sie gelegentlich geladen werden. Sie hat nämlich die Untugend, sich mit der Zeit selbst zu entladen.

Ladegerät anschließen

■ Pluskabel an Batterie-Pluspol, Minuskabel an Minuspol anklemmen.
■ Die Batteriekabel brauchen bei einem geregelten Heimwerker-Ladegerät nicht abgenommen zu werden.
■ Auch die Batteriestopfen können eingeschraubt bleiben. Das sich beim Laden bildende Gas kann durch die Entlüftungsbohrungen in den Stopfen entweichen.
■ Der Ladestrom soll anfangs etwa 10% der Batteriekapazität betragen (z.B. 4,5 A beim 45-Ah-Akku) und sich während der Ladung automatisch verringern.
■ Die Batterie ist voll geladen, wenn ihre Säuredichte innerhalb von zwei Stunden nicht mehr ansteigt.
■ Beim Batterieladen wird das destillierte Wasser teilweise zersetzt. Es bilden sich Gasblasen aus Wasserstoff und Sauerstoff – das hochexplosive Knallgas.
■ Wenn mit hohem Strom geladen wird, für gute Durchlüftung des Raumes sorgen.
■ Beim Laden der Batterie in deren Nähe nicht rauchen und kein offenes Feuer verwenden.
■ Auch Funken beim Ab- oder Anklemmen des Laders bzw. der Batteriekabel können das Knallgas entzünden.

Schnelladung der Batterie

Wer es eilig hat, kann seine Batterie bei einer Tankstelle oder Werkstatt schnelladen lassen. Dabei wird mit mindestens 40 Ampere geladen, und bereits nach einer Stunde ist die Batterie wieder voll. Dabei müssen aber einige Punkte beachtet werden.

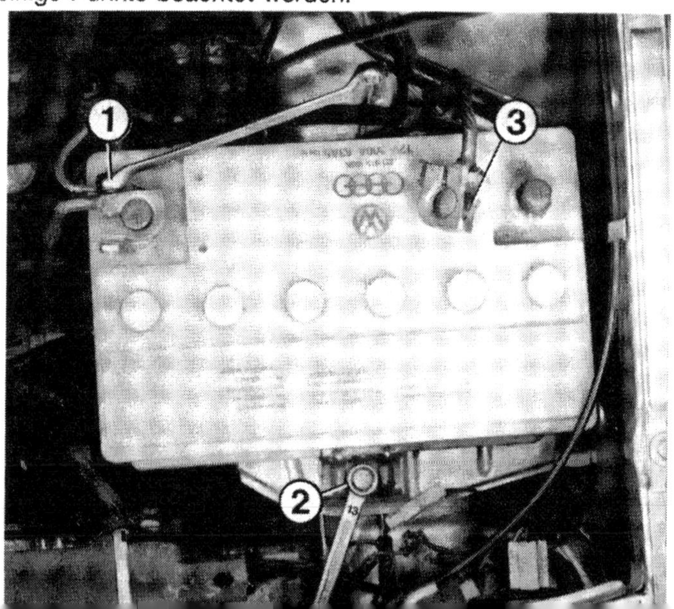

Zum Ausbau der Batterie zuerst das Minuskabel (3) und dann das Pluskabel (1) lösen. Vorn sehen Sie die Schraube (2) der Halteleiste am Batteriefuß.

□ Einem älteren Akku kann die Schnelladung das Leben kosten, dann muß eine ohnehin bald fällige neue Batterie her.
□ Wenn im Fahrzeug geladen wird, müssen beide Batteriekabel abgenommen werden. Durch den hohen Ladestrom können die empfindlichen elektronischen Bauteile im Auto Schaden nehmen.
□ Batterie-Verschlußstopfen herausdrehen und lose in die Öffnungen stecken, da der Akku bei der Schnelladung erheblich »gast«. Bei abgenommenen Stopfen sprüht durch die aufsteigenden und zerplatzenden Gasblasen ein feiner Säurenebel aus der Batterie, der sich rundum niederschlägt. Bei im Wagen eingebauter Batterie zum Schutz der Umgebung eine Plastikfolie oder Zeitung zum Abdecken verwenden.

Start mit leerer Batterie

Nach einer Frostnacht oder durch versehentlich eingeschaltetes Standlicht oder Radio kann es am Strom zum Motorstart fehlen.
Die einfachste Startmethode ist natürlich das Anrollenlassen an einer abschüssigen Straße.

Starthilfekabel

Achten Sie beim Kauf auf die DIN-Norm 72553, die folgende Anforderungen stellt: Der Kabelquerschnitt sollte ohne Isolierung 16 mm² betragen. Die Polzangen müssen kräftig ausgebildet sein und starke Andruckfedern besitzen. Eine Kabellänge von 2,5 m genügt.

■ Hilfsfahrzeug so dicht an den VW heranfahren lassen, daß die Batterien beider Wagen durch die Starthilfekabel miteinander verbunden werden können.
■ Kontrollieren Sie, ob in Ihrem stromlosen Fahrzeug sämtliche Stromverbraucher abgeschaltet sind.
■ Ein Kabel an beide Batterie-Pluspole anklemmen.
■ Anderes Starthilfekabel zuerst am Minuspol der geladenen Fremdbatterie und dann im Motorraum des stromlosen Wagens an blanker Masse (z.B. direkt am Motor) anschließen.
■ Motor des Hilfswagens starten und mit erhöhter Drehzahl laufen lassen, damit die Lichtmaschine kräftig Spannung liefert.
■ Falls Ihr Motor nicht gleich anspringt, zwischendurch eine Abkühlungspause für den Anlasser einlegen. Hilfsmotor weiterlaufen lassen, wodurch die leere Batterie bereits etwas nachgeladen wird.
■ Beim Abklemmen der Starthilfekabel zuerst die Klemme vom Minuspol der geladenen Fremdbatterie abnehmen.

Wagen anschieben

Mit zwei Helfern läßt sich der VW bei gutem Motorzustand anschieben:
■ Zündung einschalten.
■ 1. Gang einlegen. In höheren Gangen wird die Lichtmaschine für kräftige Stromlieferung zu langsam durchgedreht.
■ Kupplung durchtreten, Wagen anschieben lassen, bis er in Schwung ist.
■ Kupplung schnell kommen lassen. Der Motor wird abrupt durchgedreht und müßte anspringen.
■ Sofort Kupplung treten und Gas geben.

Wagen anschleppen

Suchen Sie sich zum Anschleppen einen schlepperfahrenen Helfer aus, damit nicht durch Ungeschick größerer Schaden entsteht. Und denken Sie daran: Bei stehendem Motor arbeitet der Bremskraftverstärker nicht!
■ Zündung einschalten, 2. Gang einlegen und Kupplung treten.
■ Der Zugwagen muß langsam anfahren.
■ Bei etwa 15 km/h die Kupplung langsam kommen lassen, dabei die rechte Hand an den Handbremshebel legen.
■ Ist der Motor angesprungen, Kupplung treten und Gas geben.
■ Handbremse sanft ziehen, damit Sie dem Vordermann nicht ins Heck rollen.
■ Schleppfahrer Hupsignal geben.
■ Gang herausnehmen, Kupplung loslassen.
■ Mit der Handbremse zusammen mit dem Schleppwagen sanft abbremsen.

Fingerzeig: *Bei Fahrzeugen mit Katalysator wird oft vor dem Anrollenlassen, Anschieben oder Anschleppen gewarnt. Bei kaltem Motor ist das aber ungefährlich, weil der Abgasreaktor noch nicht arbeitet. Anders bei heißem Katalysator: Da können beim Schleppen über eine längere Strecke unverbrannte Gemischanteile nachgezündet werden und die Temperatur im Katalysator auf gefährliche Höhen treiben.*

Kraftwerk im Kleinformat

Unter »Lichtmaschine« versteht der Autofahrer den Stromerzeuger unter der Motorhaube, obwohl andere, mindestens genauso wichtige Stromverbraucher ebenfalls mit elektrischer Energie gespeist werden müssen. Bei stehendem Motor besorgt dies die Batterie. Sobald der Motor läuft, tritt der Generator als Stromquelle in Aktion.

Der Drehstrom-Generator

In unseren VW-Modellen sitzt eine Drehstrom-Lichtmaschine, vom Motor über einen Keilriemen in Schwung versetzt. Der Drehstrom-Generator erzeugt Wechselstrom. Da die Batterie mit Gleichstrom geladen werden will, besorgen Halbleiter-Dioden die notwendige Gleichrichtung des Wechelstromes. Die Dioden sind empfindlich gegen zu hohe Spannungen.

Umgang mit dem Drehstrom-Generator

- Bei laufendem Motor darf kein Kabel zwischen Akku und Lichtmaschine gelöst bzw. angeschlossen werden. Dadurch kann die Spannung schlagartig ansteigen (Spannungsspitze) und eine Diode »verheizt« werden.
- Ohne richtig angeschlossene und intakte Batterie darf die Drehstrom-Lichtmaschine nicht laufen. Der Akku dient als Spannungsbegrenzer für den Generator.
- Sämtliche Kabelanschlüsse im Verbund Lichtmaschine–Batterie–Masse müssen ganz fest sitzen. Schon ein Wackelkontakt kann zu Spannungsspitzen führen.
- Beim Schnelladen der Batterie und beim elektrischen Schweißen an der Karosserie müssen beide Kabel vom Akku abgenommen werden.

Lichtmaschinen-Leistung

Im VW sind je nach Motor und eventueller Sonderausstattung Lichtmaschinen mit Leistungen zwischen 45 und 65 Ampere eingebaut. Bei einer maximalen Spannung von 14 Volt sind das zwischen 630 und 910 Watt. Zwei Drittel dieser Leistung werden bereits bei 2000 Lichtmaschinen-Umdrehungen erzeugt. Da der Generator zur Motorkurbelwelle übersetzt ist, dreht er schneller als der Motor. Bei einer Übersetzung von knapp 1 : 2 liegen die ⅔ Leistung bereits bei etwas erhöhter Leerlaufdrehzahl an.
Diese relativ hohe Lichtmaschinenleistung bemerken Sie beim Einschalten von stromanspruchsvollen Verbrauchern. Die Leerlaufdrehzahl fällt ab, weil der Generator beim Laden mehr Leistung aufnimmt.

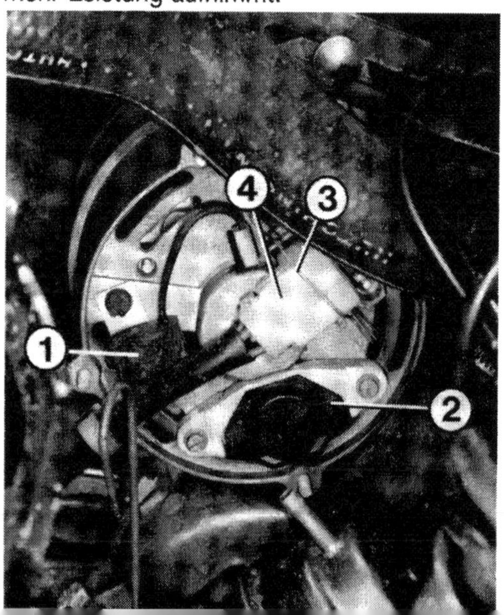

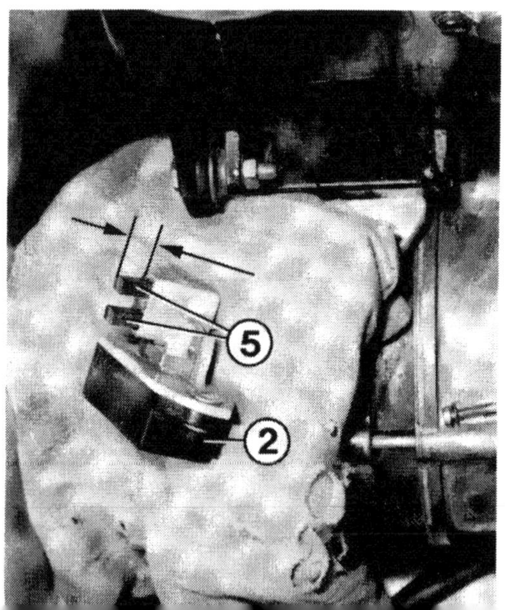

Links: An der Rückseite der Bosch-Lichtmaschine sehen Sie: 1 – Entstörkondensator; 2 – Spannungsregler; 3 – Federklammer des Mehrfachsteckers (4).
Rechts: Zur Kontrolle der Schleifkohlen (5) muß der Regler abgeschraubt werden.

Der Spannungsregler

Je schneller die Lichtmaschine dreht, um so höher steigt die Spannung und damit auch der gelieferte Strom – wie beim Fahrraddynamo. Ein derartiges Auf und Ab ertragen die Stromverbraucher im Auto nicht. Deshalb begrenzt ein am Generator angeschraubter Regler die Spannung und verhindert ein Überladen der Batterie.

Über die Schleifkohlen der Drehstrom-Lichtmaschine fließt nur ein geringer Strom, außerdem laufen die Kohlen auf glatten Schleifringen. Das bewirkt nur geringen Verschleiß; man rechnet mit einer Lebensdauer von mindestens 80 000 km. Die Schleifkohlen sitzen an der Innenseite des Spannungsreglers.

Die Bosch-Lichtmaschine besitzt seit 8/80 einen sogenannten Hybrid-Regler. Er unterscheidet sich durch kompaktere Bauform und längere Schleifkohlen. Dieser Regler paßt nur für die neueren Bosch-Generatoren.

Spannungsregler prüfen

- Voltmeter zwischen Klemme B+ der Lichtmaschine und Masse anklemmen.
- Motor mit 2000/min drehen lassen.
- Die Regulierspannung muß **13,3–14,6 V** betragen.
- Messen Sie eine höhere Ladespannung, ist der Regler defekt und muß ausgetauscht werden.
- Zu niedrige Spannung kann evtl. an abgenutzten Schleifkohlen liegen.

Bosch-Schleifkohlen kontrollieren

- Zwei Halteschrauben am Regler lösen.
- Regler gewissermaßen herausklappen, damit die Kohlebürsten nicht hängenbleiben.
- Überstand der Schleifkohlen messen.
- Sind sie nur noch **5 mm** lang, müssen sie ersetzt werden.

Bosch-Schleifkohlen auswechseln

Die Schleifkohlen sind am Regler mit ihren Anschlußlitzen an einem Halter angelötet. Sie brauchen als Werkzeug daher einen Lötkolben. Die Schleifkohlen sind bis 7/80 10 mm und seit 8/80 12 mm lang.

- Anschlußlitzen auslöten, Kohlen herausziehen.
- Druckfedern von den alten Schleifkohlen abziehen und auf die neuen stecken.
- Anschlußlitzen anlöten.

Motorola-Schleifkohlen kontrollieren

- Beide Halteschrauben des Reglers an der Lichtmaschinen-Rückseite herausdrehen.
- Regler und dahinter sitzenden Schleifkohlenhalter herausziehen.
- Länge der herausragenden Kohlen messen.
- Bei **5 mm** Restlänge sind die Schleifkohlen abgenutzt.
- Die Kohlen können nicht einzeln ausgetauscht werden, sondern nur mit dem Schleifkohlenhalter.

Motorola-Schleifkohlen auswechseln

Die Motorola-Kohlen lassen sich nicht aus ihrem Halter lösen. Der Halter muß komplett mit den Schleifkohlen ausgetauscht werden.

- Anschlußkabel vom Schleifkohlenhalter abschrauben. Der Kabelstecker zum Regler bleibt angeschlossen.
- Stecker der grünen Leitung vom alten Kohlenhalter abziehen und gleich auf den neuen stecken.
- Auf die Steckerfahne an der Anschlußplatte gehört der Stecker des roten Kabels.

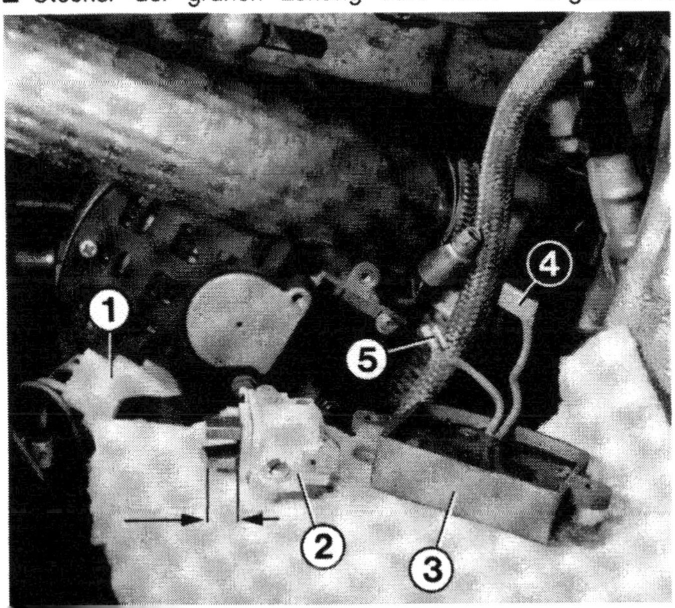

Der Spannungsregler an der Motorola-Lichtmaschine: 1 – Mehrfachstecker des Generators; 2 – Schleifkohlenhalter; 3 – Spannungsregler; 4 – rote D+-Leitung; 5 – grüne DF-Leitung. Die Pfeile deuten die Länge der Schleifkohlen an.

Keilriemenspannung prüfen
Wartung Nr. 16

Der Keilriemen treibt beim Tassenstößelmotor nicht nur den Generator an, sondern auch die Wasserpumpe. Da darf die Kontrolle keinesfalls vergessen werden!

■ Zwischen Kurbelwellen-Keilriemenscheibe und Lichtmaschine den Keilriemen mit kräftigem Fingerdruck eindrücken.

■ Bei richtiger Spannung soll sich ein gelaufener Riemen **5 mm** eindrücken lassen, ein neuer lediglich **2 mm**.

■ Auch bei richtig gespanntem Riemen sollten Sie prüfen, ob die Spannschraube der Lichtmaschine und die Mutter am Schwenkbolzen gut angezogen sind.

Keilriemen spannen

Welche Teile im folgenden Text angesprochen sind, zeigen die Abbildungen auf diesen Seiten. Beim Schlepphebelmotor arbeiten Sie am besten bei hochgebocktem Wagen.

■ Klemmschraube am Spannbügel des Generators sowie die Haltemutter des Schwenkbolzens lösen.

■ Er wird beim Tassenstößelmotor durch die Zahnriemenschutzhaube mit einem Innensechskantschlüssel gegengehalten, während Sie die Mutter am anderen Ende lockern.

■ Unten an der Lichtmaschine einen kräftigen Schraubenzieher oder eine stabile Stange ansetzen.

■ **Schlepphebelmotor:** Generator vom Motor wegziehen.

■ **Tassenstößelmotor:** Lichtmaschine zum Motor hin drücken.

■ **Alle Motoren:** Gleichzeitig mit der anderen Hand die Klemmschraube anziehen.

Fingerzeig: *Nach dem Keilriemenspannen den Motor kurz laufen lassen und die Spannung kontrollieren, ggf. nochmals spannen.*

Keilriemenzustand kontrollieren
Wartung Nr. 15

Keilriemen müssen bei den heutigen leistungsstarken Lichtmaschinen erhebliche Kräfte übertragen. Das ist der Grund, weshalb die Spannung wesentlich strammer eingestellt wird als früher (die Angaben in der Betriebsanleitung sind überholt).

□ Zu geringe Riemenspannung bewirkt neben mangelhafter Leistungsübertragung auf die Lichtmaschine und die Wasserpumpe (Tassenstößelmotor) hohen Riemenschlupf, dadurch steigende Riementemperatur und frühzeitigen Flankenverschleiß.

□ Ist die Spannung so gering, daß bei scharfem Beschleunigen die Kurbelwellen-Riemenscheibe unter dem Keilriemen durchdreht, zeigen sich unregelmäßige Schleifspuren auf den Riemenflanken.

■ Drehen Sie zur Kontrolle des Riemens den Motor einige Male ganz durch.

■ Nur so können Sie wirklich alle Flächen des Keilriemens sehen. Oft hat der Riemen nämlich nur einen einzigen, aber tiefen Riß, der bei der Kontrolle möglicherweise genau auf der Riemenscheibe zu liegen kommt.

■ Einen angerissenen oder ausgefransten Riemen umgehend ersetzen.

Keilriemen abnehmen und montieren

Folgende Riemengröße brauchen Sie für:

□ **Schlepphebelmotor bis 1/80 bzw. ab 8/81: 9,5 × 695**

□ **Schlepphebelmotor von 1/80 bis 7/81: 9,5 × 683**

□ **Tassenstößelmotor: 9,5 × 940**

Bei allen Motoren wird die Keilriemenspannung zwischen den Keilriemenscheiben von Kurbelwelle und Lichtmaschine geprüft.

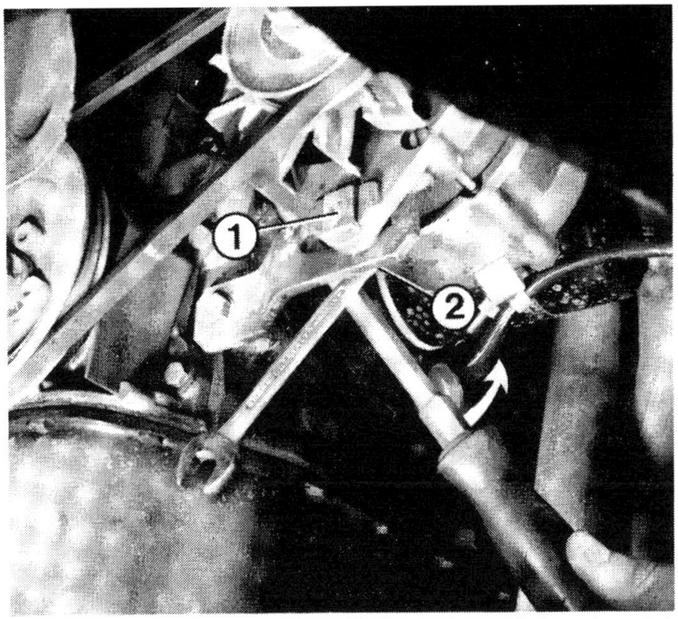

Das Keilriemenspannen beim Schlepphebelmotor von der Wagenunterseite her: Nach Lösen der Klemmschraube (2) des Bolzens (1) und ggf. des Schwenkbolzens zieht man die Lichtmaschine mit dem Hebel in Fahrtrichtung nach vorn (Pfeil).

Ein Keilriemen darf auf keinen Fall mit einem Schraubenzieher o. ä. über die Riemenscheiben »gewürgt« werden, sonst ist der nächste Riemenschaden durch Bruchstellen im Keilriemenunterbau bereits »mit eingebaut«.

- Am Spannbügel der Lichtmaschine die Klemmschraube losdrehen.
- Schwenkbolzen lockern, dazu beim **Tassenstößelmotor** den Bolzenkopf mit einem durch die Zahnriemenabdeckung gesteckten Innensechskantschlüssel gegenhalten.
- Beim **Schlepphebelmotor** Generator zum Motor hin schwenken.
- Keilriemen zuerst von der Kurbelwellen- und dann von der Lichtmaschinen-Riemenscheibe abstreifen.
- Am **Tassenstößelmotor** die Lichtmaschine vom Motor weg schwenken.
- Riemen zuerst aus der Kurbelwellen- oder Wasserpumpen-Riemenscheibe herausheben.
- **Alle Motoren:** Nach dem Einbau Keilriemen auf **2 mm Eindrücktiefe** spannen.

Generator ausbauen

- Minuskabel der Batterie abnehmen.
- Haltebügel des Lichtmaschinen-Mehrfachsteckers zur Seite drücken, Stecker abziehen, dabei nicht an den Kabeln zerren.
- Massekabel am Generatorgehäuse lösen.
- Keilriemen abnehmen.
- Mutter vom Schwenkbolzen der Lichtmaschine abnehmen.
- Schwenkbolzen herausziehen, dabei den Generator festhalten.

Riemenscheibe abnehmen

- Riemenscheibe mit einem Bandschlüssel (Ölfilterschlüssel) festhalten. Andere Werkzeuge beschädigen die Riemenscheibe.
- Mutter von der Achse der Lichtmaschine losdrehen.
- Riemenscheibe und ggf. Lüfterrad abnehmen.
- Beim Einbau die Mutter mit 40 Nm anziehen.

Beim Tassenstößelmotor ist die Klemmschraube (2) und der Schwenkbolzen (1) gelockert. Der Generator wird zum Keilriemenspannen zum Motor hin (Pfeil) gedrückt.

Generatorschäden durch Motoröl

Beim Schlepphebelmotor ist die Zylinderkopfdichtung häufig im Bereich der Stirnseite nicht öldicht. Das hat zur Folge, daß das austretende Öl durch die Lüftungsöffnungen in die Lichtmaschine gelangt. Der Schutzlack auf den Generatorwicklungen verbrennt unter der Einwirkung von Öl und Hitze, die Lichtmaschine wird dauerhaft geschädigt. Wenn der Generator Ihres Motors unter die »Öldusche« geraten ist, kann die folgende Kur helfen. Wenn die Wicklungen schon beschädigt sind, kann der endgültige Ausfall allerdings auch gleich eintreten.

- Regler abschrauben.
- Inneres der Lichtmaschine mit Kaltreiniger einsprühen und mit kräftigem Wasserstrahl sauberspritzen.
- Generator innen mit Druckluft trockenblasen, Schleifringe mit einem Lappen sauberreiben.

Gerissener Keilriemen

Leuchtet plötzlich während der Fahrt die rote Ladekontrolle auf und haben Sie vielleicht gehört, daß im Motorraum kurz etwas gegen das Blech schlug, ist sicher der Keilriemen gerissen. Anhalten und nachsehen! Falls ja, herrschen unterschiedliche Alarmstufen:

□ **Mit dem Schlepphebelmotor können Sie weiterfahren**, wenn die Batterie ausreichend geladen ist. Die Wasserpumpe wird weiterhin angetrieben (vom Zahnriemen, siehe Seite 27).

□ **Mit dem Tassenstößelmotor dürfen Sie auf keinen Fall weiterfahren!** Durch die nun nicht mehr angetriebene Wasserpumpe ist der Kühlmittelkreislauf unterbrochen, siehe Seite 66. Deshalb sofort neuen Keilriemen montieren oder Wagen abschleppen lassen.

Behelfs-Keilriemen

Beim Schlepphebelmotor würden wir keine langwierigen Versuche mit einem Behelfskeilriemen machen, sondern umgehend zur nächsten Wekstatt fahren und dort einen neuen Keilriemen erwerben, falls kein Ersatz an Bord sein sollte.

Anders beim Tassenstößelmotor. Der folgende Tip stammt zwar aus Großvaters Zeiten, aber im Notfall kann er teures Abschleppen ersparen. Als Keilriemenersatz wird ein Damenstrumpf oder -strumpfhosenbein aus Kunstfaser (Nylon, Perlon o. ä.) benötigt, der ruhig Löcher oder Laufmaschen haben darf.

- Strumpf mit aller Gewalt langziehen – keine Angst, er reißt nicht.
- Gedehnten Strumpf so stramm wie irgend möglich über die drei Keilriemenscheiben legen.
- Nochmals strammziehen und die Enden sorgfältig verknoten.
- Überstehende Enden nicht zu kurz abschneiden, damit sich der Knoten nicht wieder löst.
- Wenn vorhanden, zweiten Strumpf zur Verstärkung stramm um die Riemenscheiben schlingen.
- Motor starten und beobachten, ob sich Wasserpumpe und Lichtmaschine einwandfrei mitdrehen.
- Ggf. versuchen, den Strumpf-Keilriemen nachzuspannen.
- Klappt es nicht, den Not-Keilriemen lediglich um die Kurbelwellen- und Wasserpumpen-Riemenscheibe legen – bis zur nächsten Werkstatt kommen Sie auch ohne Lichtmaschine.
- In diesem Fall muß der Strumpf besonders stramm verknotet werden, denn Sie haben keine Nachspannmöglichkeit.

Fahren mit defekter Lichtmaschine

Wenn die Lichtmaschine oder ihr Regler streikt, ist die Weiterfahrt noch nicht gefährdet, denn die Batterie kann hilfreich einspringen.

Bei Tag reicht der Batteriestrom noch eine ganze Weile, obwohl die Zündanlage zum Aufbau eines brauchbaren Zündfunkens eine Mindestspannung benötigt. Von der Batterie zehren weiterhin bei kaltem Motor ggf. die Starterdeckelbeheizung (Seite 87) und evtl. außerdem die elektrische Ansaugrohrbeheizung (Seite 86). Zudem ist der Akku oft nur zu ⅔ geladen. Je nach Batteriekapazität reicht es aber zu mindestens dreieinhalb Stunden Fahrt. Im Winter kommt erschwerend hinzu, daß die Batterie schwächer auf der Brust ist. Außerdem brauchen Sie das Licht schon wesentlich früher. Stromsparen heißt also die Devise:

□ Die Fahrt nicht unnötig unterbrechen. Der Anlasser benötigt besonders viel Strom. Wenn möglich, den Wagen anrollen lassen.

□ Heizbare Heckscheibe, Gebläse und Radio sollten Sie nicht einschalten.

□ Mit dem Scheibenwischer möglichst sparsam umgehen.

□ Nachts ohne Fernlicht und Nebelscheinwerfer fahren.

□ Mehrfachstecker an der Lichtmaschine abziehen, damit sich die Batterie nicht über den defekten Generator oder Spannungsregler in kürzester Zeit entladen kann.

Die Ladekontrolle

□ Die Kontrolleuchte im Armaturenbrett hat zwei Plus-Anschlüsse, und zwar einerseits von der Klemme D+ des Generators (blaues Kabel) und andererseits von Klemme 15 über die Mehrfachsteckverbindung der Leiterfolie hinten am Kombiinstrument vom Zündschloß kommend.
□ Mit Einschalten der Zündung führt Klemme 15 Spannung. Die Lichtmaschine steht aber noch, so daß der spannungslose D+-Kontakt als »Minus« wirkt. Die Kontrollampe leuchtet auf, denn zwischen dem von der Batterie versorgten Bordnetz und dem noch stehenden Generator herrscht eine Spannungsdifferenz.
□ Wird der Motor gestartet und hat die Lichtmaschine ihre Ladedrehzahl erreicht, verbindet der Spannungsregler den Stromerzeuger mit der Bordelektrik. Nun kommt Plusstrom von Klemme 15 und zusätzlich von Klemme D+. Damit besteht keine Spannungsdifferenz mehr, die Ladekontrolle verlöscht. Ob die Batterie von der Lichtmaschine geladen wird, beweist das Verlöschen der Ladekontrolle noch keinesfalls. Es besagt nur, daß zwischen Batterie und Generator keine Spannungsdifferenz mehr besteht.
□ Beim Einschalten der Zündung muß die brennende Ladekontrolle die Drehstrom-Lichtmaschine »vorerregen«. Beim Golf bis 7/80 und allen Scirocco geschieht dies durch den Glühlampenwiderstand der Ladekontrolle. Alle Jetta sowie der Golf seit 8/80 besitzen eine Ladekontrolle mit Leuchtdiode; deren geringer Stromverbrauch nicht zur Vorerregung ausreicht. Deshalb ist parallel zur Ladekontrolle ein Widerstand geschaltet. So kann der Generator schon aus niedrigen Drehzahlen heraus Strom liefern. Allerdings ist die Vorerregung nur beim ersten Anlaufen der Lichtmaschine erforderlich.

Störungsbeistand

Batterie und Lichtmaschine

Die Störung	– ihre Ursache	– ihre Abhilfe
A Rote Ladekontrolle brennt nicht beim Einschalten der Zündung	1 Batterie leer	Mit Starthilfekabeln starten oder Wagen anschleppen
	2 Batteriekabel gebrochen, Kabelklemmen lose oder oxidiert	Batteriekabel und -klemmen kontrollieren
	3 Glühlampe bzw. Leuchtdiode oder deren Vorwiderstand defekt	Ersetzen
	4 Kabelweg zwischen Zündschloß, Kontrolleuchte und Lichtmaschine unterbrochen	Stromweg mit Prüflampe kontrollieren
	5 Massekabel zwischen Lichtmaschine und Motorblock gebrochen	Kabel kontrollieren
	6 Schleifkohlen abgenutzt	Schleifkohlen erneuern
	7 Spannungsregler defekt	Regler austauschen
	8 Lichtmaschine schadhaft	Lichtmaschine instand setzen lassen
	9 Nach zu heftiger Motorwäsche: Eingedrungene Feuchtigkeit hat einen isolierenden Schmierfilm zwischen den Schleifringen und Kohlen gebildet	Lichtmaschine mit Druckluft ausblasen oder Schleifringe und Kohlen sauberreiben
B Ladekontrolle brennt oder glimmt bei laufendem Motor	1 Keilriemen lose	Riemen spannen
	2 Mangelnder Kontakt an Kabelanschlüssen oder unterbrochene Kabel	Kabelanschlüsse und Kabel prüfen
	3 Siehe A 6, 7 und 8	
C Batterieoberfläche feucht	1 Batterie überfüllt	Zuviel eingefülltes destilliertes Wasser durch Überladen herausgasen. Keine Säure absaugen
	2 Batterieverschlüsse verstopft	Entlüftungslöcher säubern
	3 Siehe A 7	
D Batterie gast stark	Siehe A 7	

Startaufstellung

Was der Großvater an seinem Automobil durch kräftezehrendes Ankurbeln bewerkstelligen mußte, erledigt heute ein kleiner Elektromotor für uns.

Die Bauart

Beim »Schub-Schraubtrieb-Starter« im VW bewirkt der Zündschlüsseldreh folgendes:
□ Die Klemme 50 am Zündschloß liefert Spannung an den oben auf dem Anlasser sitzenden Magnetschalter.
□ Dadurch schiebt ein Einrückhebel das Zahnritzel des Anlassers auf einem Steilgewinde der Ankerwelle in den Zahnkranz des Motor-Schwungrades.
□ Beim Eingreifen des Ritzels schaltet der Magnetschalter den vollen, von Klemme 30 kommenden Batteriestrom ein, so daß der Anlasser den Motor erst nach dem Einspuren des Ritzels kräftig durchdreht.
□ Ist der Motor angesprungen, wird das Ritzel aus dem Schwungrad wieder ausgespurt.

Anlasser ausbauen

■ Massekabel an der Batterie abnehmen.
■ **Schlepphebelmotor:** Im Motorraum die Mutter an der oberen Halteschraube des Anlassers lösen.
■ Wagen aufbocken.
■ **Alle Motoren:** Kabel am Anlasser-Magnetschalter abnehmen.
■ **Tassenstößelmotor:** Spannband an der Anlasserhalterung lösen, falls vorhanden.
■ Schraube des Anlasser-Stützbleches losdrehen, falls eingebaut.
■ Stützblech vom Anlasser abschrauben.
■ **Schlepphebelmotor:** Zwei weitere Muttern der Halteschrauben losdrehen.
■ **Tassenstößelmotor:** In Fahrtrichtung links jeweils den Innensechskantkopf der Anlasserhaltebolzen gegenhalten, Muttern losdrehen.
■ **Alle Motoren:** Bolzen des Anlassers herausziehen, dabei Anlasser festhalten.
■ Beim Einbau die Verschraubungen mit 16 Nm anziehen.
■ Anlasser mit Spannbandbefestigung unbedingt wieder mit dem Band montieren, bei Getriebeautomatik mit dem Deckelblech für den Anlasser.
■ Stützblech am Anlasser mit Federscheibe und Unterlegscheibe befestigen, Muttern lediglich von Hand anziehen.
■ Abstützblech am Motor festschrauben.
■ Vor dem Festziehen der Muttern zwischen Stützblech und Anlasser prüfen, ob sich die Gehäuseschrauben des Anlassers innerhalb der Aussparungen im Stützblech frei bewegen können.
■ Falls nicht, ist der Anlasser verspannt. Dann die Löcher nachfeilen.
■ Muttern mit 5 Nm festziehen.

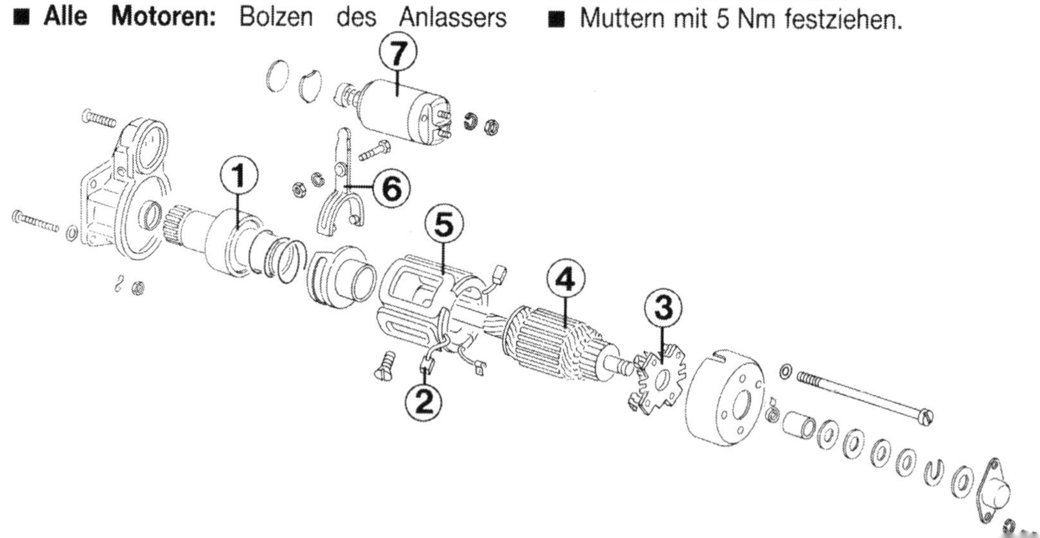

Der zerlegte Anlasser: 1 – Ritzelgetriebe; 2 – Schleifkohlen; 3 – Kohlenhalteplatte; 4 – Anker; 5 – Feldspule; 6 – Einrückhebel; 7 – Magnetschalter.

Magnetschalter ausbauen

■ Anlasser demontieren.
■ Kabel zwischen Magnetschalter und Anlasser lösen.
■ Drei Schlitzschrauben am Halteflansch des Magnetschalters losdrehen.
■ Magnetschalter abziehen und aus dem Einrückhebel aushängen.
■ Beim Einbau den Einrückhebel und den Magnetkern des Magnetschalters mit MoS_2-Fett schmieren.

Anlasser-Schleifkohlen auswechseln

■ Anlasser ausbauen.
■ An der geschlossenen Seite des Anlassers zwei Schlitzschrauben an dem kleinen Lagerdeckel herausdrehen, Deckel abnehmen.
■ Sicherungsscheibe und Einstellscheiben vom Wellenstumpf abnehmen.
■ Beide Muttern am Anlasser-Gehäusedekkel herausdrehen und Deckel abnehmen.
■ Länge der Schleifkohlen an der Halteplatte messen – Mindestlänge: 13 mm.
■ Verbrauchte Kohlen mit einer Zange zerdrücken.
■ Freies Ende der Kupferlitze blank kratzen.
■ Litze in die Bohrung der neuen Kohlebürste stecken, und mit einem Körner das Litzenende etwas spreizen.
■ Kohle mit einem Lötkolben mit mindestens 250 Watt Leistung anlöten, dabei die Kabellitze dicht an der Kohle mit einer Flachzange halten, damit kein Lot in der Litze hochsteigt.

Störungsbeistand Anlasser

Nicht immer wird Ihnen unser Störungsbeistand so weit helfen, daß der Anlasser den Motor zum Laufen bringt. Aber Sie können einen Schaltgetriebe-VW immer noch anschieben oder anschleppen lassen, wie auf Seite 177 beschrieben.

Die Störung	– ihre Ursache	– ihre Abhilfe
A Beim Drehen des Zündschlüssels in Startstellung dreht der Anlasser zu langsam oder gar nicht	1 Kontrollampen brennen schwach oder verlöschen	
	a) Batterie entladen	Mit Starthilfekabeln starten
	b) Kabelanschlüsse lose oder oxidiert	Kabelanschlüsse kontrollieren
	c) Anlasser hat Masseschluß	Anlasser überholen lassen
	2 Kontrollampen brennen hell, Klicken aus Richtung Anlasser	Kurz auf den Magnetschalter klopfen.
	Dreht der Anlasser weiterhin nicht:	
	a) Kohlebürsten bzw. deren Anschlüsse im Anlasser gelöst	Kohlebürsten überprüfen
	b) Kontakte im Magnetschalter verschmort	Magnetschalter ersetzen
	c) Anlasserwicklung schadhaft	Anlasser überholen lassen
	3 Kontrollampen brennen hell, keinerlei Geräusche	
	a) Flachstecker der Klemme 50 am Magnetschalter lose	Steckanschluß überprüfen
	b) Klemme-50-Leitung vom Zündschloß zum Magnetschalter unterbrochen	Leitung mit Prüflampe kontrollieren
B Anlasser läuft, ohne den Motor durchzudrehen	1 Ritzel verschmutzt	Ritzel reinigen
	2 Einrückvorrichtung klemmt	Anlasser überholen lassen
	3 Verzahnung des Ritzels, des Motorschwungrads bzw. der Mitnehmerscheibe (bei Getriebeautomatik) beschädigt	Wagen bei eingelegtem Gang ein Stück vorschieben. Erneut starten. Beschädigte Teile ersetzen lassen
C Anlasser läuft weiter, obwohl Zündschlüssel losgelassen wurde	1 Magnetschalter hängt und schaltet nicht ab	Motor sofort abschalten, notfalls Batterie abklemmen. Magnetschalter ersetzen
	2 Zünd-/Anlaßschalter defekt	Zünd-/Anlaßschalter ersetzen
D Ritzel spurt nach Anspringen des Motors nicht aus	1 Rückstellfeder des Einrückhebels lahm oder gebrochen	Motor sofort abschalten. Reparieren lassen
	2 Verzahnung des Ritzels bzw. des Motorschwungrads verschmutzt oder beschädigt	Reinigen bzw. schadhafte Teile ersetzen lassen

Dosierter Blitzschlag

Das von den Kolben angesaugte Kraftstoff/Luft-Gemisch läßt sich ohne einen kräftigen elektrischen Funken nicht entzünden. Das muß im richtigen Moment geschehen sowie unter allen Betriebsbedingungen.

Verschiedene Zündanlagen

□ Alle Vergaser-Motoren im Golf/Jetta waren mit einer herkömmlichen Spulenzündung (Kurzbezeichnung: SZ) ausgerüstet.
□ Eine kontaktlose Transistorzündanlage (kurz: TSZ) kam ausschließlich bei den Scirocco-Modellen ab 8/79 zum Einsatz.
□ Da diese beiden Zündanlagen erhebliche Unterschiede aufweisen, finden Sie im folgenden Text einen Zusatzvermerk an den Überschriften. »Nur SZ« steht dort, wenn es ausschließlich um die Spulenzündung geht; und »nur TSZ« bedeutet, daß hier lediglich die Transistorzündung angesprochen ist. Wo keine Verwechslung möglich ist und an Abschnitten, die beide Zündanlagen behandeln, fehlt der Zusatz.

Die Zündung allgemein

Zur Zündanlage gehört die Zündspule, die für die notwendige Hochspannung sorgt, und der Verteiler, der diese Hochspannung reihum auf die Zündkerzen verteilt.
□ Das Grundprinzip der Zündung besteht darin, daß zunächst der Batteriestrom durch die Primärwicklung der Zündspule fließt.
□ Diese Wicklung besteht aus wenigen Windungen eines dicken Drahtes. Unter der Wirkung des Stromes baut sich um den Eisenkern in der Zündspule ein kräftiges Magnetfeld auf – unsere Zündenergie.
□ Nähert sich der Kolben in seinem Zylinder dem Punkt, da die angesaugte und verdichtete Ladung gezündet werden soll – dem Zündzeitpunkt –, wird der Strom zur Zündspule unterbrochen. Das geschieht je nach Zündsystem auf unterschiedliche Weise.
□ Mit dem Ausschalten des Stromes bricht das Magnetfeld in der Zündspule zusammen. Dabei passiert folgendes: In der Sekundärwicklung aus sehr vielen Windungen eines dünnen Drahtes entsteht ein Hochspannungs-Stromstoß von einigen zigtausend Volt.
□ Diese Zündspannung wird über den Verteiler derjenigen Zündkerze zugeleitet, die in der Zündfolge des Motors gerade an der Reihe ist. Das Gemisch wird entzündet, der Motor dreht weiter. Der Stromkreis wird wieder geschlossen, und das Spiel läuft von neuem ab.

Die Spulenzündung

Bei der herkömmlichen Zündanlage dient zum Ein- und Ausschalten des Stromkreises ein mechanischer Schalter. Er heißt Unterbrecher und sitzt im unteren Teil des Verteilergehäuses. Das Öffnen und Schließen besorgt die vierkantige Nockenbahn der Verteilerwelle.

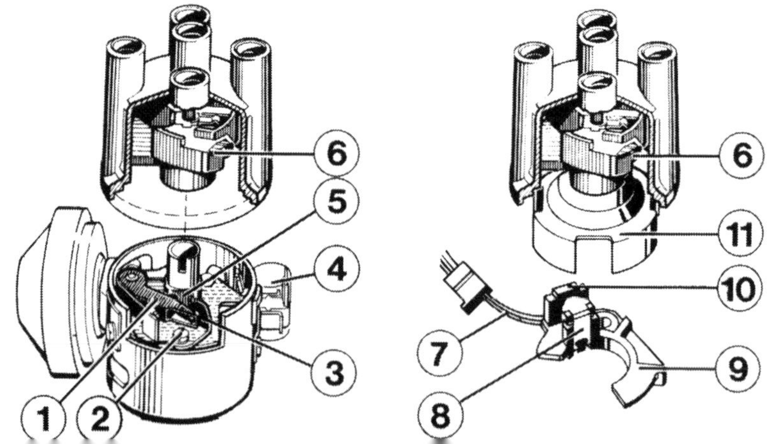

Links der Zündverteiler der herkömmlichen Spulenzündung: 1 – Unterbrecherhammer; 2 – Halteschraube; 3 – Unterbrecheramboß; 4 – Kondensator; 5 – vierkantige Nockenbahn der Verteilerwelle; 6 – Verteilerfinger. Rechts die wichtigsten Teile im Zündverteiler der Transistor-Zündanlage: 7 – elektrische Zuleitung; 8 – Magnet; 9 – Halter; 10 – Hall-IC; 11 – Blendenrotor.

□ Bei geschlossenem Schalter fließt der Strom zur Zündspule.
□ Wenn eine Nocke der Verteilerwelle den Unterbrecherhammer von seinem Gegenkontakt – dem Amboß – abhebt, wird der Stromkreis unterbrochen und der Zündfunke ausgelöst.
□ Die Zündspannung von rund 20000 Volt ist **nicht gefährlich**, weil dabei nur geringe Stromstärken auftreten.

Die Transistorzündung

Kernstück der Transistorzündung ist der »Hallgeber«, bei dem der nach seinem amerikanischen Entdecker E.H. Hall so genannte Hall-Effekt nutzbar gemacht wird. Der Hallgeber haust im Verteilergehäuse und besteht im wesentlichen aus zwei gegenüberliegenden Magneten, die durch einen Luftspalt voneinander getrennt sind. Dazwischen haben wir ein Magnetfeld. Mit dem außensitzenden Magnet ist noch ein elektronisches Bauteil namens »integrierter Schaltkreis« (abgekürzt: IC) verbunden. Das Besondere an diesem IC ist die Hall-Schicht, die vom Zündungs-Schaltgerät mit Spannung versorgt wird.
Anstelle der vierkantigen Nockenbahn auf der Verteilerwelle, die früher den Unterbrecherkontakt geöffnet hat, sitzt auf der Verteilerwelle ein Blendenrotor. Er besitzt vier Aussparungen. Das ganze funktioniert ähnlich wie eine Lichtschranke bei der automatischen Aufzugstür, nur daß hier anstelle von Licht mit magnetischen Wellen gearbeitet wird. Stehen Sie vor der Tür und unterbrechen den Lichtstrahl, bleibt die Aufzugstür offen. Sobald Sie den Lichtstrahl freigegeben haben, erhält der Türmechanismus den Schließbefehl. Zurück zur Zündung:
□ Steht eine Rotorblende im Magnetfeld, so erhält ein kräftiger Transistor im Schaltgerät das Signal, Batteriestrom durch die Primärwicklung der Zündspule fließen zu lassen.
□ Mit der Drehung der Zündverteilerwelle gibt die Aussparung zwischen zwei Blenden den Luftspalt zwischen den Magneten frei. Das Magnetfeld wird wirksam, und es entsteht eine Spannung. Dadurch kommt an das Schaltgerät der Befehl, den Strom zur Zündspule zu unterbrechen, wodurch der Zündfunke entsteht.
□ Die im Hall-IC entstandene Spannung reicht nicht aus zur Unterbrechung des Primärstroms. Das Spannungssignal wird im Schaltgerät verstärkt.
□ Die Breite der vier Rotorblenden bestimmt, wie lange der Primärstromkreis eingeschaltet wird. In dieser »Schließzeit« dreht der Motor eine bestimmte Zahl von Winkelgraden weiter – man nennt das den Schließwinkel. Die Gesamtbreite der Blende entspricht dem größtmöglichen Schließwinkel. Aber der wird nicht unbedingt ausgenutzt, sondern für kräftige Zündfunken auch bei hohen Drehzahlen elektronisch dem Bedarf angepaßt.
□ Bei der Transistorzündung liegt die Zündspannung bei etwa 35000 Volt. **Gefährlich** sind aber die ebenfalls auftretenden hohen Stromstärken.

Vorsichts-Maßnahmen im Umgang mit der TSZ

Unsachgemäße Handhabung an der Transistorzündanlage kann das Leben des Betreffenden gefährden, besonders Träger eines Herzschrittmachers. Vom Hallgeber im Zündverteiler können Spannungen bis zu 100 Volt mit hoher Stromstärke erzeugt werden. Auch die Zündspannung ist fast doppelt so hoch wie bei einer herkömmlichen Zündanlage. Abgesehen davon können Bauteile der Zündanlage Schaden erleiden.
□ Sämtliche elektrischen Leitungen – auch Anschlüsse von Prüfgeräten – nur bei ausgeschalteter Zündung an- bzw. abklemmen.
□ Soll der Motor vom Anlasser lediglich durchgedreht werden ohne anzuspringen, muß die Zündung lahmgelegt werden, siehe nächsten Abschnitt.
□ Zur Motorwäsche darf der Motor nicht laufen, und die Zündung muß ausgeschaltet sein.
□ Zur Starthilfe bei leerer Batterie mit einem Schnellader darf dieser höchstens eine Minute lang angeschlossen sein und die Spannung nicht mehr als 16,5 Volt betragen.

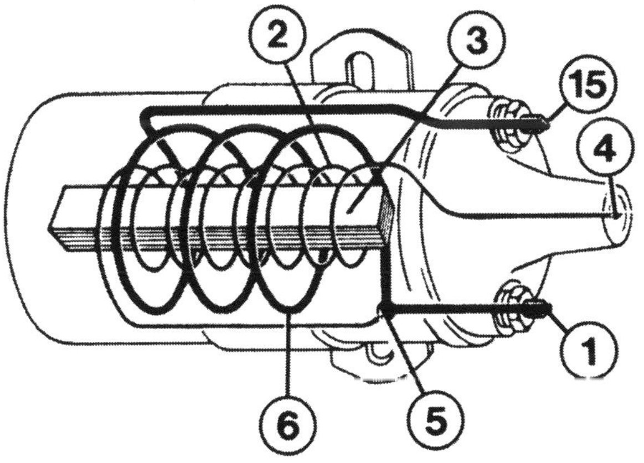

Diese schematische Darstellung der Zündspule zeigt deren Verbindung zum Zündschloß über Klemme 15, den Kontakt zum Zündverteiler über Klemme 1, den Hochspannungsanschluß Klemme 4 sowie außerdem: 2 – Sekundärwicklung; 3 – lamellierter Eisenkern; 5 – gemeinsamer Wicklungsanschluß; 6 – Primärwicklung.

☐ Bei einem bestehenden oder vermuteten Defekt an der Zündanlage zum Abschleppen des Fahrzeugs den Stecker am Zündungs-Schaltgerät abziehen.
☐ An Klemme 1/– der Zündspule keinen Kondensator anschließen.
☐ Zündverteilerläufer nicht gegen einen beliebigen austauschen, er hat einen Widerstand von 1 kΩ und die Kennzeichnung »R 1«.
☐ An den dicken Zündkabeln nur Widerstände mit 1 kΩ und Kerzenstecker mit einem Widerstand von 1–5 kΩ verwenden.
☐ Zum elektrischen Schweißen am Fahrzeug beide Kabel an der Batterie abklemmen.

Zündung lahmlegen

Das Schaltgerät der Zündanlage erleidet unweigerlich Schaden, wenn der Motor bei abgezogenem Hauptzündkabel vom Anlasser durchgedreht wird. Deshalb muß zu bestimmten Arbeiten die Zündung lahmgelegt werden.

■ Hauptzündkabel – bei ausgeschalteter Zündung – aus dem Verteilerdeckel ziehen.
■ An der Klemme des Zündkabels die Polzange eines Starthilfekabels anklemmen.
■ Andere Polzange des Starthilfekabels fest am Motorblock oder Getriebe (»Masse«) anklemmen.

Störungssuche an der Zündanlage

Wer einem Fehler in der Zündanlage auf die Spur kommen will, muß ganz systematisch vorgehen. Die genaue Überprüfung der nachfolgend genannten Bauteile ist im weiteren Verlauf des Zündungskapitels beschrieben.

Zuerst die Sichtprüfung

☐ Sitzen die Kabelanschlüsse und Steckkontakte an Zündspule, Verteiler, Schaltgerät der TSZ bzw. der Digitalen Leerlauf-Stabilisierung (Seite 199) und der Vielfachstecker »C« an der Zentralelektrik fest?
☐ Zeigen sich am Gehäuse der Zündspule Risse, Brandspuren von überschlagenden Funken, oder ist die teerartige Vergußmasse ausgelaufen?
☐ Zeigt die Verteilerkappe Schäden (Seite 192)?
☐ Kontrollieren Sie den festen Sitz und den Zustand der Haupt- und der Kerzenzündkabel (Seite 202). Bei einem Fahrzeug mit Transistorzündung kann es durch die hohen Spannungen häufiger zu Kriechströmen und Funkenüberschlägen kommen als bei der Spulenzündung.

Zündstrom vorhanden?

■ **Spulenzündung:** Hauptzündkabel aus der Mittelbuchse des Zündverteilers ziehen und blankes Kabelende in eine Plastik- oder Holzwäscheklammer stecken.
■ Zündkabel mit 10 mm Abstand gegen den Motorblock halten, Motor von Helfer starten lassen.
■ **Transistorzündung:** Einen Kerzenstecker abziehen, Zündkerze herausschrauben.
■ Stecker wieder auf die Zündkerze stecken und diese so auf dem Motorblock ablegen, daß sie einwandfreien Massekontakt hat.
■ Motor von Helfer durchdrehen lassen.
■ **Beide Zündanlagen:** Springen kräftige Funken am Kabelende bzw. an der Kerzenelektrode über, ist Zündstrom vorhanden.
■ Springen keine Funken über, muß nach folgender Anleitung weiter geprüft werden.

Spannungsversorgung Zündanlage

Neben einem Totalausfall der Zündanlage durch fehlende Spannung kann auch zu geringe Versorgungsspannung erhebliche Störungen bewirken. Deshalb ein Voltmeter verwenden.

■ Meßgerät zwischen Klemme 15 der Zündspule und Masse anschließen.
■ Liegen ca. 8,5 Volt (SZ) bzw. ca. 11,5 V (TSZ) an, siehe übernächsten Abschnitt.
■ Messen Sie gar keine Spannung oder weniger als die genannten Werte, liegt der Fehler im Kabelweg zum Zündschloß.

Fehlerquellen

☐ Unterbrechung zwischen Kontakt C 15 der Zentralelektrik und der Vorwiderstandsleitung (nur SZ) bzw. der Spannungsversorgungsleitung zur Zündspule
☐ Unterbrochene Umgehungsleitung des Vorwiderstandskabels (nur SZ, siehe rechte Seite)
☐ Leitungsunterbrechung zwischen Zündschloß und Zentralelektrik
☐ Unterbrechung in der Zentralelektrik
☐ Zündschloßkontakt 15 oder 30 defekt (Seite 231)

Fingerzeig: *Zündstörungen können bei der Spulenzündung auch von Bauteilen verursacht werden, die an Klemme 15 zusätzlich angeschlossen wurden, wie Entstörfilter, Entstörkondensatoren oder Zubehör.*

Primär-stromkreis Spulenzündung

■ Zur Kurzprüfung des Primärstromkreises eine Prüflampe an Klemme 1 der Zündspule und den Minuspol der Batterie anschließen.
■ Zündung einschalten.
■ Bei geschlossenem Unterbrecher bleibt die Lampe dunkel.
■ Wenn Sie jetzt den Motor weiterdrehen, öffnet der Unterbrecher, und die Prüflampe muß aufleuchten. Damit ist der Primärstromkreis in Ordnung.
■ Falls die Prüflampe bei abgehobenem Unterbrecher dunkel bleibt:
■ Lampe zwischen Batterie-Plus und Klemme 1 anklemmen.
■ Motor durchdrehen (lassen). Die Lampe muß bei regelmäßig aufleuchten und verlöschen. Wenn nicht, kommen die nachfolgend genannten Fehlerquellen in Betracht.

Fehlerquellen

□ Unterbrecher (Einstellung, Zustand, Masseschluß, siehe Seite 193)
□ Kondensator (Masseschluß, siehe Seite 192)
□ Verteiler (Leitungsdefekt außen oder innen)
□ Radio-Entstörfilter (Unterbrechung)

Transistor-zündung

Beachten Sie, daß Meß- und Prüfgeräte nur bei ausgeschalteter Zündung an- und abgeklemmt werden dürfen.
■ Zündspulenspannung zwischen Klemme 1 und Batterie-Plus messen.
■ Als nächstes prüfen wir folgende Teile: Geberleitung zum Schaltgerät, Schaltgerät, Zündspule und die gesamte Verkabelung (mit Ausnahme der Spannungsversorgungs- und Masseleitung des Hallgebers).
■ Dazu am Verteiler den Dreifachstecker des Hallgebers abziehen (Fingerzeig Seite 196 beachten).
■ Im Stecker den Kontakt des weiß/grünen Kabels mit einem Nagel oder passenden Splint verlängern.
■ Kabel der Klemme 4 aus dem Verteilerdeckel herausziehen und mit einer isolierten Zange dicht an Masse halten. Dicht deshalb, weil bei zu weitem Abstand ein so großer Funkenüberschlag entstehen kann, daß das Zündschaltgerät Schaden nimmt.
■ Zündung einschalten.
■ Mit dem Nagel oder Dorn kurz an Masse tippen. Am Zündkabel muß jetzt ein Funke überspringen.
■ Wenn ja, Kabel und Stecker wieder einstecken.
■ Zuletzt wird der Hallgeber überprüft, siehe Seite 196.

Weitere Fehlerursachen

Wenn der Zündfunke von der Zündspule erzeugt wurde, aber am letzten Glied der Kette – der Zündkerze – nicht ankommt, muß der weitere Verlauf überprüft werden:
□ Zündkabel (Seite 202)
□ Entstörstecker an Zündspule und Verteiler (Seite 202)
□ Verteilerdeckel (Seite 192)
□ Verteilerfinger (Seite 192)
□ Zündkerzenstecker (Seite 202)
□ Zündkerzen (Seite 203)

Die Zündspule

Wie die Zündspule prinzipiell funktioniert, haben wir zu Beginn des Kapitels beschrieben.
□ Ihren Primärstrom erhält sie an Klemme 15.
□ Über die Primärwicklung der Zündspule gelangt die Spannung von deren Klemme 1/– zum Unterbrecher der Spulenzündung bzw. zum Schaltgerät der Transistorzündung. An Klemme 1 ist auch der Drehzahlmesser angeschlossen, siehe Seite 222.
□ Die Zündspannung von 20000 Volt bzw. bei TSZ 35000 Volt kommt aus der mittleren Klemme 4 der Spule und wird über das Hauptzündkabel zum Verteilerdeckel weitergeleitet.
□ Die Zündspulen für normale Batteriezündung und Transistorzündung sind völlig unterschiedlich in ihren technischen Daten – nicht verwechseln.

Der Zündspulen-Vorwiderstand
(nur SZ)

Bei einem VW mit herkömmlicher Zündanlage trägt die Zündspule die Bosch-Kennzeichnung »KW 12 V«, wobei das »W« auf den Widerstand hinweist, der dieser Zündspule vorgeschaltet werden muß. Sie ist nämlich nur auf eine Spannung von etwa 9 Volt ausgelegt, während die Bordnetzspannung zwischen 12 und 14 Volt liegt. Als Vorwiderstand dient ein 1280 mm langes Spezialkabel aus aufgedrilltem dünnem Draht, das vom Klemme-15-Kontakt in der Zentralelektrik zur Zündspule führt.
Wenn der Anlasser den Motor durchdreht, wobei die Bordspannung auf runde 9 Volt absinkt, wird der Vorwiderstand mit dem Einschalten des Starters überbrückt. Andernfalls würde die

Die im Wagen eingebaute Zündspule mit ihren Normklemmen: 1 – zum Unterbrecher bzw. zum Schaltgerät der Transistorzündung; 4 – hochgespannter Zündstrom; 15 – vom Zündschloß kommender Batteriestrom.

Spannung für einen kräftigen Zündfunken nicht mehr ausreichen. An Klemme 15 der Zündspule finden Sie ein schwarzes Kabel, das mit Klemme 15a des Anlassers verbunden ist. Diese Klemme ist normalerweise »tot«. Wird jedoch der Anlasser gestartet, verbindet der Magnetschalter die Klemme 15a mit Klemme 30 am Anlasser. Damit wird die beim Anlassen reduzierte Batteriespannung von rund 9 Volt unter Umgehung des Vorwiderstands über Klemme 15a direkt an Klemme 15 der Zündspule geleitet. Die Zündspule hat also ihre übliche Arbeitsspannung. Sobald der Anlasser abgeschaltet wird, weil der Motor läuft, wird die Klemme 15a wieder stromlos.

Zündspule und Vorwiderstand der Spulenzündung prüfen

■ **Spannungsprüfung:** An Klemme 1 der Zündspule das grüne Kabel zum Unterbrecher abnehmen, damit der Stromweg über die Unterbrecherkontakte unterbrochen ist.
■ Zündung einschalten.
■ Voltmeter zwischen den Kontakt C 15 an der Zentralelektrik (Anschlußpunkt des weiß/violetten Widerstandskabels) und Masse schalten. Es sollten mindestens 11,5 Volt anliegen.
■ Gleiche Prüfung an Klemme 15/+ der Zündspule; Meßwert etwa 8,5 Volt.
■ Erhält die Zündspule keine Spannung, ist das Vorwiderstandskabel unterbrochen.
■ Messen Sie an beiden Stellen dieselbe Spannung, ist das Kabel durch Kurzschluß überbrückt.
■ Bei der Prüfung an Klemme 1/– der Zündspule sollten 5 Volt gemessen werden.
■ Liegt keine Spannung an, ist die Primärwicklung der Zündspule unterbrochen.
■ Liegt der Meßwert wesentlich höher, herrscht Kurzschlußüberbrückung in der Zündspule.
■ Spule jeweils ersetzen.
■ Zur **Widerstandmessung** alle Kabel an der Zündspule abziehen und Ohmmeter anschließen.
■ Primärwiderstand zwischen Klemme 1/– und Klemme 15/+: 1,7–2 Ω.
■ Sekundärwiderstand zwischen Klemme 1/– und dem Hochspannungsanschluß Klemme 4: 7–12 kΩ.
■ Lassen die Messungen keinen Fehler erkennen, kann es am Kondensator liegen, siehe Seite 192.
■ Beim Anschließen der Kabel an die Zündspule das Kabel zum Unterbrecher nicht vergessen.

Scheinwerferlampe als Vorwiderstands-Ersatz
(nur SZ)

Falls das Vorwiderstandskabel defekt ist, dürfen Sie die Zündspule nicht einfach an die 12–14 Volt Bordspannung direkt anschließen. Die mit Überspannung betriebene Spule kann nach kurzer Zeit regelrecht explodieren! Als Notbehelf kann unterwegs aber eine Scheinwerferlampe dienen, bei der beide Lampenfäden intakt sein müssen.
■ Ein Hilfskabel zwischen den Kontakt C 15 der Zentralelektrik (Anschluß des Widerstandskabels) und die Masse-Kontaktzunge der Glühlampe anschließen.
■ Mit einem weiteren Kabel die beiden(!) Kontaktzungen für den Fern- und Abblendlichtfaden verbinden und das Kabel an Klemme 15/+ der Zündspule legen.
■ Die somit »parallel geschalteten« Leuchtfäden haben zwar einen um 0,3 Ω höheren Widerstand als das Widerstandskabel, aber es funktioniert.

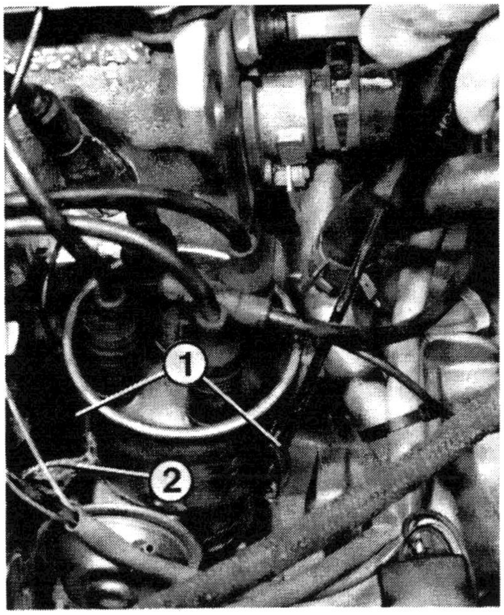

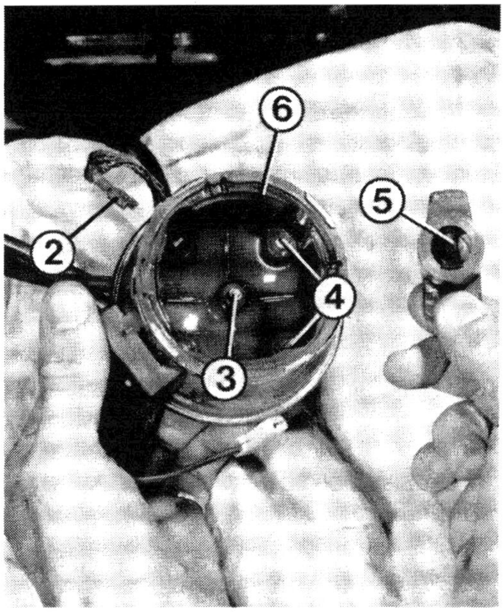

Links: Zwei Haltespangen (1) halten den Verteilerdeckel auf dem Unterteil. Bei einem Fahrzeug mit Radio ist zusätzlich ein Massekabel (2) eingesteckt.
Rechts sehen Sie am abgenommenen Verteilerdekkel (6): 2 – Massekabel; 3 – Kontaktkohle; 4 – Kontaktstifte; 5 – Rastnase des Verteilerfingers.

Zündspule der TSZ prüfen

■ **Spannungsprüfung** zwischen Klemme 1 und Masse: Sofort nach Einschalten der Zündung liegen ca. 6,6 Volt an.

■ Nach 1–2 Sekunden steigt die Spannung auf ca. 12 V an. Das ist die Sicherheitsschaltung, damit sich die Zündspule bei lang eingeschalteter Zündung nicht aufheizen kann.

■ Falls an Klemme 1 sofort 12 Volt anliegen, Steckverbindungen zum Schaltgerät überprüfen.

■ Zur **Widerstandsmessung** alle Leitungen an der Zündspule bei ausgeschalteter Zündung abziehen.

■ Mit einem Ohmmeter mit Meßbereichen von 0–1 Ω und 1–5 kΩ Widerstand zwischen Zündspulenklemme 1/– und 15/+ messen. Sollwert: 0,52–0,76 Ω.

■ Der Meßwert zwischen Klemme 1/– und 4 (Steckbuchse des Hauptzündkabels) muß 2,4–3,5 kΩ betragen.

■ Mit diesen Messungen läßt sich ein Windungsschluß in der Zündspule allerdings nicht erkennen.

■ Fehlt es an der Zündspannung, obwohl das Schaltgerät und der Hallgeber in Ordnung sind (siehe Prüfpunkte auf Seite 195 und 196), muß die Zündspule ersetzt werden.

Der Zündverteiler

Dieses Teil der Zündanlage erfüllt wesentlich mehr Funktionen, als man seinem Namen entnehmen kann.

□ Im Oberteil liefert der sich drehende Verteilerfinger den hochgespannten Strom an die einzelnen Zündkerzen.

□ Im Verteilerfinger ist bei manchen Motoren ein Drehzahlbegrenzer eingebaut. Er verhindert zu hohe Motordrehzahlen, siehe Seite 31.

□ Darunter hat bei Spulenzündung der Unterbrecher und bei Transistorzündung der Hallgeber seinen Platz.

□ Bei der Spulenzündung sitzt außen am Verteiler der Kondensator des Unterbrechers, siehe nächste Seite.

□ Die Verteilerwelle ist zweigeteilt. Sie ist kombiniert mit der fliehkraftgeregelten mechanischen Zündzeitpunktverstellung, siehe Seite 197.

□ Seitlich am Verteiler ist die Unterdruckdose der Unterdruck-Zündverstellung untergebracht (Seite 197).

Verteiler öffnen

■ Blech-Halteklammern des Deckels mit einem Schraubenzieher abdrücken.

■ Massekabel der evtl. vorhandenen Blechabschirmung abziehen.

■ Verteilerdeckel abnehmen, die Zündkabel bleiben aufgesteckt.

■ Verteilerfinger abziehen, dahinterliegenden Staubschutzdeckel abnehmen.

■ Beim Einbau den Staubschutzdeckel so auflegen, daß seine Haltenase in die Aussparung im Verteilergehäuserand zu liegen kommt.

■ Der Verteilerfinger besitzt eine angegossene Erhebung, die in die Aussparung in der Verteilerwelle einrastet.

■ Auch der Verteilerdeckel besitzt als Verdrehsicherung eine angegossene Nase, die in den Einschnitt im Verteilergehäuse einrasten muß.

Verteilerdeckel und -finger kontrollieren

■ Verteilerdeckel abnehmen. Er muß innen und außen sauber sein, damit keine Strombrücke über Schmutz, Abrieb oder Feuchtigkeit den Zündstrom ableitet.

■ Abbrand an den Kontakten abwischen.

■ Kontaktstellen oxidiert (Grünspan)?

■ Blankschleifen oder kontrollieren, ob ein falscher Verteilerfinger zu weit entfernt an den Kontakten vorbeiläuft.

■ Bleistiftartige Striche im Verteilerdeckel sind Brandspuren von Kriechströmen, die sich über Schmutz oder Feuchtigkeit einen Weg gebahnt und eingebrannt haben.

■ Behelfsmäßige Abhilfe schafft hier Auskratzen mit einem Schraubenzieher oder Messer und Überstreichen mit Alleskleber, Nagellack oder im Notfall auch Lippenstift.

■ Die Kontaktkohle in Deckelmitte muß glatt und glänzend sein, sich leicht einfedern lassen und ohne zu klemmen wieder zurückfedern.

■ Der Verteilerfinger darf an seiner Kontaktzunge und über der Vergußmasse des Entstörwiderstands zwischen Mittenkontakt und der Zunge nicht verschmort sein.

■ Widerstand zwischen Mitten- und Außenkontakt des Verteilerfingers messen: Bei Spulenzündung 4–6 kΩ; bei Transistorzündung (Kennzeichnung »R 1«) 0,6–1,4 kΩ.

■ Zuletzt noch die Kontrolle, ob die Arretierung zum Aufstecken auf der Verteilerwelle abgeschert ist.

Fingerzeig: *Speziell bei TSZ kann es am Verteilerdeckel zu Kriechströmen bzw. Spannungsdurchschlägen zwischen den Zündkabeln und der runden Blechabschirmung kommen. Behelf unterwegs: Blechabschirmung ganz abnehmen.*

Verteiler ausbauen

■ Zylinder 1 auf Zündzeitpunkt stellen, siehe Seite 32.

■ Verteilerdeckel abnehmen.

■ **Schlepphebelmotor:** Zwei Halteschrauben am Zündverteilerfuß (Bild links unten auf Seite 201) losdrehen, Verteiler abnehmen.

■ **Tassenstößelmotor:** Schraube an der Halteklemme des Verteilers (Seite 201) losdrehen, Zündverteiler nach oben abziehen.

■ Zum **Einbau** Motor ggf. drehen:

■ **Schlepphebelmotor:** Die Kerbe auf der Kurbelwellen-Keilriemenscheibe muß an der Kante des in Fahrtrichtung vorderen Teils des Markierungsbleches an der Motorstirnseite stehen, siehe Seite 202.

■ Der Verteiler läßt sich nur in einer Stellung einsetzen.

■ **Tassenstößelmotor:** Das »O« auf der Schwungscheibe muß gegenüber dem Pfeil im Schauloch stehen (Zeichnungen Seite 201). Gleichzeitig muß im Einsteckloch für den Zündverteiler der Aufnahmezapfen der Ölpumpenwelle parallel zur Kurbelwelle stehen.

■ Die Körnermarkierung an der Rückseite des Nockenwellen-Zahnriemenrades muß in Höhe der Zylinderkopfdeckeldichtung stehen, wie im Bild Seite 40 unten links gezeigt.

■ Verteilerwelle so drehen, daß der Verteilerfinger zur Marke im Verteilergehäuserand zeigt. Verteiler einsetzen.

■ **Alle Motoren:** Zündung einstellen, siehe Seite 200.

Der Unterbrecher
(nur SZ)

Der Unterbrecher sitzt ziemlich zugebaut im Verteiler. Um ihn erkennen können, müssen Sie erst einmal den Verteiler öffnen, siehe Vorseite. Beim Schlepphebelmotor ist der Unterbrecher dann immer noch teilweise durch den Lagerdeckel verdeckt. Hammer und Amboß des Unterbrechers sitzen gegen Masse isoliert auf einer gemeinsamen Halteplatte. Die Aufgabe des Unterbrechers haben wir bereits auf Seite 186 unter »Die Zündung allgemein« besprochen.

Der Kondensator
(nur SZ)

Außen am Verteiler sitzt ein silberfarbener kleiner Metallzylinder – der Kondensator. Er ist mit Klemme 1 der Zündspule verbunden. Seine Aufgabe ist es, den beim Öffnen der Unterbrecherkontakte entstehenden Funken so weit als möglich zu unterdrücken. Er ist also ein sogenannter Funkenlösch-Kondensator.

Kondensator prüfen

Schwache oder gar keine Zündfunken bzw. stark verschmorte Unterbrecherkontakte, die noch nicht lange im Betrieb sind, können vom Kondensator verursacht sein. Behelfsmäßige Prüfung:

■ Verteiler öffnen.

■ Motor von Helfer mit dem Anlasser durchdrehen lassen.

■ Springen zwischen den Unterbrecherkontakten starke Funken über, dürfte der Kondensator defekt sein.

■ Von Klemme 1 der Zündspule das grüne Kabel abziehen. Prüflampe zwischen dieses Kabel und die Klemme 1 an der Spule anklemmen.

■ Motor mit dem Anlasser von Helfer durchdrehen lassen.

■ Der Kondensator hat zumindest keinen Kurzschluß, wenn die Lampe jetzt regelmäßig aufleuchtet und verlöscht.
■ Eine weitergehende Überprüfung des Kondensators ist für den Heimwerker nicht möglich. Allerdings lohnt sich langes Prüfen ohnehin nicht. Ein neuer Kondensator kostet nicht viel.

Unterbrecherkontakte prüfen

(nur SZ)
Wartung Nr. 19

Das ständige Öffnen und Schließen des Stromkreises bewirkt unvermeidbar Verschleiß an den Kontakten des Unterbrechers durch Abbrand, Verschmoren und Metallwanderung.
Der Wartungsplan sieht den Wechsel der Kontakte bei jedem Regel Service vor. Sie halten jedoch bei intakter Zündanlage auch doppelt so lange. Deshalb wird der sparsame Heimwerker die Kontaktflächen erst einmal prüfend mustern. Dazu muß der Verteiler geöffnet werden.
Das Aussehen der Kontaktflächen des Unterbrechers bedeutet:
□ **Silberartig, wie hell poliert:** Zündanlage in Ordnung.
□ **Starke Höcker- und Kraterbildung an den Kontaktflächen:** Kontakte abgenutzt.
□ **Grauer Überzug an den Kontaktflächen:** Oxidation durch zu geringen Kontaktabstand, zu schwache Feder oder klemmenden Unterbrecherhebel.
□ **Blau angelaufen:** Zündspule oder Kondensator defekt.
□ **Schwarze Verkrustungen:** Öl, Fett oder Schmutz auf die Kontakte geraten.

Unterbrecherkontakte säubern

■ Verkrustete oder verschmutzte Kontakte mit einem scharfkantigen Schraubenzieher oder Taschenmesser blank schaben. Keine Feile oder Schmirgelleinen verwenden.
■ Wattestäbchen in Tetrachlorkohlenstoff (als Reinigungsmittel in der Drogerie erhältlich) tauchen und die Kontakte damit abwischen.

Fehlersuche an den Unterbrecherkontakten

Wenn die Unterbrecherkontakte als Ursache für einen Zünddefekt vermutet werden, prüfen Sie folgendes:
□ Halteschraube lose, so daß sich der Kontaktabstand verstellt hat?
□ Isolierende Schmutz- oder Fettschicht zwischen den Kontaktflächen?
□ Gleitstück am Unterbrecherhammer abgebrochen?
□ Amboßwinkel abgebrochen?
□ Unterbrecher mit Prüflampe auf Kurzschlußüberbrückung prüfen.
□ Masseschluß des Kabels zum Unterbrecher?
□ Masseband zur Unterbrecherplatte gebrochen?
□ Falls keine dieser Möglichkeiten zutraf, könnte auch eine Leitung außen am Verteiler unterbrochen sein.

Unterbrecherkontakte austauschen

(nur SZ)

Sind die alten Kontakte blau angelaufen oder verschmort, genügt das Auswechseln allein nicht. Der Kondensator oder die Zündspule müssen überprüft werden.
■ Verteiler öffnen.
■ Beim Schlepphebelmotor den Lagerdeckel (Nr. 5 im Bild unten) abschrauben.
■ Kabelstecker des Verbindungskabels zum Unterbrecher innen am Verteiler abziehen.
■ Halteschraube der Unterbrecherplatte herausnehmen, Kontaktsatz herausnehmen.
■ Lagerwelle des Unterbrecherhebels mit einem Tropfen Motoröl schmieren.
■ Verteilerwelle abreiben und die vierkantige

Der Verteiler des Schlepphebelmotors mit abgenommenem Deckel (1): 2 – Schutzkappe; 3 – Unterbrecherkontakte; 4 – Verteilerfinger; 5 – Lagerdeckel; 6 – Unterdruckdose für die Zündverstellung; 7 – Unterbrecherhammer; 8 – Verteilerwelle; 9 – Kondensator.

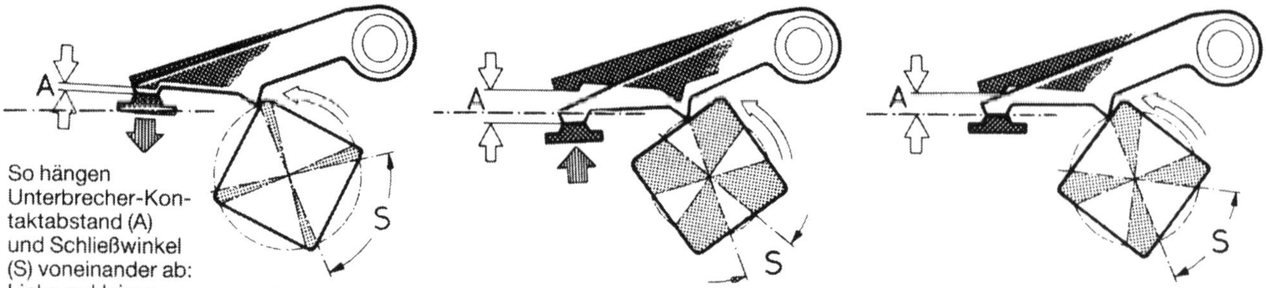

So hängen Unterbrecher-Kontaktabstand (A) und Schließwinkel (S) voneinander ab: Links zu kleiner Abstand, zu großer Schließwinkel; in der Mitte zu großer Abstand, zu geringer Winkel; rechts richtige Einstellung.

Nockenbahn mit einer dünnen Schicht Bosch-Fett Ft 1 v 4 bestreichen.

■ Am Unterbrechergleitstück an der zur Lagerwelle hin zeigenden Seite eine stecknadelkopfgroße Menge desselben Fettes auftragen.

■ Neue Kontaktplatte so einbauen, daß der Zapfen an der Unterseite in die Bohrung der Verteilergrundplatte einrastet.

■ Nach Montage des Lagerdeckels Schließwinkel (siehe unten) und Zündzeitpunkt einstellen (Seite 200).

Unterbrecher-Kontaktabstand und Schließwinkel
(nur SZ)

Wenn Sie den Motor bei offenem Verteiler von einem Helfer mit dem Anlasser durchdrehen lassen, können Sie beobachten, wie jede Nocke der Verteilerwelle den Unterbrecherhammer vom Amboß abhebt. Wie lange die beiden Unterbrecherkontaktflächen zwischen den einzelnen Nocken geöffnet und geschlossen sind, hängt vom Abstand der Unterbrecherkontakte ab:

☐ Ist der Abstand bei voller Kontaktöffnung nur gering, bleiben die Unterbrecherkontakte bis zum nächsten Abheben verhaltnismäßig lange geschlossen.

☐ Bei großem Kontaktabstand werden die Kontakte dagegen schon nach relativ kurzer Zeit wieder geöffnet.

Den Winkel, um den sich die Verteilerwelle mit ihren Nocken vom Beginn bis zum Ende der »Schließzeit« dreht, nennt man den Schließwinkel.

Schließwinkel prüfen
(nur SZ)
Wartung Nr. 21

■ Schließwinkeltester anschließen.

■ Motor starten und Meßwert bei Leerlaufdrehzahl ablesen – er muß **44–50**° bzw. **50–56%** betragen.

■ Motordrehzahl auf 2000/min erhöhen. Der Meßwert darf sich nicht verändern, da Kontaktabstand und Schließwinkel theoretisch über den ganzen Drehzahlbereich des Motors gleich bleiben.

■ Unterschiedliche Meßergebnisse weisen auf einen verschlissenen Verteiler hin.

■ Zur Schließwinkelkorrektur Verteiler öffnen. Beim Schlepphebelmotor darf der Lagerdeckel im Verteiler (Nr. 3 im Bild unten links) nicht abgenommen werden.

■ Halteschraube der Unterbrechergrundplatte etwas lockern.

■ Schraubenzieherklinge zwischen die beiden »Warzen« und die Kerbe stecken, siehe Abbildungen unten.

■ Motor von einem Helfer mit dem Anlasser durchdrehen lassen.

■ Grundplatte des Kontaktsatzes so lange verdrehen, bis der Schließwinkel auf etwa **47**° **oder 53%** eingestellt ist.

■ **Neue Kontakte** auf **44**° **oder 50%** einstellen, denn durch unvermeidlichen Abrieb am Gleitstück des Unterbrecherhebels wird der Schließwinkel mit der Zeit größer.

■ Sicherheitshalber nochmals den Schließwinkel im Leerlauf und bei 2000/min messen.

■ Nach der Korrektur des Schließwinkels muß die Zündeinstellung überprüft werden (Seite 200).

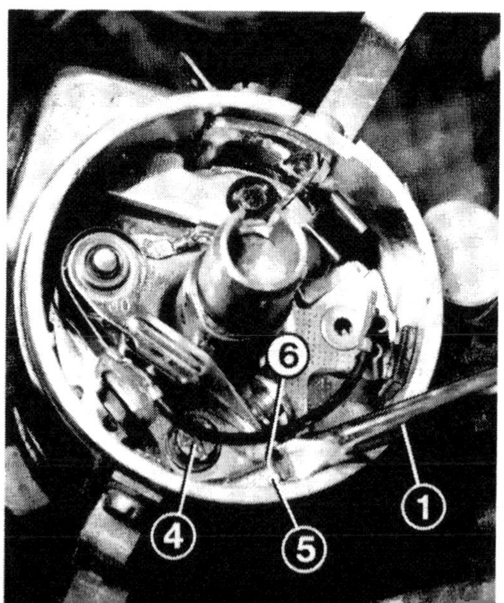

Zum Einstellen des Schließwinkels ist der Schraubenzieher (1) zwischen die Einstellwarzen (5) und die Kerbe (6) an der Unterbrecher-Grundplatte angesetzt. Die Halteschraube (4) muß gelockert werden. Beim Schlepphebelmotor darf der Lagerdeckel (3) der Verteilerwelle (2) zur Einstellung nicht abgeschraubt sein.

Kontaktabstand behelfsmäßig einstellen (nur SZ)

Ohne Schließwinkeltester mißt man den Abstand der Unterbrecherkontakte. Das ist aber nur bei neuen, ebenen Kontakten genau. Bei älteren Unterbrecherkontakten mit Höcker- und Kraterbildung an den Kontaktflächen die Fühlerblattlehre nur an den Rand der Kontakte halten.

■ Verteiler öffnen.

■ Motor so drehen, daß eine Verteilerwellennocke den Unterbrecherhebel voll abhebt.

■ In dieser Stellung muß sich das 0,4-mm-Fühlerblatt ohne großen Widerstand, aber auch nicht zu leicht durchschieben lassen.

■ Stimmt der Abstand nicht, Halteschraube der Unterbrechergrundplatte lockern.

■ Schraubenzieherklinge zwischen die Einstellwarzen und -kerbe stecken, Grundplatte so verdrehen, bis der Abstand **0,4 mm** beträgt.

■ Nach dem Festziehen der Halteschraube den Abstand nochmals messen.

■ Zündzeitpunkt einstellen, siehe Seite 200.

Das TSZ-Schaltgerät

Auf die Funktion des Schaltgerätes der Transistorzündung sind wir bereits auf Seite 187 eingegangen. Hier nochmals zur Erinnerung:

□ Der Impuls vom Hallgeber wird umgeformt und verstärkt.

□ Der Schließwinkel wird entsprechend den Motordrehzahlen variiert.

□ Die Leistungsstufe im Schaltgerät schaltet den Primärstromkreis zur Zündspule an und aus.

Zur Schonung der Zündspule besitzt das Schaltgerät eine Sicherheitsschaltung. Da beim Einschalten der Zündung der Stromkreis immer geschlossen ist, könnte die Spule überhitzt werden, wenn die Zündung über längere Zeit eingeschaltet bleibt. Das verhindert die Sicherheitsschaltung:

An Klemme 15 der Spule liegen 12 Volt an, an Klemme 1 dagegen nur rund 6 Volt. Es werden also etwa 6 Volt in der Spule »verbraucht«, wodurch sich diese aufheizen kann. Doch bereits nach 1–2 Sekunden legt das Schaltgerät an Klemme 1 ebenfalls 12 Volt Spannung. In der Spule herrscht keine Spannungsdifferenz mehr, der »Verbraucher« ist abgeschaltet.

Elektrische Verschaltung

Für die Fehlersuche ist es wichtig, die Bedeutung der Kabel an Schaltgerät und Hallgeber zu kennen.

□ Mit Einschalten der Zündung erhält das Schaltgerät Spannung von Zündschloßklemme 15 (schwarze Leitung).

□ Masse ans Schaltgerät gelangt über die braune Leitung.

□ Grün ist wie bei der Spulenzündung die Leitung der Klemme 1, über die der Unterbrechungsbefehl kommt.

□ Über das rot/schwarze Kabel kommt die Versorgungsspannung vom Schaltgerät zum Hallgeber.

□ Die braun/weiße Leitung stellt die Masseverbindung her.

□ Über das grün/weiße Kabel gelangt der Unterbrechungsimpuls vom Hallgeber zum Schaltgerät.

Falls der Scirocco eine Digitale Leerlauf-Stabilisierung (siehe Seite 199) besitzt, ist deren Schaltgerät zwischen Hallgeber und Zündungs-Schaltgerät angeschlossen. Bei den nachfolgenden Prüfungen muß dann die entsprechende Leitung sowohl vor als auch hinter dem DLS-Schaltgerät überprüft werden. Die Stecker der DLS sind wegen mangelndem Kontakt übrigens eine häufige Fehlerquelle.

TSZ-Schaltgerät prüfen

Vor der Schaltgerät-Prüfung muß sichergestellt sein, daß die Zündspule in Ordnung ist.

■ Ggf. Kabel zur Saugrohrbeheizung, Teillastkanalbeheizung und Startautomatik abziehen.

■ **Spannungsversorgung:** Sicherungsklammer des Mehrfachsteckers am Schaltgerät zur Seite drücken, Stecker abziehen.

■ Voltmeter an den Kontakten 2 (braunes Kabel) und 4 (schwarzes Kabel) anschließen.

■ Zündung einschalten. Es müssen etwa 12 Volt anliegen.

■ Zeigt sich nichts, Unterbrechung in den Kabeln suchen.

■ Zündung ausschalten. Stecker am Schaltgerät wieder aufstecken.

■ **Sicherheitsschaltung:** Falls bei der Prüfung an Klemme 1 der Zündspule sofort 12 Volt anlagen (siehe Seite 191):

■ Stecker am Schaltgerät abziehen.

■ Durchgang der folgenden Leitungen überprüfen: Klemme 1 (grün), Klemme 15 (schwarz), Masse (braun).

■ War hier kein Fehler erkennbar, muß das Schaltgerät ersetzt werden.

■ Da die Zündspule durch die ausgefallene

Im Wasserfangkasten unter einem Abschirmblech (3) sitzt das Schaltgerät (1) der TSZ auf einem sogenannten Kühlkörper (2).

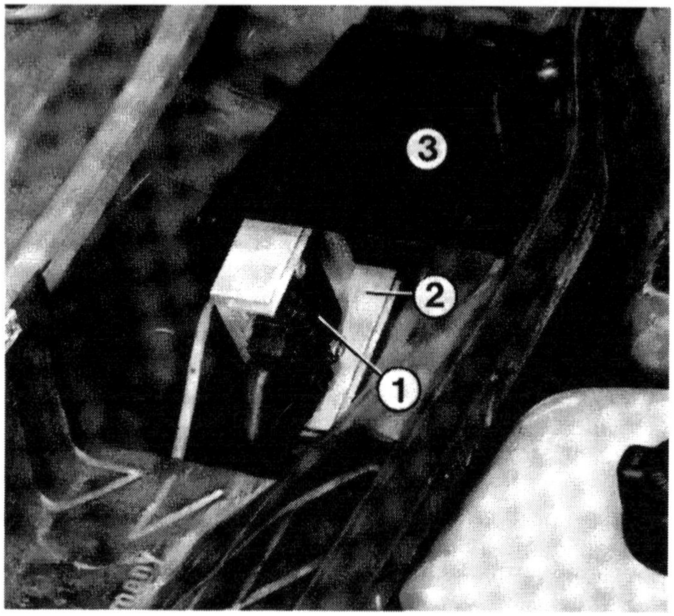

Sicherheitsschaltung gelitten haben könnte, schreibt VW in diesem Fall zugleich den Tausch der Zündspule vor.

■ **Impulsverarbeitung:** Voltmeter zwischen Klemme 1 der Zündspule und Masse anschließen.

■ Dreifachstecker am Zündverteiler abziehen, siehe Fingerzeig unten.

■ In den mittleren Steckkontakt einen Nagel, Splint o. ä. stecken.

■ Zündung einschalten, am Voltmeter werden nach 1–2 Sekunden 12 Volt angezeigt.

■ Mit dem verlängerten Mittelkontakt kurz Masse berühren und Voltmeter beobachten.

■ Für 1–3 Sekunden sinkt die Spannung auf rund 6 Volt ab und steigt dann wieder auf ca. 12 V an.

■ Bleibt die Spannung auf 12 Volt, ist das Schaltgerät defekt.

■ Sinkt die Spannung kurzfristig, aber fehlt es am Zündfunken, ist die Zündspule defekt oder das Hochspannungskabel zwischen Spule und Verteiler unterbrochen.

Hallgeber prüfen

Voraussetzung für diese Kontrolle ist eine einwandfreie Zündspule und ein intaktes Schaltgerät.

■ **Unterbrechungsimpuls:** Stecker am Schaltgerät freilegen.

■ Voltmeter oder Spannungsprüfer (keine herkömmliche Prüflampe) zwischen den Kontakt der grün/weißen Leitung am Schaltgerät und Masse schalten.

■ Zündung einschalten, Motor durchdrehen (siehe Seite 32).

■ Bei gedrehtem Motor liegen abwechselnd 0 Volt und mehr als 2 Volt Spannung an (normalerweise ca. 7 V).

■ Zündung ausschalten.

■ Kommt der Hallgeberimpuls an, aber fehlt es dennoch am Zündstrom, ist das Schaltgerät defekt.

■ **Versorgungsspannung:** Dreifachstecker am Zündverteiler abziehen, siehe Fingerzeig unten.

■ Voltmeter zwischen die außenliegenden Kontakte im Stecker der rot/schwarzen und der braun/weißen Leitung anschließen.

■ Zündung einschalten. Die Spannung muß mindestens 10 Volt betragen.

■ Sind Versorgungsspannung und Masseanschluß bzw. die Leitungen in Ordnung, muß der Hallgeber ersetzt werden.

Fingerzeig: *Der Mehrfachstecker am Zündverteiler sollte grundsätzlich nur bei aufgesetztem Verteilerdeckel abgezogen werden. Andernfalls kann sich der untere Steckanschluß aus seiner Halterung lösen. Das bewirkt, daß sich beim Wiederaufsetzen eine Kontaktzunge verschieben kann. Es fehlt am Kontakt, und der Zündfunke bleibt aus.*

Zündzeitpunkt und oberer Totpunkt

Die Leistung des Motors ist am besten, wenn das Kraftstoff/Luft-Gemisch im Moment der höchsten Verdichtung gezündet wird. Letztere herrscht beim Viertaktmotor in jenem Augenblick, da der Kolben bei Beendigung des 2. Takts – des Kompressionshubs – von der Aufwärtsbewegung in die Abwärtsbewegung des 3. – des Arbeitstakts – übergehen will. Der Kolben steht dann in seinem höchsterreichbaren Punkt für einen winzigen Sekundenbruchteil still, ehe er sich wieder nach unten bewegt. Diese Stellung nennt man den »Oberen Totpunkt« (kurz: OT), dessen Gegenstück der Untere Totpunkt (UT) ist.

Automatische Zündzeitpunktverstellung

Zum vollen Entflammen benötigt das Kraftstoff/Luft-Gemisch stets die gleichbleibende Zeit: rund 1/3000 Sekunde. Das erfordert, daß der Zündzeitpunkt mit steigender Drehzahl immer früher gelegt werden muß. Nur so erfolgt die Verbrennung wieder genau zum richtigen Zeitpunkt, nämlich dann, wenn der Kolben gerade wieder beginnt abwärts zu laufen.
Das Verbrennen des Kraftstoff/Luft-Gemisches hängt aber auch von dessen Zusammensetzung ab. Bei nur gering durchgetretenem Gaspedal (bei »Teillast«) ist das Gemisch in den Brennräumen weniger zündfähig. Es verbrennt daher langsamer und muß aus diesem Grund früher gezündet werden.
Gibt man zu wenig Frühzündung, wird die Energie des Kraftstoffes nicht vollständig ausgenutzt, und der Motor kommt nicht auf volle Leistung. Wird der Zündzeitpunkt allerdings zu früh gelegt, schlägt das bereits entflammte Gemisch dem noch aufwärts strebenden Kolben entgegen, der Motor klingelt oder klopft.
Die Zündverstellung in Richtung »früh« übernehmen einerseits die Fliehkraftverstellung unten im Verteiler und andererseits die seitlich sitzende Unterdruckdose, wobei diese beiden Einrichtungen teilweise gemeinsam wirken.
Bei bestimmten Motoren kommt noch eine Unterdruckverstellung in Richtung »spät« hinzu, die nur im Leerlauf und Schiebebetrieb wirksam ist. Damit wird erreicht, daß der Motor weniger giftige Abgase ausstößt.

Frühzündungs-Fliehkraft-Verstellung

Die Fliehkraftverstellung wirkt »innerlich« auf die zweigeteilte Verteilerwelle. Die Trägerplatte des Fliehkraftverstellers sitzt im Verteilergehäuse unter der Unterbrecherplatte bzw. dem Blendenrotor fest auf der Verteiler-Antriebswelle.
Je schneller sich diese dreht, um so intensiver drücken die Fliehgewichte auf ihrer Trägerplatte gegen einen Mitnehmer. Dieser bewegt die eigentliche Verteilerwelle zusätzlich in ihrer Drehrichtung. Dadurch erreicht man mit ansteigender Drehzahl zunehmende Frühzündung, weil die Unterbrecherkontakte früher öffnen bzw. der Hallgeberimpuls früher ausgelöst wird. Bei abnehmender Drehzahl machen dies kleine Spiralfedern wieder rückgängig.

Fliehkraft-Verstellung prüfen

- ■ Stroboskoplampe anschließen, siehe Seite 201.
- ■ Unterdruckschlauch am Verteiler abziehen.
- ■ Motor starten.
- ■ Zündlichtlampe auf die Zündzeitpunktmarkierung halten (siehe unter »Zündung prüfen«).
- ■ Die Kerbe auf der Keilriemenscheibe (Schlepphebelmotor) bzw. Schwungscheibe (Tassenstößelmotor) muß ruckfrei nach vorn auswandern und beim Zurückgehen auf Leerlaufdrehzahl sofort wieder zur Zündmarkierung zurückkommen.
- ■ Für eine genaue Überprüfung muß die Zündverstellung anhand der Verteiler-Verstellkurven in der Werkstatt gemessen werden.

Frühzündungs-Unterdruck-Verstellung

Die Unterdruckdose am Verteiler ist durch eine dünne Saugleitung mit dem Vergaser verbunden. Oberhalb der Drosselklappe herrscht ein Unterdruck, der hauptsächlich von der Drosselklappenstellung abhängig ist. Bei geschlossener Drosselklappe ist der Unterdruck gleich Null. Er steigt mit zunehmender Öffnung und steigender Drehzahl unter Teillast auf einen Höchst-

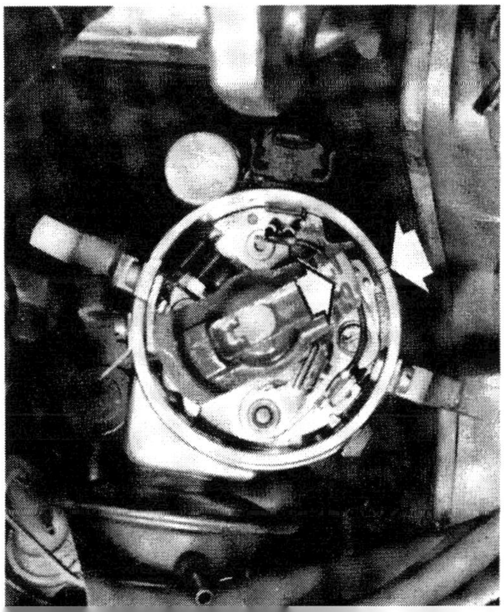

Links der Schlepphebel-, rechts der Tassenstößelmotor: Wenn sich der 1. Zylinder in Zündstellung befindet, zeigt die Kontaktfläche (schwarz umrandeter Pfeil) des Verteilerfingers auf eine Kerbe (weißer Pfeil) im Gehäuserand des Verteilers.

wert, um bei voll geöffneter Drosselklappe wieder auf etwa $\frac{1}{5}$ des Höchstwertes abzufallen. Wenn nun bei nur teilweise durchgetretenem Gaspedal ein kräftiger Unterdruck herrscht, zieht dieser über die Saugleitung eine Membrane in der Unterdruckdose an. Von ihr reicht eine Zugstange in den Verteiler hinein und zieht dort die drehbare Grundplatte des Unterbrechers bzw. des Hallgebers an. Hierdurch wird die Platte entgegen der Drehrichtung der Verteilerwelle gezogen, und die Zündung erfolgt so entsprechend früher. Die Unterdruckverstellung mit höchstens 15° Frühverstellung wirkt zusätzlich zur Fliehkraftverstellung.

Frühzündungs-Unterdruck-Verstellung prüfen

Ob die Unterdruckverstellung funktioniert läßt sich selbst prüfen.

■ Zur Prüfung schwarzen Schlauch von der Unterdruckdose abziehen und mit der Fingerspitze verschließen.

■ Von Helfer Motor starten und auf mittlerer Drehzahl (ca. 3000/min) halten lassen.

■ Bei gleichmäßiger Drehzahl den Schlauch wieder an der Unterdruckdose aufstecken.

■ Da nun vom Saugrohr her Luft durch den Schlauch angesaugt wird, muß die Unterdruckverstellung in diesem Teillastbereich in Aktion treten, wodurch die Motordrehzahl ohne Gaspedalveränderung sofort merklich erhöht wird.

■ Falls der Motor nicht etwas schneller dreht, ist wahrscheinlich der Schlauch oder die Unterdruckdose undicht.

Spätzündungs-Unterdruck-Verstellung

Zur Verringerung der giftigen Auspuffgase im Leerlauf und bei Schiebebetrieb (also bei losgelassenem Gaspedal) besitzen die nachfolgend genannten Triebwerke eine Zweikammer-Unterdruckdose seitlich am Zündverteiler:

□ 1,3-Liter-Schlepphebelmotor mit TSZ
□ 1,5-Liter-Tassenstößelmotor mit Getriebeautomatik von 8/77 bis 7/79 (Motor-Nr. 297 334)
□ Alle 1,6-Liter-Tassenstößelmotoren

Entgegen der eben angesprochenen Frühzündungsverstellung wird der Zündzeitpunkt im Leerlauf um ca. 8° Kurbelwellenwinkel in Richtung »spät« auf den Oberen Totpunkt verstellt. Diese Zündverstellung arbeitet mit einer Doppeldose am Verteiler, die unterhalb der Drosselklappe mit dem Vergaser verbunden ist. An dieser Stelle herrscht bei geschlossener Drosselklappe (im Leerlauf und Schiebebetrieb) ein sehr starker Unterdruck: Die Membrane der »Spätdose« zieht die Zugstange jetzt in Drehrichtung der Verteilerwelle und damit in Richtung Spätzündung. Beim Gasgeben (Öffnen der Drosselklappe) wird der Unterdruck wieder abgebaut und die Spätverstellung unwirksam. Der Motor läuft nun wieder mit Vorzündung.

Spätverstellung prüfen

■ Drehzahlmesser und Stroboskoplampe anschließen (siehe Seite 201).

■ Motor starten und im Leerlauf drehen lassen.

■ Stroboskoplampe auf die Zündmarkierung richten.

■ Von Helfer den Drosseklappenhebel am Vergaser betätigen lassen, dabei Zündmarkierung auf der Riemenscheibe (Schlepphebelmotor) bzw. Schwungscheibe (Tassenstößelmotor) beobachten. Sie muß nach vorn ruckartig hinauswandern und im Leerlauf wieder »zurückspringen«.

■ Zeigt sich keine Reaktion, ist der Unterdruckschlauch oder die Membrane in der Dose beschädigt.

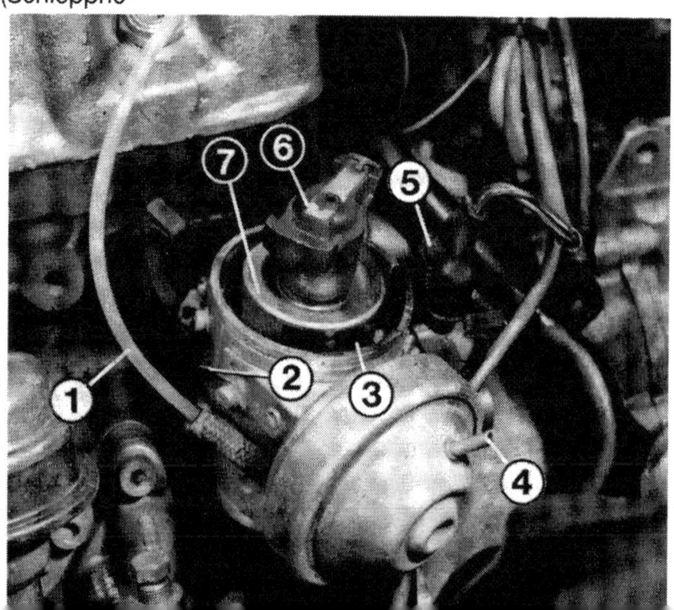

Der Zündverteiler der TSZ beim Tassenstößelmotor: 1 – Unterdruckschlauch für die Zündungs-Spätverstellung; 2 – Steckfahne für das Massekabel der Blechabschirmung; 3 – Hallgeber; 4 – Anschlußstutzen für den Schlauch der Zündungs-Frühverstellung; 5 – Dreifachstecker zum Hallgeber; 6 – Verteilerfinger; 7 – Blendenrotor.

Sondereinrichtungen der Zündverstellung

Zur Verbesserung des Fahrverhaltens wurde die Unterdruck-Zündverstellung bei verschiedenen Motoren noch temperaturabhängig gesteuert. Dazu verschließt ein sogenanntes thermopneumatisches Ventil unter einer bestimmten Kühlwassertemperatur die Unterdruckleitung.

□ 1,6-Liter-Tassenstößelmotor 55 kW mit Getriebeautomatik: Die Spätverstellung ist bei kaltem Motor abgeschaltet. Zuschaltung zwischen 45° und 61°C.

□ 1,6-Liter-Tassenstößelmotor 63 kW mit Schaltgetriebe: Hier wird bei manchen Motoren die Spätzündungsverstellung bei kaltem Motor ebenfalls abgeschaltet. Parallel zum thermopneumatischen Ventil ist noch ein Rückschlagventil in die Unterdruckleitung eingebaut. Die Zuschaltung der Spätverstellung erfolgt zwischen 52° und 68°C.

□ 1,6-Liter-Tassenstößelmotor 63 kW mit Getriebeautomatik: Bei kaltem Motor ist die Frühzündungsverstellung erst ab ca. 2000/min wirksam. Zwischen 52° und 68°C wird die Leitung freigegeben.

□ 1,5-Liter-Tassenstößelmotor 51 kW mit Getriebeautomatik ab 12/80: Der erhöhte Unterdruck der Frühverstellung bei Teillast wird in kaltem Zustand noch nach dem Gasgeben etwas länger gehalten, die Frühzündung bleibt länger wirksam. Zuständig sind hierfür ein Rückschlagventil und das thermopneumatische Ventil, das erst zwischen 30° und 46°C öffnet.

Funktionsprüfung

■ Bei kaltem Motor thermopneumatisches Ventil mit dem Mund durchblasen, das Ventil muß geschlossen sein.

■ Erneuter Versuch bei warmem Motor (ggf. Ventil ausbauen und im Wasserbad erwärmen). Jetzt muß das Ventil den Durchgang freigeben.

■ Das Rückschlagventil in der Frühzündungs-Unterdruckleitung (1,5-Liter ab 12/80) muß mit dem weißen Anschluß zur Unterdruckdose hin zeigen.

Digitale Leerlauf-Stabilisierung

(nur TSZ)

In den von 8/79 bis 7/80 gebauten Scirocco ist zwischen Zündverteiler und Schaltgerät der TSZ ein weiteres elektronisches Schaltgerät eingebaut – die Digitale Leerlauf-Stabilisierung, kurz DLS. Dieser Name rührt daher, daß das Schaltgerät die ihm übermittelten Signale digital verarbeitet. Die DLS-Elektronik vergleicht den Zeitabstand der Zündimpulse im Leerlauf mit einer Sollzeit und korrigiert Abweichungen durch Veränderung des Zündzeitpunkts.
Wenn normalerweise ein leistungsstarker Stromverbraucher eingeschaltet oder ein Fahrbereich der Getriebeautomatik eingelegt wird, sinkt die Motordrehzahl, oder der Motor stirbt sogar ab. Damit fällt die Zündimpulsfolge unter einen in der DLS fest eingegebenen Wert. Sie verschiebt den Zündzeitpunkt in Richtung »früh« durch kürzere Zündimpulse. Mit wieder ansteigender Drehzahl wird die DLS abgeschaltet.

DLS-Schaltgerät prüfen

Eine Überprüfung des DLS-Schaltgeräts ist nur mit einem exakten Drehzahlmesser und einer Stroboskoplampe möglich. Außerdem muß der Motor warmgefahren sein.

■ Drehzahlmesser und Stroboskoplampe anschließen.

■ Motor starten und kurz aufs Gaspedal treten.

■ Merken Sie sich bei im Leerlauf drehendem Motor die Stellung der Zündmarkierungen.

■ Von Helfer sämtliche elektrischen Ver-

Zur Transistorzündung des Scirocco von 8/79 bis 7/80 gehört das Schaltgerät (3) der Digitalen Leerlauf-Stabilisierung auf seinem Kühlkörper (2). Zum Überbrücken der DLS werden die beiden Stecker (4) aus den Anschlußbuchsen (1) herausgezogen und miteinander verbunden.

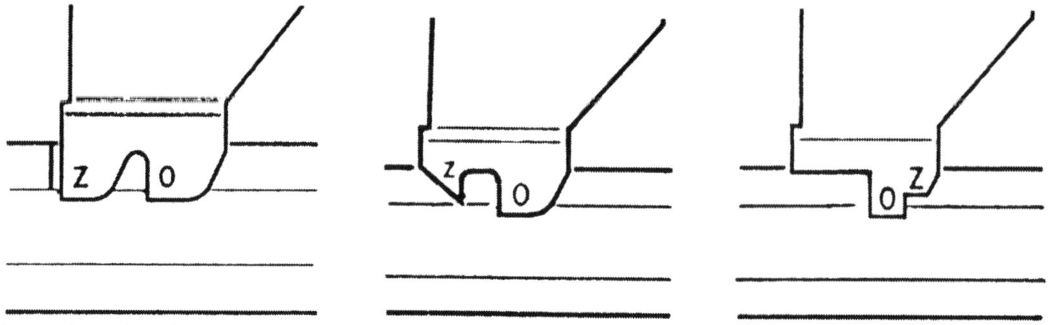

Die Zündeinstellmarken (Z) beim Schlepphebelmotor: Links 10° vor OT, in der Mitte 5° vor OT, rechts 5° nach OT.

braucher einschalten lassen oder bei Getriebeautomatik Fahrbereich einlegen (Fußbremse treten und Handbremse anziehen!).

■ Sobald die Drehzahl unter 940/min abfällt, muß der Zündzeitpunkt in Richtung »früh« verstellt werden. Andernfalls ist das Schaltgerät defekt.

Fingerzeig: *Falls der Scirocco unter Zündaussetzern oder Startschwierigkeiten leidet, ziehen Sie die Stecker vom DLS-Schaltgerät ab und verbinden sie miteinander. Sind damit die Schwierigkeiten behoben, Kontaktstifte und Hülsen kontrollieren.*

Zündzeitpunkt prüfen

Wartung Nr. 40

□ Bei der **Spulenzündung** ist die Kontrolle der Zündeinstellung eine besonders wichtige Maßnahme. Denn Veränderungen des Unterbrecher-Schließwinkels verschieben den Zündzeitpunkt. Daher muß vor der Zündeinstellung erst der Schließwinkel gemessen und ggf. eingestellt werden.

□ Bei der **Transistorzündung** hat der variable Schließwinkel (siehe Seite 187) keinen Einfluß auf den Zündzeitpunkt. Eigentlich kann sich im Lauf der Zeit nichts verändern. Dennoch empfiehlt das Werk eine alljährliche Kontrolle anläßlich der ASU, da Verschleißerscheinungen im Verteilerantrieb möglich sind.

Unsere nachfolgende Tabelle gibt die Einstellwerte und die entsprechende Motordrehzahl an. Außerdem finden Sie vermerkt, ob mit aufgestecktem oder abgezogenem Unterdruckschlauch an der Unterdruckdose des Zündverteilers geprüft wird.

Motor	1,1	1,3	1,3 mit DLS	1,5 bis 8/75	1,5 ab 8/77 Schaltgetr.
Leistung kW Kennbuchstaben	37 FA, GG	44 GF	44 GF	51, 63 FH, FD	51 JB
Zündzeitpunkt Drehzahl 1/min Unterdruckschlauch	10° ± 1° vor OT 950 ± 50 ab	5° ± 1° vor OT 950 ± 50 ab	5° ± 1° nach OT 850 ± 50 an	7,5° ± 1° vor OT 950 ± 50 ab	9° ± 1° vor OT 950 ± 50 ab
Motor	1,5 ab 8/77 Automatik	1,5 mit DLS	1,6	1,6 mit DLS	
Leistung kW Kennbuchstaben	51 JB	51 JB	55, 63 FP, FR	63 FR	
Zündzeitpunkt Drehzahl 1/min Unterdruckschlauch	im OT 950 ± 50 an	im OT 800 ± 50 an	im OT 950 ± 50 an	im OT 800 ± 50 an	

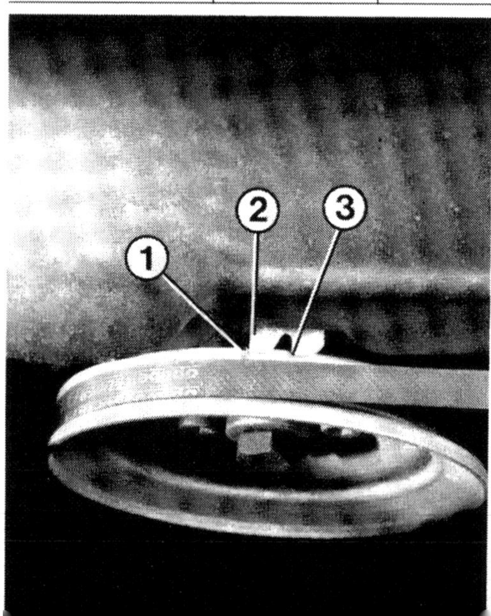

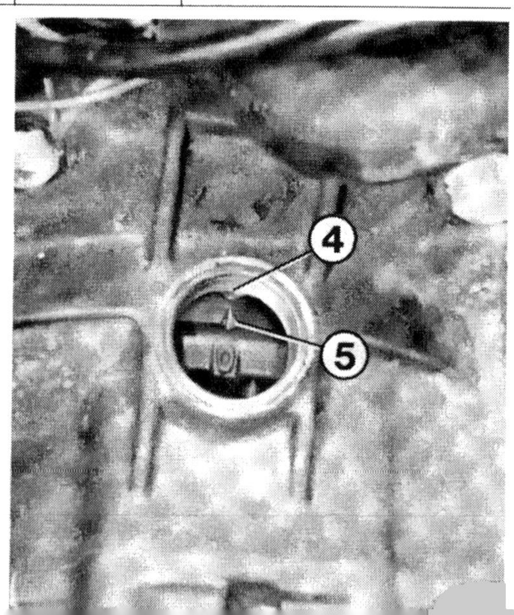

Links: Der Schlepphebelmotor mit 37 kW hat das hier gezeigte Markierungsblech: 1 – Kerbe auf der Keilriemenscheibe; 2 – Zündmarke; 3 – OT-Marke. Rechts: Beim Tassenstößelmotor ist in das Schauloch ein Pfeil (4) eingegossen. Darunter steht die Zündmarke (5), die hier im OT liegt.

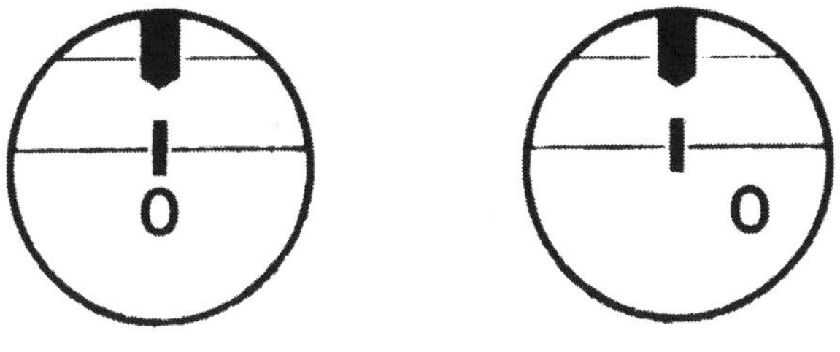

Die Zündeinstellmarken des Tassenstößelmotors. Links gezeigt die Einstellung im OT, rechts die Stellung 7,5 bzw. 9° vor OT.

Zur Einstellung dienen:

□ Beim **Schlepphebelmotor** das **Markierungsblech** an der Motorstirnseite rechts (linkes Bild links unten). Eingestellt wird auf die **Kerbe in der Kurbelwellen-Keilriemenscheibe**.

□ Beim **Tassenstößelmotor** der angegossene **Pfeil im Schauloch** in Fahrtrichtung links in der Kupplungsglocke zwischen Motor und Getriebe. Zur Einstellung dient die **Kerbe auf der darunter laufenden Schwungscheibe** des Motors. Das Schauloch ist meist mit einem Stopfen verschlossen, der erst herausgeschraubt werden muß.

Zündung prüfen

■ Motor warmfahren und abschalten.

■ Ggf. Unterdruckschlauch am Zündverteiler abziehen.

■ Drehzahlmesser sowie Stroboskoplampe anschließen und deren Auslösekabel in das Zündkabel des 1. Zylinders (der in Fahrtrichtung rechts stehende) schalten.

■ Beim Tassenstößelmotor den Abdeckstopfen des Schauloches herausdrehen.

■ Motor starten, im Leerlauf drehen lassen.

■ Stroboskoplampe auf das Markierungsblech bzw. die Markierung im Schauloch halten.

■ Bei jedem Aufblitzen der Lampe muß die Zündmarkierung auf der Keilriemen- bzw. Schwungscheibe der entsprechenden Bezugsmarkierung ruhig gegenüberstehen, wie in den Abbildungen links unten gezeigt.

■ Wenn nicht, Zündzeitpunkt einstellen.

■ Schwankt die Kerbe vor der Zündmarkierung, ist die Verteilerwelle ausgeschlagen. Dieser Fehler tritt beim direkt angetriebenen Verteiler des Schlepphebelmotors allerdings nur ganz selten auf.

Zündung einstellen

■ Beim **Schlepphebelmotor** zwei Halteschrauben am Zündverteilerfuß zum Zylinderkopf lockern, siehe Bild unten links.

■ Am **Tassenstößelmotor** die Schraube der Halteklammer unten am Zündverteilerfuß ein wenig losdrehen (Bild unten rechts).

■ **Alle Motoren:** Verteiler behutsam drehen, bis die Zündeinstellmarken bei jedem Lampenblitz in einer Linie »stehen«. Vorsicht: Bei TSZ kein Zündkabel berühren!

■ Verteiler in dieser Stellung festschrauben.

■ Leerlaufdrehzahl nach der Einstellung kontrollieren, ggf. korrigieren, siehe Seite 91.

Behelfsmäßige Zündeinstellung
(nur SZ)

Die Spulenzündung kann notfalls auch bei stehendem Motor eingestellt werden. Als Einstellmarkierung gelten dieselben Markierungen wie für die Einstellung mit der Stroboskoplampe. Eine alsbaldige Nachprüfung mit der Stroboskoplampe ist jedoch unbedingt ratsam.

Links: Der Zündverteiler des Schlepphebelmotors besitzt zwei Halteschrauben. Darauf sind hier die Schraubenschlüssel (Pfeile) angesetzt.
Rechts: Beim Tassenstößelmotor wird der Zündverteiler unten von einer Klemme und einer Schraube (Pfeil) gehalten.

■ Beim Tassenstößelmotor den Stopfen aus der Kupplungsglocke herausschrauben.
■ Motor so weit drehen (Seite 32), bis sich die Zündzeitpunkt-Markierungen gegenüberstehen, siehe Seite 200/201.
■ Motor wieder etwas zurückdrehen.
■ Zündung einschalten, Prüflampe zwischen Klemme 1 der Zündspule und Masse anschließen.
■ Motor drehen, bis sich die Zündmarkierungen genau gegenüberstehen. In diesem Augenblick muß die Prüflampe aufleuchten, wenn die Zündung richtig eingestellt ist.
■ Leuchtet die Lampe früher oder später auf, drehen Sie den Motor eine halbe Umdrehung zurück.
■ Motor jetzt wieder vorwärts drehen, bis sich die Zündmarkierungen exakt gegenüberstehen.
■ Halteschraube(n) des Verteilers lockern.
■ **Schlepphebelmotor:** Verteiler im Gegenuhrzeigersinn drehen,
■ **Tassenstößelmotor:** Verteiler im Uhrzeigersinn drehen,
■ bis **bei allen Motoren** die Prüflampe verlöscht (falls dies nicht schon der Fall war). Dann sind die Unterbrecherkontakte geschlossen.
■ Verteiler wieder langsam zurückdrehen, bis die Prüflampe gerade aufzuleuchten beginnt. Das ist der Zündzeitpunkt.

Die Zündkabel

Die Verbindungskabel zwischen Zündspule und Verteiler und von diesem zu den Zündkerzen bereiten normalerweise keine Probleme.

Zündkabel prüfen

■ Kontrollieren Sie, ob die Kabel fest in die Buchsen des Verteilerdeckels eingesteckt sind. Sie können sich durch Erwärmung der eingeschlossenen Luft etwas herausheben und so Motorstottern verursachen.
■ Die Messingklemmen dürfen nicht oxidiert sein, und sie müssen guten Kontakt zu den Kerzensteckern haben.
■ Wenn der Zündfunke schon vor der Zündkerze zur Masse überspringt, hören Sie das an Knack- oder Knattergeräuschen im Motorraum.
■ Nachts sehen Sie die Funken deutlich springen. Ursache kann eine Streusalzschicht auf den Kabeln sein, oder das Kabel ist irgendwo durchgescheuert.
■ Zündkabel mit Scheuer- oder Schmorstellen sollten Sie umgehend ersetzen.
■ Bei Zündstörungen die Entstörstecker an der Zündspule sowie am Verteiler auf richtigen Widerstandswert messen.
■ Das Ohmmeter soll 0,6–1,4 kΩ anzeigen.
■ Widerstand der Zündkerzenstecker messen.
■ Nicht abgeschirmte der Spulenzündung 0,6–1,4 kΩ, abgeschirmte bei SZ und TSZ 4–6 kΩ.

Zündkabel auswechseln

■ Kaufen Sie Kupferlitzen-Zündkabel als Meterware im Autozubehörgeschäft.
■ Auf die Kabelenden zum Verteiler hin müssen Messingklemmen in die Kupferlitze eingedreht werden.
■ Die Entstör- und Kerzenstecker auf gleiche Weise eindrehen.

Die Zündfolge

Für ausgewogenen Motorlauf werden die Zylinder nicht etwa in der Folge 1–2–3–4 gezündet, sondern gewissermaßen durcheinander. Entsprechend der Zündfolge sind die Zündkabel im Verteilerdeckel eingesteckt. Wenn der Verteilerfinger bei abgenommenem Verteiler- und Staubschutzdeckel auf die Kerbe im Gehäuserand zeigt (Abbildungen Seite 197), steht Zylinder 1 (der in Fahrtrichtung rechts stehende) auf Zündzeitpunkt. Das ist ein Anhaltspunkt beim Aufstecken der Zündkabel. Die Zündfolge lautet:
□ **Schlepphebelmotor:** 1–3–4–2, der **Verteilerfinger** ist **linksdrehend** (gegen den Uhrzeigersinn).
□ **Tassenstößelmotor:** 1–3–4–2, der **Verteilerfinger** ist **rechtsdrehend** (im Uhrzeigersinn).

Zündkerzen kontrollieren

Wartung Nr. 18

Der V.A.G.-Wartungsplan sieht den Kerzenwechsel alle 15000 km vor. Wir raten statt zum bedenkenlosen Wechsel zu einer Kontrolle in kürzeren Abständen. Dann haben Sie das Verbrennungsgeschehen in Ihrem Motor besser unter Kontrolle.

Zündkerzen ausbauen

■ Zündkerzenstecker fassen und von den Stiften der Kerzen ziehen. Nicht an den Zündkabeln zerren.
■ Zündkerzen mit dem Kerzenschlüssel herausdrehen und in der Reihenfolge der Zylinder ablegen.

Beim Schlepphebelmotor mit linksdrehendem Verteilerfinger werden die Zündkabel entsprechend der Zündfolge 1–3–4–2 wie hier gezeigt aufgesteckt.

■ Sitzen die Kerzen sehr fest, keine Gewalt anwenden, sonst kann das Kerzengewinde im Leichtmetallkopf ausreißen.
■ Motor heißfahren und jetzt die Kerzen herausdrehen. Vorsicht, daß Sie sich die Hände nirgends verbrennen.
■ Beim Einbau keine kalten Kerzen in den warmen Motor fest eindrehen, sie sitzen später wie eingenietet fest.
■ Zündkerzen sollen mit 20 Nm festgezogen werden. Wenn kein Drehmomentschlüssel zur Hand ist:
■ Kerze eindrehen, bis der Dichtring anliegt – sie läßt sich dann von Hand oder mit dem Kerzenschlüssel ohne Kraftanstrengung nicht mehr weiterdrehen.
■ Eine neue Kerze jetzt mit dem Kerzenschlüssel eine knappe Viertelumdrehung (= 90°) weiter anziehen, das genügt.
■ Eine gebrauchte Kerze, deren Dichtring bereits plattgedrückt ist, darf nur um etwa 15° angedreht werden.

Zündkerzen prüfen

Die Zündkerzen sind gewissermaßen Augenzeugen der Verbrennung im Motorraum. Das Aussehen der Kerzenspitze (das »Kerzengesicht«) läßt erkennen, ob der Motor optimal arbeitet. Vorher sollte der Motor auf der Landstraße oder Autobahn gründlich warmgefahren worden sein. Die Kontrolle nach Kurzstreckenverkehr kann zu Fehlschlüssen führen. Sehen Sie sich die Isolatorspitze mit der Mittelelektrode und die Seitenelektrode(n) an:

□ **Isolatorspitze hellgrau bis bräunlich gefärbt:** Gute Einstellung von Vergaser, der Motor läuft wirtschaftlich.

□ **Starke Ablagerungen:** Ursache können Zusätze im Motoröl oder Kraftstoff sein oder erhöhter Ölverbrauch durch schadhafte Ventilschaftabdichtungen. Evtl. Öl- bzw. Kraftstoffmarke wechseln.

□ **Schwarze rußartige Ablagerungen:** Zündkerze erreicht durch häufigen Kurzstreckenverkehr ihre Selbstreinigungs-Temperatur nicht, falscher Wärmewert, CO-Gehalt zu hoch.

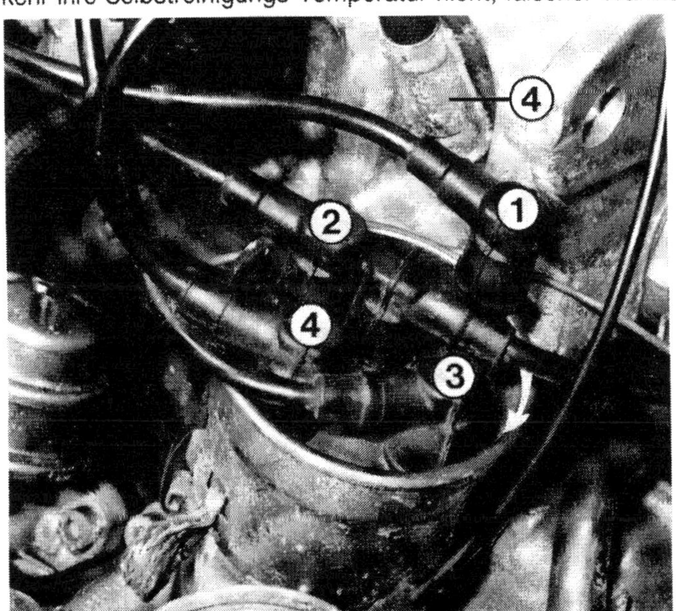

Beim Anschließen der Zündkabel am Verteiler des Tassenstößelmotors müssen Sie beachten, daß der Zündverteilerfinger rechts herum dreht. Nach der Zündfolge 1–3–4–2 werden die Kabel im Deckel eingesteckt.

□ **Isolatorspitze weißlich gefärbt:** Zündzeitpunkt zu stark in Richtung »früh« eingestellt, automatische Zündzeitpunktverstellung defekt, CO-Gehalt zu niedrig.
□ **Schmelzerscheinungen an Mittel- und Seitenelektrode:** Glühzündungen durch Ablagerungen im Verbrennungsraum, überhitzte Ventile, falschen Zündzeitpunkt, defekte Zündzeitpunktverstellung oder Hitzestau durch mangelhafte Kühlung.
□ **Bruch der Isolatorspitze**, im Anfangsstadium als Haarrisse erkennbar: Klopfende Verbrennung durch minderwertigen Kraftstoff, falsche Zündeinstellung, schadhafte Zündzeitpunktverstellung, ungenügende Motorkühlung oder Gemischabmagerung durch Nebenluft.
□ **Gelblich glänzende Schicht auf der Isolatorspitze:** Benzin- und Motorölzusätze haben Ablagerungen gebildet, die bei abrupter voller Belastung des Motors sich verflüssigt haben und elektrisch leitfähig wurden – als Folge Zündaussetzer. Motor nach langem Kurzstreckenbetrieb nicht sofort voll belasten.
□ **Ölschicht über Elektroden und Innenraum der Kerze:** Kolbenringe, Ventilführungen oder Ventilschaftabdichtungen schadhaft.
□ **Leidet der Motor unter Startunwilligkeit oder Ruckeln**, obwohl das Zündkerzengesicht keine Besonderheiten zeigt, kann es dennoch an den Kerzen liegen. Unsichtbare Risse im Keramikisolator können beim Kaltstart durch kondensierenden Kraftstoff gefüllt werden, wodurch der Zündfunke abgeleitet wird. Auch unter Druck können Kerzen versagen, obwohl der Funke in ausgebautem Zustand überspringt.

Der Elektrodenabstand

Das Kraftstoff/Luft-Gemisch bzw. das verbrannte Altgas wirkt korrosiv auf die metallischen Zündkerzenelektroden. Und die hohe Spannung beim Funkenüberschlag sprengt kleine Metallpartikel ab, wodurch der Funkenspalt mit zunehmender Laufzeit der Zündkerzen vergrößert wird.
Für unsere Motoren ist ein Zündkerzen-Elektrodenabstand von **0,6–0,8 mm** vorgeschrieben. Bei zu großem Abstand wird eine höhere Zündspannung benötigt, und es kann zu Zündaussetzern kommen. Evtl. springt der Motor überhaupt nicht an. Deshalb die Stirnelektrode der Kerze rechtzeitig nachbiegen.

Neue Zündkerzen kaufen

Die Zündkerzen müssen auf die im Motor auftretenden Brennraum-Temperaturen abgestimmt sein. Diese Eigenschaft wird durch den sogenannten **Wärmewert** angegeben. Dessen Kennzahl besagt, wieviel Hitze die Zündkerze ertragen, d.h. ableiten kann, ohne selbst zu heiß zu werden. Leitet die Kerze zu viel Wärme ab, erreicht sie nicht ihre Selbstreinigungs-Temperatur, und die Zündkerzenelektroden setzen Ruß an. Bei unseren Fahrzeugen werden herkömmliche Zündkerzen verwendet oder solche mit erweitertem Wärmewertbereich.
Das **Einschraubgewinde** muß bei allen Zündkerzen für Golf/Jetta/Scirocco 19 mm lang sein, das ist die größte handelsübliche Gewindelänge. Der Gewindedurchmesser beträgt 14 mm.

Zündkerzen-Empfehlungen

Die in der Tabelle genannten Zündkerzen entsprechen den Empfehlungen des VW-Kundendienstes.

Motoren	Kennbuchstaben	Zündkerzen Beru	 Bosch	 Champion	
1,1 l/37 kW	FA	14-7 DU	W 7 DC	N 7 YC	
1,1 l/37 kW	GG bis 799999	14-7 DU	W 7 DC	N 7 YC	
1,1 l/37 kW Formel E	GG ab 800000	14-7 DU	W 7 DC	N 7 YC	
1,3 l/44 kW	GF	14-7 DU	W 7 DC	N 7 YC	
1,5 l/51 kW bis 8/75	FH	14-7 DU	W 7 DC	N 7 YC	oder RS 35
1,6 l/55 kW,	FP	14-7 DU	W 7 DC	N 7 YC	
1,6 l/63 kW	FR	14-7 DU	W 7 DCO	N 7 YC	
1,5 l/63 kW	FD	14-5 DU	W 5 DC	N 6 YC	oder RS 39
1,5 l/51 kW ab 8/77	JB	14-8 DU	W 8 DC[1]	N 9 YC	

[1] Diese Zündkerze ist für die Zündanlage des Scirocco besonders gut geeignet

Sei helle

Nacht- und Nebelfahrten erfordern gutes Licht. Denn einerseits müssen Sie sehen, wohin Sie fahren und andererseits sollen die Verkehrsteilnehmer um Sie herum Ihren VW rechtzeitig erkennen. Deshalb ein paar »erleuchtende« Worte.

Beleuchtung kontrollieren

Ständige Kontrolle

■ Zündung einschalten und nacheinander einschalten:
■ Standlicht, Abblendlicht, evtl. eingebaute Nebelscheinwerfer, Fernlicht und Zusatzfernscheinwerfer.
■ Blinker vorn rechts und links sowie Warnblinker.
■ Rücklichter und Kennzeichenleuchten und, wenn eingebaut, Nebelschlußleuchte.
■ Blinker hinten rechts und links, Warnblinker, Rückfahrleuchte.
■ Von Helfer Bremspedal treten lassen zur Kontrolle der Bremsleuchten.

Ersatzlampen für unterwegs

Im Ersatzlampenkasten sollten folgende Glühbirnen vorhanden sein:
□ Zweifadenlampe 45/40 Watt, DIN-Form A (»normale« Hauptscheinwerfer) oder
□ Halogen-Zweifadenlampe H4, 60/55 Watt, DIN-Form YD (Hauptscheinwerfer; Kennzeichnung im Lampenglas »H4«) oder
□ Halogen-Einfadenlampe H1, 55 Watt, DIN-Form YA (Hauptscheinwerfer Scirocco TS/GL/GT)
□ Halogen-Einfadenlampe H3, 55 Watt, DIN-Form YC (Nebelscheinwerfer und ggf. Fernscheinwerfer)
□ Kugellampe, 21 Watt, DIN-Form RL (Blinker vorn und hinten, Bremslicht, Rückfahrscheinwerfer, Nebelschlußleuchte bei Ausstattung ab Werk)
□ Kugellampe, 5 Watt, DIN-Form G (Schlußlicht)
□ Röhrenlampe, 4 Watt, DIN-Form HL (Standlicht, Kennzeichenleuchten)

Scheinwerferlampen auswechseln

Alle Glühlampen in den Scheinwerfern werden vom Motorraum her ausgebaut. Nach dem Auswechseln einer Scheinwerfer-Glühlampe (nicht der Standlichtbirne), sollte die Einstellung des betreffenden Scheinwerfers kontrolliert werden, siehe Seite 208.

Die Scheinwerferlampen (3) beim Golf und Jetta: 1 – Federklemme; 2 – Dreifachstecker; 4 – Gummiabdeckkappe; 5 – Klemmring.

Golf/Jetta/ Scirocco-Einfach-Scheinwerfer

■ Dreifach-Kabelstecker an der Scheinwerferrückseite mit hebelnden Bewegungen abziehen.
■ Gummiabdeckkappe abnehmen.
■ Klemmring in Richtung Scheinwerfer drükken, nach links drehen und abnehmen.
■ Bzw. Federklemmen der Glühlampe zusammendrücken und aus den Haltern ziehen.
■ Scheinwerferbirne herausziehen.
■ Die neue Glühlampe muß so eingesetzt werden, daß ihre drei Stecker-Kontaktzungen ein nach unten offenes U bilden. Die normale Scheinwerferlampe besitzt eine Haltenase, die in der entsprechenden Aussparung im Reflektor sitzen muß.

Scirocco-Doppelscheinwerfer

Der Scirocco TS/GL/GT mit Doppelscheinwerfern besitzt H1-Glühlampen.
■ Metallkappe an der Scheinwerfer-Rückseite nach links drehen und abnehmen.
■ Kabel von der Steckerfahne der Halogenlampe abziehen.
■ Federdrahtbügel aushaken und beiseite klappen.
■ Defekte Lampe herausziehen.
■ Beim Einsetzen der neuen Glühbirne muß der Lampensockel genau in die Aussparung im Reflektor passen – die abgeschrägte Stelle der Sockelplatte zeigt seitlich nach links unten.

Standlichtbirne

■ **Golf bis 7/77:** Lampenklemmring abnehmen, wie oben beschrieben.
■ **Scirocco mit Doppelscheinwerfern:** Metallkappe an der Rückseite des außen sitzenden Abblendscheinwerfers nach links drehen und abnehmen.
■ **Golf bis 7/77 und Scirocco mit Doppelscheinwerfern:** Standlichtlampenfassung aus dem Reflektor ziehen.
■ **Ab 8/77:** Standlicht-Lampenfassung (seitlich unter der Zweifadenlampe) ein wenig nach links drehen und herausnehmen.
■ **Alle Modelle:** Röhrenlampe leicht in die Fassung drücken, drehen und herausziehen.
■ **Ab 8/77:** Zum Einbau der Standlicht-Lampenfassung beim Rechtsdrehen in den Reflektor auf das richtige Einrasten der Haltenase(n) achten.
■ Bei der Standlicht-Lampenfassung mit einer Haltenase muß die grau/rote bzw. grau/schwarze Plusleitung an der Seite der Fassung mit der Haltenase sitzen.

Nebelscheinwerfer im Kühlergrill

■ Kabelstecker an der Scheinwerferrückseite abziehen.
■ Abdeckkappe abnehmen.
■ Federdrahtbügel aushaken und beiseite klappen.
■ Scheinwerferlampe herausziehen.
■ Beim Einsetzen der neuen Glühbirne müssen die halbrunde bzw. eckige Aussparung im Lampensockel genau in die »Nasen« im Reflektor passen.

Nebelscheinwerfer unter der Stoßstange

■ Unten am Scheinwerfer die Halteschraube des Scheinwerfereinsatzes herausdrehen.
■ Einsatz abnehmen und Leitungsverbinder zur Glühlampe trennen.
■ Haltedrahtbügel aushaken und zur Seite klappen.
■ Glühlampe herausziehen.
■ Neue Lampe so einsetzen, daß sie genau in die Aussparungen paßt.
■ Scheinwerfereinsatz zuerst oben ins Leuchtengehäuse einsetzen und dann festschrauben.

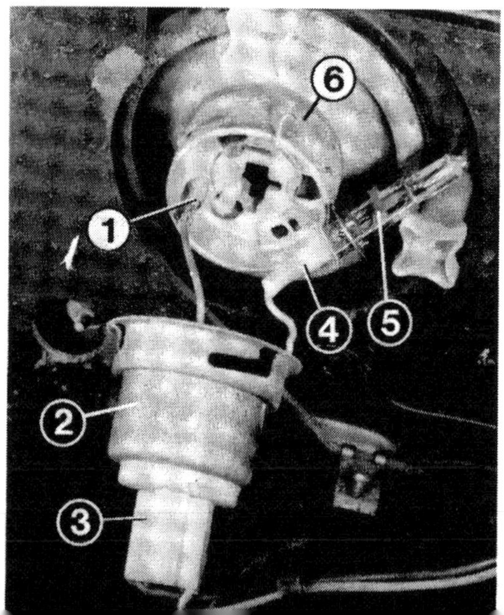

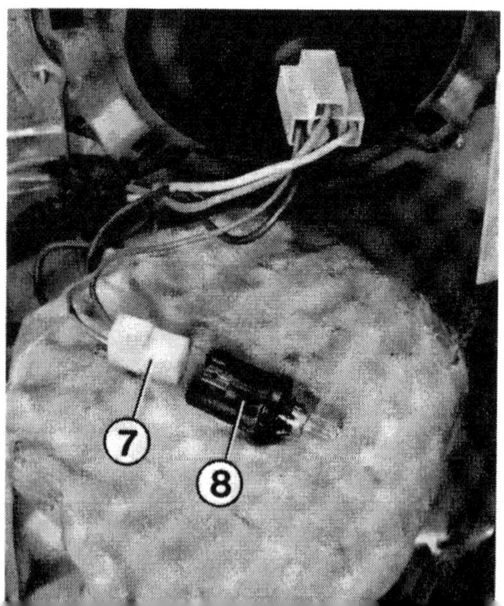

Links der Scirocco-Doppelscheinwerfer: 1 – Massekabel; 2 – Blechkappe; 3 – Dreifachstecker; 4 – Steckerfahne; 5 – H1-Lampe; 6 – Federdrahtbügel. *Rechts eine herausgezogene* Standlichtlampenfassung (8) mit ihrem Doppelstecker (7).

Scheinwerfer ausbauen

Wenn das Scheinwerferglas beschädigt oder der Reflektor matt ist, muß in jedem Fall der komplette Scheinwerfer ausgetauscht werden. Streuscheibe und Scheinwerferspiegel sind miteinander verklebt und nicht einzeln lieferbar.
Beim Scirocco mit Doppelscheinwerfern besitzen die Abblend- und Fernlichteinsätze unterschiedliche Streuscheiben. Die Abblendscheinwerfer haben im Reflektor das Loch zum Einstecken der Standlichtlampe, und im Streuscheibenglas steht der Buchstabe »A«.
Nach dem Einbau des neuen Scheinwerfers muß grundsätzlich dessen Einstellung überprüft werden, siehe folgende Seite.

Einfach-Scheinwerfer

Neue Scheinwerfer gibt es ohne oder mit Haltering. Letztere Ausführung ist teurer, bereitet aber weniger Einbauprobleme. Denn erfahrungsgemäß zerbricht beim Zerlegen ein Kunststoffteil, das man dann noch extra besorgen muß.

- Betreffendes Kühlergrill-Eck (Golf/Jetta) bzw. Grillhälfte (Scirocco) ausbauen, siehe Seite 246/247.
- Glühlampen ausbauen.
- Drei bzw. vier Schrauben am Halterahmen des Scheinwerfers losdrehen (Abbildungen unten).
- Komplette Scheinwerfereinheit abnehmen.
- Falls der Scheinwerfereinsatz vom Haltering getrennt werden soll: An der Rückseite des Halterahmens den Kunststoffhalter mit einer Zange so drehen, daß er aus dem Rahmen ausgerastet werden kann.
- Scheinwerfer-Einstellschrauben aus dem Halterahmen herausdrehen.
- Scheinwerfereinsatz abnehmen.
- Alle Halter aus den Ösen des Scheinwerfereinsatzes abziehen und im neuen einhängen.

Scirocco-Doppel-Scheinwerfer

Diese Scheinwerfer haben leider nur eine kurze Lebensdauer. Kondenswasser läßt den Reflektor schnell blind werden oder anrosten.

- Kühlergrillhälfte abnehmen (Seite 247).
- Scheinwerferlampe ausbauen, bei den außenliegenden Abblendscheinwerfern auch die Standlichtlampe mit ihrer Fassung.
- Drei Kreuzschlitzschrauben am Haltering des Scheinwerfereinsatzes losdrehen.
- Diese Schrauben sind erfahrungsgemäß meist gründlich festgerostet. Evtl. genügt es, lediglich zwei Schrauben zu lösen und den Haltering zur Seite zu biegen, um den Scheinwerfereinsatz herauszunehmen.
- Beim Zusammenbau die Schrauben mit etwas Kupferfett einsetzen.

H4-Scheinwerfer montieren

Die Mehrzahl unserer Modelle besaßen in Serienausstattung herkömmliche Zweifadenglühlampen. Wenn Sie an Ihrem Fahrzeug ohnehin einen beschädigten Normalscheinwerfer ersetzen müssen, sollten Sie überlegen, ob das nicht der Anlaß zur Umrüstung auf das lichtstarke H4-Licht sei. Bosch liefert hierzu Einzelscheinwerfer, von Hella gibt es ein Einbauset mit Glühlampen.

- Kabelstecker und Standlichtfassungen an den alten Scheinwerfern abnehmen.
- Normalscheinwerfer ausbauen.
- Neue Scheinwerfer montieren.
- Standlichtfassung im H4-Scheinwerfer einsetzen, Glühlampen montieren.
- Stecker aufdrücken und zuletzt Scheinwerfer einstellen.

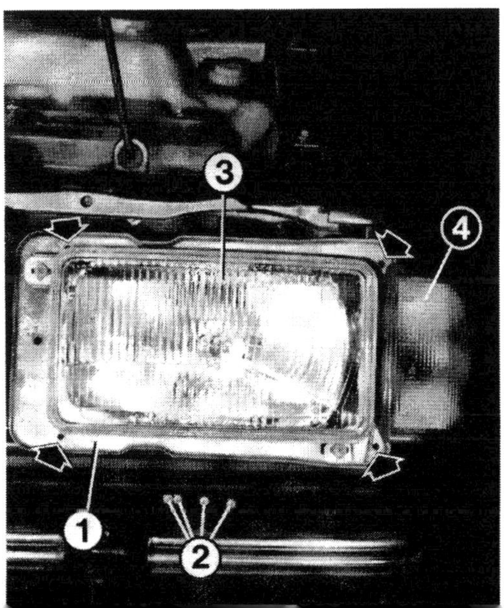

Die Befestigungspunkte der Scheinwerfer zeigen die Pfeile. Der Tragring (1) des Scheinwerfereinsatzes (3) wird von vier Kreuzschlitzschrauben (2) gehalten. Im Bild rechts sehen sich noch das Blinkergehäuse des Jetta.

Die Rückseite des Scheinwerfer-Tragrings (hier beim Jetta) zeigt: 1 – Halteschrauben des Blinkergehäuses; 2 und 3 – Kunststoffhalter mit Einstellschrauben; 4 – Kunststoffhalter.

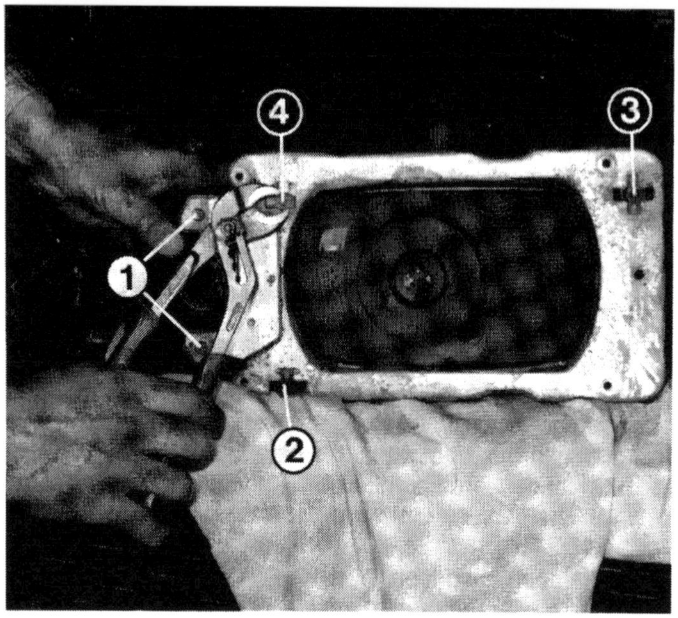

Nebelscheinwerfer im Kühlergrill

■ Glühlampe ausbauen.
■ Kühlergrill ausbauen, siehe Seite 246.
■ Kunststoffhalter hinten an den Scheinwerfereinstellschrauben so drehen, daß sie sich aus den Halteösen »ausfädeln« lassen.
■ Kreuzschlitzschraube losdrehen, mit welcher der Scheinwerfereinsatz an der Grillrückseite angeschraubt ist, Scheinwerfer abnehmen.

Scheinwerfereinstellung kontrollieren

Wartung Nr. 42

Wenn ein Scheinwerfereinsatz ausgewechselt wurde, muß die Einstellung des Lichtstrahls kontrolliert werden. Am genauesten geht das mit dem Meßgerät in der Werkstatt oder an der Tankstelle. Behelfsmäßig gibt es verschiedene, unterschiedlich genaue Methoden.

☐ Wagen möglichst im rechten Winkel in fünf Meter Abstand vor eine helle Wand stellen. Erneuerten Scheinwerfer in der Höhe dem unveränderten gleichstellen. Eine Seitenkorrektur ist so allerdings nicht möglich.

☐ Nach einer genauen Einstellung mit dem Meßgerät die Abknickpunkte (in diesen Punkten steigt der Abblend-Lichtstrahl um 15° nach oben an) an der Garagenwand anzeichnen. Dazu den VW am Garagentor abstellen. So läßt sich später bei gleicher Fahrzeugstellung auch die Lichtstrahl-Seitenrichtung überprüfen.

☐ Genaue Hilfslinien anzeichnen an einer Wand mit mindestens 9 m ebener Fläche davor. Die Linien sehen Sie in der Zeichnung unten. Hierzu ist einige Vorarbeit nötig. Sie können auch an den betreffenden Stellen auf der Wand z.B. Kreppband ankleben und darauf zeichnen.

Hilfslinien zur Scheinwerfereinstellung

■ Fahrzeug mit der Front parallel zur Einstellwand in exakt 5 m Abstand abstellen.
■ Höhe der (Abblend-)Scheinwerfermittelpunkte beidseitig ausmessen und an der Wand markieren (Maß »d«).
■ 50 mm darunter eine Linie »A« an der Wand anzeichnen. Das ist die Neigung des Abblendlichts auf 5 m Entfernung.
■ Durch das Heckfenster nach vorn peilen und von einem Helfer genau in Fahrzeugmitte

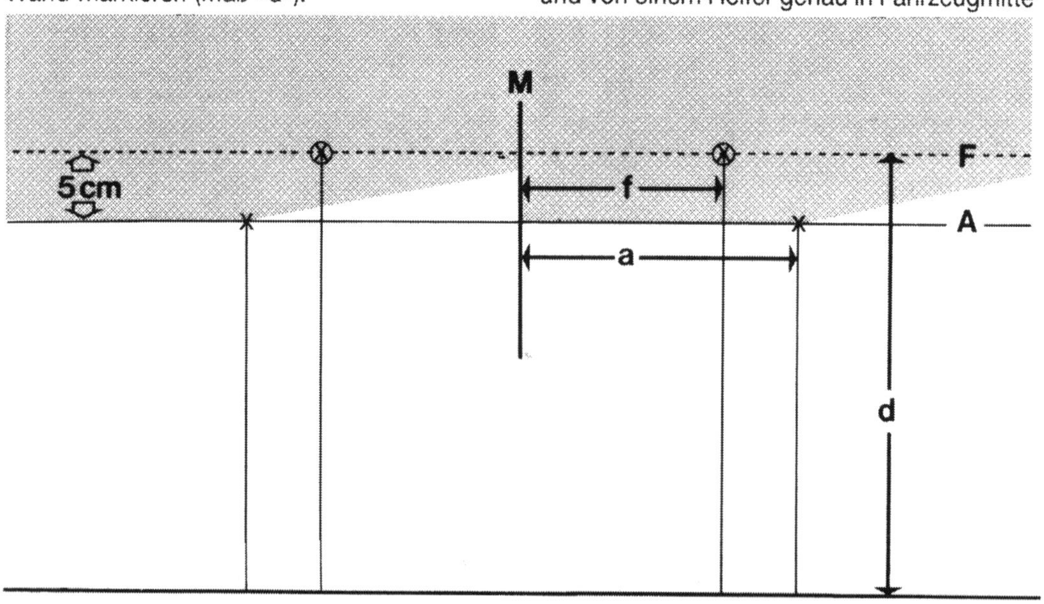

Maße für die Scheinwerfer-Einstellung: d – Höhe der Scheinwerfer-Mittelpunkte; F – Einstellhöhe für Zusatz-Fernscheinwerfer; A – Einstellhöhe für die Hauptscheinwerfer; M – Fahrzeugmitte; a – Abstand der Scheinwerfer von der Fahrzeugmitte; f – Abstand von Zusatz-Fernscheinwerfern von der Fahrzeugmitte.

Die Scheinwerfer-Einstellschrauben, links am Golf, rechts am Jetta: 1 – Höhe; 2 – Seiteneinstellung.

die senkrechte Linie »M« einzeichnen lassen.

■ Abstand Fahrzeugmitte bis (Abblend-) Scheinwerfermittelpunkt (»a«) abmessen, rechts und links von »M« markieren und dort je ein Einstellkreuz anzeichnen.

■ Auf diese Kreuze müssen die Abknickpunkte des Abblendlichts justiert werden.

■ Nur beim Scirocco mit Doppelscheinwerfern oder einem Fahrzeug mit Zusatz-Fernscheinwerfern die Punkte in Höhe »d« zur Linie »F« miteinander verbinden.

■ An den innenliegenden Fernscheinwerfern des Scirocco oder Zusatzscheinwerfern das Maß »f« zwischen Fahrzeugmitte und Scheinwerfermittelpunkt nehmen und rechts sowie links von »M« auf der Linie »F« durch Kreuze anzeichnen.

■ Auf diese Kreuze muß der Fernscheinwerfer-Lichtstrahl eingestellt werden.

Scheinwerfer einstellen

Die Einstellschrauben zeigen die Abbildungen oben (Golf/Jetta) und unten (Scirocco).

■ Zündung und Abblendlicht einschalten.

■ Zuerst an der Höhen-Einstellschraube – die untere beim Golf/Jetta, die obere beim Scirocco – so lange drehen, bis der Abblendlicht-Scheinwerferstrahl mit seiner waagrechten Trennlinie in Höhe der Einstellinie strahlt.

■ Seitenrichtung beim Golf/Jetta mit der oberen, beim Scirocco mit der unteren Einstellschraube so ausrichten, daß der Abknickpunkt im Abblend-Lichtbild genau auf das Einstellkreuz ausgerichtet ist.

■ Damit ist beim Golf/Jetta/Scirocco mit Einfachscheinwerfern auch das Fernlicht richtig eingestellt.

■ Beim Scirocco mit Doppelscheinwerfern auf Fernlicht umschalten.

■ Lichtstrahl der innenliegenden Fernscheinwerfer auf das jeweilige Kreuz einstellen:

■ Höhe mit der oberen, Seitenrichtung mit der unteren Einstellschraube.

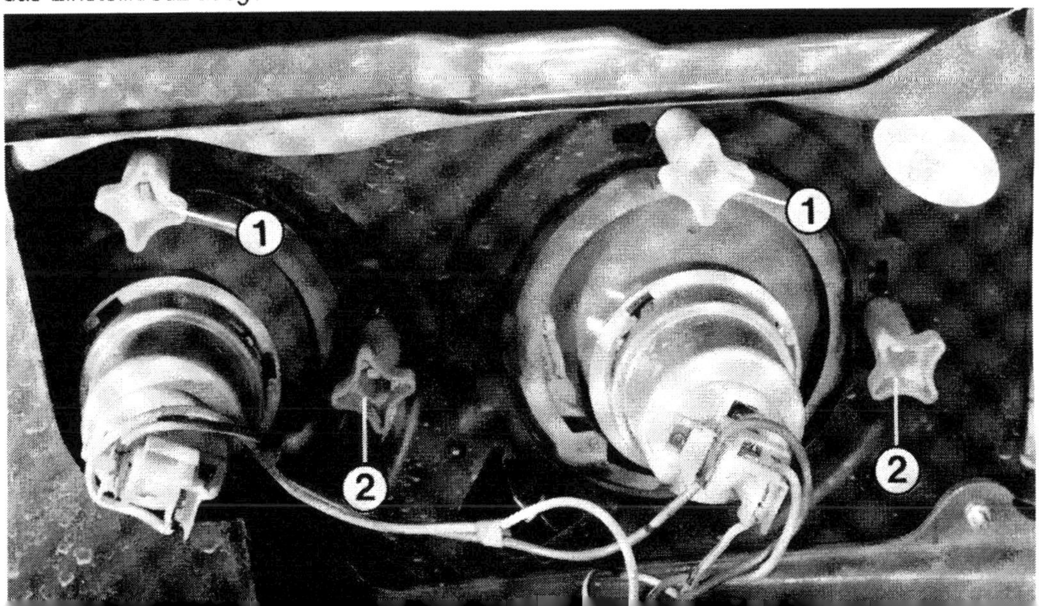

Am Scirocco erreichen Sie die Einstellschrauben der Scheinwerfer im Motorraum: 1 – Höhe; 2 – Seiteneinstellung.

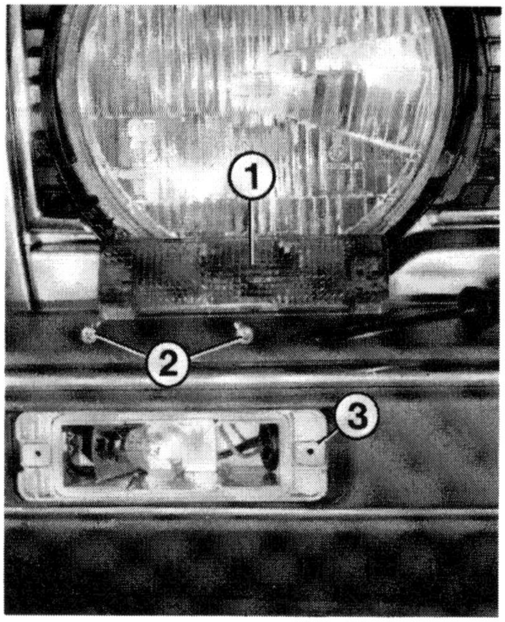

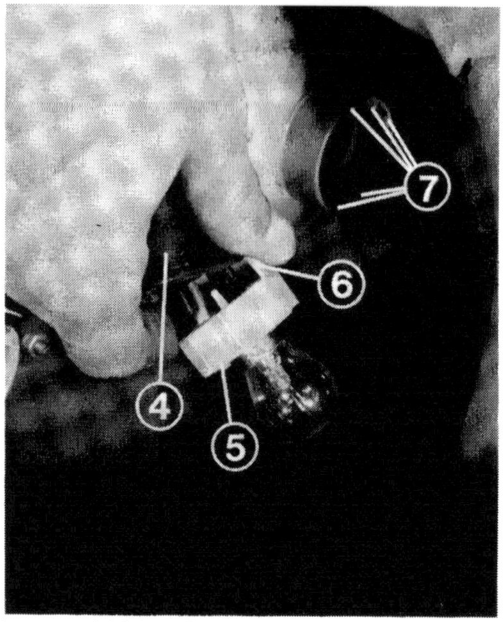

Links: Golf-Blinkleuchte vorn mit 1 – Blinkerglas; 2 – Halteschrauben; 3 – Haltedübel des Blinkergehäuses im Stoßfänger. Rechts der Scirocco-Blinker (ähnlich wie Jetta): 4 – Gummikappe; 5 – Lampenfassung; 6 – Halteklammer; 7 – Haltenocken im Lampengehäuse.

Lampenwechsel Golf-Blinkleuchten vorn

■ Beide Kreuzschlitzschrauben des Blinkerglases losdrehen, Lampenglas abnehmen.
■ Glühlampe ein wenig in die Fassung drükken, nach links drehen und herausziehen.
■ Zum Abnehmen des Blinkergehäuses dieses aus der Öffnung in der Stoßstange ziehen und Kabel-Steckverbindungen trennen.
■ Beim Zusammenbau auf korrekte Abdichtung zwischen Blinkerglas und Gehäuse achten, evtl. zusätzlich Silikonpaste an den Dichtflächen anstreichen.

Jetta- und Scirocco-Blinkleuchten vorn

■ Motorhaube öffnen.
■ Gummikappe hinten am Blinkergehäuse abstreifen.
■ Beim Jetta eine Halteklammer nach unten, beim Scirocco zwei Klammern zusammendrücken und die Fassung mit der eingesteckten Glühlampe herausziehen.
■ Lampe ein kleines Stück in die Fassung drücken, nach links drehen und herausziehen.
■ Beim Einbau muß die Fassung so in das Blinkergehäuse eingesetzt werden, daß die Aussparungen in die Nocken im Gehäuse einrasten. Stellung der Halteklammer(n): Oben (Jetta), oben und unten (Scirocco).
■ Zum Ausbau des Blinkergehäuses Fassung abnehmen und vom Motorraum her zwei Kreuzschlitzschrauben losdrehen.
■ Lampengehäuse herausziehen.

Heckleuchte

Die Glühlampen der Heckleuchte erreichen Sie vom Kofferraum her.

■ **Golf bis 7/80** (siehe Bild unten links): Halteklammern der Abdeckkappe zur Seite drücken, Kappe abnehmen.
■ Halteklammern nochmals beiseite drükken, Metall-Lampenträger vorsichtig herausziehen.
■ **Golf ab 8/80, Jetta** (Bild unten rechts) Halteklammern des Lampenträgers beiseite drücken und den Träger abnehmen.
■ **Scirocco:** Abdeckkappe abschrauben.
■ Klammern zur Seite drücken und die kombinierte Lampenfassung abnehmen.

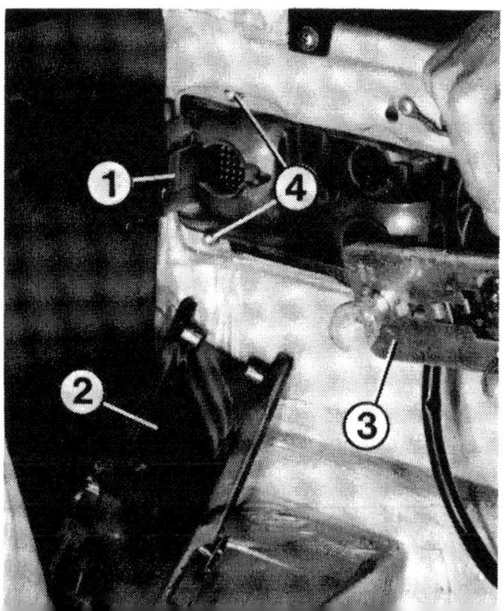

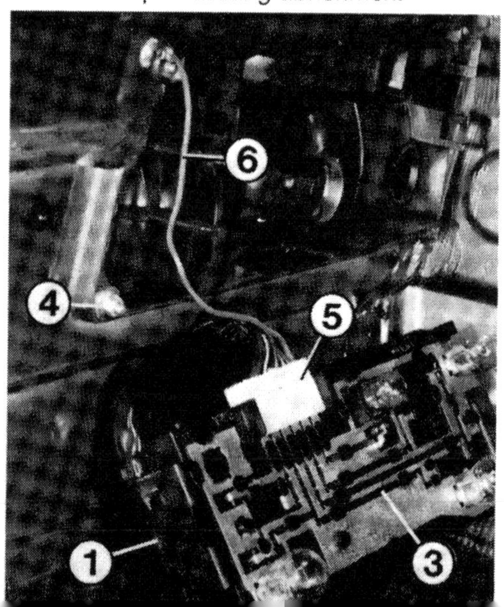

Die Heckleuchte, links beim Golf bis 7/80, rechts beim Jetta: 1 – Halteklammer; 2 – Abdeckkappe; 3 – Lampenfassung; 4 – Haltemuttern des Lampengehäuses; 5 – Mehrfachstecker; 6 – Massekabel.

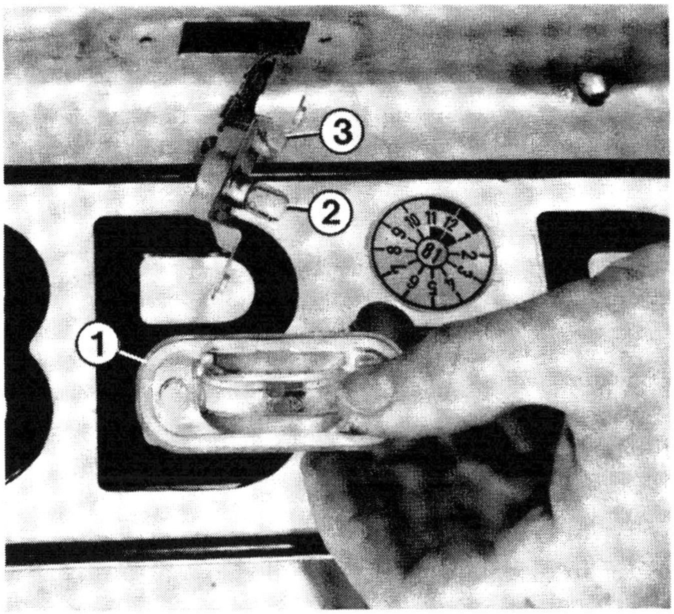

Die Kennzeichenleuchte des Golf: 1 – Deckglas; 2 – Röhrenlampe; 3 – Fassung.

■ **Alle Modelle:** Der Austausch der Glühbirnen geschieht gleich – Lampe ein wenig in ihre Fassung drücken, nach links drehen und herausziehen.
■ Zum Auswechseln des mit seinen Reflektoren kombinierten Heckleuchtenglases dessen vier Haltemuttern losdrehen, nachdem zuvor der Lampenträger abgenommen wurde.
■ Beim Einbau darauf achten, daß das am Heckleuchtengehäuse befestigte braune Massekabel wieder mit der Karosserie verschraubt wird, sonst gibt es Fehlfunktionen in der Heckleuchte.

Rückfahrlichtschalter

Das Aufleuchten der Rückfahrscheinwerfer veranlaßt der Schalter am Getriebe links unten beim Schlepphebelmotor bzw. vorn beim Tassenstößelmotor, wenn er beim Einlegen des Rückwärtsgangs von der entsprechenden Schaltstange berührt wird.
■ Bleibt es bei eingelegtem Rückwärtsgang hinten dunkel, kontrollieren Sie zuerst die Sicherung (ab Seite 160).
■ Ist sie intakt, Kabel am Rückfahrlichtschalter abziehen und mit einem Drahtstück überbrücken. Leuchtet es jetzt, ist der Schalter defekt.
■ Bleibt es jedoch dunkel in den Rückfahrscheinwerfern, ist die Leitung nach hinten unterbrochen (intakte Glühbirnen vorausgesetzt).

Kennzeichenleuchten

■ Am hinteren Abschlußblech (Golf/Scirocco) bzw. am Kofferraumdeckel (Jetta) beide Kreuzschlitzschrauben des Deckglases herausdrehen.
■ Deckglas und Schrauben abnehmen.
■ Glühlampe nach leichtem Druck und Linksdrehung aus der Fassung ziehen.
■ Beachten Sie beim Einbau des Lampenglases, daß die Leuchtfläche in Richtung Kennzeichen zeigt.

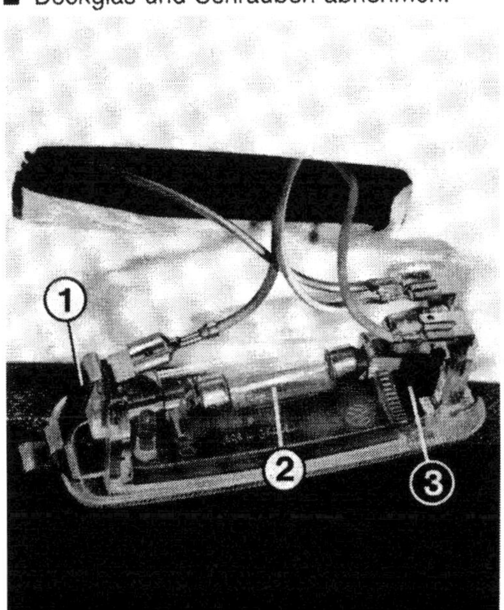

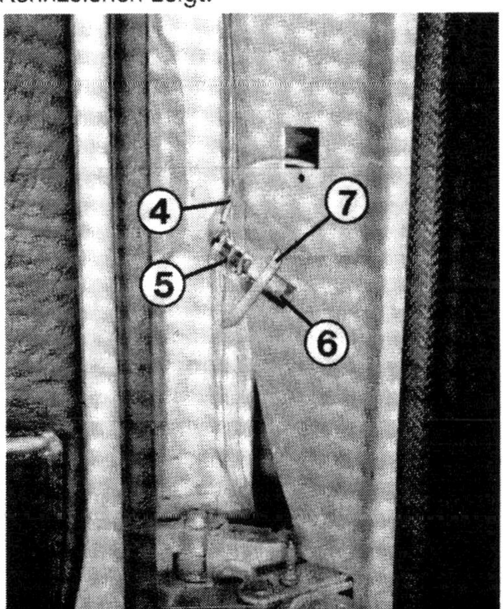

Links: Die Innenleuchte mit ihrer Haltefeder (1), Soffittenlampe (2) und dem Schalter (3). Rechts der Türkontaktschalter (7): 4 – angeschlossenes Kabel; 5 – Feder; 6 – Kontaktstift.

Links die Beleuchtung der Fahrstufenanzeige: 1 – Lampenhalter; 2 – Fassung; 3 – Glassockellampe. Rechts die Beleuchtung des Aschers/Anzünders und der Heizbetätigung: 4 – Spannhülse für Anzünder; 5 – Fassung für Ascher/Anzünderbeleuchtung; 6 – Fassung für Heizhebelbeleuchtung.

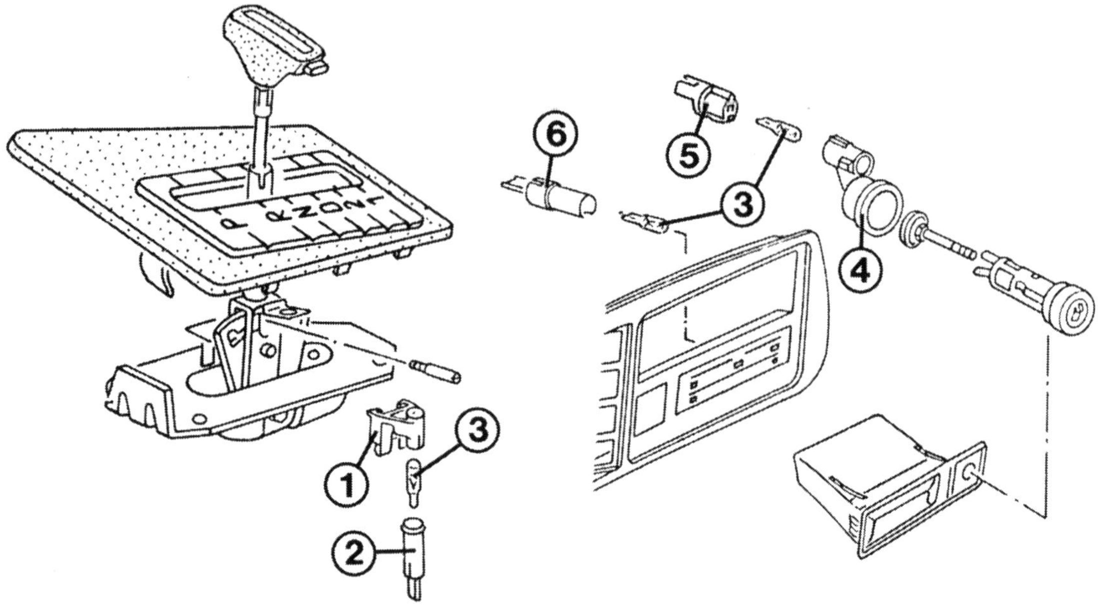

Innenleuchte

Die Soffittenlampe (10 Watt, 41 mm lang, DIN-Form K) muß bei geöffneter Fahrertür und entsprechender Schalterstellung brennen. Sie erhält dauernd Strom. Bei »besserer« Ausstattung sitzt auch an der Beifahrertür ein entsprechender Kontaktschalter für die Leuchte.

Zum Ausbau der Innenleuchte brauchen Sie kräftige Fingernägel, einen breitflächigen Schraubenzieher oder einen flachen Löffelstiel.

■ Massekabel der Batterie abklemmen oder Sicherung der Innenleuchte herausnehmen, sonst Kurzschlußgefahr.

■ Lampengehäuse an der Seite mit der Metall-Haltefeder (Bild auf der Vorseite) aus dem Dachausschnitt heraushebeln.

■ Soffittenlampe aus ihren Haltezungen aushängen.

■ Beim Einbau zuletzt die Seite der Innenleuchte mit der Haltefeder in den Dachausschnitt drücken.

Türkontaktschalter

Die Innenleuchte wird bei entsprechender Schalterstellung durch den oder die in den vorderen Türpfosten eingeschraubten Kontaktschalter ein- und ausgeschaltet. Wenn ein Türkontaktschalter nicht mehr richtig arbeitet:

■ Ziehen Sie bei eingebautem Schalter den Kontaktstift kräftig heraus (Beifahrertür muß ggf. geschlossen sein).

■ Brennt jetzt die Leuchte, liegt der Fehler an Korrosion.

■ Kreuzschlitzschraube des Schalters herausdrehen, Türkontaktschalter herausnehmen.

■ Sämtliche Kontaktflächen blank kratzen.

■ Ist der Kontaktstift verbogen oder klemmt er in seiner Führung, sollten Sie den Türkontaktschalter auswechseln.

■ Achten Sie darauf, daß das angeschlossene Kabel nicht in den Türpfosten hineinfällt.

■ Ist das Kabel im Türpfosten verschwunden, im Fußraum seitlich den Teppich abnehmen, um das Kabel zu »angeln«.

■ Falls das Kabel gar nicht angeschlossen war, lag hieran die Störung.

Heizhebelbeleuchtung

Die Beleuchtung für die Symbole der Heizung und Lüftung sitzt rechts in der Heizhebelblende und brennt bei eingeschaltetem Stand- und Hauptlicht.

■ Blende der Heizhebel ausbauen, siehe Seite 243.

■ Glühlampenfassung an der Rückseite der Blende etwas nach links drehen und abnehmen.

■ Glühbirne aus der Fassung ziehen. Es handelt sich um eine Glassockellampe (1,2 Watt, DIN-Form W).

Ascher- und Anzünder-Beleuchtung

Das 1,2-Watt-Glassockellämpchen (DIN-Form W) ist mit der Fassung zwischen Aschenbecher und Anzünder eingesteckt. Es brennt bei eingeschalteter Fahrzeugbeleuchtung.

■ **Golf bis 7/80, Scirocco:** Handschuhfach ausbauen, siehe Seite 261.

■ **Golf ab 8/80, Jetta:** Armaturenbrettabdeckung unten rechts abschrauben, wie auf Seite 261 beschrieben.

■ **Alle Modelle:** Lampenfassung zwischen Aschenbecher und Anzünder zum Motorraum hin abziehen.

■ Lämpchen aus der Fassung ziehen.

Fahrstufen-Anzeige

■ Blende unten am Wählhebel ausrasten, um 90° drehen und abnehmen.
■ Unten am Wählhebel die Lampenfassung aus ihrem Halter ziehen.
■ Glassockellampe (1,2 Watt, DIN-Form W) aus der Fassung herausnehmen.

Handschuhfachleuchte

■ Handschuhkasten öffnen.
■ Lampengehäuse rechts oben herausziehen.
■ Soffittenlampe (3 Watt, Länge 28 mm) aus den beiden Haltezungen herausnehmen.

Kofferraumleuchte

■ Heck- bzw. Kofferraumklappe öffnen.
■ Lampengehäuse seitlich auch dem Blech herausziehen.
■ 3-Watt-Soffittenlampe (Länge 28 mm) aus ihren Haltern herausnehmen.

Nebelscheinwerfer

Nebelscheinwerfer sollten möglichst tief montiert werden, damit sie den gewöhnlich nicht ganz auf dem Boden aufliegenden Nebel »unterstrahlen« können. Im Kühlergrill (z.B. beim Golf LX) neben den Hauptscheinwerfern sitzen die Nebelscheinwerfer relativ hoch. Günstiger ist nach unserer Meinung die Anbringung unter der Stoßstange.
Achten Sie bei Montage unter der Stoßstange darauf, daß die von Ihnen gekauften Scheinwerfer für »hängenden« Anbau vorgesehen sind. Andernfalls sitzen die Wasserablauflöcher an der falschen Seite und lassen Wasser eindringen.

Nebelscheinwerfer einbauen

Aus dem V.A.G.-Ersatzteillager sollten Sie sich folgendes besorgen:
□ Nebelscheinwerferschalter (bei Modellen mit werksseitig montierter Nebelschlußleuchte bereits vorhanden)
□ Relais, bis Baujahr 7/82 mit dem zugehörigen Adapter
□ Halter und Befestigungsteile für die Montage unter der Stoßstange. Die Halter sind unterschiedlich für Golf/Jetta und Scirocco sowie für Blech- bzw. kunststoffummantelte Stoßstangen
■ Batterie-Massekabel abklemmen.
■ Nebelscheinwerfer montieren.
■ Der elektrische Anschluß der Nebelscheinwerfer ist im Stromlaufplan auf Seite 165 dargestellt.
■ Blinddeckel am Armaturenbrett abnehmen (Seite 229) und Schalter einsetzen.
■ Relais für die Nebelscheinwerfer
■ bis 7/82 mit dem Adapter oben an der Zentralelektrik befestigen;
■ seit 8/82 im Relais-Steckfeld 8 (Abbildung Seite 233) einsetzen.
■ Batterie wieder anklemmen und Funktion prüfen.
■ Bei eingeschalteter Zündung und Beleuchtung müssen die Nebelscheinwerfer bei gedrücktem Schalter brennen. Beim Umschalten auf Fernlicht verlöschen die Nebelscheinwerfer nicht, was einer neuen EG-Richtlinie entspricht.
■ Lichtstrahl der Nebelscheinwerfer einstellen.
■ Bei fünf Meter Abstand vor der Einstellwand müssen die breit gestreuten Scheinwerferstrahlen 100 mm unterhalb des jeweiligen Scheinwerfermittelpunkts liegen.

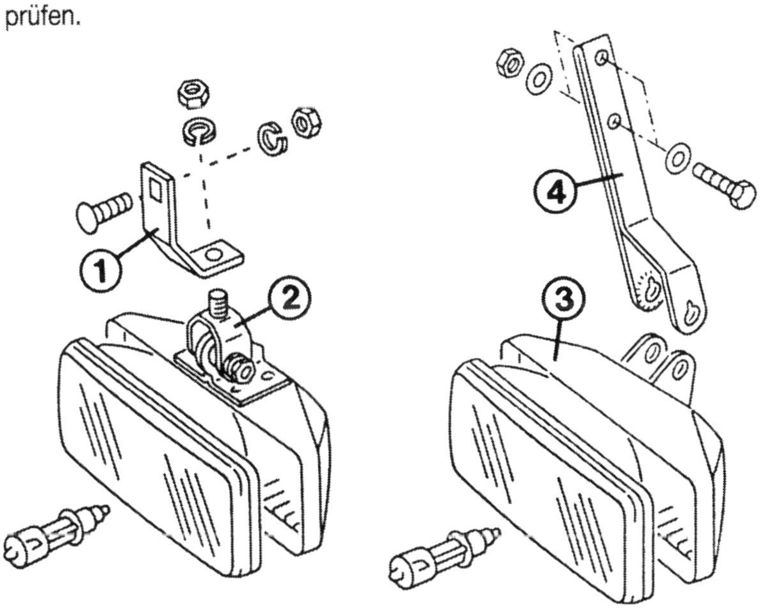

Für die Befestigung der Nebelscheinwerfer unter der Stoßstange gibt es im V.A.G.-Teilelager passende Halter: 1 – Lampenhalter für die Blechstoßstange bis 7/78; 2 – Nebelscheinwerfer mit Gewindeanschluß oben; 3 – Nebelscheinwerfer mit Halteösen mit dem Halter (4) für den kunststoffummantelten Stoßfänger.

Vom Tuten und Blasen

Im Straßenverkehr hat man sich glücklicherweise schon vor langer Zeit auf eine allgemeinverständliche Sprache geeinigt: Die Absicht zum Abbiegen oder Spurwechseln drücken die Blinker aus. Wenn abgebremst oder angehalten werden soll, zeigen dies rote Lichter an. Und will der Fahrer jemanden warnen, ertönt das Horn oder die Lichthupe flammt kurz auf.

Blink- und Warnblinkanlage prüfen

Ständige Kontrolle

Die Warnblinkanlage muß ständig funktionieren, deshalb wird ihr Schalter direkt von Batterie-Plus über eine Sicherung versorgt. Die Richtungsblinker erhalten dagegen nur bei eingeschalteter Zündung Strom von Klemme 15.

■ Drücken Sie bei ausgeschalteter Zündung auf den roten Kippschalter.

■ Alle vier Blinkerlampen und das rote Fenster im Schalter leuchten in gleichem Rhythmus auf.

■ Wenn Sie die Zündung jetzt einschalten, blinkt zusätzlich die grüne Blinkerkontrolle im Gegentakt mit (aufgrund einer geänderten Schaltung, siehe Seite 226).

■ Warnblinker ausschalten, Zündung eingeschaltet lassen.

■ Bei gedrücktem Blinkerhebel müssen eine Blinkerseite und im Gegentakt die grüne Kontrolleuchte regelmäßig aufleuchten.

Blinkerstörungen

□ Blitzt bei eingeschalteten Richtungsblinkern die grüne Kontrolleuchte nur kurz auf, ist eine Glühlampe ausgefallen. Beim Warnblinken macht sich der Lampenausfall im Blinkerrhythmus nicht bemerkbar. Lampenwechsel siehe Seite 210.

□ Brennen bei eingeschalteten Richtungs- oder Warnblinkern die Leuchten dauernd, ist das Blinkrelais defekt, siehe Seite 232/233.

□ Leuchtet nur die Kontrollampe, aber bleiben die orangefarbenen Leuchten am Wagen dunkel, liegt es ebenfalls am Blinkrelais.

□ Leuchten die Blinker mal in langsamer Folge, mal schnell (z. B. beim Ein- oder Ausschalten leistungsstarker Verbraucher, wie heizbare Heckscheibe oder Scheibenwischer), zunächst die Leitungen, die sich in unmittelbarer Nähe des Relais befinden, hiervon wegdrücken. Hilft das nicht und sind alle Steckverbindungen einschließlich der Masseverbindung der Heckleuchten in Ordnung, muß das Relais erneuert werden.

□ Funktioniert nur Warnblinken ohne Richtungsblinken oder umgekehrt, fehlt es an der Spannungsversorgung durch die betreffende Sicherung (siehe Tabellen ab Seite 160), oder es liegt am Schalter (Ausbau siehe Seite 229/230).

Defektes Blinkrelais kurzschließen

Mit einem ausgefallenen Blinkrelais ist die Weiterfahrt nicht ganz ungefährlich, denn im dichten Verkehr und vor allem bei Dunkelheit wird Ihre Abbiegeabsicht den anderen Autofahrern nicht ersichtlich.

■ Blinkrelais leicht ruckelnd aus der Zentralelektrik herausziehen. Es sitzt bis 7/82 und ab Modelljahr 1983 an unterschiedlicher Stelle, siehe Abbildungen Seite 232/233.

■ Kurzschlußbrücke zwischen den Klemmen 49 und 49a (am Relais markiert) herstellen. Dazu eine Büroklammer oder ein kurzes Drahtstück in die Zentralelektrik in die Steckanschlüsse einstecken, die Klemme 49 und 49a gegenüber liegen.

■ Blinkrelais wieder einsetzen.

■ Bei gedrücktem Blinkerhebel leuchtet jetzt eine Blinkerseite dauernd.

■ Durch Ein- und Ausschalten mit dem Blinkerhebel erhalten Sie einen Blinker-Rhythmus.

Bremsleuchten prüfen
Ständige Kontrolle

Die Bremslichter sollten Sie zu Ihrer eigenen Sicherheit so oft wie möglich kontrollieren.

- Die Garagenwand hinter dem Wagen muß hell rot aufleuchten, wenn Sie auf das Bremspedal treten.
- Oder in einer Kolonne prüfen Sie mit dem Rückspiegel, ob sich in den Scheinwerfer-Reflektoren oder in der Lackierung des Hintermannes beide Bremslichter spiegeln.

Der Bremslichtschalter

Unsere Modelle besitzen einen oder zwei hydraulische Bremslichtschalter am Hauptbremszylinder im Motorraum. Durch den Tritt auf das Bremspedal werden die Schalterkontakte und damit der Stromkreis zu den Bremsleuchten geschlossen. Das bewirkt der ansteigende Druck im Bremssystem.

Bremslichtschalter überprüfen

- Motorhaube öffnen.
- Kabelstecker abziehen.
- Kabelanschlüsse im Stecker mit Büroklammer oder Drahtstück überbrücken.
- Brennen jetzt die Bremslichter, ist der Bremslichtschalter defekt.

Bremslichtschalter auswechseln

- Kabelstecker abziehen.
- Bremslichtschalter herausschrauben und neuen Schalter sofort eindrehen, damit möglichst wenig Bremsflüssigkeit ausläuft.
- Bremsanlage entlüften, wie auf Seite 147 beschrieben.

Störungsbeistand Bremslicht

Die Störung	– ihre Ursache	– ihre Abhilfe
A Eine Bremsleuchte brennt nicht	1 Glühbirne durchgebrannt	Austauschen
	2 Spannungszuleitung unterbrochen. Brennen alle übrigen Glühbirnen in derselben Heckleuchte? Falls nicht	Kabel kontrollieren
	3 Unterbrechung in der Masseverbindung	Masseanschluß überprüfen
B Beide Bremslichter brennen nicht	1 Sicherung defekt	Ersetzen
	2 Bremslichtschalter defekt	Überprüfen, ggf. ersetzen
	3 Siehe A 1 und 3	
C Bremslicht brennt dauernd	1 Siehe B 2	
	2 Kabel zum Bremslichtschalter haben direkten Kontakt	Kabel kontrollieren

Hupe prüfen
Wartung Nr. 5

Bei eingeschalteter Zündung und beim Druck auf den Hupkontakt im Lenkrad muß das Horn ertönen bzw. bei »besserer« Ausstattung die Zweiklanghörner. Bei Modellen mit Zweiklanghörnern ist zur Schonung der Hupkontakte ein Relais zwischengeschaltet, das die Verbindung der Hörner zur Masse schließt. Die Schaltung ist je nach Baujahr etwas unterschiedlich, wie Sie aus den Stromlaufplänen ab Seite 166 ersehen können.

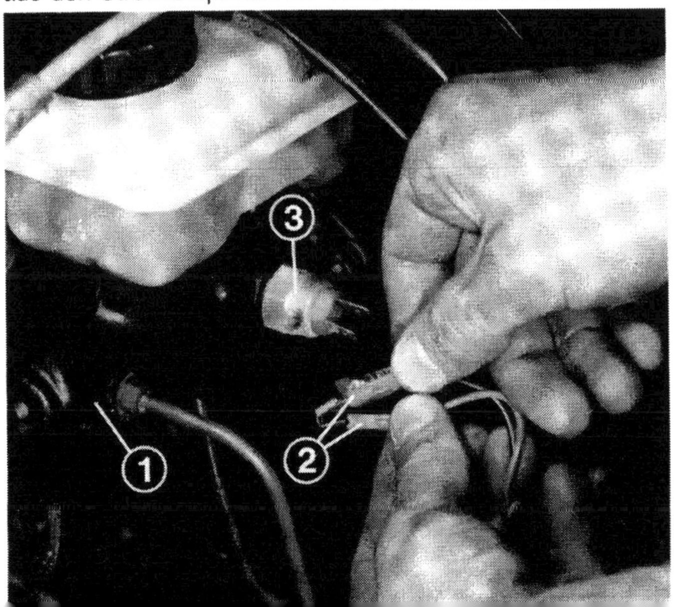

Der Bremslichtschalter (3) ist in den Hauptbremszylinder (1) eingeschraubt. Hier ist das Überbrücken des Schalters gezeigt: Beide Kabel (2) sind vom Schalter abgezogen und miteinander verbunden.

Signalhorn kontrollieren

■ Kabelstecker abziehen.
■ Hupe ausbauen.
■ An jedem Steckanschluß ausreichend lange Kabel aufstecken und diese mit dem Plus- bzw. Minuspol der Batterie verbinden.
■ Bleibt es ruhig, ist das Signalhorn defekt.
■ Ein krächzendes oder völlig stummes Horn läßt sich bisweilen durch Drehen der Einstellschraube an der Hupenrückseite wieder stimmen oder zu neuem Leben erwecken.
■ Schraube unter der Vergußmasse freilegen.
■ Nach dem Einstellen die Schraube mit Karosseriedichtmasse wieder feuchtigkeitssicher verschließen.

Störungsbeistand Hupe

Die Störung	– ihre Ursache	– ihre Abhilfe
A Einzelhupe tönt nicht	1 Sicherung defekt	Ersetzen
	2 Stromzuleitung zur Hupe (schwarz/gelbes Kabel) unterbrochen	Kabelverlauf kontrollieren, Steckkontakte an der Hupe blank kratzen
	3 Hupe defekt	Prüfen, ggf. austauschen
	4 Leitung zwischen Hupenkontakt und Hupe unterbrochen	Kabelverlauf kontrollieren
B Einzelhupe tönt dauernd bei eingeschalteter Zündung	1 Kabel vom Hupkontakt zur Hupe hat Kurzschluß zur Masse	Braun/blaues Kabel abziehen. Hupt es nicht mehr, Kabelverlauf kontrollieren. Unterwegs: Kabel abgezogen lassen
	2 Hupe hat inneren Kurzschluß	Hupe ersetzen. Unterwegs: Stromzuführendes schwarz/gelbes Kabel abziehen und isolieren
C Eine Hupe der Zweiklanghörner tönt nicht	Siehe A 2, 3 und 4	
D Beide Hupen der Zweiklanghörner tönen nicht	1 Sicherung für Hupen-Arbeitsstrom defekt	Ersetzen
	2 Siehe A 2 und 4	
	3 Sicherung für Hupen-Schaltstrom durchgebrannt	Auswechseln
	4 Hupenrelais defekt	Prüfen, siehe Seite 233, ggf. austauschen

Die Lichthupe

Falls die Lichthupe nicht funktioniert, obwohl die Scheinwerfer bei eingeschalteter Beleuchtung brennen:

■ Kontrollieren, ob das rote bzw. rot/gelbe Klemme-30-Kabel zum Kombihebel unter Spannung steht.
■ Falls ja, folgendes kontrollieren:
■ **Bis 7/76:** Zieht das Abblendrelais (siehe Seite 232/233) an, wenn der Schaltkontakt im Kombihebel den Stromweg schließt?
■ **Ab 8/76:** Funktioniert der Lichtumschalter im Kombihebel?
■ Schalterausbau siehe Seite 230.

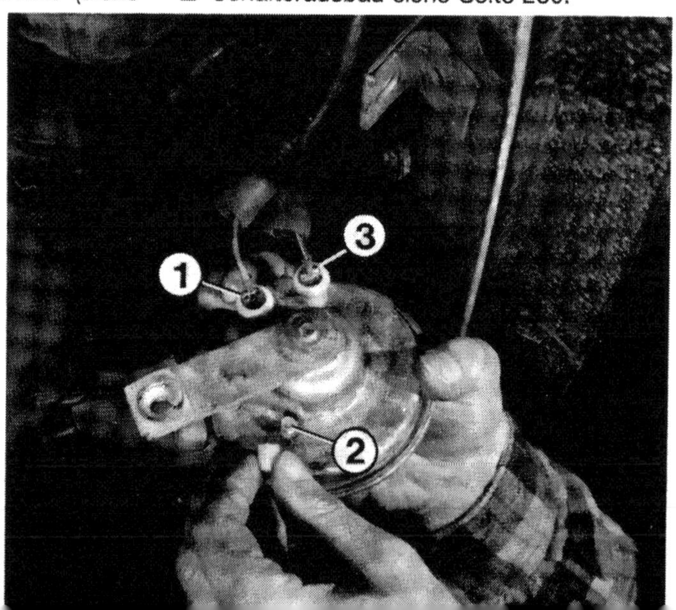

Das Signalhorn besitzt an der Rückseite eine Einstellschraube (2) unter einer Kunststoffkappe oder Vergußmasse. Die Leitung »1« kommt vom Hupkontakt im Lenkrad, über das Kabel »3« wird Spannung an das Horn herangeführt.

Wächter und Helfer

Anzeigeinstrumente und Warnlichter informieren den Fahrer über das augenblickliche Befinden seines Fahrzeugs. Und eine Vielzahl von Schaltern löst allerlei Funktionen aus. Auf alle diese Bauteile gehen wir in diesem Kapitel ein. Weiter sollen jene Einrichtungen zur Sprache kommen, mit denen das Autofahren sicherer oder komfortabler wird.

Kontrollinstrumente und -leuchten prüfen

Wartung Nr. 4

Setzen Sie sich hinter das Lenkrad und kontrollieren Sie nacheinander:

■ Läuft die Zeiger- bzw. Digitaluhr?
■ Zündung einschalten. Es müssen aufleuchten oder -blinken: Ladekontrolle, Öldruckwarnleuchte, Temperaturwarnleuchte, Bremskontrolle. Im Lichtschalter des Jetta bzw. des Golf seit 8/80 muß das Scheinwerfersymbol erleuchtet sein.
■ Mit etwas Verzögerung wandert die Tankanzeigenadel über die Skala.
■ Linken Hebelschalter betätigen – leuchtet die grüne Blinkerkontrolle bzw. die Fernlichtkontrolle?
■ Brennen bei gedrücktem Schalter die Kontrolleuchten für Warnblinker, heizbare Heckscheibe und, bei eingeschaltetem Licht, Nebelscheinwerfer bzw. Nebelschlußleuchte?
■ Motor starten – arbeitet der Drehzahlmesser.
■ Bei einer Probefahrt die Funktion von Tachometer, Schalt- und Verbrauchsanzeige (sofern vorhanden) und Kühlmittel-Temperaturanzeige überprüfen.

Kombiinstrument ausbauen

Wir haben zu dieser Arbeit das Lenkrad abgenommen. Das ist nicht unbedingt notwendig, aber es erleichtert die Zugänglichkeit.

■ Massekabel der Batterie abnehmen.
■ Radio bzw. Ablagefach ausbauen (Seite 240).
■ Heizhebelblende demontieren, wie auf Seite 243 beschrieben.
■ Tachowelle lösen, siehe Seite 225.
■ **Golf bis 7/80, Scirocco:** Durch die Radio-Einbauöffnung die Halteschraube des gesamten Kombiinstrument-Einsatzes lösen, siehe Bild unten.
■ Blende komplett mit Instrumenten und Schaltern zum Lenkrad hin herausziehen.
■ Schalter ausrasten (Seite 229).
■ **Golf ab 8/80, Jetta:** Kleine Abdeckkappe links unten an der Kombiinstrumentblende mit einer Nadel o. ä. heraushebeln.

Der Instrumenteneinsatz wird beim Golf bis 7/80 und beim Scirocco von einer einzigen Schraube (Pfeil) gehalten.

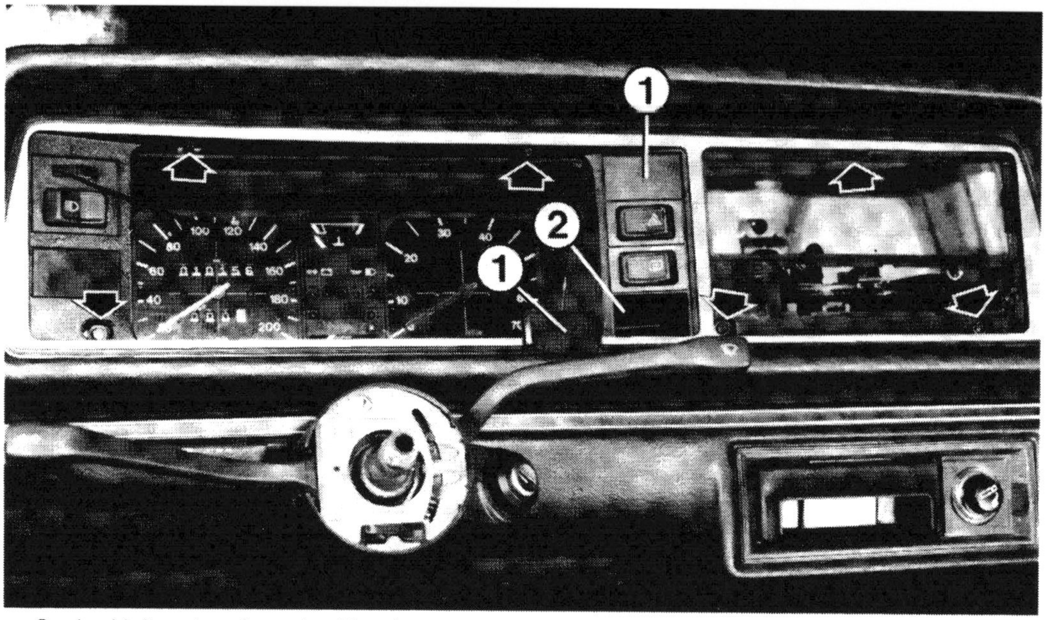

Beim Golf ab 8/80 und beim Jetta halten die mit Pfeilen bezeichneten Schrauben die Blende des Kombiinstruments. Für zusätzliche Schalter sind Blinddekkel (1) in die Ausschnitte (2) der Blende eingesteckt.

- Sechs Halteschrauben der Blende losdrehen (Bild oben).
- Blende ein Stück herausziehen.
- Mehrfachstecker von den Schalterrückseiten und ggf. Unterdruckschlauch zur Verbrauchsanzeige (nur Formel E) abziehen.
- Instrumentenabdeckung mit den Schaltern abnehmen.
- Beide Kreuzschlitzschrauben seitlich vom Kombiinstrument herausdrehen.
- Instrumentenkombination nach vorn klappen, und die unteren Kunststoffbolzen aus den Halteblechen aushängen.
- **Alle Modelle:** Mehrfachstecker abziehen.
- Beim Einbau darauf achten, daß der Mehrfachstecker und die Tachowelle richtig eingesteckt sind. Funktion vor dem endgültigen Zusammenbau prüfen!

Instrumentenbeleuchtung auswechseln

Die Lampen für die Instrumentenbeleuchtung sind mit Kunststoffassungen an der Rückseite des Kombiinstruments eingesteckt. Die 1,2-Watt-Glassockellampen tragen die DIN-Bezeichnung W. Beim neueren Kombiinstrument sind die Kontaktzungen für die Fassung an der Glühlampe angelötet. Als Ersatzteil gibt es die passende Glassockellampe nur zusammen mit der entsprechenden Fassung: Schwarz mit 1,2-Watt-Lampe, weiß mit 2-Watt-Lampe.

- Kombiinstrument ausbauen.
- Lampenfassung eine Viertelumdrehung drehen und abziehen, siehe linkes Bild rechts oben.

Kontrolleuchten auswechseln

□ Herkömmliche Glassockellampen als Lichtquelle für die Kontrolleuchten besitzen der Golf mit dem alten Armaturenbrett (bis 7/80) und der Scirocco. Für die Fernlichtkontrolle im Jetta bis 7/80 wurde ebenfalls eine Glühlampe verwendet. Der Ausbau geschieht gleich, wie eben für die Instrumentenbeleuchtung beschrieben. Auch die Starterzug- und Bremskontrolleuchte im neueren Armaturenbrett benutzt weiterhin Glassockellampen. Der Ausbau ist oben beschrieben.

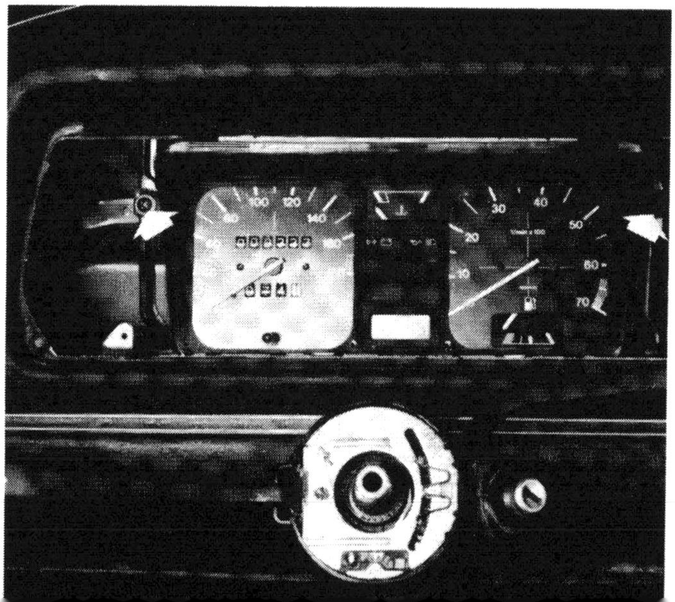

Das Kombiinstrument des Golf ab 8/80 und des Jetta halten die beiden mit Pfeilen gekennzeichneten Schrauben.

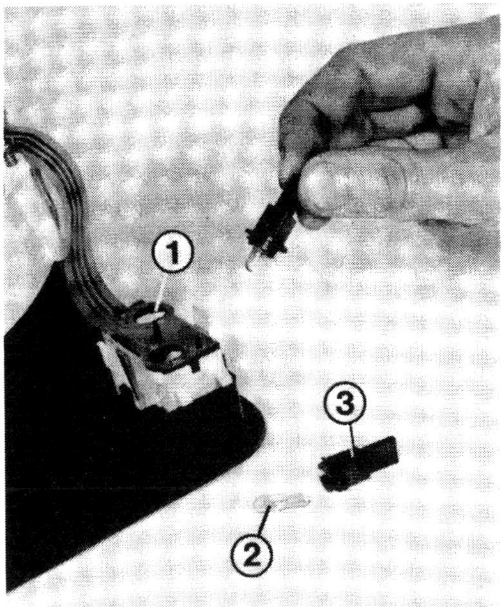

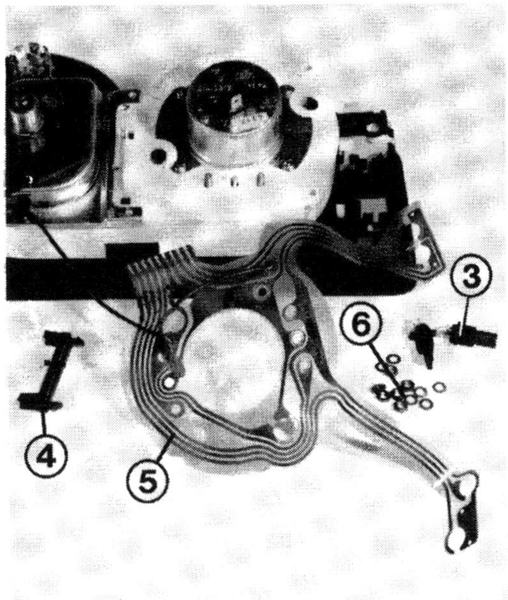

Links: Für die Instrumentenbeleuchtung sitzt im Gehäuse (1) eine Glassockellampe (2) in ihrer Fassung (3). Rechts die Leiterfolie (5) mit Haltespange (4) sowie Muttern und Unterlegscheiben (6).

□ Für die Kontrolleuchten im neueren Armaturenbrett verwendet VW Leuchtdioden, siehe Seite 157. Zum Schutz gegen zu hohe Spannungen ist jeder Leuchtdiode ein eigener Widerstand vorgeschaltet. Die Leuchtdiode der Ladekontrolle besitzt noch einen zusätzlichen Widerstand von 150 Ω zur Vorerregung der Drehstrom-Lichtmaschine, siehe Seite 183. Für den Ausbau der Leuchtdioden muß das Kombiinstrument zerlegt werden.

□ Die rotblinkende bzw. gelbe Kühlmittel-Temperaturkontrolle im Golf mit Schlepphebelmotor von 8/79 bis 7/80 besitzt ebenfalls solche Leuchtdioden. Zum Leuchtdiodenwechsel genügt der Ausbau des Kombiinstruments.

■ **Brems- und Starterzugkontrolle:** Blende des Kombiinstruments abschrauben.

■ Halteklammern des Lampengehäuses zusammendrücken, Gehäuse von der Blende abnehmen.

■ Defekte Glassockellampe (1,2 Watt) aus dem Lampengehäuse ziehen und ersetzen.

■ Bei neueren Modellen sind die Glassockellampen ins Lampengehäuse eingelötet, dann müssen Sie ein neues Lampengehäuse mit Glühlampen kaufen.

■ **Temperaturkontrolleuchten:** Kombiinstrument ausbauen.

■ Glühlampenfassungen abnehmen.

■ Leiterfolie hinten am Lampengehäuse aushängen.

■ Defekte Leuchtdiode aus ihren Steckzungen abziehen. Neue Leuchtdiode in gleicher Stellung wieder einstecken.

■ Die Plusanschlüsse der Leuchtdioden sind gekennzeichnet. Rotblinkende Leuchtdiode: Zusätzlicher kurzer Stift direkt am Sockel. Gelbe Leuchtdiode: Anschluß am Sockel schmäler als am Minusanschluß.

■ An der Leiterfolie sitzt der Minusanschluß der Leuchtdioden direkt unter den Öffnungen für die Glühlampenfassungen.

Kombiinstrument zerlegen

Eigenarbeiten am Kombiinstrument sind problemlos möglich. Bei der Ersatzteilbeschaffung gilt es aber zu berücksichtigen, daß es zahllose Varianten von Leiterfolien, Mehrfachsteckern, Instrumenten usw. gibt. Wer Gebrauchtteile einbauen will, muß darauf achten, daß sie aus einem Wagen gleichen Modelljahrs stammen.

Fingerzeig: *Der Ausfall eines Instruments hat seine Ursache häufig in einem Schaden an der Leiterfolie. Ganz typisch sind temperaturabhängige Defekte. Dann ist z. B. ein Haarriß in einer Leiterbahn, der bei Kälte den Stromfluß unterbricht.*

Leiterfolie ausbauen

■ Instrumentenkombination mit dem »Gesicht« auf einen Lappen legen.

■ Fassungen der Instrumentenbeleuchtung und der Kontrolleuchten abnehmen.

■ Halteschraube des Spannungskonstanters losdrehen. Einbau siehe Seite 222.

■ Wird die Folie ausgetauscht, Konstanter aus seinen Kontaktfahnen herausziehen.

■ Muttern (SW 7 und SW 5) an den Gewindestiften der Instrumente losdrehen. Die darunter liegenden Unterlegringe so ablegen, daß sie wieder an derselben Stelle montiert werden.

■ Halteschraube(n) der Leiterfolie losdrehen, dabei auf die evtl. vorhandene Isolierscheibe achten, die wieder an derselben Stelle untergelegt werden muß.

Links: Mit einem kleinen Schraubenzieher wird die Diodenhalterung (2) abgehebelt. Die Digitaluhr (3) besitzt zwei Halteschrauben (4), die Temperaturanzeige (1) ist lediglich eingesteckt.
Rechts: Eine herausgezogene Leuchtdiode (5).

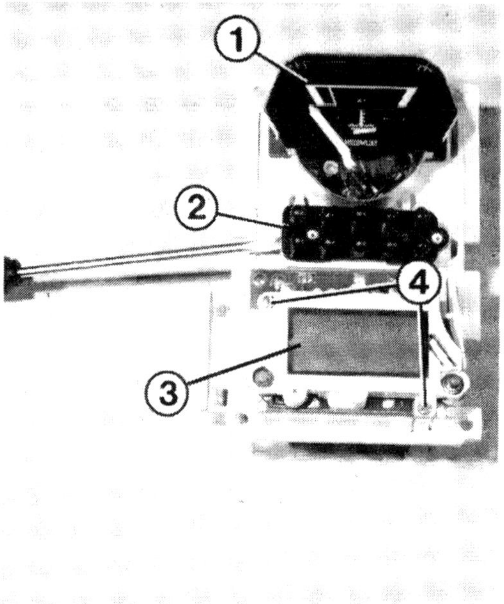

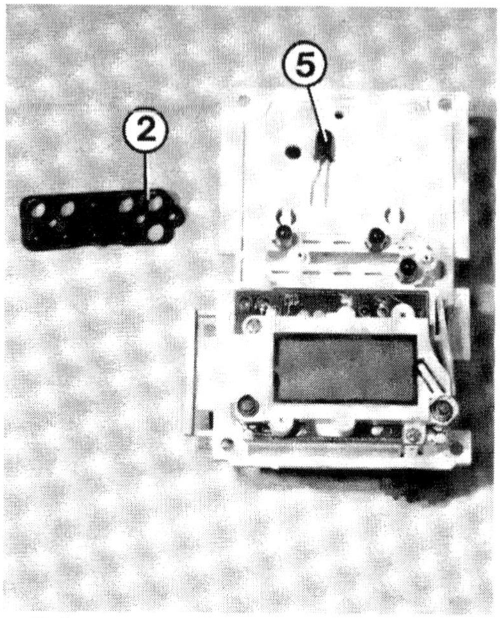

Golf bis 7/80, Scirocco

- Ggf. Kabelstecker zur Zeituhr abziehen.
- Halter für den Mehrfachstecker ausrasten. Dazu an der Schmalseite mit einem kleinen Schraubenzieher die Klammer am Halter etwas zurückdrücken.
- Folie vorsichtig aus den Kunststoffhaltestiften mit leichter Schraubenziehernachhilfe herausheben.

Golf ab 8/80, Jetta

- An der Zeigeruhr Halteclip vom Steckkontakt der Leiterfolie abdrücken.
- Schraube der Anschlußfahne an der Zeigeruhr losdrehen.
- Folie vorsichtig aus den Steckverbindungen zur Diodenplatte und ggf. zum Steuergerät der dynamischen Öldruckkontrolle (ab 8/82) herausheben. Nicht an der Folie ziehen, sondern mit einem flachen Schraubenzieher unter die Folie fahren und nach oben drücken.
- Folie vollends abziehen. Nicht knicken!
- Wenn die Leiterfolie nicht komplett abgenommen werden soll, klappt man sie jetzt nach unten.
- Andernfalls Haltespange am Mehrfachsteckanschluß unten ausrasten.
- Beim Festschrauben der Leiterfolie darauf achten, daß an der Zeigeruhr die Anschlußfahne unter die Kontaktöse an der Uhr gelegt wird. Andernfalls verdreht sich die Leiterfolie beim Festschrauben.

Leuchtdioden ersetzen

Im Armaturenbrett des Jetta bis 7/80 ist der Austausch der einzelnen Leuchtdioden nicht möglich.

- Leiterfolie abschrauben.
- Mittleren Instrumententräger abheben.
- In der Mitte der Diodenplatte die schwarze Diodenhalterung vorsichtig abhebeln (Bild oben links).
- Defekte Diode herausziehen und neue einstecken.
- Diodenanschlüsse nicht verwechseln – der Minusanschluß ist zur Diode hin etwas breiter. Bei manchen Ausführungen ist die Einbaulage auch auf der Diodenplatte eingeprägt.
- Zum Wechsel der Leuchtdiode in der Schaltanzeige muß diese erst von der weißen Diodenplatte abgeschraubt werden.

Instrumente ausbauen Golf bis 7/80, Scirocco

Je nach Modelljahr und Ausstattungsvariante ist der Ausbau etwas unterschiedlich.

- Ggf. Glühlampenfassungen, Spannungskonstanter und Leiterfolie ausbauen, wie auf diesen Seiten beschrieben.
- **Tachometer:** Vier Halteschrauben losdrehen.
- **Tankanzeige im Tachometer:** Halteschrauben am Tachometergehäuse lösen; Tankanzeige abnehmen.
- **Zeituhr bzw. Drehzahlmesser, Tank- und Temperaturanzeige:** Tachometer abschrauben oder zumindest lösen.
- Die beiden außen am Gehäuse des Kombiinstruments sitzenden Halteschrauben der weißen Trägerplatten losdrehen, ebenso die Schraube(n) der Verbindung Zeituhr/Drehzahlmesser und Trägerplatten.
- Trägerplatten mit den darin sitzenden Instrumenten abnehmen. Vorsicht, daß die Zeiger sich nicht verhaken und dadurch verbogen werden.

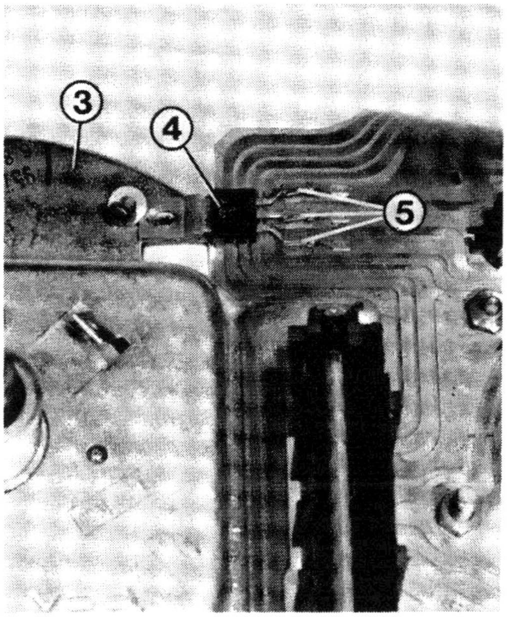

Links die Überprüfung einer Leuchtdiode mit 9-V-Batterie: Gerader Anschluß an Plus, gewinkelter an Minus. Rechts: Der Spannungskonstanter (4) ist mit seinen drei Anschlüssen (5) in die Leiterfolie eingesteckt und auf ein Kühlblech oder das Tachometergehäuse (3) geschraubt.

Golf ab 8/80, Jetta

Als erstes müssen grundsätzlich die in der Mitte sitzenden Instrumente ausgebaut werden.

- Leiterfolie abnehmen.
- **In der Mitte** sitzende **Temperatur- bzw. Schalt- und Verbrauchsanzeige und Digitaluhr:** Mittleren Instrumententräger abheben.
- Instrument komplett vom Träger abnehmen.
- **Tachometer:** Tachometergehäuse herausnehmen.
- Schrauben am Tachowellenanschluß losdrehen, Tachometer herausziehen.
- Im Tachometergehäuse sitzt seit 8/82 außerdem das **Steuergerät** für **die dynamische Öldruckkontrolle** (siehe Seite 227). Zu dessen Ausbau eine Schraube lösen und drei Kunststoffklammern ausrasten, wie im Bild unten gezeigt.
- **Drehzahlmesser:** Ggf. rechts sitzende Tankanzeige ausbauen.
- Erst mittleren Instrumententräger, dann Drehzahlmesser abnehmen.
- Zwei Schrauben des Drehzahlmessers am Träger lösen.
- **Zeigeruhr:** Ggf. rechts sitzende Tankanzeige ausbauen.
- Uhr abnehmen.
- Zum Ausbau der **rechts sitzenden Tank- und Temperaturanzeige** zwei Halteschrauben der Blende losdrehen.
- Betreffendes Instrument vom Träger abnehmen.

Instrumente der Mittelkonsole ausbauen

- Mittelkonsole ausbauen, siehe Seite 261.
- Zwei Rändelmuttern an der Instrumentenrückseite herausdrehen.
- Kabelstecker abziehen, Instrument abnehmen.

Spannungskonstanter

Die Tank- und die Temperaturanzeige müssen mit absolut gleichmäßiger Spannung versorgt werden. Andernfalls lassen Spannungsschwankungen die Zeigernadeln pendeln. Bei den seit

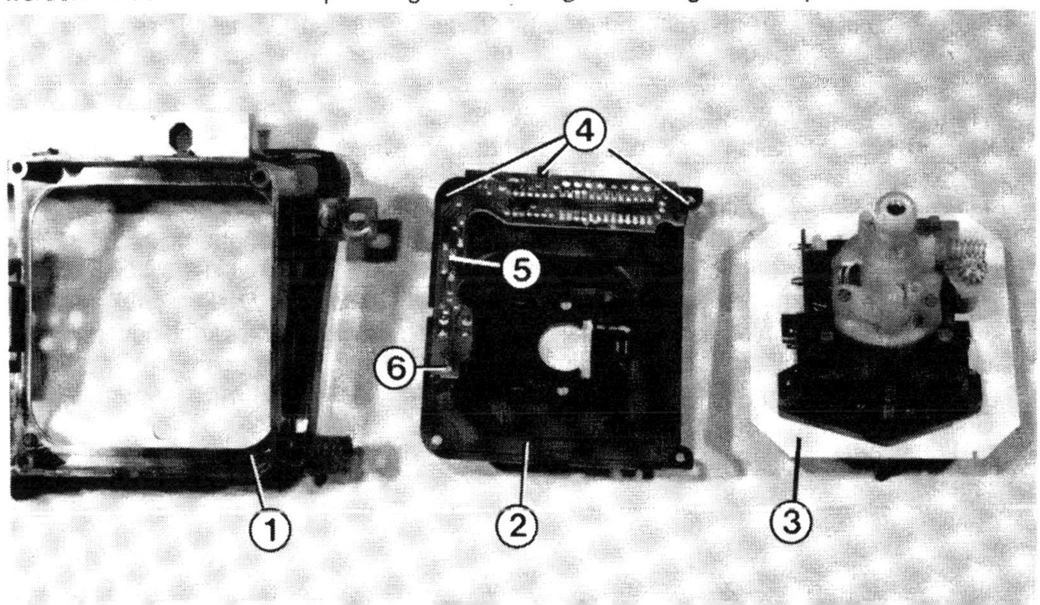

Bei abgeschraubtem Tachometer (3) wird im Gehäuse (2) das Steuergerät (5) für die dynamische Öldruckkontrolle sichtbar sowie die entsprechenden Kunststoff-Halteklammern (4) und die Befestigungsschraube (6). Links im Bild das Gehäuse (1) des Kombiinstruments.

Die Tankanzeige besteht aus: 1 – Instrumentenskala mit dahinter sitzendem Bimetallkörper; 2 – Geber mit Widerstand; 3 – Masseanschluß; 4 – Schwimmer; 5 – Batterie; 6 – Zündschalter.

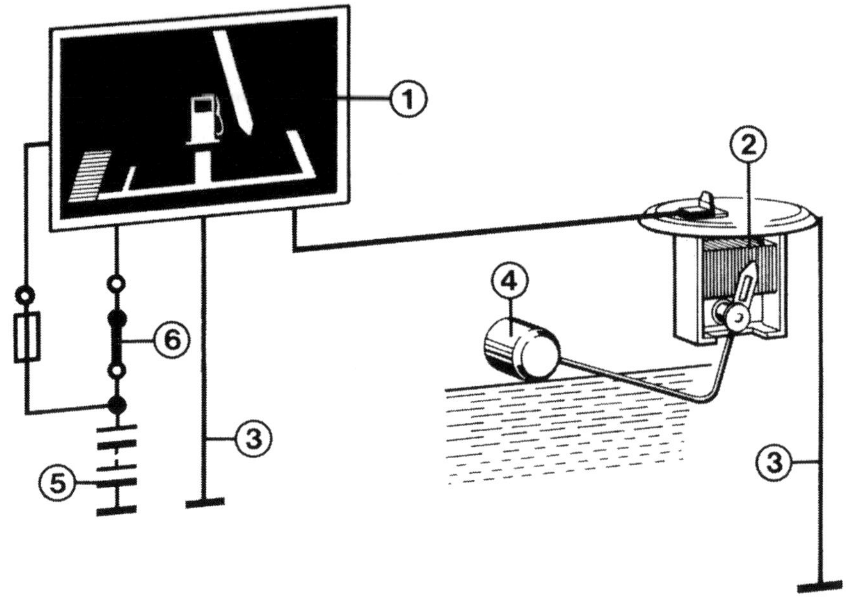

8/75 gebauten Fahrzeugen sitzt an der Rückseite des Kombiinstruments ein kleines Bauteil, das mit drei Anschlüssen in die Leiterfolie eingesteckt ist – der Spannungskonstanter. Bis 7/75 besaßen Tank- und Temperaturanzeige je einen Konstanter direkt im Instrument.

Spannungskonstanter prüfen

■ Zündung einschalten.
■ Im Motorraum am Fühler für die Kühlmitteltemperatur Stecker abziehen.
■ Bei einem Fahrzeug ohne Temperaturanzeige den Tankgeber freilegen, siehe Seite 72.
■ Voltmeter zwischen dem Steckanschluß und Masse anklemmen.
■ Es müssen ziemlich exakt 10 V anliegen.
■ Liegt der Wert unter 9,5 oder über 10,5 V, ist der Spannungskonstanter defekt.

Spannungskonstanter austauschen

■ Kombiinstrument ausbauen und auf das »Gesicht« legen.
■ Spannungskonstanter abschrauben.
■ Konstanter vorsichtig aus den Steckverbindungen der Leiterfolie herausziehen.
■ Bei der Reduzierung der Bordspannung auf den gewünschten Wert wird Wärme frei. Für einwandfreie Ableitung der Wärme muß der Spannungskonstanter guten Kontakt mit dem Metall darunter haben.
■ **Bis 3/77:** Die silbrig-metallische Kühlfläche am Konstanter muß auf dem Metallgehäuse des Tachometers zu liegen kommen.
■ **Seit 3/77:** Als Kühlfläche dient jetzt die Blechlasche zum Anschrauben ans Tachometergehäuse bzw. das separate Kühlblech oberhalb des Tachometers.

Drehzahlmesser

Wie oft die Kurbelwelle im Motor in der Minute rotiert, zeigt der Drehzahlmesser (je nach Modell und Kundenwunsch) an. Er erhält von der Zündanlage die Zündimpulse übermittelt. Summiert und aufbereitet wird das auf das Zeigerwerk im Instrument übertragen.
Bei Störungen gilt es, die entsprechenden Leitungen zu überprüfen. Evtl. ist auch die Leiterfolie beschädigt.

Kraftstoffanzeige

Der Tankgeber im Kraftstofftank besteht aus einem Schwimmer und einem elektrischen Widerstand. Mit Einschalten der Zündung erhält das Anzeigegerät im Kombiinstrument Spannung. Den Stromkreis schließt der veränderliche Widerstand im Tankgeber, der die Verbindung zur Masse herstellt. Je nach Stromdurchfluß wird das Bimetall im Anzeigeinstrument mehr oder weniger stark beheizt, und die daran befestigte Zeigernadel schlägt entsprechend aus. Steht der Schwimmer bei vollem Tank in seiner höchsten Stellung, ist der Widerstand am Tankgeber überbrückt, das Anzeige-Bimetall wird voll beheizt und läßt den Zeiger voll ausschlagen. Mit abnehmendem Tankinhalt sinkt der Schwimmer, der dadurch höhere Widerstand hemmt den Stromdurchfluß zum Bimetall, die Nadel zeigt weniger an.

Störungsmöglichkeiten

Als Ursache für fehlerhafte Anzeige kommen in Frage:
□ Zu hoher oder zu niedriger Stand: Spannungskonstanter defekt oder Schwimmerarm verbogen.

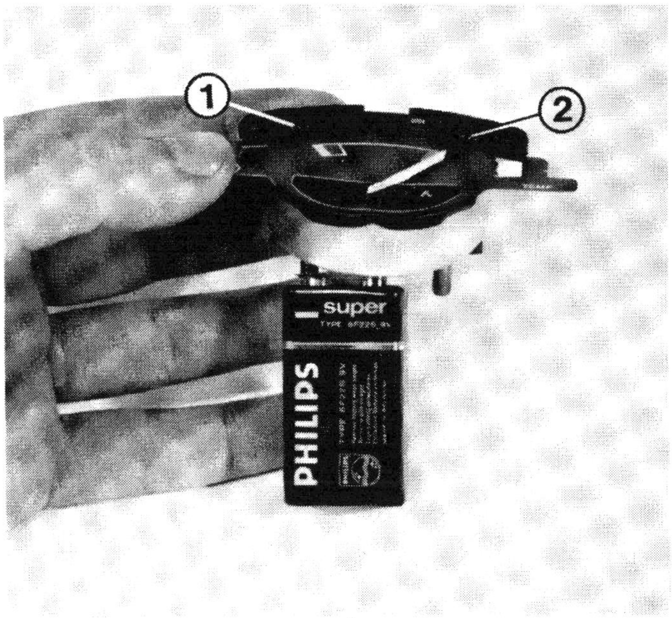

In Ruhestellung muß der Zeiger eines Anzeigeinstruments innerhalb des linken Toleranzfeldes (1) stehen. Bei voll anliegender Betriebsspannung von 9–9,5 Volt wandert der Zeiger an die rechten Toleranzmarken (2).

□ Keine Anzeige: Tankgeber oder Anzeigeinstrument defekt. Stellen Sie fest, daß sowohl Tank- wie Temperaturanzeige nichts oder falsch anzeigen, liegt es am Spannungskonstanter (ab 8/75).

Tankgeber einstellen

■ Bei Falschanzeige durch verbogenen Schwimmerarm Tankgeber ausbauen (Seite 72).

■ Biegen des Schwimmerarms nach oben verringert die Anzeige, Biegen nach unten ergibt einen höheren Anzeigewert.

Tankgeber prüfen

■ Freilegen, wie auf Seite 72 beschrieben, Kabelstecker abziehen.
■ Steckanschluß des violett/schwarzen Kabels mit dem Anschluß des braunen Kabels überbrücken.
■ Zündung ganz kurz einschalten – schlägt der Zeiger auf »Voll« aus, ist der Tankgeber defekt.

■ Bewegt sich der Zeiger nicht, ist entweder das violett/schwarze Kabel zum Kombiinstrument unterbrochen, die Leiterfolie oder das Anzeigeinstrument defekt.
■ Prüfung des Anzeigeinstruments, wie unten unter »Anzeigegerät prüfen« beschrieben.

Kühlmittel-Temperaturanzeige

Die Anzeige für die Kühlmitteltemperatur funktioniert ähnlich wie die Tankanzeige. Plusstrom erhält das Instrument bei eingeschalteter Zündung, die Masseverbindung stellt der Temperaturfühler im Thermostatgehäuse bzw. einem Anschlußstutzen am Zylinderkopf her. Dieser Fühler ist ein veränderlicher Widerstand, der mit zunehmender Erwärmung den Stromdurchfluß weiter freigibt, so daß das Bimetall im Instrument stärker beheizt wird und die Nadel weiter ausschlägt.
Bei zu hoher Kühlmitteltemperatur wird seit 8/79 im Instrument zusätzlich eine rotblinkende Leuchtdiode eingeschaltet.

Störungsmöglichkeiten

□ Fehlerhafte Anzeige der Kühlmitteltemperatur bei gleichzeitig ungenauer Benzinstandsanzeige lassen bei Modellen ab 8/75 auf einen schadhaften Spannungskonstanter schließen.
□ Keine Anzeige kann ihre Ursache im Temperaturfühler oder Instrument haben.

Prüfanleitung

■ **Temperaturfühler prüfen:** Blau/gelbes bzw. gelb/rotes Kabel am Fühler abziehen und fest mit Masse verbinden.
■ Zündung kurz einschalten – wandert die Anzeigenadel ins rote Feld und blinkt die Leuchtdiode im Instrument, ist der Temperaturfühler defekt.
■ **Anzeigegerät prüfen:** Kombiinstrument ausbauen.
■ Für die Stellung des Zeigers sind an der Skala Toleranzfelder angezeichnet: Jeweils drei weiße Striche markieren die Ruhe- und Endlage oberhalb der Zeigerspitze.
■ Steht der Zeiger in Ruhelage innerhalb des Toleranzfeldes?
■ Am besten eignet sich für die weitere Überprüfung des Anzeigegeräts eine geladene Blockbatterie von 9 Volt, denn das entspricht der Betriebsspannung für das Anzeigeinstrument.
■ Batterie-Pole an die Steckstifte hinten am Kombiinstrument halten, ggf. mit Kabelstück.

Links der Schlepphebel-, rechts der Tassenstößelmotor. Im Bild gezeigt der Temperaturfühler (1) und der Öldruckschalter 0,3 bar (2).

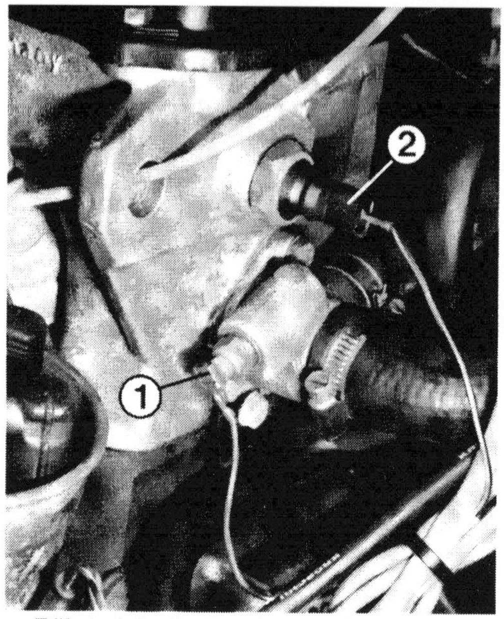

■ Die Anzeigenadel muß ausschlagen; wenn nicht, Pole vertauschen.

■ Bei korrekter Anzeige wandert die Nadel über die Skala ins gegenüberliegende Toleranzfeld.

■ Wird die richtige Endlage des Zeigers trotz ausreichender Batteriespannung nicht erreicht, Anzeigeinstrument ersetzen.

■ Zur weiteren Prüfung Zentralstecker abziehen.

■ Steckkontakt des schwarzen Kabels (= Klemme 15) im Zentralstecker mit dem Pluspol einer 12-Volt-Batterie verbinden.

■ Kontakt des violett/schwarzen Kabels (Tankanzeige) bzw. des blau/gelben oder gelb/roten Kabels (Temperaturanzeige) an den Minuspol anschließen.

■ Rührt sich die Anzeigenadel nicht, ist die Leiterfolie unterbrochen.

■ Wandert die Nadel in ihre höchste Stellung, liegt der Fehler in der Kabelzuleitung.

■ **Leuchtdiode prüfen:** Die bereits erwähnte 9-Volt-Batterie mit dem Minuspol an den mittleren Anschluß hinten am Anzeigeinstrument, Pluspol an einen seitlichen Kontakt halten. Die Leuchtdiode muß jetzt blinken.

■ Hat die Leuchtdiode bei der Prüfung am Temperaturfühler versagt, blinkt aber jetzt, liegt der Fehler in der Leiterfolie.

■ Die rotblinkende Leuchtdiode in der Kühlmittelanzeige kann nicht ausgebaut werden, sondern muß gemeinsam mit dem Instrument getauscht werden.

Öltemperaturanzeige

Die Temperaturanzeige für das Motoröl (Scirocco GL/GT/TS) funktioniert auf die gleiche Weise wie die Anzeige der Kühlmitteltemperatur, siehe Text auf der Vorseite.

Schalt- und Verbrauchsanzeige Formel E

Ein Pfeil mit gelber Leuchtdiode leuchtet auf, wenn der Motor die geforderte Leistung nicht im günstigsten Drehzahlbereich abgibt. Die Zündspule gibt die Drehzahlinformation. Die Unterdruckmeldung aus dem Ansaugrohr stammt von einem Unterdruckschalter. Über 1900/min und bei mehr als 0,3 bar Unterdruck wird von einem Steuergerät der Stromkreis zur Leuchtdiode geschlossen, sie brennt und fordert den Fahrer zum Hochschalten auf. Totgestellt ist die Schaltanzeige bei kaltem Motor, bei losgelassenem Gaspedal und im höchsten Gang.
Nur im höchsten Gang wandert der Zeiger der Verbrauchsanzeige über die Skala und zeigt den augenblicklichen Verbrauch als Tendenzwert, also nicht den Durchschnittsverbrauch. Die Information für die Verbrauchsanzeige liefert wieder der Unterdruck im Ansaugrohr. Dabei geht man davon aus, daß starker Unterdruck (bei nahezu geschlossener Drosselklappe) niedrigem; geringer Unterdruck (bei geöffneter Drosselklappe) dagegen hohem Verbrauch entspricht.

Störungssuche Schaltanzeige

Wenn die Schaltanzeige dauernd dunkel bleibt, prüfen Sie folgendermaßen:

■ **Leuchtdiode prüfen:** Steuergerät abziehen, Steckkontakt für blau/gelbes Kabel direkt mit Masse verbinden.

■ Zündung einschalten. Wenn jetzt die Schaltanzeige aufleuchtet

■ **Gangschalter prüfen:** Handbremse anziehen, Motor starten, Kupplung treten und höchsten Gang einlegen (nicht einkuppeln!). Bewegt sich der Zeiger der Verbrauchsanzeige?

■ Falls nicht, am Schalter in Fahrtrichtung links am Getriebegehäuse den Mehrfachstecker abziehen.

■ Im Stecker die Kontakte der weiß/grünen

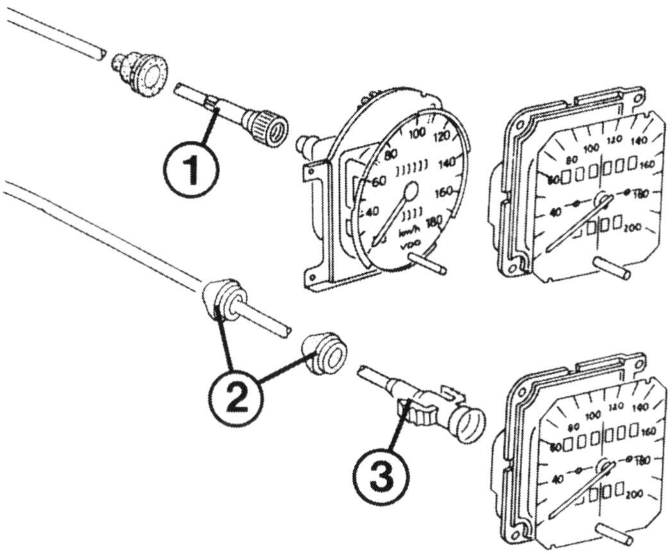

Beim Tachometer bis 7/81 ist die Tachowelle (1) mit einer Rändelmutter am Instrument befestigt. Die neuere Ausführung (3) besitzt Kunststoff-Halteklammern. Position »2« bezeichnet die Abdichttüllen.

und braunen Leitung miteinander verbinden.

■ Handbremse anziehen, Motor starten, Kupplung treten. Zeigt die Verbrauchsanzeige jetzt an, ist der Gangschalter defekt. Andernfalls Verbrauchsanzeige überprüfen, siehe unten.

■ **Unterdruckschalter prüfen:** Er sitzt in einer Unterdruckleitung.

■ Stecker abziehen (Kabelfarbe weiß/rot und braun).

■ Ohmmeter an den Schalterkontaktzungen anschließen. Der Meßwert strebt gegen ∞ Ω.

■ Motor starten und mit etwa 3000/min drehen lassen, der Widerstand muß auf 0 Ω abfallen. Wenn nicht, Unterdruckschläuche überprüfen bzw. Schalter ersetzen.

■ War bis jetzt kein Fehler zu finden, liegt es an der Spannungsversorgung des Steuergeräts, oder das Steuergerät selbst ist defekt.

Störungssuche Verbrauchsanzeige

■ Steuergerät abziehen, Klemme G des weiß/grünen Kabels im Relaissitz direkt mit Masse verbinden.

■ Motor starten und langsam hochdrehen.

■ Bewegt sich der Zeiger nicht, ist das Instrument defekt, wenn die Unterdruckleitung in Ordnung ist und keine Leitungsunterbrechung zwischen Steuergerät und der Verbrauchsanzeige vorliegt.

■ Hat sich die Zeigernadel bewegt, Getriebeschalter prüfen, wie im vorangegangenen Abschnitt beschrieben.

Tachometer

Dieser Geschwindigkeitsmesser zeigt das Fahrtempo gewissermaßen auf elektrischem Weg an, nämlich durch Erzeugung von Wirbelströmen, die eine Aluminiumtrommel rund um die Zeigerachse gegen den Widerstand einer Spiralfeder verdrehen.

Der Tachometer kann nicht die genaue Entfernung oder Geschwindigkeit messen, sondern er »zählt« die Umdrehungen des Tachowellenantriebs am Getriebegehäuse und setzt sie in Kilometerangaben um. Nach wieviel Tachowellenumdrehungen ein Kilometer auf der Straße zurückgelegt wurde, hängt von der Reifengröße und der Achsübersetzung ab. Die entsprechende Tachometerantriebs-Anpassung wird mit der »Weg-Drehzahl« gekennzeichnet. Die lautet für den 1,1-/1,3-Liter 935 und für den 1,5-/1,6-Liter 950.

Störungen am Tachometer

Eine zitternde Tachonadel weist gewöhnlich darauf hin, daß die Tachowelle einen Knick hat und bald brechen wird.

Bei einem Fahrzeug mit hoher Laufleistung kann auch der Tachoantrieb im Getriebe verschlissen sein.

Tachowelle ausbauen

■ Ablagefach bzw. Radio ausbauen (Seite 240).

■ Mit schlanker Hand durch den Ausschnitt fassen und die Tachowelle lösen.

■ Wer die Tachowelle auf diese Weise nicht erreicht, muß die linke Armaturenbrettabdekkung oder das linke Ablagefach ausbauen, siehe Seite 260.

■ **Bis 7/81:** An der Rückseite des Tachometers die Rändelmutter losdrehen, ggf. eine Kombizange zu Hilfe nehmen.

■ **Ab 8/81:** Kunststoff-Halteklammern an der Tachorückseite ausrasten; dazu die Wellensicherung etwas drehen.

■ **Schlepphebelmotor:** Wagen vorn aufbocken.

■ Von unten Überwurfmutter oberhalb dem Flansch der rechten Antriebswelle losdrehen.
■ Beim **Tassenstößelmotor mit Schaltgetriebe** im Motorraum von oben her auf der linken Seite hinten am Getriebe die Kreuzschlitz- bzw. Sechskantschraube am Halteblech losdrehen.
■ Bei **Automatikgetriebe** die Überwurfmutter losdrehen.
■ **Alle Modelle:** Tachowelle aus ihren Haltern aushängen bzw. Kabelbinder aufschneiden.
■ Tachowelle zum Motorraum hin herausziehen.
■ Die Welle soll am Anschluß zum Tachometer nicht gefettet werden, sonst sind Funktionsstörungen möglich.
■ Beim Einbau darf die Tachowelle nicht stark gebogen oder gar geknickt werden, sonst ist sie bald wieder defekt.
■ Deshalb zum »Einfädeln« der Welle evtl. das Kombiinstrument abnehmen. Durch die Gummitüllen darf sie nicht mit Gewalt gedrückt werden.
■ Tachowelle mit ihren Haltern bzw. neuen Kabelbindern sichern, damit sie nicht lose herumbaumelt.
■ Beim Scirocco die Tachowelle mit Klebeband am Lagerbock der Lenksäule befestigen, damit sie den Kupplungszug nicht berührt. Dazu untere Armaturenbrettverkleidung abnehmen (Seite 260).

Zeituhr

Die quarzgesteuerte Uhr geht ausgesprochen exakt. Läuft die Digital- oder Zeigeruhr überhaupt nicht, beschränkt sich die Fehlersuche auf die zuständige Sicherung oder das stromzuführende Kabel.

Blinkerkontrolle

Die Blinkerkontrolle ist einerseits an Klemme 49a des Blinkrelais angeschlossen und erhält von dort die Blinkimpulse. Auf der anderen Seite hängt sie über den Mehrfachstecker an Klemme 15, die aber nur bei eingeschalteter Zündung Spannung liefert. Ist diese Klemme abgeschaltet, reagiert die Blinkerkontrolle nicht auf die Impulse der Warnblinkschaltung. Kommt dagegen bei eingeschalteter Zündung Spannung von Klemme 15, ist in der Pause zwischen den Blinkimpulsen der Stromkreis über den »toten« (= Minus-)Relaiskontakt geschlossen, und die Kontrolleuchte blinkt im Gegentakt auf.

Bremskontrolle

Diese Kontrolleuchte warnt auf unterschiedliche Weise:
□ Bei angezogener Handbremse leuchtet die Kontrolle. Dazu sitzt am Handbremshebel ein Kontaktschalter, der bei angezogener Handbremse den Kontakt zur Lampe schließt.
□ Der Druck im Bremskreis wird mit zwei dreipoligen Bremslichtschaltern (am Hauptbremszylinder) überwacht. Verliert ein Bremskreis Hydraulikflüssigkeit, sinkt dort der Bremsdruck ab. Diese Druckdifferenz zum anderen, intakten Bremskreis meldet der entsprechende Bremslichtschalter der Warnleuchte, sie brennt.
□ Eine andere Version der Bremskontrolle meldet abgesunkenen Flüssigkeitsstand. Dann besitzt der Verschlußdeckel auf dem Vorratsbehälter für die Bremsflüssigkeit einen Schwimmer und einen Kontaktschalter, der bei abgesunkenem Niveau im Behälter den Stromkreis zur Lampe schließt.

Schalter der Bremswarnleuchte prüfen

Bei der Ausführung mit zwei dreipoligen Bremslichtschaltern wird die Funktion der Glühlampe beim Einschalten überprüft: Bei gelöster Handbremse muß die Lampe brennen und nach dem Motorstart verlöschen. Die sogenannte Druckdifferenzanzeige können Sie auch kontrollieren. Dabei geht man ähnlich wie beim Entlüften der Bremsen vor, siehe Seite 147.
■ Wagen gegen Wegrollen sichern mit Keilen oder Steinen. Die Handbremse darf bei der Prüfung nicht angezogen sein.
■ Motor starten und im Leerlauf drehen lassen.
■ Entlüfterventil an der linken vorderen Bremse öffnen.
■ Bremspedal von einem Helfer treten lassen – jetzt muß die Warnlampe aufleuchten.
■ Bremspedal niedergetreten halten, Entlüfterventil wieder schließen. Andernfalls dringt Luft ins Bremssystem ein.
■ Gleiche Prüfung durch Öffnen des Entlüfterventils an der rechten Vorderradbremse.
■ Zum Schluß Stand der Bremsflüssigkeit kontrollieren, ggf. nachfüllen.

Störungssuche an der Bremskontrolle

■ Verlöscht die Kontrolle nicht, Bremsflüssigkeitsstand im Behälter prüfen.
■ Fehlt Bremsflüssigkeit, siehe Seite 131.
■ Überprüfen Sie als nächstes, ob der gelöste Handbremshebel den Stift im Kontaktschalter nach unten drückt.

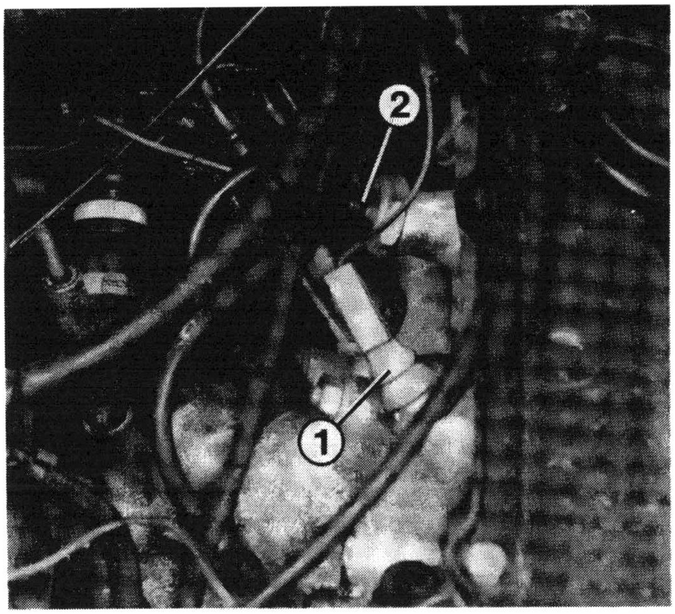

Der bzw. die Öldruckschalter sitzen beim Schlepphebelmotor in Fahrtrichtung hinten am Zylinderkopf. Vorn im Bild der 1,8-bar-Schalter (1), hinten der 0,3-bar-Schalter (2).

■ Wenn nicht, den Kontaktschalter lösen und seitlich versetzen.
■ War kein Fehler zu entdecken, muß der Kabelverlauf zur Kontrolleuchte überprüft werden.
■ Wenn die Warnleuchte überhaupt nicht brennt, kann es an folgenden Fehlern liegen: Leitungsunterbrechung, Leiterfolie oder Glühbirne defekt, Kontaktschalter klemmt (nur bei Flüssigkeitsstand-Kontrolle).

Fernlichtkontrolle

Nur bei eingeschaltetem Fernlicht oder beim Lichthupen erhält die Fernlichtkontrolle Spannung. Ob die Fernlichtfäden auch brennen, kann sie aber nicht anzeigen.

Ladekontrolle

Bei laufendem Motor darf die Ladekontrolle weder schwach noch hell leuchten. Bleibt sie beim Einschalten der Zündung dunkel, ist das ebenfalls ein Fehler. Näheres zur Störungssuche finden Sie im »Störungsbeistand Batterie und Lichtmaschine« auf Seite 183.

Öldruckkontrolle bis 7/82

Bei eingeschalteter Zündung erhält die Öldruckkontrolle Spannung. Solange kein Öldruck im Motor aufgebaut wird, ist ihr Stromkreis durch den Öldruckschalter im Zylinderkopf zur Masse geschlossen – das rote Licht leuchtet. Nach dem Start mit zunehmenden Drehzahlen steigt der Öldruck, der Öldruckschalter öffnet seine Kontakte, und das Warnlicht verlöscht.

seit 8/82

Der Motoröldruck wird von zwei Öldruckschaltern sowie einem Steuergerät mit Warnsummer überwacht. Das Steuergerät sitzt im Gehäuse des Tachometers. So funktioniert es:
Bei eingeschalteter Zündung liegt an der Kontrolleuchte im Armaturenbrett ständig Spannung an. Solange der Öldruck bei stehendem Motor noch unter 0,3 bar liegt, hält der 0,3-bar-Öldruckschalter seine Kontakte geschlossen. Damit ist die Masseverbindung zur Kontrollleuchte hergestellt, und sie blinkt. Sobald der Motor gestartet wird und der Öldruck ansteigt, öffnet der Schalter seine Kontakte, die Kontrolle verlöscht.
Der zweite Öldruckschalter mit einem Schaltdruck von 1,8 bar ist in seiner Funktion mit dem Steuergerät verbunden. Sinkt der Motoröldruck unter 1,8 bar, öffnet er seine Kontakte, wodurch die Masseverbindung zum Steuergerät unterbrochen wird.
Das Steuergerät leitet diesen Impuls aber nur dann zur Kontrolleuchte weiter, wenn der **Öldruck länger als eine Sekunde unter 1,8 bar** fällt und die **Motordrehzahl über 2100/min** liegt. Dann läßt das Steuergerät die Öldruckkontrolle blinken und gibt zusätzlich einen Warnton von sich.

Die Öldruckschalter

Zur Unterscheidung besitzen die Isolierstücke der Öldruckschalter unterschiedliche Farben:
Braun ist die Isolierung am **0,3-bar-Schalter**.
Weiß eingefärbt ist der **1,8-bar-Schalter**.
Beim **Schlepphebelmotor** sitzen beide Öldruckschalter in Fahrtrichtung hinten mitte und links am Zylinderkopf.
□ Am **Tassenstößelmotor** ist der 0,3-bar-Schalter an der linken Motorstirnseite im Zylinderkopf eingeschraubt. Der 1,8-bar-Schalter sitzt am Ölfilterflansch vorn am Motor.

Störungssuche

Leuchtet oder blinkt die Warnlampe (evtl. mit zusätzlichem Warnton) **bei laufendem Motor, müssen Sie sofort anhalten und den Motor abstellen!**

■ Ölstand kontrollieren. Falls in Ordnung:

■ Blau/schwarzes Kabel am 0,3-bar-Öldruckschalter abziehen und frei hängen lassen.

■ Zündung einschalten. Leuchtet oder blinkt die Kontrolle weiterhin, hat die Zuleitung Masseschluß – das ist ungefährlich für den Motor.

■ **Ab 8/82:** Gelbe Leitung am 1,8-bar-Öldruckschalter abziehen und an Masse halten.

■ Zündung einschalten. Blinkt die Kontrolle weiter, liegt der Defekt am Steuergerät oder seinen Zuleitungen – auch das ist ungefährlich für den Motor.

■ **Alle Modelle:** Zeigen sich andere als die beschriebenen Effekte, besteht der Verdacht, daß die Ölversorgung im Motor unterbrochen ist. Wagen abschleppen lassen!

■ Möglicherweise ist ein Öldruckschalter schadhaft. Bisweilen funktioniert er wieder, wenn man an seiner Steckzunge wackelt.

■ **Bleibt die Öldruckkontrolle** nach Einschalten der Zündung **dunkel**:

■ Blau/schwarze Leitung am 0,3-bar-Öldruckschalter abziehen und gegen Masse halten.

■ Zündung einschalten. Leuchtet bzw. blinkt die Kontrolle jetzt, ist der Öldruckschalter defekt.

■ Bleibt es dunkel, ist die Zuleitung bzw. die Leiterfolie, die Glühlampe bzw. Leuchtdiode oder das Steuergerät der dynamischen Öldruckkontrolle schadhaft.

Steuergerät prüfen

■ Gelbes Kabel am 1,8-bar-Öldruckschalter abziehen. Nicht gegen Masse halten.

■ Motor starten und langsam hochdrehen. Ab etwa 2200/min muß die Kontrolle blinken und der Warnsummer ertönen. Wenn nicht, ist das Steuergerät defekt – ersetzen.

■ Gleiche Prüfung mit aufgestecktem Kabel.

■ Blinkt die Kontrolle und ertönt der Summer ab einer Drehzahl von etwa 2200/min, ist der 1,8-bar-Öldruckschalter defekt.

■ Motor im Leerlauf drehen lassen, Kabel am 1,8-bar-Schalter abziehen und frei hängen lassen.

■ Werden nun Kontrolle und Summer aktiv, ist die Zuleitung von Klemme 1 der Zündspule (die Drehzahlinformation) und dem Steuergerät unterbrochen.

Öldruckschalter austauschen

■ Kaufen Sie den richtigen Schalter, als Unterscheidungsmerkmal dient die Farbe des Isoliermaterials, siehe Vorseite.

■ Schalter mit Dichtring einbauen.

■ Das Anzugsdrehmoment beträgt lediglich 25 Nm.

Starterzug-kontrolle

Sie ist nur bei Schlepphebel-Vergaser-Motoren ab 7/79 eingebaut. Damit die Glühlampe bei gezogenem Starterzug brennen kann, erhält sie den Einschaltimpuls vom Kontaktschalter am Zug.

Zur Störungssuche erst den Stromausgang am Kontaktschalter prüfen, dann Kabelverlauf, Leiterfolie und Glühlampe.

Temperatur-Warnleuchte bis 7/79

Der Golf in Normal- und L-Ausstattung von Baujahr 8/76 bis 7/79 besitzt anstelle der Temperaturanzeige lediglich eine rote Warnlampe für zu hohe Kühlmitteltemperatur. Eine gelegentliche Kontrolle der Glühlampe kann nicht schaden:

■ Zündung einschalten.

■ Blau/gelbes Kabel vom Temperaturfühler am Thermostatgehäuse abziehen und direkt an Masse halten.

■ Jetzt muß die Warnlampe leuchten.

■ Falls nicht, Glühbirne und Kabelweg kontrollieren. Am Kabelstecker muß bei eingeschalteter Zündung Spannung anliegen.

■ Evtl. ist auch die Leiterfolie unterbrochen.

■ Ob der Temperaturschalter richtig arbeitet, läßt sich mit einem Ohmmeter prüfen.

■ Temperaturschalter ausbauen, Ohmmeter anschließen: Der Meßwert strebt gegen ∞ Ω.

■ Schalter auf ca. 100°C erhitzen. Der Schalter muß seine Kontakte schließen, der Widerstandwert sinkt auf 0 Ω.

Temperatur-Leuchtdioden ab 8/79

Im Golf Standard und L von 8/79 bis 7/80 überwachen zwei Leuchtdioden die Kühlmitteltemperatur. Unter ca. 40°C brennt die gelbe Leuchtdiode; Überhitzung zeigt eine rotblinkende Leuchtdiode an. Die Funktionskontrolle beider Leuchtdioden erfolgt beim Einschalten der Zündung: Gelb brennt (bei kaltem Motor), rot blinkt für einige Sekunden.

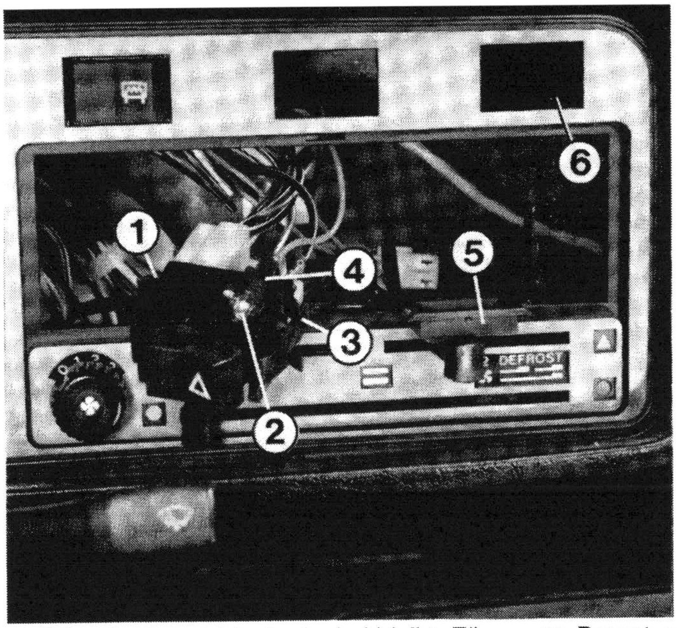

Die Kippschalter beim Golf bis 7/80 und Scirocco: 1 – und 3 – Halteklammern des Schalters; 2 – Kontrollampe; 4 – Fassung für die Kontrollampe; 5 – Blinddeckel; 6 – Schalterausschnitt.

■ Falls eine Leuchtdiode dunkel bleibt, Zündung einschalten.
■ Am Temperaturschalter am Thermostatgehäuse gelb/rote (gelbe Warnleuchte) bzw. blau/gelbe Leitung (rotblinkende Leuchte) abziehen und gegen Masse halten.
■ Brennt oder blinkt es jetzt im Warnleuchtenfenster, ist der Kabelweg und die Leiterfolie in Ordnung. Temperaturschalter ersetzen.
■ Bleibt es dunkel, Kabelweg, Leiterfolie und Leuchtdiode kontrollieren.

Kippschalter

□ Beim Golf ab 8/80 und bei allen Jetta glimmt im Lichtschalter das Scheinwerfersymbol beim Einschalten der Zündung. Solch eine Symbolbeleuchtung besitzt auch der Heizscheibenschalter seit 8/82.
□ Die transparent-rote Taste im Warnblinkschalter ist bei eingeschaltetem Licht schwach erleuchtet. Erst wenn man den Warnblinkschalter drückt, wird der Widerstand an der Birne überbrückt und sie leuchtet hell in den Blinkertakten.
□ Die Kontrolleuchten in den Schaltern für heizbare Heckscheibe und Nebelscheinwerfer brennen nur, wenn der entsprechende Schalter gedrückt wurde. Ob der betreffende Verbraucher auch funktioniert, kann das Kontrollicht aber nicht anzeigen.
Die Schaltersymbol-Beleuchtung und die Kontrolleuchten in den Schaltern besitzen Glassokkellampen mit separaten Fassungen und können ausgewechselt werden.

Kippschalter ausbauen

■ Zum Ausbau der rechts sitzenden Schalter genügt es, das Ablagefach bzw. das Radio auszubauen (Seite 240).
■ Mit gelenkiger Hand hinter die Blende des Kombiinstruments fassen.
■ **Golf bis 7/80, Scirocco:** An der Schalterrückseite dessen Halteklammern zusammendrücken, Schalter in Richtung Motorraum herausnehmen und Stecker abziehen.
■ **Golf ab 8/80, Jetta:** Schalter zum Innenraum hin herausdrücken, ggf. Halteklammern am Schalter zusammendrücken.

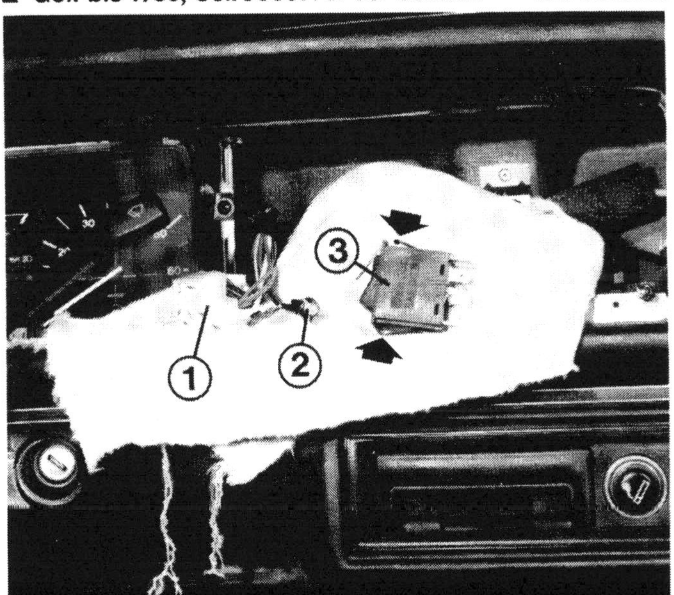

Armaturenbrett des Golf ab 8/80 und des Jetta mit ausgebautem Warnblinkschalter (3). Die Pfeile deuten auf die Halteklammern des Schalters. Links im Bild der Mehrfachstecker (1) und die Fassung (2) der Schalterkontrolleuchte.

■ Mehrfachstecker an der Schalterrückseite abziehen.
■ Der **Lichtschalter** erfordert etwas mehr Ausbauaufwand:
■ **Golf bis 7/80, Scirocco:** Linke untere Armaturenbrettverkleidung abnehmen, siehe Seite 260.
■ Nach oben fassen und die Halteklammern lösen, wie oben beschrieben.
■ **Golf ab 8/80, Jetta:** Blende des Kombiinstruments abschrauben, wie auf Seite 217/218 beschrieben.
■ Schalter aus der Blende herausdrücken.

Schalterbeleuchtung auswechseln

■ Schalter ausbauen.
■ Lampenfassungshülse an der Schalterrückseite ein wenig nach links drehen und abziehen.
■ Glassockellampe (1,2 Watt, DIN-Form W) abziehen.
■ Beim Lichtschalter des Golf ab 8/80 und Jetta sitzt die Glühlampe im Stecker.

Kippschalter nachträglich einbauen

■ Ablagefach bzw. Radio ausbauen (Seite 240).
■ **Golf bis 7/80, Scirocco:** Mit gelenkiger Hand durch die Öffnung nach oben fassen, Halteklammern des Blinddeckels (Bild auf der Vorseite) zusammendrücken.
■ Blinddeckel zum Motorraum hin abnehmen.
■ **Golf ab 8/80, Jetta:** Seitlich durch die Öffnung fassen und den Blinddeckel zum Innenraum hin herausdrücken.
■ Schalter in den freigewordenen Ausschnitt einsetzen.

Hebelschalter

Obschon sie zu den meistgebrauchten Schaltern im Auto gehören, hat man mit den Hebelschaltern kaum Probleme. Bei den seit 8/76 gebauten Modellen ist es wichtig zu wissen, daß Lichtumschaltung und Lichthupe zwar mit dem Blinkerschalter betätigt werden, der eigentliche Schalter aber im Scheibenwischerschalter sitzt. Bei einem Defekt der Lichtumschaltung und Lichthupe muß der Scheibenwischerschalter komplett ersetzt werden, der Umschalter läßt sich nicht abbauen.
Zur Störungssuche an den Hebelschaltern genügt es, die mit zwei Kreuzschlitzschrauben befestigte Verkleidung unter der Lenksäule abzunehmen.

Fingerzeig: *Bei zunehmendem Fahrzeugalter kann es vorkommen, daß der Lichtumschalter klemmt. Bevor Sie den kompletten Hebelschalter austauschen, sollten Sie versuchen, das Umschalterteil durch Abfeilen oder Auftragen von Silikonpaste wieder gängig zu machen.*

Hebelschalter ausbauen

■ Lenkrad ausbauen, siehe Seite 124.
■ Lenksäulenverkleidung unten abschrauben.
■ Vier (bis 7/76) bzw. drei Schlitzschrauben in der Schalterkombination herausdrehen, siehe Bild rechts oben.
■ Mehrfachstecker an den Schaltern abziehen.
■ Linken Schalter herausziehen und leicht verkanten, damit seine Schaltnase aus dem Schalter für Lichtumschaltung und Lichthupe ausrastet.
■ Scheibenwischerschalter abnehmen.
■ Durch Drehen und Verkanten läßt sich die Schalterkombination allerdings auch komplett abnehmen.
■ Beim Einbau soll zwischen der Hebelschalterkombination und dem Lenkrad ein Spalt von 2–4 mm vorhanden sein.

Drehschalter

Für das Luftgebläse dient seit 8/76 ein Drehschalter. Alles was mit dem Gebläse und seinem Schalter zu tun hat, finden Sie im folgenden Kapitel »Heizung und Lüftung«. Wir befassen uns hier mit einem anderen Drehschalter.

Zünd/Anlaß-Schalter

Dieses landläufig als Zündschloß bezeichnete Teil dient nicht nur dazu, dem Besitzer des Zündschlüssels den Motorstart zu ermöglichen, sondern sperrt nach Abziehen des Zündschlüssels und nach einer kurzen Lenkraddrehung auch die Lenkung. Demgemäß nennt man es auch Lenk-/Zündschloß.
Während das Schloßteil nur in seltenen Fällen seinen Geist aufgibt, kann der in einem Kunststoffteil eingegossenene Schaltkontaktsatz (also der eigentliche Schalter) des Zündschlosses eher die Ursache für eine Störung sein. Ob er defekt ist, können Sie nach Abschrauben der unteren Lenksäulenverkleidung prüfen.

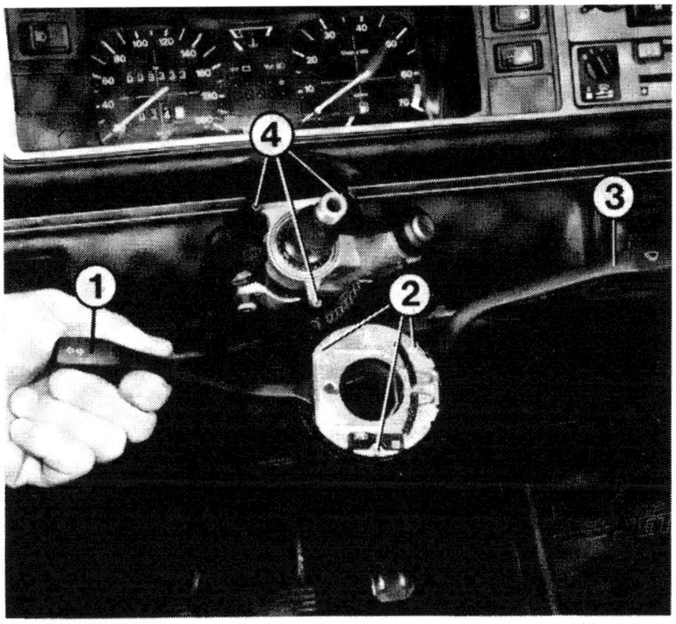

Den Scheibenwischer-(3) und Blinkerschalter (1) halten je nach Baujahr des VW drei (2) oder vier Schlitzschrauben an der Aufnahme an der Lenksäule (4).

Zünd/Anlaß-Schalter ausbauen

Das Schloßteil des Zündschlosses auszubauen ist Werkstattarbeit. Dazu muß an einer genau definierten Stelle an der Schalteraufnahme ein Loch gebohrt werden. Durch dieses Loch kann dann die Haltefeder des Schließzylinders zurückgedrückt werden.
Das Schaltteil unten am Schloß kann die Ursache von Störungen sein, wenn die Kontakte bei einem älteren Fahrzeug abgenutzt sind.

- Hebelschalter ausbauen.
- Mehrfachstecker vom Zünd/Anlaß-Schalter abziehen.
- Kunststoffbuchse auf der Lenksäule mit zwei flachen Schraubenziehern abhebeln.
- Innensechskantschraube links am Klemmstück des Zündschloßgehäuses herausdrehen, Gehäuse von der Lenksäule abziehen.
- An der Rückseite des Zündschloßgehäuses die Kreuzschlitzschraube des Zünd/Anlaß-Schalters losdrehen, Schalter herausziehen.
- Beim Einbau muß der Betätigungsstift des Schloßteils richtig in das Gegenstück am Schalter einrasten.
- Achten Sie darauf, daß beim Aufstecken des Lenkschloßgehäuses die Kunststoffhülse unterhalb des Rollenlagers wieder richtig im Lager sitzt.
- Klemmschraube am Zündschloßgehäuse nach Einbau der Hebelschalter mit 5–10 Nm festziehen.

Fahren mit defektem Zünd/Anlaß-Schalter

Sind die Kontakte im Zünd/Anlaß-Schalter so abgenutzt, daß sich beim Zündschlüsseldreh nichts mehr regt, können Sie dennoch den Motor starten. Voraussetzung ist, daß am roten Kabel des Zündschloß-Mehrfachsteckers Spannung anliegt.

- Lenksäulenverkleidung unten abschrauben, Mehrfachstecker abziehen.
- Mit einem Kabelstück oder einer Büroklammer die Steckbuchsen des dicken roten und des schwarzen Kabels miteinander verbinden. Damit ist die Zündung eingeschaltet, Lade- und Öldruckkontrolle müssen aufleuchten.

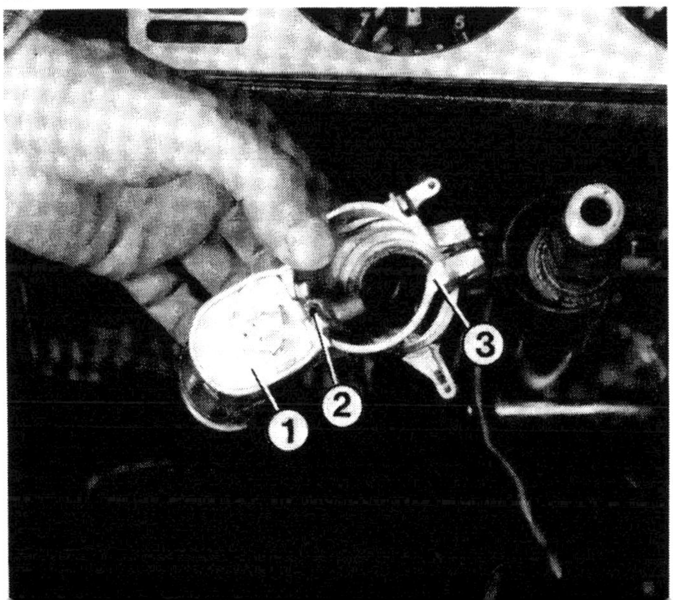

Im Zündschloßgehäuse (3) ist der eigentliche Zünd/Anlaß-schalter (1) mit einer Kreuzschlitzschraube (2) befestigt.

Die Steckfelder der Zentralelektrik bis 7/82: J – Leerfeld, früher Abblendrelais; K – Entlastungsrelais für X-Kontakte, früher Heizscheibenrelais; L – Leerfeld, früher Relais für Kühlerventilator; M – Relais für Wisch/Wasch-Intervallschaltung; N – Blinkrelais; 1 – Relais für Ansaugrohrbeheizung; 2 – Heckwischer-Relais; 3 – Zusatz-Sicherungskasten.

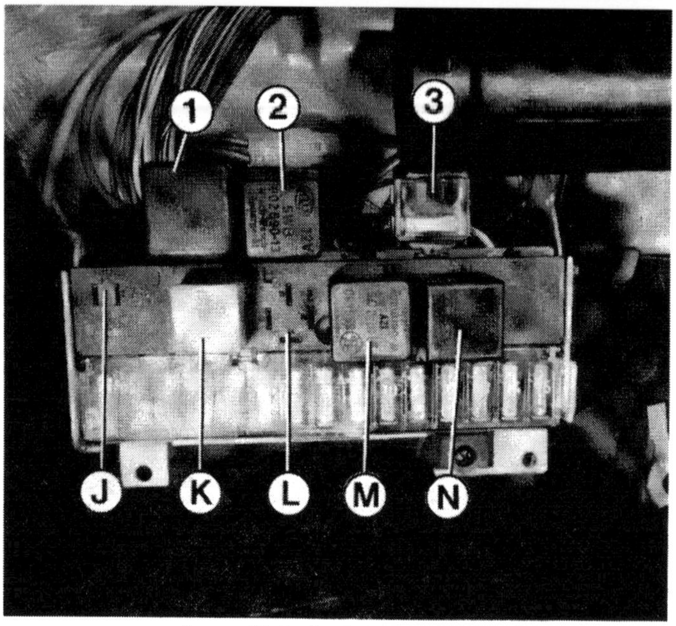

■ Wagen anschieben lassen.
■ Oder mit einem mindestens 4 mm^2 starken, isolierten Kabelstück eine Kurzschlußbrücke zwischen dem roten und der Steckerbuchse des rot/schwarzen Kabels der Klemme 50 herstellen. Damit wird der Anlasser gestartet.
■ Sobald der Motor angesprungen ist, wird diese Kabelbrücke sofort wieder weggezogen.
■ Der Mehrfachstecker bleibt abgezogen. Damit während der Fahrt kein Kurzschluß entstehen kann, muß er isoliert werden.
■ Zum Abstellen des Motors die Verbindung zwischen dem roten und schwarzen Kabel abziehen.

Schalterprüfung

Die Funktion eines Schalters wird am besten bei angeschlossenem Kabelstecker unter Spannung geprüft. Zuvor müssen Sie sich hier im Buch den richtigen Stromlaufplan ab Seite 166 heraussuchen. Sehen Sie sich Stromzufuhr und Stromverteilung in der Zeichnung an. Anhand der Stromwege wird geprüft.
■ Mit einer Prüflampe mit Nadelkontakt können Sie die Kabelisolierung durchstechen und feststellen, welche Kabel Spannung führen.
■ Zuerst wird geprüft, ob der Schalter überhaupt Spannung geliefert bekommt; hierzu muß vielfach die Zündung oder die Beleuchtung eingeschaltet werden.
■ Dann wird kontrolliert, ob der Schalter in entsprechender Stellung die Spannung weiterleitet.
■ Am Beispiel Zünd/Anlaß-Schalter sieht das folgendermaßen aus:
■ Das rote Klemme-30-Kabel muß ständig Batteriestrom führen.
■ Die graue Klemme-P-Leitung steht in »Ruhestellung« des Zündschlosses unter Spannung und wird beim Zündschlüsseldreh stromlos.
■ Das schwarz/gelbe Klemme-X-Kabel steht ausschließlich in Schlüsselstellung »Zündung ein« unter Strom.
■ Das schwarze Kabel der Klemme 15 erhält Spannung in Stellung »Zündung ein« und »Anlassen«.
■ Die rot/schwarze Leitung von Klemme 50 für den Startbefehl an den Anlasser steht nur in Stellung »Anlassen« unter Spannung.
■ Entsprechend werden anhand des Stromlaufplans auch andere Schalter geprüft.

Relais und Steuergeräte

Zur Bordelektrik gehören eine Reihe Relais und Steuergeräte, die direkt in der Zentralelektrik oder auf separaten Adaptern eingesteckt sind.
□ Ein einfaches Schaltrelais wird für leistungsstarke Stromverbraucher verwendet. Leitet man den Strom auf langen Kabelwegen über den dazugehörigen Schalter, gibt es Spannungsverlust. Außerdem werden die Schalterkontakte durch den hohen Stromfluß stark beansprucht. Bei einer Relaisschaltung benutzt man den Schalter nur für den geringen Schaltstrom, womit nicht der Verbraucher direkt, sondern dessen Relais eingeschaltet wird.
□ Bestimmte Relais können zusätzliche Funktionen auslösen. So schaltet das Blinkrelais die Blinkimpulse; das Relais der Wisch-Wasch-Intervallschaltung steuert den Intervallbetrieb und den Trockenlauf der Scheibenwischer nach dem Scheibenwaschen.
□ Steuergeräte besitzen mehr oder minder umfangreiche elektronische Schaltungen für bestimmte Funktionen, bisweilen ist zusätzlich auch noch ein Relais eingebaut. Als Beispiele

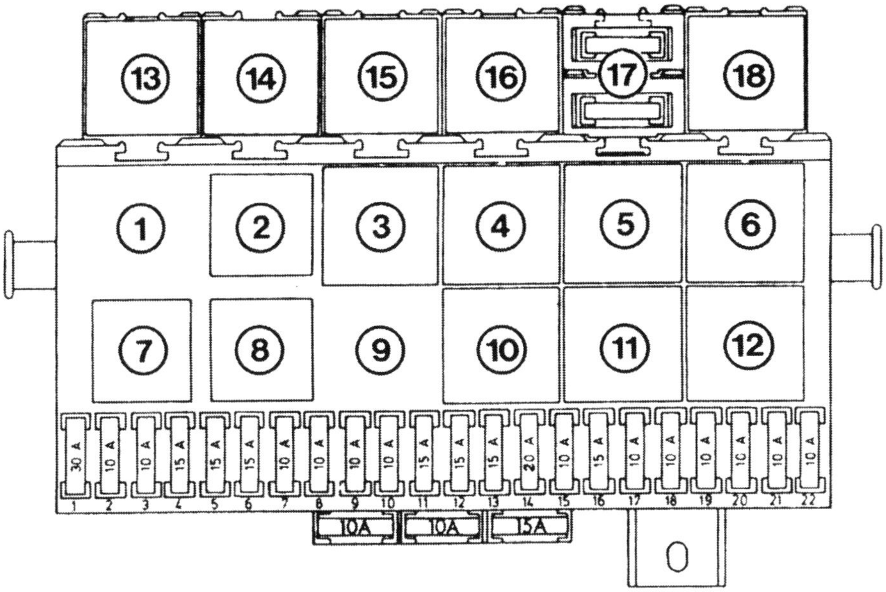

Die Zentralelektrik ab 8/82 mit ihren Steckfeldern: 1 – frei; 2 – Relais für Ansaugrohrbeheizung; 3 – frei; 4 – Steuergerät für Schaltanzeige (Formel E); 5 – frei; 6 – Relais für Zweiklanghörner; 7 – Relais für Nebelscheinwerfer; 8 – Entlastungsrelais für X-Kontakte; 9 – frei; 10 – Relais für Wisch/Wasch-Intervallschaltung; 11 – Relais für Heckscheibenwischer; 12 – Blinkrelais. In der oberen Reihe sind Relais für Sonderausstattungen eingesteckt, z. B. Scheinwerfer-Reinigungsanlage. Position »17« bezeichnet den Zusatzsicherungskasten für Nebelscheinwerfer und -schlußleuchte.

seien hier das Steuergerät für die Schaltanzeige (Formel E) bzw. für die dynamische Öldruckkontrolle (ab 8/82) genannt.

Relais-Funktion

□ Beim Einschalten des betreffenden Verbrauchers wird im Schaltrelais durch den an Klemme 86 ankommenden »Schaltstrom« der Schaltstromkreis zu Klemme 85 geschlossen.
□ Dadurch zieht eine Magnetspule einen kräftigen Kontakt gegen Federdruck an und schließt so den Stromkreis für den »Arbeitsstrom«.
□ Der Arbeitsstrom wird zur Vermeidung von Spannungsabfall auf kurzem Weg direkt an Klemme 30 des Relais herangeführt und von dort weiter – bei geschlossenen Schalterkontakten – über Klemme 87 an den Stromverbraucher weitergeleitet.
□ Abweichend hiervon schaltet das Relais für die Zweiklanghörner, siehe unten.

Relais-Störungssuche

■ Klemme 30 muß immer Spannung führen. Zur Kontrolle Relais ein Stück herausziehen und mit Prüflampennadel Klemme 30 antippen.
■ Relais abziehen, Klemme 86 mit Batterie-Plus und Klemme 85 mit Masse verbinden. Die Magnetspule muß den Relaiskontakt deutlich hörbar anziehen, sonst ist das Relais defekt.
■ **Relais für Zweiklanghörner** ein Stück herausziehen. An Klemme 86 muß bei eingeschalteter Zündung Spannung anliegen.
■ Beim Druck auf den Hupkontakt muß die Magnetspule den Relaiskontakt deutlich hörbar anziehen und die Masseverbindung zu den Hupen schließen. Klemme 30 ist abweichend von der üblichen Schaltung hier mit Masse verbunden.
■ Relais abziehen, mit einem kräftigen, isolierten Draht Steckbuchsen der Klemme 87 und 30 im Relaissitz überbrücken.
■ Zündung einschalten. Hupt es jetzt, ist das Relais defekt, wenn sämtliche Leitungsverbindungen überprüft und für gut befunden wurden.

Behelf bei defektem Relais

■ Relais aus dem Adapter abziehen.
■ Klemme 30 und 87 im Relaissteckfeld mit einer Büroklammer oder einem kurzen Drahtstück überbrücken. Dadurch erhält der betreffende Verbraucher Dauerstrom.
■ Zum Abschalten die Kurzschlußbrücke abziehen, da der betreffende Schalter in diesem Fall ja überbrückt ist.

Anzünder

Der elektrische Anzünder erhält Dauerstrom über die zuständige Sicherung. Falls der Anzünder trotz intakter Sicherung nicht funktioniert, ist der Heizwendeleinsatz locker oder durchgebrannt.

Heizbare Heckscheibe

Das Feld mit den aufgedampften Leiterbahnen muß bei beschlagener oder vereister Scheibe über die gesamte Fläche freie Sicht schaffen.
Für die Heckscheibenbeheizung erfolgt die Stromversorgung je nach Baujahr unterschiedlich: Bis 7/77 mit separatem Schalt- und Steuerstrom über das Relais für die heizbare Heckscheibe; seit 8/77 direkt über das Entlastungsrelais für die X-Kontakte und den Heizscheibenschalter.

Der richtige Abstand von der Windschutzscheibendichtung zum Wischergummi beim rechten (1) und linken Wischer (2): Golf/Jetta 1 – 65 mm, 2 – 35 mm; Scirocco 1 – 30 mm, 2 – 25 mm; Scirocco mit Einarmwischer 1 – 55 mm.

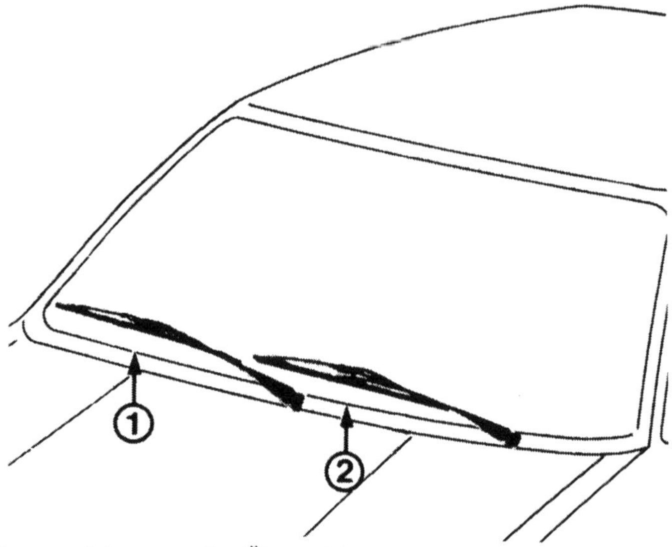

Störungssuche

■ Zuständige Sicherung kontrollieren, siehe Tabellen ab Seite 160. Bis Baujahr 7/77 je eine Sicherung für Schalt- und Steuerstrom.
■ Festen Sitz der Kabelstecker an der heizbaren Heckscheibe kontrollieren.
■ Schalter ausbauen und prüfen, siehe Seite 229 und 232.
■ Funktion des Relais prüfen (Vorseite).
■ War bisher kein Fehler zu finden, Leitungsverlauf kontrollieren, auch die Masseverbindung.
■ Zur Überprüfung der Heizfäden eignet sich eine herkömmliche Prüflampe wegen ihres hohen Innenwiderstandes nur bedingt. Besser ist ein Spannungsprüfer mit Leuchtdioden.
■ Ist ein einzelner Heizfaden beschädigt und dadurch unterbrochen, hilft Leitsilberlack (z.B. von Doduco), der im Autozubehörhandel erhältlich ist.

Scheibenwischer und -wascher prüfen
Ständige Kontrolle

■ Zündung einschalten.
■ Laufen die Scheibenwischer in beiden Geschwindigkeiten und gehen sie beim Ausschalten in die Parkstellung zurück? Nur ganz alte Golf haben lediglich eine Wischergeschwindigkeit.
■ Funktioniert – je nach Ausstattung – die Wischintervallschaltung und die Wisch/Wasch-Automatik?
■ Spritzt Wasser aus den Wascherdüsen?
■ Arbeiten Heckwischer und -wascher beim Golf und ggf. beim Scirocco?

Fingerzeig: *Die beim Golf II seit 1/85 serienmäßige Intervallschaltung für den Heckscheibenwischer läßt sich in Modelle ab 8/77 ganz einfach nachrüsten: Ersetzen Sie das alte Heckwischerrelais durch das neue mit der Teile-Nr. 191 955 529.*

Scheibenwischerarm ausbauen

■ Abdeckkappe vom Wischerarm mit einem flachen Schraubenzieher abhebeln.
■ Haltemutter lösen und mit der Federscheibe abnehmen.
■ Wischerarm von der Welle abziehen.
■ Falls dies nicht möglich ist, beidseitig von der Scheibenwischerwelle zum Schutz der Lackierung einen großen Lappen legen.
■ Mit rechts und links angesetzten, flachen Schraubenziehern den Wischerarm abhebeln.
■ Wischerarm so montieren, daß das Scheibenwischerblatt den in der Zeichnung oben gezeigten Abstand von der Windschutzscheibendichtung hat.

Wischerblatt abnehmen

■ Wischerarm abklappen.
■ Arretierungsfeder des Wischerblatts (Bild rechts oben) zusammendrücken, bis ihre Kerbe aus der Öffnung des Wischerarms austritt.
■ Scheibenwischerblatt nach unten drücken und aus dem Arm herausschwenken.
■ Beim Einsetzen des Wischerblatts darauf achten, daß die Kerbe in der Arretierungsfeder der Aussparung im Wischerarm gegenübersteht und dort einrasten kann.

Wischergummi wechseln

■ Wischerblatt abnehmen.
■ Die Wischerlippe besitzt an einer Seite Aussparungen zum Einhängen der Wischerblatt-Halteklammern. Die entsprechenden

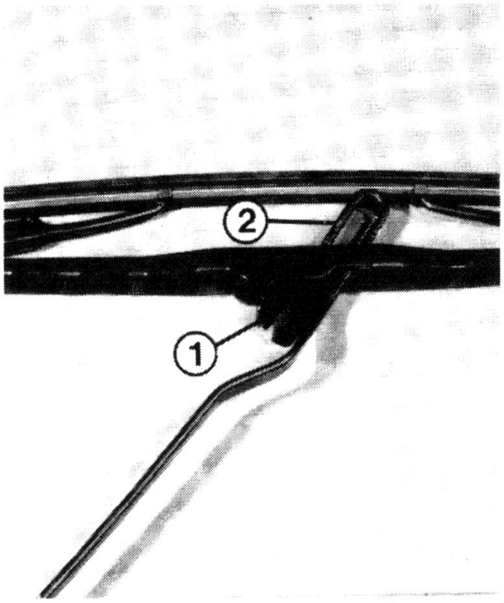

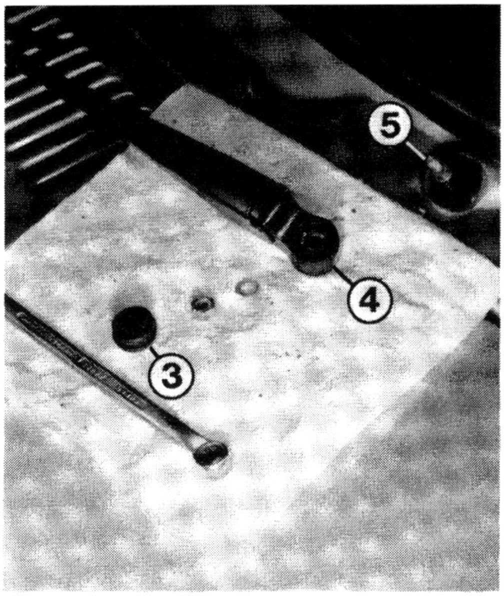

Links: Die Arretierungsfeder (1) des Wischerblatts muß zusammengedrückt werden, damit ihre Haltenokke aus der Aussparung (2) im Wischerarm ausrasten kann. Rechts: Der Wischerarm (4) ist von der Wischerachse (5) abgenommen. Vorn im Bild die Abdeckkappe (3).

Erhebungen im Gummi mit dem Fingernagel oder einem kleinen Schraubenzieher zurückdrücken, damit die Halteklammern ausgerastet werden können.

■ Wischergummi mit den seitlichen Metallstreifen herausziehen.

■ Neues Wischergummi in die unteren Halteklammern des Wischerblatts einhängen.

■ Metallstreifen rechts und links einschieben und die Haltenasen der Streifen in die Aussparungen im Gummi einsetzen.

■ Gummierhebungen zum Einrasten der Halteklammern wieder zurückdrücken.

Störungsbeistand Scheibenwischerblätter

Die Störung	– ihre Ursache	– ihre Abhilfe
A Wasser und Schmutz werden gleichmäßig über das Wischfeld verteilt	1 Scheibe durch Lackpflegemittel, ölartige Rückstände oder Insektenleichen verschmutzt	Auf die Scheibe »Sidol«-Messingputzmittel auftragen, antrocknen lassen, dann mit sauberem Lappen abreiben
	2 Wischergummi verschlissen	Austauschen
	3 Wischerarm am Anlenkpunkt des Wischerblattes nicht parallel zur Windschutzscheibe	Wischerarmende nachbiegen
B Im Wischfeld bleiben feine Wasserstreifen stehen	Siehe A 2	
C Im Wischfeld bleiben feine Wassertropfen zurück	Neigungswinkel des Wischergummis zu flach	Wischergummi austauschen
D Im Wischfeld bleibt ein breiter Wasserfilm zurück	Ungleiche Druckverteilung durch verbogene oder defekte Anpreßfeder im Wischerblatt	Wischerblatt austauschen
E Im Wischfeld bleiben einige Wasserfelder zurück	1 Anpreßdruck des Wischerarms zu gering	Anpreßdruck überprüfen, Gelenk und Feder leicht einölen, ggf. Wischerarm ersetzen
	2 Scheibenwischerantrieb verschlissen	Kontrollieren, defekte Teile ersetzen
	3 Wischerarm lose auf seiner Achse	Festschrauben
	4 Wischerarm verbogen	Nachbiegen
	5 Wischerblatt verbogen	Austauschen
F Im Wischfeld bleiben oben am Rand Wasserfelder zurück	1 Siehe E 1	
	2 Siehe D	
G Wischerblatt rattert	Zu viel Spiel in der Verbindung von Wischerarm und Wischerblatt bzw. dem Kunststoff-Verbindungsteil	Wischerblatt, -arm oder Verbindungsteil austauschen

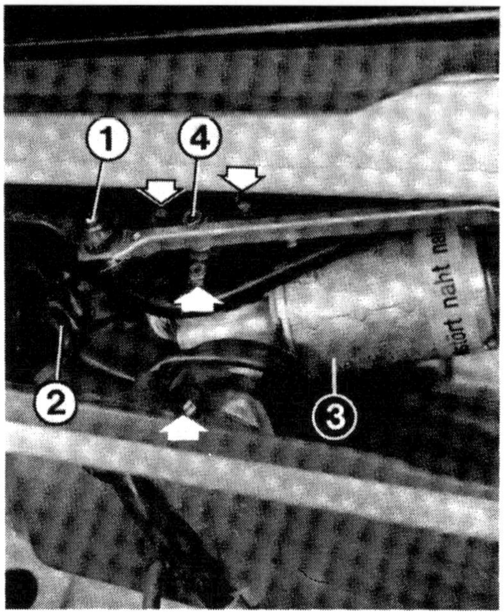

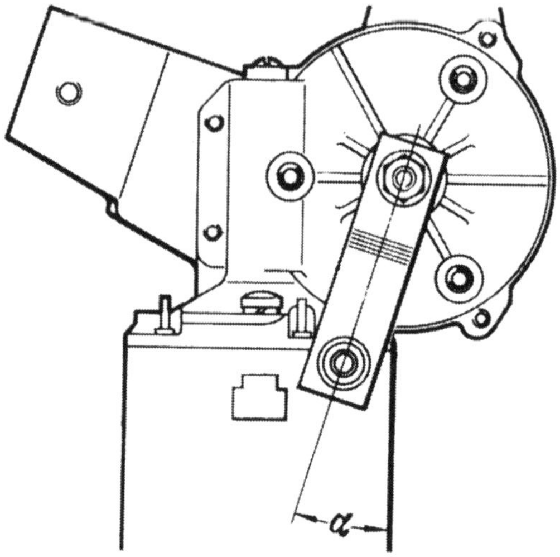

Links der Scheibenwischermotor (3): 1 – Kurbelhebel; 2 – Gummimanschette über dem Mehrfachstecker; 4 – Antriebsachse des Wischermotors. Die Pfeile deuten auf die Schrauben, die zum Ausbau gelöst werden müssen. Rechts: So muß die Kurbel aufgesetzt sein, wenn der Wischermotor in Parkstellung steht. Der Winkel α beträgt 20°.

Der Scheibenwischermotor

Der Scheibenwischermotor wird bei eingeschalteter Zündung von Klemme X versorgt; seit 8/77 über das Entlastungsrelais für die X-Kontakte. Die Kabelklemmen bedeuten:

- Klemme 53 erhält Spannung für die erste Wischergeschwindigkeit.
- Klemme 53a liefert Plusstrom für die Wischer-Endabstellung.
- Klemme 53b führt die Spannung für die zweite Wischergeschwindigkeit.
- Über Klemme 53e wird der Wischermotor beim Zurücklaufen nach dem Abschalten abgebremst, damit die Wischer nicht über ihre Parkstellung hinauslaufen.

Wenn sich die Scheibenwischer beim Abschalten nicht in Parkstellung befinden, erhält ihr Motor über einen Schleifkontakt von Klemme 53a so lange Spannung, bis die Wischer in Ruhestellung gelaufen sind.

Fingerzeig: *Bei eingeschalteter Zündung dürfen die Wischerblätter nicht außerhalb ihrer Parkstellung blockiert sein – etwa durch Schnee oder weil sie angefroren sind. Klemme 53a liefert dann nämlich ununterbrochen Spannung. Da der Wischermotor durch die festhängenden Wischerblätter aber nicht drehen kann, brennt er nach einer gewissen Zeit durch. In einem solchen Fall die Wischerblätter abheben, damit sie in ihre Endstellung laufen können.*

Wischermotor ausbauen

- Motorhaube öffnen, Abdeckung über dem Wasserfangkasten abnehmen.
- Mehrfachstecker des Wischermotors abziehen.
- Rechte und linke Antriebsstange vom Kurbelhebel abdrücken.
- Drei Halteschrauben des Motors vom Rahmen losdrehen.
- Scheibenwischermotor abnehmen.
- Einen neuen Wischermotor vor dem Einbau am Mehrfachstecker anschließen und mehrere Minuten lang laufen lassen. Beim Abschalten bleibt er in der Wischerparkstellung stehen.
- Kurbelhebel beim Golf/Jetta so aufsetzen, wie in der Zeichnung oben gezeigt.
- Gelenke beim Einbau mit MoS_2-Fett schmieren.

Wischerrahmen ausbauen

- Wischermotor ausbauen.
- Scheibenwischerarme abbauen.
- Haltemuttern SW 22 der Wischerachsen losdrehen.
- Abdeckungen und Scheiben abnehmen.
- Wischerachsen nach unten drücken.
- Rahmen nach oben schwenken und herausnehmen.

Störungsbeistand Scheibenwischer

Die Störung	– ihre Ursache	– ihre Abhilfe
A Scheibenwischer laufen nicht	1 Sicherung defekt	Austauschen
	2 Seit 8/77: Entlastungsrelais defekt	Relais prüfen, siehe Seite 233
	3 Wischerantriebskurbel lose	Festschrauben
	4 Spannungszufuhrkabel Klemme 53a von der Zentralelekrik zum Wischerschalter unterbrochen	Leitung überprüfen

Die Störung	– ihre Ursache	– ihre Abhilfe
A Scheibenwischer laufen nicht (Fortsetzung)	5 Masseleitung zum Wischermotor unterbrochen	Leitung überprüfen
	6 Wischermotor durchgebrannt	Austauschen
B Scheibenwischer laufen nicht in Stufe I	1 Klemme 53 am Wischermotor defekt	Motor austauschen
	2 Klemmen 53a/53 im Wischerschalter unterbrochen	Schalter austauschen
C Scheibenwischer laufen nicht in Stufe II	1 Leitung Klemme 53b vom Wischerschalter zum Motor unterbrochen	Leitung überprüfen
	2 Klemmen 53a/53b im Wischerschalter unterbrochen	Schalter austauschen
	3 Klemme 53b am Wischermotor defekt	Motor austauschen
D Scheibenwischer laufen nur in Stufe II	Leitung Klemme 53 vom Wischerschalter zum Motor unterbrochen	Leitung überprüfen
E Keine Wischerrückstellung	1 Leitung Klemme 53e zwischen Wischerschalter und Motor unterbrochen	Leitung kontrollieren
	2 Wischermotor defekt	Mit Prüflampe kontrollieren: Zwischen Klemme 53a und Masse muß Lampe dauernd brennen. Zwischen Klemme 53e und Masse muß Lampe kurz vor Erreichen der Parkstellung verlöschen. Bei Gegenprüfung zwischen Klemme 53e und Batterie-Plus muß Lampe kurz vor Erreichen der Parkstellung aufleuchten. Wenn nicht, Motor austauschen
F Scheibenwischer laufen nicht im Intervallbetrieb	1 Wisch-Wasch-Relais defekt	Austauschen
	2 Leitung Klemme J zwischen Wischerschalter und Motor unterbrochen bzw. Leitung Klemme S 1 hat Masseschluß	Leitung überprüfen
	3 Kontakt J bzw. S 1 im Wischerschalter defekt	Schalter austauschen
	4 Zentralelektrik defekt	Austauschen
G Intervallbetrieb läßt sich nicht ausschalten	1 Siehe E 1	
	2 Siehe F 1	
	3 a) Bis 7/77: Kontakt S 1 im Wischerschalter hat Unterbrechung	Schalter austauschen
	b) Ab 8/77: Kontakt J oder T im Wischerschalter öffnet nicht	Schalter austauschen
	4 a) Bis 7/77: Unterbrechung der Leitung S 1 zum Wischerschalter	Leitung instand setzen
	b) Ab 8/77: Kurzschluß der Leitung Klemme J oder T zum Wischerschalter	Leitung instand setzen
H Scheibenwischer wischen nach Wascherbetätigung nicht trocken	1 Leitung Klemme T zwischen Wischerschalter und Wisch-Wasch-Relais unterbrochen	Leitung überprüfen
	2 Siehe F 1	
I Scheibenwischer bleiben nach dem Abschalten nicht oder nur kurz in Parkstellung stehen	Mangelhafter Kontakt am Schleifkontakt im Wischermotor	Motorabdeckung abschrauben, Kontakte blankschleifen. Ggf. Motor austauschen

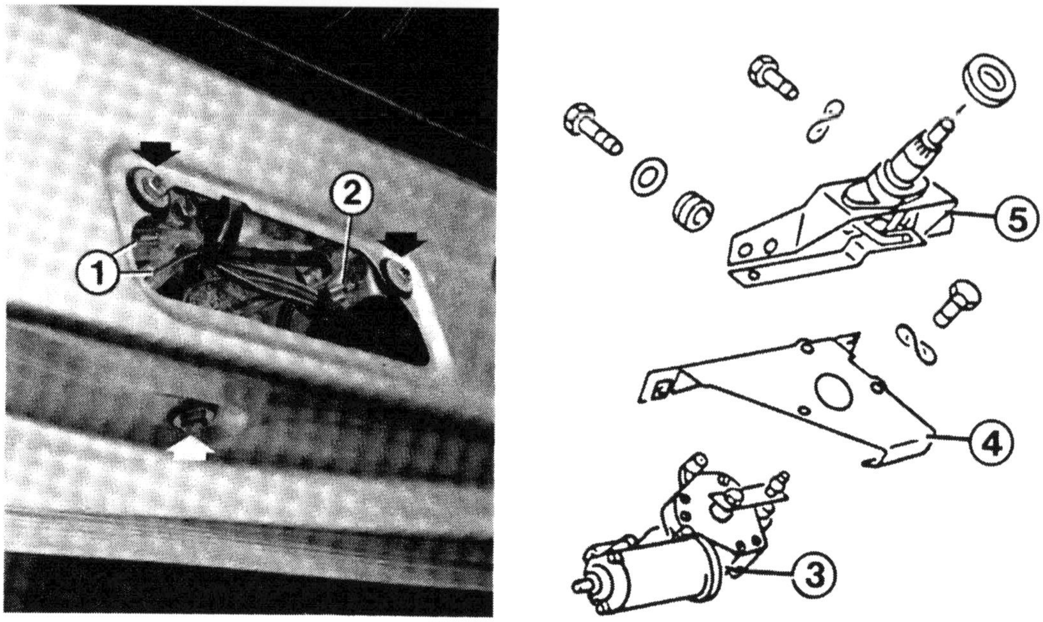

Der Heckscheibenwischermotor (3): 1 – stromführende Kabel; 2 – Massekabel; 4 – Halter für den Motor; 5 – Wischerlager mit Gestänge.

Der Heckscheibenwischer

Der Scheibenwischer für die Heckscheibe des Golf und Scirocco wird über ein Relais mit Spannung versorgt. Bis 7/77 läuft der Heckscheibenwischer nach dem Einschalten dauernd, ab 8/77 beim Schalterdruck nur für wenige Wischbewegungen. Mit dem neuen Relais (in den Golf-II-Modellen seit 1/85 Serie) läßt sich Heckwischer-Intervallbetrieb einschalten. Abgeschaltet wird das Intervallwischen durch nochmaligen Druck auf den Schalter.
Klemme 53 liefert den Strom für den Wischermotor, Klemme 53a dient der Rückstellung.
Bei entsprechendem Schalterdruck läuft die hintere Wascherpumpe los, aber erst mit einer gewissen Verzögerung tritt das Wasser an der Spritzdüse aus.

Heckwischermotor ausbauen

■ Wischerarm abschrauben (Seite 234).
■ Abdeckung(en) in der Heckklappe vorsichtig abziehen.
■ Drei Halteschrauben des Heckwischermotors losdrehen.
■ Bei der Heckklappe mit großem Blechausschnitt den Motor komplett abnehmen.
■ Bei der Klappe mit zwei kleinen Ausschnitten müssen Wischermotor, Halteplatte und Wischerantrieb noch in der Heckklappe auseinandergeschraubt werden, bevor der Motor abgenommen werden kann.
■ Beim Einbau eines neuen Motors diesen in Parkstellung laufen lassen, wie beim Frontwischermotor beschrieben.
■ Wischerarm festschrauben. Die Oberkante des Wischerblatts soll 30 mm von der linken Seite der Scheibendichtung entfernt sein.

Störungsbeistand Heckscheibenwischer

Die Störung	– ihre Ursache	– ihre Abhilfe
A Heckscheibenwischer läuft nicht – bis 7/77	1 Sicherung defekt	Ersetzen
	2 Schalter defekt	Schalter prüfen, siehe Seite 232
	3 Leitungen zum Schalter bzw. zum Wischermotor unterbrochen	Leitungen überprüfen, ggf. instand setzen
	4 Wischermotor defekt	Austauschen
	5 Zentralelektrik defekt	Austauschen
B Heckscheibenwischer läuft nicht – ab 8/77	1 Siehe A 1	
	2 Heckwischerrelais defekt	Relais prüfen, siehe Seite 233
	3 Leitungen zum Heckwischerrelais unterbrochen	Leitungen instand setzen
	4 Leitungen zum Wischermotor unterbrochen	Leitungen überprüfen, speziell zwischen Heckklappe und deren Ausschnitt in der Karosserie, ggf. instand setzen
	5 Siehe A 4 und 5	
C Heckscheibenwischer läuft dauernd – ab 8/77	1 Anschlußleitungen zum Wischermotor vertauscht	Grün/schwarze Leitung an Klemme 53, schwarz/grüne bzw. schwarz/graue Leitung an Klemme 53a anschließen
	2 Siehe B 2	

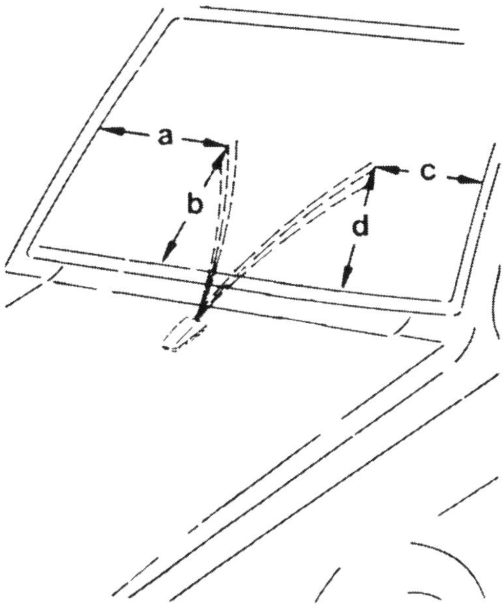

Links die Einstellung der Wascherdüsen. Golf/Jetta: a = 220 mm, b = 310 mm, c = 280 mm, d = 280 mm. Scirocco: a = 220 mm, b = 380 mm, c = 290 mm, d = 280 mm. Rechts: Die Waschwasserdüse läßt sich durch Druck auf ihre seitliche Halteklemme (Pfeil) aus dem Motorhaubenblech drücken.

Scheibenwaschwasser auffüllen

Ständige Kontrolle

Abgasrückstände, Öldunst und Silikon aus Lackpflegemitteln setzen sich hartnäckig aufs Glas. In der warmen Jahreszeit empfiehlt sich ein Reinigungszusatz zum Waschwasser; im Winter Gefrierschutz und Reinigungsmittel.

■ Erst Zusatzmittel und anschließend Wasser einfüllen, damit sich die Flüssigkeiten im Wascherbehälter gut vermischen.

■ Bei tiefem Frost können die Wascherdüsen doch einfrieren. Zur Vorbeugung empfiehlt sich hier die Zumischung von ⅓ Brennspiritus, der allerdings aufdringlich riecht.

Wascherdüse ausbauen

Verstopfungen einer Wascherdüse lassen sich manchmal trotz Durchbohren mit einem dünnen Draht nicht mehr beseitigen. Dann muß eine neue her. Als Vorbeugung vor Verstopfungen empfiehlt sich der Einbau eines handelsüblichen Benzinfilters in die Waschwasserleitung.

■ **Vorn:** Motorhaube öffnen.

■ Schlauch von der Wascherdüse abziehen.

■ An der Unterseite der Düse die Halteklemme zur Seite drücken, Düse herausziehen.

■ **Hinten:** Wascherdüse aus der Heckklappe herausziehen.

■ Schlauch abziehen.

Wascherdüse einstellen

■ Dünne Nadel in die Spritzdüse stecken und die kugelförmige Düse entsprechend in der Richtung drehen.

■ Wie der Spritzstrahl der vorderen Wascherdüsen eingestellt werden soll, zeigt das Bild oben links.

■ Die hintere Düse soll so eingestellt werden, daß der Wasserstrahl in der Mitte des Wischerfeldes auftrifft.

Störungsbeistand Scheibenwaschanlage

Die Störung	– ihre Ursache	– ihre Abhilfe
A Wasser spritzt nicht beim Zug am Wascherhebel	1 Wascherbehälter leer	Auffüllen
	2 Im Winter: Waschwasser eingefroren	Höhere Frostschutzkonzentration verwenden
	3 Spritzdüsen verstopft	Schlauch abziehen, Düse ausbauen. Mit Druckluft durchblasen oder dünnem Draht durchstoßen. Evtl. Schlauch ebenfalls durchblasen
	4 Wascherpumpe defekt	Stromversorgung bei eingeschalteter Zündung und gezogenem bzw. gedrücktem Hebel kontrollieren, ggf. austauschen
	5 Klemmen 53a/53c bzw. T im Wischerschalter unterbrochen	Schalter austauschen
B Einseitiger Spritzstrahl	Siehe A 3	
C Spritzstrahl zu hoch oder zu tief	Spritzdüse falsch eingestellt	Spritzdüse einstellen

Scheinwerfer-Reinigungsanlage

Bei eingeschalteter Beleuchtung erhält eine zweite Pumpe des Waschwasserbehälters beim Zug am Wisch-/Wasch-Hebel über ein zwischengeschaltetes Relais ihren Arbeitsstrom. Sie pumpt das Wasser zu den beiden Spritzdüsen vorn am Stoßfänger. In die Leitung ist ein Rückschlagventil eingesetzt, damit das Wasser sofort an den Düsen austritt.

Störungssuche

□ Hierzu gehen Sie gleich vor wie bei der normalen Waschanlage.
□ Als erstes muß jedoch geprüft werden, ob die Information »Beleuchtung eingeschaltet« vom entsprechenden Stromkreis kommt: Das ist bis 7/82 die Klemme 56 am Lichtschalter und seit 8/82 der Stromkreis der Kennzeichenleuchten (Sicherung 20).

Radio

In unseren Fahrzeugen wurden ab Werk Radios mit separater Frontblende eingebaut. Neuere Radiogeräte besitzen eine integrierte Blende. Der Aus- und Einbau ist daher unterschiedlich.

Radio ausbauen »alte Bauart«

■ Knöpfe abziehen, Umschalter bzw. Distanzstück abnehmen.
■ Die kleinen Halteklammern der Radioblende an den Gewindegängen unter den Radioknöpfen mit einem kleinen Schraubenzieher oder einer Nadel zur Seite schieben, Blende abnehmen.
■ Radio-Halteklammer an einer Seite des Radios mit einem Schraubenzieher ein Stück nach innen ziehen (Bild rechts oben), Radio ein wenig herausziehen.
■ Halteklammer an der gegenüberliegenden Seite nach innen ziehen, Radio abziehen. Aufpassen, daß die andere Klammer nicht wieder einrastet.
■ Sämtliche Kabel am Radio abziehen.
■ Beim Einbau der Radioblende deren hinten eingeprägten Hinweis »Oben« beachten.

Radioausbau »neue« Generation

■ Zum fachgerechten Ausbau besitzt die Werkstatt zwei U-förmige Drahtwinkel. Behelfsmäßig geht es auch mit vier passenden Nägeln oder den Ausbauhilfen eines anderen Radioherstellers.
■ Beide Drahtwinkel oder vier Nägel in die seitlichen Öffnungen im Radio stecken, wodurch die Halteklammern des Radios nach innen gedrückt werden.
■ Radio herausziehen, Antennen- und Kabelstecker abziehen.

Radio nachträglich einbauen

Besorgen Sie sich die für das Radio passenden Einbauteile, damit es mit der Befestigung keine Probleme gibt.
■ Ablagefach im Armaturenbrett in der Mitte oben und unten zusammendrücken und herausnehmen.
■ Ggf. Einbausatz am Radio befestigen.
■ Radiogehäuse und Haltedorn mit Schaumstoffstreifen umkleben, das verhindert mögliche Klappergeräusche.
■ Massekabel der Batterie abnehmen.
■ Leitungen für den Radioanschluß sind bei den »besseren« Ausstattungsvarianten meist vorhanden.
■ Wenn nicht, von der Zentralelektrik an einem der Anschlüsse »H« (bis 7/82) bzw. »P« (ab 8/82) Dauerstrom Klemme 30 anzapfen, Radiosicherung dazwischen schalten.
■ Massekabel zum Radio verlegen.
■ Seit 9/81 sind die Kabel für das Radio bereits in einem Vierfachstecker zusammengefaßt.
■ Die Kabelfarben bedeuten: Rot = Plus, braun = Masseleitung, grau/blau = Radio-Skalenbeleuchtung (nicht als Masseanschluß verwenden, das gibt Kurzschluß beim Einschalten des Lichts), schwarz = Steueranschluß für eine Motorantenne.
■ Radio anschließen.
■ Antenne einbauen, wie auf der rechten Seite beschrieben.
■ Entstörmittel nach Radio-Einbauanweisung montieren.
■ Lautsprecher provisorisch am Radio anschließen.
■ Massekabel der Batterie anklemmen, Radio zur Probe einschalten.
■ Falls erforderlich, Radio mit der Antennentrimmschraube auf die Antenne anpassen.
■ Dazu auf Mittelwelle einen schwachen Sender zwischen 1200 und 1500 kHz einstellen.
■ Trimmschraube so lange drehen, bis der Sender am lautesten und klarsten empfangen wird.
■ Radio endgültig montieren.

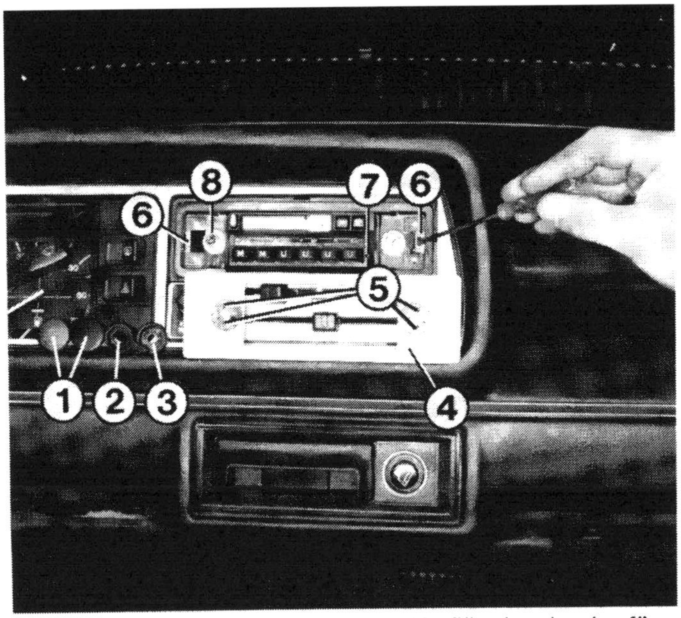

Hier ist der Radioausbau gezeigt: 1 – Radioknöpfe; 2 – Umschalter; 3 – Distanzring; 4 – Radioblende; 5 – Blechklammern; 6 – Halteklammern; 7 – Antennentrimmschraube; 8 – Drehknopfachse.

Antenne einbauen

■ Abdeckstopfen oben im linken Kotflügel herausdrücken.
■ Ggf. Radhausschale ausbauen (Seite 250).
■ Antenne von unten in die Kotflügelbohrung einsetzen. Achten Sie darauf, daß die Massekralle am Antennenfuß guten Massekontakt hat, evtl. das Blech an der Kotflügelunterseite an dieser Stelle etwas blank kratzen. Der Massekontakt ist für gute Empfangsqualität äußerst wichtig.
■ Blanke Stellen mit Kontaktfett oder Silikon-Dichtmasse vor Korrosion schützen.
■ Überwurfmutter der Antenne leicht anschrauben.
■ Kombiinstrument ausbauen (Seite 217).
■ Gummistopfen zwischen Radkasten und Innenraum herausdrücken. Falls diese Bohrung nicht vorhanden ist, an dieser Stelle ein Loch für das Antennenkabel ins Blech bohren.
■ Blanke Blechkanten rostschützen.
■ Passende Gummitülle zum Schutz gegen Wassereintritt in die Bohrung einsetzen.
■ Antennenkabel durch die Gummitülle zum Innenraum durchschieben.
■ Hinter dem Armaturenbrett die Antennenleitung möglichst in Schaumstoff verlegen und schwingungssicher befestigen. Dabei auf ausreichenden Abstand zu den Heizungs/Lüftungs-Zügen achten.
■ Antennenfuß im Vorderkotflügel zusätzlich mit einem Haltewinkel befestigen.
■ Überwurfmutter der Antenne festziehen.

Lautsprecher einbauen

■ **Mono-Lautsprecher Golf bis 7/80, Scirocco:** Handschuhfach ausbauen, siehe Seite 260.
■ Von unten her den passenden Lautsprecher einsetzen.
■ Zur Befestigung Federklammer unten in die entsprechende Halteöse einhängen.
■ **Mono-Lautsprecher Golf ab 8/80, Jetta:** Lautsprecher mit seiner speziellen Blende in Armaturenbrettmitte vor dem unteren mittleren Ablagefach anschrauben.
■ **Stereo-Lautsprecher in den Türablagefächern:** Je eine Kreuzschlitzschraube an der Abdeckung vorn an der »Box« herausdrehen.
■ Kunststoffteil hinten aushängen, Lautsprecher einsetzen.
■ **Alle Modelle:** Kabel zum Radio hin klappersicher verlegen, ggf. mit Schaumstoff umwickeln.
■ **Hecklautsprecher Golf, Scirocco:** Die seitlichen Auflagen für die Gepäckraumabdeckung besitzen bei neueren Modellen bereits das entsprechende Lautsprechergitter und Haltebolzen für die Lautsprecher.
■ Lautsprecher einsetzen und mit Halteklammern auf den Kunststoffbolzen befestigen.
■ Lautsprecherkabel unter dem Teppichboden nach vorn verlegen, dazu Teppich seitlich abnehmen, siehe Seite 260.
■ **Hecklautsprecher Jetta:** Im Blech der Hutablage sind die passenden Ausschnitte bereits vorhanden.
■ Rückenlehne ausbauen, Abdeckung der Hutablage abnehmen und die erforderlichen Aussparungen für die Lautsprecher einschneiden.
■ Die Lautsprecher werden im Blech nur festgeklammert.
■ Kabel nach vorn verlegen, wie oben beschrieben.

Ende der Eiszeit

Außenluft tritt an der Hinterkante der Motorhaube ein und wird vom Fahrtwind oder zusätzlich vom Gebläse in den Innenraum gedrückt. Beim Einschalten der Heizung öffnet ein Ventil dem aufgeheizten Kühlwasser den Weg in den Heizkörper, der wie ein kleiner Kühler aussieht. Die durchströmende Luft erwärmt sich dann an den Heizkörperlamellen.

Heizung und Belüftung prüfen

■ Heizhebel bei warmgefahrenem Motor ganz nach rechts schieben – strömt Warmluft aus?
■ Funktioniert die Luftverteilung nach oben und unten?
■ Heizhebel zurückschieben. Nach kurzer Zeit darf nur noch kalte Luft aus den Öffnungen strömen, sonst schließt das Heizventil nicht richtig.
■ Auch in der warmen Jahreszeit gelegentlich das Heizventil betätigen, damit es nicht festgeht.
■ Strömt aus allen Öffnungen Warm- oder Kaltluft?
■ Läuft das Gebläse in sämtlichen Stufen?

Die Heizung
Heizventil ausbauen

■ Klemmfeder am Heizventil abdrücken, Drahtzug abnehmen.
■ Schlauchschellen am Heizventil lösen.
■ Schlauch abziehen und zustopfen; die Kühlflüssigkeit braucht nicht abgelassen zu werden.
■ Heizventil abnehmen.
■ Neues Ventil so montieren, daß dessen Betätigungshebel oben liegt.

Heizkörper ausbauen

Der Heizkörper oder Wärmetauscher sitzt im sogenannten Frischluftgehäuse unter dem Armaturenbrett, siehe Zeichnung unten.
■ Kühlflüssigkeit teilweise ablassen (Seite 62).
■ **Bis 7/76:** Im Wasserfangkasten die Abdeckung über der Frischluftklappe abdrücken.
■ **Ab 8/76:** Gebläse ausbauen (rechte Seite).
■ **Alle Modelle:** Heizventilhebel in »Geschlossen«-Stellung drehen.
■ Schläuche zum Heizkörper abnehmen.
■ Untere Armaturenbrettabdeckung bzw.

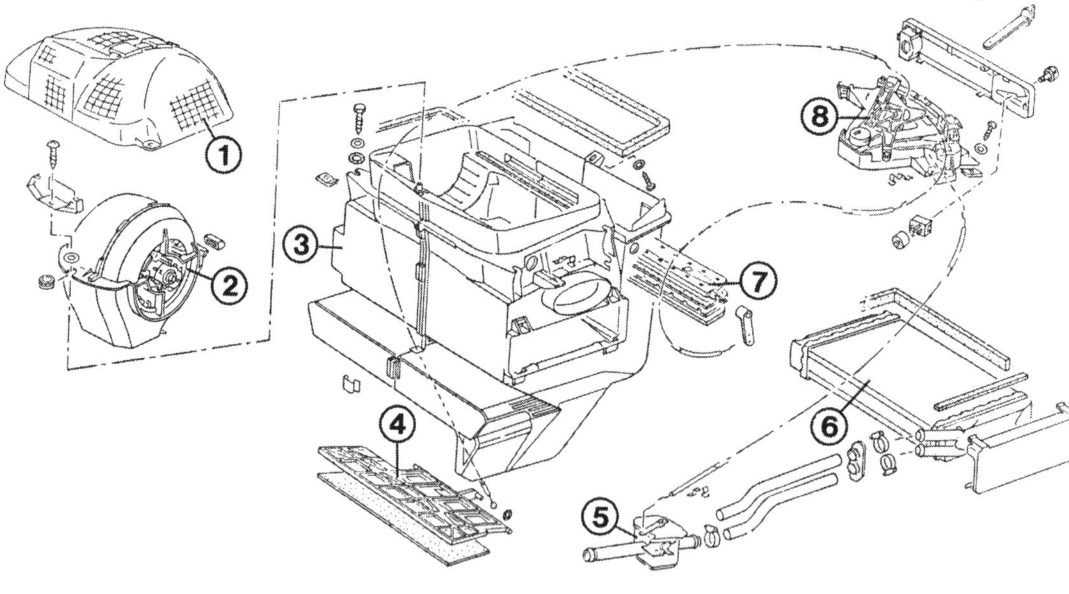

Die wichtigsten Teile der Heizung und Belüftung: 1 – Laubschutzgitter; 2 – Luftgebläse; 3 – Frischluftgehäuse; 4 – Absperrklappe für Luftaustritt unten; 5 – Heizventil; 6 – Heizkörper; 7 – Steuerklappe für Luftaustritt oben; 8 – Heizbetätigung im Armaturenbrett.

Ablagen ausbauen (Seite 260) und ggf. Mittelkonsole demontieren, siehe Seite 261.

■ Drahtzüge an der Heizbetätigung abnehmen (siehe nächsten Abschnitt).

■ Sämtliche Luftschläuche abnehmen.

■ Rechts und links vom Frischluftkasten die Klammern zurückdrücken.

■ Zum Innenraum hin eine Kreuzschlitzschraube herausdrehen.

■ Frischluftkasten nach unten herausziehen, Luftklappe der Ausführung bis 7/76 aus dem Blechausschnitt vorsichtig ausrasten.

■ Links seitlich am Frischluftkasten die Abdeckung ausrasten und abnehmen.

■ Heizkörper zur Seite herausziehen.

■ Vor dem Zusammenbau Schmutz und Laubreste aus dem Frischluftkasten entfernen.

■ Dichtungen der Klappen auf Schäden kontrollieren, ggf. ersetzen.

■ Dichtung rund um den Wärmetauscher so anbringen und verkleben, daß der Heizkörper das Gehäuse nicht berühren kann und so Klappergeräusche verursacht.

Heizbetätigung ausbauen

■ Ablagefach bzw. Radio ausbauen (Seite 240).

■ Knöpfe der Betätigung und des Gebläseschalters abziehen.

■ Blende aus ihren Haltezungen ausrasten.

■ Dabei nicht mit Gewalt oder scharfem Werkzeug hantieren (der Kunststoff bricht leicht aus), sondern durch die Radioeinbauöffnung fassen und Blende zum Innenraum hin herausdrücken.

■ Mit Winkelschraubenzieher oder kurzem Schraubenzieher die Halteschrauben rechts und links der Heizungsregulierung losdrehen.

■ Überstand der Seilzughüllen zu den Halteklammern markieren, z.B. mit Klebestreifen.

■ Halteklammern der Züge abdrücken.

■ Zum Abnehmen der Heizregulierung bis 7/76 diese ca. 5 mm in Fahrtrichtung nach vorn drücken.

■ Nach Einbau der Heizbetätigung ab 8/76 zum Einstellen »Oben/Unten« die beiden Hebel in Stellung »Zu« schieben (zur Mitte hin), wo sie einrasten.

■ Kontrollieren Sie nun, ob beide Klappen im Frischluftgehäuse geschlossen sind.

■ In dieser Stellung die Züge mit den Klammern befestigen.

■ Der Betätigungszug für das Heizventil wird in Stellung »Zu« bzw. »Kalt« eingestellt.

Das Luftgebläse

Der Gebläsemotor läuft bis 7/76 in einer oder zwei und ab Modelljahr 1977 in drei Geschwindigkeiten. Vorgeschaltete Widerstände verringern die Spannungsversorgung für die langsame(n) Gebläsestufe(n). Bei direktem Stromfluß dreht das Gebläse mit vollem Tempo.

Störungssuche am Gebläse

■ Wenn das Gebläse **in keiner Schalterstellung** rauscht, kontrollieren Sie zuerst die zuständige Sicherung (Tabellen ab S. 160).

■ Ab 8/77: Laufen trotz intakter Sicherung auch die Scheibenwischer nicht, liegt es am Entlastungsrelais, siehe Seite 233.

■ Als nächstes Heizhebelblende ausbauen, wie unter »Heizbetätigung ausbauen« beschrieben.

■ Zuerst prüfen Sie die Spannungsversorgung des Gebläseschalters.

■ **Bis 7/76:** Bei eingeschalteter Zündung muß am Kabelstecker am (unteren) Hebel des Gebläseschalters Spannung anliegen. Ggf. Kabelverlauf überprüfen.

■ Lag hier kein Fehler, den Kabelstecker am unteren Hebel mit den Kontakten des Schalters verbinden. Jetzt muß der Motor laufen, sonst ist er defekt.

■ Hat diese Überbrückung funktioniert, liegt der Fehler im Schalter.

■ **Ab 8/76:** Legen Sie ein ausreichend langes Kabel von Batterie-Plus an den Anschluß der gelben Leitung des Gebläsemotors.

■ Bleibt alles ruhig, ist der Motor durchgebrannt – austauschen.

■ Wenn das Gebläse **nur in Stellung 2 und 3** oder **nur in Stufe 3** läuft, Drehschalter überprüfen (Seite 232).

■ Ist der Schalter in Ordnung, Vorwiderstände auf Durchgang überprüfen.

■ Dazu gelbe Leitung am Ventilatormotor mit Prüflampe anstechen.

■ Die Lampe muß in Schalterstellung 1 und 2 aufleuchten als Beweis, daß die Vorwiderstände stromdurchlässig sind. Andernfalls Vorwiderstände austauschen.

Gebläse ausbauen

■ **Bis 7/76:** Abdeckung über dem Wasserfangkasten abnehmen.

■ Abdeckrahmen über der Frischluftklappe abhebeln. Falls die Halteclips abbrechen, neue besorgen.

■ In Fahrtrichtung vorn eine Öse der Frischluftklappe mit einem Schraubenzieher vorsichtig zur Seite drücken, so daß die Achse ausrasten kann.

■ Klappendeckel nach hinten klappen.

■ Kabel am Gebläsemotor abziehen.
■ Das Gebläse wird lediglich von seinen drei Haltearmen im Frischluftkasten gehalten, Gebläse nach oben herausziehen.
■ Beim Einbau auf richtigen Kabelanschluß achten, sonst läuft das Gebläse rückwärts.
■ **Ab 8/76:** Gummidichtung oben an der Trennwand zwischen Motorraum und Wasserfangkasten wegziehen, Kunststoffabdekkung abziehen.
■ Ggf. Laub-Schutzgitter abschrauben.
■ Vorwiderstände aushängen.
■ Halteschraube vorn am Gebläse losdrehen, Kabelstecker abziehen.
■ Vier Schrauben des Frischluftgehäuses (Bild unten rechts) lösen und dieses nach unten drücken.
■ Gebläse abheben.
■ Da im Wasserfangkasten nur wenig Platz vorhanden ist, das Gebläse ohne Drehen oder Verkanten und ohne Gewalt zur rechten Ecke des Wasserfangkastens herausziehen.
■ In dieser Ecke das Gebläse so drehen, daß es sich leicht »ausfädeln« läßt.
■ Merken Sie sich die Stellung: So muß es auch wieder eingeführt werden.
■ Gewaltanwendung beim Aus- und Einbau kann das Lüfterrad verformen, das dann unangenehme Geräusche verursacht oder an seinem Gehäuse streift.

Gebläseschalter ausbauen

■ Heizhebelblende abnehmen, wie unter »Heizbetätigung ausbauen« beschrieben.
■ **Bis 7/76:** Heizbetätigung ausbauen, damit halten Sie auch den Schalter in der Hand.
■ **Ab 8/76:** Stecker hinten am Schalter abziehen.
■ Schalterteil von hinten aus dem Armaturenbrett drücken.

Frischluftdüsen ausbauen

■ Untere Armaturenbrettabdeckungen bzw. Ablagefächer ausbauen (Seite 260).
■ Luftführungsschlauch abziehen.
■ **Golf bis 7/80, Scirocco:** Düse von der Armaturenbrettrückseite zum Innenraum hin herausdrücken.
■ **Golf ab 8/80, Jetta:** Unten an der Düse eine Kreuzschlitzschraube losdrehen, Düse herausziehen.
■ **Alle Modelle:** Beim Einbau auf richtigen Sitz des Luftführungsschlauches achten; er läßt sich oft nur sehr schwer aufschieben.

Störungsbeistand Heizung

Die Störung	– ihre Ursache	– ihre Abhilfe
A Schwache Heizleistung	Thermostat schließt nicht völlig, aufgeheiztes Kühlwasser strömt zu früh durch den Kühler	Thermostat säubern, ggf. ersetzen
B Heizung wird nicht warm	1 Heizventil öffnet nicht	Heizventil gängig machen oder ersetzen
	2 Heizzug gerissen	Ersetzen. Behelf unterwegs: Heizventilhebel von Hand öffnen
	3 Luft im Heizkörper	Kühlsystem auffüllen
C Heizung fällt plötzlich während der Fahrt aus	Heizkörper durch Kühlwasserverlust leergelaufen	Sofort anhalten, sonst Gefahr für die Zylinderkopfdichtung! Undichtigkeit beheben und Kühlwasser auffüllen

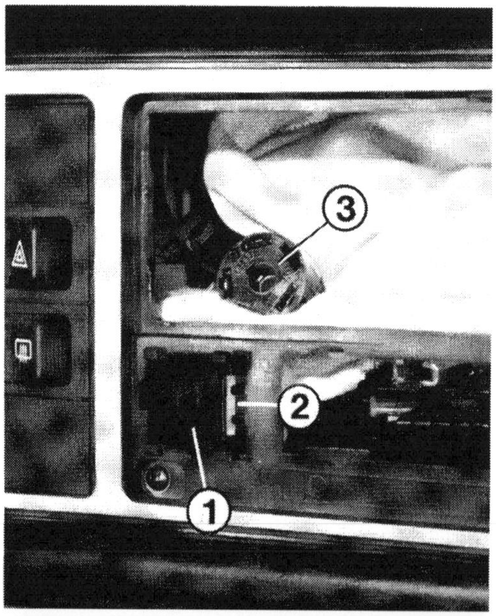

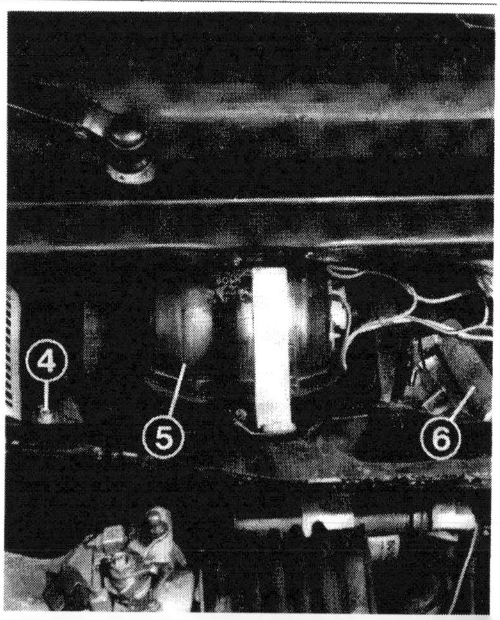

Links: Das Schalterteil (1) des Gebläseschalters wird von einer Federklammer (2) gehalten. Der Mehrfachstecker (3) ist bereits abgezogen. Rechts: Das Luftgebläse (5) mit seinen Vorwiderständen (6). Links im Bild eine der Halteschrauben (4) des Frischluftgehäuses.

Kleiderordnung

Das Blechkleid unseres VW soll vor Wind und Wetter schützen. Aber auch im Fall einer unsanften Berührung mit einem anderen Fahrzeug ist Schutz der Insassen erforderlich. Das erreicht man durch energievernichtende »Knautschzonen« an Bug und Heck. Deshalb bestehen bestimmte Stellen der Karosserie aus dünner gefertigtem Blech, während tragende Teile dickere Blechstärken erfordern.

Demontierbare Teile

Mit einiger Geschicklichkeit kann man die Stoßfänger und die vorderen Kotflügel alleine ausbauen. Wollen Sie aber die Motorhaube, hintere Klappe oder Türen demontieren, brauchen Sie unbedingt einen Helfer, der diese großen und schweren Teile hält, während Sie schrauben.

Fingerzeig: *Den Wiedereinbau der bisherigen Motorhaube, Heckklappe oder Tür kann man sich erleichtern, wenn die Lage der Scharniere vor der Demontage angezeichnet wird. Das geschieht am besten mit einem wasserfesten Filzstift.*

Die Motorhaube

Haube ausbauen

■ An den hinteren Ecken der Haube Lappen auflegen, daß die evtl. abrutschende Haube nicht auf Blech oder Lack aufsitzt.
■ Rechts und links je zwei Halteschrauben an den Scharnieren losdrehen, Haube abnehmen.
■ Die Scharniere der Motorhaube sitzen jeweils auf einem Bolzen und sind mit einer Spannklammer gesichert.
■ Beim Einbau das evtl. vorhandene Masseband links (für die Radioentstörung) wieder mit anschrauben.

Motorhaube einstellen

Bei geschlossener Motorhaube muß der Abstand zu beiden Kotflügeln und zum Windlauf unterhalb der Windschutzscheibe rundum annähernd gleich sein. In der Höhe soll die Haube den Kotflügeln entsprechen.
■ Zur Einstellung werden die Schrauben zwischen Scharnier und Haube gelöst.
■ Haubendeckel verschieben. Damit hierbei kein Lack verkratzt wird, evtl. an den Ecken zum Windlauf Lappen unterlegen.
■ Gummipuffer vorn an der Motorhaube so weit hinein- bzw. herausdrehen, bis die Haube in geschlossenem Zustand in gleicher Höhe mit den Kotflügeln steht.

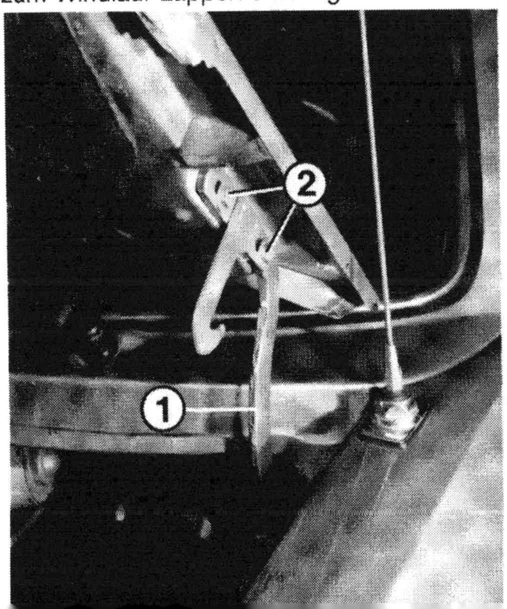

Links das Motorhaubenscharnier (1) mit den beiden Halteschrauben (2). Rechts: Zum Einstellen der Schloßzapfenlänge muß die Kontermutter (Schraubenschlüssel darauf angesetzt) gelockert werden. Dann den Zapfen mit einem Schraubenzieher heraus- bzw. hineindrehen.

Haubenverschluß einstellen Funktioniert die Haubenverriegelung nicht einwandfrei, kann der Schließdorn an der Haubenvorderkante falsch eingestellt sein, oder der Fehler liegt am Haubenzug (siehe übernächsten Abschnitt).

■ Bei seitlich versetztem Schließdorn die beiden Halteschrauben der Grundplatte lokkern und diese zur entsprechenden Seite verschieben.

■ Falsche Schließdornhöhe wird durch Verdrehen des Dorns korrigiert:

■ Kontermutter oben an Grundplatte lösen, dabei mit einem Schlitzschraubenzieher den Dorn gegenhalten.

■ Schließdorn jetzt heraus- oder hineindrehen.

■ Schließprobe machen, dann Kontermutter wieder festziehen.

Gerissener Haubenzug

■ Leuchten Sie mit einer Taschenlampe durch das VW-Zeichen im Kühlergrill.

■ Dahinter erkennen Sie das Schließteil.

■ Mit einem Schraubenzieher dieses Schließteil zur Fahrerseite hin drücken, dann springt das Schloß auf.

Haubenzug auswechseln

■ Kühlergrill ausbauen.

■ Klemmschraube des Haubenschlosses lösen, siehe Abbildung unten.

■ Ende des Zuges geradebiegen und herausziehen.

■ Im Fahrerfußraum den Entriegelungsgriff losschrauben.

■ Haubenzug aus seinen Haltern aushängen und dann zum Innenraum hin herausziehen.

■ Den neuen Zug vom Innenraum her durch die Gummitülle in der Trennwand zum Motorraum durchschieben.

■ Beim Einbau den Zug so verlegen, daß er nicht unter Spannung steht.

■ Drahtseele des Haubenzugs hinter der Klemmschraube am Schloß durchschieben.

■ Beim Festschrauben des Haubenzugs am Schloß darf dieses nicht unter Spannung stehen.

■ Überstehendes Zugende zu einer Schlaufe umbiegen.

Der Kühlergrill

Beim Golf und Jetta besteht der Kühlergrill aus drei Teilen, während der Scirocco eine zweiteilige Blende für die Kühlluftöffnung besitzt.

Golf/Jetta-Grill ausbauen

■ Motorhaube öffnen.

■ Das **Grill-Mittelteil** halten Clips (Bild rechts oben), die sich beim Eintreiben eines Kunststoffstiftes wie ein Dübel spreizen.

■ Soweit möglich, den Stift im Clip von der Motorraumseite her ein Stück herausdrücken und Clip abnehmen.

■ Am Kühler, wo der Clip nicht von der Hinterseite her erreichbar ist, muß man den Stift von vorn durchdrücken.

■ Damit kein Stift in einem Loch im vorderen Querträger verschwindet, deckt man zum Ausbau die Löcher mit einem Stück Pappe ab.

■ Beim Grill mit Zusatzscheinwerfern zwei Kreuzschlitzschrauben vorn oben herausdrehen.

■ Außerdem Kabel zu den Scheinwerfern trennen.

■ Grill etwas nach oben anheben und abziehen.

■ An der **Scheinwerfer-Umrandung** zwei (Golf) bzw. drei (Jetta) Kreuzschlitzschrauben herausdrehen (Zeichnung Seite 250 unten).

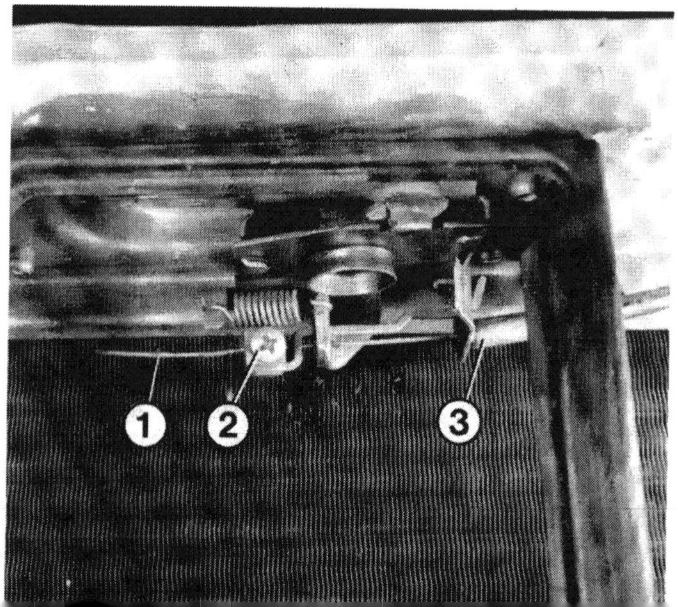

Bei abgenommenem Kühlergrill sehen Sie den Motorhaubenzug (1) mit seiner Halteschraube (2) am Haubenschloß sowie die Seilzugumhüllung.

Links der Golf-Kühlergrill: 1 – und 2 – Schraubenlöcher in der Karosserie; 3 – Halteschrauben; 4 – Scheinwerferumrandung. Rechts die Befestigungsteile: 5 – Halteclip; 6 – Kunststoffstift; 7 – Aufnahmeloch für den Clip; 8 – kompletter Clip.

■ Äußeren Clip des Mittelgrills abnehmen, falls das Mittelteil nicht ohnehin ausgebaut ist.
■ Mittleren Grill ein Stück nach vorn ziehen und die Scheinwerferumrandung »ausfädeln«.
■ Ein bzw. zwei weitere Grills sind unten im Frontblech mit angegossenen Haltezungen eingeclipst.

Scirocco-Grill ausbauen

■ Insgesamt sechs Kreuzschlitzschrauben je Grillhälfte herausdrehen.
■ Grill abnehmen.

Die Heckklappe

Die vier Kreuzschlitzschrauben der Verbindung Heckklappe/Scharniere sind im Heckklappenausschnitt praktisch nicht zugänglich. Um die am Wagendach liegenden Halteschrauben zu erreichen, muß man den Dachhimmel ein Stück lösen. VW empfiehlt dagegen, den Himmelstoff am Sitz der Scharniere einzuschneiden. Dann müssen die Schnittstellen aber anschließend mit Abdeckkappen verschlossen werden (Teile-Nr. 171 867 923).

Golf/Scirocco-Klappe ausbauen

■ Kabelverbindungen und Schlauchleitungen zur Heckklappe trennen.
■ Heckklappendichtung oben ein Stück abziehen.
■ Dachhimmel vorsichtig von der Blechkante lösen.
■ U-förmige Klammer an einem Haltebolzen des Gasdruckhebers abziehen, Heber aushängen.
■ Je zwei Halteschrauben an den Heckklappenscharnieren (Bild unten rechts) herausdrehen, Klappe abnehmen.

Jetta-Klappe ausbauen

■ Bei geöffneter Klappe rechts und links je zwei Schrauben losdrehen.
■ Klappe von den Scharnieren abnehmen.

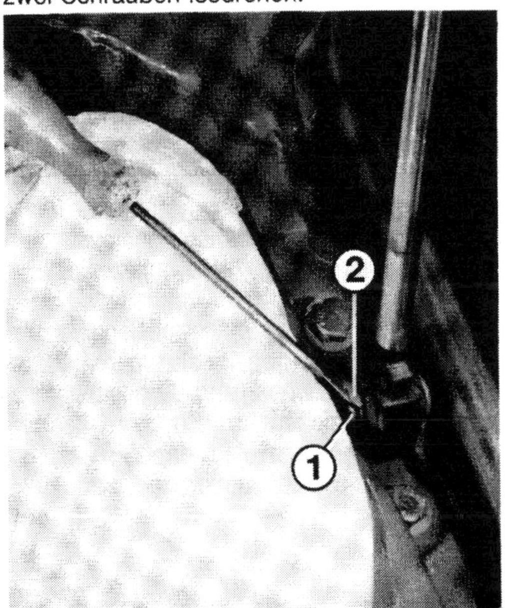

Im Bild links ist gezeigt, wie die U-förmige Klammer (2) vom Haltebolzen (1) der hinteren Gasdruckfeder abgedrückt wird.
Rechts: Zum Abschrauben der Heckklappe können Sie ein Loch in den Dachhimmel schneiden oder den Dachhimmel ein Stück abziehen. Darunter sitzen die Schrauben (3) der Heckklappenscharniere.

Die Schließteile der hinteren Klappe, links beim Golf, rechts beim Jetta: 1 – Schließteil; 2 – Schließzapfen; 3 – Dichtring; 4 – Schließzylinder mit Druckknopf; 5 – Schließzapfen; 6 – Schließteil; 7 – Schließzylinder mit Druckknopf; 8 – Verbindungsstange.

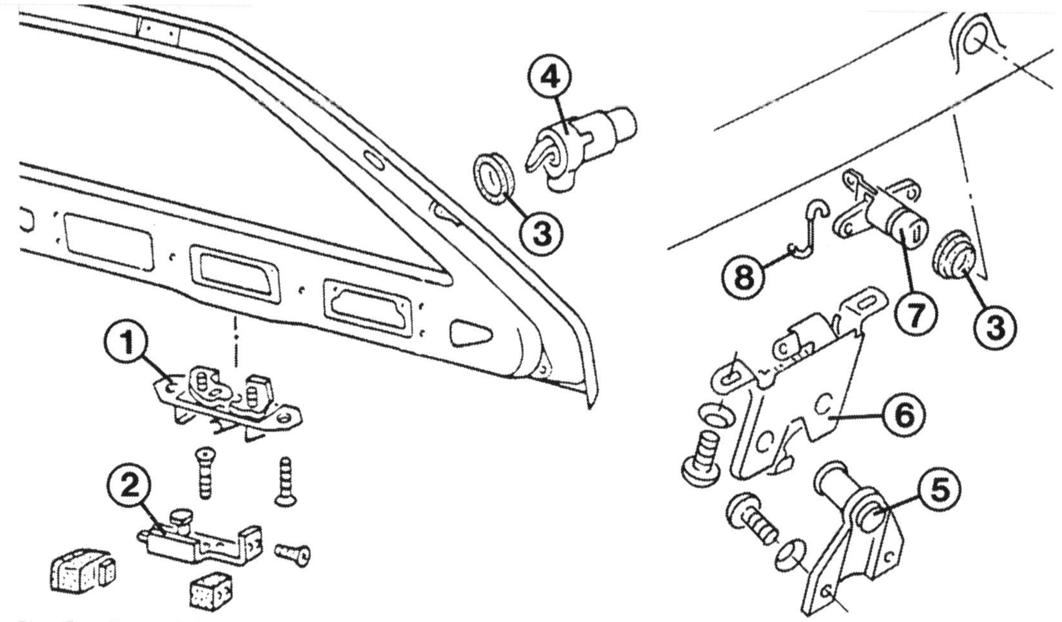

Heckspoiler ausbauen

Der Spoiler auf der Heckklappe des Formel-E-Jetta ist auf fünf Halteplatten aufgedrückt. Beim Ausbau kann der Kunststoff im Spoiler ausbrechen, so daß er anschließend nicht mehr hält.

■ An der Unterseite der Kofferraumklappe insgesamt fünf Muttern lösen, falls sich die Schrauben der Halter nicht mitdrehen.

■ Spoiler mit seinen Haltern abziehen.

■ Falls das nicht klappt, Spoiler von den Haltern abziehen.

■ Muttern unten im Kofferraumdeckel lösen, während Sie den jeweiligen Schraubenkopf oben im Halter gegenhalten.

Heckklappe einstellen

■ Bei klappernder oder schlecht schließender hinterer Klappe die Schrauben des Schließzapfens (Zeichnungen oben) ein wenig lockern.

■ Zapfen verschieben und festschrauben.

■ Sitz und Klapperfreiheit der hinteren Klappe kontrollieren, ggf. nachjustieren.

■ Ggf. durch Herausdrehen der Gummipuffer an der Klappe genauen Sitz einstellen.

Heckklappendichtung

Wenn Staub oder Feuchtigkeit eindringt, obgleich die hintere Klappe einwandfrei in ihrem Ausschnitt sitzt, kann es an der Gummidichtung liegen. Ist sie spröde oder eingerissen:

■ Gummiumrandung abziehen.

■ Neue Dichtung mit einem Kunststoffhammer aufschlagen. Die Gummiumrandung muß rundum gleichmäßig hoch sitzen.

■ Zur Pflege der Dichtung eignet sich Glyzerin oder ein Gummipflegemittel.

Heckklappenschloß ausbauen

■ **Golf, Scirocco:** Drei Kreuzschlitzschrauben an der Unterkante der Heckklappe herausdrehen.

■ Schließteil abnehmen.

■ Auch der Druckknopf mit dem Schließzylinder kann nun herausgezogen werden, denn er ist mit einer der bereits entfernten Schrauben befestigt.

■ Fällt beim Ausbau eine Unterlegscheibe heraus, so muß diese beim Zusammenbau zwischen Schloß und Schließzylinder mit verschraubt werden. Dadurch kommt der Schließzylinder in waagrechte Lage. Und nur so kann er einwandfrei funktionieren.

■ **Jetta:** Verbindungsstange vom Druckknopf zum Schloßteil aushängen.

■ Zwei Kreuzschlitzschrauben des Schlosses losdrehen.

■ Zum Ausbau des Schließzylinders Verbindungsstange zum Schloß aushängen.

■ Beide Kreuzschlitzschrauben an der Schließzylinder-Grundplatte herausdrehen.

■ **Alle Modelle:** Schließzylinder und Druckknopf sind nicht trennbar.

■ Beim Einbau den Dichtring zwischen Druckknopf und dem Ausschnitt im Blech nicht vergessen.

Schließzapfen einstellen

■ Schrauben des Schließzapfens mit leichter Hand anziehen.

■ Hintere Klappe schließen, wodurch der Schließzapfen ausgerichtet wird.

■ Heckklappe öffnen und Schließzapfenschrauben festziehen.

■ Gummipuffer der Heckklappe entsprechend heraus- bzw. hineindrehen.

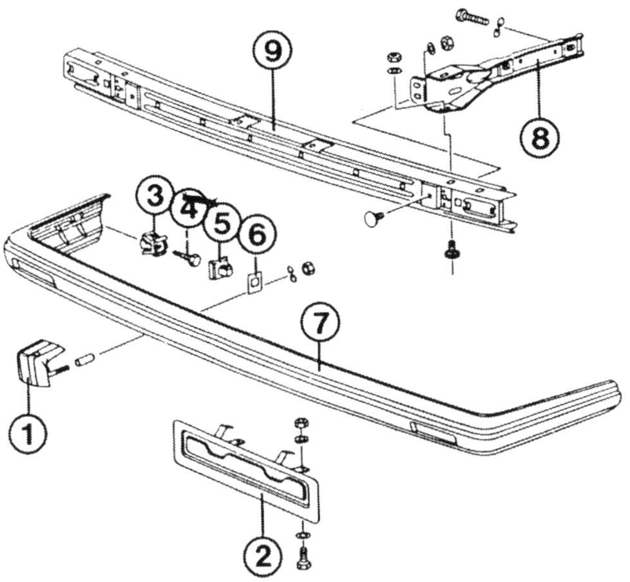

Die Einzelteile eines kunststoffummantelten Golf-Stoßfängers: 1 – Stoßfängerhorn mit Spritzdüse für Scheinwerfer-Reinigungsanlage; 2 – Kennzeichenhalter; 3 – Klemmstück; 4 – Spezial-Sechskantschraube; 5 – Clip; 6 – Dichtung; 7 – Kunststoffabdeckung; 8 – Stoßfängerträger; 9 – Stoßfänger.

Die Stoßfänger

Während die früheren Blech-Stoßstangen schon bei leichter »Feindberührung« deutlich an Form verloren, sind die kunststoffummantelten Stoßfänger deutlich stabiler. Das kann zur Folge haben, daß Sie nach einem leichten Aufprall am Stoßfänger gar keinen Schaden entdecken. Evtl. wurde aber das Blech, an dem die Stoßfängerträger angeschraubt sind, verformt. Das sollten Sie bei einem Bagatellunfall sofort kontrollieren.

Stoßfänger ausbauen

■ **Vorn:** Je zwei M-8-Schrauben im Motorraum seitlich an den Längsträgern losdrehen – in Fahrtrichtung rechts von oben, links von unten her.
■ **Golf:** Steckverbindungen zu den vorderen Blinkern im Motorraum trennen.
■ **Scirocco:** Je zwei Muttern der seitlichen Stoßecken bis 7/77 innen im vorderen Kotflügel bzw. vom Kofferraum aus losdrehen.
■ Eine Mutter direkt an der Stoßstange lösen.
■ **Hinten:** Je zwei Halteschrauben seitlich im Kofferraum losdrehen.
■ **Vorn und hinten:** Stoßfänger waagrecht herausziehen; die seitlichen Teile gleiten dabei aus ihren seitlichen Halterungen.
■ Stoßfängerhalter und Kennzeichenhalter abschrauben, falls erforderlich.
■ Beim Golf mit Blechstoßstangen die Kunststoffecken aus den Einsteckköffnungen vorsichtig herausheben.
■ Ist der Kunststoff schon älter, bricht meist eine Haltenase im Stoßstangeneck aus.
■ Beim Einbau der kunststoffummantelten Stoßfänger darauf achten, daß die seitlichen Teile des Stoßfängers in ihre Halterungen an der Karosserie eingeschoben werden.

Fingerzeig: *Wer nachträglich kunststoffummantelte Stoßfänger am Golf montiert, muß auch die seitlichen Halter montieren, sonst hängen die Stoßstangenseiten nach unten.*

Kunststoff-abdeckung auswechseln

Wenn lediglich die Kunststoffabdeckung beschädigt ist, kann sie alleine ersetzt werden. Ist dagegen auch der eigentliche Stoßfänger deformiert, gibt es als Ersatz nur das komplette Teil.
■ Stoßfänger abbauen.
■ Beim Golf den vorderen Kennzeichenhalter abschrauben.
■ Alte Abdeckung abhebeln.
■ Zur Montage der neuen Kunststoffhülle benutzt die Werkstatt eine Presse und ein Spezialwerkzeug. Behelfsmäßig geht es doch recht schwierig.
■ Seitliche Klemmstücke etwa fünf Minuten in ein Seifenwasser legen.
■ Halteschraube drei bis vier Gewindegänge in das Klemmstück drehen.
■ Klemmstück mit einem Kunststoffhammer bis auf die Verstärkungsrippen in der Kunststoffabdeckung schlagen. Dabei nicht auf die Schraube klopfen.
■ Klemmstück mit einer Zange festhalten und gleichzeitig die Halteschraube mit 5 Nm anziehen. Dadurch spreizt sich das Klemmstück wie ein Dübel und sitzt fest.
■ Vor dem Aufpressen der Kunststoffabdekkung den Kunststoff mit einem Haarfön oder Heizlüfter erwärmen.
■ Von der Stoßfängermitte beginnend müssen sämtliche Haltenasen der Abdeckung in die entsprechenden Öffnungen im Stahlträger einrasten.

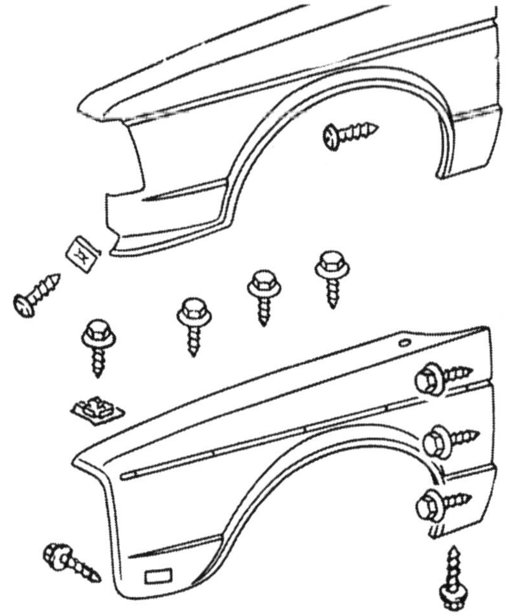

In der Zeichnung sehen Sie die Sechskant- und Kreuzschlitzschrauben (letztere nur beim Jetta), mit denen der Kotflügel angeschraubt ist.
Der Pfeil im Bild rechts zeigt auf eine der Kotflügel-Halteschrauben, die erst vom Unterbodenschutz freigelegt werden müssen.

Die Kotflügel

Lediglich die vorderen Kotflügel lassen sich abschrauben. Die hinteren Seitenteile bilden dagegen eine verschweißte Einheit mit der restlichen Karosserie.

Radhausschale ausbauen

Zum Schutz vor Steinschlag und Schmutz besitzen die seit 6/82 gebauten Golf und Jetta in den vorderen Radkästen Kunststoffschalen.

- Betreffendes Vorderrad abnehmen.
- Entlang des Radausschnitts und innen im Radkasten insgesamt zehn Kreuzschlitzschrauben herausdrehen.

Kotflügel ausbauen

- Stoßfänger abschrauben.
- Ecke des Kühlergrills bzw. Grillhälfte ausbauen (Seite 246/247).
- Zierleiste am Türeinstieg abhebeln, siehe Seite 255.
- Unterbodenschutz an den Trennfugen erwärmen, damit er sich mit einem scharfen Messer anschließend durchtrennen läßt. Sie brauchen dazu eine Gas-Lötlampe oder einen leistungsstarken Heißluftfön.
- Köpfe der Halteschrauben an der Scharniersäule aus der Unterbodenschutzschicht freilegen.
- Bei geöffneter Motorhaube rund um den Kotflügel 9 Sechskant-Blechschrauben herausdrehen: In der Motorhauben-Ablagekante, vorn unten am Kotflügel, innen zum Türpfosten hin und hinten unten am Schwellerblech, siehe Zeichnung oben links.
- Beim Jetta müssen noch zwei Kreuzschlitzschrauben herausgedreht werden:
- Vorn unterhalb des Stoßfängers sowie zum Türpfosten hin.
- Kotflügel nach vorn und dann zur Seite abziehen.
- Ggf. Kotflügel-Verbreiterung abnehmen, siehe rechte Seite.
- Zwischen Karosserie und Kotflügel sitzen an der Motorhauben-Ablagekante und zur Tür hin Zinkplättchen unter den Schrauben.
- Falls diese Plättchen fehlen, an deren Stelle Karosseriedichtband aufdrücken. Für die jeweilige Schraube ein entsprechend großes Loch durch das Dichtband stechen.

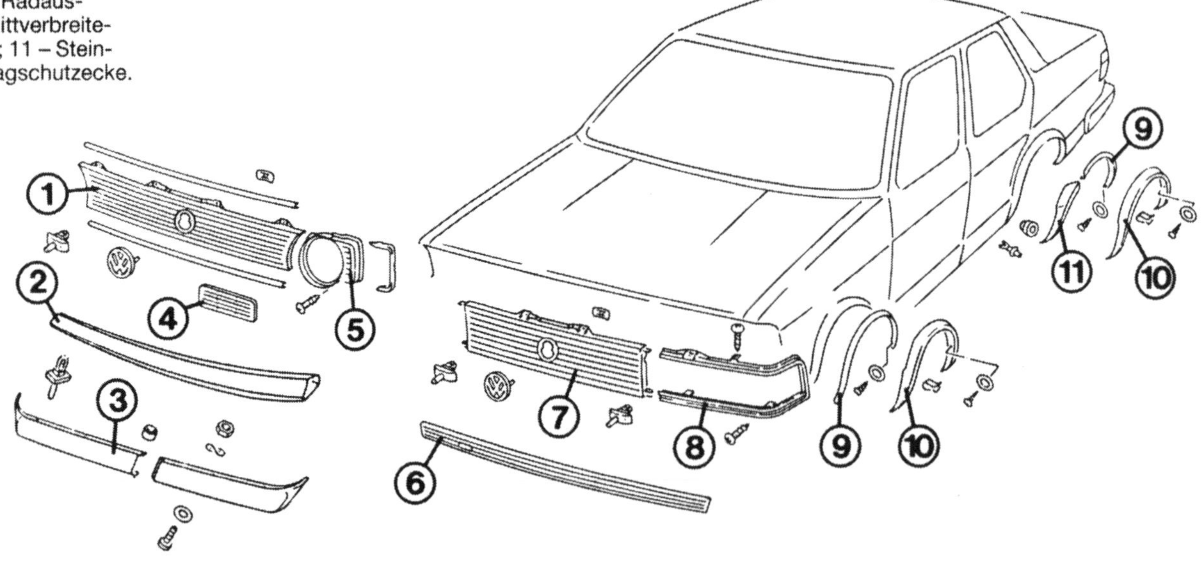

Die an der Karosserie befestigten Kunststoffteile, links der Golf, rechts der Jetta: 1 – Kühlergrill; 2 – Spoiler; 3 – großer Frontspoiler (Formel E); 4 – Grillteil unten; 5 – Scheinwerferumrandung; 6 – Grillteil unten; 7 – Kühlergrill; 8 – Scheinwerferumrandung; 9 – Radausschnittblende; 10 – Radausschnittverbreiterung; 11 – Steinschlagschutzecke.

■ Nach dem Anbau des Kotflügels in die Fugen zwischen Karosserie und Kotflügel Acryldichtmasse (V.A.G.-Nr. AKD 511 001) auftragen und mit dem Pinsel sauber verstreichen.

■ Die Spalte zwischen Kotflügel und Motorhauben-Ablagekante werden mit Konservierungswachs satt eingesprüht.

Fingerzeig: *Wenn Sie beim Abnehmen des Kotflügels sehen, daß die Anlagefläche oben oder das sogenannte Stehblech Rostschäden zeigt, hilft nur das Einschweißen von Blech.*

Steinschlagschutz und Radausschnittverbreiterungen ausbauen

Die Schutzecken am hinteren Radlauf des Golf und die Verbreiterungen der Radausschnitte des Jetta sind mit sogenannten Klemmscheiben, Kunststoffdübeln (Spreizniet) sowie Schrauben befestigt.

■ **Radlauf-Schutzecken hinten:** Innen im Blech zwei bzw. drei Klemmscheiben von den Stiften an der Schutzecke abziehen.

■ Meist reißt mindestens einer dieser dünnen Stifte ab.

■ Da Kleben nicht viel nützt, braucht man eine neue Steinschlagschutzecke.

■ Bei der Ausführung ab 8/78 außerdem unten an der Steinschlagschutzecke den Kunststoffstift im Spreizniet heraustreiben.

■ Zum Einbau der Klemmscheiben diese mit einer kleinen Stecknuß aufdrücken.

■ An den **Radausschnitt-Verbreiterungen** Kreuzschlitzschrauben herausdrehen.

■ Verbreiterung abziehen.

Golf-Frontspoiler ausbauen

Das schmale schwarze Kunststoffteil vorn unten am Frontblech, der Spoiler, bewirkt eine deutliche Verbesserung der Fahreigenschaften bei höherem Tempo. Wenn er fehlt, wird das auch vom TÜV beanstandet.

■ Stifte in den fünf Halteclips durchdrücken.

■ Spoiler abnehmen.

■ Beim Einbau Spoiler mit den Halteclips ansetzen, Kunststoffstifte durchdrücken.

■ Der große zweiteilige Spoiler ist mit fünf Schrauben befestigt:

■ Von der Unterseite her die Verschraubung lösen, dabei an der Innenseite des Frontbleches mit einem Schraubenschlüssel gegenhalten.

■ Beim Einbau die beiden Abstandshülsen in der Mitte des Spoilers nicht vergessen.

Die Türen
Tür ausbauen

■ Bei geöffneter Tür die Schaumstoffabdekkung (wenn vorhanden) am Türfeststeller abziehen.

■ Klemmscheibe unten vom Bolzen des Türfeststellers abdrücken, Bolzen nach oben herausnehmen.

■ Am oberen und unteren Scharnier je zwei Innensechskantschrauben M 8 oder je eine Sechskantschraube losdrehen, Tür dabei von einem Helfer halten lassen.

■ Tür mit ihren Scharnieren abnehmen.

■ Beim Einbau sollen die Schrauben mit 45 Nm festgezogen werden.

Fingerzeig: *Wenn die Tür nicht mehr in »Offen«-Stellung gehalten wird, haben sich wahrscheinlich die beiden Schrauben gelöst, mit denen der Türfeststeller im vorderen Türkastenrand festgeschraubt ist.*

Links das ältere Türscharnier mit je zwei Innensechskantschrauben. Wenn Sie nur einen gewinkelten Steckschlüssel besitzen, läßt er sich in der hier gezeigten Weise mit einem gekröpften Ringschraubenschlüssel am besten ansetzen. Im Bild rechts die neuere Ausführung. Sie wird lediglich mit einer Sechskantschraube oben und unten gehalten.

Tür einpassen

Zur Einstellung einer Tür muß der VW mit allen Vieren waagrecht auf dem Boden stehen. Bei aufgebocktem Fahrzeug kann sich die Karosserie etwas verwinden, so daß die Türjustierung anschließend nicht stimmt.

■ Schließbolzen, in den das Türschloß einrastet, ein wenig lockern.

■ Tür mit ihren Scharnieren nur so fest anschrauben, daß sie sich noch nach allen Seiten verschieben läßt.

■ Tür in den Türausschnitt drücken und so ausrichten, daß das Türblech flächenglatt mit dem benachbarten Karosserieblech abschließt und mit rundum gleichmäßigem Spalt im Türausschnitt sitzt.

■ Prüfen Sie vom Wageninnern aus, ob die Tür gleichmäßig mit ihrer Dichtung anliegt.

■ Bei richtigem Sitz Scharnierschrauben anziehen.

■ Öffnertaste im äußeren Türgriff anziehen und das Türschloß bei leicht angehobener Tür in den Schließbolzen einrasten lassen.

■ Öffnertaste loslassen, wieder anziehen und Tür leicht angehoben öffnen.

■ Schließbolzen in dieser Stellung festziehen.

■ Sitz der Tür kontrollieren, ggf. nachjustieren.

Türverkleidung ausbauen

Diese Arbeit haben wir aus dem Kapitel »Innenraum« vorgezogen, da sie für die weiteren Zerlegungsschritte an der Tür wichtig ist.

■ Zwei Kreuzschlitzschrauben der Armstütze losdrehen und Stütze abnehmen.

■ Bei neueren Modellen muß man hierzu die Armstütze um 90° nach oben schwenken und aus der oberen Steckverbindung herausziehen.

■ Griffschale aus der Blende des Türinnengriffes heraushebeln.

■ Kreuzschlitzschraube der Türinnengriff-Blende herausdrehen, Blende abnehmen.

■ Abdeckung der Fensterkurbel abdrücken und beiseitedrücken.

■ Darunter sitzende Kreuzschlitzschraube losdrehen und Kurbel abnehmen.

■ Knopf für die Außenspiegelverstellung abziehen.

■ Bei der neueren Verkleidung mit Fensterbrüstung Verriegelungsknopf oben losdrehen.

■ Vorn und an der Unterseite der Verkleidung zwei oder drei Kreuzschlitzschrauben lösen, die unter Plastikkappen sitzen.

■ Türverkleidung unten an einer Ecke vorsichtig ein Stück herausziehen, damit sich die Halteclips aus dem Türblech lösen.

■ Mit der Hand hinter die Verkleidung fassen und die Verkleidung vorsichtig rundum abziehen.

■ Den Ablagekasten halten sechs Kreuzschlitzschrauben an der Rückseite der Verkleidung.

■ Die Kunststoffolie hinter der Verkleidung darf nicht beschädigt sein, andernfalls kann Feuchtigkeit eindringen und die Rückseite der Türverkleidung aufweichen.

■ Vor dem Einbau kontrollieren, ob die Halteclips noch unbeschädigt sind.

■ Clips ggf. so verschieben, daß sie an den entsprechenden Bohrungen im Türblech angesetzt sind.

■ Andernfalls werden sie bei dem zum Einklopfen notwendigen Handballenschlag zerdrückt und unbrauchbar.

■ Die Schraube der Fensterkurbel sollten Sie mit ein wenig Schraubensicherungsmittel einsetzen, da sie sich beim häufigen Auf- und Abkurbeln leicht löst.

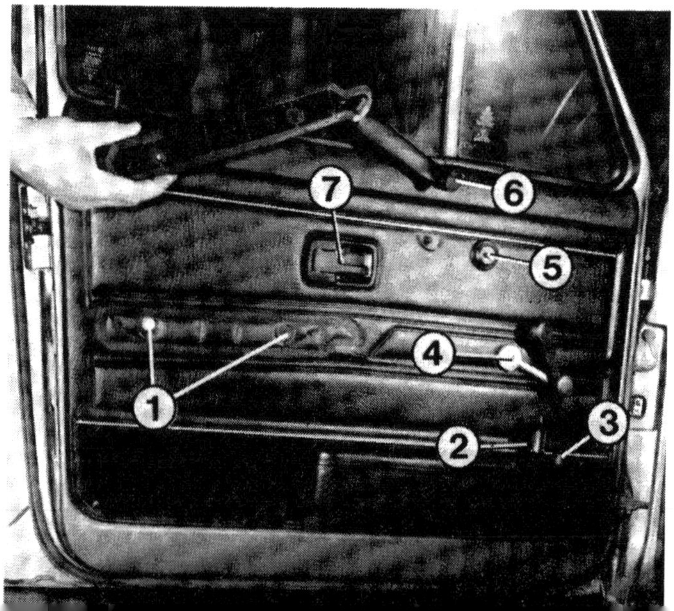

Hier wird der Ausbau der Türverkleidung vorbereitet. Sie sehen: 1 – Kunststoffdübel der Armlehnen-Halteschrauben; 2 – Abdeckung der Türinnengriffschale; 3 – Kappe des Spiegelverstellknopfes (5); 4 – Schraube der Fensterkurbel; 6 – Haltestift der Armlehne; 7 – Halteschraube der Türinnengriffschale.

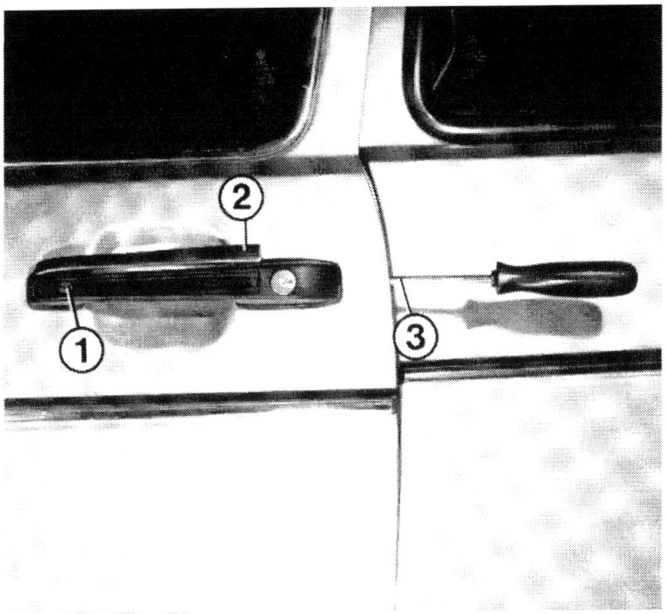

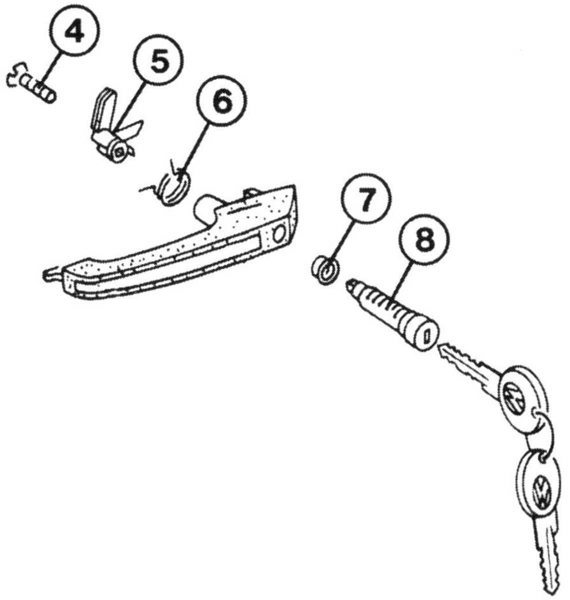

Links: Den Türaußengriff hält außen eine Schraube (1) unter der Zierblende (2) sowie eine Schraube (3) an der Türschmalseite. Rechts der Schließzylinder (8): 4 – Halteschraube; 5 – Mitnehmer; 6 – Drehfeder; 7 – Dichtring.

Türschloß ausbauen

Das Türschloß am hinteren Türkastenrand sehen Sie in den Abbildungen oben und unten. Dort sind auch die hier im Text genannten Teile bezeichnet.

■ **Bis 10/76:** Türverkleidung abnehmen.
■ Türgriff ausbauen (nächster Abschnitt).
■ Zwei Kreuzschlitzschrauben an der Schmalseite der Tür ober- und unterhalb des Schlosses herausdrehen.
■ Eine weitere Schraube zum Innenraum hin oben an der Tür lösen.
■ In den Türkasten fassen und den Verbindungshebel zwischen Türaußengriff und Schloß von dessen Bolzen abdrücken.
■ Das gelöste Türschloß so drehen, daß sich die Zugstange vom Türinnengriff abnehmen läßt.
■ **Ab 10/76:** Beide Innensechskantschrauben des Türschlosses lösen.
■ Schloß verriegeln und ein Stück herausziehen.
■ Durch die Öffnung unten im Türschloß einen Schraubenzieher stecken, wodurch die Welle des Fernbetätigungshebels blockiert wird. Nur so kann die Verbindungsstange zum inneren Türgriff ausgehängt werden.
■ Sicherungshebel oben aus der Hülse ziehen.
■ Beim Wiedereinbau muß die Schloßfalle in verriegelter Stellung stehen.

Türgriff ausbauen

■ Halteschraube hinten an der Schmalseite der Tür losdrehen (Bilder oben und unten).
■ **Bis 10/76:** Türgriff vorn ein wenig nach außen ziehen, dann hinten aus dem Türblech aushängen.
■ **Ab 10/76:** Zierabdeckung mit einem schmalen Schraubenzieher abhebeln.
■ Kreuzschlitzschraube vorn im Türgriff herausdrehen, Griff abnehmen.

Schließzylinder ausbauen

■ Schlüssel in den Schließzylinder stecken, damit beim Herausziehen des Zylinders die Schließplatten und Federn nicht herausfallen.
■ Kreuzschlitzschraube am hinteren Ende des Schließzylinders herausdrehen.
■ Mitnehmer und Drehfeder abnehmen, da-

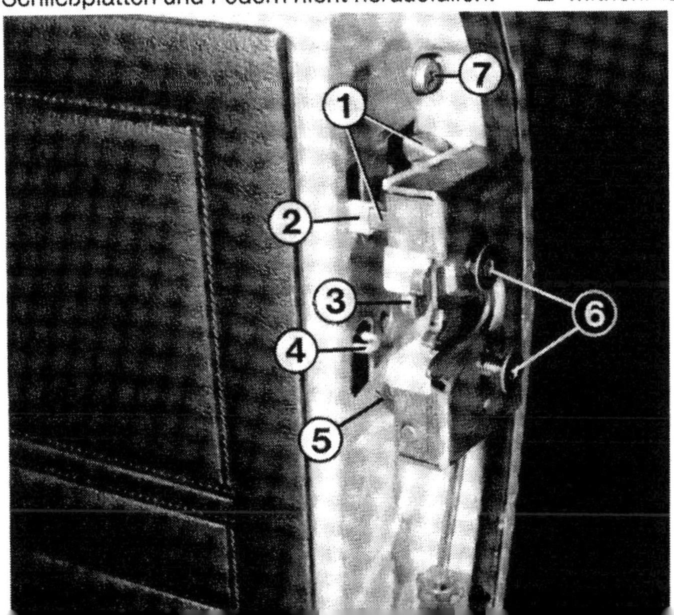

Das Türschloß seit 10/76: 1 – Sicherungshebel mit seiner Hülse (2); 3 – Schloßfalle; 4 – Verbindungsstange; 5 – Fernbetätigungshebel; 6 – Halteschrauben; 7 – Halteschraube des Türaußengriffes.

bei deren Lage für den Wiedereinbau merken.

■ Schließzylinder aus der Türgriff-Vorderseite herausziehen.

■ Neuen Schließzylinder mit Rostlöser-Isolierspray schmieren.

Türfenster ausbauen

Die hier im Text erwähnten Teile sehen Sie in den Abbildungen auf diesen Seiten.

■ Türverkleidung abnehmen.

■ Türscheibe herunterkurbeln.

■ Fensterschachtabdeckung innen mit einem flachen Schraubenzieher vorsichtig abhebeln, ggf. Lappen zum Schutz vor Lackbeschädigungen unterlegen.

■ Beim Scirocco muß auch die äußere Schachtabdeckung abgenommen werden, sonst läßt sich dessen stärker gewölbte Scheibe nicht herausnehmen.

■ Oben am Dreiecksfenster das senkrechte und das obere Fensterführungsgummi etwa 10 cm weit herausziehen.

■ Halteschrauben der Fensterführungsschiene unten (Bild unten) und oben (unter der Gummidichtung) herausdrehen.

■ Schiene schräg nach unten in den Türkasten schieben.

■ Türscheibe unten am Fensterheber abschrauben, hochschieben und aus dem Türkasten herausnehmen.

■ Falls nötig, läßt sich bei abgenommener Fensterführungsschiene auch das Dreiecksfenster abziehen, wenn die Gummidichtung im Bereich der Schräge am Fenster gelöst wird.

Fensterheber ausbauen

■ Türverkleidung abnehmen.

■ Türfenster herunterkurbeln.

■ Scheibe vom Fensterheber abschrauben, ein Stück hochziehen und auf zwei entsprechend hohe Klötze setzen, damit sie nicht herunterfallen kann.

■ Schrauben am Kurbeltrieb des Fensterhebers lösen.

■ Beide Haltelaschen des Führungsrohres abschrauben, siehe Bild unten, außerdem an der Türunterkante die Halteschraube des Fensterheber-Führungsrohres.

■ Oben ist das Rohr lediglich in der Türbrüstung festgeklemmt.

■ Fensterheber zum unteren Ausschnitt in der Tür herausnehmen.

Fingerzeig: *Ein schwergängiger Fensterheber kann geschmiert werden: Die beflockte Spirale darf nur geölt werden, während die nicht beflockte Spirale gefettet werden muß.*

Außenspiegel

■ Bei normalem Außenspiegel dessen beide Halteschrauben außen herausdrehen.

■ Bei innenverstellbarem Spiegel Türverkleidung abnehmen.

■ Folie hinter der Verkleidung im Bereich des Verstellknopfes abziehen.

■ Haltemutter der Spiegelbetätigung losdrehen und letztere aus ihrem Halter ziehen.

■ Kreuzschlitzschrauben des Spiegels losdrehen.

■ Spiegel mit seiner Betätigung herausziehen.

Das Schiebedach

Diese Öffnung zum Himmel erfordert für problemlose Funktion eine exakte Einstellung. Das kann man nach entsprechender Anleitung auch als Heimwerker, aber die hierzu notwendigen Beschreibungen würden den Rahmen dieses Buches sprengen.

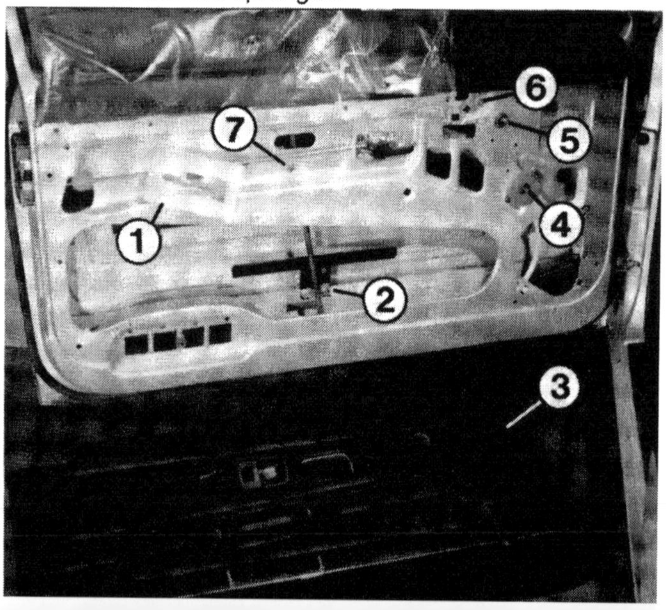

Die Fahrertür mit abgenommener Verkleidung (3): 1 – Schaumstoffpolster unter dem Innengriff; 2 – Halteschraube der Fensterhebeschiene; 4 – Welle der Fensterkurbel; 5 – Betätigungsknopf für den innenverstellbaren Außenspiegel; 6 – Halteschraube der vorderen Fensterführungsschiene; 7 – Halteschraube des Fensterhebers.

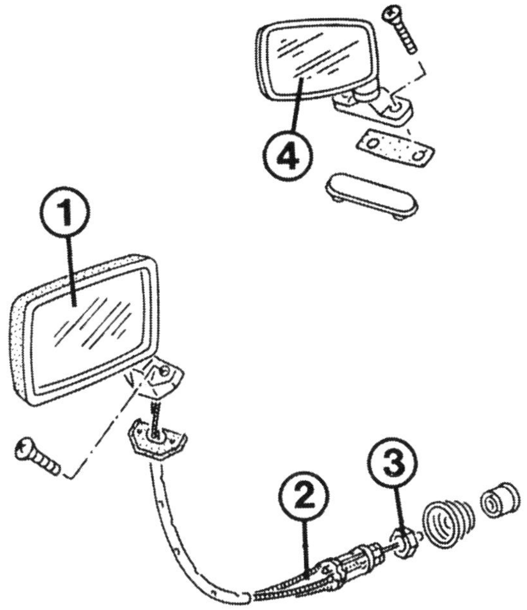

Die beiden Versionen des Außenspiegels: 1 – innenverstellbare Ausführung mit Verstellmechanismus (2); 3 – Haltemutter; 4 – Normalausführung.

Die Zierleisten

□ Die Zierleisten am Türschweller und die höherliegenden Leisten beim Golf und Jetta sind mit Halteclips befestigt.

□ Die Seitenleisten des Scirocco sind aufgeklebt. Sie können laut VW nicht wiederverwendet werden. Als sparsamer Autofahrer wird man es mit einem der heutigen Kontaktklebemittel trotzdem versuchen. Meist hält das auch in der Autowaschanlage.

■ **Schwellerleisten und seitliche Golf/Jetta-Leisten:** Vorsichtig von den Halteclips abziehen.

■ Ggf. Stift im Halteclip durchdrücken und Clip abnehmen. Der Stift verschwindet in den geschlossenen Hohlräumen allerdings unerreichbar.

■ Neue Clips ansetzen und Kunststoffstift hineintreiben, wodurch sich der Clip spreizt.

■ Leiste aufdrücken.

■ Wenn die Leiste auf einem Clip nicht mehr hält, versuchen Sie, die Leiste etwas zurecht zu biegen.

■ **Scirocco-Seitenleisten:** Zum Abnehmen mit einem Heißluftfön auf ca. 60° C erwärmen.

■ Vorsichtig abziehen.

■ Reste der Klebemasse sollten Sie mit einem Holzspachtel und Heißluft entfernen. Zu viel Wärme schadet allerdings dem Lack.

■ Zum Anbringen Lackfläche mit Reinigungsbenzin sauberreiben und mit Silikonentferner nachbehandeln.

■ Lackfläche trockenreiben und mit dem Heißluftfön auf ca. 30° C anwärmen.

■ Schutzfolie(n) abziehen.

■ Leiste oder Blende anheften, evtl. Sitz noch korrigieren.

■ Dann kräftig andrücken, speziell an den Enden.

Die Scheiben

In unseren Modellen ist seit 8/81 serienmäßig eine Windschutzscheibe aus Verbundglas eingebaut (früher nur gegen Aufpreis), die im Fall einer Beschädigung nicht in tausende von Krümeln zerfällt, sondern an der Schadensstelle mehr oder minder große Risse zeigt. Eine solche Scheibe trägt die Angabe »Laminated« oder »Verbund«.

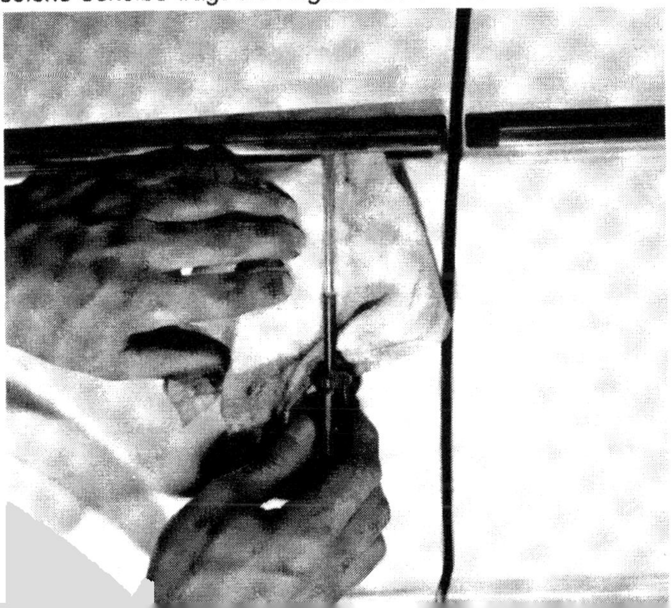

Zum Abdrücken einer Zierleiste sollten Sie unbedingt einen Lappen als Lackschutz unterlegen.

Der eigenhändige Einbau einer Verbundglasscheibe ist problematisch. Man muß mit der Scheibe wie mit einem rohen Ei umgehen. Kräftiges Klopfen beim Einsetzen der Scheibe bewirkt leicht eine Verspannung, wodurch sie reißen kann. Wir empfehlen dringend, den Einbau einer Verbundglas-Windschutzscheibe einer Werkstatt zu überlassen.
Relativ unempfindlich ist dagegen das Einschichtglas der herkömmlichen Windschutzscheibe, der festen hinteren Scheiben beim Zweitürer und der Heckscheibe.

Scheibe ausbauen

Zum Aus- und Einbau einer Scheibe brauchen Sie unbedingt einen Helfer, damit es keinen Bruch gibt.

■ Bei einer Verbundglas-Scheibe die Dichtung mit einem scharfen Messer zerschneiden und die Scheibe gemeinsam mit dem Helfer abnehmen.

■ Bei Einschichtglas mit einem Holz- oder Kunststoffspachtel die möglicherweise angeklebte Scheibendichtung rundum vorsichtig abheben.

■ Im Wageninnern mit den Füßen gegen die Scheibe drücken. Dabei nicht ruckartig gegen das Glas treten, sondern kraftvoll drükken. Beginnen Sie an einer der oberen Ecken.

■ Sobald sich die Scheibe mit der Dichtung aus ihrem Rahmen ein klein wenig löst, an der Stelle daneben drücken. Außen muß der Helfer die gelöste Scheibe gegenhalten und abnehmen.

Zierrahmen einsetzen

Der Aluminiumrahmen in der Fensterdichtung der besser ausgestatteten Modelle muß vor dem Scheibeneinbau eingesetzt werden.

■ Gummidichtung über die Scheibe ziehen.

■ In den Schlitz für den Zierrahmen ein ca. 3 mm starkes Autoelektrikkabel einlegen.

■ Das geht am besten mit einem stabilen Metallröhrchen, durch das man das Kabel durchführt.

■ Mit dem Röhrchen den Gummischlitz öffnen, Kabel einlegen.

■ An der Stelle, wo sich die Kabelenden treffen, beginnen Sie mit dem Einsetzen des Zierrahmens.

■ Kabel herausziehen und den Rahmen in den sich öffnenden Schlitz drücken.

■ Bevor der Zierrahmen ganz eingesetzt ist, an einem Ende das Abdeckstück aufschieben.

■ Zuletzt Abdeckstück über die Trennfugen schieben.

Scheibe einbauen

Für den Scheibeneinbau brauchen Sie eine kräftige Schnur oder ein nicht zu dünnes Autoelektrikkabel. Außerdem sollten Sie die nach innen zeigende Dichtlippe z. B. mit Kunststoff-Pflegespray einsprühen. Die Schnur oder das Kabel gleitet dann leichter.
Die bisherige Dichtung kann wiederverwendet werden, wenn sie nicht eingerissen ist.

■ Scheibenausschnitt in der Karosserie sauberreiben.

■ Dichtung auf die Scheibe aufziehen.

■ Kabel oder Schnur in die innere Dichtlippe einlegen, wobei sich die Enden unten in Scheibenmitte überlappen müssen.

■ Scheibe mit Dichtung am Fensterausschnitt ansetzen und ausrichten.

■ Ein Schnur- oder Kabelende fassen und zum Innenraum hin ziehen. Dadurch wird die Gummilippe über die Kante im Fensterausschnitt gezogen.

■ Wenn Sie in Scheibenmitte angelangt sind, wird von der anderen Seite her das Kabel oder die Schnur herausgezogen.

■ An der Stelle, wo die Dichtung über den Fensterausschnitt gezogen wird, sollte der Helfer mit der flachen Hand von außen gegen die Scheibe klopfen, damit sie sich sauber »setzt«.

■ Beim Einbau einer Verbundglas-Windschutzscheibe darf nicht stark geklopft werden, sonst kann es Verspannungen und einen Riß im Glas geben.

Windabweiser am vorderen Türpfosten

Die Abdeckungen der sogenannten A-Säule der Formel-E-Modelle sind lediglich unter der Windschutzscheibendichtung eingeklemmt. Auch der nachträgliche Einbau ist unproblematisch.

■ Blende seitlich anheben und aus der Gummidichtung ziehen.

■ Ggf. die Windschutzscheibendichtung mit einem schmalen Kunststoff- oder Holzspachtel dabei etwas anheben.

■ Zum Einbau ebenfalls die Dichtung anheben und Kunststoff-Pflegespray ansprühen.

■ Abdeckung am Dichtungsgummi anlegen.

■ Gummirahmen mit dem Spachtel von oben nach unten anheben, Abdeckung unter die Dichtung schieben.

■ Windabweiser zuletzt nochmals in seinen Sitz drücken.

Rostkur

Besitzer älterer Modelle haben mit einem leidigen Problem zu kämpfen: Der Rost frißt sich mehr oder minder kraftvoll durch das Blech. Hat der Rostteufel erst einmal zugebissen, wird es meist teuer, denn das schadhafte Blech muß ersetzt werden.

Wagenunterseite waschen

Die Pflege des Fahrzeugs spielt in der streusalzreichen Winterzeit beim Kampf gegen den Rost eine wesentliche Rolle. Auftausalz und Straßenschmutz sollen sich nicht lange in den Kanten und Ecken der Wagenunterseite festsetzen können, denn sie binden Feuchtigkeit. Die ohnehin schlecht zugänglichen Ecken trocknen nie ganz aus, was den Rostfraß ganz erheblich fördert. Ein wirkungsvoller und zugleich preiswerter Rostschutz für die Wagenunterseite ist das regelmäßige Abspritzen mit einem Dampfstrahler oder zumindest einem hartem Wasserstrahl. Achten Sie besonders auf folgende Stellen:

- □ Vorderkotflügel oberhalb der Scheinwerfer
- □ Blechfalz am Rand aller vier Radausschnitte
- □ Radkästen
- □ Spritzbereich der Hinterräder
- □ Tankleitungen im hinteren rechten Radkasten

Für die Unterwagenwäsche brauchen Sie zumindest einen Wasserschlauch mit Spritzdüse. Es gibt auch abgewinkelte Spritzdüsen (z. B. von APA), mit denen der am Boden stehende Wagen abgespritzt werden kann, ohne daß man selbst mitgeduscht wird. Besser ist allerdings Dampfstrahlen. Erkundigen Sie sich, ob es in Ihrer Nähe eine Tankstelle mit einem solchen Gerät für Selbstbedienung gibt.

Unterbodenschutz kontrollieren

Wartung Nr. 33

Die Schutzschicht der Wagenunterseite muß sorgsam überprüft und ggf. nachgearbeitet werden.

- ■ Unterboden gründlich waschen.
- ■ Gesamte Unterseite mit einer hellen Lampe ableuchten und auf schadhafte Stellen untersuchen.
- ■ Beschädigte Stellen im Unterbodenschutz mit Spachtel, Schaber und Drahtbürste bis aufs blanke Blech freilegen.
- ■ Rostansätze möglichst blank schleifen.
- ■ Gesäuberte Fläche mit Rostprimer oder Bleimennige bestreichen.
- ■ Ebene oder größere Flächen werden mit streichbarem Material behandelt.
- ■ Für schwer zugängliche Fugen und Ecken ist eine Sprühdose mit Unterbodenschutz günstiger.

Wasserablauflöcher reinigen

Wartung Nr. 34

Keine Schweißnaht ist so dicht, daß nicht Wasser eindringen kann. Aus diesem Grund sind in allen Hohlprofilen im Wagen Wasserablauflöcher angebracht. Sind diese durch Schmutz oder Unterbodenschutz verstopft, kann eindringendes Wasser nicht mehr ablaufen, sondern fördert den Rostfraß von innen heraus. Besonders gefährdet sind die Längsversteifungen der Karosserie.

- ■ Löcher regelmäßig mit einem Pfeifenreiniger durchstoßen.
- ■ Bei einem Fahrzeug mit Schiebedach zusätzlich die Wasserabläufe der Dachöffnung kontrollieren.
- ■ Die Abläufe enden vorn in Höhe der oberen Scharniere der Türen; hinten sind die Schläuche hinter dem Radausschnitt rechts und links herausgeführt.
- ■ Zum Reinigen – vorn von oben, hinten von unten her – eignet sich die Spirale einer alten Tachometerwelle.

Hohlraum-Konservierung

Die werksseitig durchgeführte Konservierung der Hohlräume hält nur eine begrenzte Zeit. Außerdem werden beim Aussprühen auch nicht sämtliche Blechflächen damit bedeckt. Das wurde erst mit der sogenannten Heißwachsflutung der neueren Modelle erreicht.
Ob sich eine Nachbehandlung Ihres Wagens noch lohnt, sollten Sie in einer Karosserie-Fachwerkstatt mit einem Hohlraum-Sichtgerät klären lassen. Eine Sonde mit Lichtquelle vermittelt dem Betrachter ein Bild vom Rostbefall in den Hohlräumen. Nur wenn sich darin kaum Rost gebildet hat, kann sich eine Nachbehandlung noch lohnen. Aber dies ist eine Arbeit für die speziell ausgestattete Werkstatt, denn es werden spezielle Sprühsonden und hoher Arbeitsdruck gebraucht. Sprühdosen lohnen sich allenfalls dann, wenn Sie einen gut zugänglichen Hohlraum behandeln wollen, etwa eine Tür.

Fingerzeig: *Auf stark angerostetem Blech kann auch das beste Konservierungswachs nichts mehr nützen. Es hilft nur das Einsetzen neuer Blechteile, siehe unten.*

Durchrostungen

Es gibt an den älteren VW-Modellen ganz charakteristische Stellen, wo der Rost Löcher ins Blech beißt. Unproblematisch sind dabei die geschraubten Kotflügel, Türen und Klappen. Schwierigkeiten bereiten die sogenannten tragenden Teile, an denen geschweißt werden muß, was die Reparatur erheblich verteuert. Besonders als Gebrauchtwagenkäufer sollten Sie die nachfolgend genannten und in der Zeichnung unten gezeigten Stellen kontrollieren:

- ☐ Kotflügel-Anlageflächen rechts und links im Motorraum, die »Stehbleche«
- ☐ Radausschnitte hinten und die hinteren Radkästen
- ☐ A-Säule oben zwischen Windlauf und Fensterpfosten
- ☐ Scharniersäule vorn – diese Stelle sieht man erst nach Abnahme des Kotflügels
- ☐ Türschweller außen und innen (vom Bodenteppich verdeckt)
- ☐ Bodenblech seitlich zum Schweller und zum Heckblech hin
- ☐ Längsträger am Wagenboden an den Verschraubungspunkten der Hinterachse

Fingerzeig: *Wenn die Hinterachsaufnahmen durchgerostet sind, ist meist die gesamte Karosserie schon dermaßen vom Rost zerfressen, daß sich eine Reparatur nicht mehr lohnt.*

Reparaturbleche

Durchgerostete Bleche an einem sonst noch guterhaltenen Wagen sind kein Grund, ihn zum Schrottplatz zu geben. Das V.A.G.-Teilelager und eine rege Zubehörindustrie liefern Reparaturbleche, in die richtige Form gepreßt und fertig zugeschnitten. Diese Blechteile werden über das schadhafte Teil geschweißt, daher auch der Name Überziehblech. Darunter kann der Rost natürlich fröhlich weiterwirken. Deshalb ist das nur eine Reparatur auf Zeit (höchstens vier Jahre). Eine fachgerechte Instandsetzung, wobei das zerrostete Blech herausgeschnitten und neue Teile eingeschweißt werden, übersteigt bei einem älteren Fahrzeug schnell dessen Zeitwert.
Manche Werkstätten haben sich auf das Einschweißen von Reparaturblechen spezialisiert. In den regionalen Automarkt-Anzeigen der Tageszeitungen oder Anzeigenblätter werben sie meist als »TÜV-Schweißer«. Lassen Sie sich einen verbindlichen Kostenvoranschlag geben, damit Sie hinterher nicht vom Preis überrascht werden.

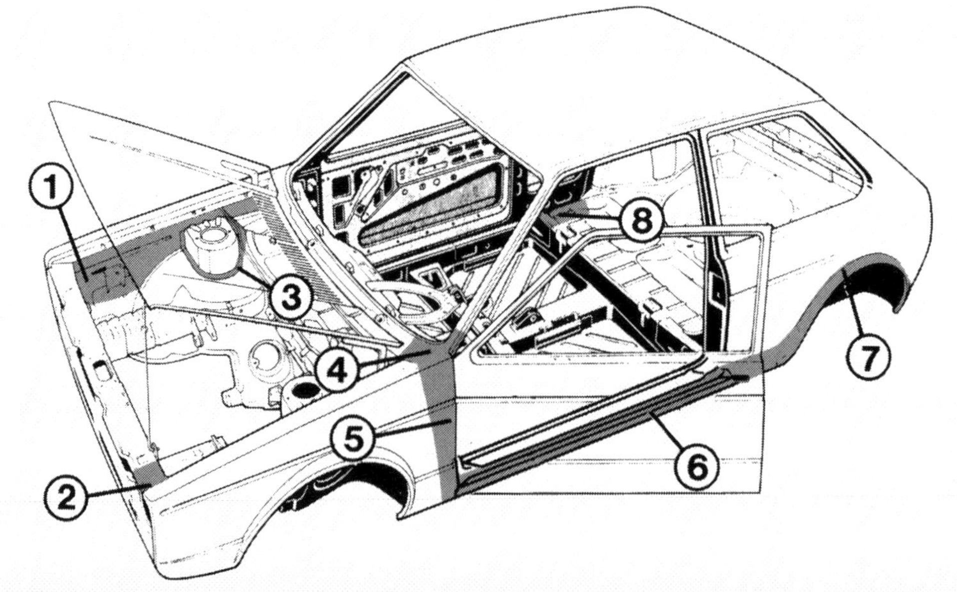

Die rostgefährdeten Teile der Karosserie haben wir hier rot unterlegt: 1 – Kotflügel-Befestigungskanten und Stehbleche; 2 – Verbindung zwischen Stehblech und Frontblech; 3 – Schweißnaht um den Aufnahmetopf des Federbeins; 4 – Windlauf im Bereich der sogenannten A-Säule; 5 – Türscharniersäule; 6 – Türschweller; 7 – hinterer Radausschnitt; 8 – Hinterachsaufnahmen. Was hier am Golf gezeigt ist, gilt in gleicher Weise für Jetta und Scirocco.

Mobiles Wohnzimmer

Manche Reparatur erfordert Vorarbeiten im Wageninnern. Das haben wir hier in einem eigenen Kapitel zusammengefaßt.

Sitze ausbauen

■ **Vordersitz bis 7/78:** Sitz nach hinten schieben.
■ Kreuzschlitzschraube des Sicherungsbleches in Sitzmitte vorn am Haltebock losdrehen.
■ Halteblech herausziehen, dazu den Sitz ein Stück nach vorn schieben.
■ **Ab 8/78:** Sitz nach vorn schieben.
■ Vorn am Haltebock in Sitzmitte die Sicherungsschraube losdrehen, wie im Bild unten links bereits geschehen.
■ Kappe der äußeren Sitzschiene hinten abziehen.
■ Sitz nach hinten schieben und herausnehmen.
■ Vor dem Wiedereinbau kontrollieren, ob die sogenannten Gleitstücke auf den Sitzstützen sowie vorn in der Mitte unbeschädigt sind. Andernfalls wackelt der Sitz.
■ **Rücksitzbank beim Golf** nach vorn klappen.
■ Rechts und links je eine Klammer der Haltestütze abziehen.
■ Stütze vom Haltebolzen abziehen.
■ **Scirocco:** Rücksitzfläche aus den Haltern ziehen.
■ **Jetta:** An der Vorderkante der Sitzbank rechts und links je eine Kreuzschlitzschraube herausdrehen.
■ Kunststoffabdeckungen abnehmen.
■ Seitlich unter die Bank fassen und hochsowie nach vorn ziehen.
■ **Golf/Scirocco-Rücksitzlehne** entriegeln und nach vorn klappen.
■ Halteschrauben der Lehnenscharniere lösen.
■ **Jetta-Rücksitzlehne:** Im Kofferraum die oberen Haltespangen aus den Haltenasen ausrasten, während ein Helfer im Innenraum die Sitzlehne hochzieht.
■ Beim Einbau darauf achten, daß alle vier Spangen in der Kofferraumtrennwand eingerastet sind.

Fingerzeig: *Für langgewachsene Fahrer reicht die Sitzschienenlänge nicht immer aus. In diesem Fall hilft ein Einbausatz von Gerätebau Bruhn, Industriestraße 4, 2082 Moorrege.*

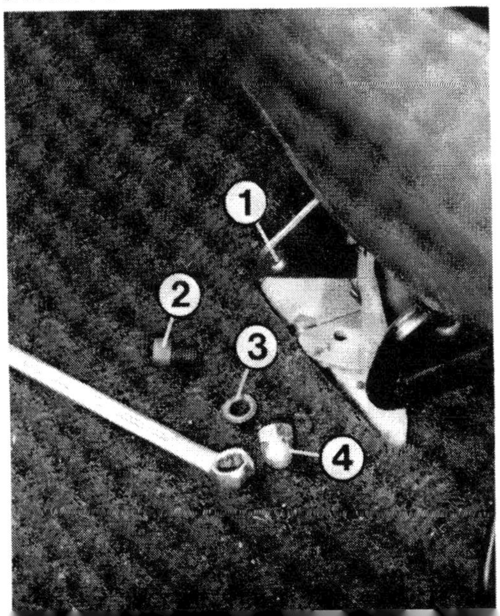

Links: Die Vordersitzsicherung ab 7/78: An der mittleren Sitzschiene (1) ist die Sicherungsschraube (2) mit Unterlegscheibe (3) und Hutmutter (4) eingedreht. Rechts: Zum Ausbau der Golf-Rücksitzbank das Sicherungsblech (5) vom Haltebolzen abziehen. Jetzt läßt sich die Haltestütze vom Bolzen abdrücken.

Lehnen-entriegelung instand setzen

Wenn sich eine Vordersitzlehne beim Zweitürer nicht mehr vorklappen läßt, hat sich entweder einer der Züge gelängt oder er ist gerissen.

■ Sitz ausbauen.

■ Unten am Sitzrahmen die Entriegelungen lösen, damit die Lehne vorgeklappt werden kann.

■ An der Unterseite des Lehnenrahmens die Blechzungen geradebiegen. Kein scharfkantiges Werkzeug verwenden, sonst kann der Sitzbezug zerrissen werden.

■ Knopf vom Entriegelungshebel seitlich abziehen, ebenso die darunter sitzende Blende.

■ Lehnenbezug aus den Zungen aushängen und nach oben schieben.

■ Die zweifach abgewinkelten Enden der Entriegelungszüge sind lediglich in Bohrungen eingesteckt.

■ Bei zu lang gewordenem Zug diesen in eine andere Bohrung am Entriegelungshebel einhängen.

■ Bzw. Zugreste aus- und neuen Zug einhängen.

■ Der Entriegelungszug läuft rechts und links am Lehnenrahmen durch eine Kunststofföse. Fehlt diese, kann der Zug durch Aufscheuern reißen.

■ Funktion der Entriegelung prüfen, ggf. Zugende am Hebel nochmals versetzen.

Kopfstützen ausbauen

■ Arretierklammern unter den Abdeckrosetten mit einem schmalen Schraubenzieher herausdrücken oder -ziehen.

■ Kopfstütze abnehmen.

■ Zum Wiedereinbau jede Federklammer so einstecken, daß ihre gerade Seite zu den Einfräsungen in den Metallstäben der Kopfstütze zeigt.

Verkleidungen ausbauen

Auf die Türverkleidungen sind wir bereits auf Seite 252 eingegangen.

■ **Hintere Seitenverkleidungen:** Rücksitz ausbauen.

■ Hinten eine Kreuzschlitzschraube herausdrehen, die unter einer Abdeckkappe versteckt ist.

■ Abdeckung über der Schraube des Sicherheitsgurtaufrollers abziehen.

■ Seitenverkleidung oben mit ihren Halteclips abziehen.

■ **Verkleidungen im Kofferraum:** Je eine Kreuzschlitzschraube und zwei Muttern der Auflagen für die Gepäckraumabdeckung losdrehen.

■ Ggf. Halter des hinteren Waschwasserbehälters lösen.

■ Verkleidung mit ihren Clips abziehen.

■ **Bodenteppich:** Ggf. Sitze, Mittelkonsole und Handbremsabdeckung ausbauen.

■ Einstiegleisten an den Türen abhebeln.

■ Der Teppich ist mit mehreren Klemmscheiben, Druckknöpfen und sogenannten Schraubnägeln befestigt.

Abdeckungen und Ablagen ausbauen

Im folgenden kommen die Teile unter dem Armaturenbrett zur Sprache. Der Golf bis 7/80 und der Scirocco besitzen die ältere Armaturenbrettversion. Der seit 8/80 gebaute Golf und alle Jetta haben das neue Armaturenbrett.

Golf bis 7/80, Scirocco

■ **Armaturenbrettabdeckung unten:** Zwei Halteknöpfe herausziehen.

■ Kunststoffspange vom Haltebolzen am Pedalbock abziehen.

■ **Ablagefach rechts:** Zur Wagenmitte und zum Motorraum hin je eine Kreuzschlitzschraube herausdrehen.

■ In Fahrtrichtung rechts am Halteclip den

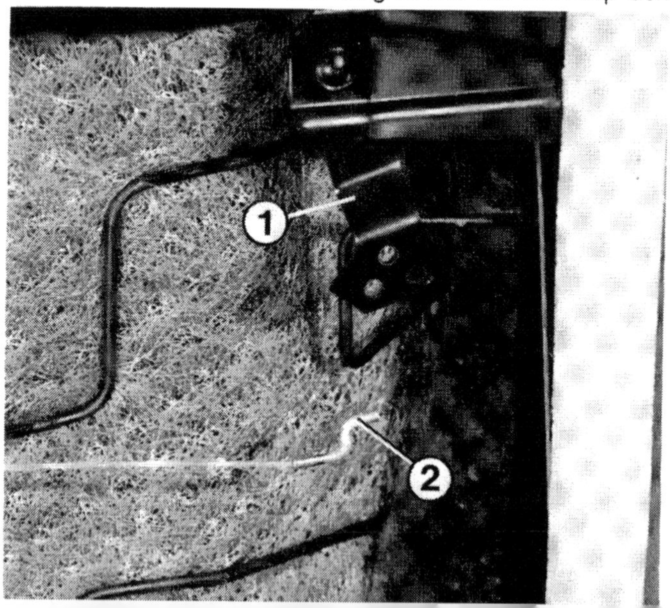

Das abgewinkelte Ende (2) des Lehnen-Entriegelungszuges ist in eines der Löcher oben im Entriegelungshebel (1) eingehängt.

Stift von unten nach oben drücken, Clip abnehmen.

■ Ablage wegziehen, dabei etwas verkanten, damit sie mit ihrer Haltenase aus dem Frischluftkasten ausrasten kann.

■ **Handschuhfach:** Ablage rechts ausbauen.

■ Abdeckung unter dem Handschuhfach abnehmen.

■ Unten am Handschuhfach drei Kreuzschlitzschrauben herausdrehen.

■ Deckel öffnen. Rechts und links je eine Schraube losdrehen, ebenso die Halteschraube der Schließraste oben.

■ Vorn am Handschuhfach zum Motorraum hin eine Haltemutter lösen, Handschuhfach herausziehen.

■ **Mittelkonsole:** An der Konsolenkante zum Handbremshebel hin eine Kreuzschlitzschraube herausdrehen.

■ Im kleinen Ablagefach oben in der Konsole zwei weitere Kreuzschlitzschrauben lösen.

■ Schalthebelknopf losdrehen.

■ Schalthebelhülle aus der Konsole vorsichtig herausziehen.

■ Mittelkonsole nach oben herausheben.

Golf ab 8/80, Jetta

■ **Ablagefach links:** An der Oberkante drei Kreuzschlitzschrauben herausdrehen.

■ Zum linken Türpfosten hin und ggf. an der Mittelkonsole (Zeichnung unten) je eine weitere Kreuzschlitzschraube lösen.

■ Ablage mit der richtigen Mischung aus Gefühl und Gewalt oben etwas zusammendrücken und aus dem Armaturenbrett herausziehen.

■ Ablagefach ein wenig nach links drücken, damit es aus der Haltenase an der rechten Seite ausrasten kann.

■ Ablage abnehmen.

■ **Mittelkonsole:** An der Oberseite der Mittelkonsole rechts und links je eine Kreuzschlitzschraube herausdrehen.

■ Im Fahrerfußraum rechts vom Gaspedal eine Schraube lösen.

■ Eine weitere Kreuzschlitzschraube an der Konsolenkante zum Handbremshebel hin herausdrehen.

■ Knopf des Schalthebels losdrehen.

■ Schalthebelhülle abziehen.

■ Konsole abheben.

■ **Ablage- bzw. Handschuhfach rechts:** Linkes Ablagefach und Mittelkonsole ausbauen.

■ An der Oberkante des Ablagefaches vier Kreuzschlitzschrauben lösen (Zeichnung unten).

■ Rechts zum Türpfosten hin und links am Frischluftgehäuse je eine weitere Kreuzschlitzschraube herausdrehen.

■ **Handschuhfachdeckel:** Deckel öffnen.

■ Vier Kreuzschlitzschrauben an den Scharnieren losdrehen.

Der Dachhimmel

In unseren VW-Modellen ist ein Stoffhimmel mit Spanndrähten eingebaut. Für den fachgerechten Aus- und Einbau raten wir, einen Autosattler aufzusuchen.

Die Sicherheitsgurte

Zeigen die Gurte einen der nachfolgend genannten Mängel, sollten sie ausgewechselt werden:

- ☐ Welliges Gurtband
- ☐ Ausgefranste Kanten
- ☐ Aufgeriebenes Gewebe
- ☐ Angerissene Nähte
- ☐ Wenn ein »lahmer« Automatikgurt öfter zwischen Tür und Karosserie eingeklemmt wurde, wodurch er mit der Zeit an Festigkeit verliert

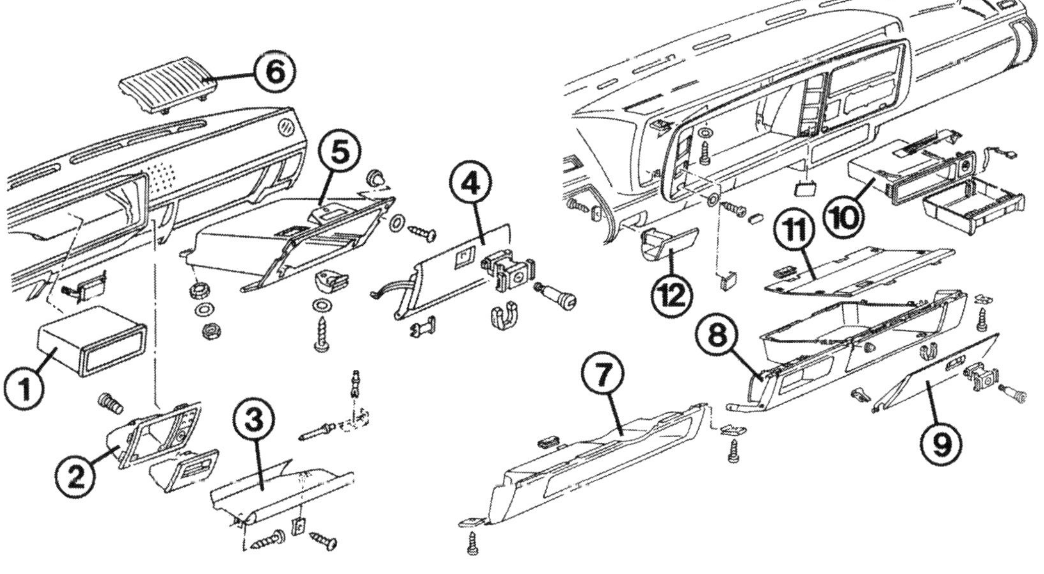

Links das ältere Armaturenbrett: 1 – Ablagefach; 2 – Ascherhalter; 3 – Ablage rechts; 4 – Deckel für Handschuhfach (5); 6 – Lautsprecherblende. Rechts die neuere Version: 7 – Ablagefach links; 8 – Handschuhfach mit Deckel (9) und Abdeckung oben (11); 10 – Ascherhalter; 12 – Blende für Fahrzeuge ohne Starterzug.

Defektsuche mit System

Störungsdienst

Wir gehen bei unserer Fehlersuche davon aus, daß der Motor keine mechanischen Leiden hat. Weiter nehmen wir an, daß das Triebwerk unvermittelt stehenblieb bzw. nicht mehr anspringen will.

Dreht der Anlasser den Motor durch?

Tut er's nicht oder nur unwillig, lesen Sie bitte rechts weiter unter »Fehlerquelle Elektrik«. Wird der Motor dagegen flott durchgedreht, müssen zur weiteren Eingrenzung die folgenden beiden Fragen beantwortet werden.

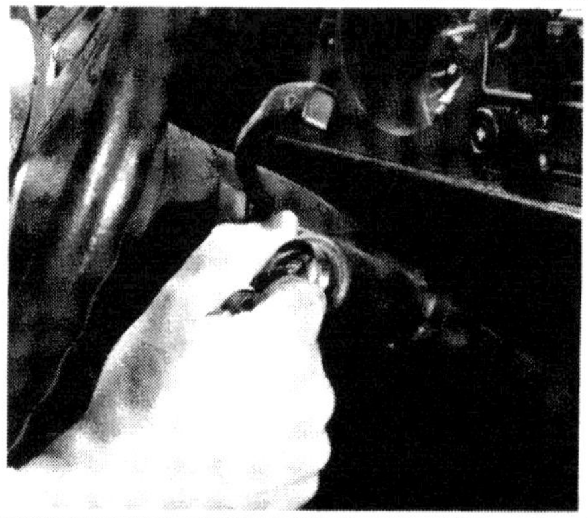

Funken an den Zündkerzen?

Einen Kerzenstecker abziehen, Zündkerze herausschrauben, in den Kerzenstecker hineinstekken und auf blankem Motorblockmetall ablegen. Von einem Helfer den Anlasser durchdrehen lassen. Wichtig bei einem Fahrzeug **mit TSZ Zündkabel und Kerze nicht berühren**, siehe Seite 187. Springen Funken über?
Wenn ja, nächste Frage abklären. Falls nicht, rechts weiterlesen unter »Fehlerquelle Zündung«.

Wird der Vergaser mit Kraftstoff versorgt?

Benzinschlauch am Vergaser abnehmen, in einen Behälter (z. B. Kappe der Warndreieck-Hülle) halten und von Helfer den Anlasser betätigen lassen.
Spritzt Benzin in den Behälter, ist die Kraftstoffversorgung intakt. Der Vergaser könnte gestört sein (Seite 98/99). Kommt kein Benzin, lesen Sie bitte auf der rechten Seite weiter unter »Fehlerquelle Kraftstoffversorgung«.

Zuerst die Sichtprüfung

□ Ist ein Kabelstecker an Teilen der Zündanlage und ggf. der DLS bzw. am Vergaser locker?
□ Kontrollieren Sie den festen Sitz der Zündkabel am Verteiler und an den Kerzensteckern (die Transistorzündung darf auf keinen Fall eingeschaltet sein!).
□ Sämtliche Unterdruckschläuche im Motorraum auf ihren entsprechenden Stutzen aufgesteckt?
□ Kondenswasser am und im Verteilerdeckel? Alle Teile der Zündanlage müssen trocken sein.
□ Benzingeruch im Motorraum? Ist ein Kraftstoffschlauch undicht oder hat er sich gar gelockert?

Fehlerquelle Elektrik

□ Kontrollampen brennen überhaupt nicht: Batterie ist völlig entladen (Seite 177) oder Batterieklemmen lose.
□ Kontrollampen verlöschen beim Schlüsseldreh: Batterie stark entladen oder altersschwach oder Anlasser hat Kurzschluß.
□ Kontrollampen werden beim Schlüsseldreh geringfügig dunkler: Magnetschalter klemmt bzw. defekt oder Anlasser defekt (Störungsbeistand Seite 185).
□ Kontrollampen brennen hell: Klemme-50-Kontakt im Zündschloß defekt (Seite 231), Klemme-50-Leitung am Magnetschalter lose oder Magnetschalter defekt. Bei Getriebeautomatik: Startsperrschalter am Wählhebel defekt. Wählhebel etwas vor- und zurückschieben, gleichzeitig erneut starten.

Fehlerquelle Zündung

□ Alle Steckanschlüsse im Bereich Zündspule, Zündverteiler, Schaltgerät der Zündung bzw. Digitaler Leerlauf-Stabilisierung (DLS) richtig aufgesteckt?
□ Versuchshalber kann bei einem Scirocco mit DLS diese überbrückt werden, um festzustellen, ob diese defekt ist. Der Wagen kann auch mit überbrückter DLS gefahren werden, siehe Fingerzeig Seite 200.
□ Risse im Zündspulengehäuse, Brandspuren von Funkenüberschlägen?
□ Verteilerdeckel abnehmen. Sind Kriechstromspuren an seiner Innenseite sichtbar (Seite 192)? Federt die Kontaktkohle in der Deckelmitte einwandfrei? Grünspan an den Kontaktstiften?
□ Als letztes hilft nur die Durchprüfung der Zündanlage, siehe Anleitung ab Seite 188.

Fehlerquelle Kraftstoffversorgung

□ Kein Benzin im Tank – das ist nicht so abwegig, wie Sie vielleicht denken. Wagen aufschaukeln und horchen, ob es im Tank plätschert.
□ Benzinpumpe defekt (Seite 75).
□ Benzinfilter verstopft, siehe Seite 76.
□ Bei intaktem Kraftstoffnachschub gerät – z. B. bei ständigen Startproblemen – der Vergaser in Verdacht. Den Störungsbeistand finden Sie auf Seite 98/99.

Störungsbeistände im Buch

Abgezählt

Beinahe alle Angaben über ein Auto lassen sich in irgendeiner Form in Zahlen wiedergeben – die »Technischen Daten«. Dazu gehören auch die Kurzbeschreibung von Motor, Fahrwerk und Elektrik.
Da die Fahrgestell-Nummer nicht nur für die Zulassungsbehörde von Interesse ist, sondern auch für die Ersatzteilbeschaffung, wollen wir sie hier kurz aufschlüsseln. Die Zahlen/Buchstaben-Kombination bedeutet:

17	9	0	133455		WVW	ZZZ	16	Z	C	W	163502
③	④	②	⑥		①	②	③	②	④	⑤	⑥

① = Welt-Herstellerzeichen: WVW = VW AG Pkw
② = Füllzeichen
③ = Zweistellige Typkurzbezeichnung: 16 = Jetta, 17 = Golf, 53 = Scirocco
④ = Modelljahr (gewöhnlich vom 1. 8. bis 31. 7. des darauffolgenden Jahres):
5 = 1975, 6 = 1976, 7 = 1977, 8 = 1978, 9 = 1979,
A = 1980, B = 1981, C = 1982, D = 1983
⑤ = Produktionsstätten innerhalb des VW-Konzerns: B = Brüssel, K = Osnabrück, W = Wolfsburg
⑥ = Laufende Numerierung, jedes Modelljahr mit 000001 beginnend

Motor

Typ		1,1	1,1 Formel E	1,3	1,5	1,5	1,5	1,6	1,6
Bauzeit		5/74–1/84	1/81–1/84	8/79–1/84	2/74–8/75	2/74–8/75	8/77–1/84	9/75–7/77	9/75–1/84
Kennbuchstaben		GG[1] bis 799999	GG ab 800000	GF	FH	FD	JB	FP	FR
Bauart		Quer eingebauter wassergekühlter Vierzylinder-Viertakt-Reihenmotor							
Bohrung	mm	69,5	69,5	75	76,5	76,5	79,5	79,5	79,5
Hub	mm	72	72	72	80	80	73,5	80	80
Hubraum effektiv	cm³	1093	1093	1272	1471	1471	1457	1588	1588
Verdichtung		8,0:1	9,7:1	8,2:1	8,2:1	9,7:1	8,2:1	8,2:1	8,2:1
Höchstleistung nach DIN	kW/PS	37/50	37/50	44/60	51/70	63/85	51/70	55/75	63/85
bei	1/min	6000	5600	5600	5800	5800	5600	5600	5600
Höchstes Drehmoment	Nm	80	82	95	114	123	110	119	125
bei	1/min	3000	3300	3400	3000	3000	2500	3200	3800
Ventilsteuerung		Durch eine obenliegende Nockenwelle über							
		Schlepphebel	Schlepphebel	Schlepphebel	Tassenstößel	Tassenstößel	Tassenstößel	Tassenstößel	Tassenstößel
Ventilspiel bei handwarmem Zylinderkopf									
Einlaß	mm	0,15–0,20	0,15–0,20	0,15–0,20	0,20–0,30	0,20–0,30	0,20–0,30	0,20–0,30	0,20–0,30
Auslaß	mm	0,25–0,30	0,25–0,30	0,25–0,30	0,40–0,50	0,40–0,50	0,40–0,50	0,40–0,50	0,40–0,50
Steuerzeiten									
Einlaß öffnet vor OT		2°	3°	3°	7°	7°	4°	4°	4°
Einlaß schließt nach UT		38°	28°	46°	43°	43°	46°	46°	46°
Auslaß öffnet vor UT		41°	31°	47°	47°	47°	44°	44°	44°
Auslaß schließt vor/nach OT		3° v.	3° v.	im OT	3° n.	3° n.	6° n.	6° n.	6° n.
Kompressionsdruck	bar	8–10	10–15	8–10	9–12	9–12	9–12	9–12	9–12
Mindestwert	bar	6	7	6	7,5	7,5	7,5	7,5	7,5

[1] Kennbuchstabe bis 7/79: FA

Schmiersystem

		Schlepphebelmotor	Tassenstößelmotor
Art		Druckumlaufschmierung mit Wechselfilter im Ölhauptstrom	
Ölpumpe		Sichelpumpe	Zahnradpumpe
Öldruck bei 2000/min	bar	2	2

Kühlsystem

	Schlepphebelmotor	Tassenstößelmotor
Art	Wasserumlaufkühlung mit Flügelradpumpe und Thermostat, Leichtmetallkühler, temperaturgeschalteter Elektroventilator	
Antrieb der Wasserpumpe	Zahnriemen	Keilriemen
Thermostat bis 7/78 öffnet bei	ca. 85°C	ca. 80°C
ab 8/78 öffnet bei	ca. 92°C	ca. 87°C
Thermostat bis 7/78 voll offen bei	ca. 100°C	ca. 94°C
ab 8/78 voll offen bei	ca. 108°C	ca. 102°C
Kühlsystem-Verschlußdeckel		
Überdruckventil bis 7/78 öffnet bei	0,9–1,15 bar	0,9–1,15 bar
ab 8/78 öffnet bei	1,2–1,35 bar	1,2–1,35 bar
Unterdruckventil öffnet bei	0,06–0,1 bar	0,06–0,1 bar
Thermoschalter des Kühlerventilators schaltet ein bzw. aus	Siehe Tabelle Seite 67	

Kraftstoffanlage

Motor	1,1/37 kW	1,1/37 kW	1,1/37 kW	1,1/37 kW Formel E	1,1/37 kW Formel E
Bauzeit	bis 4/75	5/75–7/79	ab 8/79	bis 7/81	ab 8/81
Kennbuchstaben	FA	FA	GG bis 799999	GG ab 800000	GG ab 800000
Gemischaufbereitung	Einfach-Vergaser	Einfach-Vergaser	Einfach-Vergaser	Einfach-Vergaser	Einfach-Vergaser
Hersteller	Solex	Solex	Solex	Solex	Solex
Typ	34 PICT-5	31 PICT-5	31 PIC-6[7]	31 PIC-6	31 PIC-7
Lufttrichter	24,5	25,5	25,5	23	23
Hauptdüse	x120	x130	x132,5	x115	x115
Luftkorrekturdüse	145z	95v[2]	105v	120z	120z
Leerlaufdüse	g50	g45[3]	42,5	40	40
Leerlaufluftdüse	85[1]	90[4]	90	100	100
Zusatz-Leerlaufdüse	35	g30[5]	30	30	–
Zusatz-Leerlaufluftdüse	160	130[6]	100	130	–
Zusatz-Leerlaufdüse/Leerlaufluftdüse	–	–	–	–	35/130
Einspritzmenge cm³/Hub	1,2 ± 0,15	1,1 ± 0,15	0,9 ± 0,15	0,9 ± 0,15	0,9 ± 0,15
Luftklappen-Spaltmaß					
Stellung I mm	3,0 ± 0,2	3,2 ± 0,2	2,0 ± 0,2	2,2 ± 0,2	2,2 ± 0,2
Stellung II mm	–	–	4,0 ± 0,5	2,5 ± 0,5	2,5 ± 0,3
Kaltleerlaufdrehzahl	Siehe Tabelle Seite 94				
Leerlaufdrehzahl	Siehe Tabelle Seite 91				
CO-Gehalt	Siehe Tabelle Seite 92				

[1] bis 12/74: 90 [2] bis 7/78: 100z [3] bis 7/78: 52,5 [4] bis 7/78: 100 [5] bis 7/78: 35 [6] bis 7/78: 150
[7] ab 8/81: Solex 31 PIC-7 mit identischer Bestückung

Motor	1,3/44 kW	1,3/44 kW	1,5/51 kW	1,5/63 kW	1,5/51 kW
Bauzeit	bis 12/81	ab 1/82	bis 8/75	bis 8/75	8/77–7/79
Kennbuchstaben	GF	GF	FH	FD	JB
Gemischaufbereitung	Einfach-Vergaser	Einfach-Vergaser	Einfach-Vergaser	Register-Vergaser	Einfach-Vergaser
Hersteller	Solex	Solex	Solex	Zenith	Solex
Typ	34 PIC-5[1]	34 PIC-6	34 PICT-5	2 B 2	34 PICT-5
Lufttrichter Stufe I/II	24,5/–	24,5/–	27/–	24/27	26/–
Hauptdüse Stufe I/II	x120/–	x120/–	x135/–	x117,5/125[3]	x135/– (x132,5/–)
Luftkorrekturdüse Stufe I/II	85z/–	85z/–	115z/–	140/92,5	100z/–
Leerlaufdüse	52,5	52,5	52,5	–	50
Leerlaufluftdüse	130	130	95[2]	–	130 (135)[4]
Leerlaufdüse//Leerlaufluftdüse Stufe I/II	–	–	–	52,5/135//70/100	–
Zusatz-Leerlaufdüse	40	–	40	–	40
Zusatz-Leerlaufluftdüse	100	–	140	–	120
Zusatz-Leerlaufdüse/Leerlaufluftdüse	–	35/150	–	42,5/130	–
Einspritzmenge cm³/Hub	0,7 ± 0,15	0,7 ± 0,15	1,1 ± 0,15	0,9 ± 0,15 (1,5 ± 0,15)	1,1 ± 0,15
Luftklappen-Spaltmaß					
Stellung I mm	2,0 ± 0,2	2,0 ± 0,2	3,2 ± 0,5	3,5 ± 0,2	4,6 ± 0,15[5] (3,8 ± 0,15)
Stellung II mm	4,5 ± 0,5	4,5 ± 0,5	–	–	–
Kaltleerlaufdrehzahl	Siehe Tabelle Seite 94				
Leerlaufdrehzahl	Siehe Tabelle Seite 91				
CO-Gehalt	Siehe Tabelle Seite 92				

[1] ab 8/81: Solex 34 PIC-6 mit identischer Bestückung [2] bis 12/74: 100z [3] bis 4/75: x115/x125 [4] bis 12/77: 120 (135)
[5] bis 12/77: 4,8 ± 0,15 (Klammerwerte für Fahrzeuge mit Getriebeautomatik)

Kraftstoffanlage

Motor	1,5/51 kW	1,6/55 kW	1,6/63 kW	1,6/63 kW
Bauzeit	ab 8/79	bis 7/79	bis 7/79	ab 8/79
Kennbuchstaben	JB	FP	FR	FR
Gemischaufbereitung	Einfach-Vergaser	Einfach-Vergaser	Register-Vergaser	Register-Vergaser
Hersteller	Pierburg	Solex	Zenith	Pierburg
Typ	1 B 3	34 PICT-5	2 B 2	2 B 5
Lufttrichter Stufe I/II	26/–	27/–	24/28	24/28
Hauptdüse Stufe I/II	x122,5 (x120)/–[1]	x142,5/–	x117,5/x125	x117,5/125
Luftkorrekturdüse Stufe I/II	100/–	115z/–	135/92,5	135/92,5
Leerlaufdüse	–	52,5	–	–
Leerlaufluftdüse	–	140	–	–
Leerlaufdüse// Leerlaufluftdüse Stufe I/II	50/130//–	–	52,5/135//40/125	52,5/135//40/125
Zusatz-Leerlaufdüse	–	40	–	–
Zusatz-Leerlaufluftdüse	–	160	–	–
Zusatz-Leerlaufdüse/ Leerlaufluftdüse Stufe	37,5/130	–	42,5/130	42,5/130
Einspritzmenge cm³/Hub	0,9 ± 0,15	1,1 ± 0,15	1,3 ± 0,15[4] (0,9 ± 0,15)	1,0 ± 0,15 (0,9 ± 0,15)
Luftklappen-Spaltmaß				
Stellung I mm	2,0 ± 0,15 (2,1 ± 0,15)[2]	4,4 ± 0,15 (4,0 ± 0,15)	3,15 ± 0,15 (4,3 ± 0,15)[5]	1,8 ± 0,15
Stellung II mm	3,5 ± 0,15[3] (3,1 ± 0,15)	–	–	3,9 ± 0,15 (3,7 ± 0,15)
Kaltleerlaufdrehzahl	Siehe Tabelle Seite 94			
Leerlaufdrehzahl	Siehe Tabelle Seite 91			
CO-Gehalt	Siehe Tabelle Seite 92			

[1] 8/79 bis 9/81: x125 (x122,5) [2] bis 9/81: (2,4 ± 0,15) [3] bis 9/81: 4,3 ± 0,15 [4] Schaltgetriebe bis 4/78: 0,9 ± 0,15
[5] bis 4/78: (4,5 ± 0,15) (Klammerwerte für Fahrzeuge mit Getriebeautomatik)

Kraftübertragung

Kupplung: Einscheiben-Trockenkupplung mit Membranfeder
Mitnehmerscheibe ∅: Schlepphebelmotor: 180 mm; Tassenstößelmotor 190 mm

Schaltgetriebe mit Motor	1,1/37 kW bis 7/81	1,1/37 kW ab 8/81	1,1/37 kW Formel E bis 7/82	1,1/37 kW Formel E ab 8/82
Getriebekennzeichen	GF, MA, QR	GW	QS	3D
Zähnezahlen/Übersetzungen				
1. Gang	38:11 = 3,455	38:11 = 3,455	38:11 = 3,455	38:11 = 3,455
2. Gang	41:20 = 2,050	41:21 = 1,952	39:22 = 1,773	39:22 = 1,773
3. Gang	62:46 = 1,348	60:48 = 1,250	55:53 = 1,038	56:52 = 1,077
4. Gang	53:55 = 0,964	51:57 = 0,895	48:60 = 0,8	48:60 = 0,8
Rückwärtsgang	44:13 = 3,385	44:13 = 3,385	44:13 = 3,385	44:13 = 3,385
Achsantrieb	64:14 = 4,571	64:14 = 4,571	65:16 = 4,063	65:16 = 4,063
Tachoantrieb	12:20 = 0,6	12:20 = 0,6	12:20 = 0,6	12:20 = 0,6

Schaltgetriebe mit Motor	1,3/44 kW	1,5/51 kW, 1,6/55 kW, 1,6/63 kW	1,6/63 kW	1,5/51 kW, 1,6/63 kW
Getriebekennzeichen	GT, UZ, QP, QQ	GC	GR	FF, FH[4]
Zähnezahlen/Übersetzungen				
1. Gang	38:11 = 3,455	38:11 = 3,455	38:11 = 3,455	38:11 = 3,455
2. Gang	41:20 = 2,050	35:18 = 1,944[1]	35:18 = 1,944	35:18 = 1,944
3. Gang	62:46 = 1,348	36:28 = 1,286[2]	36:28 = 1,286	36:28 = 1,286
4. Gang	53:55 = 0,964	30:33 = 0,909[3]	30:33 = 0,909	30:33 = 0,909
5. Gang	–	–	–	27:38 = 0,711
Rückwärtsgang	44:13 = 3,385	38:12 = 3,167	38:12 = 3,167	38:12 = 3,167
Achsantrieb	64:15 = 4,267	74:19 = 3,895	74:19 = 3,895	74:19 = 3,895
Tachoantrieb	12:20 = 0,6	16: 7 = 2,29	16: 7 = 2,29	16: 7 = 2,29

[1] bis 9/74: 37:19 = 1,947 [2] bis 7/76: 37:27 = 1,37 [3] bis 7/80: 31:32 = 0,969 [4] FH nur 63 kW

Getriebeautomatik mit Motor	1,5/51 kW bis 10/82, 1,5/63 kW, 1,6/55 kW, 1,6/63 kW bis 10/82	1,5/51 kW ab 10/82	1,6/63 kW ab 10/82
Getriebekennzeichen	EQ, EV	TE	TF
Übersetzungen			
1. Fahrbereich	2,55	2,71	2,71
2. Fahrbereich	1,45	1,5	1,5
3. Fahrbereich	1,0	1,0	1,0
Rückwärtsgang	2,46[1]	2,43	2,43
Achsantrieb	3,76	3,57	3,42

[1] bis 8/75: 2,42

Fahrwerk

Vorderradaufhängung	Einzelradaufhängung mit Dreieckslenkern und Federbeinen
Lenkung	Zahnstangenlenkung
Übersetzung des Lenkgetriebes	20,8; bis 8/75: 17,3
Vorderachs-Einstellung	Siehe Tabelle Seite 125
Hinterachse	Verbundlenkerachse mit zwei Längslenkern und Federbeinen, beim Jetta zusätzlicher Drehstab-Stabilisator
Hinterachseinstellung	Siehe Tabelle Seite 125
Felgen	Siehe Tabelle Seite 151
Reifen	Siehe Tabelle Seite 150

Bremsanlage

Fußbremse vorn	Einkolben-Scheibenbremse mit automatischer Nachstellung Schwimmsattel (alle Modelle bis 7/79); Faustsattel (teilweise 51 und 63 kW ab 8/79)
Bremsscheiben-Durchmesser	239 mm
Bremsscheibenstärke	neu: 10 mm (37 kW ab 8/75); 12 mm (37 kW bis 7/75, 44–63 kW alle) mindestens: 8 mm (37 kW ab 8/75) bzw. 10 mm (37 kW bis 7/75, 44–63 kW alle)
Bremsbelagstärke ohne/mit Trägerplatte	Schwimmsattelbremse neu: 10/15 mm (37 kW ab 8/75) bzw. 14/19 mm (37 kW bis 7/75, 44–63 kW alle); Faustsattelbremse neu: 10/15 mm
ohne/mit Trägerplatte	Schwimm- und Faustsattelbremse mindestens: 2/7 mm
Fußbremse vorn (37 kW bis 3/75)	Simplex-Innenbacken-Trommelbremse
Bremstrommel-Durchmesser	neu: 230 mm; höchstens: 231 mm
Bremsbelagstärke ohne/mit Bremsbacke	aufgenietete Beläge neu: 5,5/9 mm; aufgepreßte Beläge neu: 4/7,5 mm aufgenietete Beläge mindestens: 2,5/6 mm; aufgepreßte Beläge mindestens: 1/4,5 mm
Fußbremse hinten	Simplex-Innenbacken-Trommelbremse, seit ca. 9/78 mit automatischer Nachstellung
Bremstrommel-Durchmesser	neu: 180 mm; höchstens 181 mm
Bremsbelagstärke ohne/mit Bremsbacke	aufgenietete Beläge neu: 5/7,5 mm; aufgepreßte Beläge neu: 4/6,5 mm aufgenietete Beläge mindestens: 2,5/5 mm; aufgepreßte Beläge mindenstens: 1/3,5 mm

Elektrische Anlage

Bordspannung	12 V	Zündanlage Scirocco ab 8/79	Transistorzündung
Batterie	36, 45, 54 bzw. 63 Ah	Zündzeitpunkt	Siehe Tabelle Seite 200
Generator	35, 45, 55 bzw. 65 A	Zündkerzen	Siehe Tabelle Seite 204
Keilriemen	Siehe Seite 180	Zündkerzen-Elektrodenabstand	0,6–0,8 mm
Zündanlage	Spulenzündung	Glühlampen	Siehe Seite 205
Unterbrecher-Schließwinkel	44–50°/50–56%		

Füllmengen (in Liter)

Kraftstofftank	40	Getriebeautomatik	6
Ölwanne		bei ATF-Wechsel	ca. 3,0
Schlepphebelmotor mit Ölfilter	3,0	Achsantrieb der Getriebeautomatik	0,75
ohne Ölfilter	2,5	Kühlsystem	Siehe Seite 59
Tassenstößelmotor mit Ölfilter	3,5	Bremsanlage	0,4
ohne Ölfilter	3,0	Scheibenwaschwasser	1,7
Schaltgetriebe		Scheibenwaschwasser mit Scheinwerfer-Reinigungsanlage	8
Schlepphebelmotor	2,2		
Tassenstößelmotor 4-Gang	1,5		
4+E-Gang	2,0		

Weiterbildung

Im Rahmen der Modellpflege werden an den Fahrzeugen immer wieder Verbesserungen vorgenommen. Darüber informiert Sie das folgende Kapitel.

1974

Februar: Als erstes Modell der neuen Generation mit quer eingebautem Motor wird der Scirocco vorgestellt als 1,5 Liter mit 51 kW und 1,5 l/63 kW (1,1-Liter erst später lieferbar).
Mai: Der Golf wird präsentiert als zwei- und viertürige Heckklappen-Limousine. Motorisierung 1,1/37 kW und 1,5/51 kW.
August: Der Schlepphebelmotor 1,1/37 kW geht in Produktion.
Oktober: 1,5-Liter-Motoren mit Getriebeautomatik lieferbar.

1975

Februar: Golf-Vordersitze mit Schaumstoffpolsterung.
Mai: Ausstattung der Modelle aufgewertet. Auch der 37-kW-Golf hat jetzt Scheibenbremsen vorn. Schlepphebelmotor mit Luftfiltergehäuse auf dem Vergaser.
September: Die 1,5-Liter-Motoren mit 51 und 63 kW werden durch 1,6-l-Triebwerke mit 55 bzw. 63 kW ersetzt. Startautomatik zusätzlich kühlwasserbeheizt, neues Luftfiltergehäuse. Benzin-Rücklaufleitung zwischen Benzinpumpe und Tank. Geänderte Schaltung. Lenkgetriebeübersetzung geändert. Öffnungen der Zwangsentlüftungen beim Golf in die Türen verlegt. Scirocco mit Einarmwischer.

1976

März: Tankgeber oben in den Tank eingesetzt.
August: Geänderte Golf-Ausstattungen mit zusätzlichem GL-Modell. Neue Heizungs- und Belüftungsanlage, dreistufiges Luftgebläse.

1977

August: 1,6-Liter/55-kW-Motor ersetzt durch neuen 1,5-Liter mit 51 kW. Geänderte Motoraufhängung, verbesserte Federbeinlagerungen, Lenkgetriebe gummigelagert. Außentürgriffe aus Kunststoff. Golf-Grund- und L-Ausstattung aufgewertet.
Heckscheibenwischer mit dem Scheibenwischerschalter bedienbar.
Scirocco stilistisch überarbeitet mit kunststoffummantelten Stoßfängern, vordere Blinker seitlich herumgezogen.

1978

Februar: Tankentlüftung verbessert, Tankdeckel jetzt ohne Belüftungslöcher.
August: Stabilere Golf-Stoßfänger mit Kunststoffummantelung. Gurtschloß vorn direkt am Sitzgestell montiert. Kühlmittel-Thermostat mit höherer Öffnungstemperatur, Kühlsystem-Verschlußdeckel mit höherem Öffnungsdruck. Hintere Trommelbremsen mit Selbstnachstellung.

1979

Februar: Zahnriemen beim Tassenstößelmotor voll gekapselt.
März: Sicherheitsgurte an der Rücksitzbank. Verbesserte Ventilschaftabdichtungen.
April: 37-kW-Motor mit geänderter Ölwanne (Ablaßschraube vorn).
Juni: Zusätzliche Schlepphebelmotor-Variante 1,3 Liter/44 kW für den Golf.
Juli: Vorstellung des Jetta mit den Motoren 1,3/44 kW und 1,5/51 kW.
August: 51-kW-Motor beim Golf nur noch mit Getriebeautomatik lieferbar. Schlepphebelmotoren mit »Thermo-Choke«, Ansaugrohr abgasbeheizt. Neuer Vergaser für 1,5/51 kW, Ansaugrohr mit zusätzlicher Elektrobeheizung.
Temperaturanzeige mit zusätzlicher, blinkender Leuchtdiode »zu heiß«; beim Golf N/L 37 kW gelbe Leuchtdiode »kalt«.
Scirocco: Alle Motoren mit Transistorzündung und Digitaler Leerlauf-Stabilisierung, beim 1,5/51 kW Auspuffkrümmer/Auspuffrohr vorn mit Klammerbefestigung.
Faustsattelbremsen vorn beim Jetta 51 kW und Scirocco Automatic (gleitender Einsatz bei weiteren Modellen mit Tassenstößelmotor).

1980

Februar: Stärkere Generatoren – 45 statt 35 A bzw. 65 statt 55 A.
Mai: 1,5/51 kW mit Vorratsbehälter zwischen Kraftstoffpumpe und Vergaser.
August: Golf 1,5/51 kW wieder mit Schaltgetriebe lieferbar. Auspuffrohr beim 51-kW-Motor mit Klemmfedern befestigt.
Bei Schlepphebelmotor Schaltbetätigung geändert. 51-kW-Modelle auf Wunsch mit 4+E-Getriebe.
Armaturenbrett und Türverkleidungen beim Golf neu gestaltet. Fernlichtkontrolle gelb statt blau. Kühlmitteltemperaturanzeige für alle Modelle. Dünnere Vordersitzlehnen. Golf mit vergrößerten Heckleuchten. Leerlaufstabilisierung beim Scirocco entfallen.

1981

Januar: Vorstellung des Golf und Jetta Formel E: hochverdichteter Motor 1,1/37 kW, 3+E-Getriebe, Schalt- und Verbrauchsanzeige, Fensterpfosten-Verkleidungen vorn, Heckspoiler (nur Jetta). Geänderte Kühlerbefestigung.
Mai: Scirocco durch neues Modell ersetzt. Tassenstößelmotoren mit langlebigeren Ventilen.
August: Modellausstattungen aufgewertet, neue Verkaufsbezeichnungen C, CL. Verbesserte Sitze. Schlepphebelmotoren mit standfesteren Ventilen und größerer Lichtmaschinen-Keilriemenscheibe.

1982

August: Neues Wartungssystem, der Zwischen Service mit Ölwechsel entfällt. Blinkende Öldruckkontrolle mit Warnsummer. Neue Zentralelektrik mit 22 Flachstecksicherungen. Tassenstößelmotoren mit vergrößertem Ventilabstand. 1,3/44 kW für Golf nicht mehr lieferbar.
Oktober: Übersetzungen der Getriebeautomatik geändert.

1983

August: Vorstellung des Golf II.
Oktober: Produktionseinstellung des Golf und Jetta I.

Stichwortverzeichnis

Register

FSC
www.fsc.org
MIX
Papier | Fördert gute Waldnutzung
FSC® C083411

Kolibri 360 GmbH
Ferdinand-Jühlke-Straße 7
99095 Erfurt, Deutschland
produktsicherheit@kolibri360.de